首席专家

陈前虎

课题组主要成员

朱　凯　吴一洲　王安琪　李凯克

本书为国家社科基金重大项目（16ZDA018）、国家自然科学基金面上项目（52278083）资助成果

水灾害风险管理

海绵城市建设理论与方法

Water Disaster Risk Management

Theories and Methods of Sponge City Construction

陈前虎◎著

ZHEJIANG UNIVERSITY PRESS

浙江大学出版社

·杭州·

图书在版编目（CIP）数据

水灾害风险管理：海绵城市建设理论与方法 / 陈前
虎著. -- 杭州：浙江大学出版社，2024.12. -- ISBN
978-7-308-26088-6

Ⅰ. P426.616

中国国家版本馆 CIP 数据核字第 20250G4L21 号

水灾害风险管理——海绵城市建设理论与方法

陈前虎　著

策划编辑	吴伟伟
责任编辑	丁沛岚
责任校对	陈　翾
封面设计	雷建军
出版发行	浙江大学出版社
	（杭州市天目山路 148 号　邮政编码 310007）
	（网址：http://www.zjupress.com）
排　　版	杭州晨特广告有限公司
印　　刷	杭州宏雅印刷有限公司
开　　本	710mm×1000mm　1/16
印　　张	40.25
字　　数	660 千
版 印 次	2024 年 12 月第 1 版　2024 年 12 月第 1 次印刷
书　　号	ISBN 978-7-308-26088-6
定　　价	198.00 元

前　言

全球气候变化与快速城市化使我国城市面临热岛、干旱、洪涝、污染等系列城市水生态环境灾害的巨大风险与严峻挑战,建设"海绵城市"成为应对这些风险挑战、提高城市发展韧性、实现可持续健康城镇化的必由之路。

自 2015 年以来,我国先后分五个批次投入巨资推进 30 个国家试点海绵城市及 60 个系统化全域海绵示范城市的建设,其中前两批 30 个国家试点海绵城市都已通过验收。然而,在"城市火炉"愈烧愈旺、洪涝灾害频频发生、水体黑臭反复无常、"海绵城市依旧看海"等现实面前,尤其是 2021 年郑州"7·20"特大暴雨之后,海绵城市建设一度陷入了"万能论""无用论"的社会拷问与舆论窘境。

海绵城市建设陷入瓶颈,这当中固然有不科学、非理性的社会认知的影响,但不可否认,全国各地在海绵城市试点探索和示范建设过程中,普遍存在着两个突出问题。一是"一刀切"。2014 年 10 月,住房和城乡建设部印发了《海绵城市建设技术指南——低影响开发雨水系统构建(试行)》(本书简称《指南》),但我国国土空间辽阔,地域间自然地理、水文气候与社会人文环境条件差异显著,海绵城市建设直面的水问题错综复杂,各地理应在《指南》的指导下,深入探索水灾害风险形成的机理与机制,但各地在海绵城市建设中未能做好因地制宜,普遍存在"一刀切"的问题。二是"碎片化"。海绵城市建设涉及自然科学(如地理学、生态学、水文学、环境科学)与社会科学(如社会学、管理学、经济学)的交叉融合,强调投建管运的全生命周期管理,注重大、中、小海绵体的一体化布局与设计,但各试点城市普遍面临着法规制度不健全、管理机制不协调、技术体系不完善和社会认知不充分等系列现实问题。海绵城市要实现系统、全域、可持续建设,任重道远。

为此,本书紧紧围绕"打造有中国特色的水灾害风险管理方案——海绵城市"这一研究目标,聚焦"为什么要建海绵城市?""海绵城市建什么?""海绵城市怎么建?"三大现实问题,引申并提炼出当前我国海绵城市建设面临的三大科学问题:"城市水灾害风险的形成机理与评估方法""海绵城市的防灾原理与减灾技术""海绵城市建设风险演化规律及其防控体系",设计并循着"战略背景与研究设计—理论基础与国际经验—风险评估与灾害预警—防灾原理与减灾技术—建设风险与绩效评估—风险管理与防控策略"的研究路线,构建起针对海绵城市建设风险管理的理论体系、关键技术、评估方法与防控策略。本研究的主要突破点体现在以下五个方面。

第一,构建了基于"科学+技术+管理"跨学科领域的海绵城市建设理论框架与知识体系。本书精心组织和设计了"海绵城市建设缘起(见第三篇)—海绵城市建设原理(见第四篇)—海绵城市建设过程(见第五篇)—海绵城市建设管理(见第六篇)"的科学问题链,并通过科学原理探真、关键技术探究和管理机制探索,构建起基于我国国情(试点海绵城市探索)、"科学+技术+管理"跨学科领域的海绵城市建设理论框架与知识体系,具有理论体系上的突破和创新。

第二,建立了基于"致灾体危险性+承灾体脆弱性"的城市水灾害风险评估体系与方法。从全球气候变化和我国快速城市化的战略视角分析解读海绵城市的深刻内涵,并创造性地将海绵城市定义为中国应对城市水灾害风险的灾前管理工具(见第一章)。基于这一定义,从宏观(全国)和微观(以杭州为例)两个层面,建立起一个涵盖自然地理、气候水文与人工建成环境等多重要素,基于"致灾体危险性+承灾体脆弱性"的城市水灾害风险的类型划分标准、评估体系与评估方法(见第三篇),纠正了"一刀切"的海绵城市规划建设技术手段,创新了风险评估方法,完善了风险评估理论。

第三,探索了基于"结构指数—建设成效"关联分析的海绵城市防灾减灾原理与关键技术参数。海绵城市到底是如何影响城市水生态环境的?其机理与机制何在?由于我国海绵城市建设刚刚起步,这方面的定量实证研究条件尚不成熟,相关研究成果非常少见。课题组与嘉兴市城市规划院合作,全程跟踪监测首批国家海绵试点城市——嘉兴海绵试点建成区的径流、水量、水质及土地利用情况,获得海绵设施结构指数等一手资料数据,深入开展基于"结构指数—建设成效"关联分析的海绵城市防灾减灾原理与关键技术参数的探索研究(见第四篇),优化了海绵城市建设的技术标准。

第四，揭示了海绵城市建设过程中"制度—管理—技术"这一关键风险致因链及其动态演化规律。海绵城市建设是个繁杂的系统工程，涉及诸多利益主体和建设要素，加之投资大、周期长，建设过程面临诸多风险和挑战，因此如何从千头万绪中理出风险的关键因素及其致因链，把握其在全生命周期中的演化规律，是管理好海绵城市建设风险的关键议题。课题组基于广泛的社会调查与文献整理，通过扎根理论研究、贝叶斯网络模型分析与系统动力学模拟，揭示了海绵城市建设过程中"制度—管理—技术"这一关键风险致因链及其动态演化规律（见第五篇），具有重要的理论意义与实践价值。

第五，提出了"多主体、全过程、多维度、全要素"的风险管控框架与策略体系。风险管控最忌片面化、碎片化、"一阵风"和"一刀切"。基于对海绵城市建设风险的源头追溯（见第三篇）、原理探真（见第四篇）、过程探究（见第五篇）、经验借鉴（见第二篇第四章）与经典案例剖析（见第六篇第十八章），课题组提出了"多主体、全过程、多维度、全要素"的风险管控逻辑框架，并遵循"制度—管理—技术"这一关键风险致因链提出了海绵城市建设风险防控的体系化策略建议（第六篇），纠正了现行"碎片化"的海绵城市建设思路，撰写的多份咨询报告得到了多位省部级领导的批示，在多个地方得到了采纳应用。

本书的研究意义与战略价值在于三个方面：一是提高了海绵城市建设的战略定力，让全社会深刻理解和明白海绵城市建设不仅是解决城市水问题的必由之路，更是落实多项国家战略的重要抓手；二是提升了海绵城市建设的战术能力，打造了"多主体、全过程、多维度、全要素"四条海绵城市建设风险管控链，编织了一张海绵城市建设的风险防控网；三是提供了全球水灾害风险管理的"中国方案"，这个方案具有跨学科、跨时空、跨主体的交叉融合特征与鲜明的中国特色。

研究先后得到了国家社科基金重大项目"海绵城市建设风险评估与管理机制（16ZDA018）"和国家自然科学基金面上项目"平原河网城市土地开发的水质效应、评估方法与规划应用（52278083）"的资助；研究过程中，得到了诸多前辈、行业同仁和匿名评审专家的热情帮助与毫无保留的指导，在此一并致谢。

风物长宜放眼量。海绵城市作为人类社会应对全球气候变化带来的水灾害风险的重要管理工具，其实践探索正在如火如荼地展开，科学研究的大门也才刚刚开启。随着海绵城市建设从"试点片区探索"到"系统全域示范"的推进,无论是在自然科学原理的探究领域,还是在社会科学机理的探真方面,都给科研工作者展示了无比诱人的求知图景。对此,课题组期待着与国内外同行的广泛交流与深入合作。

2024 年 10 月

目　　录

第一篇　战略背景与研究设计

第二篇　研究基础与国际经验

第四篇　防灾原理与减灾技术

第五篇　建设风险与绩效评估

第六篇　风险管理与防控策略

第一篇

战略背景与研究设计

本篇通过分析我国城市发展面临的重大问题与现实挑战的分析(见第一章),引出本书要研究的主要科学问题与目标(见第二章)。首先,分析了全球气候变化与中国快速城市化背景下,我国城市水安全、水环境和水生态面临的重大灾害风险与挑战,认为海绵城市就是应对城市水灾害风险的灾前管理工具;其次,总结了我国试点海绵城市建设过程、建设绩效及存在的问题,指出了开展海绵城市建设风险管理研究的迫切性及其重大战略意义;再次,引出本书要研究的三大科学问题及研究目标,围绕科学问题与研究目标,设计了研究思路与技术路线,阐明了研究的主要内容与方法;最后,总结了研究取得的主要成果与应用成效。

第一章 海绵城市建设风险管理的战略背景与研究意义

第一节 中国海绵城市建设缘起

全球气候变化与快速城市化已成为影响中国城市未来发展的重大不确定性因素。大量研究资料表明,气候变化使得洪涝灾害频发,严重破坏城市的水安全环境;快速城市化改变了原有城市生态系统的结构与功能,带来了一系列生态环境问题,严重影响人类健康福祉,成为城市与区域乃至全球可持续发展面临的重大挑战(Kabisch et al.,2017)。作为全球气候变化的敏感区和显著区之一,中国面临的气候变暖问题更为严峻。联合国住房和可持续发展大会(UN-Habitat)提出了环境可持续性和城市发展韧性对于未来城市发展的重要性。正是在这样的背景下,"海绵城市"在中国应运而生——建设"海绵城市"成为我国提高城市发展韧性、应对全球气候变化、实现可持续健康城镇化的必由之路。

一、全球气候变化

气候变暖带来的环境灾害与人类健康危害正在迅速演变成一个全球性的公共危机。近100多年来,全球年平均气温呈逐渐上升的趋势(见图1-1)。根据联合国政府间气候变化专门委员会(IPCC)第六次评估报告的结论,2020年全球平均温度较工业化前水平(1850—1900年的平均值)高出1.2℃,预计未来20年(2040年前后)地球表面温度将高出工业化前水平1.5℃或1.6℃。在全球变暖的背景下,世界平均降水量也在持续增加(见图1-2),并带来风暴潮、暴雨侵蚀等伴生现象。根据联合国政府间气候变化专门委员会(IPCC)预测,未来10年中全球城市遭遇毁灭性暴雨、风暴潮的概率会增加10倍。台风、暴

雨、热浪等带来的城市极端降水、风暴、寒潮、土壤盐碱化、水体污染等问题与
日俱增,对城市环境造成了明显破坏,甚至导致一些城市基础设施瘫痪
(Kahn,2010)。因此,全球气候变化增加了城市各类灾害风险发生的概率,成
为海绵城市建设的一个重大战略背景。

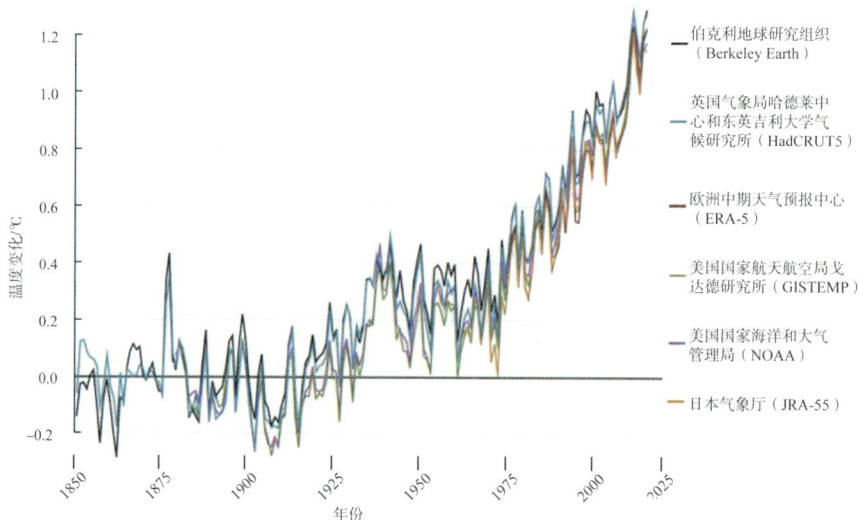

图 1-1　1850—2025 年全球气温变化

资料来源:英国国家气象局。

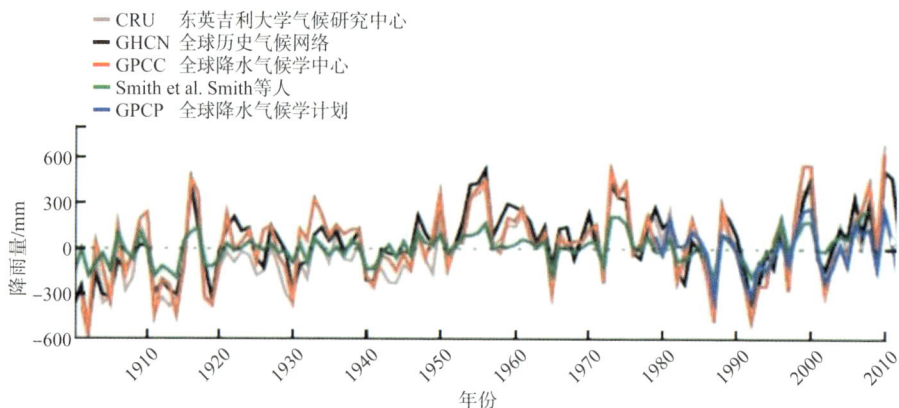

图 1-2　1900—2010 年世界平均降水量历年变化

资料来源:IPCC-AR5(2013)。

二、中国快速城市化

近30年来,中国城镇化水平快速提高,截至2021年末,我国常住人口城镇化率已达到64.72%(见图1-3)。随着城镇化的推进,城市空间的快速扩张破坏了原有的自然生态系统,改变了城市下垫面条件和水资源在时空尺度的分配过程,对流域土壤湿度、蒸散发和产汇流过程造成了显著影响(田晶等,2020),使城市丧失了应对灾害风险的潜力与能力,在遭受灾害后难以恢复原有状态。例如,破坏生态廊道的开发行为导致生境破碎化程度增高;绿地的缩减使得生态系统功能日益衰退(戴伟等,2017);硬化河渠、缩减河廊破坏了原有河网的生态系统等。这些快速城市化过程中的盲目建设行为导致城市下垫面过度硬化,切断了水的自然循环过程,改变了原有的自然生态本底和水文特征,加剧了城市雨水灾害造成的损失(章林伟,2018)。

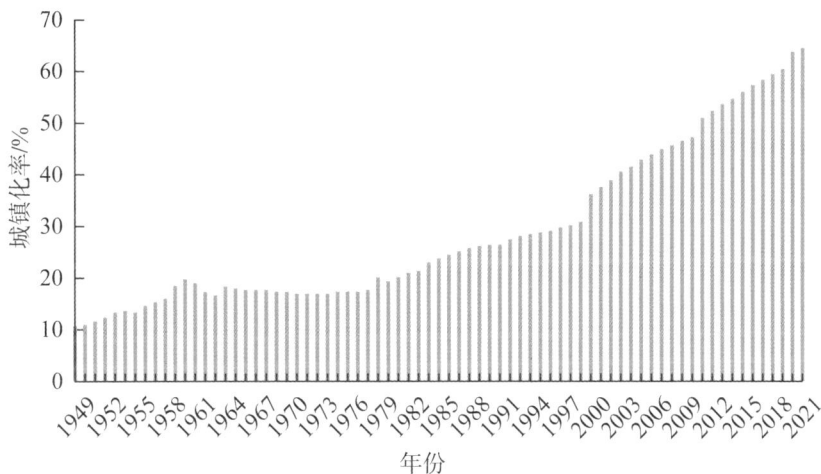

图1-3　1949—2021年中国城镇化率

资料来源:基于相关年份的《中国统计年鉴》数据绘制。

三、城市发展直面的水灾害风险挑战

水是生物赖以生存和发展的重要资源,水生态系统具有巨大的生态系统服务价值(欧阳志云等,2004)。在全球变暖和城市扩张的双重影响下,城市极端气候事件发生的频率、强度和持续时间日益增长,对自然的水循环系统造成严重干扰,从而引发城市热雨岛效应、径流污染、雨洪内涝等水生态、水环境、水安全问题(王浩,2011),严重破坏了城市水生态系统服务功能。水生态问题缘于集中片区建筑、道路等不透水地表增加,导致生态地表退化形成集中式"人造沙漠",从而产生城市热岛、雨岛效应(Allen et al.,2002)。水环境问题缘于城市污染源类用地增加,径流污染的发生频率增强,导致进入河道中的水不能被自然净化处理,从而产生水体富营养化与黑臭现象。水安全问题缘于城市的储水、蓄水、排水量小于城市降雨量,使累积的地表水未能得到及时下渗和排放,从而产生城市局部片区被淹没的现象(张建云等,2016)。三种水灾害风险在时空上高度交叠,错综复杂,给城市未来发展带来了极大的挑战。

(一)基于雨洪内涝的水安全灾害

水安全灾害在本书中特指由暴雨产生的城市内涝在人群高密度地区造成的侵害与损失。中国地处东亚季风区,雨热同期,地理位置与季风气候决定了中国城市是全球暴雨洪涝灾害的多发区和高发区(俞孔坚等,2015)。同时,受东南、西南季风控制,中国降水量年际变化大(见图 1-4),年内季节分布不均,台风集中生成,导致每年夏季成内涝多发时期。

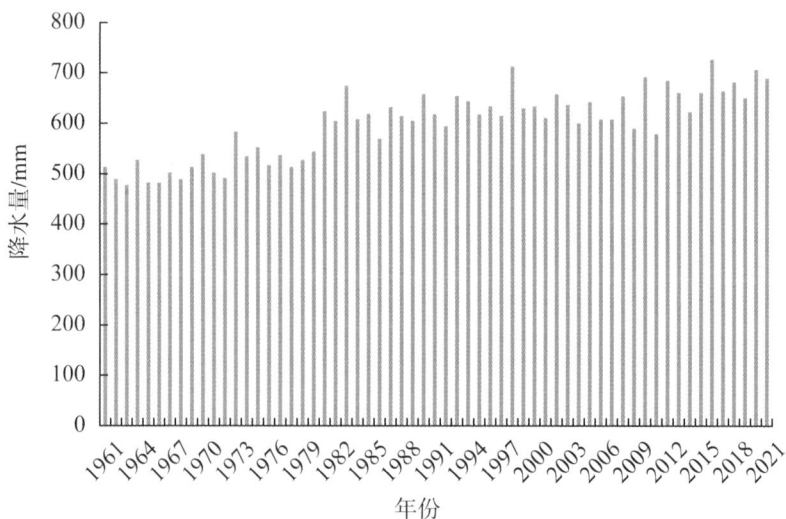

图 1-4　1961—2021 年全国年降水量变化

资料来源:基于《中国水资源公报》(2021)数据绘制。

在全球变暖和快速城市化作用下,中国遭受异常极端暴雨的地区明显增多,暴雨总量、频次、强度、持续时间不断攀升。近年来我国洪涝灾害次数屡屡刷新纪录(见表 1-1),城市暴雨灾害情况日益严峻(见表 1-2)。例如,2021 年 7

月,郑州遭遇极端暴雨,全市因灾死亡 380 人,造成经济损失 409 亿元;2019年 8 月,山东遭遇极端暴雨,全省受灾人口 165.53 万人,因灾死亡 5 人、失踪 7人,全省紧急转移安置人口 18.38 万人。即便是常年干燥的西北地区,近年来也遭受了特大暴雨灾害。例如,2018 年 7 月 31 日,新疆哈密市伊州区沁城乡小堡区域短时间内集中突降特大暴雨,1 小时最大降雨量达到 110mm(当地历史最大年降雨总量为 52.4mm),引发了洪水,造成 20 人死亡、8 人失踪。同时,相关资料显示,2011—2020 年超保证水位河流数量呈上升趋势(见图1-5),且在 2020 年大幅增加。过多的超保证水位河道、超量的降雨与过少的地表受纳水量导致城市内涝,造成高密度人口地区社会经济的重大损失(见表1-3)。水利部历年发布的《中国水旱灾害公报》(2019 年起为《中国水旱灾害防御公报》)数据显示,2007—2020 年,全国平均每年有 150 个县级以上的城市发生严重内涝,造成 5576.55 万人受灾,直接经济损失达 1615.47 亿元,占每年GDP 的 0.18%。

表 1-1 中国城市暴雨洪涝灾害统计

时间	洪灾数量/次	城市数量/个				
		0—4 次	5—9 次	10—14 次	15—19 次	20—24 次
1990—1994 年	2085	145	153	54	6	0
1995—1999 年	1390	253	77	26	2	0
2000—2004 年	1287	251	88	18	1	0
2005—2009 年	2380	166	114	69	6	3
2010—2014 年	2270	163	128	21	18	21
2015—2019 年	2410	196	91	29	12	23

资料来源:孔锋(2021)。

表 1-2 中国近年来部分城市暴雨灾害情况

时间	地点	事件	损失
2007 年 10 月 8 日	杭州	四十年一遇暴雨	主城区 1563 户民宅进水,533 处道路积水,40 多个路口失去通行能力,受灾人口超过 21 万人,直接经济损失 3.646 亿元
2008 年 6 月 13 日	深圳	特大暴雨	全市 1000 处以上不同程度内涝或水浸,150 处道路积水严重,近万家企业停业
2011 年 6 月 23 日	北京	十年一遇暴雨	29 处桥区、重点道路积水,22 处交通中断,地铁 1 号线灌水,多趟地铁停运

续表

时间	地点	事件	损失
2012 年 7 月 21 日	北京	百年一遇暴雨	市区路面塌方,多处交通中断,25 条电线线路永久性损坏,受灾人口 160.2 万,79 人遇难,经济损失 116.4 亿元
2013 年 3 月 30 日	成都	大暴雨	200 处积水内涝,部分河堤坍塌损毁,2 人因灾死亡
2013 年 9 月 13 日	上海	特大暴雨	全市内多个路段出现积水,交通受阻,地铁 2 号线停运,部分道路积水深达腰部
2016 年 7 月 7 日	南京	暴雨	道路中断、地铁进水、高铁停运等
2016 年 7 月 19 日	邢台	强降雨	雨量为历史极值,造成 25 人死亡、13 人失踪
2018 年 7 月 16 日	北京	暴雨	公路突发事件 29 起,其中公路塌方 16 起、公路积水 10 起、公路水毁 3 起,全市道路塌方塌陷 35 处
2018 年 7 月 31 日	哈密	特大暴雨	1 小时最大降雨量达到 110mm(当地历史最大年降雨总量为 52.4mm),引发了洪水,造成 20 人死亡、8 人失踪
2019 年 8 月 10 日	山东	暴雨	全省受灾人口 165.53 万人,因灾死亡 5 人、失踪 7 人,全省紧急转移安置人口 18.38 万人
2021 年 7 月 20 日	郑州	特大暴雨	全市因灾死亡 380 人,占当年全省因灾死亡人口的 95.5%,造成经济损失 409 亿元,占全省的 34.1%

资料来源:基于《中国水旱灾害公报》(2007—2021)梳理总结。

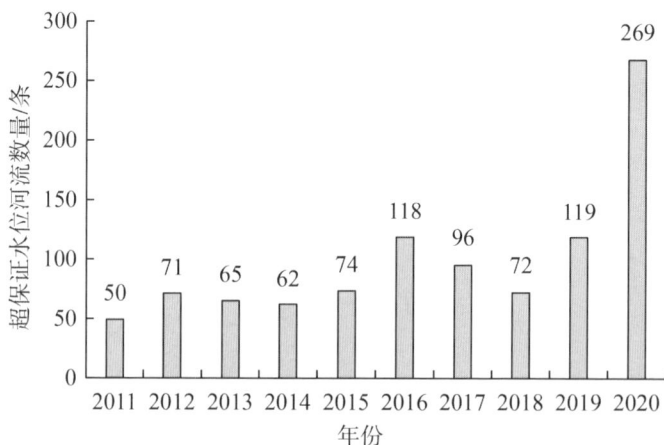

图 1-5 2011—2020 年超保证水位河流数量

资料来源:基于《中国水旱灾害公报》相关年份数据绘制。

表 1-3　2020 年全国因洪涝灾害受灾情况统计

地区	受灾人口/万人	死亡人口/人	直接经济损失/亿元
全国	7861.5	230	2669.8
北京	—	—	—
天津	—	—	—
河北	20.0	3	1.2
山西	55.9	8	12.1
内蒙古	23.5	2	5.5
辽宁	38.6	—	13.4
吉林	15.7		1.6
黑龙江	79.8	1	20.7
上海	—	—	—
江苏	98	—	18.0
浙江	43.5	2	40.8
安徽	1046.5	8	600.7
福建	13.8	—	21.1
江西	904.2	5	344.5
山东	197.6		41.6
河南	584.6	—	27.6
湖北	1472.2	21	268.9
湖南	745.8	15	150.3
广东	88.9	9	49.8
广西	224.2	9	112.0
海南	3.0	—	1.2
四川	851.1	45	425.2
重庆	367.0	14	163.3
贵州	340.0	29	73.7
云南	287.8	22	56.0
西藏	9.1	2	3.3
陕西	116.8	12	53.7
甘肃	192.8	14	158.9

续表

地区	受灾人口/万人	死亡人口/人	直接经济损失/亿元
青海	23.4	5	1.6
宁夏	8.3	—	1.0
新疆	9.4	4	2.1

资料来源:应急管理部国家减灾中心(2021)。

(二)基于径流污染的水环境灾害

水环境灾害在本书中特指由地表径流污染引起的水体水质恶化等现象给城市居民造成的损失。城市径流污染是一个世界性的水环境问题。美国环保署将其列为地表水水质恶化的主要来源(USEPA,2002)。英国环境、食品和农村事务部的报告也表明,英国 23 个浴场及 1000 多个水体的污染主因都是城市径流(DEFRA,2012)。近 10 年来,我国点源污染得到了有效控制,但以径流污染为主导的非点源污染问题日趋严重,河道 COD(化学需氧量)等指标难以控制,富营养问题依然严重,重金属、持久性有机污染物和一些新型有毒化学物质的污染风险不断凸显,成为城市水环境质量进一步提升的主要障碍(见表1-4)。以北京市为例,北京主城区雨水径流污染所占比例在逐年增高,到 2012 年该比例已达 41%—52% 甚至更高(见图 1-6)。

表 1-4 全国各地城市径流污染状况

区域	城市	用地类型	下垫面类型	降雨量/mm	污染物 EMC 平均值(或中间值)或平均浓度或浓度范围 / (mg·L⁻¹)											
					SS	COD	NH₃-N	TN	TP	Cu	Fe	Zn	Cd	Pb	Cr	Ni
华北	天津	商业区	路面	4.6—18.8	747	52.40[b]	0.16	4.02[b]	1.06[b]	0.017	1.860	0.320	0.011[b]	0.116[b]	—	—
		文教区	路面		198	103.96[b]	0.16	5.25[b]	0.48[b]	0.020	0.090	0.113	0.004	0.105[b]	—	—
		居住区	路面		247	109.70[b]	0.09	3.02[b]	0.26[a]	0.014	1.470	0.028	0.006[a]	0.128[b]	—	—
西北	陕西西安	文教区	路面	3.3—33.6	419	179.90[b]		8.10[b]	0.11		0.086		0.529[b]	0.231[b]	—	—
			屋面		64	138.20[b]		19.10[b]	0.15		0.054		0.348[b]	0.072[a]		
			绿地		230	76.70[b]		5.70[b]	0.39[a]		0.056		0.216[b]	0.078[a]		
东北	辽宁营口	居住区	路面		—	32.50[a]	1.30[a]	2.10[b]	0.40[b]							
		交通区	路面		—	27.00[a]	1.10[a]	1.50[a]	0.40[b]							
		绿化区	绿地		—	18.00	0.90	0.90	0.30[a]							

续　表

区域	城市	用地类型	下垫面类型	降雨量/mm	污染物 EMC 平均值(或中间值)或平均浓度或浓度范围/(mg·L⁻¹)											
					SS	COD	NH₃-N	TN	TP	Cu	Fe	Zn	Cd	Pb	Cr	Ni
华中	湖北武汉	交通区1	路面(主干道)	—	26	24.99a	0.41	1.22a	0.17	—	—	—	—	—	—	—
		交通区2	路面(支路)		32	30.97a	0.33	1.06a	0.16	—	—	—	—	—	—	—
		商业区	广场		33	15.40	0.45	1.26a	0.11	—	—	—	—	—	—	—
		居民区	屋面		28	16.02	0.33	0.83	0.05	—	—	—	—	—	—	—
		绿化区	绿地		56	61.86b	0.59	2.08b	0.31a	—	—	—	—	—	—	—
华东	江苏常州	镇区	路面(快速路)	—	292	134.39b	0.31	1.97a	0.65b	0.175	23.69	3.133b	0.000	0.226b	0.392b	—
			路面(主路)		207	108.61b	0.27	2.20b	0.61b	0.159	13.76	2.843b	0.003	0.216b	0.341b	—
			路面(住宅路)		224	82.04b	0.20	3.50b	0.58b	0.142	15.59	2.542b	0.003	2.243b	0.373b	—
	浙江杭州	交通区	路面	2.7~21.5	—	143.00b	0.46	7.08b	0.22a	0.055	—	0.275	—	0.054a	0.099a	0.071
		商业区	路面		—	387.00b	1.06a	4.55b	1.46b	0.048	—	0.226	—	0.005	0.079a	0.067
		居住区	路面		—	139.00b	0.4	4.25b	0.33b	0.029	—	0.138	—	0.032	0.049	0.042
		文教区	路面		—	21.70b	0.35	4.46b	0.05	0.024	—	0.106	—	0.021	0.040	0.031
		工业区	路面		—	—	—	—	—	0.078	—	0.326	—	0.057a	0.050a	0.042
华南	广东广州	交通区	路面	2.0—10.5	439	373.00b	—	11.71b	0.49b	0.160	—	2.060b	0.002	0.115b	0.038	0.022
	广东深圳	商业区	路面	>50	969	1133.00b	7.95	8.65b	2.86b	—	—	—	—	—	—	—
		工业区1	路面		402	711.10b	5.96	7.78b	11.27b	—	—	—	—	—	—	—
		工业区2	路面		319	711.10b	5.44	10.05b	1.23b	—	—	—	—	—	—	—
		工业区3	路面		324	822.20b	4.93	6.92b	0.91b	—	—	—	—	—	—	—
		居住区	路面		323	1178.00b	15.95	21.71b	2.79b	—	—	—	—	—	—	—
西南	重庆	交通区	路面	13.7	254	99.52b	1.07a	2.97b	0.47b	0.004	—	0.004	0.001	0.004	—	—
			路面	21.2	874	208.03b	1.40a	5.00b	1.01b	0.005	—	0.007	0.001	0.002	—	—
			路面	59.4	565	60.83b	1.31a	2.07b	0.68b	0.001	—	0.010	0.001	0.002	—	—
地表水质量标准Ⅲ类				≤	—	20.000	1.000	1.000	0.200	1.000	—	1.000	0.005	0.050	0.050	—
地表水质量标准Ⅴ类				≤	—	40.000	2.000	2.000	0.400	1.000	—	2.000	0.010	0.100	0.100	—

注：“—”表示未检测或无数据，“a”表示介于Ⅲ类与Ⅴ类水之间，“b”表示污染超过Ⅴ类水标准。

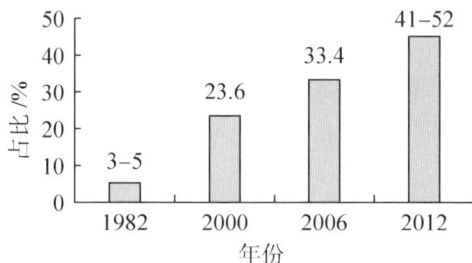

图 1-6 北京市径流污染所占比例的变化趋势

资料来源：张鹍等（2016）。

（三）基于热岛效应的水生态灾害

水生态灾害在本书中特指由城市热岛效应导致的片区高温、空间污染物聚集及雨量分布不均等现象对城市居民造成的侵害与损失。快速城市化导致城市下垫面被不透水材料覆盖，改变了城市热环境。由于硬化的城市地表缺乏对温度的调节能力，从而极易产生"热岛""雨岛"效应，改变大气中的雨量分配（Mirzaei，2015）。城市热岛效应除了会导致城市生态环境失调外（潘莹，2018），更会导致空气质量下降或大气污染（曹进等，2007），增大城市能源损耗（Santamouris et al.，2015），严重影响城市居民日常生活与健康（葛荣凤，2017）。

《中国主要城市人居环境气象监测报告》显示，1978—2019 年，全国 42 年的年均热岛效应值为 0.37℃，2010—2019 年热岛效应均值为 0.42℃，呈增长态势（见图 1-7）。北京、上海、广州等大型城市的"热岛""雨岛"效应强度呈加剧趋势。例如，2008—2019 年，北京市热岛效应强度不断增强，2019 年其强度效应值已达到 1.41℃。

热岛面积比是指城市建成区内高温区区域面积占总面积的比值，可定量评估开发建设所带来的城市热岛效应的强弱。2021 年，在监测的 36 个城市中，4 个城市的热岛面积比处于严重等级，16 个城市处于较严重等级，16 个城市处于一般等级（见表 1-5、表 1-6）。2022 年 7 月 11 日，重庆中心城区 20.3% 的区域地表温度超过 50℃，32.4% 的区域出现较强热岛效应。① 可见，缓解我国城市热岛效应已迫在眉睫。

———————————

① 数据来自《重庆晨报》（2022 年 7 月 13 日）。

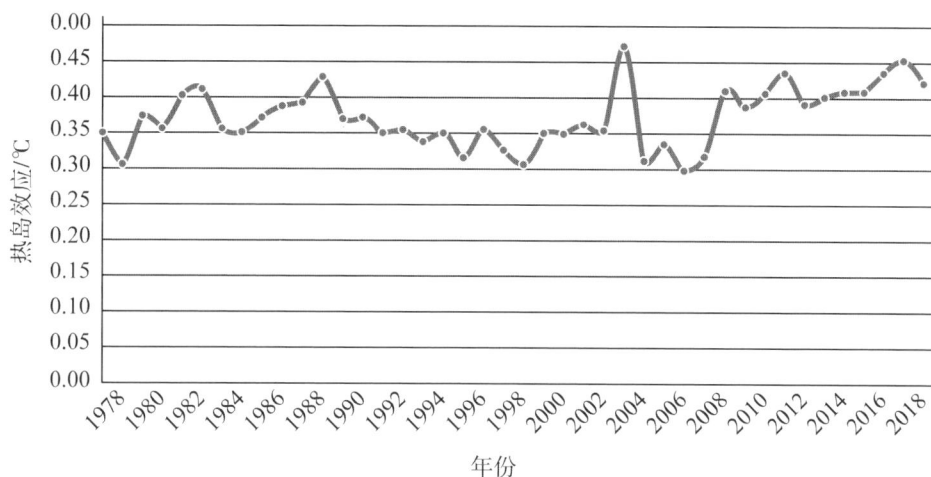

图 1-7　1978—2019 年全国年均热岛效应变化情况

资料来源:《中国主要城市人居环境气象监测报告》(2021 年)。

表 1-5　2021 年全国主要城市的平均热岛效应强度

热岛效应强度等级	城市
无热岛效应	青岛、昆明、厦门、长沙、银川、杭州、南京、西安、南昌、宁波、重庆、武汉、海口、合肥、成都、长春、广州、石家庄、上海、济南、呼和浩特、大连、哈尔滨、沈阳、天津
弱热岛效应	南宁、太原、福州、贵阳、郑州、北京、拉萨
中等热岛效应	西宁、兰州
强热岛效应	乌鲁木齐

资料来源:《中国主要城市人居环境气象监测报告》(2021 年)。

表 1-6　2021 年全国主要城市的年均热岛面积比

热岛面积比等级	城市
一般	成都、南京、沈阳、天津、西宁、南宁、郑州、南昌、石家庄、哈尔滨、贵阳、武汉、青岛、银川、大连、兰州
较严重	重庆、海口、广州、厦门、合肥、长沙、西安、乌鲁木齐、长春、宁波、上海、深圳、杭州、昆明、福州、拉萨
严重	北京、太原、济南、呼和浩特

资料来源:《中国主要城市人居环境气象监测报告》(2021 年)。

13

四、海绵城市:应对城市水灾害风险的管理工具

综上可见,全球气候变化和中国快速城市化已对我国城市水安全、水环境与水生态造成严峻挑战,水灾害风险正威胁着城市居民日常生活和生命财产安全,未来城市发展面临极大的不确定性。如何应对气候变化与快速城市化带来的城市水灾害风险,成为当前摆在我国政府部门和研究机构面前重大而迫切的任务。

为应对上述挑战,亟须探索一种新的风险评估思路与风险管理工具,以直面内涝侵袭、径流污染、热岛效应等城市水灾害风险,实现城市和生态的完美结合(Liaw et al.,2005)。国际上,生态雨洪的概念受到越来越多的关注(Argent et al.,2008),发达国家已提出多种先进生态雨洪管理理念与技术(张玉鹏,2015;廖朝轩等,2016)。在国外低影响开发(LID)(Barlow et al.,1977;US Environmental Protection Agency,2000)、可持续城市排水系统(SUDS)(Kingdom,2001)、水敏性城市设计(WSUD)(Mitchell,2006)等理念的启发下,一种具有中国特色的雨洪管理工具——“海绵城市”应运而生(仇保兴,2015;Chan,2018;Liu,2017)。

本书认为,作为一项重大的国家战略,海绵城市是直面水生态、水环境、水安全灾害的一种新思路,是应对城市综合水灾害的一种灾前风险管理工具。与此同时,海绵城市理念在实施建设过程中具有投资规模大、建设周期长的特点,致使其建设运维过程本身面临各种风险,并在其全生命周期中呈现出复杂、动态的演变特性。鉴于此,对海绵城市建设开展全过程(启动、规划、建设、运维)、系统化(科学、技术、管理、制度)的研究,加强灾前风险评估与建设过程风险管理,已成为当前推进海绵城市建设亟须关注和研究的重大议题。

第二节　我国海绵城市建设风险管理现状分析

一、我国海绵城市建设推进总体情况

2012 年,党中央、国务院推出生态文明建设战略,提出将整个国土空间看

作"绿色海绵系统",实现雨水就地蓄留、就地资源化的目标。2013年12月12日,习近平总书记在中央经济工作会议上提出"建设自然积存、自然渗透、自然净化的海绵城市"①的思想,正式开启了全国性的海绵城市建设热潮。2014年10月,住房和城乡建设部出台了《海绵城市建设技术指南——低影响开发雨水系统构建(试行)》。作为"海绵城市"理念的先行探索与示范,2015年住建部、财政部、水利部公布了首批16个国家级海绵试点城市,共获得中央财政超过200亿元的资金支持。2015年10月,国务院办公厅印发了《关于推进海绵城市建设的指导意见》。2016年,住建部、财政部、水利部公布了第二批14个国家级海绵试点城市,共获得中央财政超过300亿元的资金支持。两批国家级海绵试点城市承诺每个城市在3年内建成并运行不少于15平方公里的海绵城市建成示范区,并承诺到2030年建成示范区面积的80%要达到《海绵城市建设技术指南》(2016年版)中的标准。截至2019年底,各试点城市均通过终期考核验收。2020年4月,住建部发文要求所有设市城市编制海绵城市建设自评估报告,以落实系统化全域推进海绵城市建设的工作部署。2021年4月,财政部办公厅、住房和城乡建设部办公厅、水利部办公厅联合印发《关于开展系统化全域推进海绵城市建设示范工作的通知》(财办建〔2021〕35号),并公布了首批20个系统化全域推进海绵城市建设示范城市,这也是国家在两批海绵城市建设试点之后的新举措,旨在总结前两批试点经验基础上,更加强调海绵城市建设的全域性。2022年4月,为指导各地科学、扎实、有序推进海绵城市建设,住房和城乡建设部印发了《关于进一步明确海绵城市建设工作有关要求的通知》(建办城〔2022〕17号),提出20条海绵城市建设具体要求;同年6月,第二批25个系统化全域推进海绵城市建设示范城市公布。

二、我国两批海绵试点城市建设总体状况

我国首批(2015年)海绵试点城市包括镇江(江苏省)、嘉兴(浙江省)、池州(安徽省)、厦门(福建省)、萍乡(江西省)、济南(山东省)、迁安(河北省)、南宁(广西壮族自治区)、鹤壁(河南省)、武汉(湖北省)、常德(湖南省)、白城(吉林省)、重庆、遂宁(四川省)、贵安新区(贵州省)、西咸新区(陕西省)等16个城

---

① 参见《习近平关于全面深化改革论述摘编》(中央文献出版社2014年版)第110页。

市(区),第二批(2016 年)海绵试点城市包括青岛(山东省)、宁波(浙江省)、福州(福建省)、上海、深圳(广东省)、珠海(广东省)、三亚(海南省)、庆阳(甘肃省)、西宁(青海省)、固原(宁夏回族自治区)、天津、北京、大连(辽宁省)、玉溪(云南省)等 14 个城市。

截至 2019 年底,财政部、住建部、水利部联合对这 30 个海绵试点城市开展了终期考核验收工作。根据各市提交的报告统计,30 个海绵试点城市已建成总面积约 920 平方公里的海绵示范区,投资额约 1600 亿元。海绵示范区内共完成了 4900 多个项目,其中海绵建筑与住宅区项目近 2600 个、海绵道路 1000 余条、海绵公园近 400 个、海绵河湖治理项目近 350 个、海绵排水防涝项目 570 多个。

然而,我国的海绵城市建设仍处于初期探索阶段,试点城市建设时间紧、任务重,建设管理过程还存在诸多亟须改进的地方,包括"风险评估技术缺失""重工程性措施、轻非工程性措施""重前期建设、轻后期运维"等系列问题,这些问题使得海绵城市的推广面临着"叫好不叫座"的窘境。

三、我国海绵城市建设存在的主要问题

截至 2019 年底,两批海绵试点城市虽都通过了国家终期验收,但从实际运行来看,依旧面临着水生态、水安全、水环境问题带来的诸多困扰与挑战。从课题组现场调研来看,海绵城市建设本身也面临着制度不健全、管理不协调、技术不完善等过程性问题带来的经济社会风险。

(一)试点城市建设成效有待提升

通过对试点城市建成后的现场调查,结合文献检索,发现试点城市在水安全、水环境、水生态等方面仍然存在诸多问题(见表 1-7、表 1-8)。

1. 水安全方面

第一,城市河网水系结构不合理,防洪除涝仍存隐患。例如,镇江城市南山北水格局加上局部地势低洼导致 36 个积水点仍未消除;南宁市部分内河及调蓄区被侵占,限制了排涝及河道行洪,暴雨后极易出现城市内涝。

第二,城市整体排涝标准偏低,内涝依旧频繁。例如,南宁市的武鸣河流域,历史上有记载的大型洪涝灾害就有 25 次,但全市现行防洪标准部分县(市、区)不足二十年一遇、乡镇不足十年一遇、农村不足五年一遇;白城试点老

城区管网排水能力差,改造标准偏低,暴雨后积水严重,易涝点高达 14 个。

第三,防洪设计标准不达标,安全隐患大。例如,遂宁市部分中小河流和山洪沟上的桥梁、石河堰设计不合理,阻水严重,对行洪影响较大;救生高台标准低,受山洪、洪水等灾害威胁依然很大。

2. 水环境方面

第一,老城区排污管网建设落后,雨污合流极易导致溢流污染。例如,南宁尚有大量雨污合流制管网,易造成污水外溢(张伟等,2016);嘉兴市试点区域内的雨污合流制区域,在降雨条件下常常发生污水溢流情况;鹤壁市存在较为严重的合流制溢流污染问题和分散的污水直排问题,水质恶化较为严重,已达到劣 V 类(周飞祥等,2019)。

第二,污水处理能力有限,降雨偷排成为常态。例如,萍乡市污水集中处理设施能力有限,无法满足污水排放量增长的需求(常胜昆,2022),一些企业和单位平时只能把污水集中封存在管道里,一遇降雨就集中排放;重庆市区域污水收集能力不足,管网错接漏接等问题普遍存在,造成污染治理设施不能稳定达标运行。

3. 水生态方面

第一,"热岛""雨岛"效应显著,局部高温现象依旧。随着城市化的快速推进,大部分试点城市的非试点区域不透水下垫面积仍在不断增加,硬质驳岸的建设、河浜的填埋,加剧了城市的热岛效应和雨岛效应。

第二,地表生态系统结构破碎导致高温区域持续集中,城市风廊被割裂。例如镇江、南宁市地表生态系统结构破碎,导致近年来高温区域持续集中。厦门、迁安等沿海城市地表、岸线生态比不足,造成海—陆风不对流,间接割裂城市风廊。

第三,生态系统建设滞后,水生态保护工作任重道远。一些试点城市的河道建设仍然使用了大量的钢筋混凝土材料,致使生物多样性最敏感的城市区域失去了生态系统的恢复能力;河湖水域岸线分区管控亟待加强,水土流失综合治理程度较低。

表 1-7　第一批次部分海绵试点城市水问题

试点城市	水安全	水环境	水生态
镇江	城市南山北水,地势低洼区域仍存 36 个易涝积水点	主城区 26 条水系中,水质为劣 V 类的有 15 条	• 水质富营养化 • 金山湖虽然达到水功能区目标,但面临蓝藻暴发的威胁
嘉兴	• 试点区南部片区城市防洪存在极大的安全隐患 • 试点区内仍存 8 处积水点尚未消除	• 合流制溢流污染频发 • 雨污混接现象较多 • 雨水面源污染严重 • 河道内源污染较大 • 水体自净能力较差	• 试点区水域面积占 13.57%,水体的匮乏导致水生态自我维持和自我修复能力较差 • 生态护岸长度仅占总岸线的 26.88%
池州	2020 年 7 月,特大暴雨的持续侵袭,引发山洪内涝	2019 年,东至经济开发区园区浅层地下水化学需氧量高达 5000—6000mg/L	—
厦门	受台风天气影响,短历时降雨强度大,排水易受海潮顶托,湾区容易产生内涝	• 全市劣 V 类河段比例高,且大多数溪流水系存在断流现象,近岸海域水质多为 IV 类 • 河流上游或者沿岸均存在一定数量的耕地,季节性农业面源污染问题比较突出	• 生态流量难以保障,河道纳污能力较差 • 护岸硬质化缓冲能力弱,生物多样性不足 • 水动力不足,水体自净能力差
济南	2022 年 7 月,城区多路段严重积水,部分小区遭水浸,全市共接防汛警情 56 起	• 雨水管网混入生活污水,导致华山湖排入黑臭水 • 汛期降雨集中,城镇污水收集处理能力不足、生活污水溢流导致面源污染严重 • 截至 2022 年底,仍存在 34 处黑臭水体	—
迁安	• 2022 年 7 月,暴雨导致东沙河水位快速上涨,2 人被困 • 强降雨天气导致多处路段积水 • 排水管网老旧	—	• 老旧小区、返迁楼、城中村处在整体环境落后地带,雨水资源流失严重,面源污染严重 • 生态岸线占比仅 40%,未达到建设标准
南宁	2022 年 7 月,受暴雨影响,存在积水点 18 处	• 积水点黑臭水体泛滥 • 船舶水污染物的排放不达标	硬面增多,绿地生态空间被压缩,热岛效应加剧
鹤壁	• 局部的低洼点在遭遇大雨或暴雨时经常发生内涝 • 2021 年 7 月强降雨导致严重内涝	试点区部分雨污合流制,存在较为严重的合流制溢流污染问题和分散的污水直排问题	—
武汉	• 存在 21 处内涝重点风险片区 • 梅雨季节存在城市路面倒灌、湖泊涨水现象	• 合流制排水,污染情况较严重 • 黑臭水体直接填埋,城市垃圾加剧河道堵塞 • 部分区域点源污染严重	• 绿色海绵体缺失,城市生态水系统不健全 • 城市化导致湖泊总面积萎缩,生物多样性降低

试点城市	水安全	水环境	水生态
常德	—	• 一遇下雨,矿点就向外排出黄色废水,污染农田 • 存在82条黑臭水体	—
重庆	• 璧南河、临江河、小安溪等河流水质仍不稳定,容易反弹 • 城市黑臭水体尚未全面实现长治久清,农村黑臭水体整治任务重	• 城市老城区、城中村以及城乡接合部等区域污水收集能力不足,管网错接漏接、雨污混流、污水溢流等问题普遍存在 • 400总吨以下内河船舶生活污水收集处置装置改造未实现全覆盖 • 农业面源污染范围广	• 三峡库区水生态健康状况底数不清,水土流失防治和石漠化治理任务艰巨 • 自然岸线保护、生态河道建设、人与自然和谐共生的河岸文化空间建设等存在一定不足 • 中心城区超三成区域出现较强热岛效应

资料来源:基于现场调查及文献(王宁等,2014;张伟等,2016;王夏青等,2019;施萍等,2020)整理。

表1-8　第二批次部分海绵试点城市水问题

试点城市	水安全	水环境	水生态
青岛	受强降雨影响,多个区域出现汛情,积水成河	• 污水集中处理能力不足 • 雨污混排,污水冒溢	• 存在部分干涸河段 • 河流生态功能不足
福州	沿海山前平原型城市,容易受到来自城区周边山区洪水袭击	—	—
上海	• 水系结构不完善,防洪除涝存在隐患 • 雨水管网设计标准偏低	• 浦东新区属Ⅴ类水质的河长达89.7km • 雨水径流污染影响水质	• 河道硬化,水体生态功能丧失 • 生态空间比例、整体性均不足
深圳	• 容易受到上游来水、下游潮水的严重影响,城市内涝多发 • 2022年7月强降雨给全市造成了40余处积水内涝点	• 茅洲河共和村断面水质为Ⅴ类,未达标 • 水质问题主要体现在河流中下游,水质问题十分突出且较难实现根本性改善	• 热岛面积持续扩大 • 深圳市民人均绿地面积不足10m²
珠海	• 经统计共有92处较为严重的内涝点 • 濒海河口地区,雨水被潮水顶托,无法排出,极易发生内涝	• 98条内河水质标准低于Ⅴ类水标准,占主要内河数量的67% • 排查出17条黑臭水体,共44.63km	• 河道断面逐渐变窄,生态脆弱 • 仅重视河道的防洪能力,生态价值和景观价值未能得到有效体现
三亚	持续性降雨使城区地势较低地带出现内涝	• 部分水体存在一定程度的黑臭现象 • 试点区上游有大面积农田,农业面源污染未经有效控制和削减直接进入水体	• 采用大量的硬质铺装,雨水下渗减少,地表径流系数增大 • 生态岸线不足

续表

试点城市	水安全	水环境	水生态
庆阳	2022 年 7 月,洪水位达到了 50 年以来的最高位,内涝严重	• 境内河流水量少,本底水质较差 • 污水处理厂站未覆盖全市乡	水土流失造成生态环境日益恶化
西宁	• 2020 年突降暴雨,造成城区多个路段出现严重内涝 • 排水设施建设滞后,雨季厂网负荷超载	• 雨污合流问题突出 • 城市河流水环境负荷超载	• 林木覆盖率低,斑块破碎,生态基底较为脆弱,水源涵养和生态功能不强 • 滨水湿地退化,河道干流渠化,自然水文循环过程显著改变,流域水文调节功能脆弱
固原	2022 年 5 月,暴雨、冰雹来袭导致城区部分片区多处居民点被淹	2019 年清水河、沈家河水库为劣Ⅴ类重度污染水质	
天津	—	天津城区污染负荷	河道需修复
北京	• 存在 64 处积水内涝风险点位 • 城市内涝日益严重	• 陶然亭公园等 20 处河流溢流口 • 汛期面源对通州区港沟河水质影响大	• 1990 年以来,北京城区热岛强度平均每 10 年增加 0.32℃ • 到 2017 年,北京城区热岛面积比已近 80%
大连	2018 年 5 月,罕见暴雨导致城区严重积水	• 中小河流,特别是入海河流水质污染十分严重 • 污水收集处理体系仍不完善 • 农业面源污染影响较大	• 枯水季节河流流量仅有雨期流量的 1/10 或更小,生态流量不足,几乎没有自净能力 • 生态缓冲带建设不足
玉溪	中心城区多处路面出现水浸现象	星云湖水质为Ⅴ类,杞麓湖水质为劣Ⅴ类	—

资料来源:基于现场调查及文献(王宁等,2014;张伟等,2016;王夏青等,2019;施萍等,2020)整理。

二、试点城市建设风险亟待管控

两批试点城市虽都已顺利通过了国家终期验收,但纵览建设从启动、规划建设到后期运维的海绵城市全生命周期,在制度建设、管理运行和技术应用等方面仍存在亟须破解的挑战,给海绵城市建设带来极大风险,亟待管控和改进(见表 1-9)。

表 1-9 国家海绵试点城市建设过程问题总览

阶段	制度风险	管理风险	技术风险
启动阶段	• 法律法规缺位 • 配套政策缺失 • 协调机制缺乏	• 组织架构不完善 • 运行机制不合理 • 社会参与不积极	• 基础调研不够深入 • 技术标准不太科学 • 管网标准水平偏低

阶段	制度风险	管理风险	技术风险
规划建设阶段	• 全程监管体系欠缺 • 产业激励政策缺乏 • 要素保障机制不足	• 部门合作不顺畅 • 规划管控不严格 • 监督考核不明确 • 竣工验收不科学	• 规划设计不太合理 • 建筑施工不够精湛 • 灰绿设施矛盾突出
运维阶段	• 监管制度未到位 • 运维资金无保障 • 公众参与不积极	• 职责界定不清晰 • 运维资金不充分 • 维护监管不到位	• 监测系统不完善 • 维护技术不先进 • 管理平台不智慧

(一)制度规章不健全

海绵城市理念真正融入城市建设发展的全过程有赖于建立一套涵盖从中央到地方的法律法规、规划管控、项目管理、资金筹措、PPP管理、公众参与等要素在内的行之有效的、完善的制度体系,从而真正做到"有法可依、有章可循"。虽然自2013年以来国务院及相关部委陆续发布了与海绵城市建设相关的30余项政策性文件与技术标准规范,但试点城市在制度保障机制方面还是存在着全生命周期制度建设体系不全、"国家—省—地方"三级制度建设合作不足等突出问题,具体表现为以下三点。

1.指导性文件多,指令性法规少

自提出海绵城市建设以来,国务院及相关部委出台了一系列通知、意见、指南或技术标准,但迄今为止尚未颁布全国层面的专门针对雨水管理和海绵城市建设的法规条例,这使得地方在完善法律法规方面缺乏上位依据,制度创新的主动性和积极性受到极大的抑制,各地出台的相关技术导则也缺乏法律基础。调研反映出来的问题包括:管控不够严格,海绵城市建设要求未能实现全地域覆盖(仅局限于试点区域)和全过程精细化管理(各环节具体要求与细则缺乏);权责不清、奖惩不明,海绵城市建设没有纳入各部门政府绩效考核;政策与制度创新不力,社会资本与公众参与的积极性不高等。

2.技术性文件多,政策性文件少

从国家到省、市,从中央到地方都制定了海绵城市建设指南、标准和技术导则,各试点城市都编制了海绵城市专项规划与实施方案,但有关资金筹措、产业发展、人才培养、公众参与等方面的激励政策却极为少见,从而严重制约了海绵城市的可持续发展。充足的资金保障是海绵城市建设顺利进行的基本前提和先决条件,但从调研来看,试点城市的建设资金多以国家奖补和地方财政为主;由于海绵城市以公益性建设项目居多,社会资本投入的积极性不足,商业化模式尚未建立,对地方财政造成巨大压力;支持海绵产业培育、人才培养的相关政策与制度不足,未能有效激发市场参与的活力;缺乏公众参与的有效途径与制度设计,海绵城市的社会认知与理念普及水平有待提升。

3.国家层面多,地方层面少

国务院及相关部委已发布了 30 余项与海绵城市建设相关的政策性文件与技术标准规范,但省级和地方大都只是按要求围绕海绵城市的规划设计、建设施工、考核验收和运行维护出台了相关方案与技术标准,政策性制度创新的力度还远远不够,难以有效激发起全社会的资源和力量投入海绵城市建设。因此,从制度体系建设来看,亟须建立起"国家层面有法律法规保障,省级层面有规章条例支持,地方层面有政策措施激励"的金字塔状海绵城市建设制度形态及其分工合作关系。

(二)管理机制不协调

推进海绵城市建设需要充分发挥集中力量办大事的体制优势,只有强力而持续的组织保障才能克服试点建设过程中的重重困难和阻力,确保海绵城市理念真正落地生根。虽然各试点城市都组建了海绵城市建设领导小组与工作专班,但这种"专班"制度面临着以下突出问题。

1.无法可依,执行不力

目前各试点城市"专班"管理机构的设立、权力责任结构的架构、运行方式都不是以法律法规的形式来确定的,大都只是临时之举,缺乏明确的法律保障。这种体制导致的现实后果就是领导小组流于形式,未能真正发挥强有力的协调推动作用,具体表现为:建设、水务、城管、园林等部门貌合神离,相关部门各自为政,缺乏充分的统筹协调,各项目间不能有效衔接,尤其是园林部门至今未认同海绵城市的理念与做法;审批程序烦琐重复,效率低下,最后要么效果打折,要么不了了之。

2.注重建设,轻视管理

许多试点城市的领导小组与工作专班因"国家试点"的帽子而成立,成立的初衷是完成申报时承诺的建设项目清单,这就注定了这一体制"重建设、轻管理"的内在特性。现实中的问题和困境表现为:长效运维管理机制尚未建立,许多已建成的海绵设施因缺乏日常巡检与维护而丧失了基本功能;信息管理平台尚未建立,数据未能实现整合与共享,海绵城市投资、建设、管理与运维的一体化建设缺乏有效的决策依据与管理平台。

3. 放权有余,集权不足

海绵城市是应对水灾害的灾前风险管理工具,也是生态文明思想引领下的新实践范式,完全颠覆了传统的城市规划与建设模式,需要我们重塑价值观,重构方法论,重建领导力——这样一项复杂的系统工程显然不是靠"地方申报＋国家验收"这样一种简单的两头管理就能完成的。调研中各试点城市都建议加大建设管理机构的力度,由国家牵头,在国家、省和地方三个层面都成立领导小组与工作专班,统筹推进海绵城市的全要素与全过程管理,并将其常态化和制度化,避免"一拥而上、一哄而散""考核一结束,专班即停运"的尴尬现象。

(三)技术体系不完善

海绵城市建设的综合性和专业性都很强,需要涵盖从规划、设计、施工到后期运维的全过程、多学科的技术支撑。但目前相关专业人才的极度匮乏不仅制约了技术难题的破解,也迟滞了海绵城市建设技术体系的形成与完善。虽然住房和城乡建设部印发了《海绵城市建设技术指南——低影响开发雨水系统构建(试行)》,但我国地域辽阔,自然与人文环境条件差异显著,各地理应因地制宜,建立起完善的地方技术体系。目前海绵城市建设中存在的技术体系问题主要有以下几个。

1. 系统谋划与统筹规划不够

海绵城市建设是一项复杂的系统工程,要发挥其综合效益,必须树立系统建设观,从目标设定、总体设计、工程实施、建设管理等方面统筹协同推进,并做好顶层设计。但从试点城市来看,这种系统性思维普遍不足,具体表现为:为了完成试点区规模而选择性地"碎片建设",各海绵设施零散地分布在试点区域之内,海绵城市建设的连片效应未能显现;为了解决局部水问题(如城市某处内涝)而"头痛医头",仅着眼于跟问题直接相关的终端排水系统处理而忽视了"灰绿协同治理"及整个流域水文循环的系统性改善,收效甚微。

2. 规划定位与建设标准不高

我国大多数城市尚未编制完善、科学、合理的雨水综合规划,采用的还是雨污合流排水体制。发达国家已经形成城市排水、城市内涝防治和城市防洪三套工程体系(Water,2005;Vernon et al.,2009),大都制定了较高的城市排水标准,而我国仅有内河排涝标准,且排水标准与发达国家相比明显偏低,内涝设计标准缺失,难以支撑排水、内涝防治和防洪体系的一体化建设。

3.关键技术与难题突破不足

调研发现,各试点城市在建设过程中过于依赖第三方技术服务团队而忽视了本地化的技术人才培养;尚未建立起属地化的技术标准体系,适宜性的"在地化"海绵技术创新不力;忽略了与其他标准的协调衔接;绿色屋顶的防渗处理难、透水路面的清洗维护不便、雨水回收处理成本高等技术难题尚未突破;缺乏长期、稳定的联合攻关组织机制,"产、学、研、管、用"尚未形成闭环。

(四)社会认知不充分

水是中国新型城镇化建设过程中的重要制约因素,人水和谐是衡量国家生态文明战略成效的重要标志。海绵城市为系统解决城市水安全、水环境、水生态、水资源等涉水问题,引领城市科学绿色发展提供了全新的理念和路径。但在调研中发现,各地对这一认知还不到位,对海绵城市概念缺乏科学认识,存在"无用论"和"万能论"两种论调,极不利于海绵城市的持续建设。

1.建设主体认知不充分

无论是参与海绵城市建设的政府部门还是相关企业,它们对海绵城市的作用与功能、建设海绵城市的理念与方法等都还存在认知上的差距和理解上的误区,具体表现在建设思路、组织实施、保障机制等方面,也体现在大多数试点城市的建设成效式微这一事实上。

2.社会公众参与不到位

海绵城市表面上看是一场从"灰色"到"绿色"的基础设施转变,但本质上是当地民众的社会公共意识的觉醒和革命;公众意识、教育和公众决策对海绵城市的规划、设计和民众接受度至关重要。但对试点城市的调查反馈显示,在项目设计、实施落实、后期运维等各个阶段,无论是了解公众意愿方式还是保障公众参与的渠道,都极为粗放和有限。

第三节 研究意义

本书直面气候变化与快速城市化战略背景下的城市水灾害风险挑战,以

"打造具有中国特色的雨洪管理方案——海绵城市"为核心目标,围绕"海绵城市建设缘起(应对灾害)—海绵城市建设原理(防灾减灾)—海绵城市建设机制(过程风险)—海绵城市建设管理(风险防控)"的科学问题链,通过科学原理探真、关键技术探究和管理机制探索,构建基于"科学—技术—管理—策略"完整逻辑链的海绵城市建设理论框架与知识体系,引导海绵城市持续健康发展。具体而言,本书的研究意义在于以下三点。

一、提高海绵城市建设的战略定力

通过对海绵城市建设应对的灾害类型及不同灾害风险影响因素(见第三篇)、海绵城市建设的关键技术与作用(见第四篇)的研究,本书探索了由自然环境致灾因子变化以及人为建设因素共同导致的城市水灾害风险的形成机理,探究了海绵城市的防灾原理与减灾机制,深入理解了城市灾害形成与人类利用自然方式的关系,深刻明白了城市建设尊重自然规律的重要性和必要性,引导形成了两大共识,从而极大地提高了海绵城市建设的战略定力。

(一)共识之一:海绵城市建设是落实多项国家战略的重要抓手

当前我国正处在新旧动能转换与发展模式转型的关键时期。海绵城市建设是落实我国现行的"生态文明建设""双碳治理""城市双修"等多项国家战略的重要抓手,是党中央、国务院在新时代生态文明战略引领下大力倡导的一种城市发展模式,也是探寻人水和谐共生之路、促进城市转型升级的重大机遇。

从解决城市水问题的总体思路上看,"海绵城市"与"生态文明建设"均涉及城市生态系统结构,强调"生态优先",与新时代我国"扭转生态环境恶化,促进生态经济发展,创造良好'三生'环境"的城市发展思路相包容。

从解决城市水问题的主体内容上看,"海绵城市"需要优化城市下垫面布局,提高碳汇利用率,解决城市"热雨岛"问题,实现生态资源保护、利用和产出。这与"双碳治理"战略中的碳"减排"、碳"开源"具有异曲同工之效。

从解决城市水问题的主要方法上看,"海绵城市"注重城市"面向点"等基础设施的协同,与"城市双修"论提倡的"宏观系统修复、微观系统治理"的手段相辅相成。

(二)共识之二:海绵城市建设是解决城市水问题的必由之路

区别于传统方法,海绵城市建设紧紧围绕水安全、水环境、水生态问题,强调"天人合一",突出"师法自然",注重发挥生态系统及其服务功能,以自然积存、自然渗透、自然净化为核心技术,通过分散式、模块化的蓝绿自然斑块配置,利用潜在生态系统要素,优化城市自然水循环系统,从源头削减、过程疏导、末端治理上优化城市水生态环境,提高水环境品质,提升水安全格局,大幅度降低城市运营成本。

在水安全方面,海绵城市建设突破传统的"快排硬防"模式,协同网络化蓝绿灰基础设施,利用城市原有自然水体和地下雨水调蓄池,促进雨水就地"渗、滞、蓄",提高雨水径流量,缓解城市内涝压力。通过利用公园、湖泊、池塘、湿地等,结合自然做功效应,在雨洪源头上减缓径流速度,在路径上提高输水能力,在受体上限定雨流去向;通过保护滩涂、自然岛屿等,防止岸线及潮间带进一步被侵蚀,维持自然岸线的生态防洪功能。

在水环境方面,海绵城市建设突破传统的"以排解污"模式,通过对土地利用的调控及灰色基础设施的再布局,减少面源污染,恢复和优化原有城市生态系统。强调城市公园、水系、湿地等水质净化"汇类"用地的增加,减少径流经过污浊用地的概率;利用自然做功效应,将管网的水排放至雨水花园、生物滞留设施等各类水净化设施,削减径流对周边受纳水体的污染,降低水体中的钾磷离子(KP)、悬浮物(SS)、生物需氧量(BOD)、化学需氧量(COD)等比例。

在水生态方面,海绵城市建设突破传统的"机械调温"格局,借用原有碎片化点状绿色斑块,将建筑与绿色资源连点成网,重新调整城市"热岛""雨岛"效应,降低城市集中排热与降雨的概率。利用成片的遮阴植被提供阴凉地,吸纳温室气体及空气尘埃,改善空气质量,降低城市温度;控制城市通风走廊,提高城市开放空间的连续性,优化大型生态带的植被空间布局,利用自然风压创造特定风循环,最大限度地将外部冷风引入城市内部,缓解城市"热岛""雨岛"效应,实现"自然恒温"效应。

二、提升海绵城市建设的战术能力

通过对海绵城市建设过程中的风险因素与关键风险致因链的动态分析(见第五篇),以及建设风险管控的整体框架与策略体系设计(见第六篇),揭示了关键风险因素在启动筹备、规划设计、施工建设和运行维护等全生命周期中的动态演化特征与规律,通过"多主体+全过程+多维度+全要素"这一海绵城市建设风险管控链的打造,编织了一张海绵城市建设的风险防控网,极大地提升了海绵城市建设的战术能力。

(一)链条一:"纵向到底＋横向到边＋政企社协作"的多主体管控链

海绵城市建设过程涉及利益主体关系错综复杂,需要他们"各司其职,各尽所能,通力合作":一要纵向衔接好国家、省级和地方三级政府在海绵城市建设风险管控体系中的上下事权关系;二要横向协调好发改、规划、住建、园林、水利等相关部门的左右事务关系;三要妥善处理好政府、企业和社会公众在推进海绵城市建设中的可能合作关系。厘不清多方主体的合作关系,就会造成海绵城市建设管理混乱,并最终产生系统性风险。

(二)链条二:"启动筹备—规划建设—运行维护"的全过程管控链

海绵城市建设是一项复杂的系统工程,具有明显的全生命周期特征,涉及前期"启动筹备"、中期"规划建设"与后期"运行维护"等阶段。在不同的生命周期,多维度风险要素的活跃程度及其相互关系具有动态变化性。根据海绵城市建设在不同阶段的具体形态和特征,可对风险维度及相应要素进行系统、动态、全面的识别与分析,从而有助于对项目进行整体把控。为此,顺应海绵城市建设全生命周期及其风险演进规律,与时俱进地把握风险管理重点至关重要。

(三)链条三:"制度—管理—技术"的多维度管控链

"制度—管理—技术"是海绵城市建设风险的最大致因链,也是风险管控的三大关键维度。三大风险维度之间既相互独立,又相互影响和转化。在进行海绵城市建设风险管控时,若无法把握不同风险维度的具体作用特征及其相互间动态复杂的演变趋势,会导致风险管控体系缺乏系统性和针对性,并容易加剧风险累积放大效应,使得风险管控成本大大增加。因此,唯有系统、全面、动态地看待不同风险维度的作用机理及其相互影响关系,才能更好地实现海绵城市建设的风险管控。

(四)链条四："组织＋资金＋社会＋技术＋法规＋管理"的全要素管控链

三大风险维度包含六大风险要素。海绵城市建设的风险要素多元复杂，且各要素间存在明显的连锁链接效应，因此，需在系统识别海绵城市建设风险因素的基础之上，综合集成各类风险因素并深入探究其内在结构关系。一方面，各类风险要素在责任主体、管控模式等方面存在显著差异，管控措施需结合各类风险要素特点，突出针对性；另一方面，各类风险要素所处管控主体、过程和维度各有不同，需结合管控主体层级事权，因地制宜、与时俱进地采取适宜的管控措施，突出实效性。

三、提供全球雨洪管理的"中国方案"

直面气候变化与城市化带来的城市水灾害全球难题，自20世纪70年代以来，发达国家相继推出了包括绿色基础设施(green infrastructure，GI)、低影响开发(low impact development，LID)、可持续城市排水系统(sustainable urban drainage systems，SUDS)、水敏感城市设计(water sensitive urban design，WSUD)、水资源综合管理(integrated water resources management，IWRM)等在内的系列雨洪管理实践方案，为全球提供了可资借鉴的经验与模式。2013年12月，习近平总书记在中央城镇化工作会议上首次提出了"建设自然积存、自然渗透、自然净化的海绵城市"的思想，以此为标志，正式开启了中国探索雨洪管理方案的使命与征程。本书通过三个"跨界与交叉融合"的研究，建立起有关城市灾害风险形成机理与评估方法、海绵城市防灾原理与减灾技术、海绵城市建设风险演化规律与防控策略的理论体系，力图为全球雨洪管理提供"中国方案"。这一方案具有以下三大特色。

(一)跨学科交叉融合

海绵城市是一个有关水文、地理、生态、灾害、工程、管理、规划等多学科的复杂系统工程，不仅涉及自然科学领域中的灾害形成机理与防灾减灾技术，还涉及人文社科领域的风险评估与管控策略。本书通过多学科交叉融合，促进了不同学科理论、技术与方法在中国海绵城市建设与管理中的应用，构建了一个基于"科学—技术—管理—策略"完整逻辑链的海绵城市建设理论框架与知识体系。

(二)跨时空交叉融合

海绵城市建设具有跨多维时空属性,包括从宏观城市、中观社区到微观场地的多尺度空间,以及从前期谋划准备到中期规划建设施工,再到后期运行维护的全生命周期管理。因此,解决城市水问题的关键是按照海绵城市建设的全生命周期规律,遵循水循环的自然过程,构建跨时空融合的水循环空间系统。本书在对水灾害形成机理(见第三篇第六、七、八章)与海绵城市防灾原理(见第四篇第九、十、十一、十二章)进行多尺度空间探索的基础上,结合海绵城市建设风险的全过程演化模拟与评估(见第五篇第十五、十六、十七章),提出了海绵城市规划技术体系的优化思路及技术风险防控的整体策略建议(见第六篇第十九章)。

(三)跨主体交叉融合

城市水问题错综复杂,不仅关乎国家、省和地方的合作,涉及规划、建设、水利、环保、城管等多个部门,而且事关政府、企业和社会多方主体。但长期以来,孤立、碎片化的"九龙治水"格局只能陷入"头痛医头、脚痛医脚"的治理困境。因此,海绵城市建设与其说是一个工程性的技术过程,更不如说是一个非工程性的国家治理能力与治理体系的现代化过程。本书正是基于以上认知,在对海绵城市建设风险进行系统调查、动态模拟与实证分析(见第五篇第十四、十五、十六、十七章)的基础上,提炼总结了"制度—管理—技术"这一关键风险致因链,并结合我国国情与优秀试点城市的经验做法,提出了风险防控的体系性策略建议(见第六篇第十八、十九、二十、二十一章)。

第二章　研究设计与研究概况

本章围绕科学问题的提炼与研究目标的设计,提出了研究的总体思路与技术路线,简要介绍了研究的主要内容与方法;在此基础上,总结了研究取得的创新成果及社会成效。

第一节　科学问题与研究目标

为应对全球气候变化与我国快速城市化带来的严峻的城市水灾害风险挑战,本书围绕海绵城市建设应对的客体(城市水灾害风险)、海绵城市本体(防灾减灾原理)、海绵城市建设过程(风险演化与防控)三个层面,从"为何要建海绵城市""海绵城市是什么""如何建设海绵城市"三个角度,系统提出以下三大环环相扣、层层递进的科学问题及相应的研究目标。

一、科学问题一:城市水灾害风险的形成机理与评估方法

为何要建海绵城市?海绵城市建设应对的客体有什么样的特性与规律?如何认识和评估客体?城市水灾害风险的形成机理与评估方法是海绵城市建设的缘起论问题,解决这一科学问题需完成以下三大研究目标。

研究目标一:结合自然地理要素与社会经济要素,揭示城市水生态、水安全、水环境灾害等的形成机理,科学划分城市水灾害风险类型。

研究目标二:深入探索影响城市高温热浪、雨洪内涝、面源污染等的自然地理因素和土地利用关键因子,科学构建基于致灾体危险性和承灾体脆弱性的城市水灾害风险评估体系。

研究目标三:基于城市水灾害风险因素与风险区域的识别评估,提出风险预警的主要内容及其防控重点。

二、科学问题二:海绵城市的防灾原理与减灾技术

海绵城市是什么(建什么)? 它有哪些关键设施和技术? 这些设施和技术是如何起到防灾减灾作用的? 海绵城市的防灾原理与减灾技术是海绵城市建设的本体论问题,解决这一科学问题需完成以下三大研究目标。

研究目标一:深入揭示海绵城市建设的结构性指标对热岛强度、径流水质、雨洪内涝的影响机理,科学探索海绵城市的防灾原理与关键技术参数——海绵设施指标的结构性阈值。

研究目标二:多目标导向探索建立海绵城市建设的调控模型,提出优化海绵城市建设关键设施布局的理论与方法。

研究目标三:分析海绵城市建设的关键设施——透水铺装、植草沟、雨水花园、绿色屋顶的结构特征与技术性能,剖析其防灾减灾的作用机理。

三、科学问题三:海绵城市建设风险演化规律及其防控体系

海绵城市怎么建? 建设过程中面临哪些风险及关键的风险致因链? 这些关键风险在海绵全生命周期过程中是如何演化的? 如何系统防控海绵城市建设风险? 海绵城市建设风险演化规律及其防控体系是海绵城市建设的过程论问题,解决这一科学问题需完成以下三大研究目标。

研究目标一:识别海绵城市建设风险的关键因素及"制度—管理—技术"这一关键致因链,揭示关键致因链在海绵城市全生命周期中的动态演化规律。

研究目标二:建立面向过程的海绵城市建设绩效评估体系与方法,实证检验海绵城市建设风险演化理论。

研究目标三:根据海绵城市建设风险演化规律构建风险管控系统框架,从技术、管理、制度三大维度提出海绵城市风险防控的策略体系。

第二节　研究思路与主要内容

一、研究思路

围绕上述科学问题与研究目标,本书按照如图 2-1 所示的技术路线展开研究。

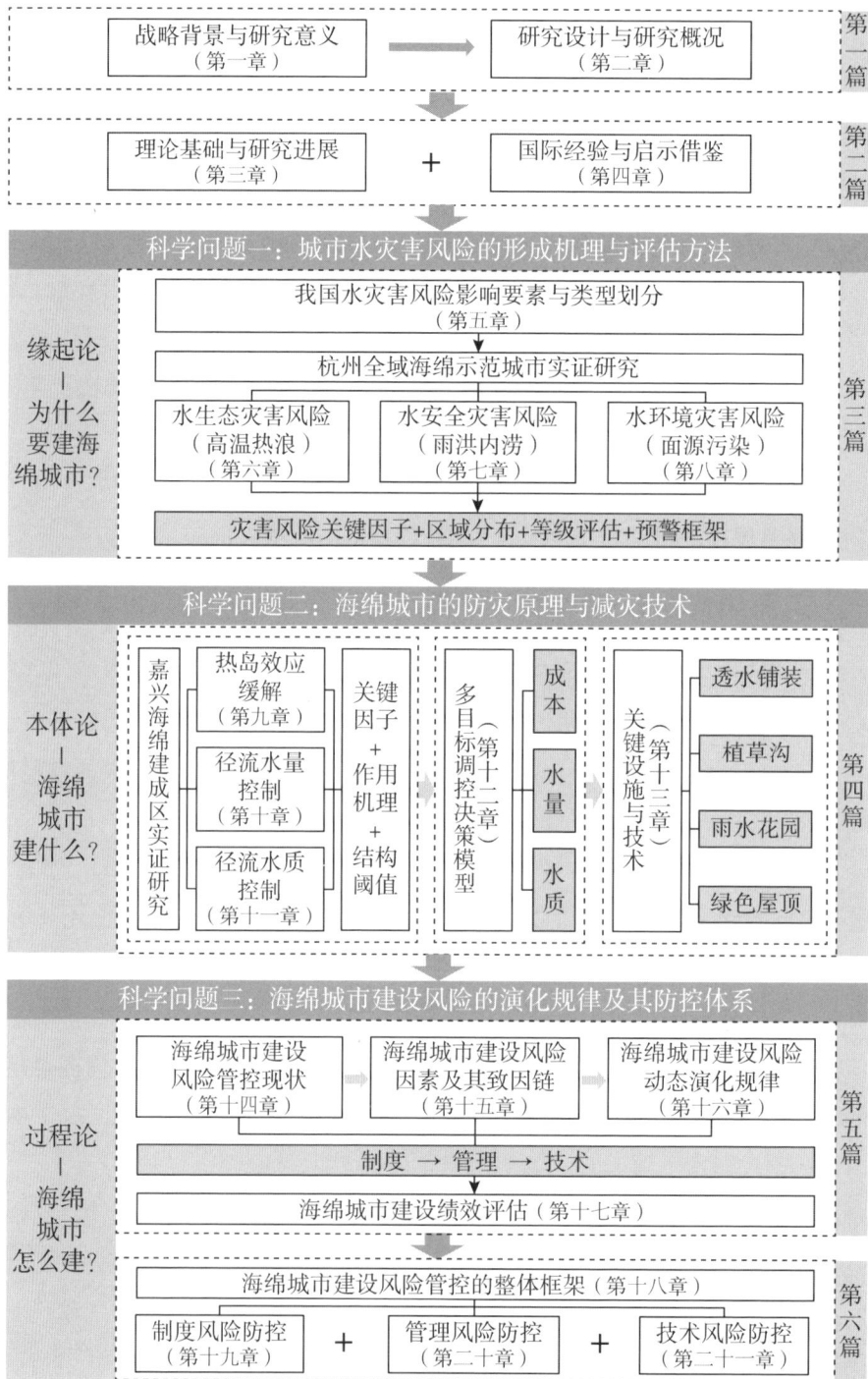

图 2-1　研究的技术路线

二、主要内容

全书共六篇二十一章,按"战略背景与研究设计—研究基础与国际经验—风险评估与灾害预警—防灾原理与减灾技术—建设风险与绩效评估—风险管理与防控策略"的逻辑顺序展开研究。

第一篇:战略背景与研究设计。开篇主要任务是通过分析全球面临的重大现实问题,引出本书研究的三大科学问题。该篇由第一章和第二章组成。

第一章为海绵城市建设风险管理的战略背景与意义。本章分析了全球气候变化与中国快速城市化背景下,我国城市水安全、水环境和水生态面临的重大灾害风险与挑战,认为海绵城市就是应对城市水灾害风险的灾前管理工具;在此基础上,总结了我国海绵试点城市建设绩效、存在的问题及建设过程面临的三大风险,指出开展海绵城市建设风险管理研究的迫切性及重大战略意义。

第二章为研究设计及研究概况。本章从第一章重大现实问题中引出本书的三大科学问题及相应的研究目标,围绕科学问题与研究目标设计研究思路与技术路线,阐明研究的主要内容与方法。最后,总结了研究取得的主要成果与应用成效。

第二篇:研究基础与国际经验。本篇主要任务是围绕研究的科学问题与目标,梳理已有的学术研究脉络与实践经验,指明研究方向与可能的学术突破点。该篇由第三章和第四章组成。

第三章为海绵城市建设风险管理的理论基础与研究进展。本章梳理总结了国内外海绵城市及风险管理的相关理论基础,对研究涉及的相关概念进行界定,指出海绵城市需直面城市灾害风险与建设过程风险;在此基础上,根据风险管理理论,从"认识灾害,评估风险"和"防范灾害,管理风险"两大视角梳理了已有学术脉络,指出了已有研究不足,并从五个方面提出了研究重点及可能的突破点。

第四章为发达国家雨洪管理体系及经验启示。本章梳理了国内外雨水管理思想与实践的发展历程,对比剖析了美国、英国、澳大利亚、德国、日本五个先发国家的雨水管理在建设理念、组织管理、技术方法、政策法规、公众参与等方面的特点;在此基础上,从"技术—管理—制度"三个维度总结了五个发达国家的先进经验以及我国当前存在的不足,结合国际经验提出相关建议,以期为我国海绵城市建设风险评估和管理体系构建提供启示和借鉴。

第三篇:风险评估与灾害预警。本篇主要任务:从全国视角入手,以首批系统化全域推进海绵城市建设示范城市杭州为例,深入剖析海绵城市建设直面的水灾害类型及其形成机理,建立水灾害风险评估方法和预警框架。该篇由第五章至第八章组成。

第五章为我国海绵城市建设面对的水灾害风险类型。本章从水循环视角分析了不同水灾害风险类型的产生机理,综合分析了我国自然地理要素(地形地貌、气候降水、河流分布等)和城市社会经济要素(城市人口规模、经济水平等)跟不同类型水灾害的关系,通过要素叠加划分城市水灾害风险类型,以形成差异化的区域水灾害风险管理策略,提升海绵城市建设的针对性和有效性。

第六章以杭州为例,对城市高温热浪灾害风险进行了评估与预警研究。本章利用杭州市遥感影像反演地表温度,结合人口密度及土地利用情况,从致灾因子危险性和承灾体脆弱性两方面对杭州主城区的城市高温热浪灾害风险进行评估,并通过 Pearson 相关性分析,揭示了杭州城市高温热浪的主要影响因素及其内在的机理机制,在此基础上,提出了杭州城市高温热浪灾害风险的预警框架与策略重点,为科学编制海绵城市规划、缓解城市高温热浪提供了理论依据。

第七章以杭州为例,对城市内涝灾害风险进行了评估与预警研究。本章基于地理高程、土地利用和内涝点数据,利用地理探测器探究了影响城市内涝的关键土地利用因子;从致灾因子危险性和承灾体脆弱性两方面构建了城市内涝灾害风险评估体系,并结合主客观赋权法进行了等级划分;综合上述两方面研究结论建立内涝灾害预警机制,提出重点管控内容和重点管控区域,为城市内涝灾害风险评估和预警提供理论依据与决策参考。

第八章以杭州为例,对城市面源污染灾害风险进行了评估与预警研究。本章在划定面源污染管理单元的基础上,通过径流污染和土地利用因子的相关性分析,揭示了影响面源污染灾害风险的关键土地利用因子;从致灾因子和承灾体两方面构建了面源污染灾害风险评估体系,确定了面源污染灾害的主要风险区域;在此基础上,提出了面源污染灾害风险预警框架及其策略重点,为科学编制海绵城市规划、解决城市面源污染问题提供了理论依据与决策参考。

第四篇:防灾原理与减灾技术。本篇主要任务:以首批国家海绵试点城市嘉兴为例,深入剖析了海绵城市防御水灾害风险的关键设施、结构参数与技术原理。该篇由第九章至第十三章组成。

第九章以嘉兴市三环区域内为例,研究了海绵城市建设缓解热岛效应的机理。本章利用 Landsat 8 遥感数据,反演嘉兴市三环内的地表温度,通过空间和时间两个维度评估了海绵城市建设对嘉兴城市热岛效应的缓解作用,并利用 Pearson 相关性分析、灰色综合关联分析和回归分析等方法揭示了嘉兴市热岛强度变化的主要影响因素与关键结构参数,以期为科学编制海绵城市规划、缓解城市热岛效应提供理论依据和技术参数。

第十章以嘉兴市烟波苑老旧小区调蓄池布局为例,对海绵城市控制雨水径流进行了多场景模拟与优化。本章基于 SWMM 软件建立了排水系统数学模型,通过分析不同降雨重现期和积水节点之间的关系,探究了最佳的积水节点控制数目;从调蓄池布局视角探讨了老旧小区雨水径流的控制和利用,为平原河网区域旧城海绵化改造、增强排水防涝能力、提高雨水利用效率提供了技术依据。

第十一章以嘉兴市 20 个海绵化改造项目为例,探索了海绵城市建设影响径流水质的机理与机制。本章依托定点测量的数据,建立了 20 个不同海绵化改造程度项目的结构设施与地表径流水质两套指标,采用冗余分析、偏最小二乘法及 Origin 拟合方程,研究了海绵化程度与径流水质的响应关系,明确了对径流水质有显著作用的海绵设施指标,并尝试探究了在水质达到地表水Ⅳ类及污水排放二级标准时,改造程度不同的用地需要管控的指标阈值,为海绵城市控制性详细规划编制的参数优化与技术指导提供了理论依据。

第十二章以嘉兴市新城区府南花园海绵设施改造示范小区为例,探索了海绵城市建设多目标调控决策模型。本章针对"海绵化"改造过程中存在的决策目标单一、技术方法落后等问题,尝试以成本、水量和水质为目标函数,调蓄容积、年 SS 总量去除率和设施规模为约束条件,建立了雨水调控多目标优化数学模型;利用粒子群算法与 SWMM 模型联合进行方案寻优,发现了优化模型在规划效率、经济性、水质水量削减率和 LID 设施布局优化等方面都比传统规划方案具有显著优势。

第十三章为海绵城市建设的关键设施与技术。本章通过文献资料与相关技术标准解读,采用图文结合的形式,重点阐释了透水铺装、植草沟、雨水花园和绿色屋顶四种海绵城市建设设施的结构特征及其在削减径流、净化水质与调节气温等方面的技术特性，以深入理解海绵城市作为城市水灾害风险管理工具的防灾原理与关键技术。

第五篇：建设风险与绩效评估。本篇主要任务：运用社会科学的研究方法，识别海绵城市建设风险因素及其致因链，揭示其在海绵城市全生命周期中的动态演化规律。该篇由第十四章至第十七章组成。

第十四章为我国海绵试点城市建设风险管控现状。本章梳理了我国海绵城市建设的相关政策文件与技术规范，以及国家两批共30个海绵试点城市建设的总体概况；选取池州、萍乡、遂宁、白城、西宁、贵阳、南宁、大连、武汉、嘉兴、宁波11个国家海绵试点城市为调查对象，通过现场踏勘、专家座谈、问卷访谈等方式，从整体上把握了试点城市的海绵城市建设风险管控现状；归纳总结了试点城市在风险管控方面存在的问题与不足，以期为构建符合我国国情的海绵城市建设风险管控体系提供决策基础。

第十五章为海绵城市建设风险因素及其致因链。本章利用文献研究法和访谈法收集了关于海绵城市建设风险的质性资料，运用扎根理论方法对资料进行了逐级编码，识别出海绵城市建设的六类风险因素；在此基础上，构建了贝叶斯网络模型，深入探究了海绵城市建设风险因素之间的关联机理，识别了关键风险因素，分析提炼出了"制度—管理—技术"这一海绵城市建设风险的关键致因链。

第十六章为海绵城市建设风险动态演化规律。本章在划分海绵城市建设风险全生命周期的基础上，经过专家调查、熵值法和G1法综合集权的方式确定各风险因素的重要程度及权重系数，运用系统动力学的模型和方法，对海绵城市建设风险进行了全生命周期仿真模拟；探索了制度、管理和技术三大风险子系统随生命周期演进的特征与规律，精准把握各阶段的风险特征，为海绵城市建设风险管控提供了理论依据。

第十七章以浙江省42个区县为例，构建了面向实施过程的海绵城市建设绩效评估体系，运用解释结构模型分析评估体系结构，探讨了指标间的相互影响与作用关系，并采用模糊综合评价法与障碍度模型进行海绵城市建设绩效的评估分析，以发现海绵城市建设绩效的主要影响因素与内在机制，既验证前两章提出的海绵城市建设风险理论，也为未来海绵城市建设的风险管控提供决策依据。

第六篇：风险管理与防控策略。本篇主要任务：系统设计风险管理的整体逻辑框架，从技术、管理和制度三个层面提出海绵城市建设风险防控的策略体系。该篇由第十八章至第二十一章组成。

第十八章为海绵城市建设风险管控的整体框架。本章梳理总结了江西萍乡、四川遂宁、吉林白城、浙江宁波四个优秀试点海绵城市建设风险管控的措施与经验；在此基础上，提出了"多主体、全过程、多维度、全要素"四大风险管理的基本原则，并依据"制度—管理—技术"的风险致因链构建了风险管理的整体框架。

第十九章为海绵城市建设的制度风险防控策略。本章从多主体合作视角分析了海绵城市建设全生命周期中制度建设面临的问题与风险，提出了海绵城市建设制度风险防控的四大原则；在此基础上，围绕法规建设、资金筹措、产业发展和公众参与等内容，从完善法制建设、健全监管制度和加强运维保障三方面构建了海绵城市建设制度风险防控的策略建议。

第二十章为海绵城市建设的管理风险防控策略。本章从风险管控主体和管控机制角度对海绵城市建设过程中的管理风险进行了全过程检视，提出了海绵城市建设管理风险防控的四大原则；在此基础上，从强化制度供给、细化过程监管、优化管理手段等三个层面提出了海绵城市建设管理风险防控的策略建议。

第二十一章为海绵城市建设的技术风险防控策略。本章从全生命周期视角分析了海绵城市建设中的技术风险及表现形态，提出了海绵城市建设技术风险防控的五大原则；在此基础上，从深入开展调查研究、发挥规划统筹作用、科学拟定技术方案、提高智慧监测水平四个方面提出了海绵城市建设技术风险防控的策略建议。

三、研究方法

遵循"用科学方法解决科学问题"的思路原则，围绕三大科学问题，主要采用了以下相关研究方法，详见表 2-1、表 2-2、表 2-3。

表 2-1 "城市水灾害风险形成机理与评估方法"科学问题的研究

科学问题	研究子问题	数据来源	研究方法	预期结果	对应章节
城市水灾害风险的形成机理与评估方法	我国水灾害风险类型划分	• 全国地表水与环境空气质量状况通报 •《中国主要城市人居环境气象监测报告》 • 中国科学院资源环境科学与数据中心	典型城市分析	水灾害风险要素敏感性	第五章
			要素叠加分析	我国城市水灾害风险类型	
	城市热岛效应灾害风险评估与预警机制	• 地理空间数据云 • 杭州市遥感影像 • 2021 年地表温度 2021 年人口数据 • 专家打分汇总	主观赋权法	城市热岛效应灾害风险空间分布图	第六章
			相关性分析	各影响因素与地表温度的关联程度	
	城市内涝灾害风险评估与预警	• 地理空间数据云 • 杭州城区易积水点数据 • 中国科学院资源环境科学与数据中心	地理探测器分析法	• 各指标对内涝灾害严重程度的决定力 • 各致涝因子对内涝灾害严重程度的影响机理 • 致涝因子对内涝灾害严重程度的交互作用	第七章
			城市内涝积水模型	不同重现期杭州城市暴雨内涝积水深度	
			主客观赋权法	• 人口密度、地均GDP 和积水深度指标权重表 • 内涝风险等级划分图	
	城市面源污染灾害风险评估与预警	• 杭州市街道行政边界图 • 杭州市雨水排水分区图	空间叠置法	面源污染管理单元	第八章
		杭州市环境检测中心2021 年 6 月的河道断面水质监测数据、土地利用现状图、面源污染管理单元水质指数、源汇指数、景观格局指数、专家打分数据	相关性分析	土地利用各因素对面源污染影响的相关性强度	
			主观赋权法	面源污染灾害风险等级空间分布图	

表 2-2　"海绵城市建设防灾原理与减灾技术"科学问题的研究方法

科学问题	研究子问题	数据来源	研究方法	预期结果	对应章节
海绵城市建设的防灾原理与减灾技术	海绵城市缓解热岛的效应与机理	• 7—8 月遥感影像 • 土地利用分类图 • 海绵城市建设施工图	热岛比例指数法	• 示范区热岛分布及比例指数 • 示范区地表温度空间分布图	第九章
			灰色关联分析法	• 各影响因素与相对热岛强度的关联程度 • 影响热岛强度的关键技术参数	
	海绵城市控制雨水径流的多场景模拟与优化	• 研究区现状地形高程 • 现状施工图资料和实测水量	SWMM 模型	• 研究区内涝积水节点变化图 • 不同控制节点方案下的径流削减量 • 最优的调蓄池布局	第十章
	海绵城市影响径流水质的机理与机制	• 10 场平均降雨强度等级为中雨的有效降雨数据 • 现状施工图资料 • 现场实测的水质数据	冗余分析	海绵化程度与水质关系图	第十一章
			偏最小二乘法	不同海绵化指标对各项水质指标的影响权重	
			Origin 拟合方程	径流水质达到Ⅳ类及污水排放二级标准时绿地或 EIA 比例的响应阈值	
	海绵城市建设多目标调控模型	• 小区地形图 • 海绵设施竣工图 • 现状雨水管网资料 • 现场实测的水质水量数据	面向多目标优化解的粒子群算法	• 传统开发模型、常规改造模型及编程优化模型结果对比表 • LID 设施自动优化布局	第十二章
			SWMM 模型	• 特定降雨强度下各排放口 TSS 含量的模拟值 • LID 设施自动优化布局	

表 2-3 "海绵城市建设风险演化规律与防控体系"科学问题的研究方法

科学问题	研究子问题	数据来源	研究方法	预期结果	对应章节
海绵城市建设风险演化与防控体系	试点海绵城市建设风险管控现状	问卷调查	归纳总结	我国海绵城市建设风险的管控现状与存在问题	第十四章
	海绵城市建设风险因素及其致因链	·海绵城市建设文献 ·实地访谈	扎根理论方法	国家层面海绵城市建设风险因素	第十五章
		调查问卷数据	风险矩阵分析	海绵城市建设风险因素分级结果	
		调查问卷数据	贝叶斯网络分析	·海绵城市建设风险因素的关联机理 ·影响海绵城市建设风险的关键因素与最大致因链	
	海绵城市建设风险动态演化规律	调查问卷数据	系统动力学	·海绵城市建设风险全生命周期仿真分析 ·海绵城市建设风险演化规律	第十六章
	海绵城市建设绩效评估	调查问卷数据	解释结构模型	·海绵城市建设绩效评估指标解释结构模型 ·指标层结构关系 ·准则层结构关系 ·子目标层结构关系	第十七章
		·调查问卷数据 ·专家打分数据	主客观集成赋权法	海绵城市建设绩效评估指标权重	
		·专家打分数据 ·各区县提供的自评估报告	模糊综合评价法	·浙江省海绵城市建设绩效整体水平 ·42 个区县子目标层评估结果 ·各评估分区子目标层得分、准则层得分	
			障碍度模型	·准则层障碍因子排序 ·指标层障碍因子排序 ·单项指标的障碍度图	
	海绵城市建设风险管控系统框架与策略	·典型海绵试点城市调查问卷数据 ·实地访谈	归纳总结	·国内优秀海绵试点城市风险管控经验 ·海绵城市建设风险管控整体框架设计	第十八章
			逻辑推理	制度风险防控问题与策略	第十九章
				管理风险防控问题与策略	第二十章
				技术风险防控问题与策略	第二十一章

第三节　创新成果与社会成效

一、理论研究与创新成果

紧紧围绕"打造有中国特色的水灾害风险管理工具——海绵城市"的研究目标,形成了"从实践中提炼科学问题,再用科学理论指导具体实践,最后用实践检验科学理论"的研究闭环,取得了一些理论上的突破,在国内外重要期刊上发表了系列成果。

第一,构建了基于"科学＋技术＋管理"跨学科领域的海绵城市建设理论框架与知识体系。本书精心组织和设计了"海绵城市建设缘起(见第三篇)—海绵城市建设原理(见第四篇)—海绵城市建设过程(见第五篇)—海绵城市建设管理(见第六篇)"的科学问题链,并通过科学原理探真、关键技术探究和管理机制探索,构建起基于我国国情(试点海绵城市探索)、"科学＋技术＋管理"多学科领域的海绵城市建设理论框架与知识体系,具有理论体系上的突破和创新。

第二,建立了基于"致灾体危险性＋承灾体脆弱性"的城市水灾害风险评估体系与方法。课题组从全球气候变化和我国快速城市化的战略视角分析解读了海绵城市的深刻内涵,并创造性地将海绵城市定义为中国应对城市水灾害风险的灾前管理工具(见第一章)。基于这一定义,从宏观(全国)和微观(以杭州为例)两个层面,建立起一个涵盖自然地理、气候水文与人工建成环境多重要素,基于"致灾体危险性＋承灾体脆弱性"的城市水灾害风险的类型划分标准、评估体系与评估方法(见第三篇),创新完善了风险评估方法,弥补了现有风险评估理论的不足。

第三,探索了基于"结构指数—建设成效"关联分析的海绵城市防灾减灾原理与关键技术参数。海绵城市到底是如何影响城市水生态环境的?其机理与机制何在?由于我国海绵城市建设刚刚起步,这方面的定量实证研究条件尚不成熟,相关研究成果非常少见。课题组与嘉兴市规划院合作,全程跟踪监测首批国家海绵试点城市——嘉兴海绵试点建成区的径流、水量、水质及土地利用情况,获得海绵设施结构指数等一手资料数据,深入开展基于"结构指数—建设成效"关联分析的海绵城市防灾减灾原理与关键技术参数的探索研究(见第四篇),优化了海绵城市建设的技术标准。

第四,揭示了海绵城市建设过程中"制度—管理—技术"这一关键风险致因链及其动态演化规律。海绵城市建设是个繁杂的系统工程,涉及诸多利益主体和建设要素,加之投资大、周期长,建设过程面临诸多风险和挑战。因此如何从千头万绪中理出风险的关键因素及其致因链,把握其在全生命周期中的演化规律,是管理好海绵城市建设风险的关键议题。课题组基于广泛的社会调查与文献整理,通过扎根理论研究、贝叶斯网络模型分析与系统动力学模拟,揭示了海绵城市建设过程中"制度—管理—技术"这一关键风险致因链及其动态演化规律(见第五篇),具有重要的理论意义与实践价值。

第五,提出了"多主体、全过程、多维度、全要素"的风险管控框架与策略体系。风险管控最忌片面化、碎片化、"一阵风"和"一刀切"。基于对海绵城市建设风险的源头追溯(见第三篇)、原理探真(见第四篇)、过程探究(见第五篇)、经验借鉴(见第二篇第四章)与经典案例剖析(见第六篇第十八章),课题组提出了"多主体、全过程、多维度、全要素"的风险管控逻辑框架,并遵循"制度—管理—技术"这一关键风险致因链提出了海绵城市建设风险防控的体系化策略建议(见第六篇),撰写的多份咨询报告得到了省部级领导的批示,在多个地方得到了采纳应用。

二、成果应用与社会成效

在研究过程中,一方面,课题组以各种方式将研究成果及时转化,服务区域经济建设,推动海绵城市持续建设和健康发展,取得了良好的经济社会成效;另一方面,将科学研究与人才培养紧密结合,指导研究生撰写了系列调研报告与科技论文,获得了多项国家和省级科技竞赛奖项,培养的10多名研究生在省、市、县三级的海绵城市科研机构或建设管理岗位上发挥着重要作用。

(一)决策建议与科普宣传

为了促进研究成果转化,一方面,课题组及时将阶段性研究成果以决策咨询报告的形式"向上反映"。在调查国家两批海绵试点城市、梳理总结国际上发达国家雨洪管理实践经验的基础上,撰写了系列调研咨询报告,其中四份报告分别得到国务院参事、住建部和浙江省委、省政府领导批示,并被住建部、浙江省住建厅和宁波市住建局采纳应用。另一方面,课题组及时将阶段性研究成果以各种形式"向下宣传"。首席专家和课题组成员通过在国家、省和地方三级的电视、报纸等媒体平台上宣传普及海绵城市理念和知识,纠正社会对海绵城市的认知误区,助推海绵城市可持续发展。

(二)咨询服务与技术创新

编写了《浙江省低影响开发设施运维技术导则》《浙江省海绵城市建设区域评估标准》《杭州市建设项目海绵城市设计文件编制导则(试行)》等技术文件;作为专家团队全过程服务于海宁、兰溪、温岭三个省级试点城市,开展海绵城市建设技术服务咨询及绩效评价工作,并助力其获评省级优秀试点城市;针对当前海绵城市建设实践中的技术难题开展研究开发工作,在绿地系统和雨水处理系统两个领域获得多项发明专利与实用新型专利授权。

(三)教研融合与成果获奖

依托本研究,已培养了海绵城市建设专业研究生 30 余名,就职于浙江、安徽、福建等地的科研机构及相关管理部门,从事海绵城市建设一线工作;以本书第四篇研究内容申报的"海绵城市设施规划布局的关键技术及应用"成果获得 2021 年浙江省规划科技进步一等奖、中国城市规划科技进步三等奖;依托课题开展的研究生课外科技活动成果"雨洪管理的中国方案"获第十七届浙江省大学生"挑战杯"科技竞赛特等奖、全国大学生课外学术科技作品竞赛三等奖。

本篇参考文献

［1］Allen M R,Ingram W J,2002. Constraints on future changes in climate and the hydrologic cycle［J］. Nature，419:224-232.

［2］Argent N，Rolley F，Walmsley J，2008. The sponge city hypothesis: does it hold water? ［J］. Australian Geographer,39(2):109-130.

［3］Barlow D,Burrill G,Nolfi J,1977. Research report on developing a community level natural resource inventory system ［R］. Center for Studies in Food Self-Sufficiency.

［4］Chan F K S,Griffiths J A,Higgitt D et al. ,2018. Sponge city in China:a breakthrough of planning and flood risk management in the urban context［J］. Land Use Policy,76:772-778.

［5］DEFRA，2012. Tackling water pollution from the urban environment: consultation on a strategy to address diffuse water pollution from the built environment ［R］. DEFRA.

［6］He D F,Chen R R,Zhu E H et al. ，2015. Toxicity bioassays for water from black-odor rivers in Wenzhou,China［J］. Environmental Science & Pollution Research International，22(3):1731-1741.

［7］IPCC，2023. AR6 synthesis report: climate change 2023 ［R］. the Panel's 58th Session Held in Interlaken，Switzerland .

［8］Kabisch N,Van Den Bosch M,Lafortezza R,2017. The healthbenefits of Nature-Based solutions to urbaniaztion challenges for children and the elderly:asystematic reveiew［J］. Environmental Research,159:362-373.

［9］Kahn M E,2010. Climatopolis:how our cities will thrive in the hotter future［M］. New York:Basic Books.

［10］Low-Impact Development Center,2000. Low Impact development:a literature review ［R］. Washington DC，United States Environment Protection Agency，EPA-841-B-00-005 (10):1-2.

[11] Liaw C, Tsai Y L, Cheng M S, 2005. Hydrologic analysis of distributed Small-Scale stormwater control systems[J]. Journal of Hydroscience and Hydraulic Engineering, 23(1):1-12.

[12] Liu H, Jia Y W, Niu C W, 2017. "Sponge City" concept helps solve China's urban water problems[J]. Environmental Earth Sciences, 76(14):473-477.

[13] Masoner J R, Kolpin D W, Cozzarelli I M et al. , 2019. Urban stormwater: an overlooked pathway of extensive mixed contaminants to surface and groundwaters in the United States[J]. Environmental Science & Technology, 53(17):10070-10081.

[14] MEA, 2005. Ecosystems and human Well-Being: synthesis[M]. Washington, D. C. :Island Press.

[15] Mirzaei P A, 2015. Recent challenges in modeling of urban heat island [J]. Sustainable Cities and Society, 19:200-206.

[16] Mitchell V G, 2006. Applying integrated urban water management concepts: a review of australian experience[J]. Environmental Management, 37(5):589-605.

[17] Quick K S, Bryson J M, 2016. Public Participation[A]// Torbing J, Ansell C. Handbook on theories of governance[M]. Cheltenham: Edward Elgar.

[18] Rijke J, Farrelly M, Brown R et al. , 2013. Configuring transformative governance to enhance resilient urban water systems[J]. Environmental Science & Policy, 25:62-72.

[19] Risch E, Johnny G, Gromaire M C et al. , 2018. Impacts from urban water systems on receiving waters how to account for severe Wet-Weather Events in LCA? [J]. Water research: A journal of the International Water Association, 128:412-423.

[20] Santamouris M, Kolokotsa D, 2015. On the impact of urban overheating and extreme climatic conditions on housing, energy, comfort and environmental quality of vulnerable population in Europe[J]. Energy

&. Buildings,98:125-133.

[21] Speak A F,Rothwell J J,Lindley S J et al. ,2013. Rainwater runoff retention on an aged intensive green roof[J]. Science of the Total Environment,(461-462):28-38.

[22] USEPA,2002. 2000 National water quality inventory:report to congress[M]. Washington,D. C. :Office of Water.

[23] 白杨,王晓云,姜海梅,等,2013. 城市热岛效应研究进展[J]. 气象与环境学报,29(2):101-106.

[24] 蔡成豪,许立宏,朱方伦,等,2020. 临安区不同功能区道路降雨径流重金属污染特征及源解析[J]. 环境污染与防治,42(2):218-222.

[25] 曹进,曾光明,石林,等,2007. 基于 RS 和 GIS 的长沙城市热岛效应与 TSP 污染耦合关系[J]. 生态环境,16(1):12-17.

[26] 常胜昆,周丹,马洪涛,等,2022. 系统构建理念下的萍乡海绵城市专规修编研究与实践[J]. 建设科技（2）:62-66,70.

[27] 车生泉,谢长坤,陈丹,等,2015. 海绵城市理论与技术发展沿革及构建途径[J]. 中国园林,31(6):11-15.

[28] 车伍,赵杨,李俊奇,2015. 海绵城市建设热潮下的冷思考[J]. 南方建筑（4）:104-107.

[29] 车伍,2015. 建设海绵城市要避免几个误区[J]. 城市规划通讯（10）:11.

[30] 陈华,2016.关于推进海绵城市建设若干问题的探析[J]. 净水技术,35(1):102-106.

[31] 陈子婷,唐清华,梁川,2021. 迁安市海绵城市建设绩效评价[J]. 河北水利（11）:33-37.

[32] 仇保兴,2015. 海绵城市（LID）的内涵、途径与展望[J]. 给水排水,51(3):1-7.

[33] 崔广柏,张其成,湛忠宇,等,2016. 海绵城市建设研究进展与若干问题探讨[J]. 水资源保护,32(2):1-4.

[34] 戴伟,孙一民,迈尔,等,2017. 气候变化下的三角洲城市韧性规划研究[J]. 城市规划,41(12):26-34.

[35] 丁继勇,冷向南,陈军飞,等,2020. 海绵城市建设"碎片化"问题及其治理

　　　[J].水利经济,38(4):33-40,82.

[36] 董淑秋,韩志刚,2011.基于"生态海绵城市"构建的雨水利用规划研究
　　　[J].城市发展研究,18(12):37-41.

[37] 方世南,戴仁璋,2017.海绵城市建设的问题与对策[J].中国特色社会
　　　主义研究(1):88-92,99.

[38] 甘华阳,卓慕宁,李定强,等,2006.广州城市道路雨水径流的水质特征
　　　[J].生态环境(5):969-973.

[39] 葛荣凤,许开鹏,迟妍妍,等,2017.基于脆弱性理论的城市热岛评估研
　　　究——以北京市为例[C]//中国环境科学学会.2017中国环境科学学
　　　会科学与技术年会论文集(第1卷):361-372.

[40] 耿潇,赵杨,车伍,2017.对海绵城市建设PPP模式的思考[J].城市发展
　　　研究,24(1):125-129,134.

[41] 龚苗苗,蔡成豪,苗涵倩,等,2019.临安区不同功能区道路降雨径流污染
　　　特征及源解析[J].环境监测管理与技术,31(4):18-22.

[42] 古玉,王渲,方正,2020.典型城市降雨径流污染特征调查分析[J].中国
　　　农村水利水电(6):46-50,57.

[43] 国家统计局,2021.2020中国城市建设统计年鉴[M].北京:中国统计
　　　出版社.

[44] 国家统计局,2015.中国统计年鉴2015[M].北京:中国统计出版社.

[45] 国家统计局,2016.中国统计年鉴2016[M].北京:中国统计出版社.

[46] 国家统计局,2017.中国统计年鉴2017[M].北京:中国统计出版社.

[47] 国家统计局,2018.中国统计年鉴2018[M].北京:中国统计出版社.

[48] 国家统计局,2019.中国统计年鉴2019[M].北京:中国统计出版社.

[49] 国家统计局,2020.中国统计年鉴2020[M].北京:中国统计出版社.

[50] 国家统计局,2021.中国统计年鉴2021[M].北京:中国统计出版社.

[51] 韩松磊,2019.湿陷性黄土地区海绵城市规划及建设探索——以西安为
　　　例[J].给水排水,55(1):35-41.

[52] 孔锋,2021.中国城市暴雨内涝灾害风险综合治理初探[J].中国减灾
　　　(17):23-27.

[53] 邰艳丽,2017.海绵城市建设问题、风险与制度逻辑[J].北京规划建设

(2):58-63.

[54] 赖后伟,黎京士,庞志华,等,2016. 深圳大工业区初期雨水水质污染特征研究[J]. 环境污染与防治,38(3):11-15.

[55] 李俊奇,黄静岩,王文亮,2017. 基于问题导向的建成区海绵城市建设策略[J]. 给水排水,53(8):41-46.

[56] 李上志,曾理,方岚,2019. 嘉兴地区海绵城市建设进展研究[J]. 工程建设与设计(17):109-110,113.

[57] 李阳,苏时鹏,2018. 海绵城市建设中的 PPP 机制探讨[J]. 生态经济,34(9):116-122.

[58] 李芸,2020. 镇江市政府推进海绵城市 PPP 项目管理优化研究[D]. 镇江:江苏科技大学.

[59] 廖朝轩,高爱国,黄恩浩,2016. 国外雨水管理对中国海绵城市建设的启示[J]. 水资源保护,32(1):42-45,50.

[60] 刘剑,2016. 首批海绵城市试点建设存在的问题及建议[J]. 低温建筑技术,38(12):144-146.

[61] 楼诚,郑晓欣,廉凡,等,2020. 嘉兴市海绵设施运行和管护现状调查与分析[J]. 给水排水,56(7):66-70,81.

[62] 吕文龙,黄旭升,张雪梅,等,2021. 南宁市武鸣河流域水安全问题分析研究[J]. 红水河,40(1):13-16.

[63] 欧阳志云,赵同谦,王效科,等,2004. 水生态服务功能分析及其间接价值评价[J]. 生态学报,24(10):2091-2099.

[64] 潘博煌,2022. 2021 年全球气候状况继续恶化[J]. 生态经济,38(2):1-4.

[65] 潘莹,崔林林,刘昌脉,等,2018. 基于 MODIS 数据的重庆市城市热岛效应时空分析[J]. 生态学杂志,37(12):3736-3745.

[66] 祁晓红,2020. 营口地区夏季降雨径流下的水质污染过程及特征分析[J]. 地下水,42(2):78-79.

[67] 束方勇,2016. 基于水文视角的重庆市海绵城市规划建设研究[D]. 重庆:重庆大学.

[68] 宋芳晓,张海荣,2016. 中国海绵城市建设管理的问题和策略探析[J].

城市发展研究,23(10):99-104.

[69] 唐磊,刘彦鹏,王宝明,等,2022. 常州滨江区域城镇径流污染对河道水质的影响[J]. 中国给水排水,38(12):53-60.

[70] 田晶,郭生练,刘德地,等,2020. 气候与土地利用变化对汉江流域径流的影响[J]. 地理学报,75(11):2307-2318.

[71] 王浩,2011.中国水资源问题及其科学应对[R].中国科协第十三次大会.

[72] 王宁,黄友谊,陈伟伟,2013. 构建城市水系生态安全格局初探——以厦门市后溪为例[C]//城市时代,协同规划——2013中国城市规划年会论文集:412-423.

[73] 王宁,吴连丰,2014. 城市规划实施过程中内涝防治体系的缺失与重建——以厦门西坑水库流域为例[C]//2014(第二届)中国城乡规划实施学术研讨会论文集:115-121.

[74] 王宁,2014. 厦门本岛城市内涝原因解析与防治策略研究[C]//2014(第九届)城市发展与规划大会论文集:74-79.

[75] 王庆刚,王欣宇,2021. 中国主要城市人居环境气象监测报告[R]. 住房和城乡建设部城市交通基础设施监测与治理实验室,中国城市规划设计研究院.

[76] 王文亮,李俊奇,车伍,等,2014. 城市低影响开发雨水控制利用系统设计方法研究[J]. 中国给水排水,30(24):12-17.

[77] 王文亮,李俊奇,王二松,等,2015. 海绵城市建设要点简析[J].建设科技(1):19-21.

[78] 王夏青,孙思远,杨萍,等,2019. 海绵城市建设下的生态效应分析——以常德市穿紫河流域为例[J]. 地理学报,74(10):2123-2135.

[79] 王洋,王少剑,秦静,2014. 中国城市土地城市化水平与进程的空间评价[J]. 地理研究,33(12):2228-2238.

[80] 吴丹洁,詹圣泽,李友华,等,2016. 中国特色海绵城市的新兴趋势与实践研究[J]. 中国软科学(1):79-97.

[81] 吴亚刚,陈莹,陈望,等,2018. 西安市某文教区典型下垫面径流污染特征[J]. 中国环境科学,38(8):3104-3112.

[82] 夏军,石卫,王强,等,2017. 海绵城市建设中若干水文学问题的研讨[J].

水资源保护,33(1):1-8.

[83] 杨佳,孟庆吉,陈峰,等,2020. 中国南北方海绵城市建设对比分析——以池州市和白城市为例[J]. 企业改革与管理(5):207-208.

[84] 俞孔坚,李迪华,袁弘,等,2015. "海绵城市"理论与实践[J]. 城市规划,39(6):26-36.

[85] 袁再健,梁晨,李定强,2017. 中国海绵城市研究进展与展望[J]. 生态环境学报,26(5):896-901.

[86] 张诚,曹加杰,王凌河,等,2010. 城市水生态系统服务功能与建设的若干思考[J]. 水利水电技术,41(7):9-13.

[87] 张继超,樊晓翠,2021. PPP 模式在济南海绵城市建设中的运行机制分析[J].产业创新研究(24):67-69.

[88] 张建云,王银堂,胡庆芳,等,2016. 海绵城市建设有关问题讨论[J]. 水科学进展,27(6):793-799.

[89] 张鹍,车伍,2016. 海绵城市建设背景下对城市径流污染问题的审视[J]. 建设科技(1):32-36.

[90] 张娜,赵乐军,李铁龙,等,2009. 天津城区道路雨水径流水质监测及污染特征分析[J]. 生态环境学报,18(6):2127-2131.

[91] 张千千,王效科,郝丽岭,等,2012. 重庆市路面降雨径流特征及污染源解析[J]. 环境科学,33(1):76-82.

[92] 张伟,王家卓,车晗,等,2016. 海绵城市总体规划经验探索——以南宁市为例[J]. 城市规划,40(8):44-52.

[93] 张毅,李俊奇,王文亮,2016. 海绵城市建设的几大困惑与对策分析[J]. 中国给水排水,32(12):7-11.

[94] 张玉鹏,2015. 国外雨水管理理念与实践[J]. 国际城市规划,30(S1):89-93.

[95] 章林伟,2018. 中国海绵城市建设与实践[J]. 给水排水,54(11):1-5.

[96] 赵则,2021. 新形势下中国海绵城市建设进展、问题及建议[J]. 现代园艺,44(9):90-92.

[97] 周飞祥,贾书惠,刘彦鹏,等,2019. 基于问题导向的海绵城市试点建设成效解析——以鹤壁市为例[J]. 建设科技(Z1):55-60.

第二篇

研究基础与国际经验

作为一种新型城市发展理念和建设模式,海绵城市建设及其风险管理涉及跨学科的理论基础、专业知识与技术体系。相比发达国家已经形成系统、完备的雨洪管理体系,我国海绵城市建设虽然发展速度快,但起步晚,经验积累与理论探索明显滞后。为此,本篇系统梳理了国内外相关重要理论与学术脉络,指出已有研究不足,并从五个方面提出了本研究的重点及可能的学术突破点(见第三章);在此基础上,归纳总结了发达国家的雨洪管理体系与实践经验,为我国海绵城市建设提供启示借鉴(见第四章)。

第三章 海绵城市建设风险管理的理论基础与研究进展

海绵城市建设涉及面广、过程复杂、周期漫长,基于单一风险和静态分析的风险管理模式难以为继,必须全面识别风险因素,系统厘清关联机理,科学评估关键风险。为此,本章首先梳理总结了国内外海绵城市建设及风险管理的相关理论基础,对本书涉及的"海绵城市""灾害风险""建设风险""风险管理"等概念进行了界定,指出海绵城市建设主要针对城市水安全、水环境、水生态三大问题,且同时面对城市灾害风险与项目建设风险。其次,根据风险管理理论,按照"风险识别—风险演化—风险评估—风险预警—风险管理"的技术链条,从"认识灾害,评估风险"和"防范灾害,管理风险"两大视角分析综述了已有研究成果。最后,针对已有研究的不足,提炼出五个研究重点,构建了海绵城市建设风险管控的研究框架(见图3-1)。

第一节 基本概念与理论基础

一、海绵城市概念

海绵城市是我国为化解日益突出的雨洪灾害风险,结合国外优秀经验和现有雨洪管理技术基础提出的治水方案。从20世纪90年代初步认识到城市雨水是一种宝贵资源,到逐步构建起现代雨洪管理体系,我国的理论研究和工程应用经历了相当长的探索、研究与提升过程。2003年,俞孔坚等(2003)提出可用"海绵"一词来比喻自然湿地系统对河水的洪涝调节能力。2011年,董淑秋等(2011)提出"生态海绵"的理念,认为应将雨水利用纳入城市规划体系中,构建"生态海绵城市"。2012年,莫琳等(2012)进一步提出以绿地和水系

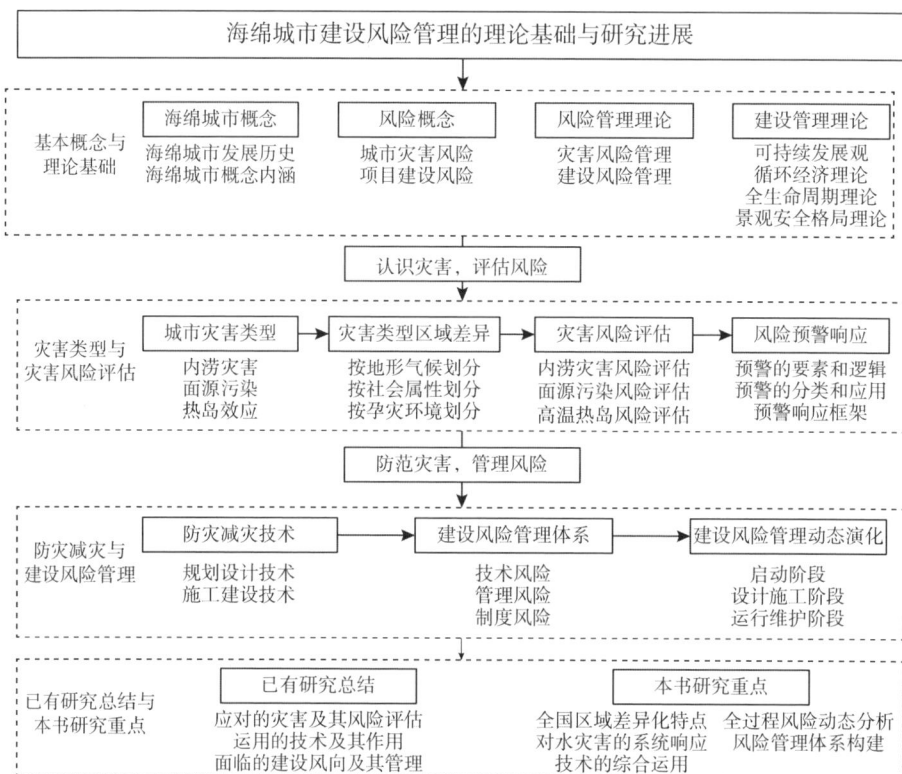

图 3-1 本章研究内容框架

为主体构建城市"绿色海绵",转变依赖大规模工程设施和管网建设的传统思路,探索雨水资源化的新型景观途径。在这些理论探索的基础上,"海绵城市"这一概念在"2012 低碳城市与区域发展科技论坛"中被正式提出。2013 年 12 月,习近平总书记在中央城镇化工作会议上强调:"提升城市排水系统要优先考虑把有限的雨水留下来,优先考虑更多利用自然力量排水,建设自然存积、自然渗透、自然净化的海绵城市。"2014 年,《海绵城市建设技术指南——低影响开发雨水系统构建(试行)》正式出台,海绵城市正式进入工程应用的探索阶段。随后,"海绵城市""海绵体""海绵基础设施"等词被大量提及,业内专家和学者相继对海绵城市的概念进行了定义和阐述(见表 3-1)。系统整理各学者观点,海绵城市的理念核心在于城市建设应尽量不改变水文的自然循环过程,在尊重自然地形与保护区域生态的基础上,结合多种具体技术构建水生态基础设施,实现城市与自然环境的协调发展。

表 3-1　相关学者对"海绵"及"海绵城市"的概念定义

出处	对象	定义
俞孔坚等(2003)	湿地海绵	用"海绵"概念来比喻自然系统对洪涝灾害的调节能力,指出"河流"两侧的自然湿地如同海绵,调节河水之丰俭,缓解旱涝灾害
董淑秋等(2011)	生态海绵	"生态海绵"地区要求采用与自然相近的雨水管理方法,像海绵一样,分散地蓄留和初步净化雨水,以达到雨水"排水量零增长"
莫琳等(2012)	绿色海绵	一种生态雨洪调蓄系统,利用绿地、水系等景观要素,模拟自然的水循环过程,探索更为生态的景观设计途径
住建部(2014)	海绵城市	海绵城市是指城市能够像海绵一样,在适应环境变化和应对自然灾害等方面具有良好的弹性,下雨时吸水、蓄水、渗水、净水,需要时将蓄存的水进行释放并加以利用
车伍等(2014)	海绵城市	核心是模拟自然,改变以"排"为单一目标的传统模式,合理构建防涝、污染防治、雨水资源化利用等体系,修复自然水文循环链
仇保兴(2015)	海绵城市	海绵城市本质是改变传统城市建设理念,实现与资源环境的协调发展,遵循顺应自然、与自然和谐共处的低影响发展模式,海绵城市建设又被称为低影响设计和低影响开发(LID)
杨阳等(2015)	海绵城市	海绵城市具备了应对自然灾害的弹性城市思想、控制雨洪的低影响开发思想、可持续水资源的综合管理思想
俞孔坚等(2015)	海绵城市	"海绵城市"有别于传统的工程依赖性治水思维和"灰色"基础设施,核心在于构建跨尺度水生态基础设施
赵银兵等(2019)	海绵城市	海绵城市的建设过程可以看作一个以最终促进城市生态结构升级和提升自我愈合能力为目的的改良、修补和更新城市环境的生态恢复过程
杨正等(2020)	海绵城市	低影响开发是海绵城市建设的重要指导思想,海绵城市建设的核心是构建基于灰绿结合的多目标的现代城市雨洪控制系统

　　海绵城市建设直面城市水灾害,起初主要针对以内涝为代表的城市水安全和以面源污染为代表的城市水污染两大问题。2017 年,住房和城乡建设部印发的《关于加强生态修复城市修补工作的指导意见》提出了"生态修复、城市修补"的"城市双修"概念,即用再生态的理念修复城市中被破坏的自然环境、空间环境以及景观风貌,最终达成治理"城市病"和改善人居环境的目的。由此,海绵城市又被赋予了治理城市水生态的重任;而治理好了城市水安全、水环境与水生态问题,水资源问题也就水到渠成地得到了解决。

基于问题导向剖析海绵城市的建设使命,面对城市水安全、水环境和水生态三大问题,海绵城市的建设要求有三:①转变排水防涝思维,通过绿色基础设施与灰色基础设施相结合的方式统筹考虑城市内涝防治,降低城市内涝灾害风险;②推行低影响开发,系统构建大、中、小海绵体协同的源头控制机制,实现污染水体净化;③构建水生态基础设施,综合利用规划技术手段保护并修复城市绿地、河流、湿地等自然体,提升城市生态多样性。

二、风险概念

"风险"一词源自渔民出海捕捞的实践,渔民们深深地体会到"风"给他们带来的无法预测的"险",从而有了"风险"的说法。现代风险通常带有负面意思,《韦氏词典》将风险解释为"面临的伤害或损失的可能性",《辞海》将其定义为"可能发生的危险"。尽管目前学术界尚未总结出一个适用于管理学(Hardy,2005)、灾害学(Helm,1996)、经济学(Unep,2002)等学科领域并被一致认可的"风险"定义,但学者通常从两个方面对其进行描述:一种称为"损失的不确定观",另一种称为"结果差异观"。"损失的不确定观"认为风险是未来发生不利结果的可能性,在这种理解下,通常依据损失的大小与损失发生的概率这两个指标对风险进行衡量。而"结果差异观"则是将风险看作预期结果与实际结果间的变动程度,差异越小则说明风险越小,其风险既表现为损失的不确定性,也表现为获利的不确定性。《风险管理:原则和指南》(ISO 31000:2009)将风险定义为"不确定性对目标的影响",我国同年颁布的《风险管理:原则与实施指南》(GB/T 24353—2009)也采用了这一风险定义。本书主要基于"损失不确定观"来定义海绵城市建设风险,即水灾害事件后果与其发生可能性的组合,主要探求的是海绵城市建设如何有效避免或减少水灾害事件的发生、降低水灾害事件的不利影响。

水环境、水安全与水生态问题是跨尺度、跨地域的系统性问题,海绵城市作为一项多学科理论与方法交叉的系统工程,同时面临着城市水灾害与建设管理两个维度的风险。从城市灾害风险角度看,区域灾害系统由致灾因子、孕灾环境和承灾体三者综合组成(史培军,2005),我国广阔地域上不同的气候特征及自然地理带来的河流及水资源分布、降雨量、雨洪汇流、下渗等情况的差异,导致不同城市所面临的致灾因子、孕灾环境有所不同;城市等级、规模及防灾设施等城市本底的差异则直接影响着城市这一承灾体的承载能力(周姝天等,2020)。因此,面对不同的自然条件和城市本底,海绵城市建设需要因地制宜地剖析城市灾害风险,提高绿色海绵基础设施的系统性与科学性(任南琪等,2020)。从建设管理风险角度看,近年来国家高度重视并积极推进海绵城市建设,但由于政策制度不完善、建设缺乏法律效力、专业人才队伍短缺以及资金供给不稳定等原因,海绵城市面临在建设全周期内无法达到预期目标的困境(陈前虎等,2018)。为实现合理有效的建设风险管控,海绵城市建设需要从不同视角对建设管理过程中的风险因素进行有效识别与评估,充分认识建设管理风险的演进规律及其管控重点,进而保障海绵城市建设顺利推进。城市水灾与建设管理两大风险是对海绵城市建设风险在不同维度上的解读,前者基于结果维度,风险管理的对象为城市建成环境与居民人身财产安全;后者基于过程维度,风险管理的对象为海绵城市规划建设预期成果(见表3-2)。

表 3-2　海绵城市建设面临的城市灾害风险与建设管理风险

风险类型	管理对象	维度	风险特征
城市灾害风险	城市建成环境与居民人身财产安全	结果维度	· 灾害系统组成:致灾因子、孕灾环境和承灾体 · 主要影响因素:河流及水资源分布、降雨量、雨洪汇流、城市等级及规模、防灾设施等
建设管理风险	海绵城市规划建设预期成果	过程维度	· 按类型因素划分:法规风险、管理风险、资金风险、技术风险、社会风险 · 按建设阶段划分:规划阶段、设计阶段、建设阶段、运行维护阶段

(一)城市灾害风险

城市灾害是指以城市为受灾区域,因自然或人为灾害导致城市内部社会经济损失、人员伤亡以及资源环境破坏的事件。由于城市是经济、社会要素高度集聚的区域,城市灾害往往会造成更为严重的后果(杨敏行等,2016)。国内外学者从多个维度探讨了灾害风险的定义(见表3-3),从狭义来看,灾害风险主要指灾害发生的概率;从广义来看,灾害风险除了灾害发生的概率外,还包含风险事件导致的后果严重程度。

表 3-3　灾害风险的定义

定义来源	定义内容
国家科委、国家计委、国家经贸委自然灾害综合研究组(1996)	面临的或未来若干年内可能达到的灾害程度及其发生的可能性
联合国人道主义事务部(1992)	由于特定的灾害而引起的人们生命财产和经济活动的期望损失值
联合国国际减灾战略(1999)	自然或人为灾害与承灾体的脆弱性之间相互作用而导致的有害结果或预料损失发生的可能性
Maskrey(1989)	灾害风险是危险性与易损性的代数相加
黄崇福(2010)	由自然事件或力量为主因导致的未来不利事件情景
倪长健等(2012)	自然灾害系统自身演化而导致未来损失的不确定性
马保成(2015)	自然灾害风险是风险概率、潜在损失和评价时间三要素的集合
庞西磊等(2016)	灾害风险是致灾因子、孕灾环境和承灾体等组成部分各自的发展变化以及它们相互作用影响的复杂过程

梳理众多组织和学者观点的发展脉络可以发现,在导致灾害风险产生的原因上,由简单的自然灾害的不确定性向致灾因子、孕灾环境和承灾体多要素综合转变;在灾害风险的后果上,由单一的灾害发生概率向风险概率、潜在损失和灾害持续时间等多维度评估转变。总之,对于灾害风险的定义,逐步由单一维度向多维度发展。海绵城市面临的主要灾害风险是以水安全、水环境、水生态三大问题为代表的城市水灾害风险,致灾因子主要为异常降雨、污染排放以及不科学的城市建设导致的自然下垫面改变,承灾体为城市内的各类经济社会要素,孕灾环境为城市自然地形地貌、水文环境和建成环境。

(二)项目建设风险

对于工程项目的建设过程来说,风险可以被描述为任何可能影响建设项目目标实现的因素,是预期后果中出现变化的不确定性,每个项目风险都包含风险因素、风险事件、风险后果三个基本因素(王卓甫,2003)。结合上文对海绵城市概念和对风险的界定,本书对海绵城市建设风险的定义如下:在海绵城市建设全生命周期内,由于多个因素及各因素相互作用后的不确定性,期望目标与实际结果之间可能产生偏差。

海绵城市建设是一项复杂的系统工程,建设风险因素复杂、风险事件难以预测、风险后果严重,具体体现在以下三个方面:①建设周期长。学者普遍认为海绵城市建设持续时间长,且建设成效取决于实际建设运营全过程的工作质量与效率,因此海绵城市建设风险隐藏于建设全生命周期中。②专业知识密集。海绵城市建设需要规划、建筑、水利、园林等各学科单项技术通过重组、融合实现技术集成,对规划建设参与者的专业技术要求高,技术素质风险大。③协作部门复杂。水安全、水环境与水生态问题是跨尺度、跨地域的系统性问题,海绵城市建设需要统筹协调多部门共同参与,项目建设的决策复杂且困难(俞孔坚等,2015;王文亮等,2015;向鹏成等;2018)。因此,为实现海绵城市建设的预期目标,必须直面海绵城市建设的各类风险,在此基础上进行系统科学的风险管理。

三、风险管理概念

风险管理的实践和理论发端于企业管理。20 世纪 30 年代,经济危机使得风险管理思想在美国萌芽,通过何种方法可以减少甚至消除风险,从而降低经济损失,成为人们关注的焦点。在传统风险管理阶段,风险的内涵主要被认为是纯粹的概率,风险管理的内容主要为防范信用风险和财务风险,风险管理工具主要为保险。70—80 年代,风险管理迅速发展,美、英、日、法、德等国纷纷建立全国性和地区性风险管理协会。90 年代,首席风险总监(CRO)这一职务的出现,标志着现代风险管理拉开了序幕,人们逐渐认识到风险是复杂而多元的,需要采取全面综合的风险管理手段,全面风险管理的概念被广泛接受(王东,2011)。风险管理是指项目的参与者通过主动合作来预测、识别和评估项目在全生命周期过程中可能遇到的风险,并通过合理判断和决策来尽量减小风险的发生概率,从而最大可能实现项目的预期目标。风险管理的一个主要标志是建立系统化的风险管理过程,即从系统的角度去识别并管理风险。风险管理的基本流程包括风险识别、风险分析、风险评估、风险应对和风险监控(见图 3-2)。

(一)灾害风险管理

灾害风险管理是指根据灾害事故生命周期模型,对灾害全过程实施动态

图 3-2 风险管理的基本流程

的、综合性的管理,其基本内容包括:灾害管理的组织整合(建立综合灾害风险管理的领导机构、应急指挥专门机构和专家咨询机构,为综合灾害管理提供决策力量)、灾害管理的信息整合(加强灾害信息的收集、分析及处理能力,为综合灾害风险管理决策机构提供信息支持)、灾害管理的资源整合(提高资源的利用率,为实施综合灾害风险管理和增强应急处置能力提供物质保证)。总之,灾害风险管理的核心是优化综合灾害管理系统中的内在联系,并创造可协调的运作模式(巫丽芸等,2014;田琳,2018)。

灾害风险管理贯穿灾害的全过程,包括灾前降低风险阶段、灾中应急反应阶段和灾后恢复重建阶段(见图 3-3)。本书所研究的海绵城市建设面临的灾害风险仅限于"灾前风险",相应的研究内容是"灾前风险评估与管理",不包括灾害时和灾害后的风险管理。面对全球气候变化与我国快速城市化带来的城市内涝、面源污染和热岛效应等系列困境,海绵城市建设作为我国水灾害风险的管理工具,已成为学界共识。

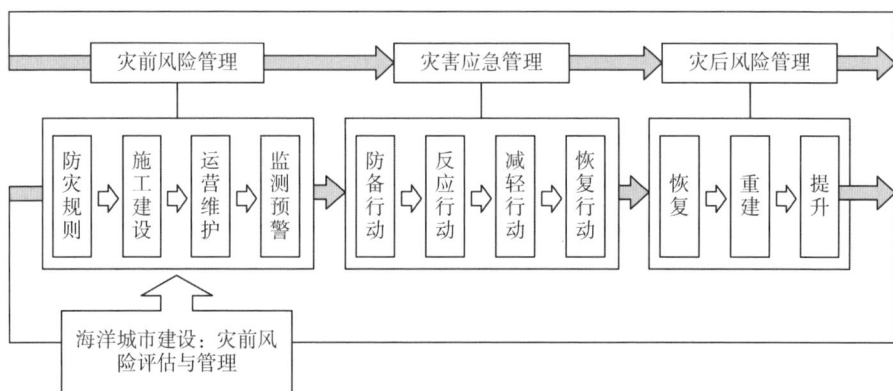

图 3-3 海绵城市建设在灾害风险管理体系中的位置和作用

(二)建设风险管理

海绵城市的建设风险管理是指海绵城市建设的参与者通过主动合作来预

测、识别和评估项目在海绵城市建设全生命周期过程中可能遇到的风险,并通过合理判断和决策来尽量减小风险的发生概率,从而最大限度地实现解决城市水问题的预期目标。根据风险管理领域的相关研究(汪忠等,2005;姜虹,2006;丁德臣等,2008;孙建华,2009;杨婷惠等,2015;吕文栋等,2019),将风险管理相关研究划分为管理流派、管理技术和管理视角三个维度(见图3-4)。

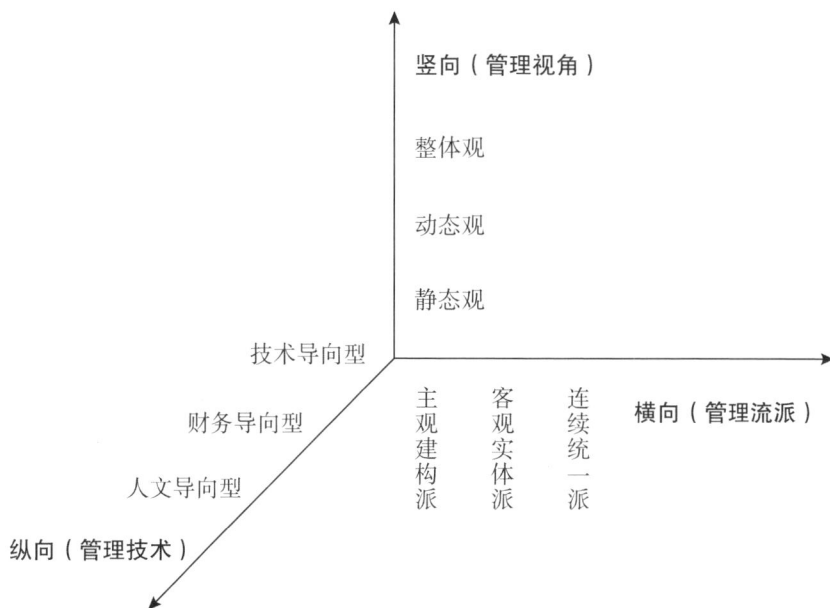

图 3-4　风险管理研究的三个维度

从横向看,风险管理研究主要有三种流派:①主观建构派。这一流派认为风险由人们特定的社会、文化因素所构成,风险管理需要追求构建一套相生相克的体系,以形成强化管理主体抵抗威胁的能力。②客观实体派。这一流派认为风险是客观存在的实体,可借用数理统计来进行客观测度。③连续统一派。这一流派认为从建构论到实体论之间连续分布着多种风险理论,应避免"非此即彼、非彼即此"的二元对立思维。

从纵向看,风险管理研究从三个不同角度展开:①技术导向型风险管理,侧重于对实质性安全技术的管理,内容涵盖项目管理等。②财务导向型风险管理,注重风险对财务的冲击与原因分析。③人文导向型风险管理,关注人们对风险的认知、态度与行为的分析。

从竖向看,风险管理的视角呈现复杂的动态演变趋势:①风险管理最初主要表现为保险型风险管理,其范围仅限于静态、纯粹的风险。②20世纪70年代以来,风险管理由保险型逐渐发展为经营型,其内容不仅包括静态风险,还包括动态风险。③目前人们已经普遍认识到单一的静态研究或动态研究不足以全面考虑企业所面临的风险环境,风险管理需要从整体出发,综合运用各种风险分析技术和管理工具。

随着海绵城市建设过程的不断推进,项目建设风险因素显现出波动性、连续性、阶段差异性和相互影响性等特征,需要综合运用各种风险分析技术,利用法规、制度、技术、资金、人文等多角度的管理知识去应对。

四、建设管理理论

(一)可持续发展观

可持续发展观是对传统价值观和发展观的挑战与变革。1987年世界环境与发展委员会(WCED)在《我们共同的未来》报告中将可持续发展定义为"既满足当代人的需求,又不损害后代人满足其自身需求的能力"。可持续发展观的内涵主要体现为以下四个方面:①系统观。可持续发展是一个复杂的巨系统,包括许多以有意识活动的人为主体构成的各类子系统,涉及生态、经济、社会等方面。②资源观。实现可持续发展的关键在于协调人与自然的关系,其核心是资源的合理利用和永续利用,在此基础上实现生态文明建设是可持续发展的必经之路。③效益观。可持续发展观认为发展经济和保护资源之间是互为因果和相互联系的关系。④平等观。人类共居在一个地球上,没有哪个国家或地区能脱离地球这一生态系统,实现完全的自给自足(周红量等,2000;王东升,1998)。

可持续发展观是海绵城市建设的指导理念。海绵城市作为一种新型的城市建设战略,其建设出发点就是通过"渗、滞、蓄、净、用、排"六字方针,高效率解决城市内涝问题;在必要时对雨水进行存储与合理利用,改善生态环境,充分利用自然资源,促进生态平衡,最终使城市呈现出一种可持续的健康的发展状态。

(二)循环经济理论

20世纪60年代,美国学者鲍尔丁(K. T. Boulding)提出了"宇宙飞船理论",标志着循环经济理论的正式产生。人类必须改变以往的单向线性经济发展模式,建立资源和能源反复利用的闭路循环过程,实现人类经济社会永续发展(刘飞等,2017)。循环经济理论的基本内涵包括以下三点:①环境和资源的循环利用是循环经济的核心;②循环经济是一个经济活动过程;③循环经济的主要特征是节约资源和保护环境。循环经济的发展原则为"3R"原则,即减量化(reduce)、再利用(reuse)、再循环(recycle)(李梦娜,2018)。

在城市发展之前,雨水循环是一个多环节的自然过程:雨水降落后,一部分雨水通过植被和地表的蒸发作用形成水蒸气重返大气;一部分渗入土壤形成地下水和壤中流,持续而缓慢地与地表水进行相互补充和交换;其余雨水沿地面汇入河网形成地表径流。在自然界中,雨水处于一种健康的循环状态。但随着城市扩张导致下垫面的不合理改变,这种健康的循环状态被打破:雨水下渗量急剧下降,蒸发量和地下渗出水量显著减少,而地表径流量大幅增加,同时降雨循环周期明显缩短,呈现出"有水快流"的态势,最终造成城市内涝现象。

基于循环经济理论的海绵城市建设,就是根据循环经济的本质特征,从物质流管理的角度,重构城市雨水健康循环体系。其核心内容包括:①雨水集蓄利用,即对雨水进行收集处理,达到相应水质标准后用于城市生态环境和市政用途;②雨水渗透,即利用下凹绿地、透水铺装、屋顶绿化、渗水管渠等技术,增加地面透水性,补给浅层地下水,调节城市气候,防止海水入侵;③雨水回灌,即通过雨水回灌井、砂石坑等方式,利用雨水补充深层地下水,实现地下水采补平衡,防止地面沉降等;④雨水综合利用,即通过综合性的技术措施实现雨水资源的多种功能,包括雨水的积蓄利用、渗透、排洪减涝、制作水景、屋顶绿化甚至太阳能利用等多种子系统(魏杰,2010;孔嘉敏等,2014)。

(三)全生命周期理论

每个工程项目都有特定的发展阶段,且各阶段的具体界定与划分随项目的不同而变化,而这些阶段便构成了工程项目的全生命周期(Kostalova et al.,2016)。对于工程项目而言,建设项目风险在建设全生命周期中的波动性、连续性、阶段性和相互影响性意味着我们在风险识别时,必须将风险置于整个生命全周期中进行探讨。一方面,由于各阶段的建设目标和建设内容都有所不同,影响各阶段的风险因素也有所不同;另一方面,全生命周期内各个阶段的风险因素之间存在着一定的相关性,彼此之间存在时间上的联系性,不应被分割独立地看待。

许多相关组织和相关学者对项目全生命周期做出了描述。美国项目管理协会(PMI)将项目全生命周期定义为"将项目划分成若干个阶段,以便更好地组织开展项目的运作和管理"(尹贻林等,2010)。英国皇家特许测量师协会(RICS)对项目全生命周期的定义是"包括整个项目的建造、使用,以及最终清理的全过程"。项目的生命周期阶段一般可大致划分为建造阶段、运营阶段和清理阶段,这三个阶段还可依据实际情况进一步划分为更详细的阶段,进而构成一个项目的全生命周期(RICS,1987)。《建筑工程项目管理规范》(GB/T50326—2006)指出项目生命周期包括项目的决策阶段、实施阶段和使用阶段,其中决策阶段又包括项目建议书、可行性研究;实施阶段包括设计工作、建设准备、建设工程及使用前竣工验收。

海绵城市建设是由多个实践项目系统组成的复杂统一体,基于海绵城市建设项目的全生命周期进行风险的动态分析,具有重要意义。

(四)景观安全格局理论

景观安全格局(landscape security pattern)理论强调格局与过程之间的相互关系与耦合机制,景观中存在着一个由关键性的景观元素、位置和空间关系所组成的潜在战略格局,即景观安全格局。景观安全格局理论旨在通过模拟与分析生态过程中景观的不同形态特征,识别影响整个过程的战略位置和关系,以最少的土地、最低限度的生态结构来维护生态过程的完整性,实现对生态过程的有效控制(俞孔坚等,2009)。雨洪景观安全格局(storm water management landscape security pattern)是基于景观安全格局理论,对区域水文生态过程进行空间分析和模拟,判别出对区域生态雨洪管理具有战略意义的空间位置、组成及其关系;在此基础上选择适宜的建设范围与技术措施,强调最低限度的生态结构对整体生态系统服务的贡献,维护和加强城市自然水文循环过程的完整性和健康水平,进而保障城市雨洪安全(Kongjian,1995;肖洋等,2012)。

实现科学合理的景观安全格局,是海绵城市的建设目标。在海绵城市建设研究中,结合景观安全格局的规划内容主要有以下三个方面:①海绵城市建设的土地利用规划。规划前,须综合分析雨水利用涉及的有关因素,对土地利用格局进行合理划分;规划后,须综合分析场地的径流污染、水资源化、生态敏感区、地下水保护等要素,选择构建合理的措施来实现雨洪控制。②海绵城市建设的水系统规划。首先,对城市中重要的滞洪设施——原有的生态系统加以保护、恢复和修复;其次,规划人工景观水体建设,进行雨水资源收集,达到蓄水、减洪的双重目的;再次,在规划设计中考虑净化雨水,防止水质被污染,在水体周边规划一定宽度植被过滤带或采取其他雨洪生态净化措施对其进行净化;最后,规划设计地下管廊等排水设施,减少市政管线排水管道的规模,从而节省相应的投资。③海绵城市建设的道路系统规划。雨水径流的控制是道路系统在规划时需要考虑的重要因素之一。结合景观安全格局,在道路系统中引入绿化带,使道路的雨水径流流入设有雨水控制利用设施的绿化带,缓解路面排水压力及净化雨水,其中雨洪径流控制设施可以设计成雨水塘、湿地、植被草沟等形式。

四大建设管理理念与海绵城市建设的关系如图 3-5 所示。

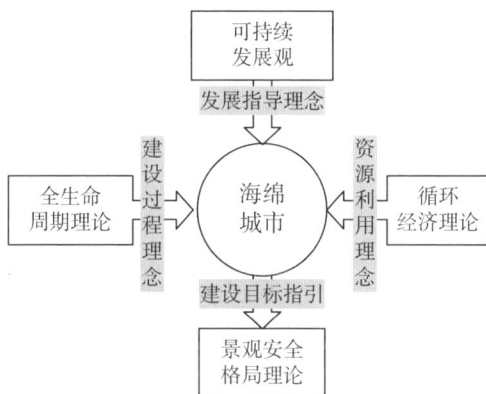

图 3-5 四大建设管理理念与海绵城市建设的关系

第二节 灾害类型与灾害风险评估

一、城市灾害类型

城市是一个复杂的巨系统,其面临的灾害风险也是多类不同灾种的综合。我国住房和城乡建设部在《城市建筑技术政策纲要》中,将地震、火灾、风灾、洪水和地质破坏列为城市灾害的主要类型。在此基础上,伊占娥等(2012)根据孕灾环境的差异,进一步将城市灾害划分为地球表层系统灾害、人—地系统灾害和人类活动系统灾害三大类别。海绵城市的核心是城市在面对雨水灾害时具有良好的弹性,模仿自然的水文循环过程吸水、蓄水、渗水、净水,在需要时将蓄存的水"释放"并加以利用。由此可见,海绵城市建设针对的主要城市灾害风险,是在人—地系统这一孕灾环境内,由自然环境和人为因素变化导致的水环境灾害和大气环境灾害风险(见图 3-6)。具体来看,城市灾害包括内涝灾害、面源污染、热岛效应、水资源短缺等四大问题。

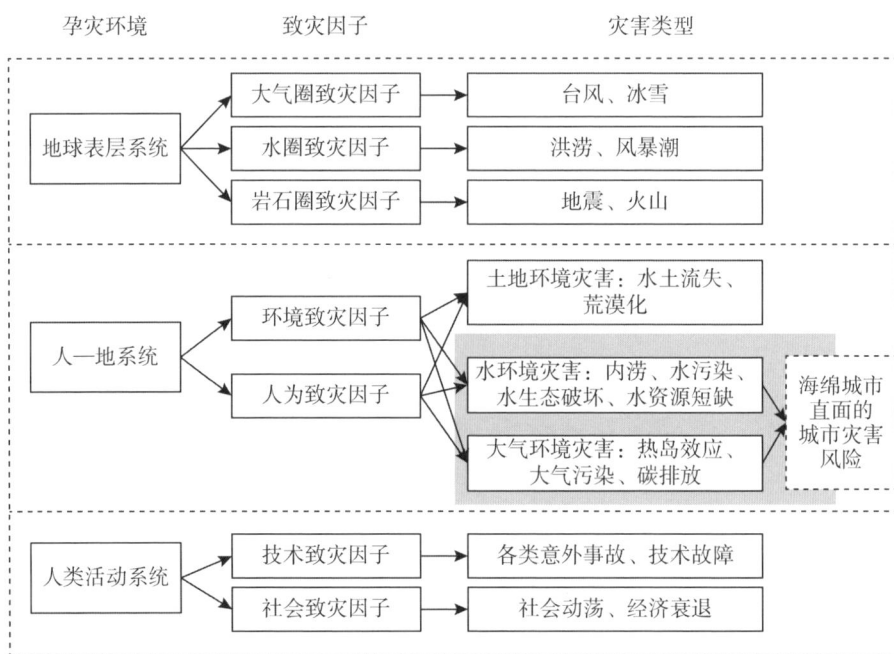

图 3-6　海绵城市建设面对的城市灾害风险

(一)城市内涝灾害

城市内涝灾害是指强降雨或连续性降雨超过城市管网排水能力,导致城市地面产生积水灾害的现象(周宏等,2016)。近年来城市内涝灾害发生频率和严重程度不断上升,诸多学者认为气候变化以及快速城市化发展是导致城市内涝风险提高的关键因素。我国多数城市位于季风气候区,降水集中,伴随全球气候变暖的大趋势,内涝风险不断提高;快速城市化使得大片耕地和天然植被被建成环境取代,流域水文特征被改变,暴雨、洪水形成的地表径流量大幅提高,此外地铁、商场、立交桥等城市微地形往往成为内涝积水点,加剧了内涝灾害的破坏性(张建云等,2016;徐宗学等,2020)。具体来看,内涝主要是城镇本地降雨过多(强降雨或连续性降雨)、地表消纳能力不足(硬化面积过大、原滞蓄空间被占用)、城镇排水能力不足(管道和内河排水不畅)、局部地势低洼等原因导致超过一定标准的城镇雨洪径流(内水)在城镇无法排出而造成的;而洪灾主要是暴雨、急骤融冰化雪、风暴潮等原因引起流域性河湖等水体的水位上涨并超过流域防洪标准的承受能力而导致堤坝漫溢甚至溃决、洪水(外水)进入城镇而造成的(张辰等,2020)。实践表明,海绵城市建设可以通过源头控制、场地控制、区域控制的分级调控法协调灰绿基础设施,运用滞、蓄、排等技术手段,以及各类大中小海绵体的区域协作,实现"小雨无积水"和"大雨不内涝"的城市水安全目标(刘家宏等,2020;赵丰昌等,2021)。

(二)城市面源污染

城市面源污染是指在降水条件下,雨洪和径流冲刷城市地面,使溶解的或固体污染物从非特定的地点汇入受纳水体引起的水体污染,它是相对于点源污染而言的一种水环境污染类型。近年来,随着我国工业化的快速发展以及机动车保有量的急剧增加,面源污染已经逐渐成为威胁城市水环境的关键要素(侯培强等,2009)。海绵城市建设对城市水系设计的关键目标之一,即为保护和改善水质,形成良好水系生态格局。国内学者通过对于实践案例进行剖析后发现,海绵城市建设可以通过分离雨污排水系统,修建生态滤池、生态驳岸等设施,控制源头面源污染输出等,降低污染物输入、增强污染物降解并改善河流水质(何造胜,2016;胡灿伟,2015;王夏青等,2019)。

(三)城市热岛效应

城市热岛是指城市化所引起的城市地表及大气温度高于周边非城市环境的一种现象。使城市热岛形成和加强的效应,即为城市热岛效应(彭保发等,2013)。城市热岛效应作为城市环境面临的主要问题之一,不仅恶化了室内热环境,也增加了城市能耗。国内外学者研究发现,城市热岛效应由城市下垫面、人为热源、大气污染等人为因素以及城市的地理位置、天气条件等自然因素两方面共同作用形成,其中城市下垫面的改变是最根本的因素(Nakayama et al.,2010)。具体来看,城市化的快速推进使自然环境中的透水性地面被不透水地面代替,进而从三个方面导致了城市的热岛效应:①地表水分的蒸发会吸收环境中的热量,降低周边地区的温度,混凝土和柏油等材质的不透水下垫面使得自然降雨被快速排入排水管道,阻断了热量传递过程;②透水面与不透水面的热力性质存在明显差异,混凝土、柏油等材质吸收热量多,导热快,导热率和热容量均高于自然下垫面,城市中大面积的混凝土、柏油下垫面使得城市地面的吸热能力显著高于郊区(杨文娟等,2008);③植物的蒸腾作用能将土壤中的水分带入大气中,森林、湿地以及城市绿地能显著降低热岛效应,城市化进程中地表植被的破坏打破了这一自然水循环过程(黄初冬等,2011)。海绵城市的建设采用低影响开发技术,使城市能最大限度地还原自然水生态,进而缓解区域热岛效应。2015年出台的《海绵城市建设绩效评价与考核办法(试行)》明确提出海绵城市建设应使"热岛强度得到缓解,海绵城市建设区域夏季(按6—9月)日平均温度不高于同期其他地区的日均气温,或与同区域历史同期(扣除自然气温变化影响)相比呈现下降趋势"。刘彦泽等(2018)、刘增超等(2021)则分别对萍乡市和咸阳市的海绵城市进行了实证研究,证明合理规划城市、加强对天然湿地的保护、增加城市绿地等措施可以有效缓解城市热岛效应。

(四)水资源短缺

水资源短缺属于水资源灾害,该现象是指随着经济发展和人口增加,人类对水资源的需求不断增加,加上对水资源的不合理开采和利用,导致各地区出现的不同程度缺水问题。水资源短缺主要分为两种情况:资源性缺水和水质性缺水。资源性缺水主要是指水资源分布的地域差异性导致的局部区域水源分布较少而引起的缺水;水质性缺水则是指区域内水资源的物理形态或水质恶化导致水资源无法利用而引起的缺水,往往发生在丰水区。导致水资源短缺的主要原因包括自然和社会两大方面。自然原因为降雨量的地区分布不均以及下垫面改变。中国有五大气候分区、四大干湿分区,降雨的地区差异性很大。随着降雨量、降雨频次、降雨强度的降低,蓄水难度提升,一些还未掌握新技术的地区就无法很好地进行水资源的蓄存。而城市发展过程中的各种构筑物,改变了原有自然下垫面的性质,使得地表径流下渗率降低,集蓄利用的难度加大,还容易引发洪涝灾害。社会原因主要有技术水平较低导致的雨水回收利用率低和城市化进程过快导致的水资源开采过度及市民用水的供需不平衡。

二、灾害类型区域差异

近年来,受气候变化和快速城市化影响,我国城市灾害发生频率和影响规模不断增强,造成的经济损失和人员伤亡也越来越大。我国灾害种类多、分布范围广,发生频率高、受灾损失大,设防水平低、城乡差异大,各区域的主导灾害类型和灾种组合都显示出显著的差异。自然灾害区域划分不仅是自然灾害的区域组合规律研究的主要内容,亦是地理学和自然灾害研究的一项重要内容,以下几种为具有一定代表性的分类方式。

俞孔坚等(2016)依据降雨、地表水文特征以及地形地貌特征,将我国划分成华北地区、黄淮平原、长江中游、江南水乡、东南沿海、山东半岛、四川盆地七个区域,以此论述海绵城市规划的区域差异(见表3-4)。

表3-4 海绵城市规划的区域差异

地区	代表城市	主要灾害类型	成因
华北地区	北京	·内涝 ·水资源短缺	降雨季节性分配不均,城市化过程中大量不透水面改变了自然水文状况
黄淮平原	东营、菏泽	·内涝 ·干旱 ·水质污染	雨热同期,降雨在时间上分配不均;基础设施建设相对落后,区域性的洪水威胁非常严重
长江中游	岳阳、黄冈	·内涝 ·旱灾 ·水质污染	雨量充沛,常有强降雨发生,但降雨空间分布不均匀;城市密集,城市建设活动活跃,大量水系被填埋、切断
江南水乡	杭州	·内涝 ·水质污染	不科学的城市建设对水系产生破坏,导致致密的水网系统消失,致使城区涝灾频发,水污染严重
东南沿海	台州、东山	·内涝 ·水资源短缺 ·水质污染	受热带风暴的影响,易出现洪涝灾害;地形破碎、流域分散,造成水资源短缺;个体经济蓬勃发展,致使水污染严重
山东半岛	威海	·山洪 ·海潮	地形破碎、流域短小,水位、流量随降水变化而迅速涨落,城市与自然山地、海域交融,易造成山洪,对城市威胁较大
四川盆地	遂宁	内涝	雨量充沛,但其地形为峻山急水,大江大河穿越于盆地之中,导致盆地边缘多洪涝灾害

任南琪等(2020)基于我国地域分类和社会属性,将海绵试点城市划分为东北寒冷平原地区、西北干旱地区、华北及中部暖温地区和南方多雨地区四种类型(见表3-5)。

表 3-5　海绵试点城市的区域差异

地区	代表城市	主要风险类型	成因
东北寒冷平原地区	白城、大连等	降雨不均,水资源短缺	降雨不均,城市内河地表补给集中于雨季,旱季补给不足造成内河生态脆弱和水景功能降低
西北干旱地区	西咸新区、庆阳、西宁、固原等	水资源严重匮乏,生态环境脆弱,水土流失	降雨稀少,水资源严重匮乏;生态环境脆弱,水土流失问题较为突出
华北及中部暖温地区	北京、天津、迁安、鹤壁、池州等	水资源短缺,城市内涝多发	水资源短缺,地下水超采问题严重;降雨不均,夏季降雨集中,河流泛滥,城市内涝多发;地表径流不足,排污量大,水污染严重,水生态失衡
南方多雨地区	镇江、萍乡、遂宁、武汉等	洪涝灾害频发,水体黑臭	降雨量大,雨季长,洪涝灾害频发;人口密度大,排污量大,城市水体黑臭问题较为严重

李炳元等(1996)根据地学区划的一般原则,以及孕灾大环境与自然灾害类型宏观区域组合,将我国划分为东部季风平原山地重度灾害大区、西北干旱高中山盆地中度灾害大区、青藏高寒山原轻度灾害大区三个一级区,反映自然灾害在地域上的差异(见表 3-6)。

表 3-6　自然灾害的区域差异

一级分区	二级分区	主要灾害	水灾害成因
东部季风平原山地重度灾害大区	东北洪涝低温生物中度灾害区	洪涝	主要受到降水量和气温变异影响
	东部平原旱洪涝地震严重灾害区	旱灾、洪涝	降雨集中,年际变化大;黄河河道频繁成灾,地表"岗、坡、洼"组成的微地貌高低起伏大,形成易涝易旱易碱的微地貌条件
	长江中游洪涝旱重度灾害区	洪涝、干旱	冷暖气旋交接地区,锋面及气旋活动异常频繁,台风暴雨常影响本区
	东南沿海洪涝旱地震严重灾害区	洪涝、旱灾、风暴潮	受海洋影响强烈,台风登陆都在本区;降水分配不均,导致旱灾频繁发生
	黄土高原干旱水土流失重中度灾害区	干旱、水土流失	自然环境从东南向西北由半湿润向半干旱、干旱递变,造成过渡地带气候不稳定
	川黔湘鄂西旱洪涝滑坡泥石流重度灾害区	干旱、洪涝、滑坡、泥石流	区内石灰岩广泛分布,导致干旱灾害尤为突出
	川西滇地震滑坡泥石流严重灾害区	旱灾、泥石流	区内山高谷深,滑坡、泥石流规模大、频率高,曾多次堵断江河,引发次生洪灾

一级分区	二级分区	主要灾害	水灾害成因
西北干旱高中山盆地中度灾害大区	内蒙古高原旱雪林火中轻度灾害区	旱灾	地处东南季风西北边缘,降水稀少,变化率大,地表径流少
	新甘地震风沙洪旱中度灾害区	旱灾、洪灾	春季升温融水型、夏季暴雨型、冰湖溃决型和水库垮坝型等多种洪灾
	天山地震滑坡泥石流中度灾害区	崩塌、滑坡、泥石流、洪灾	组成的物质较松软,又被河流切割,加上地震活动,导致崩塌、滑坡、泥石流、洪水等灾害频发
青藏高寒山原轻度灾害大区	青藏东南山原地震滑坡泥石流中度灾害区	泥石流	河流深切、多为峡谷,地形起伏强烈
	青藏西北部高原地震雪轻度灾害区	干旱、洪涝	海拔高,气候干燥寒冷

三、灾害风险评估

根据国家减灾委办公室《灾害信息员培训教材》(2015年版),灾害风险评估是指对生命、财产、生计以及人类依赖的环境等可能带来潜在威胁或伤害的致灾因子和承灾体的脆弱性进行分析和评价,进而判定风险性质、范围和损失的一系列过程。简而言之,灾害风险评估是针对风险区遭受灾害的可能性及后果的定量评估分析(黄崇福,2008)。当前,灾害风险评估的主要范式是从灾害系统理论出发对致灾因子、孕灾环境和承灾体分别建立评估模型,包括从灾害成因、自然条件、社会经济、防灾工程等角度模拟和预估灾害发生的概率及其可能的影响程度。科学分析灾害发生对地方经济、社会和环境带来的潜在影响、风险等级排序及空间分布,可为城市空间发展提供可持续性和安全性方面的参考(周姝天,2020)。

(一)内涝灾害风险评估

内涝灾害风险评估是城市防灾减灾工作中重要的非工程措施之一。从灾害系统理论的角度看,城市内涝灾害是指在一定的孕灾环境下,城市暴雨作用于城市系统形成的灾害。学者们在致灾因子、孕灾环境和承灾体三个维度上深入剖析了城市内涝灾害风险评估(见表3-7):①致灾因子是指孕灾环境中的异变因子,它可能造成财产损失、人员伤亡、资源环境破坏、社会系统混乱等,一般选择降水量、暴雨量、淹没水深等作为影响因素。②孕灾环境是孕育灾害发生的自然环境和人文环境所组成的综合地球表层环境。通常选取地表的高程、坡度、河网密度、下垫面类型等作为孕灾环境的影响因素。③承灾体是各种致灾因子作用的对象,是人类及其活动所在的社会及各种资源的集合。其中,人类既是承灾体,又是致灾因子。对于城市暴雨内涝而言,其承灾体主要包括房屋、室内外财产、人群和生态环境等。因此,一般选取人口密度、地均GDP、POI距离等作为承灾体防涝能力的影响因素。

表 3-7   内涝灾害风险的影响因素

维度	影响因素	文献来源
致灾因子	降水量	杜鹃等(2006)、刘荆等(2009)、黄亦轩等(2022)、李昌顺等(2022)、李正兆等(2022)
	暴雨量	程朋根等(2022)、李昌顺等(2022)
	距河道距离	黄亦轩等(2022)
	历史洪涝灾害次数	杜鹃等(2006)
	淹没水深	赵玉杰等(2022)
孕灾环境	高程	杜鹃等(2006)、许世远等(2006)、刘荆等(2009)、程朋根等(2022)、黄亦轩等(2022)、李昌顺等(2022)、赵玉杰等(2022)
	坡度	杜鹃等(2006)、许世远等(2006)、刘荆等(2009)、黄亦轩等(2022)、程朋根等(2022)、赵玉杰等(2022)
	土壤类型	刘荆等(2009)
	土地利用	刘荆等(2009)、黄亦轩等(2022)、赵玉杰等(2022)
	归一化植被指数	程朋根等(2022)
	洼地深度	程朋根等(2022)
	河网密度	刘荆等(2009)、程朋根等(2022)
	下垫面类型	许世远等(2006)、李昌顺等(2022)、赵玉杰等(2022)
承灾体	受涝面积比例	郝莹(2021)
	人口密度	杜鹃等(2006)、刘荆(2009)、郝莹(2021)、黄亦轩(2022)、李昌顺等(2022)、赵玉杰等(2022)
	地均GDP	刘荆等(2009)、郝莹(2021)、程朋根等(2022)、黄亦轩(2022)、赵玉杰等(2022)
	人口活力	程朋根等(2022)
	房屋价值	郝莹(2021)、李昌顺等(2022)

维度	影响因素	文献来源
承灾体	POI距离	程朋根等(2022)、赵玉杰等(2022)
	应急避难场所	黄亦轩等(2022)
	医疗设施	郝莹(2021)、李正兆等(2022)、赵玉杰等(2022)
	交通设施	郝莹(2021)、赵玉杰等(2022)

　　内涝风险评估发展至今,常用的方法有数据驱动的统计分析方法、指标驱动的综合评价方法以及模型驱动的分析方法等(见表3-8)。数据驱动的统计

表 3-8　内涝灾害评估方法总结

评估方法	分析方法	参考文献
数据驱动的统计分析方法	时序模型	郭涛(1991)
	模糊聚类	张行南等(2000)、谭徐明等(2004)
	线性回归	李柏年(2005)、赵思健等(2013)、石勇(2015)
指标驱动的统计评价方法	层次分析法	郝莹（2021）、程朋根等（2022）、黄亦轩等（2022）
	相关系数归一化	刘荆等(2009)
模型驱动的分析方法	SCS-CN模型	丁锶湲等(2022)
	SWMM模型	Wei等(2016)、陆海明等(2020)、房亚军等(2022)、张金萍等(2022)
	TELEMAC-2D模型	李国一等(2022)
	MIKE模型	王成坤等(2019)

分析方法主要利用数理统计的方法,对历史灾害的数据进行统计分析,找出灾害发展的规律,建立起灾害发生概率与其影响因素的统计模型,进而对未来灾害造成的可能损失进行预估。然而,社会环境经过不断发展已发生巨大改变,历史经验数据无法充分说明问题,因而此方法在实际应用中常受到限制。指标驱动的综合评价方法通过构建评估指标体系实现对区域的风险评估(赵玉杰等,2022)。该方法得益于数据易于获取、建模简便的优点,在我国灾害风险评估研究中得到广泛应用。然而,数据的可获取性和精度大小决定了可选取的评估指标十分有限,以及不能在小尺度区域构建指标体系,存在一定局限性。模型驱动的分析方法是依据水力模型的情景模拟,获取淹没水深、历时等数据,实现对灾害风险的评估。这种评估方法主要适用于小流域区域,侧重对

内涝危险性的精细化研究,获取内涝的淹没范围、深度、流速等信息,较少关注社会与经济在洪灾中受到的影响。

(二)面源污染风险评估

面源污染风险评估通过数理模拟模型或综合评价方法预测面源污染产生的可能性和危害程度高低,从而识别污染关键区域,并通过对关键区域的识别提出有针对性的治理措施,提高水环境治理效率(Diebel et al.,2008)。

城市面源污染的影响因素较多且成因复杂,国内外已有大量学者对城市面源污染影响因素进行了细致的研究,涵盖从面源污染产生到迁移、汇聚的全过程。从面源污染产生全过程来看,可将影响因素分为四个维度(见表3-9):水文气候(降雨强度、降雨量、气温等)、自然地理因素(坡度、地形、植被类型等)、城市土地利用因素(用地类型、下垫面性质、城市功能区分类等)、人类活动因素(人口密度、产业结构、发展方式等)。

表3-9 面源污染的影响因素

维度	具体影响因素	参考文献
水文气候	降雨强度	车伍等(2002)、李晓虹等(2019)
	降雨量	陈莹等(2011)、陆昊等(2022)、杨润泽等(2022)
	气温	车伍等(2002)
自然地理因素	坡度	徐颖等(2022)
	地形	王书敏(2013)、刘洋等(2021)
	植被类型	史中奇等(2022)
城市土地利用因素	用地类型	张汪寿等(2011)、周栋等(2012)、王书敏(2013)、江燕等(2017)
	下垫面性质	任玉芬(2005)、杨默远等(2020)
	城市功能区分类	江燕等(2022)
人类活动因素	发展方式	刘洋等(2021)
	产业结构	王磊等(2011)
	人口密度	李立青等(2010))、肖宇婷等(2021)
	道路类型	侯培强等(2009)、王书敏(2013)、房金秀等(2019)
	屋顶材料	车伍等(2002)、张科峰等(2011)、王书敏(2013)
	交通流量	李立青等(2010)

　　梳理学者们的研究可以发现,目前面源污染风险评估方法主要包括机理模型模拟和多因子综合评价两种(见表 3-10)。其中,机理模型模拟通过模拟区域内面源污染产生、迁移、汇聚的真实过程,并运用统计学方法对区域污染情况进行分级,进而识别面源污染关键污染源区。主要机理模型包括GWLF、SWAT、SWMM 和 HSPF 等模型,目前应用较为广泛的是 SWAT 模型(尹京晨等,2022)。该方法虽然能一定程度地模拟真实情况,在利用不同区域的基础数据模拟结果上具有区域针对性,但基础数据的获取存在一定的难度,限制了该方法的适用范围。多因子综合评价方法则主要是通过地理信息、相关因子建立评价指标体系,对不同研究区域进行面源污染风险评估。其评价流程一般为先筛选面源污染产生、迁移过程中的影响因子,接着构建评价指标体系和分配因子权重,最后对结果进行可视化。该方法主要选取的相关因子可获取性较高,适用尺度较为宽泛,但大多数研究在选择因子时多是根据经验或已有研究进行筛选,缺乏对区域特殊性的考虑。

表 3-10　面源污染风险评估方法总结

类型	方法	参考文献
机理模型模拟	GWLF 模型	Shrestha 等(2020)
	SWAT 模型	胡远安等(2003)、宋林旭等(2013)、张展羽等(2013)、李颖等(2014)、童晓霞等(2018)、高晓曦等(2020)、张京等(2021)
	SWMM 模型	宋芳等(2019)、栾广学等(2022)、余游等(2022)
	HSPF 模型	Chang 等(2017)
多因子综合评价方法	—	胡连伍等(2007)、刘建昌等(2008)、孙鹏程等(2009)、张虹等(2021)

(三)高温热浪风险评估

　　高温灾害风险评价重点关注高温胁迫下的可能损失,强调人口、财产以及生态系统等在高温下的暴露情况。多种因素导致城市区域平均温度明显高于城市周边郊区,具体可以分为自然要素、人工物质空间要素、非物质空间要素(见表 3-11)(韩贵锋等,2016)。其中,自然要素包括气象、自然地形地貌、植被、水体等;人工物质空间要素包括土地利用类型、建设强度、城市空间形态(如建筑密度、容积率)等;非物质空间要素包括人口、资源能耗等。这些因素所导致的城市热岛效应增加了城市面临的高温热浪风险,使城市成为气候变暖的主要风险区。

表 3-11　高温热浪灾害的影响因素

维度	影响因素	文献
自然要素	植被覆盖	徐涵秋(2011)、朱婷媛(2015)、刘勇洪等(2017)、徐蕾(2021)、牛陆等(2022)
	气象因素	Smith(1963)、张宇等(2015)、张雅妮等(2018)
	水体	徐涵秋(2011)、张宇等(2015)、谢启姣(2016)、熊鹰等(2020)
	景观格局	刘焱序等(2017)、熊鹰等(2020)葛静茹等(2021)
	自然地形地貌	郑祚芳等(2006)、韩贵锋等(2016)、刘勇洪等(2017)、熊鹰等(2020)
人工物质空间要素	地表覆盖类型	郑祚等(2006)、季青等(2009)、倪敏莉等(2009)、谢盼等(2015)、庄元等(2017)、Ying等(2019)
	城市不透水面	Yuan(2007)、徐涵秋(2011)、唐菲等(2013)、杨可明(2014)、谢启姣(2016)、熊鹰(2020)
	人为排放	何晓凤等(2007)、唐菲等(2013)、朱婷媛(2015)、Zhou(2016)
	社会驱动力	Mitchell(2014)、张瑜(2015)、熊鹰(2020)
	土地利用类型	彭文甫(2011)、牟雪洁(2012)、Lazzarini M(2013)、刘勇洪等(2017)、王美雅等(2018)、黄亚平(2019)
	建设强度	韩贵锋(2016)
	城市空间形态	黄群芳(2021)、刘勇洪等(2021)、徐蕾(2021)
非物质空间要素	平均夜间灯光值	刘勇洪等(2017)、牛陆等(2022)
	人口	何晓凤等(2007)、何萍等(2009)、王美雅等(2018)、葛静茹等(2021)、牛陆等(2022)
	建成区面积	牛陆等(2022)
	资源能耗	何晓凤等(2007)、何萍等(2009)

目前,国内外对于高温热浪风险的评估方法有很多,其中较具代表性的是基于 IPCC 提出的"灾害危险性—暴露—社会脆弱性"(HEV)灾害风险评估体系(El-Zein et al.,2015)。根据以往学者经验,进行高温热浪风险评估的基本思路为:探究高温热浪灾害破坏社会、经济及生态环境稳定带来损失的原因;识别造成风险的要素;定义评估风险的指数因子;结合气候变化背景,综合不同要素量化评估风险。评估指标权重的确定及评估模型的构建是高温热浪风险定量评估过程中的关键步骤,目前量化评估因子权重确定与模型构建的方法多种多样,根据原始数据来源及种类的不同,基本可分为以下四种:图层叠置法、主观赋权法、客观赋权法及组合赋权法(武夕琳等,2019)(见表 3-12)。

表 3-12　高温热浪灾害评估方法总结

方　法	模　型	文　献
图层叠置法	—	Christoph 等(2013)、张雷等(2017)
主观赋权法	层次分析法	马进(2012)、唐菲等(2013)、徐雷(2021)
客观赋权法	主成分分析法	Reid 等(2009)、谢盼等(2015)、谢启姣(2016)、熊鹰等(2020)
组合赋权法	聚类分析法	金星星等(2018)
其他	地理加权	杨黎敏(2020)、葛静茹等(2021)、牛陆等(2022)
	线性回归	徐涵秋(2011)、刘勇洪等(2021)
	相关性分析	姜荣(2016)
	全局回归	Yang 等(2010)、Zhou 等(2014)、Asgarian 等(2015)

图层叠置法是进行空间化评估最常用的方法,该方法借助 GIS 进行图层的直接叠加得到脆弱性空间分布情况,叠加时假设各评估因子指标权重相等。主观赋权法是最早出现、研究较全面的一种方法,该方法通过让专家主观判定各指标的重要程度,并根据以往经验确定各指标权重。常见的包括专家调查法、层次分析法、二项系数法、环比评分法等。客观赋权法使用的数据由决策过程中的实际数据确定,各指标权重由不同属性数据在评价中的属性差异值确定。常见的客观赋权法主要包括主成分分析法、熵值法、离差及均方差法等,其中主成分分析法常常被用于风险性评估。组合赋权法主要包括折中系数综合权

重法、线性加权单目标最优化法、熵系数综合集成法、组合赋权法、Frank-Wolfe 法等。这种主客观综合赋权法在数理方面的理论基础近乎完美,但由于其算法普遍复杂,实用性并不高(武夕琳等,2019)。

四、风险预警响应

"预"为料事之先,"警"为防患未然,所谓"预警"便是对可能出现的不正常情况(即风险)进行分析和判断,依据该风险的时空范围和危害程度发出警报,以期提前准备好防范或消解措施(黄冠胜等,2006)。在自然灾害方面,洪涝预警、高温预警和台风预警等预警系统,一般采用先进的预测工具对易发生地质灾害或气候灾害的地区进行探测和监控,利用电信号与地震波、台风、洪水的时间差迅速向所有可能成为受灾区的地区发出警告,最大限度地减少不可抗风险造成的人财损失(佘丛国等,2003)。预警的要素包括警情、警素、警兆、警源、警度、警限等。预警的基本逻辑为确定警情、寻找警源、分析警兆、选择警素、划分警限、预报警度、提出警策、排除警情(冯江源,1997;顾海兵,1997),详见图 3-7。

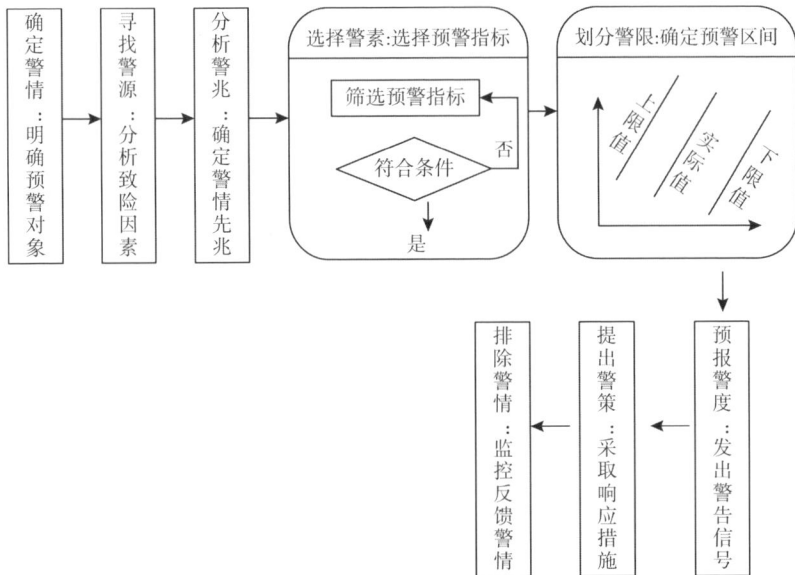

图 3-7 预警的一般逻辑

在突发事件应急管理研究中,灾害预警响应机制的构建可以有效减少灾害带来的损失。从广义的角度,学者把"响应"视为对突发事件进行处置的整个过程,包括紧急救援和善后恢复等(张良,2020)。突发事件发生以后,相关部门应当采取的应急响应措施包括开展紧急救援、进行事件善后、详细调查和分析事件的成因等(姜巍等,2016)。从次广义的角度,"响应"所发挥的作用在某种程度上等同于"应急处置",其目的在于通过采取措施减少灾害损失。联合国国际减灾战略(United Nations International Strategy for Disaster Reduction,UNISDR)促进预警平台、联合国发展计划署及世界气象组织共同指出,预警系统应综合风险知识、风险监测、风险警报和风险响应四个基本且互补的要素(见图3-8),涉及事先了解面临的风险、针对风险实施监测并预报警情、向受风险影响的人传播警报信息,并切实增强应对风险的能力(范小杉,2021)。

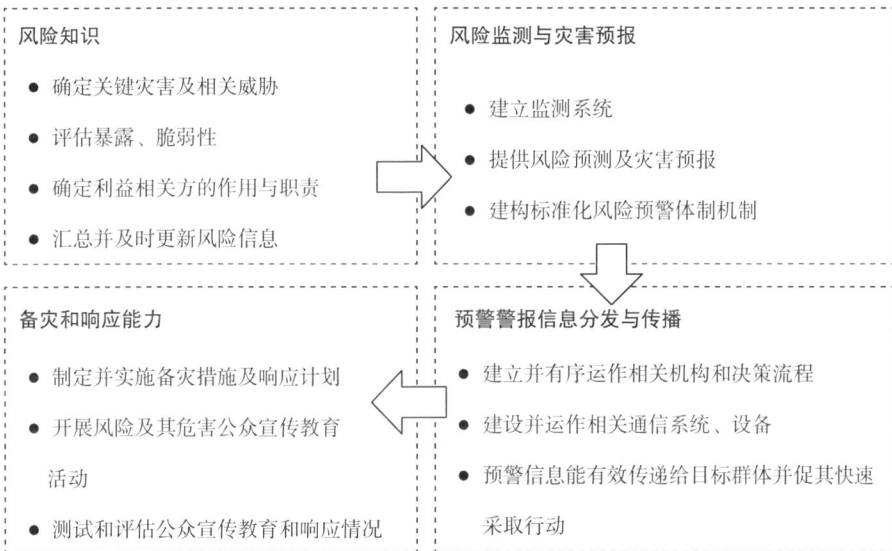

风险知识	风险监测与灾害预报
● 确定关键灾害及相关威胁 ● 评估暴露、脆弱性 ● 确定利益相关方的作用与职责 ● 汇总并及时更新风险信息	● 建立监测系统 ● 提供风险预测及灾害预报 ● 建构标准化风险预警体制机制
备灾和响应能力	预警警报信息分发与传播
● 制定并实施备灾措施及响应计划 ● 开展风险及其危害公众宣传教育活动 ● 测试和评估公众宣传教育和响应情况	● 建立并有序运作相关机构和决策流程 ● 建设并运作相关通信系统、设备 ● 预警信息能有效传递给目标群体并促其快速采取行动

图 3-8　预警响应框架

第三节 防灾减灾与建设风险管理

一、防灾减灾技术

针对城市雨洪灾害相关防灾减灾技术的研究与实践由来已久,20世纪70年代以来,全球多个国家和地区相继开展了从宏观规划体系到具体施工技术的多方面研究。随着我国2015年、2016年两批国家试点海绵城市完成验收,国内学者和相关单位对海绵城市建设技术的认知也渐趋全面化和成熟化,本书从规划设计技术与施工建设技术两个方面着手,对城市水问题防灾减灾技术进行了梳理总结(见表3-13)。

表 3-13 城市水问题防灾减灾技术

技术体系	技术阶段	技术类型	技术作用
规划设计技术	雨洪模拟	SWMM、STORM、Wallingford、InfoWorks CS、MIKE-URBAN、SSCM、CSYJM、平原城市雨洪模型、城市雨洪水动力耦合模型等	依据城市自然地形、气候条件以及下垫面情况,模拟产汇流特征,为合理布置海绵设施提供数据支撑
	规划体系	BMPs、LID、SUDS、WSUD	以雨洪系统为核心,合理规划城市下垫面,协调灰绿基础设施,指导城市良性水循环系统的构建
	运维管控	综合管控平台、基于BIM的可视化运维管控系统、智慧化海绵城市监管系统等	提取、关联、集成海绵城市全生命周期数据,统筹管理海绵城市建设与运维
施工建设技术	渗	透水铺装、绿色屋顶、渗井等	源头治理减少雨洪径流,涵养地下水
	滞	植草沟、下凹式绿地、雨水花园等	在短时间内减缓雨洪径流量
	蓄	人工湖、调蓄池、雨湿地等	分散降雨,调节错峰雨洪径流
	净	生物滞留设施、人工土壤渗滤等	通过自然循环净化水质
	用	污水再生利用设施等	将雨洪作为资源进行重复利用
	排	河道排水、雨污分流等	结合绿色海绵设施与灰色管网工程设施,避免内涝与直接污染

资料来源:岑国平等(1993)、周玉文等(1997)、徐向阳(1998)、耿艳芬(2006)、郑美芳等(2013)、宋晓猛等(2014)、张建云等(2014)、魏源源等(2015)、刘昌明等(2016)、刘亚楠(2017)、Goulden等(2018)、黄金良等(2018)、吴连丰(2018)、高学珑等(2019)、钱程(2019)、文雅等(2021)等。

(一)规划设计技术

从规划设计技术层面来看,海绵城市规划的目的是在探明城市现有防洪排涝能力的基础上,通过因地制宜建设或者改造多种低影响开发措施,消纳本地产水量,降低城市排水管网负荷,从而提高城市的内涝防治能力(刘昌明等,2016)。其中,城市雨洪模拟技术是海绵城市规划和设计的核心方法。城市雨洪管理模型是指基于传统水文水力知识,使用现代计算机系统和数学方法,对城市的降雨、径流形成以及排水管网的运行过程进行模拟计算的系统。科学合理的雨洪模型可以识别城市防洪排涝的薄弱点,进而为防灾规划提供数据支撑。国外雨洪模拟技术起步于 20 世纪 70 年代,最初由政府机构(美国环保局 EPA)和科研机构(丹麦 DHI 公司)组织开展研发工作,目前较常见的雨洪模拟系统有 40 余种,包括 SWMM、STORM、Wallingford、Info Works CS 以及 MIKE-URBAN 等(宋晓猛等,2014)。其中,SWMM 模型凭借其对原始资料要求低、通用性高以及稳定性好的优势,已在世界范围内得到广泛的应用。国内雨洪模型研制起步较晚,但近年来进展较快。1993 年由岑国平等开发的城市雨水管道计算模型(SSCM)是我国第一个完整的雨洪模拟模型,随后国内学者相继开发了城市雨洪径流模型(CSYJM)、平原城市雨洪模型以及城市雨洪水动力耦合模型等适用于不同环境的雨洪模型(岑国平等,1993;周玉文等,1997;徐向阳,1998;耿艳芬,2006)。此外,国内还有较多学者基于排水系统建设实际案例,对 SWMM、STORM、MIKE 等模型进行了二次开发,更好地适应了国内的数据环境以及自然、社会和经济等客观条件(张建云等,2014)。

海绵城市建设不仅需要统筹规划项目投资成本、排水防涝安全、面源污染防治等控制目标,还需兼顾绿色设施的合理配置,因此必须通过长期研究和实践积累才能形成一套完善的理论策略、组织管理、技术方法和法规政策。近几十年来,美国、英国、德国、日本、澳大利亚等先发国家的雨洪管理经历了"仅关注水量—关注水质—可持续雨洪管理"的发展历程,已形成了各具特色的雨洪管理体系。在规划体系方面,有美国提出的最佳管理措施(BMPs)、低影响开发(LID)和绿色建筑(GI),英国提出的可持续城市排水系统(SUDS),以及澳大利亚的水敏感城市设计(WSUD)(Goulden et al.,2018)。与传统的城市排水模式相比,可持续雨洪管理要求以雨洪系统为核心,合理规划城市下垫面,协调灰绿基础设施,指导城市良性水循环系统的构建。

随着海绵城市建设向全生命周期发展,项目难以统一把控、资源难以合理调度、成果难以有效评定等问题逐渐暴露。为达到海绵城市全生命周期跟踪统筹的建设要求,国内学者以及相关规划建设单位依托实践经验,提出了各种运维管控方案。吴连丰(2018)基于厦门市的海绵城市建设经验,提出综合运用在线监测、GIS、排水模型等技术手段,从基础层、数据层、支撑层和应用层四个层面构建城市水务智能管理系统;高学珑等(2019)、文雅等(2021)针对GIS或遥感类二维数据难以直观有效传递信息的劣势,对 BIM 平台进行二次开发,推出了可视化的海绵城市运维管控系统;郭效琛等(2018)、杨莉等(2018)则分别以青岛市和镇江市为例,提出从"源头—中端—末端"三个层次构建系统化的在线监测体系工作方案。

(二)施工建设技术

海绵城市建设主要施工建设技术以"渗、滞、蓄、净、用、排"六字为方针,包括源头措施、中端措施和末端措施三种类型。"渗"——通过透水铺装、绿色屋顶等技术,利用土壤的渗透作用,从源头减少雨洪径流,并极大地增加浅层土壤的含水量,补充地下水。"滞"——短时间强降雨使以灰色基础设施为主的传统城市很容易形成雨洪的蓄积并造成内涝,植草沟、下凹式绿地以及雨水花园等海绵设施能有效延缓最大雨洪径流量形成。"蓄"——人工湖、调蓄池和雨湿地等大型海绵体,通过分散降雨实现错峰,可以在一定程度上防止内涝,同时有利于雨水就地储存起来另作他用。"净"——初期雨水中含有大量杂质,这些具有潜在污染性的雨水一旦被排入江河流域,便会引发一系列的水体污染。生物滞留设施、人工土壤过滤设施能利用土壤作为过滤介质对收集的雨水进行统一的净化处理。"用"——雨水对城市而言是宝贵的资源,初期雨水在净化后经过污水处理及再生利用设施得到重复利用,减轻城市的用水需求压力。"排"——针对某些区域降雨量过大导致无法利用土壤自身的渗透作用排出城市道路积水的情况,选择绿色海绵设施与灰色管网工程设施相结合,将多余雨水排尽,避免内涝与直接污染(郑美芳等,2013;魏源源等,2015;刘亚楠,2017;黄金良等,2018;钱程,2019)。

二、建设风险管理体系

在海绵城市建设的热潮下,学术界对于海绵城市建设管理风险已有较为细致的剖析(表 3-14),国内外学者从风险识别、风险评估、风险演化、风险预警、风险应对五个方面构建海绵城市的建设管理体系。在风险识别方面,相关研究通过访谈调查、案例分析等方式定性识别和分析风险影响因素(Benzerra et al.,2012;Olorunkiya et al.,2012;夏柠萍等,2016);在风险评估方面,部分学者通过构建模型来定量评估不同风险因素对雨洪管理的影响程度(Thorne et al.,2015;Sullivan et al.,2015;陈前虎等,2018);风险演化方面,一些学者借助系统动力学模型和结构方程模型,对海绵城市建设风险传导机制进行了仿真模拟(贾富源,2018;向鹏成等,2020);在风险预警方面,已有研究的重点在于如何对风险传导过程进行仿真模拟,以及在此基础上因地制宜建立符合城市自然地理条件的风险预警信息系统(李玲等,2020);在风险应对方面,已有研究集中于对风险因素的影响程度识别分析,并据此提出风险规避的应对策略(郎启贵等,2017;徐倩等,2018)。系统梳理海绵城市风险管理相关研究,发现技术、管理、制度、资金、社会和环境六大风险要素受到学者们的普遍关注,其中技术风险、管理风险和制度风险是海绵城市建设面临的关键风险要素。

表 3-14 海绵城市建设过程风险管理的基本内容归纳

核心板块	主要环节	研究方法	研究学者	主要观点
本体论	风险识别	·文献阅读 ·实证调研 ·访谈调查 ·归纳总结 ·扎根理论	Benzerra 等(2012)	英国雨洪管理的风险因素可分为制度、技术、经济和管理四大类
			Olorunkiya 等(2012)	制度、技术、社会、经济和合同五个因素制约了低影响开发技术推广
			Matthews 等(2015)	社会制度、认知管理、自然资源是关键风险因素
			Dhakal 等(2017)	认知的局限性和社会制度的不合理性造成了风险
			夏柠萍等(2016)	海绵城市建设 PPP 项目风险体现在融资结构、项目特征和融资环境三个方面
			杨雪锋等(2018)	基于可持续发展视角剖析了海绵城市建设在经济、社会和技术三个维度面临的风险

续表

核心板块	主要环节	研究方法	研究学者	主要观点
本体论	风险评估	·相关不确定性方法 ·全生命周期评价模型 ·建筑信息模型 ·系统动力学模型 ·模糊层次分析法 ·结构方程模型 ·解释结构模型 ·肯特指数法 ·专家赋值法	Thorne 等(2015)	技术和社会政治方面的不确定性是限制雨水设施推广的主要因素
			Sullivan 等(2015)	量化雨水收集处理系统中材料、建筑、运输、操作、运维过程对环境造成的影响
			Vitiello 等(2019)	突出金融投资在雨洪设施运维管理中的重要性
			李莉等(2017)	基于实践经验提出海绵城市PPP模式的指标体系及赋分标准
			王帅等(2020)	基于动态风险视角建立海绵城市PPP项目的风险评价体系
			向鹏成等(2018)	在建立管理、技术、环境、经济和社会五个维度的海绵城市建设风险评价指标体系的基础上,提出海绵城市建设风险评价模型
			陈前虎等(2018)	基于全生命周期视角,从法规、管理、技术和资金四个方面构建了海绵城市建设风险指标体系,并得到各风险因素的因子荷载和关联性
认识论	风险演化	·系统动力学模型 ·结构方程模型	贾富源(2018)	对海绵城市建设风险传导效应进行仿真模拟,提出风险防范措施
			向鹏成等(2020)	重庆市悦来新城建设过程对管理风险的敏感性最高
方法论	风险预警	·平台构建 ·归纳总结	李玲等(2020)	海绵城市建设需要建立基于气候变化分析的城市洪涝风险预警信息系统
结果论	风险应对	博弈模型	郎启贵等(2017)、张丽(2018)	建立PPP模式下海绵城市建设的风险分担机制
			徐倩等(2018)	基于法律合同风险、政治风险、运营风险、经济风险、建设风险和技术风险,分别提出规避风险的策略

三、建设风险管理动态演化

西方学者率先意识到,基于建设项目本身的复杂性、外界环境的多变性以及建设周期长等特点,各类风险因素的变化随时间波动较大,传统的静态风险管理体系并不适合长时间跨度项目的风险防控(Tummala et al.,1994)。海绵城市建设具有长期性、复杂性和系统性等特点,相对应的海绵城市建设风险也是一个动态变化的系统——在某个阶段发生的风险,而后可能消失,可能有所削减,也可能有所增加。因此,海绵城市风险管理应该有的放矢,根据每个阶段不同特性制定相应的对策。

虽然我国 2015 年出台的《海绵城市建设技术指南——低影响开发雨水系统构建》已将海绵城市建设分为规划、设计、工程建设和维护管理四个阶段,但早期对于海绵城市建设风险管控的研究主要关注海绵城市的规划与建设。随着海绵城市建设的不断推进,相关学者逐渐意识到,应将海绵城市建设风险置于项目全生命周期这一时间范畴内进行讨论分析和预警防控,建立海绵城市建设系统化制度体系和风险防控机制(邻艳丽,2017)。此后,学者们基于实践经验相继提出了差异化风险管理动态演化观点:康宏志等(2017)认为规划、设计、施工、运营管理和评估等阶段构成了海绵城市建设的全生命周期;刘红勇等(2018)认为海绵城市项目管理涉及项目概念、规划设计、建造、运维和拆除回收五大阶段;韩斌(2018)基于济南市实践经验,提出海绵城市需要关注设计、融资、管理、运行等全生命周期各个阶段的不同风险。

综合上述对全生命周期概念的解析以及阶段划分可知,海绵城市建设风险存在于规划设计、施工建设和运行维护等全生命周期内的各个阶段,且涉及制度、管理、技术、资金、社会等多个维度(见表 3-15)。从风险的动态演化来

表 3-15　海绵城市全生命周期建设风险要素体系

阶　　段	因素类别	风险因素
规划设计	制度	规划导则不健全、法律合同文件不完备
	管理	政府领导能力缺失、管理机制缺失
	技术	规划设计方案不合理、勘测及测算困难
	资金	融资渠道单一狭窄、投资资金不稳定、项目融资吸引力低
	社会	社会认识偏差、居民认可度低、公众参与度低

续表

阶 段	因素类别	风险因素
施工建设	制度	行业标准的变化、部门协同机制缺乏
	管理	资产征用困难、政府决策延误
	技术	配套设备落后、海绵体选择不配套、建设技术不成熟、专业人才不足
	资金	建设成本超出
运行维护	制度	绩效考核机制缺乏、监管体系不完善、法律体系不健全
	管理	运营管理能力低、维护职责不明确
	技术	设施设备老化、区域养护技术不达标
	资金	经济效益低下、社会资本撤出
	社会	居民使用不合理

看,规划设计阶段的风险主要集中于制度风险、资金风险;施工建设阶段的风险主要集中于技术风险;运行维护阶段的主要风险集中于制度风险、管理风险与技术风险。且同一风险类别在不同阶段上,具体的风险因素也存在显著差异。

第四节 已有研究总结与本书研究重点

一、已有研究总结

(一)已有研究启示

为应对日益突出的雨洪灾害风险,海绵城市建设作为一种"灾前风险管理工具",受到学界的关注。已有研究对海绵城市建设的基本概念、相关理念、灾害风险评估、防灾减灾技术、建设风险管理等方面均有所涉及,重点可以归纳总结为以下三个方面:一是海绵城市建设应对的灾害风险及其评估,二是海绵城市建设中的技术运用及其作用,三是海绵城市建设面临的建设风险及其管理。本课题的主要研究内容也将围绕这三个方面展开。

1. 海绵城市建设应对的灾害风险及其评估

海绵城市建设应对的城市灾害风险,主要是指在人—地系统这一孕灾环境内,由自然环境致灾因子变化以及人为建设因素共同导致的城市水灾害风险。内涝灾害、面源污染、热岛效应是与海绵城市建设关联度最强的三种灾害类型,分别对应水安全、水环境、水生态三个方面的问题。基于前文对三类灾害的文献综述,总结得到与三类灾害的致灾因子、孕灾环境、承灾体紧密相关的自然及人文要素(见图 3-9)。

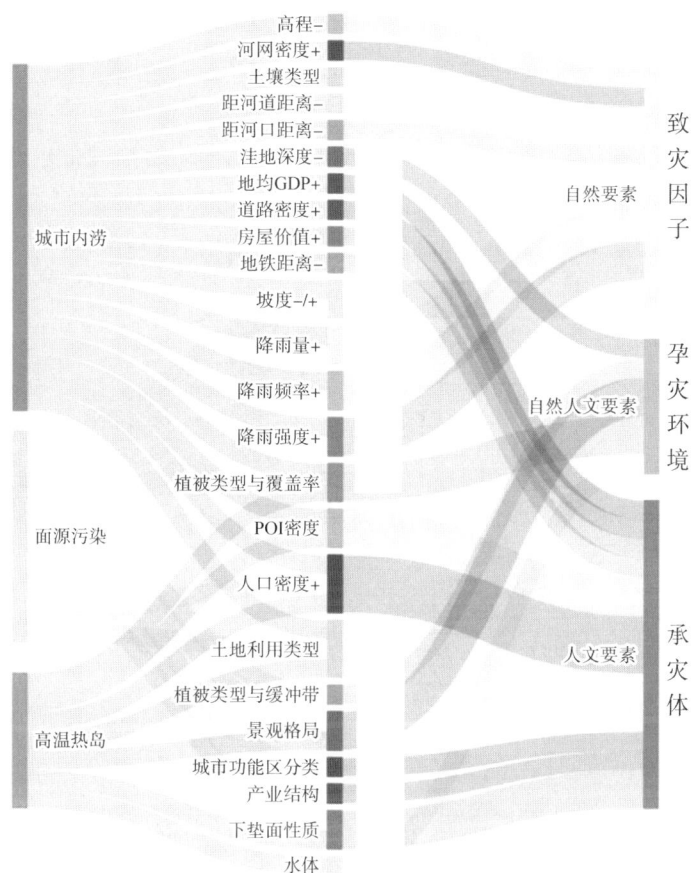

图 3-9　海绵城市建设应对的灾害类型及不同灾害风险的影响因素

由图 3-9 可知,城市水灾害的承灾体主要是人口密度、土地利用类型、城市功能区分类等人文要素,致灾因子与孕灾环境主要包括降雨量、坡度、河网密度等自然要素以及植被类型、景观格局、水体等自然人文要素。其中人口密度、土地利用类型、POI 密度、下垫面性质、景观格局是与多种灾害都相关的重要因素,也是海绵城市规划与建设中要重点关注的内容。

海绵城市建设需要在合理评估灾害风险的基础上,将防灾减灾的工作转移到灾前防控上来,结合科学的灾害模拟与预测,降低灾害影响。城市灾害的形成与人类利用自然的方式息息相关,城市建设要尊重自然规律,合理利用自然资源,规避灾害,造福人类。

2. 海绵城市建设中的技术运用及其作用

基于前面文献综述可知,雨洪模拟、系统性规划等规划设计技术以及"渗、滞、蓄、净、用、排"等施工建设技术,作用于城市基础设施建设、水循环系统构建、土地利用结构、景观格局,影响了城市的孕灾环境和承灾体的属性特征,对城市水灾害的预防和缓解具有直接作用(见图3-10)。海绵城市建设既要依据城市自然地理特征和科学的模拟,合理布置海绵设施;又要通过系统性的规划设计和建设施工,以人为本,构建良性的水循环系统。

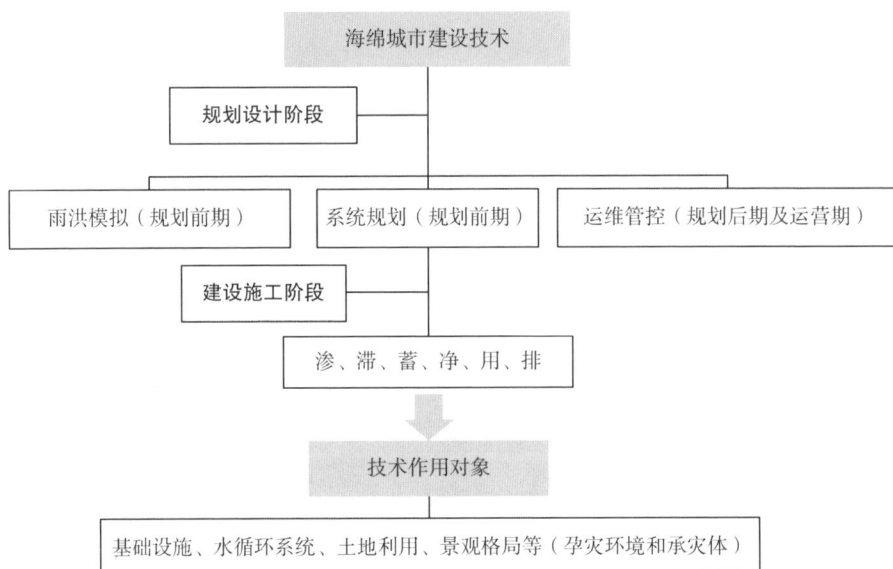

图 3-10　海绵城市建设运用的技术及其作用

此外,不同技术对应了不同的作用对象,会产生差异化的建设效果。如土地利用类型的优化需要采取规划布局调整、低影响开发(LID)等技术措施;减少短时间雨洪径流需要建设植草沟、下凹式绿地、雨水花园等设施;调节错峰雨洪径流需要建设人工湖、调蓄池等设施。海绵城市建设需要更加系统性地统筹考虑多种类型的技术组合及其运用,因地制宜,根据不同城市的水灾害特点和实际需求,制定有针对性的技术方案和建设策略。

3. 海绵城市建设面临的风险及其管理

海绵城市建设过程中,由于面临技术、管理、制度等多个维度的相关因素变化带来的整体风险,建设效果存在不确定性;而各风险因素在规划设计、施工建设和运行维护等全生命周期内的动态演化,更给海绵城市建设带来不可预知的风险。基于前面对建设风险管理的文献综述,课题组总结得到规划、建设、运维等阶段面临的风险因素(见图 3-11)。

由图 3-11 可知,海绵城市建设在不同阶段面临差异化的风险要素,需要从系统要素、管理维度、运行机制、过程结果等层面进行全过程整合和统筹。从不同阶段来看,规划设计阶段与后期的建设施工和运行维护阶段相比,受到更多因素的影响,面临更大的建设风险。如何将相关技术的应用切实融入城市规划建设体系当中,系统化、常态化地落实海绵城市建设,值得进一步深入研究。

图 3-11 海绵城市建设过程中面临的风险要素总结

(二)已有研究不足

虽然已有研究对海绵城市建设进行了不同视角的分析和解读,但是在全国城市水灾害事件频发、海绵城市建设需求不断增长的趋势下,仍有大量现实问题亟须解决,对海绵城市建设风险管理的研究有待进一步拓展和深入。本书总结了以下五个方面的研究不足。

第一,全国范围内海绵城市建设应对不同的灾害类型与风险评估,已有研究集中在宏观视野,缺乏基于中微观视野的研究。已有对海绵城市规划建设的分类研究,多从宏观的地表水文及地形地貌特征、孕灾大环境与自然灾害类型区域组合等角度展开,缺乏对中微观城市经济社会特征的分析。而我国海绵城市建设应对的灾害风险不仅存在地域差异,也存在大、中、小城市的等级差别,需要结合宏观自然地理环境特征和中微观城市经济社会特征,对不同类型海绵城市建设风险进行分类及风险评估。

第二,城市规划建设对不同类型灾害风险的多维度影响,已有研究多为基于单一维度的分析,缺乏多维度的综合性分析。虽然已有研究对不同类型的灾害评估及形成机理进行了分析和模拟,但是将致灾因子、孕灾环境及承灾体三者结合起来,系统识别、评估和预警水灾害风险的相关研究仍然缺乏。由前文分析可知,相同的要素对内涝灾害、面源污染、热岛效应三类灾害均有影响,城市规划建设与灾害风险两者之间的复杂关系需要更系统、更深入的解读与研究。以土地利用类型为例,其对三类水灾害均有影响,需要进一步揭示不同土地利用属性(类型、规模、强度、形态)对不同灾害类型的响应关系。

第三,海绵城市对防灾减灾具有建构性作用,已有研究多针对单一防灾减灾技术,缺乏对其建构性作用的技术分析。我国已有海绵城市建设的相关技术研究,多针对单一防灾减灾技术进行分析,从宏观视角对风险源及区域特殊风险的识别与管理较少,对不同技术的作用对象及其与城市建设的系统关系尚未构建。而应对水灾害问题,需要以风险识别为基础,进一步明确海绵城市与城市规划建设的关系,有针对性地构建防灾减灾技术体系,优化城市规划设计,加强城市基础设施建设和水循环系统的构建,通过系统性的技术方案和建设策略,从根源上解决水灾害风险问题。

第四,海绵城市建设风险具有动态演化特征,已有研究多针对静态风险,缺少基于全生命周期不断演化的动态风险研究。已有研究分析了海绵城市建设从前期规划设计、中期建设施工到后期运行维护的全生命周期过程及风险因素,但缺少关键风险因素、风险致因链的识别及其全过程的风险动态演化模拟研究。由于海绵城市建设周期长,过程与结果的关系复杂,需要通过全过程的风险动态管理,确保海绵城市建设质量和效果,提高城市防灾减灾能力。

第五,海绵城市建设是一个多主体、全过程、多维度、全要素的风险管理体系,已有研究缺乏对海绵城市建设风险的系统性分析。

总览已有海绵城市风险管理研究,管理对象上,多聚焦在单一海绵城市项目层面,对城市层面的系统性风险因素分析尚显不足;管理方法上,多为"自上而下"的结果导向考核办法,缺乏识辨海绵城市建设过程特征以及全生命周期风险因素的有效评估手段。我国海绵城市建设尽管是全国一盘棋的系统工程,但必须立足试点城市的自然地理环境、现状雨洪设施特征和社会经济状况,因地制宜地构建面向实施过程的海绵城市建设绩效评估体系,实现兼顾过程与结果、表层因素与深层因素的统一。

二、本书研究重点

基于已有研究成果启示及研究不足,本书的研究重点将包含以下五个方面:海绵城市建设风险在全国不同区域的差异化特点、海绵城市建设对三类水灾害问题的系统性响应、海绵城市建设中防灾减灾技术的综合性运用、海绵城市建设全过程风险的动态性分析以及海绵城市建设风险管控体系的整体性构建。

(一)海绵城市建设风险在全国不同区域的差异化特点

本书将从自然地理要素和社会经济要素两方面入手,基于全国视角分析梳理不同地域的灾害类型,以及不同灾害类型下海绵城市建设要求及其管理的差异性,进一步完善全国范围内海绵城市建设风险的类别划分及风险评估。

(二)海绵城市建设对三类水灾害问题的系统性响应

本书将从海绵城市建设关联度最大的内涝灾害、面源污染、热岛效应三个灾害类型切入,进行水安全、水环境、水生态三个灾害维度的风险因素识别与风险评估,深入解读城市建设与灾害风险两者之间的复杂关系,系统阐释城市建设对不同类型灾害风险的多维度影响。

(三)海绵城市建设中防灾减灾技术的综合性运用

基于灾害风险识别,从海绵城市与城市规划建设关系切入,针对城市面临的特定水灾害问题,探讨海绵城市建设中的规划设计与建设施工等工程技术措施对灾害问题的精准响应和不同技术的综合运用,阐明海绵城市规划建设对防灾减灾的建构性作用机理。

(四)海绵城市建设全过程风险的动态性分析

基于海绵城市建设的长周期和复杂性,本书将通过构建的建设风险因素体系及"技术—管理—制度"致因链,进行建设风险管理的动态演化模拟,开展海绵城市建设全过程风险动态演化的特征分析与规律总结。

(五)海绵城市建设风险管控体系的整体性构建

基于建设风险动态演化分析,本书将兼顾过程与结果的统一,构建面向实施过程的海绵城市建设绩效评估体系,探讨海绵城市建设指标间的影响与作用关系,剖析海绵城市建设绩效的表层、中层与深层影响因素,为海绵城市建设风险管控提供决策依据。

通过总结以上五方面的研究内容,本书将系统构建海绵城市建设"科学—技术—管理"的逻辑框架。针对城市面临的水灾害风险,回答"灾害为何发生?"(海绵城市建设缘起)、"如何降低灾害风险?"(海绵城市建设原理)、"如何认识建设过程风险?"(海绵城市建设机制)、"如何系统防控海绵城市建设风险?"(海绵城市建设管理)等问题,基于"科学—技术—管理"的系统逻辑框架(见图 3-12),理论结合实践,开展海绵城市建设的风险评估与管理机制研究。

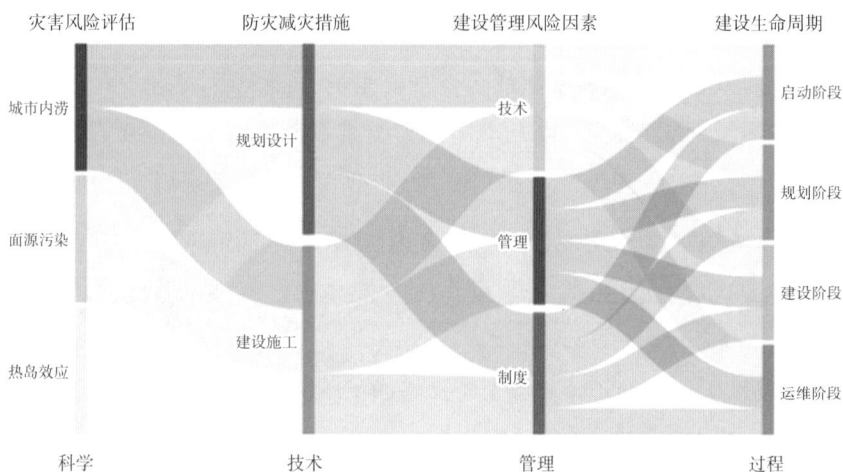

图 3-12 海绵城市建设研究的"科学—技术—管理"系统逻辑框架

第四章　发达国家雨洪管理体系及经验启示

受人类活动和自然因素的共同影响,全球大部分地区发生极端降水和洪水等灾难性事件的频率和强度正持续增加,并可能造成严重的生态系统破坏、经济财产损失和身心健康损害。自20世纪70年代以来,全球多个国家和地区相继开展了不同规模的针对雨洪利用与管理的研究及实践,美国、英国、澳大利亚、德国和日本等发达国家在雨洪管理方面起步较早,相关研究和技术也渐趋全面化和成熟化。梳理和比较先发国家的雨洪管理体系经验,可为我国海绵城市研究与实践提供参考与启示。

第一节　国际雨洪管理的发展历程

纵观发达国家的雨洪管理发展历史,可将其划分为水量管理、水质管理、可持续雨洪管理三个时期(见图4-1),不同时期人类对待雨洪价值观念也发生着变迁:从初期关注水安全、中期重视水环境,到后期强调水生态与水资源。

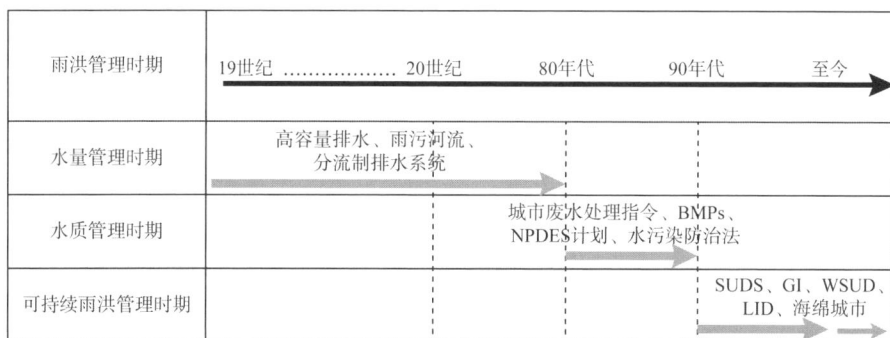

雨洪管理时期	19世纪 ·············· 20世纪　　　80年代　　　90年代　　　至今 ⟶
水量管理时期	高容量排水、雨污河流、分流制排水系统 ⟶
水质管理时期	城市废水处理指令、BMPs、NPDES计划、水污染防治法 ⟶
可持续雨洪管理时期	SUDS、GI、WSUD、LID、海绵城市 ⟶

图4-1　19世纪以来雨洪管理的发展阶段特征

资料来源:基于文献(Brown,2005)整理得到。

一、水量管理时期

19 世纪初,由于西方国家工业化和城市化的高速发展,过多的地表水径流加剧了河水水位的上升,使得传统的地下排水管道系统不堪重负,进而导致洪水泛滥。这一时期,先发国家对水量过剩问题的关注远甚于水质(见图 4-2),城市雨洪的管理和利用也未得到充分重视。

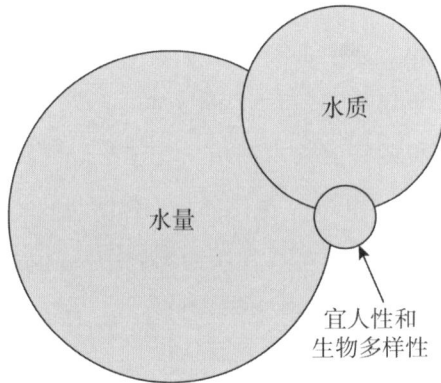

图 4-2　雨洪管理模型(传统模型)

最初,人们大都采用明沟和暗渠来收集和排放城市中的雨污水,但随着其弊病的日益凸显,开始逐渐采用高容量的合流或分流制管道系统作为替代方案。19 世纪 50 年代,在慈善事业、公众捐款和企业愿景的共同作用下,英国新建了长达 600km 的大型管道(高 2.3m、宽 1.3m)来收集雨洪和各类废水(De Feo et al.,2014)。同一时期,美国芝加哥市花费了 1000 多万美元在新建的中央商业区修建了近 54 英里(约 86.9km)的下水道,并将街道坡度提高了12 英尺(约 3.7m)用于排水(Schultz et al.,1978)。当时,工程师们所创造的解决方案看似是辉煌的,但合流制下水道系统中雨污水的溢出极大地影响了人们的健康,而分流制的管道系统则会导致下游出现洪水和河道被侵蚀等问题,把水引入地下管道的想法成为当时多数人的集体思维障碍(Watkins et al.,2014)。20 世纪 70 年代初期,人们开始考虑采用场地滞留的方式解决雨洪排放问题,美国率先颁布了第一个有关雨洪滞留的法案。此外,随着计算机技术的发展成熟,建立水文和水力学模型进行不同条件下的模拟分析和预测成为可能,雨洪总体规划也于 20 世纪 70 年代末得以诞生,但由于缺乏配套政策和机制的支持,并未取得预期效果(王思思,2009)。

二、水质管理时期

20 世纪 80 年代中期至 90 年代,大量研究表明雨洪径流污染是导致自然水体水质下降的重要原因,城市管理者们开始重视雨洪污染治理,并在布置各类雨洪调蓄设施时考虑更多的生态和审美价值(见图 4-3)。

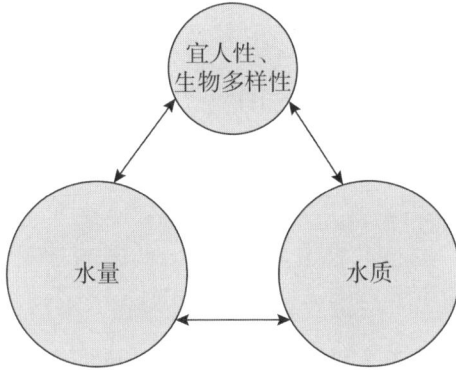

图 4-3 雨洪管理模型(三角模型)

1988 年,欧洲召开了部长级研讨会,着重强调了提升地表水生态质量的必要性并于 1991 年通过了《城市废水处理指令》,要求在人口超过 2000 人的集聚区收集和处理雨污水,以保护环境免受城市地区和工业部门排放污水产生的不利影响(Chang et al.,2018)。这一时期,人们陆续提出了一些相对有效的水质模型和规范,并着力于改造和建设关于雨洪的市政基础设施,通过植草沟、滨水过滤带和一系列水处理装置实现水质改善。然而,相对集中的末端措施实际上并不能有效解决所有雨洪系统问题(车伍等,2014)。美国也实行了一系列与雨洪有关的管制活动,并推行最佳管理措施(best management practices,BMPs)用于非点源污染的削减与控制。1987 年,美国国会和环保局(EPA)颁布了第一批雨洪水质标准,逐渐将重点转向包括雨洪在内的面源污染,并将雨洪控制纳入了国家污染物排放削减体系(national pollution discharge elimination system,NPDES)计划(Charlesworth et al.,2017)。与上一阶段相比,此时的雨洪管理理念、技术和设计日益复杂和完善,但多从经验主义出发,缺乏有效的监测手段来验证各类模型和措施的有效性。

三、可持续雨洪管理时期

20 世纪 90 年代至 21 世纪初，随着研究和实践的不断深入，雨洪管理从被动应对转向积极消解问题产生的根源。与传统城市排水相比，可持续发展理念指导下的雨洪管理在态度、目标、措施、专业角色和工作流程上都发生了显著的转变（见表 4-1）。这一时期，美、英、澳等发达国家都分别形成了效仿自然排水方式的城市雨洪管理体系，相应的理论和技术手段也得到了长足的发展，包括低影响开发（LID）、可持续城市排水系统（SUDS）以及水敏感城市设计（WSUD）等（车生泉等，2015）。LID 理念最初于 1990 年由美国马里兰州乔治王子县环境资源署提出，主张以分散式和小规模措施对雨洪径流进行源头控制，LID 设计通常需要结合多种径流控制技术，主要分为保护性设计、径流储存、渗透技术、过滤技术、径流输送技术、低影响景观等六部分（车伍等，2009），体现了环境效益和经济效益的双赢。英国 SUDS 的指导思想是尽可能模拟场地开发前的自然水文过程，通过碳吸收和城市冷却等形式缓解和适应气候变化，从而降低洪水风险、改善水质、提供生物栖息地和增进人类福祉（见图 4-4）（Charlesworth，2010）。WSUD 来自对澳大利亚传统开发措施的改进，通过将城市规划设计与水循环系统的保护、修复和管理相结合，以雨洪系统为核心，实现雨洪管理、供水和污水管理一体化，构建城市的良性水循环系统（车伍等，2014）。

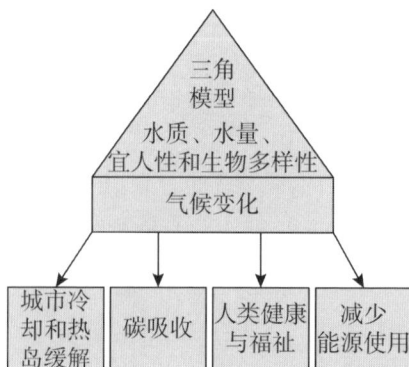

图 4-4 雨洪管理模型（火箭模型）

表 4-1 传统城市排水与可持续雨洪管理的比较

比较项目	传统城市排水	可持续雨洪管理
态度	• 雨洪须被控制和排出 • 用于处理极端的雨洪事件	• 雨水是人类和自然的宝贵资源 • 须处理所有雨洪事件 • 雨水可作为生活用水
目标	• 防治洪水 • 避免卫生风险(如与污水处理基础设施合并) • 减少雨洪对表层土壤的侵蚀	• 生态方面:增加水量,缓解洪水,改善水质,保护水生态系统,减少表土损失 • 社会方面:通过自然景观和水景观改善城市生活质量,减少城市热岛效应,创造休闲和教育机会 • 经济方面:降低基础设施成本,增加蓝绿色景观带来的土地价值,吸引游客
措施	通过人工渠道(在城市地区)快速去除径流	• 减缓径流输送 • 径流的截留和渗透 • 生物和水质处理机制 • 洪泛区的动态管理 • 根据需要与传统排水系统相结合
专业角色和工作流程	排水工程师独立从事土地利用规划和建筑设计工作	初期阶段各相关专业人员合作:城市规划师、建筑师、排水工程师、景观设计师、生态学家

资料来源:基于文献(Goulden et al.,2018)整理得到。

第二节 发达国家雨洪管理体系与策略

雨洪管理体系是经过长期的探索、研究和实践积累起来的一整套相关的理论策略、组织管理、技术方法和法规政策等,其形成和发展对解决雨洪问题和改善生态环境起着至关重要的作用(Odum,1982)。经历几十年的探索、发展和完善,美国、英国、澳大利亚、德国、日本等发达国家在雨洪管理理念、组织架构、技术体系、法规政策、公众参与等方面积累了丰富的理论和实践经验,并形成了各具特色的雨洪管理体系。

一、美国雨洪管理体系

(一)建设理念

BMPs、LID 和 GSI 是美国在城市雨洪管理体系发展演变过程中形成的三大雨洪管理体系,并形成了各自的系统策略(顾大治等,2019)。20 世纪中后期,美国就非点源污染源的削减与控制首次提出了最佳管理措施(BMPs)。BMPs 适用于传统的建筑工程、城市给排水工程等领域,偏重事后、末端管理,其目标在后来扩大为建立涵盖雨洪控制、土壤冲蚀控制及非点源污染的削减与控制等雨洪综合管理决策体系,更强调与自然结合的生态设计和非工程性管理措施,主要应用于农业地区的水污染防治(车伍等,2008)。由于 BMPs 在实施中存在占地面积较大、建设及维护费用较高、处理效率较低的弊端,并有可能因此产生洪峰叠加等负面效应,故美国于 1990 年提出了基于微观尺度的低影响开发(LID)理念与技术体系,作为基于宏观尺度 BMPs 的补充(廖朝轩,2016)。与 BMPs 相比,LID 强调在降雨时尽可能利用雨洪洼地、屋顶绿化、雨水花园、透水路面等工程措施,通过储存、渗透、蒸发、过滤、净化及滞留等多种雨洪控制技术将城市开发后的雨水排出恢复至接近城市开发前的状态,从而在源头上控制雨水径流(王优,2019)。美国环保局指出,任何地区只要进行城市开发,都难以避免地带来水文变化和水环境问题,只是不同区域需要解决的问题的优先性会有所区别。例如,佛罗里达州很多快速发展的区域都高度依赖地下水供给,由于取水量不断增加,透水性的土地不断转化为不透水的表面,自然地下水补给不断地失去来源;为此,进行区域规划时,应当优先考虑地下水位降低以及城市径流污染物增加等问题。模拟或保持开发前水文特征,是大多数城市的径流控制方向,这正是 LID 的目标(赵昱,2017)。20 世纪 90 年代中期,绿色雨洪基础设施(GSI)的概念正式出现。GSI 旨在通过复合的绿色基础设施网络体系增强城市环境的恢复和适应能力,核心是由自然环境决定土地使用,重点突出自然环境的"生命支持"功能,并将社区发展融入自然,建立起系统的生态功能网络结构(吴伟等,2009)。GSI 在美国的雨洪管理文献中被广泛定义为"分散的雨洪管理网络,比如绿色屋顶、树木、雨水花园和可渗透人行道",这些设计可以将降水就地吸收,从而减少暴雨的径流量,提升周边流道的抵抗力。这与当前城市正广泛寻求的"通过各种自然途径来实现保护环境和可持续发展目标"的宗旨一致(Foster,2011)。在西雅图,绿色雨洪基础设施(GSI)一词被用在设计规范中,综合考虑场地条件、工程学设计、财政花销和环境影响等因素的基础上,寻求 GI 执行效应的最大化(Tackett,2009)。GSI 也因此被认为是一种维护水域健康、提供多重环境效益和支持社区可持续发展的方法。

总体而言,美国雨洪管理的根本理念均是通过尽量减少土地开发对原生态水环境的不利影响,控制地面水径流和水污染,并通过多功能的雨洪工程建设综合提升生态、社会和经济效益。低影响开发和自然生态的建设理念已深入美国雨洪管理各个环节,在雨洪项目的设计、建设和运营阶段,既考虑雨洪管理建设工程措施的经济因素,也关注社会、生态和景观等价值;既重视雨洪管理对雨水径流的管控作用,也关注其在水污染防治方面的积极效用(王岱霞等,2017),从而为可持续雨洪管理建设奠定了坚实基础。

(二)组织管理

目前,美国的雨洪管理形成了"联邦政府—州政府—地方(市)政府"三级法律法规体系和管理机构(见图4-5)。在联邦层面,设有环境保护局、能源安

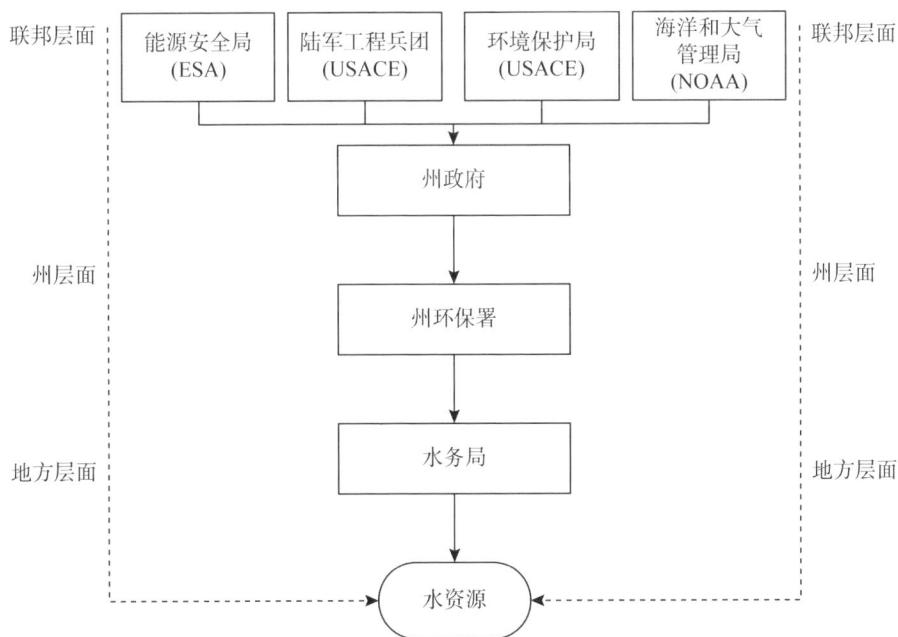

图 4-5　美国水务管理运行机制框架

资料来源:基于文献(Charlesworth 等,2017;宋国君等,2018)整理得到。

全局、陆军工程兵团、海洋和大气管理局等机构,通过气候监测、制定环保政策以及运营维护水利工程,对全国范围的雨水资源进行管控。国家环保局处于最高层级的位置,具有最高管控权和最终决定权。在州层面,环境问题由州政府负责,且在立法上与联邦政府平级,各州政府以流域为单位划分自然资源区并设立自然资源委员会统一管理,职责包括防洪、灌溉、污水排放等(孙炼等,2014)。在美国,各州都拥有极大的立法权,州政府和联邦政府的关联相对来讲十分松散,这就导致其在水资源管理方面实行以州为根本管理对象的管理体制。根据宪法,各州均分设环保署等职能机构管理区域内的雨水资源,州环保署不对联邦环保局负责,但针对点源的排污许可证制度主要由联邦环保局统一实施,并可授权各州具体推行(宋国君等,2018)。州际水资源开发利用的矛盾则由联邦政府有关机构负责协调,如果协调不成则往往诉诸法律,通过司法途径予以解决(刘丹花,2015)。在地方层面,往往设立若干个水务局,统筹管理供水、排水、污水处理等涉水事务。在联邦政府的统一率领下,每个部门职司明确,能够很好地进行分工和配合,同时也能够很好地相互制约与合作,形成一个高效的管理体系。

(三)资金来源

美国市政当局使用了各种方法为其雨洪项目提供资金,包括雨水公用事业费、特别评估、开发费、影响费和许可证等(Copeland,2016),其中雨水公用事业费已越来越多地被地方政府用作实施可持续性雨洪项目的替代性收入来源。雨水公共事业部门作为一个独立的组织实体,拥有专门的、可持续的资金来源,通常按月收费,收费范围很广,主要收入来自用户费用,收取费用的标准与提供服务的成本密切相关。目前,美国最流行的收费制度是等效居住单元(ERU),以住宅单元的不透水表面的数量进行等价衡量,其次是等级收费和固定收费(Tasca,2018)。

市政和州级项目都可以通过雨水许可费用来支付行政规划的成本费用。市政雨水计划则需要一笔单独的费用来资助检查活动,例如收取检查费,以确保雨洪管制措施得到充分计划、安装或维护。雨水管理计划亦可要求有关人士提供财务保证,履约债券、信用证和现金代管都是财务保证的例子,这些保证要求预先支付财务款项,以确保较长期行动能够成功进行(National Research Council,2009)。

除了许可费和税收,诸如影响费之类的强制措施也用来为市政雨水基础设施投资提供资金。影响费是对新开发服务收取的一次性费用,该费用是根据所需的基础设施融资成本计算的。征收影响费的能力因州而异,收取影响费的市政当局必须表明费用的数额与其能获得的利益水平之间的联系。如果不这样做,地方政府将面临法律诉讼。与其他资金来源相比,影响费在收入流动方面也表现出更大的变化,因为所收取的资金数额取决于开发增长度(National Research Council,2009)。

债券和赠款也可以作为雨洪管理资金来源的补充,例如州和联邦贷款项目(州循环基金)会提供长期、低息贷款给地方政府或资本投资。随着时间的推移,债券和贷款往往会为预先进行的大规模雨洪投资带来平稳的回报。此外,州政府和联邦政府有时也提供赠款机会,以帮助支付地方雨洪管理项目的具体费用。

(四)公众参与

美国已经充分意识到,基础设施实现从"灰色"到"绿色"的转变,离不开所有利益相关者(尤其是当地公众)的参与和实践,集中表现在以下几点。

1. 法制化的参与保障机制

在联邦政府层面,1972年修正的《清洁水法》第101节明确指出,国家行政机构和州政府依据《清洁水法》在制定、修订和实施相关法律法规、标准手册、排放限值、规划和项目过程中,应当明确规定和鼓励公众参与,同时需要制定和发布此类流程中公众参与的最低准则。1981年,美国联邦环境保护局公布了第一个与雨洪管理相关的公众参与政策文件《美国环境保护局公众参与政策》(1981年)。1994年,发布《合流制溢流指导——长期控制计划》,该计划列出了长期计划必需的九个要素,包括公众参与。2000年,发布了国家BMPs中的六个最低控制措施指导各州开展雨洪管理,其中包括公众教育、宣传和参与措施。2003年,正式发布《美国环境保护局公众参与政策》(2003年),确定了公众参与目的、目标和方法。在州政府层面,以纽约州为例,该州环保署发布了《纽约州雨水径流排放许可》,交通部发布了《纽约州雨洪管理项目规划》,均体现了BMPs中关于公众参与的措施。纽约市根据联邦政府和州政府法规要求,制定了《可持续城市雨洪管理规划》,确定了城市雨洪径流管理总体规划以及城市雨洪径流管理的目标、标准和方法,并将公众教育和宣传纳入纽约市雨洪管理体系。2010年,该市还公布了《城市绿色基础设施总体规划》(2011年),主要包括五部分内容,其中第五部分重点描述了公众参与及支持政策,鼓励社区、市民及利益相关者参与雨洪管理及绿色基础设施建设(宫永伟等,2018)。

2.动态的全过程参与体系

在美国,公众参与雨洪管理项目主要依靠两种方式:①接受公共教育、公共意识宣传;②参与持续为公众提供的公共项目和活动。除了加强信息公开和宣传教育,波特兰等城市还致力于保障公众多渠道、全过程参与雨洪项目:在项目设计时,政府部门或开发商对项目进行相关宣传,并为附近居民提供讨论和进一步参与规划的机会。政府部门或开发商会对开发项目信息进行简要说明,举办讨论会并发送活动邀请函邀请目标人群,同时定期通过电子邮件提醒参会者有关会议进展和活动内容更新。会议中,项目人员会首先对项目进行简要介绍,随后与参会者讨论项目计划,设立讨论环节进行问答活动。所有会议活动均采用协作学习的方式进行(Daniels,2001),并鼓励公众表达不同的观点,这在很大程度上促进了参与者对项目知识的整合及社区成员与项目研究人员的共同认知(Thompson et al.,2005)。项目研究人员通过对公众需求、可操作性等的合理分析改进项目方案,极大地提高了公众对当地生态环境问题的认识。在实施落实阶段,居民有权通过实地考察监督项目进展,政府部门需要及时予以信息反馈。在后期运维阶段,开展免费研讨会向公众普及如何申请奖励和管理家庭层面的雨水,还就如何清理设施提供建议,鼓励公众接受培训和注册成为"管家",然后"领养"生态湿地(Charlesworth et al.,2017)。

(五)技术方法

在排水系统方面,美国于19世纪40年代就开始修建地下排水管道,排水管道总长度达到1.06万km,主要建设在地下9—60m的位置。美国对现有排水系统大都不再推行雨污分流改造,主要通过源头控制、管网截留和调蓄等方法综合解决溢流问题。华盛顿预计于2025年前完成一项耗资26亿美元、为期20年的计划,即修建三条直径为7m的主要截流隧道,以储存和处理雨水径流。此外,美国的标准体系明确规定了小暴雨排水系统控制标准和大暴雨排水系统控制标准(见表4-2)。

表 4-2　美国 ASCE 雨洪系统设计标准

地区	小暴雨排水系统重现期	大暴雨排水系统重现期
居民区	2—5 年	100 年
高产值的商业区	2—10 年	
机场	2—10 年	
高产值的闹市区	2—10 年	
州际高速公路或排水河道	100 年	

资料来源:基于文献(谢映霞,2013)整理得到。

　　美国基于 LID、BMPs 和 GSI 理念等雨洪管理分别形成了相应的系统策略和技术措施(见表 4-3),并通过雨洪管制措施(SCMs)减少径流量、降低峰值流量以及减轻水体污染。SCMs 主要分为结构性 SCMs 和非结构性 SCMs。结构性 SCMs 主要专注于雨洪管理的工程性视角,包括应用于雨洪管理渗、滞、蓄、净、用、排各环节的 LID 设施,包括雨水箱、透水铺装、绿色或蓝色屋顶、渗透沟、调节池、植被过滤带、植物盒池、生物滞留池、雨水花园、增强树坑、人工湿地等。结构性 SCMs 是美国雨洪管理的基础性建设,有大量的案例研究证明了特定的 SCMs 可以对径流量控制和水质改善产生可度量的积极影响。非结构性 SCMs 则从社会科学的视角关注人们的活动和行为对环境的影响,注重雨洪调控的过程管理,其范围很广,泛指除结构性措施以外的所有雨洪管理活动,涉及政策、规划、设计、管理、教育、宣传等多个方面,如建立健全片区雨洪管理机制,负责自然区域保护、流域和土地利用规划、更好的场地设计、落水管断接、垃圾及施工活动管理、开设雨洪管理教育和培训课程及建设雨洪管理网站等,从而显著减少新建设项目的径流量和降雨的地面负荷(姜涛,2018)。

　　美国实现可持续环境资源管理的基本策略是守护水资源,这也是美国陆军工程兵团过去 30 年在环境安全执行上的核心目的。基于此,"促进水循环健康,强化蓄水机制"就成为可持续水资源管理的重要工作目标。纵观近年来美国的发展情况,其水资源管理的主要执行任务包括:①湿地经管;②雨洪汇积;③蓄水与流域管理。湿地经管的中心构想是对涉及湿地、在湿地中或在其周围(此处湿地包括自然湿地与人工湿地)进行的任何活动都加以管制,以期达到保护、复原、优化和提升湿地功能与价值的目的。因此,湿地经管的具体做法包括:①通过设定湿地的指定用途,如防止水污染、储放雨洪、发挥缓冲功

表 4-3　美国主要城市雨洪管理技术及策略

比较项目	BMPs	LID	GSI
主要内容	对雨水径流采取截引、滞集、渗透等方式来延缓流速、延长路程、加强渗透等,从而达到控制径流峰值时间和降低峰值流量的目的	综合利用分散式小尺度的雨水滞留、增加透水面和加长径流路程的措施,对雨水径流进行源头控制,并实现设计景观化	在 GI 系统中融入具有雨水控制功能的措施,将不同层次的 GI 体系与规划有机结合,构建更加生态的 GI 网络,并与城市较大自然区域联通,形成城市区域雨水管理的网络体系
管理目标	改建或新建开发区的雨洪下泄量不得超过开发前水平,滞洪设施的最低容量均应对五年一遇的暴雨径流	保持或再现开发前的水文状况,实现对径流量和污染物的控制	保持和恢复生态系统的稳定性,实现生态系统的城市基础设施服务功能
核心措施	工程性措施:构建雨洪控制设施,如透水路面、入渗沟雨水桶和滞留池等;非工程性措施:政府维护和管理已建的工程性措施并约束人们的行为	生物滞留池、雨水花园、植被浅沟、绿色屋顶、透水铺装等工程措施;LID 措施与城市基础设施相结合	区域层面:湿地生态公园、绿色廊道;社区层面:绿色街道、绿色停车场、小型湿地、绿色/蓝色屋顶、雨水花园;场地层面:雨水桶、透水铺装、植被浅沟、生态种植池等
径流控制方式	采取径流过程控制措施,是通过延长雨水径流路程、加强渗蓄集的方式来控制峰值时间和峰值量	采取分散小尺度的源头控制措施	采取分散小尺度的源头控制措施
适用尺度	侧重于场地设计,项目的规模和尺度普遍偏小	侧重于场地设计,项目的规模和尺度普遍偏小	将 LID 措施融入城市 GI 系统设计中,并与城市大型自然生态基底联通,形成城市尺度甚至区域尺度内的雨洪管理网络
实施效益	属于传统的城市建设的工程性措施,在水质管理方面的作用较弱,只能起到末端治理的作用,对面源污染无法进行有效治理	从源头上对雨洪进行控制	从源头上对雨洪进行控制

资料来源:基于文献(顾大治,2019;车声泉等,2015)整理得到。

能、提供野生栖息地、或防治洪灾来达到保护湿地的目的(简言之,就是保护湿地的功能与价值);②以法规管制任何涉及自然湿地的活动,尽量降低发展或土地使用项目对湿地造成的伤害或冲击。陆军工程兵团在核发 CWA404 许可证时就是依据这项规定来考量的;③若湿地遭受伤害或冲击,可依法要求开发或活动单位进行湿地的再造与复原,以补偿的方式恒续湿地的功能与价值;④在水质不符标准的地区以创建人工湿地的方式来改进当地的水质,如动物污水人工湿地处理、水环境非点源人工湿地处理。

雨洪汇积通常经由下述三种方式来达成：自然湿地、人工积水潭和注水沟井。自然湿地有储放雨洪的功能。人工积水潭是指以工程的方式在地下或地面构建一个储水池塘，使雨水径流能停留在这个结构中；若该潭设有出水口，暂时储存雨水后让其流入其他水体，称为滞留池，若该潭不设出水口，雨水长期滞留其中并经由过滤下渗慢慢到达地下水层，称为沉淀池。注水沟井亦是以工程的方式在地层中构建一个沟或井使雨水径流能快速下渗流到地下水库里。注水沟较浅构建在河湖等大水体附近，而注水井则需要有相当深度以透过地下的不透水层。两者上方均铺有碎石及沙土，两者也都有过滤雨洪引导雨水渗入地下水库的功能，同时兼具防洪效益。近年来由于绿色建设被大力提倡，以植物为主的一些雨洪汇积构想也得到广泛的探讨，其中以构建雨洪庭院及低影响开发最受关注。

蓄水与流域管理，依其定义通常指的是水资源综合管理（integrated water resources management，IWRM）。这是整合水源保育与河流管理的一套全方位、系统性做法，包含多种长期复杂的工作项目，需要各级政府的协力合作和社会大众的支持。因此各种项目之间的协调至关重要，要求政府各部门如城建、水务、环保等的充分协作。此管理系统涉及各方面的考量，包括水质、水量、植生保护、生态平衡、土地规划利用、社区发展和全区管控机制。要使IWRM行之有效，下列蓄水及流域管理政策必须先行到位：维持生态平衡的水量分配；核发用水涉水许可证；安全排放生活、工业用水及废水；管控农业用水及肥料/农药；制定各项用水的水质标准；修订地下水抽取/使用的法规；制定饮用水及各类用水政策；水土保育；将水源/湿地保育纳入国家社会经济发展议题中；严格规范对水有影响的入侵物种。在蓄水及流域管理项目方面，流域管理具体要做的项目有八类：土地使用规划、土地保育、水域缓冲带保护、优势区域设计、冲刷与沉积控制、雨洪最佳管理措施、非雨洪排放和流域守护（黄金良，2018）。

（六）法规政策

在法规政策层面，美国联邦政府负责制定总体政策、规章和规划，州政府则负责具体的设计实施并提出相应的城市雨水径流管理法规、标准等。

1.国家法规

在国家层面，美国于1948年颁布了《联邦水污染控制法案》作为保护地表水(包括河流、湖泊和海洋)的主要联邦法律,并于 1965 年根据《水质法》进行了修订(见表 4-4)。以《水质法》为核心的一系列法律法规,其主要的政策目标

表 4-4   美国雨洪管理法规政策一览

年份	法律法规	主要内容
1886	《河流和港口法案》	以航海为导向,用以处理工业中不允许排放的污染物
1948	《联邦水污染控制法案》	为废水处理设施提供配套资金,为州水污染控制项目提供拨款,并限制联邦政府对州际污染采取行动的权限
1952		
1955		
1965	《水质法》	要求各州在获得联邦政府批准后,对州际水域设定水质标准;要求各州采纳州实施计划,如果不这样做,将不能获得联邦政府的实施计划支持。因此,即使在州际水域,针对污染企业的强制性要求也是有限的
1971	《清洁水法》(修订版)第303(d)条	• 提出了一项以水质为基础的策略,适用于实施以技术为基础的标准后仍受污染的水域 • 要求各州确定仍受污染的水域,确定可扭转损害的每日最大总负荷,然后将负荷分配给水源。如果各州不采取这些行动,联邦环保局就必须采取行动
1972	《联邦水污染控制法案》	• 禁止未经许可向地表水排放污染物 • 目标是恢复和保持美国水域的健康 • 至 1983 年保护水生生物及与人接触的康乐活动 • 至 1985 年消除污染物排放 • 污水处理厂融资
1977	《清洁水法》(修订版)第208条	指定并资助制订区域水质管理计划,以评估区域水质,提出河流水质标准,确定水质问题区域,确定污水处理计划的长期需求。这些计划还包括为决策提供共同一致基础的政策声明
1977	《清洁水法修正案》	• 增加了"最佳可用技术",对非点源污染采取放任的态度 • 要求环保局将雨水排放纳入国家污染物排放削减体系(NPDES)计划,实施排放许可证制度
1981	《清洁水法》(修订版)第301 条和第402 条	• 控制有毒污染物向美国水域排放 • 常规污染物和重点有毒污染物的技术处理标准 • 认识到某些工艺的技术限制
1987	《清洁水法》(修订版)第301 和402 条	• 明确提出了对城市降雨径流污染的管理措施 • 提出了在受污染水体的综合整治计划中要包括颁布市区及工业雨水排放许可证计划 • 提出了更严格的执法处罚 • 提出了受损水域综合控制战略

年份	法律法规	主要内容
1990	环保局颁布了第一期雨水排放许可规则	• 对于大中型城市的降雨径流控制提出许可证要求 • 基于标准工业分类(SIC)规范,对于轻、中型工业设施以及建筑占地活动不小于 5 英亩的建设项目提出许可证要求
1999	环保局颁布了第二期雨水排放许可证规则	• 根据人口普查结果确定的城市化地区的许可证要求 • 对于建筑占地为 1—5 英亩(0.4—2.0hm²)的工业场地提出许可证规定
1997—2001	最大日总负荷(TMDL)程序诉讼	• 法院命令环保局对未执行 TMDL 计划的一些州建立 TMDL • 在降雨径流许可证制度中,应对降雨径流污染进行出流限制,TMDL 计划为该污染源进行污染负荷分配
2006—2008	《能源政策法案》第 323 条	• 环保局于 2006 年颁布规定,来源于石油及天然气勘探、生产、加工、处理作业或输送设施的雨水排放不受 NPDES 雨水许可证计划管控 • 2008 年,法院命令 EPA 撤销将油气勘探行业的某些活动排除在雨水监管之外的规定,并要求 EPA 撤回 2006 年颁布的规定,恢复《能源政策法案》修订内容
2007	《能源独立与安全法案》	要求所有占地面积在 5000 平方英尺(约 464.5m²)以上的由联邦政府开发和再开发的项目在技术可行的范围内最大限度地恢复场地开发前的水文条件
2011	《美国城市绿色基础设施总体规划》	提出传统灰色基础设施与绿色基础设施的衔接方法
2016	《社区雨洪管理解决方案》	提出了基于社区尺度的有关雨洪管理措施和要求

资料来源:基于文献(National Research Council,2009)等整理得到。

是控制水污染和雨洪灾害,具体内容通常由州或地区政府制定。随着对水体污染认识的逐步加深,美国国会于 1972 年颁布了《清洁水法》以加强水质管理,该法案规定了管理水污染的法定权力,旨在"恢复和维护国家水域的化学、物理和生物完整性",在城市降雨径流污染控制方面具有重要地位。《清洁水法》第 402 节提出要建立国家污染物排放削减制度(NPDES),并采用严格的许可证管理制度进行管理。该制度是针对点源污染而制定的,包括三种类型:工业雨洪管理系统、建筑雨洪管理系统和市政独立雨洪管理系统许可,按活动类型授予其许可证。1997 年,美国环保局还提出了主要针对面源污染的最大日总负荷(total maximum daily load,TMDL)计划,各州被要求列出不符合水质标准的水体,并确定每个退化水体的污染物上限,再由国家颁布对这些水源的管制措施(National Research Council,2009)。20 世纪 90 年代以来,美国环保局共颁布了两个阶段的雨洪规则,规定大型(为 10 万以上人口服务)、小型市政独立雨洪管理系统以及从事工业相关活动(包括 1 英亩以上的建筑工地)排放径流的运营商都必须获得 NPDES 许可证。NPDES 许可证通常由所在州或直辖市的环境保护署颁发,并与当地的水质标准(WQS)协调。

2.工程标准与指南

美国很多州和地方政府都出台了相对成熟的雨洪管理(BMP、GI、LID)设计手册或指南(见表 4-5),这些设计导则的工程措施涵盖设计的具体要求和方法、措施的优缺点和效能评价等多个方面,便于人们结合场地情况进行遴选;非工程措施包括制定具体的实施方式、需达到的目标和有关注意事项等,如《密歇根低影响开发手册:从业者和评审人员的设计导则》(*Low Impact Development Manual for Michigan:A Design Guide for Implementors and Reviewers*)就对场地设计中 LID 的整合、非结构性 BMP(如集群发展、减少土壤压实、保护自然流动路径、保护岸边缓冲带、保护敏感地区、减少不透水表面、雨水断接)、结构性 BMP(如生物滞留、蓄滞洪区、植被过滤带、屋顶绿化、植被洼地、土壤和岸边缓冲带修复、种植箱、水质装置、透水路面)等措施的实践要求、注意事项和具体案例等作了详细的说明。总体来说,这些导则十分重视工程与非工程措施的组合,并注重与当地自然和文化环境的融合,但从具体内容来看,具有较大的相似性(姜涛,2018)。

BMPs 主要通过雨水排放系统与水质挂钩,其在总体方案设计中不包括分散的措施(LID 和 GI 设施)。但在某些情况下,BMPs 为 NPDES 许可证指定了分散的雨水管理实践措施,例如《加利福尼亚州建筑工地 BMP 手册》中提到利用洼地排水或控制侵蚀。虽然 BMPs 没有直接纳入分散的方法,但联邦政府十分支持未来的可持续雨洪管理发展。2008 年 9 月,美国环保局发布了《绿色基础设施市政手册》,就绿色街道或雨水收集方法等绿色基础设施的实施、资助和推广提供了一些建议。此外,美国环保局还设计了水质记分卡,目的是帮助地方政府找到消除障碍的机会,并修改和制定更好的水质保护法规、条例和激励措施。2012 年,美国环保局颁布了《雨洪管理体系设计与建设指导手册》,着重提出 LID 或 GSI 措施也许可以很好地与城市基础设施相结合。

表 4-5 美国部分雨洪管理指导手册列表

手册名称	制定方	主要内容
《雨洪管理设计手册》	斯坦福郡、乔治亚州、北卡罗来纳州	为雨洪管理设计提供设计流程和设计细节
《雨洪管理模式条例》	弗吉尼亚州	根据现有雨洪管理模式提出雨水设施建设中应遵循的条例
《雨洪管理条例》	科罗拉多州、佛罗里达州、宾夕法尼亚州	提出雨洪管理建设过程中必须遵循的规范和制度,以保障雨洪管理建设的有效性
《LID 设计手册》	美国国防部	为美国国防事业中的 LID 建设提供指导
《低影响开发指导》	北卡罗来纳州立大学	构建城市发展水文目标,并提供有效的规划选择

资料来源:基于文献(赵昱,2017;杨银川等,2018)整理得到。

在联邦法律基础上,美国的地方性法规与条例在用地区划、施工规范、基础设施等方面提出了不同的要求,使它们更易于进行雨洪管理。在区划方面,地方推行"基于形式的区划",主要指建筑的曲折度、后退、高度和设计特征因区域差异而不同。这种区划主要在农村和郊区实行,通过保留开放式场地区域来强化开发的"开放"特征,从而有利于现场雨洪管理。在施工规范方面,地方性法规为几乎所有类型和规模的施工规定了最低标准。在基础设施方面,规定了地面排水、场地分级和排水管道的最小坡度。各地方政府在推进雨洪管理的过程中,不断创新守则及条例,表现为以下几个方面。

(1)为新的聚集开发区制定独立条例

城市地区再开发可以减轻城市边缘土地开发的压力,并便于对雨洪管理缺失现象进行改善。雨洪规划包括为新的聚集开发区制定条例,如威斯康星州的行政法规根据场地性质(新开发、再开发或填埋),对雨洪管理提出了具体要求。美国的科罗拉多州(1974 年)、佛罗里达州(1974 年)和宾夕法尼亚州(1978 年)先后制定了雨洪利用条例,规定新开发区的暴雨洪水洪峰流量必须保持在开发前的水平,所有新开发区必须实行强制的"就地"滞洪蓄水,滞洪设施的最低容量均能控制五年一遇的暴雨径流(韩文龙,2003)。

(2)综合雨洪管理及增长政策

加利福尼亚州圣何塞市强调集中式开发应与实现水质改善目标的发展政策相联系,该政策鼓励进行雨洪管理,如尽量减少不透水表面并将洼地作为首选的运输和处理方式。在城市,通过定义标准来确定满足雨洪控制措施的适用性要求,以及为现场不可控的情况确定等效的替代措施。

（3）统一的开发规范

美国地方政府将开发相关的法规合并为一个统一的开发规范（UDC）,该规范代表了一种更加一致、集成、有效和具有逻辑性的控制开发的方法。UDC集成了分区和细分规则,简化了开发控制的流程,对车辆和行人流通标准、紧急通道供应、配水和污水收集的公用事业标准等作出说明并规定了必要的公用事业费用。

（4）采取激励措施促进雨洪控制

在波特兰、芝加哥和华盛顿等城市,环境问题已被确定为会影响城市可持续发展的重要因素,当地政府对一些私人开发商辅以鼓励措施以推行雨洪管理计划,如豁免或减免开发费用、提供优惠待遇、减免雨水费及提供有关奖励等,从而创新雨洪控制措施。波特兰市的绿色建筑计划制定了一项新的高性能绿色建筑政策,即如果全球变暖污染指标降幅超过指定目标,则免除开发商的开发费用;如实现了更高的降幅,则有资格获得现金奖励、州和联邦政府财政奖励和税收抵免资格。开发商可以通过强化雨洪管理和节水功能并将其纳入项目（包括使用绿色屋顶）之中来获得信用。美国华盛顿特区在征收雨水费的同时,还设立了绿色屋顶专项基金,鼓励开发商将房顶建成绿地,每平方英尺新建或改造的屋顶绿地可以获得5美元的补贴,这笔费用由市政府从征收的雨水费中支出（杨雪锋等,2019）。

(七)风险管控

雨洪管理评估主要是对雨洪管理措施的实施全过程进行评价,以降低雨洪管理过程中面临的风险或障碍,尽可能以最小的社会、经济成本实现最终目标。在当前追求可持续发展的背景下,评估雨洪管理过程中的风险对于确保城市水质恢复、洪涝消除至关重要。美国雨洪管理经过多年的实践才有了如今的成绩。在雨洪管理措施的实施过程中,美国各地方也面临过各方面的挑战和风险,但通过不断地探索,积极将各种挑战转换成了实际行动中能够应对种种问题的有效举措。

二、英国雨洪管理体系

(一)建设理念

英国年季温差浮动较小,雨量充沛,年均降雨量超过 1000mm(赵昱,2017)。为了提高地表水资源利用率,英国政府将地表水管理纳入城市设计,提出建立可持续城市排水系统(SUDS)。SUDS 将环境和社会因素纳入导排水体制及系统,综合考虑水量、水质、污废水的回收利用、社区参与、经济发展、自然生态保育和景观设计及生态价值,通过系统性的措施改善城市的水循环(廖朝轩,2016)。SUDS 以模仿自然过程为核心理念,通过存蓄雨水然后缓慢释放,促进雨水下渗,并运用设计技术过滤污染物、控制流速,主要通过源头、传输和末端处理,对雨洪的削减和控制实现全过程管理。SUDS 设计旨在提供高质量的排水系统,通过改善空气质量、调节建筑温度、减少噪声、提供娱乐场所和教育机会等方式改善市民生活质量并优化城市空间,使城市发展更具活力和可持续性。此外,SUDS 能更加高效地利用城市可用空间,且其成本仅约为传统地下管道系统的三分之一(赵昱,2017)。

(二)组织管理

基于英国的政治制度及其结构,相关政策和立法均从多个层面制定:首先,从国际层面进行指导;其次,通过国家和区域对战略进行进一步指导和解释;最后,在地方一级进行实际执行和监管(Frank et al.,2016)。目前,英国在国家层面没有设置专门负责雨洪资源管理的部门,而是由环境、食品、农村事务部(Department for Environment, Food and Rural Affairs,Defra)为受监管的水务企业和监管机构提供高级指导并与下级政府的环境署(environment agency,EA)共同负责洪水管理(姚华,2006;Burton et al.,2012)。环境署还具有国家协调作用,负责解决洪水问题和管理点源污染。此外,各下级政府还有单独的水务办公室(offce of water services,Ofwat)作为经济监管者负责控制私有化的垄断企业如水务公司(chubb,2014)。全国理事会作为最高咨询机构,负责指导协作全国的水务工作。通过水监管体系,英国政府部门实现了水管理和经营职能的分离,开创了现代流域管理的新模式。此外,英国国家、区域和地方三个层级的规划政策均鼓励采用 SUDS,在规划、设计、建设与运营阶段都有广泛的利益相关者参与(见表 4-6),包括地方政府、环境监管机构、私人土地所有者或土地管理者、地区排水董事会等。在雨洪设施的运营维护方面，规划者、设计者、开发商在开发初期就会与排水工程师及监管机构及时进行协商（耿潇，2017）。

表 4-6 英国 SUDS 建设的利益相关者、组织机构及监管机制

利益相关者	组织机构	监管机制
区域议会	由各区域议会成员和其他区域成员组成，是当地的规划机构	审查本区域内的发展和工作情况
区域发展机构	非公共机构	提高当地经济的发展水平并促进就业
地方政府	部分地方政府是单一的行政主体；规划部门负责推动发展政策	负责防洪排涝，主导各部门之间的协调和联络以及雨洪风险评估等工作
环境监管机构	非公共机构	水资源管理，内地、河口、沿海水域的污染控制，防洪和排水管理
雨洪保险业	与当地政府、监管机构共同参与决策	相关的洪涝风险以及相关的人身财产风险
开发商/业主	雨洪管理是最终运营实施的重要组成部分	拥有雨洪基础设施的资产权和长期的运营维护责任的知情权
雨洪设施承包商	建筑承包商、景观承包商、运营维护等	规划设计是运营维护的重要一环

资料来源：基于文献（耿潇，2017）整理得到。

（三）公众参与

在英国城市管理中，公众参与十分广泛，且公众的社会自我管理能力普遍较强，但这不是与生俱来的，而是社会发展过程中意识形态长期积累的结果。21 世纪初，仅英格兰和威尔士就有约 550 万处房产面临着河流、海水和地表水泛滥的风险，但安装防洪措施的房产仍然较少，当时仅约 25% 经历过洪水和 6% 未经历过洪水的公众采取了行动，证明此时英国公众对洪水风险的了解显然不多，社区居民普遍认为安装防洪保护装置的责任在政府而不是在自身，公众一直处于被动状态，并期望政府或保险公司能承担雨洪设施费用。虽然有预测表明，随着气候变化，英国发生洪水的频率可能在未来 75 年内急剧增加，这将导致英国每年在设施维修和保护上多花费数百亿英镑，公众也开始逐渐倾向于与指定当局共同承担管理洪水风险的责任，但为降低洪水风险愿

意支付的一次性付款可能低于1英镑,远低于雨洪设施的建设成本。此时,社会中出现了一些内在的偏好,即采用可持续的方法如 SUDS 来管理洪水风险。对于 SUDS 的建设实施,公众的看法和行为至关重要,人们需要了解 SUDS 的直接功能(减少洪水和改善水质)和间接效益,例如城市环境中绿色基础设施的增加,可以促进舒适性(如减少用水量,在干旱时期提供更多的通道,改善美学和空气质量,提供野生动物走廊以保护生物多样性,创造有益于身心健康的休闲和娱乐空间等)。英国《可持续排水系统手册》提出,积极的公众参与对公众本身以及机构组织都有一定的益处。适当的 SUDS 管理可以为学习、日常娱乐、支持性项目和其他社区活动提供更多可能性,它还可以给人们带来社交及健康方面的益处以及自豪感、责任感和对环境的归属感。对于 SUDS 项目的详细介绍、志愿服务机会、带领性游览和其他形式的参与拓宽了公众参与决策和管理的渠道,反过来也会激励公众更好地支持 SUDS,增进公众对湿地和自然环境的认识。主要原则包括:在"总体规划"的早期阶段,使社区居民广泛参与 SUDS 的详细设计和管理;无论是新方案还是改造方案中的 SUDS 设施,都将舒适性和生物多样性作为设计的优先事项;为设计和长期管理分配足够的资源,并与当地社区一起制订 SUDS 管理计划;考虑建立 SUDS 和相关野生动物栖息地的社区管理部门和方式(Charlesworth et al.,2017)。

从短期来看,公众参与雨洪管理可能具有挑战性且成本高昂,但从长远来看,公众参与本地设施的开发和实施能够节省资金。目前,英国公众参与机制已较为完善,支持公众最大限度地参与 SUDS 设施的设计、建设、监督和建议全过程。在参与过程的前期,公众选择的方法和工具可能相对笼统,而在后期阶段,将需要更详细、更集中的讨论和信息,以支持过程的发展。

(四)技术方法

1.工程性措施

20 世纪 40 年代末,英国政府开始重视雨洪防涝工程的建设,典型工程包括堤防、河流整治、水库、防洪墙、防洪堰、挡潮闸及排水泵站等,这些多样化的雨洪工程设施性能灵活,为地方雨洪治理提供了保障。伦敦正在开展深层排水隧道储蓄溢流污水项目。英国的雨洪管理理念经历了从"把洪水阻挡在外"向"为水提供空间"的转变,相关部门试图利用天然条件来治理雨洪,如雨洪存储和土地管理,以提供可持续的方式去管理风险,从而弥补和延长传统防御工事的生命周期,而这要求与自然过程协同(李莎莎等,2011)。在流域层面管理的措施一般有三类:通过渗透的手段保留水分,如保护或增强土壤条件;储存雨水,如在农场、水库增加湿地和河漫滩;通过管理山坡和河流运输放慢雨洪流速,如种植覆盖作物或者恢复一个较小水道,这些措施需要占用更多的土地,但优点是投资少、维护费用低(李莎莎等,2011)。在城市层面的管理措施包括:设置家庭式雨水收集系统和地下储水罐,雨水从屋顶收集,通过导水管及过滤系统后导入地下储水罐储存,用于家庭灌溉、洗衣等非饮用用途(王岱霞等,2017);要求市政建筑和商业建筑建立适合自身规模的雨水收集系统;建设大型社区蓄水池等(见表4-7)。

表 4-7 英国 SUDS 技术手段

类型	内容
雨水收集系统	• 在地上或者地下水箱中收集来自屋顶或其他地方的雨水并加以利用 • 如果被管理的径流需要达到一定设计标准,系统应包括特殊的储存方法
绿色屋顶	• 屋顶需要设置种植土壤层以创造一种活性表面 • 水可以储存于土壤层以待植被吸收
渗透系统	• 该系统收集并储存雨水使其渗透至地面层 • 表层植被及其下层不饱和土壤可保护地下水,防止被污染
专属处理系统	地下或地表结构设计中可提供净化水的处理方法
过滤带	来自非渗透性表面的雨水可以流入草地或密集种植区域,以促进杂质沉淀及过滤
过滤排水	雨水可以临时储存于低于表面且铺有石头、沙砾的植被浅沟中,以供缓冲、排水以及处理(采用过滤的形式)
冲沟	一个有植被的沟渠,用来泄排和处理雨水(采用过滤的形式)。冲动可以是"湿的",水可以永久存留于沟渠底部;也可以是"干的",即降雨时才有水
生物集水系统	• 在通过植被和土壤过滤之前,雨水可以暂时储存于景观性的浅低洼地而形成水塘,如雨水花园 • 人工土壤和加强型植被也可以用来提升处理效果
树木	• 树木种植也是提高可持续城市排水系统效果的一种方式,因其根生长和对土壤的分解可提高土壤渗透能力 • 用于填土型树坑或结构性土壤,通过过滤和植物修复收集和储存雨水

类型	内容
渗透性路面	• 雨水可通过结构性铺面渗透 • 铺面实体块之间设有缝隙或实体块本身具有渗透性 • 雨水可储存于下层且缓慢渗入土壤中
缓冲蓄存水箱	• 雨水渗透、排放或使用之前,大型地下空间可提供临时储存功能 • 该储存结构通常运用多细胞状地址单元或其他模块化的储存系统、混凝土水池或者大型管道建造而成
滞洪区	• 降雨期间,雨水可流入设有限制水流出水口的景观性低浅区域,用于蓄水并起缓冲作用 • 非降雨期间,该区域是干的,如果有植被的话,雨水通过底部土壤进行渗透或过滤
池塘和湿地	• 永久性水塘既可以用于提供缓冲也可用于雨水处理,其排水量受到控制 • 降雨期间,水位上升,可促进岸边及水塘底部的植被生长,提升排水能力并保持生物多样性

资料来源:基于文献(类延辉等,2016;Charlesworth et al.,2017)整理得到。

2.非工程性措施

为了预防和解决雨洪问题,英国环境署采取了以下非工程性措施:①向地方政府提供雨洪相关的风险评价信息;②设立雨洪风险基金,基金主要分为四个部分:中央政府支持的划拨款,地方政府财政专项款、捐款、赠品、遗赠和基金投资的回报;③英国保险业推出商业雨洪保险,雨洪保险是强制的"捆绑"保险,住户在购买住宅保险时,必须购买这一保险,这个保单里囊括了包括洪水在内的所有自然灾害风险,且住户只有购买住宅保险时才能获得抵押贷款担保;④建立雨洪预警系统,包括逐户敲门、互相通告、在主要公路干线和高速公路启用电子留言板、移动扬声器公告、公共广播公告、警报器、自动电话、传真、电邮和短信服务及广播、电视、互联网等媒体警报;⑤对公众进行雨洪管理教育宣传,主要采取发放宣传册及设立咨询电话的形式;⑥制定包括雨水回收系统在内的建筑可持续利用标准等;⑦调节水价以激励居民使用雨水收集系统。英国鼓励居民在住宅、社区和商业建筑配置雨水回收利用系统,并采用多源头的分散式管理和建设措施提高整个城市对雨水的收集、再利用能力以及城市的排水能力(李莎莎等,2011)。

(五)法规政策

1.国际政策和国家法规

脱欧之前,英国的许多环境立法都是由欧盟政策而非国家政策推动的,而欧盟的水治理政策则是在 21 世纪通过两项关键指令得以实施:关于水质的《水框架指令》(WFD)以及解决水量过剩问题的《洪水指令》(见表 4-8)。《水

表 4-8 英格兰和苏格兰地表水管理的战略和政策背景

机构	角色	英格兰	苏格兰
• 欧盟理事会 • 欧洲议会	定义 国际 政策	国家层面 • 水框架指令(2000/60/EC) • 洪水指令(2007/60/EC)	国际层面 • 水框架指令(2000/60/EC) • 洪水指令(2007/60/EC)
国家政府部门	定义 国家 策略	国家层面 • 水环境(WFD)条例(2003) • 洪水风险条例(2009) • 洪水和水管理法(2010) • 国家规划政策框架(2012)	国际层面 • 水环境与水服务(苏格兰)法 (2003) • 洪水风险管理(苏格兰)法(2009) • 水环境(受管制活动)(2013) • 苏格兰规划框架(2014) • 苏格兰规划政策(2014)
管理机构	定义 国家 策略	国家层面 国家洪水和海岸侵蚀风险管理战略	国际层面 SUDS 调节方法 08
管理机构	定义 地区 策略	区域层面 • 流域管理计划 • 流域洪水管理计划	区域层面 流域管理计划
地方当局	定义 地方 政策 和策略	地方层面 • 地方发展框架 • 当地洪水风险管理策略和 计划 • 地表水管理计划 • 策略性洪水风险评估	地方层面 • 地方发展框架 • 当地洪水风险管理策略和计划 • 策略性洪水风险评估 • 规划建议说明
开发者	开发 使用 政策	现场层面 场地洪水风险评估	现场层面 场地洪水风险评估

资料来源:基于文献(Charlesworth et al.,2017)整理得到。

框架指令》主要致力于改善所有欧盟成员国的水质,包括地表水、地下水以及领海范围内的沿海水,这将通过定期监测水体和减少污染的措施方案来实现。《洪水指令》的目标是减少洪水对人类健康、活动和环境的潜在不利影响,它要求成员国记录历史上发生的洪水,以此作为确定低、中、高概率洪水危险区域的依据,构建确定存在潜在影响的洪水风险地图,最后利用这些信息制订洪水

风险管理计划。欧盟指令在每个成员国都会被转化为国家立法。表 4-9 列出了英国脱欧前用于执行两项欧盟水资源指令的国家法案并通过列出将该指令转化成法律法规所用的页数,以明确不同组成国的侧重点。可以看出,苏格兰在执行这两项指令的过程中加入了更多的细节。

2003 年,英格兰、威尔士和北爱尔兰将《水框架指令》转化为国内法律,它们遵循了指令的具体技术要求,侧重于组织责任和实施机制,并概述了拟开展活动的规定时限和拟编写的文件,其目的是了解各组成国水质现状。苏格兰则采取了更加积极主动的方法来解决水污染问题,其在 2003 年颁布的《水环境与水服务(苏格兰)法》比英国其他组成国的立法更具抱负,且重申了《水框架指令》的目标,即在实现可持续发展的框架下提供优质水源并防止污染。

表 4-9 将欧盟水资源指令转化为英国国家法律的法规

层面	水质法规	洪水法规
欧盟	《水资源政策的社区行动框架》(2000/60/EC),共 72 页	《洪水风险评估与管理》(2007/60/EC),共 8 页
英格兰和威尔士	《水环境(水框架指令)(英格兰和威尔士)条例》,共 12 页	《洪水风险条例》,共 14 页
苏格兰	《水环境与水服务(苏格兰)法》,共 47 页	《洪水风险管理(苏格兰)法》,共 73 页
北爱尔兰	《水环境(水框架指令)条例》,共 12 页	《水环境(洪水指令)条例》,共 13 页

资料来源:基于文献(Charlesworth et al.,2017)整理得到。

此外,英国对 SUDS 的发展采取了非常支持的态度,虽然 SUDS 建设是非必要的,但一再被列为雨洪管理的首选方案。例如,在区域规划的背景下,2006 年的《发展和洪水风险规划政策声明》要求在各级洪水风险规划中特别考虑 SUDS。同样,《城市和乡村规划环境影响评估条例》(《城乡规划条例》1999)确定 SUDS 可减轻对环境产生的负面影响。英国于 2001 年成立了全国级水务工作组,该工作组于 2003 年颁布了《英格兰及威尔士地区可持续性城市排水系统框架》,并于 2004 年发布了《可持续性城市排水系统实践暂行规定》,制定了集预防措施、源头控制、场地控制和区域控制于一体的管理链条,并通过将 SUDS 与城市规划体系结合,将生态保护与城市建设"双赢"的理念融入不同级别的规划中,确保相关理念与技术的应用。2010 年 4 月,英国议会通过《洪水和水资源管理法案》(FWMA),英国环保署规定凡新建设的项目都必须使用 SUDS,并由环境、食品和农村事务部负责制定关于系统设计、建造、运行和维护的全国标准(张玉鹏,2015)。

2. 地方性法规

在英国,开发规划是根据规划法进行控制并实现适当发展的过程。新开发项目中的地表水管理是通过若干层面的政策和计划完成并由各种组织实施的。因此,与地表水有关的政策和立法与房地产和场地的开发密切相关。本节阐述了如何在英格兰和苏格兰实现这一目标,并对这两个体系进行了比较。

(1)英格兰

《国家规划政策框架》(*National Planning Policy Framework*,NPPF)中包含了英格兰新开发项目的监管规划指南,该框架优先考虑将 SUDS 用于地表水管理(第 103 条),并提供有关鼓励使用 SUDS 的洪水风险评估的常设建议。FWMA 认为除非 SUDS 被证明不适合被用在当地,否则应在所有较大的地表水管理开发项目中使用这项技术。个别地方规划当局(individual local planning authorities,LPAs)拥有审核 SUDS 适用性的权限,他们十分重视 SUDS 的非法定技术标准,并牢记设计和施工成本不应超过传统系统。这两点体现了国家标准的宗旨,国家标准旨在解决地方当局审核 SUDS 时需要详细指导的问题。此外,这些标准只涉及排水量,而 SUDS 在解决其他地表水管理方面的功能(Charlesworth,2010)则被忽略。当地政府就 FWMA 作出的解释对 LPAs 在细节方面的影响尚待检验,毕竟不同地区的政府有可能作出不同的解释。

由于历史原因,英格兰存在两种不同的地方政府组织结构,这一点增加了管理框架的复杂性。在某些地方,地方政府分为两级执行:下级区议会提供地方运营服务,而上级县议会负责协调。在其他地区,这两个层次的职能都由单一的权威机构执行。原则上,高层管理者定义政策,下层管理者负责政策执行,尽管上层管理者可以并且确实将他们的一些职责委托给下层组织。在新的开发项目中,较低层级的机构也会制定规划政策来管理地表水。为了应对不同形式洪水而出台的一系列政策加剧了管理框架的复杂性。环境署管理主要河流和海岸的洪水,并具有国家协调作用。环境署通过采用一个流程来管理英国洪水风险长期建议的工作,即对洪水风险较低的小型社区提供在线指导;对洪水风险较高的大型社区,要求其提交详细的申请并予以严格审查。

《洪水风险条例》(*Act of Great Britain Parliament*,2009)将领导地方洪水管理局(lead local flood authority,LLFA)的责任分配给了统一的上层委员会。LLFA 的任务是制定和应用地方洪水风险管理战略(local flood risk management strategy,LFRMS),以确定管理环境署范围外地表径流和小型水道的洪水风险管理的目标、方法和成本。

2007 年夏季,英格兰三分之二的洪水是由地表水排水而非河流洪水造成的。因此,英国各地方政府还负责制订地表水管理计划,以使各组织之间能够长期合作并共同管理当地的地表水。"地表水"一词在当地的政策文件中有不同的解释,但大都聚焦于"下水道、排水沟、地下水,以及由于强降雨而产生的土地、小型水道和沟渠的径流"。地表水管理计划旨在为洪水风险管理战略提供相关信息,并设想 SUDS 在更大范围内支持更具战略意义的地表水规划的方法(Defra,2010)。

环境署在英格兰主要负责解决水质问题,并利用许可证和环境允准制度来管理点源污染风险。NPPF 框架指出,规划系统应有助于防止水污染,而环境署应负责具体事务的管理和控制。因此,对于英格兰的水质问题,地方规划层面的责任相对有限,这也在一定程度上体现了地方政府处理扩散污染的难度。

因此,英格兰的许多计划、政策、战略和组织都是在地方政府层面解决地表水管理问题,并将重点放在了地方政府对国家立法的定义与执行上。虽然这种模式考虑了当地的情况,但未考虑规模经济,导致了各地的重复性工作。也正是由于英格兰仍将重点放在地方决策上,FWMA 中 SUDS 相关条款的实施并不太可能改善这种情况。议会中类似全党建筑环境卓越小组(All Party Group for Excellence in the Built Environment)等组织对英格兰现行 FWMA 中,SUDS 相关条款的实施能否在合理的时间范围内实现可持续的水资源管理持保留意见。

(2)苏格兰

在苏格兰,新开发项目水管理的监管规划指南被包含在两个关键文件中:定义了土地开发和使用政策的《苏格兰规划政策》(*Scottish Planning Policy*,SPP)和详细介绍了长期基础设施战略的《第三个国家规划纲要》(*Third*

National Planning Framework）。SPP 要求规划采用预防洪水风险的方法，明确地将地表水洪水风险等同于洪泛洪水（即降水产生的洪水），并赞同使用 SUDS 从源头管理洪水。然而，无论是在这两份文件中还是在更为详细且更关注洪水风险的《地表水管理规划指南》文件中，都没有提到地表水的水质管理。

《水环境和水服务（苏格兰）法》（*Water Environment and Water Services (Scotland) Act*，WEWS）允许通过定期更新的《管制活动条例》（*Controlled Activities Regulations*，CAR）中定义的一般约束规则（general binding rules，GBRs），对从水体中用水或蓄水而造成污染风险的"管控活动"进行监管。该条例认为应以苏格兰环境保护局（Scottish Environment Protection Agency，SEPA），即环境监管机构为首来发挥保护水环境的作用。例如，CAR 指出，"SEPA 必须施加其认为必要或有利的条件，以保护水环境"，从而表明这一职责的重要性。SEPA 利用 GBRs10 和 GBRs11 针对径流（扩散污染）和直接污染（点源污染）提供了使用 SUDS 来保护城市水质的法定指南。GBRs10 规定，在 2007 年 4 月 1 日之后兴建的任何开发项目都要使用 SUDS，以防止受污染的地表水进入淡水水体。《监管方法》08（*Regulatory Method 08*）中规定了包括住房、商业、公路和工业等在内的用地所需的 SUDS 设施数量和类型。国家环境保护局通过对日益增加的污染风险进行分级审批，对所有潜在污染源需要的巨大工作量进行管理。GBRs 适用于特定的低风险活动，并通过规划体系进行监控；而中高风险活动则需要明确的登记和许可并对其收费。《监管方法》08 规定了所有类型及规模的发展项目所需的 SUDS 功能和数量，并提供了适合特定开发项目的特定类型设施的建议。除此之外，SEPA 还要求对 SUDS 进行长期的维护。

三、澳大利亚雨洪管理体系

(一) 建设理念

澳大利亚是南半球的岛国，城市化的发展和人口的增加给城市的排水设施带来了巨大的压力，传统的城市排水方式导致城市水资源供需矛盾加剧，城市暴雨灾害频发更导致城市水循环的不完整。在这一背景下，1994 年澳大利亚学者 Whelan 等人提出了水敏性城市设计（water sensitive urban design，

WSUD），它能从空间设计的角度将城市开发建设和城市的综合水管理相结合，从而减少城市的开发建设对城市水循环的影响。受人口增长、气候变化和水资源总量不足的综合影响，WSUD 强调整体性规划和设计理念，为有关水的长远规划设定了多重目标和考虑，包括水体健康、交通、娱乐休闲、微气候、能源、食品生产等，同时将城市规划设计与城市水循环管理、保护相结合，以减少对自然水循环的负面影响并保护水生态系统的健康，形成水环境与城市建设的良好互动，并促进城市的可持续发展。WSUD 体系重在源头控制，并以水循环为核心，统筹考虑雨水、供水、污水管理等水循环的各个环节，打破了传统的单一模式（赵迎春等，2012）。WSUD 还鼓励利用储蓄和收集处理装置，提高径流的利用率，减少径流、洪峰流量并削减径流污染，通过将多功能绿地、景观美化和水循环有机结合，增强社会、文化和生态价值（张玉鹏，2015）。

（二）规划体系

澳大利亚和北美一样实行联邦—州—地方三级政府体制。联邦政府负责处理全国性事务，州议会拥有自治权和立法权。澳大利亚的城市设计较注重制定规划政策，通过联邦政府和州政府制定战略性规划并将规划目标层层分解，为地方规划设计做出宏观指导（董慰，2009）。由于澳大利亚的联邦政府以及各州都有独立的立法权，WSUD 在实施的过程中拥有自己的法律法规保障体系。在实施过程中，WSUD 与各个层次的法律法规相融合（见表 4-10）：在国家层面，主要根据相关的政策制定国家 WSUD 导则和策略目标等内容；在州层面，主要依据上一层次的要求制定各州自己的 WSUD 策略、标准和导则；在地方层面，主要依据上一层次的策略要求进行当地的 WSUD 设计（高洋，2012）。

表 4-10　WSUD 的规划体系

规划阶段规模	规划内容	水管理内容	案例	适用面积/公顷
国家层面	·区域策划 ·区域结构规划	确定水资源的环境需求，提出战略排水规划等关键性策略	2006 年联邦政府颁布的《国家水质量管理策略》等	＞300

续表

规划阶段规模	规划内容	水管理内容	案例	适用面积/公顷
州层面	地方规划策略、地区计划、修正案、地区结构规划	提出满足可持续水循环的地区和区域管理目标,进行地表水和地下水分析,分析规划前的土地利用性质,确定潜在的污染可能性,确定关键性的蓝色基础设施	2004年新南威尔士州政府颁布的《西悉尼 WSUD 技术指引》等	>300
地方层面	局部规划方案、局部结构的计划、大纲发展规划	确定地区的水目标、场地的综合分析(主要分析内容包括:现存的和人工的水廊道,地区的自然条件分析,水资源的社会、文化价值,水污染情况和水文分析)	地方政府的法律指引	<300
小区层面	地区详细设计	遵守区域水管理策略中的目标,综合的区域分析,利用相关设计减少城市水污染,保护水资源,保护水系廊道、湿地等的生态、社会价值,水资源的存储和资源的重复利用,确定具体布局和位置并提出实施措施	2003年德国斯图加特小区住宅设计指引	<20
开发	开发申请、建筑许可证	履行上一层次的水保护策略,对开发区域进行定期监测	评价体系保障	

资料来源:基于文献(Jeffrey et al.,2004)等整理得到。

(三)评估机制

多目标管理的矛盾并不是绝对对立的,可以通过抓住主要矛盾、弱化次要矛盾、寻求协同关系的方式推进转型进程。这要求在城市设计过程中采用权衡折中的方法,借助评估体系帮助决策者综合考量各方权重,城市水文合作研究中心开发的 MUSIC 模型就是解决这一问题的有效评估工具,它从整体利益的角度判断并解释采取何种优化途径可以全面地权衡水系统安全、经济成本、社会效应等因素。需求分析评估工具(needs analysis assessment tool)是由墨尔本水务局(Melbourne Water)研发的,通过和专家顾问的合作,与当地政府代表研讨,跟踪政府应对转型变化的能力,判断是否支持新项目(Bolton et al.,2007)。绩效评价需要大量基础数据如土壤、气候条件、人口密度等,可这些数据往往是不公开的,这要求决策者通过更广泛的途径获取信息作为绩效评估的依据,并将评估结果通过迭代的方式结合到区域规划中,使转型后的管理方式获取更高的绩效。从业人员的能力提升也是可持续雨洪管理成功实施中的重要一环。清水项目(clear water program)是一项从业者能力建设项目,旨在为城市水务产业工作者提供知识、技术、工具使用方面的培训,推动水敏性城市转型。培训通过理论结合实践,以实际项目和培训班的方式展开,有关课程可提前在官网上报名预约参加(刘颂等,2016)。

(四)公众参与

雨洪管理方案的制定是雨洪管理的核心和基础,也是整个雨洪控制利用成功与否的关键。澳大利亚的雨洪管理并不完全是"自上而下"的,城市雨洪的管理决策需要多学科的设计团队与相关利益主体共同磋商完成。由于城市雨洪控制利用的综合性和复杂性,WSUD 方案的制定、决策和实施管理需要由多学科设计团队(水文和水利工程、环境科学、水文生态和水资源管理、城市规划、景观设计等学科)和相关利益主体(包括地方政府、开发商和市民等)来共同完成(王思思等,2010)。

在可持续雨洪管理转型中,社区的利益是考虑的重点之一。此外,在建设示范点的时候,还要征求社区的建议,将社区的需求和意愿在城市水管理中表现出来,加强公众对城市水资源的关注,从而促进"水敏城市设计"的执行比例。广泛采用提供项目资金和物质投资、社区代表参与决策等途径,支持并鼓励社区参与,如雅拉河守护者协会(The Yarra River Keeper Association)将雅拉河的健康、生态、可持续发展及服务社区作为协会使命。墨尔本水务局为协会提供资金支持,同时购买了摩托艇以方便定期在雅拉河考察。支持社区参与使社区团体对水敏性城市有更清晰的愿景,是获取民众支持的途径。水敏性城市的实现不仅依靠行业从业者,民众的自觉践行也是其实现的重要保障。例如,墨尔本的雨洪质量补偿项目就对自觉在家中采用绿色雨水收集处理装置的纳税人加以补偿,鼓励民众自觉采用更高效的雨水回收利用装置,牧羊人溪谷项目(Shepherd Creek Pilot Project)(Rossrakesh et al.,2006)是该项目的试点之一,民众采用自愿拍卖的方式筹集基金。民众通过提交申请,制定自家雨水收集利用的详细计划,明确将采用的设施类型、规模大小及他们所期待的补偿额度。项目责任方在考量期预计花费和环境效益后对申请者进行排序,按照排名依次向申请者发放资金以示支持,直到拍卖基金用完为止。以倡导而非强制为手段,这种转型方式以最低成本、最小代价,最有效地赢得了民众支持(刘颂等,2016)。

(五)政策法规

澳大利亚实行"自上而下"与"自下而上"相结合的管理模式。水专家和政策分析者、监管机构、政府等密切合作,长期监管 WSUD 建设项目的开发,动态监测潜在问题和障碍,不断验证新方法的实施,改善相关的指导方针、标准以及监管和治理框架,以帮助政府机构拟定新的发展方向或相关法规条例。同时,利益相关者、水相关团体等会发起一些倡议或运动,从而促进 WUSD 建设项目的完善和相关实施条例的改进。

1. 国家法规

澳大利亚自 20 世纪 70 年代以来,颁布了一系列法规,为联邦层面水资源管理奠定了基础(见表 4-11)。虽然联邦政府未将 WSUD 纳入国家法规,但WSUD 战略被鼓励用于新开发地区,联邦、州和市政府之间的合作激发了各州制定环境保护相关法规和政策的热情,纷纷从州层面制定具体的 WSUD 战略。澳大利亚政府委员会采取了重大措施来推进水管理改革:在 2004 年 6 月25 日,签署了国家水计划的政府间协议,显示出澳大利亚对水改革的承诺;2008 年,COAG 同意改革城市水项目,旨在提供健康、安全和可靠的水资源,提高水资源利用效率,鼓励废水的再利用和循环利用。

表 4-11　澳大利亚雨洪管理相关法律法规

时间	法律法规及主要内容
1970 年	《环境保护法》规定了包括水质在内的环境保护
1987 年	《规划和环境法案》制定了相应的洪水管理条例和水环境保护管理条例
1989 年	《水利法案》
20 世纪 90 年代	·环保部门制定了极为严格的污水排放标准 ·兴起 WSUD 雨洪管理方法
1993 年	·对水行业进行有效和持续的改革 ·内容涉及水价、水权和水资源管理体制,开始重视城市水资源及其循环利用

续表

时间	法律法规及主要内容
1994 年	《水改革框架》 • 通过水价改革、水权改革和水资源管理体制改革,协调和统一全国范围内的水资源相关事项的管理 • 政府有责任确保以可持续的方式对水资源进行分配与利用
1996 年	《关于生态系统用水供应的国家原则》针对如何解决环境用水这一特别问题提供了政策性指导,指出应当在法律上认可环境用水
2004 年	《关于国家水资源行动计划的政府间协议》明确提出要解决当前水资源超额分配与过度利用的制度问题,及早防范水资源分配制度变化可能带来的风险,对水资源量的管理与风险进行评估
2007 年	《水资源安全国家规划》 • 在全国范围内对灌溉基础设施进行投资,加固和完善主要输水渠道 • 在灌溉者和联邦政府之间按照 5∶5 的比例共享水资源和进行节水,从而提高水资源安全度,增加环境流量 • 解决墨累—达令流域的水资源过度配置问题
2007 年	《水法》规定了流域规划、水市场建立、水信息服务、水费征收等水管理手段,缓解各州之间的用水纠纷
2008 年	《水法》修订,WSUD 成为在澳大利亚必须遵循的技术标准
2008 年以后	• 制定一些与雨洪管理有关的法律法规,涉及城市水资源定价、竞争和改革、综合流域管理、雨洪管理规划等 • WSUD 成为在澳大利亚必须遵循的技术标准 • 保护生态环境,建立健康的城市雨洪管理模式

资料来源:基于文献(刘颂等,2016;赵昱,2017)整理得到。

2. 工程标准与规范

为了更好地实现雨洪管理,澳大利亚在联邦、州和地方层面均制定了准则。例如,依据国家水计划,环境保护遗产委员会、国家资源管理委员会同国家卫生和医学研究委员会为使用雨水(包括管理环境风险、雨水收集、和补给含水层)制定了指南;不同的州也制定了相应准则,如维多利亚雨水委员会、环境保护署与墨尔本水务公司合作,制定了《城市雨洪最佳实践环境管理指引》(BPEMG),该指南为城市土地利用规划人员提供了一个 WSUD 的雨洪管理框架。BPEMG 虽然不是技术手册,但已经成为澳大利亚许多 WSUD 项目的重要依据;同样地,地方当局也在确定标准方面发挥作用,如墨尔本市与维多利亚州紧密合作,为开发商和规划者提供 WSUD 工程程序、人工湿地系统指南和项目管理指南,成为全市水敏感开发运动的一部分。此外,在转型过程中还制定了与新路径相配套的技术指南与规范,明确工程技术方式,以便指导新技术、新管理方式有条不紊地实施。澳大利亚与新西兰农业和资源管理委员(Agriculture and Resource Management Council of Australia and New Zealand)在2000年颁布了《全国城市雨洪管理指南》(*Australian Guidelines for Urban Stormwater Management*),助力城市雨洪管理加速转型;2005年,墨尔本水务局颁布了《水敏性城市设计工程手册》(*WSUD Engineering Procedure*: *Stormwater*),通过生物滞留池、雨水花园、过滤系统等的工程技术详细标准作为未来市政工程建设的指导规范(刘颂等,2016)。

3.地方性法规

在澳大利亚,由州政府提供政策、战略指导方针或技术参数,而地方当局决定项目(或水系统)的具体发展规定。例如,维多利亚州就有水资源立法的历史,这在WSUD许可中至关重要。该立法可以追溯到1970年的国家环境保护政策,要求雨洪不应该伤害人类或动物、表面或地下水。与此相关的是,1989年《澳大利亚南部水法》确定了用水的权利,并为当地推行雨水收集设施和渗透战略铺平了道路。在澳大利亚北部地区,《规划法》制定了新的发展标准,《地方政府法》扩大了地方当局对雨洪的管理权限。

澳大利亚各地方水务计划及水务署基建项目的许可证及牌照均由本地制订和发出。多数城市均大力支持WSUD的雨洪管理工作,并努力使执照发放过程尽可能简易,其中墨尔本已经推出了详细的指南,描述了如何满足该城市的水质和污染要求的方法和准则。

(六)技术方法

澳大利亚WSUD综合了城市发展中各层面的水循环管理问题和环境可持续性措施,在技术上结合了最佳规划实践(BBPs)和最佳管理实践(BMPs)。BBPs指场地评估、土地利用规划和设计,具体包括工程性和非工程性两类,应用的尺度从城市分区到街区乃至地块(王思思等,2010)。此外,澳大利亚还通过各级政府、行业组织、科研机构和民间组织的合作,不断完善和统一各地区差异化的技术导则,制定自下而上的政策,推动雨洪管理体系建设持续发展。

1.最佳规划实践

BPPs是用于管理城市环境的最佳实用性规划方法,它主要用来对某一区域的物理和自然属性(如区域地理气候、地质条件、排水形式、土地承载力等)进行现场分析及评估。BPPs可在规划层面或设计层面进行实践,由于土地利用规划将改变场地的排水方式和水质,因此 BBPs 对雨洪管理技术措施的选择和设计具有重要影响。在规划层面,BPPs 将雨洪管理作为重要考虑因素,大力促进雨洪管理方案的实施;或建立海滩储备区,对关键基础设施的使用进行规划,或将水敏感相关制度或设计指导纳入城镇规划范畴。在设计层面,BPPs 指的是具体的设计手段,其在 WSUD 项目中具有不同的用途:对土地进行分类和保护,以实现一个包括蓄水点、排水线、溢水线和排放点的综合性雨洪系统;对可开发和不可开发区域进行甄别;对公共开放空间网络进行识别和保护,包括残存植被、自然排水线以及娱乐性、文化性、环境性等特征;在道路布局、建筑设计、房屋布局、街景设计等层面选定各种节水型措施方案。

2. 最佳管理实践

与北美和欧洲相同,澳大利亚将雨洪管理的措施和技术手段称为最佳管理实践,即 BMPs。BMPs 通常分为工程性 BMPs 和非工程性 BMPs 两类。工程性 BMPs 是指运用各种处理技术和设施来控制雨洪过程中出现的污染和洪涝问题;非工程性 BMPs 是指通过管理、制度或教育等非技术手段来实现雨洪管理的目标。澳大利亚具体的 BMPs 措施类型及其适用范围见表 4-12(王思思等,2010)。

表 4-12 澳大利亚 WSUD 工程性 BMPs 与非工程性 BMPs

类型	功能	适用范围/内容
工程性 BMPs	将径流转移到种植床	地块尺度
	雨洪滞留池/再利用设计(绿化或厕所用水)	地块尺度
	拦沙坑、沉积井	地块尺度
	渗滤和收集系统(生物过滤系统)	地块尺度、街区尺度、开放空间网络或地区尺度
	渗透系统	地块尺度、街区尺度、开放空间网络或地区尺度
	乡土植被、覆盖、滴灌系统	地块尺度、街区尺度、开放空间网络或地区尺度
	透水铺装	地块尺度、街区尺度、开放空间网络或地区尺度
	缓冲带	街区尺度、开放空间网络或地区尺度
	建造的湿地	街区尺度、开放空间网络或地区尺度
	干燥滞洪区	街区尺度、开放空间网络或地区尺度
	垃圾截留设施(立算式雨水口)	街区尺度

续表

类型	功能	适用范围/内容
工程性BMPs	池塘和沉积井	街区尺度、开放空间网络或地区尺度
	沼泽地、洼地	街区尺度、开放空间网络或地区尺度
	湖	开放空间网络或地区尺度
	大颗粒污染物截留设施	开放空间网络或地区尺度
	恢复的水道/排水沟	开放空间网络或地区尺度
	再利用设计（开放空间灌溉和厕所用水）	开放空间网络或地区尺度
	城市森林	开放空间网络或地区尺度
非工程性BMPs	环境和城市发展政策	地方、州级和联邦级有关环境和城市发展政策要鼓励生态可持续发展实践的广泛应用,其中包括将水敏感城市设计和城市规划过程相结合
	施工场地环境考虑因素	施工场地规划和管理的不足会增加雨水径流中污染物的负荷。场地管理规划是一项减少场地建设时污染物产生的有效措施
	教育和人员培训	包括人员培训在内的教育项目,应促使各层次的人员在实践中产生有效的改变。培训应提供有效的工具或技术手段使得相关人员有能力在将来进行规划等活动
	公众教育项目	公众教育项目将促使社会标准和个人行为的改变。个人行为的改变会对减轻城市发展对自然水文循环过程的影响起到积极作用。公众在了解相关问题后,可以对政府、相关行业和开发商是否考虑了雨洪影响进行监督
	项目执行	经济处罚是对雨洪污染行为的一种有效震慑,这是环境保护部门和地方政府的主要职责。目前有很多关于测量项目执行有效性的研究

资料来源:基于文献(王思思等,2010;刘颂等,2016)整理得到。

四、德国雨洪管理体系

(一)建设理念

德国河流众多,河网密布,水资源充沛,基本不存在缺水问题。尽管如此,为了维持良好的水环境,德国于 20 世纪 80 年代开始兴起雨洪管理事业,通过有组织地建造市政排水系统,朝着低影响开发策略和技术迈进,其主要目的是解决城市环境污染问题,同时也涉及城市局部雨洪问题的治理。德国雨洪管理最初的重点在于独立的技术,包括渗透、绿色屋顶和集雨技术等。20 世纪 90 年代,德国开始在城市规划领域使用综合的分散型技术来处理雨洪管理问题,并被现行的国家雨洪管理指导意见规定为强制性措施。同时,还投入了大量的人力与资金开展雨水利用的研究与应用,开发出了一系列雨水集蓄和利用的新技术、新装置,形成了比较成熟和完整的雨水收集、处理、控制、渗透技术和配套的法规体系。根据德国最高级别的《联邦水利法》的要求,需尽可能地在降水现场完成径流的消除、渗透或滞留。这种政策上的转变依托于术语的发展和使用,一系列的新技术在最初被称作"雨洪排水的替代技术"或"自然式雨洪管理",强调以发展水文学为目标,采取以源头控制为基础的雨洪管理方式(赵昱,2017)。雨洪的分散管理及其从源头上与综合污水系统的分离通常被认为是当时城市污水可持续管理的最先进水平和基本条件。2011 年,以德国为主导的一些欧盟国家的雨洪专家们专门实施了一项 SWITCH 项目,并通过调研和总结美国、德国、澳大利亚、荷兰、波兰等国家的不同尺度的典型雨洪管理规划或设计案例,指出城市可持续雨洪管理的未来方向——"水敏感性城市设计"(唐双成,2016)。研究成果汇编成《水敏感性城市设计》一书,强调 WSUD 是城市水管理、城市设计和景观规划多学科之间的结合,内容涉及城市水循环的各个部分,宗旨是在城市设计原则中结合水管理功能,促进城市生态、经济、社会和文化的可持续发展。

（二）技术方法

德国城市地下管网的发达程度与排污能力一直处于世界领先地位,首都柏林的地下排水系统始建于 1874 年,之后又在 4 年内陆续建成了 744km 的排水管网、6 个污水处理厂、2 个地表水厂和 4 个储水过滤器,至今柏林 900km^2 的土地下已有 9500km 的排水管道,其中一些有近 140 年的历史,根据不同地方的需求确定排水管道的直径,从 0.3—4m 不等,排放雨洪的管道均为直径 3—4m 的涵洞,以能够排泄一天一夜的大暴雨为设计标准。柏林在 1902 年曾遭受暴雨的侵袭,由于当时还是雨污合流,柏林出现了严重的水质污染,政府就对全市的排水系统进行了雨污分流改造,其中四分之一的排水管道仍然是雨污合流,主要分布在市中心,而其他的管道则将雨洪排涝和污水处理这两大系统独立开来。除了专门的雨洪管道,柏林还有 160 多个紧急排水口和暴雨溢流口,以及 115 个总容量达上百万立方米的地下储水库,当暴雨量超过排水系统的承载量时,降雨会通过疏导渠进入地下蓄水库,从而避免城市内涝的发生(中国水利报,2011)。

作为世界上拥有较为先进的雨洪资源利用技术的国家之一,德国的雨洪资源利用技术融合了资源利用、城市景观建设、城市环境和生态建设等各方面的要求。目前,德国的城市雨水利用技术正在由标准化、产业化向综合化方向发展,主要是通过径流收集、传输与贮存、过滤与处理等技术措施实施雨水的利用(程江,2007)。雨水被广泛用于各种用途,如城市水景观、人工湿地、绿地灌溉、地下水补给、冲厕所洗衣、生态环境改善等(索联锋,2016)。针对不同设施类型,德国采取了不同的雨水利用技术,主要有五种:一是屋面雨水利用,通过屋面集蓄系统收集到的雨水主要作为生活和工业用水,如慕尼黑新机场的屋顶设置有雨水收集设施,收集到的雨水部分可用作机场的非饮用水,剩余部分通过管道排入排水系统,既保证雨水能够顺利排放和入渗,又维持了水量和水质的平衡;二是雨水屋顶花园利用,这是一种削减城市暴雨净流量、控制非点源污染和美化城市环境的重要途径,可以作为雨水集蓄利用的预处理措施,也可以调节建筑温度、减轻城市热岛效应、美化城市环境;三是道路雨水截污与渗透,在城市道路雨水收集管道口设置拦污挂篮设施,用以拦截杂物、控制污染,雨水通过排水道排入蓄水池中,先进的排水系统可将雨水和污水分开排放,并分别加以处理与利用,目前德国城市道路透水路面面积已达 80% 以上;四是生态小区雨水利用,通过生态小区雨水利用系统将雨水利用与景观设计相融合,实现人与生态的和谐统一;五是一种较新的雨水处理系统——"洼地—渗渠系统",该系统就地设置洼地渗渠等设施,与排水管道相连,形成一个分散的雨水收集系统,减轻了市政排水管道的排水负担。德国的排水系统体现了德国人的严谨与细心,环境防涝一体化的设计,让城市免于强降雨的危害。据统计,2002 年德国城市排水管道长度总计达到 44.6 万 km,人均长度为 5.44m,城市排水管网平均密度在 $10km/km^2$ 以上。在德国,该系统用于处理低洼草地和渗渠中的雨水,一方面可以降低暴雨径流,另一方面还可以补给地下水,实现城市水文生态系统的良性循环(米文静等,2018)。

(三)组织管理

德国是最早对雨洪管理建设采用政府管理制度的国家,目前针对雨洪管理建设已经形成了统一的政府管理制度,主要由水务局统一管理水务相关事项,包括雨水、地表水、地下水、供水和污水处理等水循环的各个环节,同时以市场模式运作并接受社会的监督。这种监管模式保证了水务管理者对水资源的统一调配,有利于管理好水循环的每个环节,同时又能促进用水者合理、有效地用好每一滴水,使水资源和水务管理始终处在良性发展中。在德国,有近三分之一的城市出台了雨洪管理相关政策以促进雨水管理设施的建设,其中包括激励政策与强制性内容,两者共同推进雨洪管理(王岱霞等,2017)。德国传统的水资源管理以政府行政单位为组织形式,责任、监管、规划、决策制定和执行权力被分给了不同的水务部门,分别代表州和市政府。在德国的 16 个州中,水资源管理由三个层级执行,包括最高权力机构——执行法规的国家环境部,在区域一级实施国家政策的中间机构,以及下级主管部门——负责详细信息管理和监控的城乡地方主管部门。州和地方当局在考虑到联邦政府立法的同时,有权根据具体情况对其进行修改和补充,例如解决为特定措施提供资金的问题、明确国家立法未规定的径流处理标准问题。

(四)政策法规

1.国家法规

在法律方面,德国政府在过去几十年里制定了严格的法律法规来促使开发商主动采用雨洪利用设施,具体的政策和条例大大促进了雨洪分散管理、收集和利用方面的先进技术、系统、业务的应用和发展。1986 年的《水法》将供水技术的可靠性和卫生安全性列为重点,并在第一章中明确提出"每个用户都有义务节约用水,以保证水供应的总量平衡",用以约束公民行为。1992 年,新的建筑法赋予市政当局或当地社区促进雨洪利用的权利,随后巴登州、萨尔州、不来梅市和汉堡市都修订了雨洪利用法律。1996 年,在《水法》的补充条款中增加了"水的可持续利用"理念,强调提高水资源利用效率并避免排水量增加,实现"排水量零增长"。在此背景下,德国建设规划导则规定了在建设项目的用地规划中要确保雨水下渗透地并通过法规进一步落实。虽然各州的具体落实方式不同,但都规定除特殊情况外,一律禁止将降水直接排放到公共管网中。此外,新建项目的业主必须对雨洪进行处置和利用。联邦《水法》以优化生态环境、保持生态平衡为政策导向,已成为各州制定相关法规的基本依据。1997年,德国颁布《污水条例》,要求在合流制溢流池中设置隔板、格栅或其他措施对污染物进行处理。2010年,德国水资源法案为水资源管理制定了明确的指令,包括地下水污染及退化、城市污水处理、环境保护和洪水风险管理,同时建立了社区行动网络的框架。

2. 工程标准与准则

1989年《雨洪利用设施标准》(DIN1989)是"第一代"雨洪利用技术趋于成熟的标志;"第二代"雨洪利用技术则发展于1992年;21世纪初,"第三代"雨洪利用技术及相关标准出台。在法规政策层面,德国联邦《水法》将优化生态环境、保持生态平衡作为政策导向,水资源监管部门也将分散的雨洪管理视为一种可接受的传统排水系统的替代品。德国水、污水和废弃物处理协会通过了水管理技术规程,其中包括雨洪渗透系统的规划和分散的雨洪处理标准,从而为从事保水、渗透和处理的工程师提供雨洪技术设计规范。

自2003年以来,雨洪收集(RWH)系统的规划、安装、维护和运行已经通过各种标准进行了规范,包括《雨洪管道标准》(1986年)、《饮用水安装标准》(1988年)和《雨洪收集系统标准》(1989年)。这为雨洪利用设施的应用提供了有效的技术和体制框架,也为最终用户和服务者提供了方便的规划和安装过程。这类系统的业主必须向供水公司申报施工情况,但无须申请许可证。这一程序有助于公司直接进行设计、规划和施工,从而避免延误。1995年,德国颁布《室外排水沟和排水管道标准》,提出通过雨水收集系统应尽可能地减少公共地区建筑物底层发生洪水的危险性。

3. 地方性法规与条例

由于公共供水的特定结构、区域淡水供应情况以及不同州的公民和政治家对环境的关注程度不同,德国仅有部分州颁布了支持性的法规。1996年,《北威州水法》第51条第5款引入了新密封表面雨水渗透法;巴登-符腾堡州、巴伐利亚州和柏林市在随后几年也纷纷效仿,使得雨水渗透成为了新建住宅区的首选解决方案。

货币奖励在部分州也作为支持雨洪利用设施的激励方式之一,越来越多的废水处理公司引入了雨洪分流排污费,从而鼓励业主投资于分散的雨洪储存和管理措施。1988年,德国汉堡市最早公布了对建筑物雨水利用系统的资助政策,在之后的 7 年里,政府共资助了 1500 多个住宅雨水利用系统。汉堡是饮用水供应和废水管理收费的一个很好的例子,当地的生活污水管理和供水费用与消耗的饮用水数量挂钩,广泛采用分散收集的雨水替代饮用水,包括每立方米饮用水(1.67 欧元)和下水道(2.75 欧元)的正常费用,这可以刺激个人消费者将分散的 RWH 用于其他非饮用用途,如冲厕所、洗衣服、灌溉草坪和清洁汽车等。在石勒苏益格-荷尔斯泰因州,如果特定标准得到满足,那么在他们的社会住房计划的框架内,通过低利率贷款和订立 25 年合同期的方式在雨水利用和过滤设施方面得到财政支持。1992 年,黑森市开始征收地下水使用税,并对包括雨水利用在内的节水项目进行补贴(孙楠,2017)。20 世纪 90 年代末,德国其他的几个州和城市也出台了新的政策为雨水资源的利用提供资金和鼓励,这些措施极大地促进了德国雨水管理技术的利用和发展。

五、日本雨洪管理体系

(一)建设理念

20 世纪 80 年代,随着公民环保意识的增强,大量对环境有潜在负面影响的工程项目遭到了人们的质疑。在此背景下,日本国土交通省于 1997 年再次修订《河川法》,将环境保护作为法律的附加目标,旨在采用绿色、现代的技术对河流进行恢复进而形成理想的河流环境。与此同时,日本国内多家研究机构也开展了河流环境科学研究,并于 1998 年发布了基于"准天然河流"这一概念的河道工程建造原则。经过多年的完善,日本国土交通省于 2006 年将建造标准推广到日本境内所有河流的工程修建过程中,这意味着生态保护理念成为工程界的主流。日本在经受一系列自然灾害以及市政工程预算收紧的情况下,于 2014 年再一次更新该系列的技术文件,并意识到两方面的问题:一是由极端暴雨引发的灾害不可能完全消除;二是必须考虑经济成本来推动项目的实施。基于此,日本工程师和水文学家开发了一种新的洪水计算方法,即使用概率法来分析灾害情况,并将经济因素纳入灾害管理的考虑范畴,综合考虑灾害风险与经济性能,按照重要等级逐步推进防灾工程建设(石磊等,2019)。日本是个水资源较缺乏的国家,雨水被视为一种极有价值的水资源,政府十分重视对雨水的收集和利用。1980 年,日本建设省开始推行雨水贮留渗透计划;1992 年,颁布的"第二代城市下水总体规划"正式将雨水渗沟、渗塘及透水地面作为城市总体规划的组成部分,要求新建和改建的大型公共建筑群必须设置雨水就地下渗设施,城市中每公顷新开发土地应附设 500 立方米的雨水调蓄池;2000 年,在修订《环境基本计划》时,日本强调以流域为单位建立健全的水循环体系,流域内的都道府县、国家办事处等所辖行政机关,应就有关流域的水循环体系开展现状评价,制订健全的水循环计划。这些计划、规划和非政府性的组织为日本城市雨水资源的控制及利用奠定了基础,保障了雨水资源化的实施。

日本排水规划管理部门认为,新时期社会发展的主题是良好的环境、安全的生活、有活力的社会,特针对作为接受、处理、排出污水与雨水,减少环境负荷,同时作为水循环及资源循环中基本一环的排水设施,制定了 21 世纪的发展目标:①保证居民生活的安全与健康;②保证水质,创造良好的水环境;③实现资源的再生利用;④提高居住的舒适性;⑤赋予地区活力。为实现上述目标,首先要转变思想观念并制定有关措施。日本 21 世纪排水设施建设规划的重点从"处理、排出"向"再生、利用"转变,确立了排水设施建立"循环通道"的新思路。在创造良好环境、营造安全生活、打造有活力社会的同时,逐步提高地区水资源的自立性。同时,对参与排水设施规划、建设、管理、使用的不同层次和不同性质的责任人(包括中央政府、地方政府、企业和居民),明确了各自的职责和担任的角色关系。

(二)组织管理

对于雨洪灾害的管理,日本建立了纵向领导、横向合作的联合组织体系,分三级政府体系,即国家级、都道府县级、市町村级(见表 4-13)。国家和都道府县通过制定法律、提供资金、协调部门等职能协助市町村完成相应工作,市町村负责组织协调河流管理部门与市政管理部门间的合作,提供应对雨洪灾害的具体实施方案。在国家层面上,日本的全国灾害预防与控制中心设立在内阁办公室,负责统筹协调所有的政府组织,出台相应的政策与计划;火灾与灾害管理局是政府灾害管理的另一个组织,隶属于内务与通讯省,这一机构负责管理都道府县的防灾与消防部门;日本的国土交通省负责管理流域面积占日本国土面积 70% 的 100 多条主要河流并为其提供水利设施,同时也为市町村的相关部门提供指导;气象厅则负责发布暴雨洪水预报和警报;气象厅、国土交通省与市町村的市政部门合作发布洪水预报,为指定的河流绘制与分发洪水风险地图;市町村负责具体的洪水疏散、河流沿线土地管理、保护区划定等工作(石磊等,2019)。

表 4-13　日本政府防洪组织体系

功能	区域	组织机构
灾害总体管理	国家	内阁办公室
	都道府县	防灾与消防部门
	市町村	防灾与消防部门
河流管理	大型河流流域	国土交通省(土地、基础设施、交通和旅游部)
	小型河流流域	都道府县级市政工程部门
土地利用的立法与管控	国家	—
洪水预警	国家	日本气象厅、气象厅与国土交通省、县

资料来源:基于文献(Nakamura et al.,2017)整理得到。

(三)技术方法

众所周知,日本的雨洪管理技术居于世界领先水平,日本尤为重视城市排水管道的建设。20 世纪 90 年代,东京大兴土木,建设了巨型分洪工程——"首都圈外郭放水路"。该工程的主体项目是一条位于地下 50m 处,全长 6.3km、直径 10.6m 的隧道,隧道一头连接东京城市下水道,另一头连接入海河流江户川,在发生暴雨时可以用大型抽水机把城市雨洪抽入河流,使之排入大海(吴丹洁等,2015),该工程历经 14 年到 2006 年才全部整体完工(韩洋,2014)。2004 年,日本排水管道的长度已达到 35 万 km,排水管道密度达 20—30km/km²,密度大的地区其至可达 50km/km²,东京的地下排水设施经历了 100 多年的修建与发展,总长度约 1.58 万 km,管道的直径小至 0.25m,大至 8.5m,大的管道空间相当于两层楼的别墅。此外,日本在多领域上进行了雨水回收利用,以多功能调蓄设施为雨水利用特色。日本早在 1963 年就开始兴建滞洪和储蓄雨水的蓄水池,许多城市在屋顶修建雨水浇灌的"空中花园",在减少城市地表径流的同时,减少了对自来水的消耗,增加了城市绿化面积,美化了城市环境,净化了城市空气,吸收了城市噪声,缓解了热岛效应。此外,在传统的、功能单一的雨洪调节池的基础上发展了多功能调蓄设施。与一般雨洪调节池相比,最明显的区别是暴雨设计标准高、规模大、效益投资比高。在非雨季或没有大暴雨时,多功能调蓄设施还可以全部或部分地正常发挥城市景观、公园、绿地、停车场、运动场、市民休闲集会和娱乐场所等多种功能（程江,2007）。20世纪70年代,日本开始推行城市综合治水对策,在用传统方法治理河流的同时开展了雨水贮蓄、雨水渗透等因地制宜的新措施并形成了相应的产业。1980年,日本开始推行雨水贮留渗透计划,该计划可以有效地涵养补充地下水、恢复河川基流和改善环境生态条件。一般来说,公园、绿地、庭院、停车场、建筑物、运动场和道路等都会利用雨水贮留渗透设施,包括渗透池、渗透管、渗透井、透水性铺盖、浸透侧沟、调节池和绿地等。日本实施的雨水贮留渗透计划得到了民间企业的支持,1988年成立的"日本雨水贮留渗透技术协会",吸引了清水、住友、西武、大成、东急、日产、三井和三菱等著名建筑株式会社在内的84家公司参加。1992年,日本颁布了"第二代城市下水总体规划",正式将雨水渗沟、渗塘及透水地面作为城市总体规划的组成部分,要求新建和改建的大型公共建筑群必须设置雨水就地下渗设施。日本"降雨蓄存及渗滤技术协会"经模拟试验得出:在使用合流制雨水管道系统的地区,合理配置各种入渗设施的设置密度,强化雨水入渗,使降雨以5mm/h的速率入渗地下,可使该地区每年排出的BOD总量减少50%。经过有关部门对东京附近20个面积达22万 m^2 的主要降雨区进行了长达5年的观测和调查,在平均降雨量为69.3mm的地区,平均流出量由原来的37.59mm降低到5.48mm,流出率由51.8%降低到5.4%。在东京都,已经有8.3%的人行道采用了透水性柏油路面。雨水通过透水性柏油路面下渗到地下,经过收集系统处理后得以利用。日本各级政府对于有关利用雨水的各项措施均非常支持,如环境局主要从防止全球变暖的角度出发,厚生局从社会福利、资源的有效活用的观点出发,国土交通局则从创造良好的水环境和普及优良住宅环境的观点出发,向各地方自治区域进行的雨水利用事业发放助成款、提供援助,对于民间从事雨水利用事业者,在金钱和纳税方面予以援助。一般市民的雨水利用行为则由地方自治区域进行支援。以洪涝、干旱、地震等灾害多发区为中心,向进行雨水利用的个人及企业发放资助款的自治区域在不断增加。资助方案包括补贴添置雨水槽所需费用,自治区域只需负担所需费用的50%—70%。此外,由家庭净化槽改为雨水槽所需的费用也有助成款支援。1995年,墨田区政府发布了官方指南以促进雨水的利用,要求面积在 $500m^2$ 以上的经营场所都要积极利用雨水。因此,墨田区雨水利用活动得到国际认可。2004年,国家水管理部门提出了一个全国范围的综合防洪框架来应对每小时降水量高达50mm的暴雨,同时还发布了废水回收和雨水利用的技术政策。2014年,日本颁布了促进雨水利用的法律,为实施LID要素提供了重要的法律保障(程江,2007)。

目前,日本的雨水利用具体技术措施包括:降低操场、绿地、公园、花坛、楼间空地的地面高程(杨茗,2016);在停车场、广场铺设透水路面或碎石路面并建设渗水井,加速雨水渗流;在运动场下修建大型地下水库,并利用高层建筑的地下室作为水库调蓄雨洪;在东京、大阪等特大城市,建设地下河将低洼地区雨水导入地下河;在城市上游侧修建分洪水路;在城市河道狭窄处修筑旁通水道;在低洼处建设大型泵站排水等。其中,最具特色的技术手段是建设雨水调节池,在原有功能单一的雨水调节池的基础上发展了多功能调蓄设施,具有设计标准高、规模大、效益投资比高的特点。在非雨季或没有大暴雨时,多功能调蓄设施还可以发挥城市景观、公园、绿地、停车场、运动场、市民休闲集会和娱乐场所等多种功能。

(四)资金来源

在鼓励市民参与雨洪灾害管理方面,日本政府采用经济补助与风险教育相结合的方式。为提升城市地区的河流管理效率,2013年日本国土交通部门推出了一个名为"100mm/h安全降雨计划"的登记系统,这是一个以风险信息共享、径流信息记录、管理信息整合为主要内容的综合管理平台。中央政府通过市政当局登记的信息为各地提供财政补助,鼓励市民开展相应的雨水管理工作。同时,该登记系统也对各地采取的鼓励措施进行记录(石磊等,2019)。日本为激励居民收集利用雨水,对设置集雨装置的家庭和企业实行补助金制度,各个地区和城市的补助政策不一,一般依据项目的具体内容和规模给予一定比例的补助,比例最高可达总投资的三分之一。例如,东京都墨田区1996年开始建立促进雨水利用补助金制度,对地下储雨装置、中型储雨装置和小型储雨装置给予一定的补助,每立方米水池补贴40—120美元,雨水净化器则补贴设备价的30%—70%,以此促进雨水利用技术的应用以及雨水资源化。还有部分地区则是为公民的环境保护活动提供经济援助,除此之外,其他地区还提供税费减免和环境风险教育等帮助。

（五）公众参与

日本河流管理的公众参与部分起始于私人修建的雨水存储设施，而河流环境的修复工作又加速了公众与政府间的合作。不同于防洪和水资源管理可以使用全国统一标准，每个区域河流的水文特征不同，河流与居民的互动关系也不尽相同，因此河流环境的维护与修复在很大程度上需要依靠当地居民的经验进行指导。日本于1997年修订《河川法》时，首次承认公众意见的必要性，修订内容中明确指出，政府在制定河道整治规划时，必须尊重相关民众的意见和建议。政府意识到只有保持与公众的良好沟通和合作关系，以防洪、水资源管理和河流环境保护为目的的河流整治项目才能顺利推进。此次《河川法》的修订标志着现代政府与公众合作关系的建立（石磊等，2019）。

为了让市民对"雨洪"这一重要资源的利用价值形成深入认识，日本于2008年成立了"雨水网络会议"，而后更名为"雨水网络"，这是一个覆盖面较广的信息平台，由市民、企业、行政机构和学会等组成，以市民团体为中心开展活动，旨在重新审视与雨水之间的关系，通过积极储存、渗透和蒸发雨水，实现对雨水的储存、利用而非排放。日本"雨水网络"的成功运行在于市政当局、市民、建筑师、制造商和水管工等各行各业的参与。

除了政府的大力推进，日本还拥有大量民间力量，多年来持续通过各种活动积极推进雨洪灾害综合管理。位于樋井川流域的福冈市，由于地势较低，常年遭受洪水灾害的困扰。在2009年特大洪水之后，当地成立了一个以洪水灾害管理与河流环境修复为主要内容的管理联盟。该联盟由各领域的利益相关者组成，包括灾害受难者、普通居民、研究流域管理的学者和大学生、公益组织成员、工程师及地方政府官员。联盟通过组织开展公民论坛、研讨会、实地考察、雨水储存设施建造、灌溉池塘传统复兴以及灾害风险地图信息完善等多项活动，针对洪水灾害的形成原因、流域洪水的控制建议以及河流环境恢复措施等信息进行交流，在此基础上向政府反馈相应的意见和建议，促使政府形成专门的流域管理机构，推动学界与政界的合作，使樋井川流域成为日本流域智能管理的典范。此外，日本各地还分布着大量类似的非营利组织和学术组织，各组织机构共同对雨水管理相关项目进行研究。从政府到民间的多方努力，推动着日本雨水管理体系的不断完善（石磊等，2019）。

(六)政策法规

在严峻的自然环境条件下,日本很早就开始防御洪涝灾害,不断修订完善相关法律体系(见表 4-14)。1964 年,日本为实行以流域为单元的"水系一贯

表 4-14　日本水资源管理相关法律法规

年份	法律法规	主要内容
1880	《备荒储备法》	针对严峻的自然灾害如台风、暴雨、暴风雪、洪水及泥石流等,提出防御办法
1896	《河川法》	规定河川的基本理念是"治水",即以防洪为主
1900	《旧下水道法》	铺设排放生活污水的排水管
1956	《工业用水法》	规范了地下水的工业用途
1958	《公用水域水质保护法》	对于企业并非采取强制措施,如要求企业达到一定标准,也未直接下达治理指标,而是通过公布全社会污染控制总目标引导企业采取环保行动;同时,通过市场行为即能源价格等,调控企业环保行为,减少海洋环境污染
1958	《下水道法》	规定每座城市每年都要投入一定的财政资金来管理地下水排放以及污水收集处理的运营和维护
1964	《河川法》(修订版)	规定河川治理的理念为"治水＋利水",即防洪与兴水利并重
1967	《公害对策基本法》	规定了六大公害:大气污染、水质污染、噪声、震动、地面下沉、恶臭,并制定了以保护人体健康与保全生活环境为目的的环境保护标准
1970	《水污染防治法》	将国家环境管理引入水质污染防治领域;通过对从工厂或商业场所向公共水域排放的废水进行管制,以防止公共水域污染
1971	《关于水质污染的环境基准》《排水基准》	以保护人的健康和保护生活环境为目的,确立以健康项目、生活环境项目等为内容的水质环境基准和排水标准
1972	《自然环境保护法》	把环境保护从污染防治扩大到整个自然环境的保护
1973	《水源地域对策特别措施法》	把建立对水源区的综合利益补偿机制作为普遍制度而固定下来
1977	第三次全国综合开发规划	提出了流域管理的概念
1980	《雨水贮留渗透计划》	以实现雨水资源的综合利用为目的,提出通过建设雨水浸透贮留设施来减少城市洪涝灾害的思路

续表

年份	法律法规	主要内容
1984	《湖泊水质保护特别措施法》	制定了措施和政策,针对需要确保环境质量标准的湖泊实施,并采取特殊措施来规范排放污水、废水和其他水污染源的设施,以确保国民健康和环境质量
1990	《水污染防治法》(修订版)	修正河川治理的理念为"治水+利水+环境";修订内容主要涉及河川整备中居民参与的有关问题
1992	第二代城市总体规划	将雨水渗沟、渗塘及透水地面作为城市总体规划的组成部分,要求新建和改建的大型公共建筑群必须就地设置雨水下渗设施;城市中的新开发土地,每公顷土地应附设 500m³ 的雨水调蓄设施
1997	《新河川法》	明确有关生活污水对策的行政职责;明确公众的责任;有计划地推广治理生活污水对策;建立扩大总量控制地区特定设施的制度;建立污水净化示范项目
2014	《水循环基本法》	修复并维持健康的水循环系统;规定河流、供水系统、下水道、农业用水等水资源受日本国土交通省和厚生劳动省等七个政府机构共同管理,改变了以往以首相牵头的"水循环政策本部"为中心进行规划管理的体制
	《雨水利用推进法》	从占据流域大量面积的建筑物角度进行了详细规定;在地下室层设置雨水临时贮留及利用设施的民间所有建筑物,政府采取减免税收、补助金等形式予以鼓励
2015	国土规划	加入了"绿色基础设施"相关条例
	公共设施整治重点规划	
2018	《水道法》(修订版)	应对灾害与水道设施老化,修订法律促进民营企业参与

资料来源:基于文献(田闯,2015;石磊等,2019)整理得到。

式"河川管理模式,对《河川法》进行了修订。1997 年,又对《河川法》进行了大幅修订,形成了《新河川法》。该法是关于河川管理的重要法律,对河川管理的原则、中央与地方政府的分工、河川利用的规制等做了详细的规定。1960 年,颁布的《治山治水紧急措施法》第三条提出实行"治山治水五年计划",同时还通过《特别会计法》明确了"治山治水五年计划"的资金来源及其比例。1961 年,日本颁布的《灾害对策基本法》是日本防灾减灾的根本大法,对洪涝灾害的预防、报警、应急对策、防灾计划、救灾援助、灾后重建等均作出了明文规定。此后《灾害对策基本法》不断修订,每一次灾害都成为日本完善相关法规的契机。从 1960 年开始,日本的治水事业真正迈入了有计划、有步骤持续推进的轨道,其中,前六个五年计划正值日本经济快速发展时期,每到一个五年计划治山治水投资就按法律规定的比例翻一番。至第八个五年计划实施阶段,日本治山治水投资规模已增至 202600 亿日元,折合人民币约 13000 亿元,投资力度之大前所未有。随着管理体制改革的不断深化,通过依法治水、计划治水和科学治水,日本水灾损失占国民收入的比重已经基本控制在 0.5% 以下。从 1980 年起,日本建设省又开始推行《雨水贮留渗透计划》,该计划通过补充涵养地下水、恢复河流改善了生态环境。为减小城市开发对雨水的影响,日本政府规定每开发 1 公顷土地必须设立 500 立方米的雨洪调蓄区,在调蓄区内不得建造房屋。20 世纪 50 年代以来,各项法律法规更是不断完善,例如按照相关法律规定,施工方不得改变河流的水质与含沙量(田闯,2015)。

第三节 各国雨洪管理体系经验与启示

综上所述,国际上具有一定影响力的国家或城市大都是自上而下逐渐形成完整的雨洪管理体系的,上层通过法律法规制度和相关政策进行约束引导;中层针对流域、场地等不同尺度制定规划、完善技术并不断进行实践反馈;下层则建立起稳定有效的公共管理制度与行之有效的公众参与体系。目前,我国海绵城市建设才刚起步,相关政策与技术尚处于摸索阶段。为此,需立足于本国国情,总结借鉴发达国家雨洪管理体系建设的成功经验,构建具有中国特色的海绵城市建设项目风险评估与管理体系,从而为海绵城市建设保驾护航。

一、制度运行体系

(一)法律法规

大多数发达国家均立足于国情,以利用雨洪资源、保护水环境、修复水生态为出发点,形成了较为完善的城市雨水资源管理法律体系,将雨水收集利用纳入城市总体规划,对权责归属做出详细、明确的规定。一系列的规划、法规、标准既是各地区制定相关技术导则的法律基础,也是促使雨水资源利用取得成功的关键因素,有关经验可为我国正在修编的雨水管理法律法规提供科学借鉴。

　　首先,加速完善法律,财政转移支付。颁布全国层面的专门针对雨水管理和海绵城市建设的法规条例,为在全国范围内开展相关工作提供法律规范和依据,使海绵城市建设逐步走向法制化。其次,落实中央目标,分层分类指导。省级层面应充分落实国家层面的法规政策及目标要求,对于处在不同建设阶段的海绵城市,颁布有针对性的法规和政策指导文件。此外,省级部门应建立涵盖规划、设计、施工、验收以及维护的全周期标准体系,作为海绵城市建设以及各地规范标准编制的重要技术依据,确保每个环节都有章可循。最后,系统谋划方案,因地制宜建设。在地方政府层面,应积极将海绵城市建设纳入城市立法计划,列入重要的监督事项和协商议题,依法建设、监督并作出决议;通过立法建立完善的规划管控、公众参与等机制,在法律层面保障建设项目顺利推进。

(二)资金来源

　　灵活的雨水收费模式和有效的市场激励政策是先发国家保障其雨水管理资金来源的重要手段,主要通过大力推行雨水费制度,根据不同的责任主体和土地权属制定不同的收费模式,并利用奖励补贴、收取税费和雨水费等经济激励手段,鼓励社区居民自发参与项目建设,主动采取行动减少径流和加强雨水利用;此外,还采用雨水排放许可、雨水排放收费等制度,对申请雨水排放许可的建筑工地、工业园区等企业在水质水量不达标的情况下,处以限期改造或高额罚款。

　　我国的海绵城市雨水管理资金大多来自政府补贴,少数来自PPP模式中的社会投入,但这种筹资方式显然是不可持续的,应借鉴国外发达地区的做法,将资金来源由政府单一渠道转向社会多渠道,从而为海绵城市建设缓解资金压力。首先,加大对雨水产业的扶持力度,利用信贷、折扣和补贴等奖励政策,调动开发商和企事业单位的积极性,激发社会活力;其次,开设雨水利用专项基金,把雨水利用列入重要环保项目,大力资助雨水利用工程和中水回用工程建设,提供相应的政策优惠;最后,雨水收费制度实施的有效性很大程度上取决于民众的支付意愿,积极探索建立使用者付费模式,针对不同责任主体和土地权属,制定雨水收费标准和奖惩机制,并采取现金补贴、税收减免等激励政策,可率先在大城市进行试点工作,待经验成熟后向全国推行。

(三)公众参与

先发国家已经充分意识到,实现基础设施从"灰色"到"绿色"的转变,离不开当地公众的参与和实践,城市雨洪管理的成功不但需要基础设施技术的革新、政策的支持,还需要城市公众的积极参与。公众参与可以逐渐提高公众对当地生态环境问题的认识,而公众意识、教育和公众决策对于雨洪系统的规划、设计和公众接受度至关重要。因此,发达国家大都十分重视信息透明和宣传教育,通过制订教育和宣传计划,提高公众对绿色基础设施优势、灰色基础设施危害以及绿色基础设施运作方式的认识。在项目设计、实施落实、后期运维等各个阶段,采用知识协作、调查研究、信息反馈等形式充分了解公众意愿,广泛致力于保障公众能多渠道、全过程地参与雨洪项目。

我国正处于城市雨洪管理发展的关键时期,良好的公众参与机制是我国海绵城市顺利推进的重要保障,城市居民作为利益的主体之一,需要赋予参与海绵城市建设工作的权利,政府部门、规划设计单位、施工部门和公众之间应建立长效的互动沟通机制,为我国海绵城市建设提供保障。应借鉴国际先进经验,加强科普和宣传力度,建立完善科普咨询平台,及时公布海绵城市建设项目最新进展、典型做法以及政策措施;制定全面、详细的公众参与计划,明确政府部门、公众、设计规划单位、施工部门等利益相关者的责任,建立长效的互动沟通机制;政府主导部门应制订全面、详细的公众参与计划,倡导公众参与和公私一体化规划,引导公众主动、全过程参与雨洪管理,利用灾害风险教育提高流域居民的灾害认知水平,促进流域上游居民与下游居民的合作。此外,在传统的公众参与方式(征求意见、问卷调查,组织召开座谈会、专家论证会、听证会)基础上,还可以拓宽公众参与渠道,通过在微信、微博等互联网平台注册账号、发布相关知识和宣传资料吸引民众积极参与我国海绵城市建设(宫永伟,2018)。

二、管理体制机制

(一)建设理念

发达国家在制定雨洪管理概念和体系时大都基于两大原则:①缓解城市建设对自然水文的影响,尽量将水流动态合理地过渡到自然水平或适应当地需求的目标范围内;②改善水质并降低污染。不同国家的管理体系因各地发展情况和法制环境差异有着不同的表达方式,但都以改善生态和地貌现状为目的(赵昱,2017)。现代雨洪管理体系的核心就是模拟自然,从峰值、径流总量、峰现时间、水质、生态系统等不同层面进行调控,改变以"排"为单一目标的传统模式,合理构建城市排水防涝及径流污染防治体系,同时实现地下水补充、生态景观营造、雨洪资源化利用等目标,修复被传统"快排"模式破坏的"降水—下渗—径流—滞蓄—蒸腾(蒸发)"自然水文循环链。与发达国家相比,我国雨洪管理的建设理念较为片面化和碎片化,在认知、目标、体制等方面都还存在较大差距(见表 4-15)。毫无疑问,现代雨洪管理体系共性的理念和内涵,对所有的国家和地区都是普遍适用的,这也可以作为检验系统决策及方案优劣的标准。

国际经验表明,价值认知体系决定雨洪管理未来的发展和走向。我国有关管理部门需改变原有的经济效益优先的理念,强化生态文明战略意识,充分认识到对雨洪这一宝贵自然资源进行管理和利用的重要性。应基于对雨洪排放问题的认识,在引入国外优秀雨洪管理方式时,分清地域及社会经济情况,针对不同地域、不同的社会发展水平,采取前瞻性与现实性的规划设计方式(张玉鹏,2015),从水量、水质、生态环境和雨洪资源利用等方面整体考量,通过构建系统的雨洪管理体系及各类水生态基础设施,实现降雨的就地消纳和利用,提升城市整体的生态系统功能,最大限度地发挥雨洪资源的生态效益、经济效益和社会效益。

表 4-15　国内外雨洪管理体制比较

比较项目	国内	国外
对雨水的认知	雨水是一种废弃物,需尽快排放	雨水是一种可利用的资源
雨水排放目标	尽快汇集和排放雨水径流	雨水经过渗透、吸收、存储等管理措施,排入城市绿地、地下水源或者收集再利用,尽可能减少管道压力
雨水排放体制	合流制或分流制的管道排放模式	雨污分流排放(雨水的排放主要是非管道式排放)
技术措施	不透水地面汇流,地下管网排放	对雨水进行就近处理,利用植被性过滤措施、渗透装置、池塘等收集装置进行雨水的保持、滞留、渗透、过滤、收集以及再利用

资料来源:基于文献(吴海瑾等,2012;张玉鹏,2015)整理得到。

(二)组织运行架构

不同发达国家基于本国国情制定了差异化的雨洪管理运行架构,主要以地方行政辖区、自然流域单元和水功能区为基础进行区域雨洪资源管理(见表4-16)。三种管理运行架构有其相同的特点:第一,均基于雨洪资源的整体性出发,对水资源进行统筹管理,在具体的实际操作中则会采用相异的手段,从国家、地方、流域等不同层级实施开展;第二,依法建立雨洪资源管理体制并依法保障其运行,管理机构的设立、权力责任结构的架构、运行的方式都明确以法律法规的形式来确定,从而保证雨洪管理体系的规范性和操作的稳定性,流域管理规章制度的制定则更多地考虑国家实际。第三,加大管理机构的建设力度,应由国家牵头,统一去开发、去管理(刘丹花,2015)。综上所述,国外雨洪资源的管理运行架构存在许多相似之处,例如机构的设立不会受到行政权力的干预,同时设置专门的流域管理机构全权统辖区域内的大小事情,尽量避免分散管理。

表 4-16　国内外雨洪管理运行架构对比

国家	雨洪管理运行架构	管理机构	优势
美国	以州为基本管理对象	联邦政府机构(水务局)—州政府机构—地方政府机构	部门分工明确,相互配合,同时也能很好地相互制约与合作
英国	按流域统一管理和水务私有化相结合	环境、食品和农村事务部—环境监管机构、财务监管机构水务公司	实现政府部门在水管理与水产业经营上的职能分离,进一步提高了水资源管理的水平和效率
澳大利亚	行政管理和流域管理相结合	水资源理事会—水资源委员会—水管理局	分级管控,防止多部门重叠管理,部门间能有效磋商
德国	水务局统一管理,以市场模式运作	国家环境部—区域中间机构—城乡地方主管部门	保证水资源的统一调配,有利于水循环各环节的管理,保障水资源和水务管理的良性发展
日本	以水功能为基础的分部门管理	国土交通省—环境省、厚生劳动省、经济产业省和农林水产省	部门间责任、职权清晰,法律法规及规范比较明确
中国	流域与区域管理相结合	中央机构—省政府机构—市县机构	符合政治经济体制,相关管理机构的职责权限较为明确,促进流域管控的实施

资料来源:基于文献(刘丹花,2015;董石桃等,2016)整理得到。

我国实行中央集权、部门分权的行政体制,在中央、省、市、县级别都建立了相关的雨洪管理机构。但是,随着各种综合性水问题的相继浮现,我国分部门、分层级的管理体制逐渐显露出弊端:第一,从机构设置来看,存在部门分割与流域管理机构职能弱化的问题。首先,各部门之间缺乏协调统一,利益分割致使管理低效;其次,流域管理机构仅是水利部的派出机构,职权有限,在水资源支配和水环境治理上受到省级政府的制约(傅涛等,2010)。第二,在权责结构上,职责交叉,事权与财权不尽一致。我国水利和生态环境部门分别负责水资源和水污染防治的统一管理和监察,导致水质和水量管理分离。此外,流域机构和省级政府之间还存在事权和财权的矛盾,雨洪管理及其资金难以得到持续保障。为此,需要构建合理的结构组织和科学的运行机制,有效推动相关决策的制定、落实和实施。

三、技术管理体系

(一)规划方案制定

海绵城市的建设离不开排水(雨洪)防涝综合规划的准确定位,应将制定完善、科学、合理的规划方案作为建设前提,住建部发布的《海绵城市建设技术指南——低影响开发雨洪系统构建》明确提出海绵城市建设需要强化规划引领,目前我国已有多个城市正在编制或已经编制了海绵城市专项规划、排水防涝专项规划等相关规划,而对于各类密切相关的专项规划如何定位和衔接、规划是否合理是业内人士急需深入探究的重要内容。澳大利亚昆士兰的相关规划体系与我国专项规划情况类似,昆士兰除雨洪管理规划外,还制定了流域管理规划、雨洪水质管理规划、洪泛区管理规划等一系列相关专项规划,为了解决规划内容重叠以及落实过程中部门冲突等问题,澳大利亚规定其各州有权对其规划方案进行调整,从而使雨洪管理规划目标和内容更务实、更具针对性,并且促进了与相关规划的协调衔接(车伍等,2015),值得我们学习借鉴。

各国在推行其雨洪管理体系过程中大都实行先规划后建设的模式,要求地区规划必须包括雨洪控制部分内容(Dearden et al.,2013),例如澳大利亚的WUSD体系通过详细规划来整合城市整体的水循环思维,并且注重在景观设计中融入水道设计美学与价值(Hunt,2012)。目前,发达国家和城市大多采用雨洪管理综合规划来进行雨洪综合管理,这对管理体制、专业人员规划技术水平、各专业间的协调能力提出了更高的要求。因此,我国的海绵规划编制应客观认识到我国目前存在的问题,通过有关规划的规范编制和修编,对雨洪规划的框架、目标和控制指标等具体内容进行逐步完善。针对新城或是部分具备基础条件的城市开展规划时,在城市总体规划体系下开展雨洪管理综合规划是可行和必要的;对于已建成区进行改造规划时,可通过在传统排水规划中合理纳入低影响开发设施和防涝相关的内容来进行补充和完善(石磊等,2018)。

海绵城市规划方案的编制需要依据城市自身特点和现状,也需要各专业设计师与规划师共同完成,不同规划设计人员的专业背景、不同专业知识了解程度与配合协调能力会直接影响到最终海绵城市规划方案的科学性与完整性。因此,从设计师、监管机构到专家学者、工程师、业主等,所有雨洪管理的利益相关者均须建立起稳定和谐的合作关系(Brown et al.,2001),如果涉及协调规划、交通、道路、水利等相关职能部门,则需要各层级规划相互配合。

(二)排水系统设计

发达国家在实践探索中不断发展各自先进的生态雨洪技术(见表4-17),其核心在于模拟自然水文循环链,通过构建以低影响设施为主体的城市排水防涝系统,将建设活动对城市水文状况的影响降到最低,有很多内容值得我国借鉴与学习:一方面,从城市水生态的整体视角出发,构建包括自然水体、城市给排水、雨洪管理等多种系统在内的水文循环链,能有效削减降雨期间的流量峰值,减轻排水管道的压力,降低城市内涝发生的频率和强度。尤其是采用合流制排水系统的区域,采用低影响开发模式能有效地降低调蓄设施所需的投资和容积,为雨洪管理提供更合理的解决方案(张辰等,2014)。另一方面,发达国家和地区在排水系统中有明确的"内涝"(waterlogging disaster or local flooding)概念,目前已经形成城市排水、城市内涝防治和城市防洪三套工程体系(Water,2005;Vernon et al.,2009),大都制定了较高的城市排水标准,内涝和防洪标准也基本一致,可保障在没有发生洪灾的情况下,城市不会发生内涝灾害。除了较高的排水标准,发达国家大都投入较多的精力在管网系统建设上,虽然投资费用较高,但排水成效十分显著。目前,我国城镇排水标准与发达国家和地区相比明显偏低,仅有内河排涝标准,内涝设计标准缺失,难以支撑排水、内涝防治和防洪体系的衔接(见表4-18、表4-19)。

表 4-17　国内外典型先进生态雨洪技术比较

名称	国家	内容及性质
最佳管理措施 （BMPs）	美国	控制降雨径流水量和水质的综合性措施,最初主要用于控制城市和乡村的面源污染,是基于提倡和鼓励性质的政策
低影响开发 （LID）	美国	以生态系统为基础,利用小规模、分散的设计技术和源头控制机制控制暴雨所产生的径流和污染,减少开发活动对场地水文状况影响的暴雨管理方法,主要集中在探索微观管理和综合管理实践（IMPs）两个方面
绿色基础设施 （GI）	美国	国家自然生命保障系统,由水系、湿地、林地、农场、牧场、绿色通道、公园及其他自然保护区,以及荒野和其他支持本土物种生存的空间组成
雨洪生态管理系统 （GSM）	美国	通过储蓄滞留和入渗回补相结合的方式,收集和利用建筑物屋顶、道路、绿地、广场等收集的降雨径流,经收集、输水、净水、储存等程序实现雨洪资源的综合利用
可持续城市排水系统 （SUDS）	英国	利用储蓄雨洪后缓慢释放,促进雨水下渗,过滤污染物,通过控制流速实现沉积物沉淀目的的模仿自然净化过程的排水系统
水敏性城市设计 （WSUD）	澳大利亚	基于源头控制的理念,对雨水在源头上进行收集、控制,降低了暴雨径流,同时也减少了水资源的浪费,是一种新型的节水技术
分散式雨洪管理系统 （DRSM）	德国	不把雨水排向区域外,而是将其聚集在区域内,利用区域内的公共空间对雨水进行滞留、管理和利用,只将多余的雨水排到城市排水管网中,以此来降低城市排水管网的压力
海绵城市 （sponge city）	中国	指城市能够像海绵一样,在适应环境变化和应对雨洪带来的自然灾害等方面具有良好的弹性,虽然我国出台了部分地方标准,但仍缺乏针对暴雨径流的源头控制标准体系

资料来源:基于文献(刘文等,2015;高峰等,2017)整理得到。

表 4-18 不同地区排水管网设计标准比较

地区	设计暴雨重现期
中国内地	一般地区,1—3 年;重要地区,3—5 年;特别重要地区,10 年
中国香港	高度利用的农业用地,2—5 年;农村排水,包括开拓地项目的内部排水系统,10 年;城市排水支线系统,50 年
美国	居住区,2—15 年;一般,10 年;商业和高价值区域,10—100 年
英国	30 年
澳大利亚	高密度开发的办公区、商业区和工业区,20—50 年;其他地区以及住宅区,10 年;较低密度的居民区和开放区域,5 年
欧盟	农村地区,1 年;居民区,2 年;城市中心、工业区、商业区,5 年;地下铁路、地下通道,10 年
日本	3—10 年

资料来源:基于文献(张辰等,2014)整理得到。

表 4-19 不同地区内涝设计标准比较

地区	设计内涝重现期
中国内地	20 年(内河排涝标准)
中国香港	城市主干管,200 年;郊区主排水渠,50 年
美国	100 年或大于 100 年
英国	30—100 年
澳大利亚	100 年或大于 100 年
欧盟	农村地区,10 年;居民区,20 年;城市中心、工业区、商业区,30 年;地下铁路、地下通道,50 年

资料来源:基于文献(张辰等,2014)整理得到。

城市内涝防治综合系统的建立和落实是一个复杂的系统性工程,即使许多发达国家自身的管道基础设施已较为完善(已达十年一遇的管道标准),但在此基础上编制的暴雨管理规划,仍然预计需要 20 年以上的时间才能实现百年一遇的洪涝控制标准。欧美国家现有的排水系统以合流制为主,强降雨时期雨污水的溢出导致了严重的水质污染。总体而言,许多欧美国家对现有系统不再推行雨污分流改造,管道提标改造并非核心,主要通过源头控制、管网截留和调蓄等方法解决溢流问题(王家卓等,2018)。基于价值观念、投入成本等因素的影响,同时充分考虑现有设施的能力、挖掘空间和改建管道的难度,不同地区采取了多样化的改造措施(见表 4-20)。华盛顿有关人士指出,在暴雨来临时,建造巨型隧道和水处理工程能阻挡 98% 的溢流,而低影响开发(见表面绿化)却无法达到这样的性能,雨水花园和绿色屋顶等会因饱和而使多余的水重新回到下水道(Allen et al.,2011);但费城、波特兰等城市也提出,根据实际情况安装绿色雨水设施进行分流是最理想的方案,例如将屋顶雨落管断接,或是将来自街道排水口的径流分流至集水坑,既能缓解管网的径流压力又经济可行(Susanne et al.,2020)。因此,我国排水系统的建设可以在一定程度上借鉴发达国家的这些经验,通过雨污分流改造和可持续城市排水系统的设计等形式实现雨水处理,但同时必须与我国城市基础设施现状和实情相结合。

表 4-20　发达国家合流制排水系统的主要升级方式

改造方法	优势和劣势	实际应用
改造为分流制排水系统	优势:减轻水质污染 劣势:替换成本高	新区建设大都采用合流制排水系统,将其作为更大、多方面计划的一部分
在合流制排水系统网络中增加蓄水池,采用地下水箱或截流隧道的形式	优势:降低流量速率;便于设计和维护 劣势:设施庞大且昂贵	华盛顿实施了一项耗资 26 亿美元、为期 20 年的计划,即修建 3 条直径为 7m 的主要截流隧道,用以储存和处理雨水径流。伦敦开展了深层排水隧道储蓄溢流污水项目
从合流制排水系统中分流,排放至植被、土壤和含水层	优势:改造成本低、效益多样化 劣势:维护成本的长期性、性能的相对不确定性	2011 年费城开展了一项为期 25 年的项目,预计将城市三分之一的不透水表面替换为 3800ha 的绿地和透水路面

资料来源:基于文献(Allen et al.,2011;Charlesworth et al.,2017)整理得到。

本篇参考文献

[1] Allen A，2011. Green city，gray city[J]. Landscape Architecture，101（9）：72.

[2] Asgarian A，Amiri B J，Sakieh Y，2015. Assessing the effect of green cover spatial patterns on urban land surface temperature using landscape metrics approach[J]. Urban Ecosystems，18(1)：209-222.

[3] Benzerra A，Cherrared M，Chocat B et al.，2012. Decision support for sustainable urban drainage system management：a case study of Jijel，Algeria[J]. Journal of Environmental Management，101：46-53.

[4] Bolton A，Edwards P，Lloyd S et al.，2007. Needs analysis：an assessment tool to strengthen local government delivery of water sensitive urban design[J]. Rainwater and Urban Design 2007：93.

[5] Bormstein R D，1968. Observations of the urban heat island effect in New York city[J]. Journal of Applied Meteorology and Climatology(7)：575-582.

[6] Brown R R，2005. Impediments to integrated urban stormwater management：the need for institutional reform [J]. Environmental Management，36(3).

[7] Brown R，Ryan R，Mcmanus R，2001. An Australian case study：why a transdisciplinary framework is essential for integrated urban stormwater planning[C]//Proceedings of frontiers in urban water management：deadlock or hope：251-259.

[8] Burton A，Maplesden C，Page G，2012. Flooddefence in an urban environment：the lewes cliffe scheme，UK [J]. Proceedings of the Institution of Civil Engineers-Urban Design and Planning，165（4）：231-239.

［9］ Cahill T H，2012. Low impact development and sustainable stormwater management［M］. Hoboken：John Wiley & Sons，Ltd.

［10］ Carolina G，Carina J，Fearnley，2012. Evaluating critical links in early warning systems for natural hazards［J］. Environmental Hazards，11 (2)：123-137.

［11］ Chang C L，Li M Y，2017. Predictions of diffuse pollution by the HSPF model and the back-propagation neural network model［J］. Water environment research：a research publication of the Water Environment Federation，89(8)：732-738.

［12］ Chang N B，Lu J W，Chui T F et al.，2018. Global policy analysis of low impact development for stormwater management in urban regions ［J］. Land Use Policy，70：368-383.

［13］ Charlesworth S M，2010. A review of the adaptation and mitigation of global climate change using sustainable drainage in cities［J］. Journal of Water and Climate Change，1(3)：165-180.

［14］ Charlesworth S M，Booth C A，2017. Sustainable surface water management：a handbook for SuDS［M］. Auckland：Water Sensitive Design in Auckland.

［15］ Christoph A，Dilek Ö，2013. Identification of heat risk patterns in the U. S. national capital region by integrating heat stress and related vulnerability［J］. Environment International，56：65-77.

［16］ Chubb C，Griffiths M，Spooner S，2014. Regulation forwater quality-how to safeguard the water environment［M］. Cambridge：Foundation for Water Research.

［17］ Copeland C，2016. Green infrastructure and issues inmanaging urban stormwater［C］. Library of Congress，Congressional Research Service.

［18］ Daniels S E，Walker G B，2001. Workingthrough environmental conflict：the collaborative learning［M］. Westport：Praeger.

［19］ De Feo G，Antoniou G，Fardin H F et al.，2014. The historical development of sewers worldwide［J］. Sustainability，6(6)：3936-3974.

[20] Dearden R，Marchant A，Royse K，2013. Development of asuitability map for infiltration sustainable drainage systems（suds）［J］. Environmental Earth Sciences，70（6）：2587-2602.

[21] Debo T N，Reese A，2002. Municipal stormwater management［M］. Boca Raton：CRC Press.

[22] Department for Communities and Local Government(DCLG). National Planning Policy Framework［EB/OL］.（2019-02）［2020-05-02］. https：//assets. publishing. service. gov. uk/government/uploads/ system/uploads/attachment ＿ data/file/810197/NPPF ＿ Feb ＿ 2019 ＿ revised. pdf.

[23] Dhakal K P，Chevalier L R，2017. Managing urban stormwater for urban sustainability：barriers and policy solutions for green infrastructure application［J］. Journal of Environmental Management，203（1）：171.

[24] Diebel M W，Maxted J T，Zanden P，2008. Landscape planning for agricultural nonpoint source pollution reduction I：a geographical allocation framework［J］. Environmental Management，42（5）：789-802.

[25] El-Zein A，Tonmoy F N，2015. Assessment of vulnerability to climate change using a multi-criteria outranking approach with application to heat stress in Sydney［J］. Ecological Indicators，48：207-217.

[26] Foster J，Lowe A，Winkelman S，2011. Thevalue of green infrastructure for urban climate adaptation［J］. Center for Clean Air Policy，750（1）：1-52.

[27] Goulden S，Portman M E，Carmon N et al.，2018. From conventional drainage to sustainable stormwater management：beyond the technical challenges［J］. Journal of Environmental Management，85：37-45.

[28] Hardyc，2005. Wildland fire hazard and risk：problems，definitions and context［J］. Forest Ecology and Management，211（1/2）：73-82.

[29] Helm P，1996. Integrated risk management for natural and

technological disaster[J]. Tephra, 15(1): 4-13.

[30] Hunt W F, Davis A P, Traver R G, 2012. Meeting hydrologic and water quality goals through targeted bioretention design[J]. Journal of Environmental Engineering, 138(6): 698-707.

[31] Jeffrey P, Seaton R A, 2004. Conceptualmodel of 'receptivity' applied to the design and deployment of water policy mechanisms [J]. Environmental Sciences (3): 277-300.

[32] Maskrey, 1989. A disaster mitigation: a community based approach [M]. Oxford: Oxfam.

[33] Matthews T, Lo A Y, Byrne J A, 2015. Reconceptualizing green infrastructure for climate changea adaptation: barriers to adoption and drivers for uptake by spatial planners [J]. Landscape and Urban Planning, 138: 155-163.

[34] Nakamura I, Llasat M C, 2017. Policy and systems of flood risk management: a comparative study between Japan and Spain [J]. Natural Hazards, 87(2): 919-943.

[35] Nakayama T, Hashimoto S, 2011. Analysis of the ability of water resources to reduce the urban heat island in the Tokyo megalopolis[J]. Environmental Pollution, 159(8): 2164-2173.

[36] National Research Council, 2009. Urbanstormwater management in the United States [M]. Washington, D. C.: The National Academies Press.

[37] Odum W E, 1982. Environmentaldegradation and the tyranny of small decisions[J]. Bioscience, 32(9): 728-729.

[38] Olorunkiya J, Fassman E, Wilkinson S, 2012. Risk: a fundamental barrier to the implementation of low impact design infrastructure for urban stormwater control[J]. Journal of Sustainable Development, 5 (9): 27-41.

[39] Reid C E, 2009. Mapping community determinants of heat vulnerability [J]. Environmental Health Perspectives, 117(11): 1730-1736.

［40］ RICS，1987. Life cycle costing：a work example［M］. London：Surveyors Publication.

［41］ Rossrakesh S，Francey M，Chesterfield C，2006. Melbournewater's stormwater quality offsets［J］. Australasian Journal of Water Resources（3）：241-250.

［42］ Schultz S K，Mcshane C，1978. To engineer the metropolis：sewers，sanitation，and city planning in Late-Nineteenth-Century America［J］. The Journal of American History，65（2）：389-411.

［43］ Shrestha Narayan Kumar et al.，2021. A comparative evaluation of the continuous and event-based modelling approaches for identifying critical source areas for sediment and phosphorus losses［J］. Journal of Environmental Management，277：111427.

［44］ Smith L P，1963. Medical biometeorology［J］. Nature，200（4901）：53-54.

［45］ Sullivan A D，Wicke D，Hengen T J et al.，2015. Life cycle assessment modelling of stormwater treatment system［J］. Journal of Environmental Management（149）：236-244.

［46］ Tackett T，2009 Low impact development for urban ecosystem and habitat protection［M］New York：Springer.

［47］ Tasca F，Assunção L，Finotti A，2018. Internationalexperiences in stormwater fee［J］. Water Science and Technology，2017（1）：287-299.

［48］ Thompson J R，Elmendorf W F，Mcdonough M H et al.，2005. Participation and conflict：lessons learned from community forestry［J］. Journal of Forestry，103（4）：174-178.

［49］ Thorne C R，Lawson E C，Ozawa C et al.，2015. Overcoming uncertainty and barriers to adoption of Blue-Green infrastructure for urban flood risk management［J］. Journal of Flood Risk Management（1）：1-13.

［50］ Treve A，2011. Forecasting environmental hazards and the application of risk maps to predator attacks on livestock［J］. BioScience，61（6）：

451-458.

[51] Tummala V，Nkasu M M，Chuah K B，1994. A framework for project risk management[J]. ME Research Bulletin(2)：145-171.

[52] UNEP，2002. Global outlook 3：past，present and future perspectives [M]. London：Earthscan Publications Ltd.

[53] Vernon B，Tiwari R，2009. Place-makingthrough water sensitive urban design[J]. Sustainability（4）：789-814.

[54] Vitiello U，Ciotta V，Salzano A et al.，2019. BIM-based approach for the cost-optimization of seismic retrofit strategies on existing buildings [J]. Automation in construction，98(2)：90-101.

[55] Warwick F，2016. Surfacewater strategy，policy and legislation：a handbook for suds[M]. Chichester：John Wiley & Sons，Ltd.

[56] Water M，2005. Wsudengineering procedures：stormwater［M］. Collingwood：Csiro Publishing.

[57] Watkins S，Charlesworth S M，2014. Sustainable drainage systems-features and designs[J]. Water Resources in the Built Environment：Management Issues and Solutions：283-301.

[58] Wei Xing，Peng Li，Shang-bing Cao et al.，2016. Layout effects and optimization of runoff storage and filtration facilities based on SWMM simulation in a demonstration area[J]. Water Science and Engineering (2)：115-124.

[59] Yang F，Lau S，Qian F，2010. Summertime heat island intensities in three high-rise housing quarters in inner-city Shanghai China：building layout，density and greenery[J]. Building & Environment，45（1）：115-134.

[60] Yu K J，1995. Ecological security patterns in landscapes and GIS application[J]. Annals of GIS(1)：88-102.

[61] Zhou D C，2016. Remotely sensed assessment of urbanization effects on vegetation phenology in China's 32 major cities[J]. Remote Sensing of Environment，176：272-281.

［62］Zhou W，Qian Y，Li X et al.，2014. Relationships between land cover and the surface urban heat island：seasonal variability and effects of spatial and thematic resolution of land cover data on predicting land surface temperatures［J］. Landscape Ecology，29(1)：153-167.

［63］岑国平，詹道江，洪嘉年，1993. 城市雨水管道计算模型［J］. 中国给水排水(1)：37-40.

［64］车生泉，谢长坤，陈丹，等，2015. 海绵城市理论与技术发展沿革及构建途径［J］. 中国园林，31(234)：11-15.

［65］车伍，吕放放，李俊奇，等，2009. 发达国家典型雨洪管理体系及启示［J］. 中国给水排水，25(20)：12-17.

［66］车伍，欧岚，汪慧贞，等，2002. 北京城区雨水径流水质及其主要影响因素［J］. 环境污染治理技术与设备(1)：33-37.

［67］车伍，闫攀，赵杨，等，2014. 国际现代雨洪管理体系的发展及剖析［J］. 中国给水排水，30(18)：45-51.

［68］车伍，张鹃，赵杨，2015. 我国排水防涝及海绵城市建设中若干问题分析［J］. 建设科技，280(1)：22-25，28.

［69］车伍，周晓兵，2008. 城市风景园林设计中的新型雨洪控制利用［J］. 中国园林，155(11)：52-56.

［70］陈刚，周朋杨，付江月，2022. 台风灾害预警——应急响应两阶段决策方法［J］. 运筹与管理，31(1)：80-86.

［71］陈前虎，孙伎莉，黄初冬，2018. 海绵城市建设风险因素及其影响机制［J］. 城市发展研究，25(10)：96-104.

［72］陈倩，2017. 城市高温热浪与热岛效应的协同作用及其健康风险评估［D］. 南昌：江西师范大学.

［73］陈莹，赵剑强，胡博，2011. 西安市城市主干道路面径流污染及沉淀特性研究［J］. 环境工程学报（2)：331-336.

［74］程江，徐启新，杨凯，等，2007. 国外城市雨水资源利用管理体系的比较及启示［J］. 中国给水排水(12)：68-72.

［75］程朋根，黄毅，聂运菊，等. 基于多源数据的城市洪涝灾害风险评估［J］. 灾害学(3)：67-76.

[76] 德国人严谨的排水系统[J]. 中国水利报,2011-10-27 (7).

[77] 丁德臣,何建敏,吴广谋,2008. 企业风险管理模型方法综述[J]. 科学学与科学技术管理(7):189-194.

[78] 丁锶湲,王宁,倪丽丽,等,2022. 基于SCS-CN与GIS耦合模型的闽三角城市群承灾空间淹没风险研究[J]. 灾害学,37(1):171-177.

[79] 董石桃,艾云杰,2016. 日本水资源管理的运行机制及其借鉴[J]. 中国行政管理,371(5):146-151.

[80] 董淑秋,韩志刚,2011. 基于"生态海绵城市"构建的雨水利用规划研究[J]. 城市发展研究(12):37-41.

[81] 董慰,2009. 城市设计框架及其模型研究[D]. 哈尔滨:哈尔滨工业大学.

[82] 杜鹃,何飞,史培军,2006. 湘江流域洪水灾害综合风险评价[J]. 自然灾害学报(6):38-44.

[83] 范小杉,2021. 国际预警体系研究进展及其对国内生态环境预警研究的启示[J]. 生态学报,41(18):7454-7463.

[84] 房金秀,谢文霞,朱玉玺,等,2019. 合流制面源污染传输过程与污染源解析[J]. 环境科学,40(6):2705-2714.

[85] 傅涛,杜鹏,钟丽锦,2010. 法国流域水管理特点及其对中国现有体制的借鉴[J]. 水资源保护,26(5):82-86.

[86] 高峰,蔺欢欢,2017. 海绵城市的建设与评估概念模型构建研究[J]. 国际城市规划,32(5):26-32.

[87] 高晓曦,左德鹏,马广文,等,2020. 降水空间异质性对非点源关键源区识别面积变化的影响[J]. 环境科学,41(10):4564-4571.

[88] 高学珑,陈奕,许乃星,等,2019. 基于BIM的海绵城市规划建设运维管控关键技术研究[J]. 给水排水,55(10):51-56.

[89] 高洋,2012. 水敏性城市设计在我国的应用研究[D].哈尔滨:哈尔滨工业大学.

[90] 葛静茹,王海军,贺三维,等,2021. 武汉市都市发展区地表温度季节性空间分布与驱动力分析[J]. 长江流域资源与环境,30(2):351-360.

[91] 耿潇,2017. 城市雨水基础设施维护运营管理研究[D]. 北京:北京建筑大学.

[92] 耿艳芬,2006. 城市雨洪的水动力耦合模型研究[D]. 大连:大连理工大学.

[93] 宫永伟,傅涵杰,张帅,等,2018. 海绵城市建设的公众参与机制探讨[J]. 中国给水排水,34(18):1-5.

[94] 顾大治,罗玉婷,黄慧芬,2019,. 中美城市雨洪管理体系与策略对比研究[J]. 规划师 35(10):81-86.

[95] 顾海兵,1997. 宏观经济预警研究:理论·方法·历史[J]. 经济理论与经济管理(4):3-9.

[96] 郭涛,1991. 四川城市水灾的历史特征[J]. 灾害学(1):72-79.

[97] 郭效琛,赵冬泉,崔松,等,2018. 海绵城市"源头—过程—末端"在线监测体系构建——以青岛市李沧区海绵试点区为例[J]. 给水排水,54(8):24-28.

[98] 国家减灾委办公室. 灾害信息员培训教材[M]. 北京:中国社会出版社,2015

[99] 国家科委、国家计委、国家经贸委自然灾害综合研究组,1998. 中国自然灾害区划研究进展[M]. 北京:海洋出版社.

[100] 韩斌,2018. 海绵城市建设研究[D]. 济南:山东大学.

[101] 韩贵锋,蔡智,谢雨丝,等,2016. 城市建设强度与热岛的相关性——以重庆市开州区为例[J]. 土木建筑与环境工程,38(5):138-147.

[102] 韩贵锋,叶林,孙忠伟,2014. 山地城市坡向对地表温度的影响——以重庆市主城区为例[J]. 生态学报,34(14):4017-4024.

[103] 韩文龙,2003. 海淀区北部地区雨水利用措施与对策[C]//2003 年北京"水与奥运"学术研讨会论文集:230-241.

[104] 郝莹,2021. 气象水文耦合的城市内涝风险多尺度预测与预估研究[D]. 南京:南京大学.

[105] 何萍,陈辉,李宏波,等,2009. 云南高原楚雄市热岛效应因子的灰色分析[J]. 地理科学进展,28(1):25-32.

[106] 何造胜,2016. 论海绵城市设计理念在河道水环境综合整治中的应用[J]. 水利规划与设计(1):39-42.

[107] 侯培强,王效科,郑飞翔,等,2009. 我国城市面源污染特征的研究现状

[J]．给水排水，45(S1)：188-193．

[108] 胡灿伟，2015．"海绵城市"重构城市水生态[J]．生态经济，31(7)：10-13．

[109] 胡连伍，王学军，罗定贵，等，2007．基于 GIS 的流域非点源污染潜在风险区识别[J]．水土保持通报(3)：107-110，115．

[110] 胡远安，程声通，贾海峰，2003．非点源模型中的水文模拟——以 SWAT 模型在芦溪小流域的应用为例[J]．环境科学研究(5)：29-32，36．

[111] 黄崇福，2008．综合风险评估的一个基本模式[J]．应用基础与工程科学学报(3)：371-381．

[112] 黄崇福，刘安林，王野，2010．灾害风险基本定义的探讨[J]．自然灾害学报，19(6)：8-16．

[113] 黄初冬，陈前虎，彭卫兵，等，2011．杭州市"热岛效应"与城市功能布局的关联分析[J]．规划师，27(5)：46-49．

[114] 黄冠胜，林伟，王力舟，等，2006．风险预警系统的一般理论研究[J]．中国标准化(3)：9-11．

[115] 黄金良，洪华生，杜鹏飞，等，2005．AnnAGNPS 模型在九龙江典型小流域的适用性检验[J]．环境科学学报(8)：1135-1142．

[116] 黄金良，王思齐，卢豪良，2018．可持续雨水管理与海绵城市构建的美国经验[J]．中国环境管理(5)：97-103．

[117] 黄群芳，2021．城市空间形态对城市热岛效应的多尺度影响研究进展[J]．地理科学，41(10)：1832-1842．

[118] 黄亦轩，徐宗学，陈浩，等，2023．深圳河流域内陆侧洪涝风险分析[J]．水资源保护，39(1)：101-108．

[119] 季青，贺伶俐，余明，等，2009．基于 Landsat ETM＋数据的福州市土地利用/覆被与城市热岛的关系研究[J]．福建师范大学学报(自然科学版)，25(6)：106-113．

[120] 贾富源，2018．海绵城市建设风险传导机制与防范措施研究[D]．重庆：重庆大学．

[121]《建设工程项目管理规范》编写委员会，2006．建设工程项目管理规范实

施手册[K].北京:中国建筑工业出版社:14.

[122] 江燕,秦华鹏,肖鸾慧,等,2017.常州不同城市用地类型地表污染物累积特征[J].北京大学学报(自然科学版),53(3):525-534.

[123] 姜虹,2006.企业集成风险管理范式构建:理论分析与运行架构[J].中国工业经济(6):107-113.

[124] 姜仁贵,王思敏,解建仓,等,2022.变化环境下城市暴雨洪涝灾害应对机制[J].南水北调与水利科技(中英文),20(1):102-109.

[125] 姜荣,2016.上海市城区热环境时空变化特征及其影响因素研究[D].上海:华东师范大学.

[126] 姜涛,2018.高校校园绿地景观的雨洪管理问题研究[D].雅安:四川农业大学.

[127] 姜巍,张菀航,2016.由公共安全事件反思应急响应机制[J].中国发展观察(15):35-37.

[128] 金小明,王震,孙得璋,等,2018.一种灾害性天气应急管理水平的评价方法——以杭州上城区为例[J].自然灾害学报,27(1):106-112.

[129] 康宏志,郭祺忠,练继建,等,2017.海绵城市建设全生命周期效果模拟模型研究进展[J].水力发电学报,36(11):82-93.

[130] 孔嘉敏,孙钰,2014.循环经济理念下的城市雨水利用——以天津市为例[J].天津经济(1):45-49,86.

[131] 邰艳丽,2017.海绵城市建设问题、风险与制度逻辑[J].北京规划建设(2):58-63.

[132] 郎启贵,徐多,李丽霞,2017.海绵城市PPP项目风险分担机制研究[J].经营与管理(11):141-144.

[133] 类延辉,吴静,2016.英国海绵社区可持续排水体系设计[J].城市住宅,23(7):22-25.

[134] 李柏年,2005.洪涝灾害评价的威布尔模型[J].自然灾害学报(6):32-36.

[135] 李炳元,李矩章,王建军,1996.中国自然灾害的区域组合规律[J].地理学报(1):1-11.

[136] 李昌顺,周科平,林允,2022.基于云物元的老旧社区内涝灾害脆弱性评

价[J]. 中国安全生产科学技术,18(6):217-223.

[137] 李立青,朱仁肖,郭树刚,等,2010. 基于源区监测的城市地表径流污染空间分异性研究[J]. 环境科学,31(12):2896-2904.

[138] 李莉,孙攸莉,2017. 海绵城市建设 PPP 模式风险及管控研究——以嘉兴为例[J]. 浙江工业大学学报(社会科学版),16(2):183-189.

[139] 李玲,肖子牛,罗淑湘,等,2020. 城市极端降水事件及海绵城市建设应对策略[J]. 建筑技术,51(1):81-85.

[140] 李梦娜,2018. 循环经济理论研究[J]. 山西农经(21):12-13.

[141] 李莎莎,翟国方,吴云清,2011. 英国城市洪水风险管理的基本经验[J]. 国际城市规划,26(4):32-36.

[142] 李晓虹,雷秋良,周脚根,等,2019. 降雨强度对洱海流域凤羽河氮磷排放的影响[J]. 环境科学,40(12):5375-5383.

[143] 李颖,王康,周祖昊,2014. 基于 SWAT 模型的东北水稻灌区水文及面源污染过程模拟[J]. 农业工程学报,30(7):42-53.

[144] 李正兆,傅大放,王君娴,等,2022. 应对内涝灾害的城市韧性评估模型及应用[J]. 清华大学学报(自然科学版),62(2):266-276.

[145] 廖朝轩,高爱国,黄恩浩,2016. 国外雨水管理对我国海绵城市建设的启示[J]. 水资源保护,32(1):42-45,50.

[146] 刘昌明,张永勇,王中根,等,2016. 维护良性水循环的城镇化 LID 模式:海绵城市规划方法与技术初步探讨[J]. 自然资源学报,31(5):719-731.

[147] 刘丹花,2015. 世界主要国家水资源管理体制比较研究[D]. 赣州:江西理工大学.

[148] 刘飞,张忠华,2017. 西方国家循环经济发展经验与启示[J]. 北方经济(2):38-40.

[149] 刘红勇,陆族杰,2018. 海绵城市建设项目管理模式研究[J]. 科技管理研究,38(5):232-236.

[150] 刘家宏,王佳,王浩,等,2020. 海绵城市内涝防治系统的功能解析[J]. 水科学进展,31(4):611-618.

[151] 刘建昌,严岩,刘峰,等,2008. 基于多因子指数集成的流域面源污染风

险研究[J].环境科学(3):599-606.

[152] 刘荆,蒋卫国,杜培军,等,2009. 基于相关分析的淮河流域暴雨灾害风险评估[J]. 中国矿业大学学报,38(5):735-740.

[153] 刘年平,2012. 煤矿安全生产风险预警研究[D]. 重庆:重庆大学.

[154] 刘颂,李春晖,2016. 澳大利亚水敏性城市转型历程及其启示[J]. 风景园林(6):104-111.

[155] 刘亚楠. 海绵城市中透水铺装的应用推广研究[D]. 北京:北京建筑大学,2017.

[156] 刘彦泽,张红梅,罗菲,等,2021. 萍乡市海绵城市建设对热岛效应减缓的实证研究[J]. 地理信息世界,28(6):59-64,71.

[157] 刘焱序,彭建,王仰麟,2017. 城市热岛效应与景观格局的关联:从城市规模、景观组分到空间构型[J]. 生态学报,37(23):7769-7780.

[158] 刘洋,李丽娟,李九一,2021. 面向区域管理的非点源污染负荷估算——以浙江省嵊州市为例[J]. 环境科学学报,41(10):3938-3946.

[159] 刘勇洪,房小怡,张硕,2017. 京津冀城市群热岛定量评估[J]. 生态学报,37(17):5818-5835.

[160] 刘勇洪,徐永明,张方敏,等,2021. 北京城市空间形态对热岛分布影响研究[J]. 地理学报,76(7):1662-1679.

[161] 刘增超,李家科,蒋丹烈,2018. 基于 URI 指数的海绵城市热岛效应评价方法构建与应用[J].水资源与水工程学报,29(4):53-58.

[162] 陆海明,邹鹰,孙金华,等,2020. 基于 SWMM 的铁心桥实验基地内涝防治效果模拟[J]. 水资源保护,36(1):58-65.

[163] 陆昊,杨柳燕,杨明月,等,2022. 太湖流域上游降水量对入湖总氮和总磷的影响[J]. 水资源保护(4):174-181.

[164] 栾广学,侯精明,马鑫,等,2022. 建筑小区尺度下径流控制率与非点源污染负荷削减率协同关系研究[J]. 水资源保护(1):208-215.

[165] 吕文栋,赵杨,韦远,2019. 论弹性风险管理——应对不确定情境的组织管理技术[J]. 管理世界,35(9):116-132.

[166] 马保成,2015. 自然灾害风险定义及其表征方法[J]. 灾害学,30(3):16-20.

[167] 马进,2012. 基于 GIS 的洛阳市高温灾害风险区划[J]. 气象与环境科学,35(4):62-68.

[168] 米文静,张爱军,任文渊,2018. 国外低影响开发雨水资源利用对中国海绵城市建设的启示[J]. 水土保持通报,38(3):345-352.

[169] 莫琳,俞孔坚,2012. 构建城市绿色海绵——生态雨洪调蓄系统规划研究[J]. 城市发展研究,19(5):130-134.

[170] 倪丽丽,舒平,徐琳,2017. 城市雨涝灾害的风险评估[J]. 城市建筑(21):41-44.

[171] 倪长健,王杰,2012. 再论自然灾害风险的定义[J]. 灾害学,27(3):1-5.

[172] 牛陆,张正峰,彭中,等,2022. 中国地表城市热岛驱动因素及其空间异质性[J]. 中国环境科学,42(2):945-953.

[173] 庞西磊,黄崇福,张英菊,2016. 自然灾害动态风险评估的一种基本模式[J]. 灾害学,31(1):1-6.

[174] 彭保发,石忆邵,王贺封,等,2013. 城市热岛效应的影响机理及其作用规律——以上海市为例[J]. 地理学报,68(11):1461-1471.

[175] 钱程,2019. 基于低影响开发的杭州市雨水花园营建研究[D]. 杭州:浙江农林大学.

[176] 仇保兴,2015. 海绵城市(LID)的内涵、途径与展望[J]. 建设科技(1):11-18.

[177] 任南琪,黄鸿,王秋茹,2020. 海绵城市的地区分类建设范式[J]. 环境工程,38(4):1-4.

[178] 任玉芬,王效科,韩冰,等,2005. 城市不同下垫面的降雨径流污染[J]. 生态学报(12):3225-3230.

[179] 佘丛国,席酉民,2003. 我国企业预警研究理论综述[J]. 预测(2):23-29.

[180] 石磊,樊潋琳,柳思勉,等,2019. 国外雨洪管理对我国海绵城市建设的启示——以日本为例[J]. 环境保护,47(16):59-65.

[181] 石勇,2015. 城市居民住宅的暴雨内涝脆弱性评估——以上海为例[J]. 灾害学,30(3):94-98.

[182] 史培军,2002. 三论灾害研究的理论与实践[J]. 自然灾害学报(3):1-9.

[183] 史培军,2005. 四论灾害系统研究的理论与实践[J]. 自然灾害学报(6):1-7.

[184] 史中奇,王猛,谭军,等,2022. 植被缓冲带对乌梁素海区域农业面源污染的削减效果[J]. 水土保持学报,36(3):51-56.

[185] 束方勇,李云燕,张恒坤,2016. 海绵城市：国际雨洪管理体系与国内建设实践的总结与反思[J]. 建筑与文化,142(1):94-95.

[186] 宋芳,秦华鹏,陈斯典,等,2019. 深圳河湾流域水污染源解析研究[J]. 北京大学学报(自然科学版),55(2):317-328.

[187] 宋国君,赵文娟,2018. 中美流域水质管理模式比较研究[J]. 环境保护,46(1):70-74.

[188] 宋林旭,刘德富,过寒超,等,2013. 三峡库区香溪河流域不同源类氮、磷流失特征研究[J]. 土壤通报,44(2):465-471.

[189] 宋晓猛,张建云,王国庆,等,2014. 变化环境下城市水文学的发展与挑战——II. 城市雨洪模拟与管理[J]. 水科学进展,25(5):752-764.

[190] 孙建华,2009. 项目风险评价方法及进展研究[J]. 山西建筑,35(33):206-207.

[191] 孙炼,李春晖,2014,. 世界主要国家水资源管理体制及对我国的启示[J]. 国土资源情报,165(9):14-22.

[192] 索联锋,2016. 渗滤池—滞留塘系统在山地城市径流污染控制中的应用研究[D]. 重庆:重庆大学.

[193] 谭徐明,张伟兵,马建明,等,2004. 全国区域洪水风险评价与区划图绘制研究[J]. 中国水利水电科学研究院学报(1):54-64.

[194] 唐菲,徐涵秋,2013. 城市不透水面与地表温度定量关系的遥感分析[J]. 吉林大学学报(地球科学版),43(6):1987-1996.

[195] 唐双成,罗纨,贾忠华,等,2016. 填料及降雨特征对雨水花园削减径流及实现海绵城市建设目标的影响[J]. 水土保持学报,30(1):73-78,102.

[196] 田闯,2015. 发达国家海绵城市建设经验及启示[J]. 黄河科技大学学报,17(5):64-70.

[197] 田琳,2018. 面向"韧性城市"的北京市综合灾害风险管理研究[D]. 北

京:首都经济贸易大学.

[198] 童晓霞,王一峰,许文盛,等,2018. 洱海典型灌区小流域土地利用类型对流域产流产沙及非点源氮磷流失影响规律模拟[J]. 中国农村水利水电(11):93-97.

[199] 汪忠,黄瑞华,2005. 国外风险管理研究的理论、方法及其进展[J]. 外国经济与管理(2):25-31.

[200] 王成坤,黄纪萍,曾胜,等,2019. 基于积水特征和暴露脆弱性的城市内涝风险评估[J]. 中国给水排水,35(5):125-130.

[201] 王岱霞,陈前虎,钱爱华,2017. 我国海绵城市建设的困境及建议:基于国际比较的研究[J]. 浙江工业大学学报(社会科学版),16(2):176-182.

[202] 王东,2011. 国外风险管理理论研究综述[J]. 金融发展研究(2):23-27.

[203] 王东升,1998. 资源观与可持续发展[J]. 经济与管理研究(2):20-23.

[204] 王海锋,2015. 关于建立城市雨水利用激励政策的思考[J]. 水利发展研究,15(3):14-16.

[205] 王家卓,胡应均,张春洋,等,2018. 对我国合流制排水系统及其溢流污染控制的思考[J]. 环境保护,46(17):14-19.

[206] 王磊,张磊,段学军,等,2011. 江苏省太湖流域产业结构的水环境污染效应[J]. 生态学报,31(22):6832-6844.

[207] 王美雅,徐涵秋,2018. 中国大城市的城市组成对城市热岛强度的影响研究[J]. 地球信息科学学报,20(12):1787-1798.

[208] 王书敏,2012. 山地城市面源污染时空分布特征研究[D]. 重庆:重庆大学.

[209] 王帅,郝生跃,2020. 基于扎根理论的PPP项目再谈判效果影响因素研究[J]. 工程管理学报,34(4):94-99.

[210] 王思思,2009. 国外城市雨水利用的进展[J]. 城市问题(10):79-84.

[211] 王思思,张丹明,2010. 澳大利亚水敏感城市设计及启示[J]. 中国给水排水,26(20):64-68.

[212] 王思思,张丹明,2010. 澳大利亚水敏感城市设计及启示[J]. 中国给水

排水，26(20)：64-68.

[213] 王文亮,李俊奇,王二松,等,2015. 海绵城市建设要点简析[J]. 建设科技(1):19-21.

[214] 王夏青,孙思远,杨萍,等,2019. 海绵城市建设下的生态效应分析——以常德市穿紫河流域为例[J]. 地理学报,74(10):2123-2135.

[215] 王优,2019. 基于MUSIC的LID雨水系统有效性研究[D]. 天津:天津工业大学.

[216] 王卓甫,2003. 工程项目风险管理[M]. 北京:中国水利水电出版社.

[217] 魏杰,2010. 循环经济理论与深圳市城区雨水利用规划[J]. 水资源保护，26(4):80-83.

[218] 魏源源,王红武,胡龙,2015. 典型低影响开发工程措施的应用效果研究[J]. 中国给水排水,31(15):110-113.

[219] 文雅,孟依柯,汪传跃,等,2021. 基于BIM平台的海绵城市系统优化设计及评估[J]. 中国给水排水,37(12):98-103.

[220] 巫丽芸,何东进,洪伟,等,2014. 自然灾害风险评估与灾害易损性研究进展[J]. 灾害学,29(4):129-135.

[221] 吴丹洁,詹圣泽,李友华,等,2016. 中国特色海绵城市的新兴趋势与实践研究[J]. 中国软科学(1):79-97.

[222] 吴连丰,2018. 厦门市海绵城市管控平台的探索与实践[J]. 给水排水,54(11):117-122.

[223] 吴伟,付喜娥,2009. 绿色基础设施概念及其研究进展综述[J]. 国际城市规划,24(5):67-71.

[224] 武夕琳,刘庆生,刘高焕,等,2019. 高温热浪风险评估研究综述[J]. 地球信息科学学报,21(7):1029-1039.

[225] 夏柠萍,杨高升,潘丹萍,2016. 基于FAHP-CIM的海绵城市建设项目融资风险度量研究[J]. 水利经济,34(6):30-33,78,80.

[226] 向鹏成,贾富源,2018. 海绵城市建设风险评价方法——基于灰色直觉模糊层次分析法[J]. 科技管理研究,38(3):113-119.

[227] 向鹏成,聂晨,贾富源,2020. 基于SD模型的海绵城市建设风险传导效应评价研究[J]. 建筑经济,41(2):108-114.

[228] 肖洋,蒋涤非,2012. 城市雨洪管理的景观安全格局途径[J]. 城市建筑(17)：3.

[229] 肖宇婷,谌书,樊敏,2021. 沱江流域污染负荷时空变化特征研究[J]. 环境科学学报,41(5):1981-1995.

[230] 谢盼,王仰麟,彭建,等,2015. 基于居民健康的城市高温热浪灾害脆弱性评价——研究进展与框架[J]. 地理科学进展,34(2):165-174.

[231] 谢启姣,2016. 武汉城市热岛特征及其影响因素分析[J]. 长江流域资源与环境,25(3):462-469.

[232] 谢映霞,2013. 从城市内涝灾害频发看排水规划的发展趋势[J]. 城市规划, 37(2)：45-50.

[233] 熊鹰,章芳,2020. 基于多源数据的长沙市人居热环境效应及其影响因素分析[J]. 地理学报,75(11):2443-2458.

[234] 徐涵秋,2011. 基于城市地表参数变化的城市热岛效应分析[J]. 生态学报,31(14):3890-3901.

[235] 徐蕾. 武汉市社区高温灾害风险评估及建成环境影响研究[D]. 武汉：华中科技大学,2021.

[236] 徐倩,徐森,2018. 基于 SEM 的海绵城市 PPP 项目风险影响因素研究[J]. 项目管理技术,16(11)：48-54.

[237] 徐向阳,1998. 平原城市雨洪过程模拟[J]. 水利学报(8):35-38.

[238] 徐颖,谭婷,任劲松,等. 不同条件下生态缓冲带对氟化物面源污染的阻控效果[J]. 水土保持学报,36(2):361-367.

[239] 徐宗学,陈浩,任梅芳,等,2020. 中国城市洪涝致灾机理与风险评估研究进展[J]. 水科学进展,31(5):713-724.

[240] 许世远,王军,石纯,等,2006. 沿海城市自然灾害风险研究[J]. 地理学报(2):127-138.

[241] 薛科进,2015. 浅谈海绵城市理论在工程建设中的应用[C]// 江苏省公路学会. 江苏省公路学会学术年会论文集(2015 年)：8.

[242] 杨黎敏,2020. 长春市城市空间格局变化的热环境效应研究[D]. 长春：吉林大学.

[243] 杨莉,王红武,胡坚,等,2018. 镇江市基于信息化技术的海绵城市智慧

监管系统研究[J]. 中国给水排水,34(10):7-10.

[244] 杨敏行,黄波,崔翀,等,2016. 基于韧性城市理论的灾害防治研究回顾与展望[J]. 城市规划学刊(1):48-55.

[245] 杨默远,潘兴瑶,刘洪禄,等,2020. 基于文献数据再分析的中国城市面源污染规律研究[J]. 生态环境学报,29(8):1634-1644.

[246] 杨润泽,冯天骄,肖辉杰,等,2022. 京郊强降雨条件下不同水土保持治理措施配置模式效益评价[J]. 水土保持学报,36(1):8-17.

[247] 杨婷惠,张西平,2015. 风险管理综述及前沿[J]. 四川建筑,35(3):293-294,297.

[248] 杨文娟,顾海荣,单永体,2008. 路面温度对城市热岛的影响[J]. 公路交通科技(3):147-152,158.

[249] 杨雪锋,陈前虎,2018. 海绵城市建设项目的风险协同治理机制研究[J]. 苏州大学学报(哲学社会科学版),39(5):120-127.

[250] 杨雪锋,郑欢欢,2019. 海绵城市背景下国内外雨洪管理政策与实践探索[J]. 中国名城(4):45-49.

[251] 杨阳,林广思,2015. 海绵城市概念与思想[J]. 南方建筑(3):59-64.

[252] 杨正,李俊奇,王文亮,等,2020. 对低影响开发与海绵城市的再认识[J]. 环境工程,38(4):10-15,38.

[253] 姚勤华,朱雯霞,戴轶尘,2006. 法国、英国的水务管理模式[J]. 城市问题(8):79-86.

[254] 尹京晨,丁晗,李泽利,等,2022. 基于SPARROW模型的面源污染模拟研究进展[J]. 环境工程,40(6):253-260,294.

[255] 尹贻林,陈伯乐,2010. 全生命周期项目管理思想在我国政府投资项目中的应用研究[J]. 哈尔滨商业大学学报(社会科学版)(3):49-54.

[256] 尹占娥,许世远,2012. 城市自然灾害风险评估研究[M]. 北京:科学出版社.

[257] 余游,唐凡,傅蔚玉,等,2022. 两江汇流半岛山地城市面源污染模型分析[J]. 环境生态学,4(Z1):57-64.

[258] 俞孔坚,2016. 海绵城市——理论与实践(上)[M]. 北京:中国建筑工业出版社.

[259] 俞孔坚,李迪华,2003. 城市河道及滨水地带的"整治"与"美化"[J]. 现代城市研究(5):29-32.

[260] 俞孔坚,李迪华,袁弘,等,2015. "海绵城市"理论与实践[J]. 城市规划, 39(6):26-36.

[261] 俞孔坚,乔青,李迪华,等,2009. 基于景观安全格局分析的生态用地研究——以北京市东三乡为例[J]. 应用生态学报,20(8):1932-1939.

[262] 张辰,吕永鹏,陈嫣,等,2014. 国际排水系统技术与标准体系对中国的启示[J]. 工程建设标准化(6):42-47.

[263] 张辰,章林伟,莫祖澜,等,2020. 新时代我国城镇排水防涝与流域防洪体系衔接研究[J]. 给水排水,56(10):9-13,58.

[264] 张冬冬,严登华,王义成,等,2014. 城市内涝灾害风险评估及综合应对研究进展[J]. 灾害学,29(1):144-149.

[265] 张虹,魏兴萍,彭名涛,2021. 重庆市浅层地下水污染源解析与环境影响因素识别[J]. 环境科学研究,34(12):2896-2906.

[266] 张建云,宋晓猛,王国庆,等,2014. 变化环境下城市水文学的发展与挑战——I. 城市水文效应[J]. 水科学进展,25(4):594-605.

[267] 张建云,王银堂,贺瑞敏,等,2016. 中国城市洪涝问题及成因分析[J]. 水科学进展,27(4):485-491.

[268] 张金萍,张浩锐,方宏远,2022. 基于 SWMM 和 SCS 法的城市内涝模拟及雨水管网系统评估[J]. 南水北调与水利科技,20(1):110-121.

[269] 张京,郑华,何梦男,等,2021. 流域水环境污染模拟及关键源区鉴别——以义乌江流域为例[J]. 环境工程学报,15(4):1167-1177.

[270] 张科峰,李贺,傅大放,等,2011. 三种不同屋面雨水径流重金属污染特性及影响因素分析[J]. 环境科学学报,31(4):724-730.

[271] 张雷,涂慰云,孙蔡亮,等,2017. 基于 GIS 图层叠置法的莆田市雷灾脆弱性研究[J]. 海峡科学(12):84-86,97.

[272] 张良,2020. 风险治理视角下城市风险事件预警响应框架构建研究[J]. 华东理工大学学报(社会科学版),35(3):112-125.

[273] 张汪寿,李晓秀,王晓燕,等. 北运河下游灌区不同土地利用方式非点源氮素输出规律[J]. 环境科学学报,31(12):2698-2706.

[274] 张行南,罗健,陈雷,等,2000. 中国洪水灾害危险程度区划[J]. 水利学报(3):3-9.

[275] 张雅妮,曾小洲,肖毅强,2018. 基于风热环境优化的"山·城共构"城市设计初探——以广州白云新城为例[J]. 城市规划,42(12):116-124.

[276] 张宇,陈龙乾,王雨辰,等,2015. 基于 TM 影像的城市地表湿度对城市热岛效应的调控机理研究[J]. 自然资源学报,30(4):629-640.

[277] 张玉鹏,2015. 国外雨水管理理念与实践[J]. 国际城市规划,30(S1):89-93.

[278] 张展羽,司涵,孔莉莉,2013. 基于 SWAT 模型的小流域非点源氮磷迁移规律研究[J]. 农业工程学报,29(2):93-100.

[279] 赵丰昌,章林伟,高伟,2021. 海绵城市理念下城市内涝防治体系构建的探讨[J]. 给水排水,57(8):37-44.

[280] 赵刚,张天柱,陈吉宁. 用 AGNPS 模型对农田侵蚀控制方案的模拟[J]. 清华大学学报(自然科学版),2002(5):705-707.

[281] 赵思健,张峭,2013. 东北三省农作物洪涝时空风险评估[J]. 灾害学,28(3):54-60.

[282] 赵银兵,蔡婷婷,孙然好,等,2019. 海绵城市研究进展综述:从水文过程到生态恢复[J]. 生态学报,39(13):4638-4646.

[283] 赵迎春,刘慧敏,2012. 城市雨洪及其管理体系[J]. 中国三峡,183(7):28-33.

[284] 赵玉杰,王昊,刘子龙,等,2022. 基于组合赋权的多情景内涝灾害风险评估[J]. 水利水电技术(中英),53(5):1-12.

[285] 赵昱,2017. 各国雨洪管理理论体系对比研究[D]. 天津:天津大学.

[286] 赵昱,2017. 各国雨洪管理理论体系对比研究[D]. 天津:天津大学.

[287] 郑美芳,邓云,刘瑞芬,等,2013. 绿色屋顶屋面径流水量水质影响实验研究[J]. 浙江大学学报(工学版),47(10):1846-1851.

[288] 郑祚芳,王迎春,刘伟东. 地形及城市下垫面对北京夏季高温影响的数值研究[J]. 热带气象学报,2006(6):672-676.

[289] 周栋,陈振楼,毕春娟,2012. 温州城市降雨径流磷的负荷及其初始冲刷效应[J]. 环境科学,33(8):2634-2643.

[290] 周红量,廖金凤,2000. 可持续发展的资源观浅析[J]. 热带地理(4):317-320.

[291] 周宏,刘俊,高成,等,2018. 我国城市内涝防治现状及问题分析[J]. 灾害学,33(3):147-151.

[292] 周姝天,翟国方,施益军,等,2020. 城市自然灾害风险评估研究综述[J]. 灾害学,35(4):180-186.

[293] 周玉文,赵洪宾,1997. 城市雨水径流模型研究[J]. 中国给水排水(4):4-6.

[294] 朱婷媛,2015. 基于Landsat遥感影像的杭州城市人为热定量估算研究[D]. 杭州:浙江大学.

[295] 庄元,薛东前,王剑,2017. 半干旱区典型工业城市热岛时空分布及演变特征——以包头市为例[J]. 干旱区地理,40(2):276-283.

第三篇

风险评估与灾害预警

海绵城市因水灾害风险管理而生。城市水灾害形成的机理何在？不同城市自然地理、气候、水文与人文建成环境各不相同，如何识别、评估和预警水灾害风险？本篇首先从水循环视角分析了不同水灾害类型的产生机理，综合分析了我国自然地理要素、城市社会经济要素与不同类型水灾害的关系，通过要素叠加划分了城市水灾害风险类型；其次，以2021年5月公布的首批国家系统化全域推进海绵城市建设示范城市杭州为例对杭州面临的高温热浪、雨洪内涝和面源污染三大水灾害风险进行全面评估和预警，解析了三大水灾害风险的关键因子，明确了灾害风险的主要区域及其严重程度，揭示了"海绵城市因何而生"的深层道理，回答了"为何要建海绵城市"这一现实问题，为系统化全域推进杭州海绵城市建设的目标制定、重点难点把控和关键技术指标优化提供了科学依据与决策支持。

杭州属亚热带季风气候，四季分明，雨量充沛，全年平均气温17.8℃，平均相对湿度70.3%，年降水量1454mm，年日照时数1765小时。地形复杂多样，西部属浙西丘陵区，东部属浙北平原，地势低平，河网湖泊密布，具有江南水乡典型特征。

改革开放以来，杭州在经济社会快速发展的同时，城市水生态、水环境和水安全压力持续增大。经过近十年来的"五水共治"和"污水零直排"工程建设，城市点源污染的硬件控制基本到位，但随着城市规模的持续扩张，径流污染问题与城市热岛效应日益加剧，每年夏季台风带来的暴雨内涝则始终是悬在杭州城市上空的"达摩克利斯之剑"。

2022年1月，《杭州市生态环境保护"十四五"规划》发布，提出要加强重点建设地块的生态监管、联防联控区域一体化、创建国家生态文明示范区、建立全流程闭环化智能化问题发现机制、建设生态智卫数字化治理生态协同管控平台、打造数字环保第一城等一系列具有杭州特色的实践创新措施。本篇以杭州为例，评估和揭示了三大水灾害风险及其关键因子，不仅具有典型性，而且具有示范性。

第五章　我国海绵城市建设面对的水灾害风险类型

我国地域辽阔,东西南北跨度大,气候类型复杂多样,降水时空分布不均,地区发展分化明显,不同城市的自然地理与经济社会要素存在显著差异,海绵城市建设应对的水灾害风险类型也可能千差万别。因此,需要基于城市的自然、经济、社会特征,对海绵城市建设直面的灾害风险进行分区分类,以提高海绵城市建设的针对性与科学性。本章从水循环视角分析了不同水灾害类型的产生机理,综合分析了我国自然地理要素(地形地貌、气候降水、河流分布等)和城市社会经济要素(城市人口规模、经济水平等)与不同类型水灾害的关系,通过要素叠加划分城市水灾害风险类型。划分城市水灾害风险类型,可以从全国范围内区分不同城市的水灾害风险敏感性,以形成差异化的区域水灾害风险管理策略,提升海绵城市建设的针对性和有效性。本章研究思路与框架见图 5-1。

第一节　城市水灾害风险类型与形成机理

在城市化之前,雨水循环是一个多环节的自然过程,降雨形成后,雨水的循环流动主要包括以下三种途径:通过植被和地表的蒸发作用形成水蒸气重返大气;渗入土壤形成地下水和壤中流,持续而缓慢地与地表水进行相互补充和交换;雨水沿地面汇入河网形成地表径流。

自然界的雨水循环原本就处于这样一种健康的状态。然而,随着城市的建设和扩张,这种健康的循环状态被打破,城市面临一系列的灾害风险:自然下垫面被破坏、植被覆盖率降低,使得地表透水率和土壤水分蒸发蒸腾损失总量降低,雨水地表径流增加,城市发生内涝灾害、热岛效应、面源污染的概率大

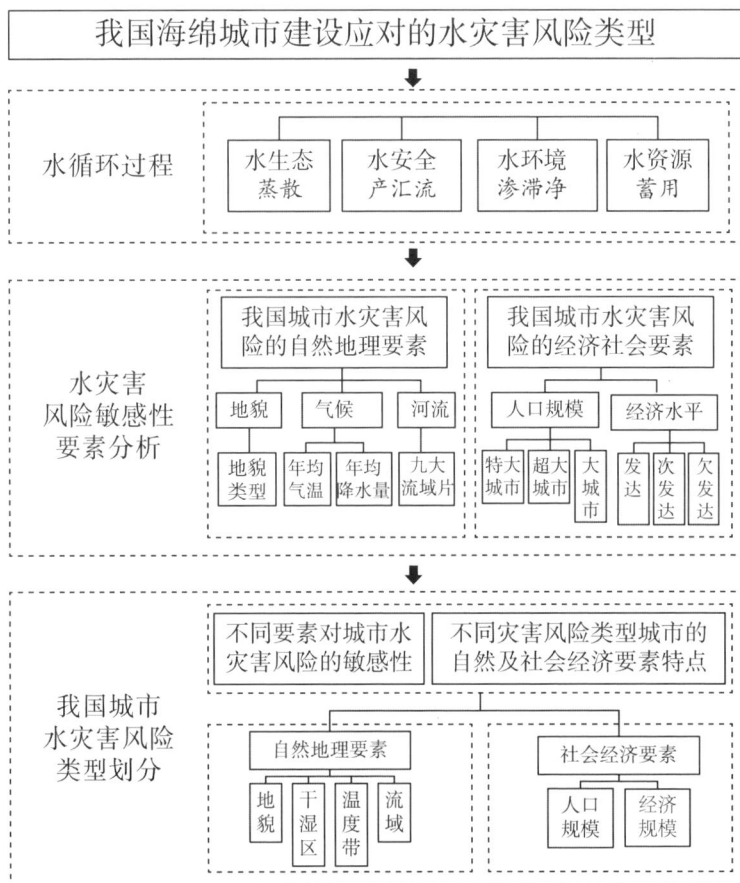

图 5-1　我国海绵城市建设应对的水灾害类型分析框架

幅上升。因此,在海绵城市建设之前,非常有必要从水循环的视角对不同水灾害风险的形成机理进行解析,阐释人为活动与自然水循环的交互关系,以针对不同水灾害类型,建立更加具有针对性和科学性的海绵城市建设策略。

一、城市水生态灾害风险形成机理

随着城市化的快速发展,大量的农田、森林等自然土地逐步被建筑、道路等城镇建设用地替代,城市下垫面发生本质性的变化:一方面,城市下垫面热容量变大、反射率变小,储存的太阳辐射热增加;另一方面,绿地和水体表面积减少,蒸发作用减弱,大气中的热量难以消化。与此同时,城市人口规模在不断扩大,居民生活、工业、运输业等方面的大量人为热排放直接影响着大气温度;交通运输、工业生产等过程排放的废气使得城区大气中以二氧化碳为主的温室气体浓度不断升高,进而阻碍了城市热量的传输,使城市间接升温。此外,城市自身的建成率、几何形状、空间布局等,通过改变城市土地利用覆盖及用地类型对大气温度产生影响——建成率提升、城市不透水面积及其覆盖率增加,直接带来较高的城市气温;城市建筑的布局会改变通风廊道,由此间接影响散热,从微观角度影响城市温度;密度较高的城市建筑物会阻隔路面发出的长波辐射,与邻近的建筑物抑制热对流,促进城市升温(彭保发等,2013)。

上述一系列变化导致地表水分蒸腾作用减少、径流加速、显热的储存和传输增加,影响了城市的热量平衡——热量在城市内部集聚致使城市温度明显高于郊区和农村区域,形成城市热岛,这一现象即称为"城市热岛效应"(彭少麟等,2005)。城市热岛效应的形成机理如图 5-2 所示。

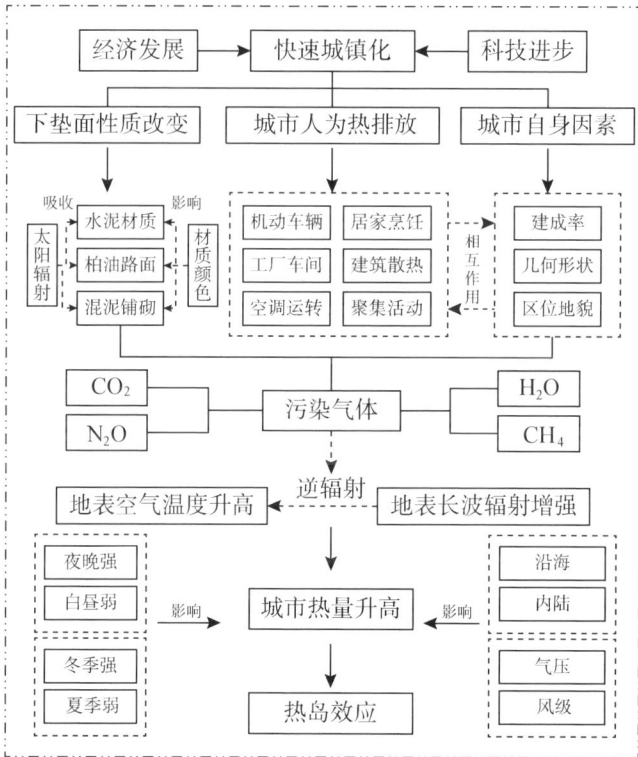

图 5-2　热岛效应形成机理

目前,我国城市化加速所带来的热岛效应对居民生活、城市环境以及生态结构都造成了极大的危害。在夏季热浪中,城市温度升高可能会致命。研究发现,城市热岛不仅在热浪中增加了温度,而且延长了热岛的持续时间。健康方面,极端的高温会导致热痉挛、中暑和衰竭。世界卫生组织(WHO)的数据显示,高温热浪引发伤亡人数远多于其他所有极端天气事件。据美联社统计,仅在美国,平均每年就有约 1500 人死于极端高温。因城市烟尘被近地面暖气团笼罩而不能及时扩散、大量污染物在热岛中心聚集所形成的对人体有害的烟尘污染,不仅会引发咽炎、气管炎等呼吸道疾病(刘婕等,2011),还会刺激皮肤,导致皮炎、皮肤癌等皮肤病。长期生活在热岛中心区的人们还会表现为情绪烦躁不安、精神萎靡、忧郁压抑、记忆力下降、失眠、食欲减退、消化不良等。除此以外,城市热岛还会对人类及都市外围的生态系统产生影响,进而加速气候变化以及全球气温变暖。

二、城市水安全灾害风险形成机理

城市化带来的地域景观变化就是河湖空间(自然土地)被高密度的硬地面(城镇建设用地)侵占。一方面,城市下垫面不透水面积比例不断增加,使得雨水下渗困难、地表径流量增大,极易形成地表积水;另一方面,高密度城市建设引起的雨岛效应导致异常气候现象增多,特别是连续的暴雨,使地下商场、停车场和轨道交通等地下设施被积水倒灌浸泡的隐患空前增大。与此同时,地面积水过多、汇流速度加快,地表径流通过城市排水系统将雨水汇入河道,洪峰流量增大、行洪历时缩短、峰现时间提前(见图 5-3),导致城市排水压力增大。降雨量过多超过城市排水能力便会形成地表积水现象,当积水过深、范围过大,影响到了城市交通及居民生活生产活动时,就形成了城市内涝灾害。城市内涝即指强降水或连续性降水超过城市排水能力致使城市内部产生积水灾害的现象,其形成机理如图 5-4 所示。

我国目前的内涝灾害问题十分严重。早在 2010 年,住建部就对 351 个城市进行过调查,结果显示,2008—2010 年,62%的样本城市发生过内涝事件,其中 137 个样本城市发生过 3 次以上内涝事件,78.9%的样本城市积水时间超过 0.5 小时,74.6%的样本城市积水深度超过 50mm,57 个样本城市的最大积水时间超过 12 小时。2021 年,《中国水旱灾害防御公报》显示我国洪涝灾害年均直接经济损失约为 600 亿元,年均因洪涝死亡失踪人口约 2000 人,城市内涝治理面临严峻考验。

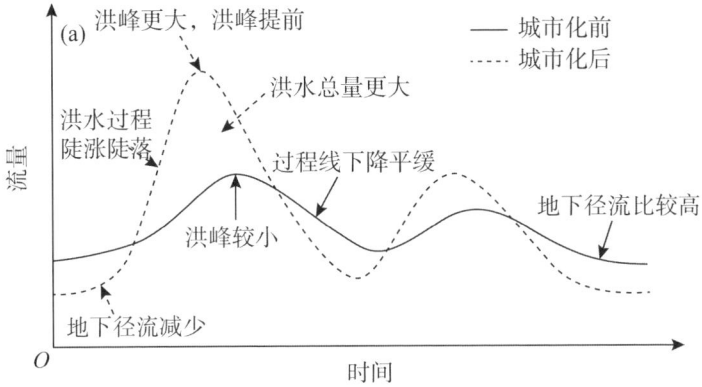

图 5-3 城市化对径流的影响

资料来源:文献(徐卫红等,2021)。

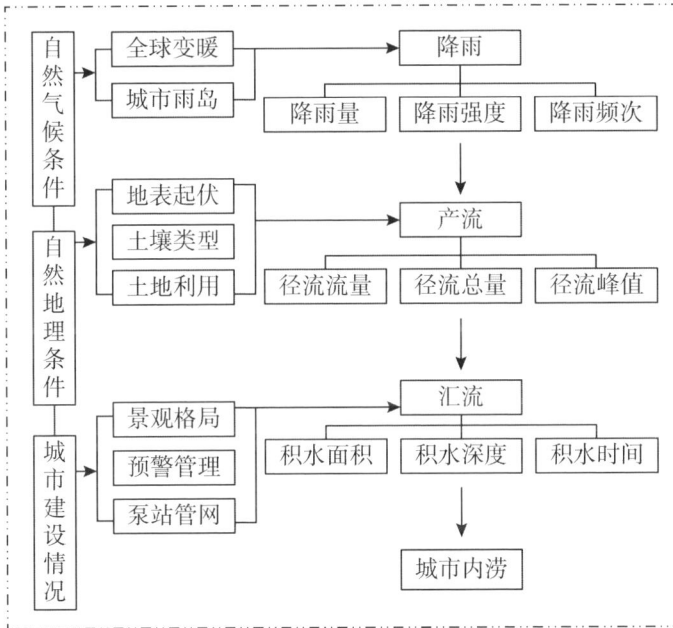

图 5-4 城市内涝形成机理

三、城市水环境灾害风险形成机理

近年来空气污染问题逐渐加剧,大气中的粉尘和各种污染物质随着降雨落到地面。与此同时,受城市建设影响,地表的不透水面积比例增大,当降雨强度大于地表下渗强度时便形成地表径流。溶解性的或非溶解性的污染物在降雨和地表径流的冲刷作用下进入水体,还有部分地表水在径流过程中,连同污染物渗透到地下,通过地下径流进入水体,最终形成面源污染。城市面源污染即指在降水条件下,雨水径流冲刷城市地面,使溶解的或固体污染物从非特定的地点汇入受纳水体引起的水体污染。城市面源污染是相对于点源污染而言的一种水环境污染类型,亦称为城市非点源污染(赵剑强,2002),主要包括降雨、产流、汇流、面源污染 4 个过程,其产生机理如图 5-5 所示。

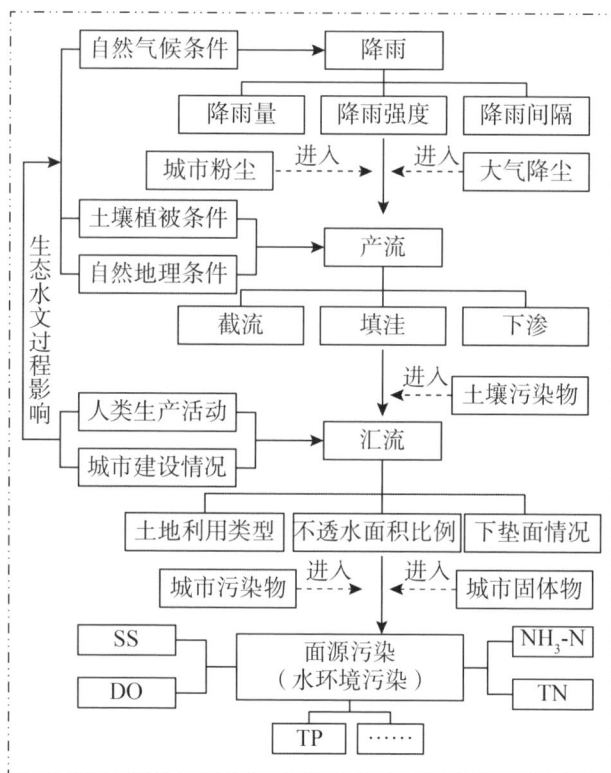

图 5-5　面源污染形成机理

近年来,面源污染问题已不同程度地影响到全球 30%—50% 的地表水。由于城市自身的特点以及城市化进程的推进,面源污染的威胁越来越突出,它不仅污染地表水体、破坏城市生态环境,而且通过下渗的方式影响地下水水质,成为城市水环境进一步提升的主要障碍。生态环境部《2021 中国生态环境状况公报》表明,目前我国主要河流与湖泊的污染情况虽然得到了有效改善,水体水质呈好转趋势,但流域水体非点源污染问题仍较为严重——少数地区消除劣 V 类断面难度很大,部分区域城乡面源污染严重,生态系统严重失衡。与此同时,农业面源污染量和污染面积也在不断增大——我国生态环境部、国家统计局以及农业农村部于 2020 年 6 月发布了《第二次全国污染源普查公报》,报告中显示了 2017 年我国农业源水污染物排放量:化学需氧量1067.13 万吨,氨氮 21.62 万吨,总氮 141.49 万吨,总磷 21.20 万吨。农业用地广泛分布在各大城市周边地区,且农业过分依赖化肥投入、养分利用率低,这些问题使得城市面源污染问题更加突出和复杂。

四、城市水资源灾害风险形成机理

水是人类生存的基本条件,又是生产生活最重要的基础资源。由于技术、资金等因素的限制,全球可供开发、利用的淡水资源约为 4000 万 km^3,仅占地球水资源总量的 0.13%(成自勇等,2007)。受气候、地形地貌等的影响,各地降雨水平本身存在着差异,加之城市发展过程中各种构筑物改变了原有自然下垫面的性质,导致了地表径流污染加剧、下渗率降低、城市蓄水能力下降、集蓄利用水资源难度加大等一系列问题。与此同时,人类对水资源的需求随着经济发展和人口增长不断增加,再加上对水资源的不合理开采和利用,很多国家和地区出现了不同程度的缺水问题,这种现象即为水资源短缺,其形成机理如图 5-6 所示。

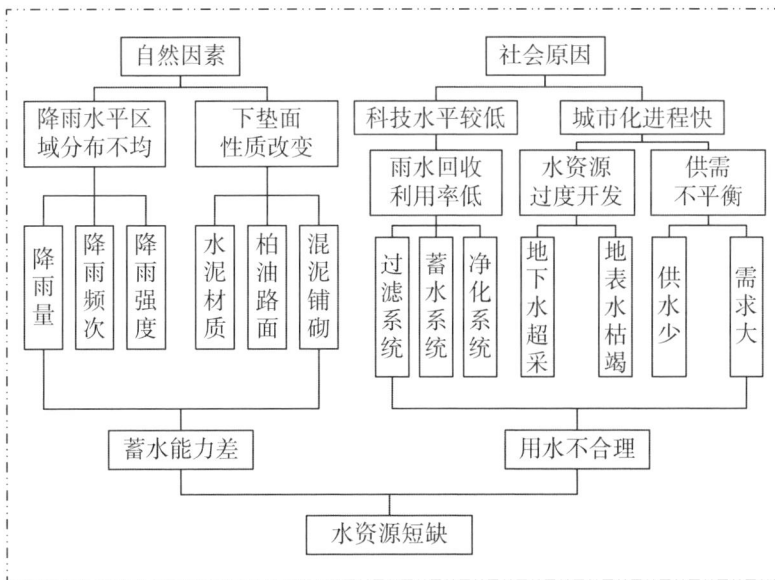

图 5-6　水资源短缺形成机理

一方面,我国水资源总量较为丰富,水利部发布的 2021 年度《中国水资源公报》显示,全国水资源总量达到了 2.96 万亿 m³,居世界第五,但空间分布总体上呈"南多北少",水资源空间分布不平衡——长江以北水系流域面积占全国国土面积的 64%,而水资源量仅占 19%。由于水资源与土地等资源的分布不匹配、经济社会发展布局与水资源分布不相适应,水资源供需矛盾十分突出。另一方面,我国人均水资源占有量较少,据有关统计,我国人均水资源占有量为 2200m³,仅为世界人均水资源占有量的 1/4,属于贫水国。随着经济社会的不断发展,我国工业用水量、城市用水量持续增加,水资源供求矛盾将日益加剧。

第二节　我国城市水灾害风险的自然地理影响要素

本节将针对城市面临的雨洪内涝、水污染和热岛效应三大主要水灾害,分析地形地貌、气象和河流等自然地理要素与不同灾害风险类型的关系。其中雨洪内涝城市通过搜索我国两批海绵试点城市的内涝灾害报道,筛选出有相关报道的 27 个城市;水污染城市选取了生态环境部公布的 2021 年 1—12 月全国地表水环境质量状况排名靠后的 30 个城市;热岛效应城市根据住建部《中国主要城市人居环境气象监测报告》中的主要城市年均热岛效应汇总数据,选取了产生热岛效应(建成区内温度高于建成区外温度)的 23 个城市,见表 5-1。自然地理要素中,地形地貌选取地貌类型空间分布特征,气象要素选取干湿地区及温度带,河流数据选取中国九大流域片数据。

表 5-1　典型灾害城市选取及其面临的不同灾害风险类型

灾害类型	城市
雨洪内涝(27 个)	迁安、白城、镇江、嘉兴、池州、厦门、萍乡、济南、鹤壁、武汉、常德、南宁、重庆、遂宁、西咸新区、北京、天津、大连、上海、宁波、福州、青岛、珠海、深圳、三亚、玉溪、固原
水污染(30 个)	临汾、吕梁、商丘、五家渠、开封、邢台、宿州、长春、沧州、白城、盘锦、绥化、沈阳、淮北、濮阳、蚌埠、徐州、新乡、铜川、鹤壁、滨州、亳州、天津、连云港、菏泽、宿迁、周口、呼和浩特、廊坊、聊城

灾害类型	城市
热岛效应(23个)	成都、合肥、上海、天津、海口、长春、沈阳、拉萨、北京、济南、乌鲁木齐、西宁、贵阳、兰州、广州、哈尔滨、大连、郑州、太原、呼和浩特、南宁、石家庄、福州

一、地貌对城市水灾害风险类型划分的影响

(一)我国陆地基本地貌类型

我国基本地貌类型主要由起伏高度和海拔高度两个方面决定(李炳元等，2008)。地貌结构划分一般采用七个地貌起伏高度形态类型(平原、台地、丘陵、小起伏山地、中起伏山地、大起伏山地和极大起伏山地)和四个海拔高度等级(低海拔、中海拔、高海拔、极高海拔)组合成的基本地貌类型分类系统(见表5-2)。

表 5-2　中国地貌基本形态　　　　　　　　　　(单位:m)

形态类型		海拔				
		低海拔(<1000)	中海拔(1000—2000)	高中海拔(2001—4000)	高海拔(4001—6000)	极高海拔(>6000)
平原	平原	低海拔平原	中海拔平原	高中海拔平原	高海拔平原	—
	台地	低海拔台地	中海拔台地	高中海拔台地	高海拔台地	—
山地	丘陵(<200)	低海拔丘陵	中海拔丘陵	高中海拔丘陵	高海拔丘陵	
	小起伏山地(200—500)	小起伏山	小起伏中山	小起伏高中山	小起伏高山	—
	中起伏山地(501—1000)	中起伏低山	中起伏中山	中起伏高中山	中起伏高山	中起伏极高山
	大起伏山地(1001—2500)	—	大起伏中山	大起伏高中山	大起伏高山	大起伏极高山
	极大起伏山地(>2500)	—	—	极大起伏高中山	极大起伏高山	极大起伏极高山

(二)城市水灾害风险的地形敏感性分析

通过 ArcGIS,可标示出所选取的27个内涝灾害城市、30个水污染城市、23个热岛效应城市所处的地貌类型分布状况。位于平原及台地(即海拔高度

和起伏高度均较低的地貌）的城市,更易发生水灾害。总结地貌类型对不同水灾害的敏感性（见图 5-7）,总体来看,平原、平原台地以及平原山地三种地形对内涝的敏感性最高;平原地区对水污染的敏感性最高;平原、平原台地两种地形的城市对热岛效应的敏感性最高。平原和平原台地两种地形的城市对三种水灾害风险的敏感性都很高,平原山地地貌对洪涝灾害的敏感性较高,平原丘陵地貌对热岛效应的敏感性较高。其他地貌类型,尤其是以海拔高度和起伏高度均较高的丘陵、山地为主导地貌的城市对水灾害的敏感性普遍较低。

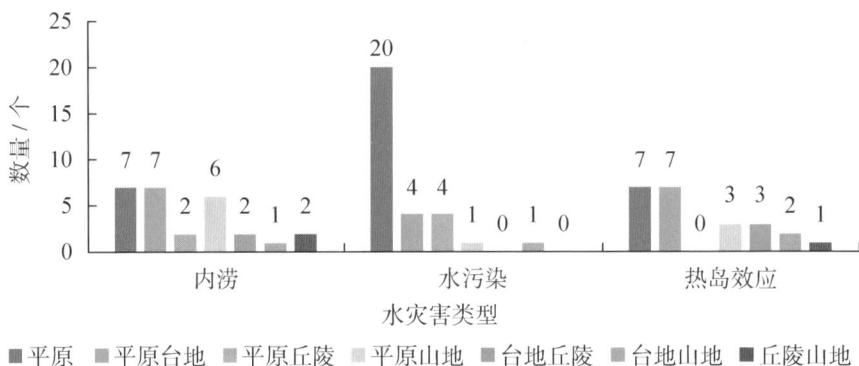

图 5-7　不同地貌区中三类水灾害城市数量

二、气候对城市水灾害风险类型划分的影响

(一)我国气候分区特征

中国位于世界最大的大陆——亚欧大陆的东部,同时又濒临世界最大的大洋——太平洋,海陆热力差异突出,对我国气候产生了深刻影响:从东南沿海往西北内陆,气候的大陆性特征逐渐增强,依次出现湿润、半湿润、半干旱、干旱四大气候区;冬季受高压控制,盛行寒冷、干燥的偏北离陆风;夏季则受西北太平洋副热带高压的控制,盛行由海上来的潮湿、温暖的偏南气流,温湿多雨。此外,我国地域辽阔,南北跨度大,具有热带、亚热带和温带等多种温度带。一系列因素使得我国的气候类型复杂多样,按照不同的降雨量区间可以分为干旱区、半干旱区、半湿润区、湿润区四个干湿地区;基于生长期、积温等数据又可以分为高原亚寒带、高原温带、寒温带、中温带等 11 个温度带,具体划分指标详见表 5-3、表 5-4。

表 5-3　中国干湿地区划分

干湿地区	平均年降雨量/mm	年干燥指数
干旱区	≤200	>4.00
半干旱区	201—400	1.51—4.00
半湿润区	401—800	1.01—1.50
湿润区	>800	≤1.00

数据来源:中国科学院资源环境科学与数据中心。

表 5-4　我国温度带划分

温度带	生长期/天	积温/℃	温度带	生长期/天	积温/℃
高原亚寒带	<50		中亚热带	240—285	5101—6400
高原温带	50—100		南亚热带	286—365	6401—8000
寒温带	<100	<1600	边缘热带	365	8001—9000 7500—8000
中温带	100—170	1600—3200	中热带	365	>8000
暖温带	171—220	3201—4500	赤道热带	365	>8000
北亚热带	221—239	4501—5100			

注:生长期是指一年中日平均气温≥10℃的天数;积温指生长期日均温总和。
数据来源:中国科学院资源环境科学与数据中心。

(二)城市水灾害风险的气候敏感性分析

根据中国科学院资源环境科学与数据中心《中国 1980 年以来平均年降水量空间插值数据集》,我国可分为干旱、半干旱、半湿润和湿润四个干湿地区,并通过 ArcGIS 出图,分别标示出所选取的 27 个内涝灾害城市、30 个水污染城市、23 个热岛效应显著城市的气候分布状况。位于半湿润区及湿润区的城市,更易发生水灾害。总结干湿地区对不同水灾害的敏感性(见图 5-8),总体来看,湿润区对内涝灾害的敏感性最高;半湿润区对水污染和热岛效应的敏感性都是最高的。湿润区和半湿润区两种气候区对于三种水灾害类型的敏感性都很高,半湿润区对于水污染的敏感性也较高,半干旱区和半湿润区对热岛效应的敏感性也较高。其他干湿地区,尤其是干旱区和半干旱区对城市水灾害的敏感性普遍较低。

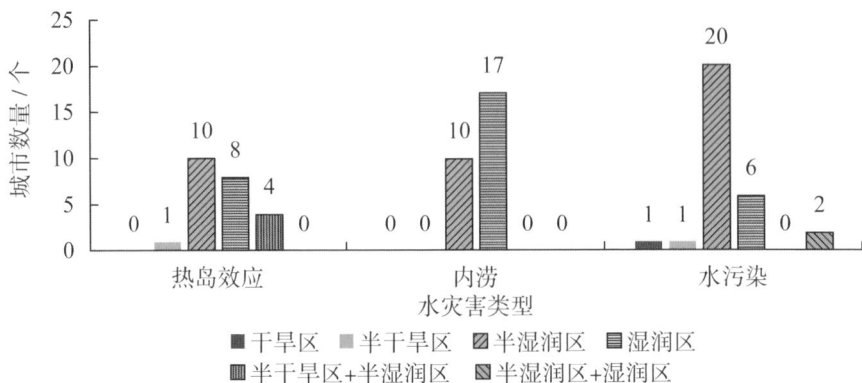

图 5-8　不同干湿地区中三类水灾害的城市数量

　　基于温度带数据,通过 ArcGIS 出图,分别标示出所选取的 27 个内涝灾害城市、30 个水污染城市、23 个热岛效应城市的分布。一般来说,位于暖温带的城市更易发生水灾害。总结温度对不同水灾害的敏感性(见图 5-9),总体来看,暖温带对三种水灾害类型的敏感性都是最高的;中亚热带、北亚热带和南亚热带对内涝及热岛效应有较高的敏感性;中温带对水污染和热岛效应的敏感性也较高。其他温度带,尤其是常年高温的中热带和赤道热带对城市水灾害的敏感性普遍较低。

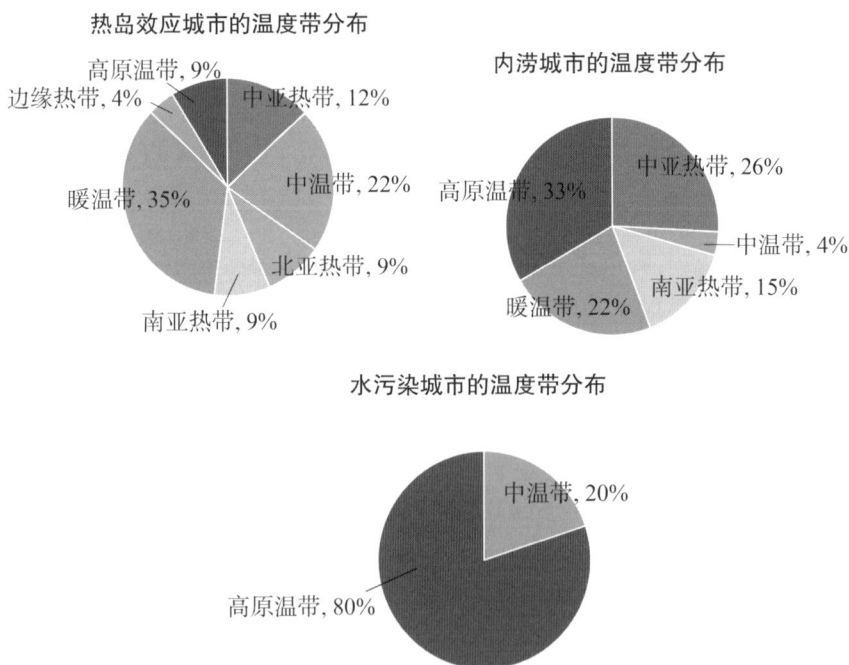

图 5-9　三类水灾害城市的温度带分布

三、河流对城市水灾害风险类型划分的影响

(一)我国河流分区特征

我国河流水系众多,河网密度分布的整体趋势呈南方大、北方小,东部大、西部小的特征。我国的河川径流,除了少数高山区有冰川融雪补给水,主要来源于大气降水。每条河流都有自己的流域,根据中国科学院地理科学与资源研究所的数据,中国流域可以划分为松辽河、海河、淮河、黄河、长江、珠江、东南诸河、西南诸河和内陆河九大流域片,具体划分及特征如表 5-5 所示。

表 5-5　中国流域片划分及其特征

流域片名称	主要河流	流域片特征
松辽河流域片	松花江、辽河、黑龙江、乌苏里江	冬季严寒漫长,夏季温湿多雨
海河流域片	潮白河、永定河、大清河、子牙河、南运河、北运河	地跨京津冀等八个省区市
淮河流域片	淮河、颍河、洪河	煤炭资源丰富,是我国重要的农业生产基地
黄河流域片	黄河、渭河、洛河	水少沙多,水沙异源
长江流域片	长江、鄱阳湖、洞庭湖、太湖	流量大,夏汛汛期较长,无结冰期,阶梯交界处水能丰富
珠江流域片	西江、北江、东江、珠江	河流水量充沛,河道稳定,具有良好的航运条件
东南诸河片	钱塘江、瓯江、闽江、九龙江、晋江、高屏溪	河流短小急促,以中小河流为主
西南诸河片	红河、澜沧江、怒江、雅鲁藏布江	独立入海的中小河流、大多为国际河流
内陆河片	塔里木河、黑河	水网发育不良,河流短小,最终流向湖盆沙漠

(二)城市水灾害风险的河流敏感性分析

根据中国科学院资源环境科学与数据中心《中国九大流域片》,我国可分为九大流域片。通过 ArcGIS 出图,分别标示出所选取的 27 个内涝灾害城市、30 个水污染城市、23 个热岛效应城市所处流域的分布状况。一般来说,位于淮河、海河流域片的城市更易发生水灾害。总结流域对不同水灾害的敏感性

（见图 5-10），可以看出，长江流域片的城市对内涝灾害的敏感性最高；淮河、海河两个流域片的城市对水污染的敏感性最高；黄河流域片的城市对热岛效应的敏感性最高。位于松辽河流域片、淮河流域片、黄河流域片的城市对三种水灾害类型的敏感性都很高；外流河区（包括松辽河、淮河、海河、东南诸河、黄河、长江、珠江和西南诸河）对于内涝灾害的敏感性普遍较高，其中沿海地区（如海河流域、长江流域等）的敏感性高于其他地区；黄河、淮河、海河流域对水污染的敏感性远高于其他流域片。内、外流河区城市均有不同程度的热岛效应，可见热岛灾害受河流因素的影响并不显著。

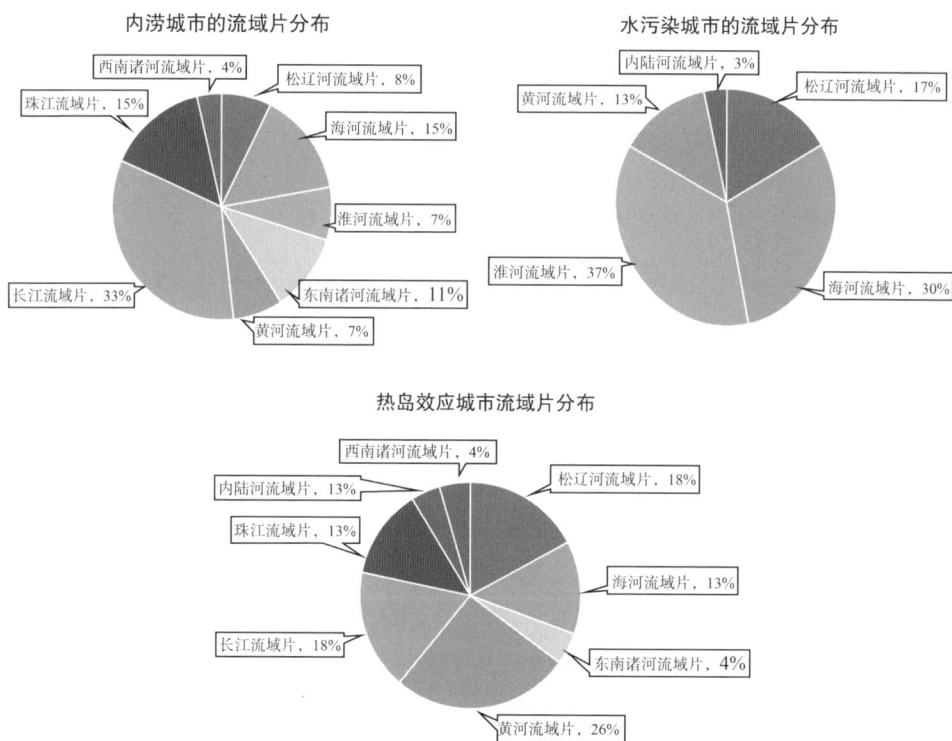

内涝城市的流域片分布

水污染城市的流域片分布

热岛效应城市流域片分布

图 5-10　不同类型灾害风险城市的流域片分布

第三节　我国城市水灾害风险的经济社会影响要素

本节将分析社会经济要素（人口、GDP）与不同灾害风险的关系。其中水灾害数据集详见表 5-1,人口数据选取第七次全国人口普查数据,GDP 数据来自中国科学院资源环境科学与数据中心《中国 GDP 空间分布公里网格数据集》。

一、人口对城市水灾害风险类型划分的影响

(一)我国城市人口分布特征

受自然条件、经济发展以及社会、历史等因素的综合影响与制约,我国各地的人口分布极不均衡,绝大多数人口集中在东南部地区,西部地区人口稀疏分散。胡焕庸线界定了中国人口分布东密西疏的基本格局,两侧自然地理环境的差异性决定了这一格局的长期稳定性。2020 年第七次全国人口普查数据显示,每平方公里人口超过 1000 人的地级单元全部位于胡焕庸线东南侧,而西北侧每平方公里人口超过 400 人的地级单元仅有银川市,每平方公里人口达 200—400 人的地区也只有 7 个。根据《国务院关于调整城市规模划分标准的通知》中的城市划分标准,可以将我国城市划分成小城市、中等城市、大城市、特大城市和超大城市五个等级(见表 5-6)。

表 5-6　城市人口规模划分标准

城市类型	城区常住人口数/万人
小城市	<50
中等城市	50—100
大城市	100—500
特大城市	500—1000
超大城市	≥1000

资料来源:《国务院关于调整城市规模划分标准的通知》。

(二)城市水灾害风险的人口规模敏感性分析

采用第七次全国人口普查数据,并通过 ArcGIS 出图,分别标示出所选取的 27 个内涝灾害城市、30 个水污染城市、23 个热岛效应城市的分布状况。一般来说,大城市及特大城市更易发生水灾害。总结城市人口规模对不同水灾害风险的敏感性(见图 5-11),可以发现大城市对内涝及水污染风险的敏感性都是最高的,特大城市对热岛效应的敏感性最高。大城市、特大城市对三种水灾害风险类型的敏感性都很高,超大城市对内涝灾害和高温热浪风险的敏感性较高,中、小城市对城市水灾害风险的敏感性普遍较低。

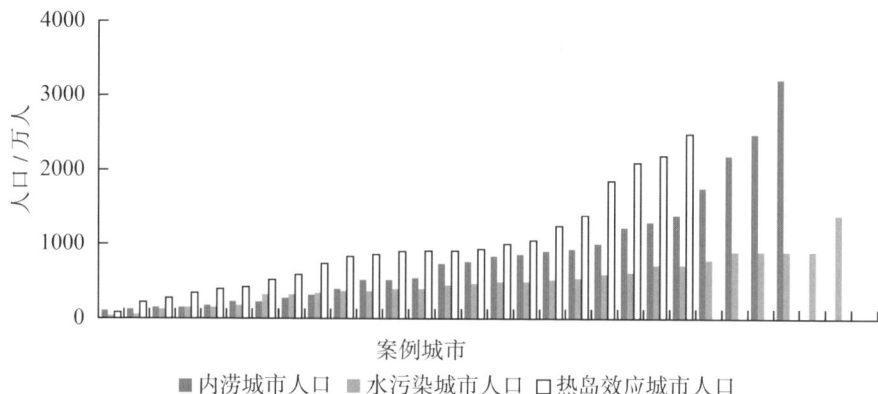

图 5-11 三类水灾害类型城市的人口情况

二、GDP 对城市水灾害风险类型划分的影响

(一)我国城市经济分布特征

长期以来,我国经济中心地带经历了"西部—中部—东部"的转移过程,与此同时,东中西部经济差距日益扩大,大量中、西部人才向东部迁移,造成当地人才供给严重不足,影响了经济发展的可持续性。受地理位置影响,我国东部大部分地区水量充足、气候宜人、土壤肥沃,如上海、江苏、浙江一带素有"鱼米之乡"美名,物产丰富,且处于沿海地区,国际贸易与联系便利,地区发展的潜在经济机会较多;相比之下,中、西部地区大多为内陆地区,土地贫瘠,生态环境恶劣,道路交通发展缓慢,对外经济交往较少,经济发展的"先天"条件较差。并且,中、西部和东北地区对外交流少,特别是西部地区,思想和经济观念相对落后(孙富等,2007)。改革开放后,中国经济进入了高速发展时期,东、西部经济发展的差距不仅没有缩小,反而进一步拉大了。

(二)城市水灾害风险的经济规模敏感性分析

结合第七次全国人口普查数据、2020 年各地方统计年鉴及统计公报中的人口及 GDP 数据,通过 ArcGIS 出图,分别标示出所选取的 27 个内涝灾害城市、30 个水污染城市、23 个热岛效应城市的经济规模分布状况。一般来说,经济较发达城市更易发生水灾害。总结经济总量(GDP)对不同水灾害风险的敏感性(见图 5-12),总体而言,内涝及热岛效应对城市经济规模的敏感性较高,

水污染对城市经济水平不敏感。高度发达城市由于人口、经济和社会的高度
集中,时常出现城市内涝灾害和热岛效应,加上管理不当等人为因素,较易出
现面源污染现象;中等发达和欠发达城市发生高温热浪等水生态灾害风险低,
但会因为基础设施建设与管理不完善等原因而产生内涝、水污染等灾害风险;
欠发达城市对三种水灾害风险的敏感性都很低。

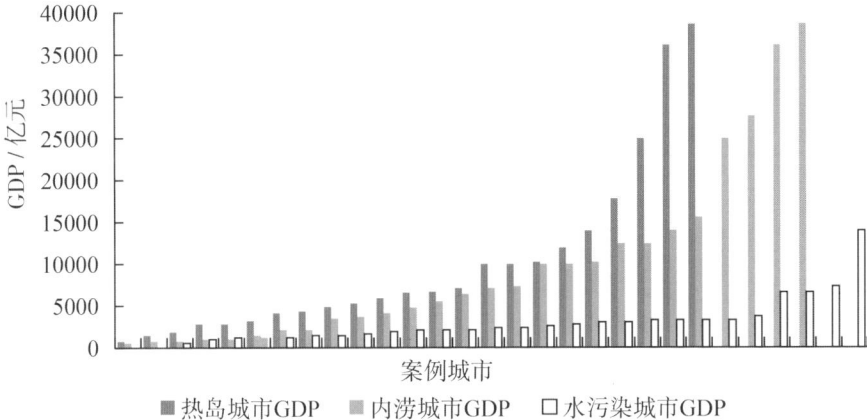

图 5-12　三类水灾害风险城市的 GDP 分布

第四节　我国城市水灾害风险类型划分

综上所述,城市水灾害风险受到了自然地理和社会经济两方面要素的影
响,定性描述三大城市水灾害风险类型对不同要素的敏感性,结果见表 5-7。

表 5-7　各要素对不同类型水灾害的敏感性

水灾害风险类型	地貌	干湿程度	温度带	流域片	人口规模	GDP
内涝灾害	一般	极高	一般	较低	较高	极高
水污染灾害	较高	较高	极高	较高	极高	一般
热岛效应灾害	一般	一般	较低	一般	极高	极高

内涝灾害风险主要受地区干湿程度、人口规模、GDP 三方面因素的影响,
水污染灾害风险主要受地貌、干湿程度、温度带、流域片、人口规模的影响,而
热岛效应灾害风险主要受人口规模和 GDP 的影响。进一步总结不同水灾害

风险的敏感要素,将敏感性较高和极高的要素特征进行归纳,可将我国有水灾害风险的城市划分为水安全灾害敏感、水环境灾害敏感和水生态灾害敏感三类,其自然地理及社会经济的特点如表5-8所示。

表5-8 不同水灾害风险类型城市的自然及社会经济要素特点

风险类型	自然要素特点			社会要素特点		
	地貌	干湿地区	温度带	流域	人口规模	经济水平
水安全灾害敏感	• 平原 • 平原台地 • 平原山地	• 湿润区 • 半湿润区	• 暖温带 • 中亚热带	(不敏感)	• 超大城市 • 特大城市	相对发达
水环境灾害敏感	• 平原 • 平原台地	半湿润区	• 暖温带 • 中温带	• 海河 • 淮河流域片	• 特大城市 • 大城市	(不敏感)
水生态灾害敏感	• 平原 • 平原台地 • 平原丘陵	(不敏感)	(不敏感)	(不敏感)	• 特大城市 • 大城市	相对发达

研究城市水灾害风险类型的目的是探讨不同类型城市对水灾害风险的敏感程度,根据城市自身特点制定差异化的区域水灾害风险管理策略,从而有效提升海绵城市建设的针对性和科学性。

宏观层面,平原、平原台地对水安全、水环境和水生态都较为敏感,需要高标准建设海绵城市以降低区域内各类水灾害风险:通过开辟通风廊道、实施屋顶绿化、增设水体等方式调节城市微气候;采用下沉式绿地、微地形改造等"成本低、效果好"的技术措施,建设海绵型道路、带状公园等海绵体,合理组织雨水径流,确保设施长效运行(夏洋等,2016)。干旱、半干旱地区对三大水灾害的敏感性较低,但水资源短缺问题较为突出,因此在海绵城市建设时应注重提高水资源利用效率、完善再生水管网系统:一方面,可以采用下凹式绿地、植被草沟、景观水体、渗透性路面、雨水调蓄池等设施,提高透水面积,最大限度地收集雨水;另一方面,要大力推广城市绿化、清扫保洁、景观和工业生产等领域使用再生水(张亮,2016)。海河、淮河流域片对水环境灾害有较高的敏感性,水灾害风险管控时需要结合不同水文区段污染特征,通过在上游保水、蓄水、增加源头活水,增强自然净化功能,做好源头治理;在城市中游段通过外江水利枢纽补水,加强配套管网设施建设,严格控制内河冲沟蓝线被侵占,降低河道水体污染；城市下游则结合滨河绿地、公园广场等公共空间，实现初期雨水的污染治理；同时加大对溢流污染的治理，增加分散、小型的污水处理设施，实现污水和溢流污染的综合治理（张伟等，2016）。

微观层面，各个城市对水灾害风险的敏感性与经济要素有较大关联，如人口规模较大、经济社会较发达的超大、特大城市，产业高度集中，城市构筑物密集，更容易发生热岛效应等水生态灾害，在经济社会快速发展的过程中，还会因为疏于管理、管理不当等造成水污染灾害。总体规划时，一方面，要根据当地气候条件，布局通风廊道连接周边海绵体（如生态湿地、现代农业、湖泊水库等）与城市建成区，促进城市内部空气流通，在通风廊道上风向与城区内分区域布局绿地、水体等，以调节城市微气候、改善城市热岛效应；另一方面，可以通过截污、底泥疏浚、构建人工湿地、生态砌岸和培育水生物种等技术手段建设生态海绵体，修复水生态；同时，注意建立"制度完善、机制健全、措施适宜"的管理体系，确保海绵城市建设要求得到有效落实（彭翀等，2015）。中、小城市几乎不会发生热岛效应等水生态灾害，但要注意因社会发展水平落后、城市基础设施建设不够完善等原因带来的城市内涝等水灾害问题，以及因管理不善和科技水平落后而导致的面源污染。在建设海绵城市的过程中，一方面，可以通过低影响开发模式防治内涝，有效减少进入排水管网的雨水总量和单位时间内的雨水径流量，减轻排水管网的压力，减少扩建排水管网的巨额投资；另一方面，在制定城市水灾害风险管理策略时重点解决支流污染严重的问题，加强城镇污水处理设施建设，提升改造落后污水处理设施，强化配套管网设施建设。

第六章 城市高温热浪灾害风险评估与预警——以杭州市为例

在全球气候变化和我国快速城镇化的双重背景下,城市的土地利用及其热环境加速改变,城市热岛效应产生并导致高温热浪灾害。长时间的高温热浪会带来诸多危害,不仅会影响城市人居环境质量和居民健康状况,还会加重城市能源消耗和大气污染,使城市生态环境质量下降(高静等,2019)。因此,住建部在《海绵城市建设绩效评价与考核办法(2015)》中将城市热岛效应评估纳入指标范畴,明确要求海绵城市建设示范区中心区域的夏季(6—9月)热岛强度得到有效缓解。那么,如何识别城市高温热浪灾害风险区域?影响城市高温热浪灾害风险的主要因素有哪些?在海绵城市建设前建立起城市高温热浪的灾害风险评估体系以及相应的预警机制,十分迫切和重要。

目前,国内外学者的研究大多关注于城市高温热浪的空间格局及其变化(Sobrino et al.,2012;刘帅等,2014;潘莹等,2018;张杨等,2018),以及单一因子对城市高温热浪空间形态的影响(彭文甫等,2011;江颖慧等,2018)等方面;部分研究基于灾害风险视角,关注城市高温热浪的风险评估与预警,通过构建指标体系实现灾害风险的评估与区划(扈海波等,2015;谢盼等,2015;郑雪梅等,2016;税伟等,2017;向竹霞等;2021)。这些研究多从宏观的致灾因子视角进行风险评估,较少结合承灾体进行系统思考,也缺乏对高温热浪灾害风险的空间精细化分区,因而在实践中难以提出更精准的预警机制和管控策略。

为此,本章以国家系统化全域推进的海绵城市建设示范城市——杭州为例,利用2000年、2010年和2021年卫星遥感影像和气象站点数据,从时间与空间两个维度,揭示杭州市高温热浪的演化特征;通过相关性分析、主成分分析进一步探究影响城市高温热浪的关键因素及其内在的机理机制;选取对高温热浪贡献度较高的影响因素作为评估指标,构建城市高温热浪灾害风险评估框架,将高温危险性、人口暴露度和城市适应力作为理解和评估城市高温热浪脆弱性的三个维度,通过矩阵分析对杭州高温热浪灾害风险进行空间类型划分;在此基础上,从总体思路与差异举措两大层面提出预警机制,为科学防治高温热浪灾害、缓解城市高温热浪提供理论依据与决策支持(见图 6-1)。

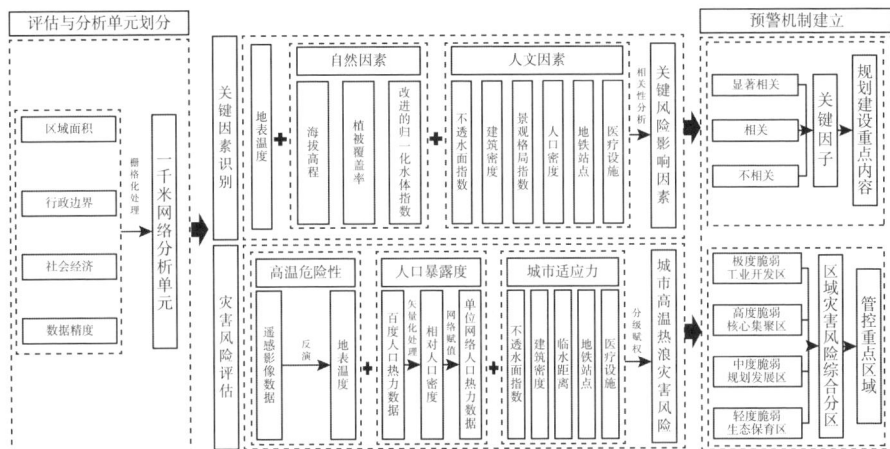

评估与分析单元划分 | 预警机制建立

区域面积 行政边界 社会经济 数据精度 → 栅格化处理 → 一千米网络分析单元 → 关键因子识别

自然因素:地表温度、海拔高程、植被覆盖率、改进的归一化水体指数
人文因素:不透水面指数、建筑密度、景观格局指数、人口密度、地铁站点、医疗设施
→ 相关性分析 → 关键风险影响因素

显著相关、相关、不相关 → 关键因子 → 规划建设重点内容

灾害风险评估 → 高温危险性:遥感影像数据 → 反演 → 地表温度
人口暴露度:矢量化处理、百度人口热力数据、相对人口密度、网络爬取、单位网络人口热力数据
城市适应力:不透水面指数、建筑密度、临水距离、地铁站点、医疗设施
→ 分级赋权 → 城市高温热浪灾害风险

极度脆弱工业开发区、高度脆弱核心集聚区、中度脆弱规划发展区、轻度脆弱生态保育区 → 区域灾害风险综合分区 → 管控重点区域

图 6-1 城市高温热浪研究的技术路线

第一节 研究对象与数据来源

一、研究对象

杭州地处长江三角洲南翼、浙江省北部,西南部为山地和丘陵,东北部为平原及河谷;气候类型为亚热带季风性气候,夏季气候炎热、湿润,是新"四大火炉"之一。近年来,杭州城市快速发展,土地开发强度高,人口密集,城市高温热浪显著。选择杭州市主城区内近 20 年来经济社会发展最快的上城、拱墅、西湖、临平、滨江、钱塘、萧山及余杭八区为研究对象,具有典型意义。

二、数据来源与处理

本章采用晴朗天气条件下的高分辨率地表温度数据来描绘城市中的高温热浪强度情况,以此来精确地映射不同尺度地区的高温热浪空间分布(谢盼等,2015;何苗等,2017;武夕琳等,2019;陈恺等,2019)。地表温度使用杭州市主城区 2000 年、2010 年、2021 年三年的 Landsat 5 与 Landsat 8 遥感影像进行反演得到。遥感数据来源于地理空间数据云,为保证数据的可靠性,选取夏季遥感影像时,需确保拍摄前后的气象满足晴朗、静风、无云或少云、无台风暴雨等条件,以避免特殊气候因素干扰以保障数据精度;遵循中国气象局对高温热浪的定义,日最高气温达到或超过 35℃ 为高温天气,所选取的当天为高温热浪期间,据此选取遥感影像以反映高温环境下的潜在风险和脆弱性。

借助 ENVI 5.3 软件对遥感影像进行辐射定标、大气校正以及研究区域裁剪等预处理。最后利用地表温度反演算法进行计算,通过卫星遥感影像的热红外波段数据,结合地面观测数据和大气参数模型,获得杭州市三个时期的地表温度,具体时间分别为 2000 年 7 月 15—17 日、2010 年 7 月 18—20 日及2021 年 7 月 13—15 日(见表 6-1)。

人口密度通过 Python 爬取 2021 年杭州市百度热力图数据获得,并使用ArcGIS 10.6 进行矢量化处理。

从 POI 数据库中获取有关数据。对采集的地铁站点和医疗设施点进行筛选与坐标转换,得到研究区地铁站点共计 252 个,医疗设施点共计 10050个,包括 4717 个药房、3637 个诊所和 1696 个综合医院。临水距离运用ArcGIS 10.8 对杭州市河流水系进行缓冲分析,并依据河流湖泊的等级和宽度进行相应的赋值与叠加计算得到。

表 6-1 2000 年、2010 年、2021 年高温热浪期间温度比较

年份	日期	温度/℃
2000	7 月 15 日	36.1
	7 月 16 日	36.2
	7 月 17 日	35.0
2010	7 月 18 日	36.0
	7 月 19 日	35.6
	7 月 20 日	37.5
2021	7 月 13 日	37.7
	7 月 14 日	38.1
	7 月 15 日	38.2

第二节　研究内容与方法

一、地表温度反演及等级划分

地表温度反演选用大气校正法，Landsat 5 TM 采用热红外波段 6，Landsat 8 OLI 采用 TIRS 10 波段进行地表温度反演，基于热红外辐射传输方程，去除辐射传输过程中大气对热辐射的影响，从而较为精确地获得地表温度（徐涵秋等，2015；段四波等，2021）。其计算公式为

$$L = B(T_S) = [\varepsilon B(T_S) + (1-\varepsilon) L_{\text{down}}]\tau + L_{\text{up}} \tag{6-1}$$

$$T_S = \frac{K_2}{\ln(1 + K_1/B(T_S))} \tag{6-2}$$

式中，$B(T_S)$ 为黑体热辐射亮度；T_S 为地表温度；L_{up} 为大气上行辐射亮度；L_{down} 为大气下行辐射亮度；ε 为地表比辐射率；τ 为大气透过率；K_1、K_2 为辐射常量。

为了直观地描述研究区地表温度的差异情况，借鉴已有研究（徐涵秋等，2004），计算得到研究区域地表平均温度 T_a（℃）及相应的标准差 σ，并采用 ArcGIS 10.6 中标准差法将杭州的地表温度划分为特高温区、高温区、次高温区、中温区、次低温区和低温区六个等级，具体分级标准见表 6-2。根据地表温度分级标准，将研究区域中地表温度值普遍高于地表温度平均值的次高温区、高温区和特高温区视为城市高温区。

表 6-2　地表温度分级标准

等级	地表温度等级划分	范围
1	低温区	$< (T_a - \sigma)$
2	次中温区	$(T_a - \sigma) - (T_a - 0.5\sigma)$
3	中温区	$(T_a - 0.5\sigma) - T_a$
4	次高温区	$T_a - (T_a + 0.5\sigma)$
5	高温区	$(T_a + 0.5\sigma) - (T_a + \sigma)$
6	特高温区	$> (T_a + \sigma)$

注：T_a 代表研究区地表温度平均值，σ 代表地表温度标准差。

二、地表信息获取

(一)改进的归一化水体指数(MNDWI)

改进的归一化水体指数即对含有水体信息的影像波段进行归一化差值处理,主要土地利用类型包括河滩、水域与农业用地(养殖)。

$$\text{MNDWI} = \frac{(\text{Green} - \text{MIR}_1)}{(\text{Green} + \text{MIR}_1)} \tag{6-3}$$

式中,Green 代表绿光波段;MIR_1 为遥感影像中红外波段。

(二)归一化差值不透水面指数(NDISI)

不透水面是指城市中被各种不透水建筑材料所覆盖的表面,主要包括道路广场用地、空地、工矿用地、居住商业用地等硬化地表。它是测量城市扩张程度的重要指标(徐涵秋,2008;Carlson et al.,2012)。其计算公式为

$$\text{NDISI} = \frac{\text{TIR} - (\text{MNDWI} + \text{NIR} + \text{MIR}_1)/3}{\text{TIR} + (\text{MNDWI} + \text{NIR} + \text{MIR}_1)/3} \tag{6-4}$$

式中,NDISI 为归一化不透水面指数;TIR、NIR 和 MIR_1 分别为 Landsat 8 遥感影像中的热红外波段、近红外波段和中红外波段;MNDWI 为改进的归一化水体指数。

(三)植被覆盖率(FVC)

植被覆盖率是指植被(包括叶、茎、枝)在地面的垂直投影面积占统计区总面积的百分比,取值范围为[0,100%]。其计算公式为

$$\text{FVC} = \left(\frac{\text{NDVI} - \text{NDVI}_{\min}}{\text{NDVI}_{\max} - \text{NDVI}_{\min}}\right)^2 \tag{6-5}$$

$$\text{NDVI} = \frac{\text{NIR} - \text{Red}}{\text{NIR} + \text{Red}} \tag{6-6}$$

式中,NDVI 为归一化差值植被指数;Red 代表遥感影像中的红光波段。

(四)景观格局指数

景观格局指数能高度概括各类用地景观格局信息,反映不同景观斑块的结构和空间特征(胡和兵等,2012)。采用景观格局指数对景观斑块格局进行分析,利用 Fragstats 4.2 软件计算景观格局指数;借鉴已有研究(王耀斌等,2017;潘明慧等,2020),选取与城市高温热浪相关度较高的景观格局指数。

三、数据空间化表达

为了使各因子有效地与城市高温热浪的空间格局进行关联分析,根据研究区面积以及现有数据的空间分辨率,在研究区内构建边长为1km的格网单元(见图 6-2),以实现多源数据的统一。利用 ArcGIS 10.6 软件,将原地表温度栅格数据取均值后赋值在对应的格网单元;利用爬取的百度热力图数据,通过 ArcGIS 10.6 对截取的图像数据进行矢量化处理以及地理坐标投影,得到杭州市各网格人口分布的相对高低值,取均值后赋值在格网单元中。

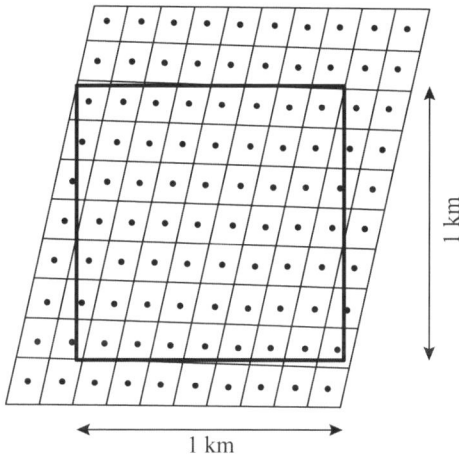

图 6-2　数据化网格示意

四、相关性分析

在统计学领域中,皮尔逊相关系数(Pearson Correlation)被广泛用于评估两个变量 X 和 Y 之间的线性相关性。该系数的取值范围为 $[-1,1]$,其中,1 表示完全正相关,-1 表示完全负相关。其计算公式为

$$r = \frac{\sum_{i=1}^{n}(x_i - \bar{x})(y_i - \bar{y})}{\sqrt{\sum_{i=1}^{n}(x_i - \bar{x})^2}\sqrt{\sum_{i=1}^{n}(y_i - \bar{y})^2}} \tag{6-7}$$

式中,r 为皮尔逊相关系数;x_i 为关键影响因素;y_i 为杭州市地表温度。

五、主成分分析

主成分分析(PCA)是一种在确保数据特性的前提下,通过数据降维将多指标转化为几个综合指标下的多元统计分析方法,在数学变换过程中保持总方差不变。在此框架下,第一主成分被定义为具有最大方差的变量,而第二主成分则被定义为在与第一主成分不相关的前提下具有次大方差的变量。依次进行,直至获得 K 个主成分,每个主成分对应于原始变量集的一个维度。通过主成分分析,并结合相关领域专业知识和具体指标的内涵,可以对提取的主成分进行重新命名,以反映其独特的含义,从而识别出合理的解释性变量。

六、城市高温热浪灾害风险评估

灾害风险评估是一个多维度的过程,主要目的在于识别和评估各种自然灾害带来的潜在风险,从而为制定有效的防灾和应对策略提供科学依据。高温热浪脆弱性评估引申于自然灾害脆弱性研究,是综合描述高温热浪对城市系统的危险性、城市系统对天气变化的暴露度和适应力的函数(史培军,2016;周源涛等,2022)。

在上述相关性及主成分分析结果的基础上,选取对高温热浪贡献度较高的影响因素作为评估指标,构建城市高温热浪灾害风险评估框架,将高温危险性、人口暴露度和城市适应力作为理解和评估城市高温热浪脆弱性的三个维度,通过识别高温热浪脆弱性空间分布特征与分区类型,明确具体的规划管控策略,为后续各地区的高温热浪评估提供决策支持,使其能更加系统全面地评估高温热浪灾害风险(见表 6-3)。城市高温热浪脆弱性是上述三个维度综合作用的结果,其中高温危险性与人口暴露度对脆弱性具有正向作用,而城市适应力则具有反向作用。

第一,"高温危险性"指城市所处地区的气温特征。采用晴空下具有较高空间分辨率的地表温度数据来反映城市内部高温环境,以精细化识别各尺度地区高温热浪的空间分布;采用相对湿度以表示城市中空气水分含量,对高温危险性起削减作用。

第二,"人口暴露度"指人群与高温灾害的空间邻近程度。基于位置服务的大数据技术近年来迅速发展,如百度热力图、社交媒体数据、手机信令数据等,为评估城市人群暴露度提供了更加精细化的数据支持。通过百度热力数据来衡量城市人口受高温影响的空间差异程度。利用杭州市植被覆盖度(FVC)的空间分布作为判断不同区域削减人口暴露度程度的指标。

第三,"城市适应力"指城市中抵御高温热浪风险的能力。植被与水体在局部范围内具有显著的降温作用,可选取临水距离反映城市的降温设施水平。此外,避暑设施配置与医疗卫生服务是城市居民纳凉避暑和治疗疾病的重要资源,是衡量城市外部适应力资源情况的重要指标,可选择地铁站点数与医疗设施点数(包括药店、诊所、综合医院)来表征居民健康受到高温危害时进行避暑和就医的可达性。已有研究表明,城市土地利用是影响城市内部热环境的重要因子,而归一化差值不透水面指数(NDISI)和建筑密度可以较好地反映研究区内土地利用状况对高温热浪的影响。

表 6-3　城市高温热浪灾害风险评估指标体系

目标层	准则层	指标层	指标层与准则层关系	指标释义	数据来源
城市高温热浪脆弱性	高温危险性	高温热浪强度	+	城市内部温度高低,温度越高,危险性越强	Landsat 8 OLI_TIRS 遥感影像
		相对湿度	—	在高温热浪期间,相对湿度越大,对高温热浪的危险性削减作用越强	国家青藏高原科学数据中心
	人口暴露度	人口密度	+	暴露于高温热浪下的人口规模,人口越密集,暴露度越高	百度热力地图
		植被覆盖率(FVC)	—	反映城市中绿化设施水平,数值越大,暴露度越低	Landsat 8 OLI_TIRS 遥感影像
	城市适应力	建筑密度	—	城市中建筑的覆盖率,密度越大,通风越弱,适应力越弱	国家青藏高原科学数据中心
		归一化差值不透水面指数(NDISI)	—	城市内不透水面所占比例,数值越大,适应力越弱	Landsat 8 OLI_TIRS 遥感影像
		临水距离	+	距离河流湖泊越近,高温热浪影响越小,降温效果越好,适应力越强	杭州市水系图
		医疗设施点数量	+	医疗资源(医院、医生、床位等)越充足,适应力越强	POI 数据
		地铁站点数量	+	反映纳凉点数量,数量越多,适应力越强	

第三节 城市高温热浪时空特征

一、杭州市高温热浪空间分布特征

首先,从遥感地表温度来看,从 2000 年到 2021 年,杭州市高温热浪不断增强,地表温度等级呈不规则的放射状分布,并呈现由中心城区向四周逐渐扩散的规律。最高温主要出现在人流和工业建筑密集的区域,如拱墅区中部的武林广场、萧山区中部的产业园区与钱塘区西部的下沙工业区;最低温主要出现在河流水域及湿地公园等区域,如西湖区东北部的西湖水域与拱墅、上城、临平三区交界的半山森林公园区域,可见这些较大面积的水体与绿地具有较好的降温特征,可以分割城市热场,对调节城市热环境状况具有重要作用。

其次,对比三期高温热浪空间格局的变化可以发现,从 2000 年到 2021 年,中温区、次高温区、高温区、特高温区沿着城市建成区不断扩展,尤其是萧山区与余杭区的城市高温区的增加幅度最大,显著高于其他城区。核心城区(上城区、拱墅区、西湖区、滨江区)中城市高温面积的增加速度要明显小于外围城区的变化幅度,随年份变化不是很明显。整体上,杭州市高温热浪空间格局的变化和城市建设强度的变化存在一定的关联性,其覆盖范围的延展方向与杭州市建成区扩展方向基本一致。

最后,对 2021 年地表温度进行网格化处理,发现超过杭州市主城区全域平均地表温度 33.53℃ 的空间网格共有 1883 个,占研究区域面积的 51.67%。可见,城市高温区大面积存在,局部区域甚至极为严重。高温区与强高温中心主要集中在武林广场、笕桥机场、下沙工业区及萧山国际机场等工业用地密集分布区、建筑物密集分布区及人流密集的商业区,呈局部集中、总体分散的特征;而大量植被覆盖区域、水系、湖泊以及城市周边郊区则大多为城市的低温区域。

二、杭州市高温热浪数值变化特征

为更详细地了解杭州城市高温热浪的时空演变,我们分别统计了 2000

年、2010年、2021年各温度等级面积(见表6-4)。对比2000年、2010年及2021年杭州市地表温度分区面积,发现低温区、次中温区和中温区分布面积逐渐减少,占比由2000年的60.33%削减至2021年的43.7%,减少了近20个百分点,呈现由较低温区向次高温区演变的态势。2000年杭州市高温地区总面积为1475.41km²,2010年增至1515.57km²,2021年达到2098.15km²,2000—2021年高温面积增加了622.74km²,增幅达42.2%。在各地表温度中,次高温区面积2000年为943.93km²,2010年为820.28km²,2021年增加到1179.40km²,2000—2021年次高温区呈先减后增的波动变化,但总体呈增长趋势,其间面积增长了235.47km²;2010年杭州市高温区面积为488.28km²,相较于2000年增加了约34.97km²,2021年较2000年高温区面积增幅达51.2%;特高温区面积呈持续快速增长趋势,2000年特高温区面积为78.17km²,2010年比2000年增加了1.65倍,增长趋势明显,相较于2010年,2021年特高温区面积又增加了26.36km²,但增幅有所放缓。总体上,2000—2010年杭州城市用地扩展规模大幅度上升,地表温度受到人口城市化、经济集聚、工业郊区化、房地产郊区化、高校科技园区开发和高速公路等城际交通设施建设郊区化等多重人为因素的影响(王伟武等,2009),城市高温区集聚增加,且不断向城市外围扩展,地表热环境格局变化明显;2010—2021年由于城市发展速率放缓,中心城区地表温度等级没有明显提升,城市高温区面积增幅也相应放缓,但城市高温区范围仍持续扩张,城市高温热浪明显。

表6-4　2000年、2010年、2021年杭州市的地表温度分区面积　　　(单位:km²)

年份	低温区	次中温度区	中温区	次高温区	高温区	特高温区
2000	217.44	802.39	1224.71	943.93	453.31	78.17
2010	202.44	755.39	1246.85	820.28	488.28	207.01
2021	169.61	732.86	726.16	1179.40	685.38	233.37

为进一步分析高温热浪数值变化情况,我们统计了杭州市2000年、2010年、2021年气象数据,计算高温热浪频次,并观察其时间变化趋势(见图6-3至图6-5)。观察统计这三年的平均温度,发现杭州从2000年21.4℃上涨到2021年24.7℃,升高了3.3℃,远超全国平均水平(0.26℃),高温问题持续升级。观察三期的高温日数,发现2000年为28日,2010年为43日,2021年为

50 日,呈现逐年递增的趋势;同时高温出现的时间节点持续提前,从 6 月提早到了 5 月,未来还有可能更早出现。此外,杭州市 2021 年高温热浪频次与往年相比呈现出明显的变化趋势,整个夏季都存在异常高温情况。究其原因,是因为近 20 年来城市建设区域不断向外扩张,逐渐侵蚀外部生态环境,造成"冷岛"效应减弱;同时,城市内部不透水面增大、空调使用率上升、汽车尾气等温室气体排放增多,多种因素导致了高温热浪的形成与增强。

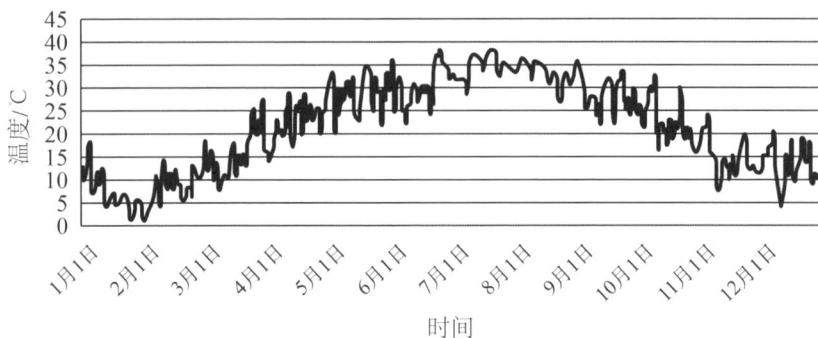

图 6-3　2000 年杭州市逐日最高温度

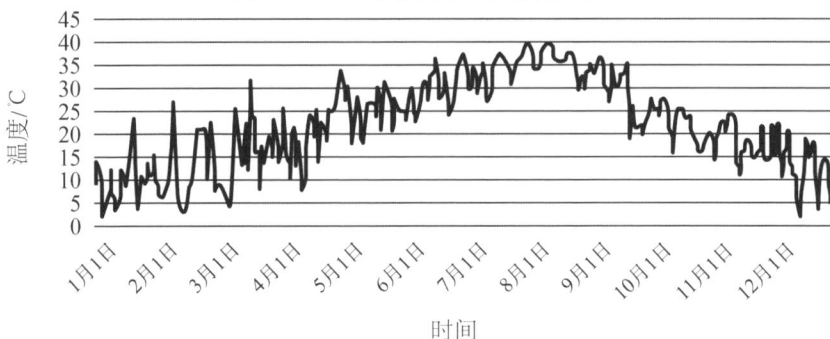

图 6-4　2010 年杭州市逐日最高温度

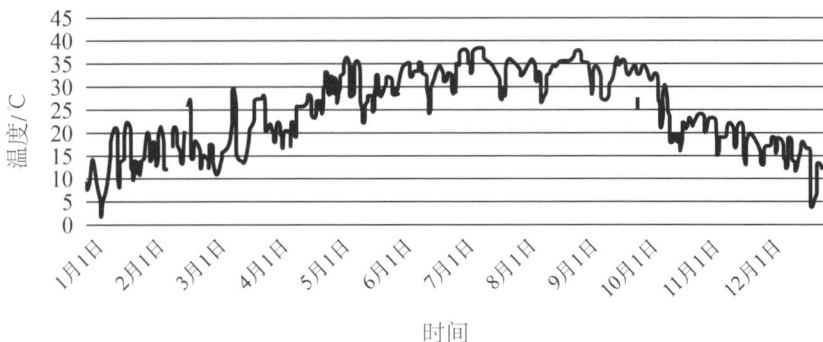

图 6-5　2021 年杭州市逐日最高温度

具体而言,2021 年,杭州市的高温热浪主要集中在 5—9 月,在这一时期,不仅频次较高,且持续时间较长,高温日数明显多于往年。据统计,2021 年杭州市整体高温热浪频次达到了 9 次/年,较 2000 年(4 次/年)与 2010 年(6 次/年)都有所增加,其中,7—8 月份尤为严重,几乎全月都笼罩在持续的高温之下。这表明,在快速城市化发展过程中对自然地表的改造显著影响了区域气候,导致区域地表温度模式发生变化,这种变化具有明显的负面效应,直接导致城市平均温度升高,高温热浪事件频次增加,从而加剧了城市灾害风险程度。此外,高温热浪的频次预计在未来几年还将进一步增加,这对城市高温热浪灾害风险评估与气候适应性规划都提出了重大挑战。

第四节 城市高温热浪影响因素

一、相关性分析结果

以 2021 年的影响因素和地表温度值为基础,将数据导入 SPSS 24.0 中进行皮尔逊相关性分析,得到各指数与地表温度的皮尔逊相关系数。由表 6-5 可知,自然要素中的植被覆盖率、改进的归一化水体指数及相对湿度与地表温度之间呈现显著的负相关,即随着水体、植被覆盖率的增加,相对湿度增大,地表温度降低,这表明植被、水体和适宜的湿度具有明显的缓解城市高温热浪作用,与目前大多数研究一致;归一化差值不透水面指数、建筑密度指数及百度人口热力指数与地表温度之间呈现显著的正相关,这表明随着城市建成面积的不断扩大、不透水面积的增加,地表温度随之升高,反映了城市建设强度与人类活动对城市地表热环境的影响,即高强度的建成区由于不透水面积占比高,地表吸热快散热慢,且人为热排放比重高,容易形成城市高温热浪,产生高温灾害事件。

表 6-5 杭州市地表温度影响因素皮尔逊相关性分析系数

影响因素	皮尔逊相关系数
数字地表高程(DEM)	-0.156^{**}
植被覆盖率(FVC)	-0.510^{**}
改进的归一化水体指数(MNDWI)	-0.287^{**}
相对湿度(RH)	-0.423^{**}
归一化差值不透水面指数(NDISI)	0.888^{**}
建筑密度(BC)	0.879^{**}
地表反照率指数(Albedo)	0.190^{**}
医疗设施(MF)	0.325^{**}
地铁站点(Metro)	0.225^{**}
景观形状指数(LSI)	0.141^{**}
斑块密度(PD)	0.055^{**}
百度地图热力指数(BMH)	0.265^{**}

注：** 表示在 5% 的水平上显著。

在自然因素中,相对湿度相关性最强。相对湿度指空气中水汽压与相同温度下饱和水汽压的百分比,或湿空气的绝对湿度与相同温度下可能达到的最大绝对湿度之比,也可表示为湿空气中水蒸气分压力与相同温度下水的饱和压力之比。相对湿度与地表温度呈显著负相关,说明城市中整体湿度越低,对应的地表温度越高,高温热浪越明显;相对湿度高值区域主要分布于杭州城市外围,多为绿地、水体等景观,湿度较大对应的地表温度较低。景观格局指数中斑块密度与景观形状指数与地表温度呈正相关,这两项景观格局指数能综合反映城市土地利用的聚散性特征。从杭州来看,四大核心城区(上城区、拱墅区、西湖区、滨江区)近几年高强度的城市建设所形成的斑块密度大、景观边界复杂的土地利用格局,一定程度上加剧了城市高温热浪。

二、主成分分析结果

为更好探究城市地表热环境各影响因素的贡献度,对各因子归一化处理后进行空间主成分分析,得出四个主成分特征值大于 1 的主因子,表明杭州市地表热环境格局主要受这四个自然或社会因素影响(见表 6-6)。第一主成分主要包括景观形状指数、斑块密度,集中反映了景观格局对研究区高温热浪的影响;第二主成分可以概括为自然因素对高温热浪的影响,主要包括改进的归一化水体指数、植被覆盖率及相对湿度;第三、四主成分主要为城市建设活动强度对高温热浪的影响,主要表现为归一化差值不透水面指数与建筑密度指数。

表 6-6　主成分得分载荷矩阵

影响因素	成分			
	成分 1	成分 2	成分 3	成分 4
景观形状指数(LSI)	0.384	0.089	−0.113	−0.111
斑块密度(PD)	0.086	0.034	−0.331	0.613
数字地表高程(DEM)	−0.290	0.241	−0.116	0.050
植被覆盖率(FVC)	−0.178	0.518	−0.185	−0.152
改进的归一化水体指数(MNDWI)	−0.010	−0.572	−0.287	−0.137
相对湿度(RH)	0.052	0.390	−0.123	−0.121
归一化差值不透水面指数(NDISI)	0.305	−0.100	0.405	0.287
建筑密度(BC)	0.244	0.030	0.478	0.337
地表反照率指数(Albedo)	0.018	0.534	0.168	0.049
医疗设施(MF)	−0.061	−0.089	0.245	−0.104
地铁站点(Metro)	0.128	0.041	0.385	−0.543
百度地图热力指数(BMH)	0.064	−0.057	0.090	−0.044

为继续分析主成分因子对城市高温热浪的影响程度,在 ArcGIS 10.8 中随机选取的 600 个样区进行数值提取,将各主成分模拟指数样区平均值与归一化地表温度平均值在 SPSS 24.0 软件中进行线性回归拟合分析,结果显示显著性系数均小于 1%,且方差膨胀因子(VIF)小于 10,模型不存在多重共线,说明这四个主成分是影响杭州城市高温热浪的重要因素,之后可以采用标准化回归模型比较各主成分在不同量纲指标间的作用程度。结果表明,12 个影响因素每变化 1 个单位,研究区地表温度将分别变化 −0.156、−0.241、−0.220、−0.236、0.496、0.511、0.139、0.144、0.186、0.192、0.101 和 0.065 个单位,结合以上各因子作用程度,在这 12 个影响因素共同作用下整体升温 0.981 ℃。由此可见,人文因素对地表温度的贡献度要大于自然因素。

总体而言,自然因素与人文因素共同作用于研究区内地表温度的变化,且人文因素对地表温度的贡献度要大于自然因素。具体来看,人文因素中归一化差值不透水面指数与建筑密度指数正向影响最为突出,贡献度分别为0.496和0.511,可见优化城市土地布局、抑制城市无序蔓延,是缓解高温热浪最有效的途径之一;自然因素中改进的归一化水体指数、植被覆盖率及相对湿度都对地表温度起到负向影响,贡献度分别为-0.22、-0.241和-0.236,但都显著小于人类建设活动对地表温度的贡献度,表明自然因素主要通过对人类建设活动的基础性作用而影响地表温度。

第五节　杭州市高温热浪灾害风险评估

基于前文相关性及主成分分析的研究结论,选取与高温热浪相关性较强、对高温热浪贡献度较大的影响因素作为灾害风险评估指标,并从高温危险性、人口暴露度和城市适应力三个维度,构建城市高温热浪灾害风险评估指标体系与分析框架;在此基础上,识别高温热浪灾害风险分区类型与脆弱性空间分布特征,为后续预警机制提供决策依据。

一、杭州市高温热浪灾害风险空间分维特征

杭州城市高温热浪灾害风险空间呈现如下分维特征:高温危险性连片带状分布,总体温度差别较大,高危区主要集中在武林广场、湖滨银泰与滨江科技园区周边,这些区域城市建设强度大、热源密集,同时在南部地区(萧山部分地区)存在集中连片的工业、仓储用地,形成大范围狭长形高危区;人口暴露度整体表现为由城市中心向外围辐射式递减的变化态势,主要分布在武林广场与钱江新城,沿西湖成"半包围"式分布;城市适应力低值区主要聚集在临平区北部和萧山区南部,这些地区汇集了大量的传统工业用地,造成不透水面激增,且相关配套设施滞后,导致城市适应力低下。

二、杭州市高温热浪灾害风险分区类型

通过组合权重计算高温热浪脆弱性,利用自然断点法进行高低分级,探究杭州市高温热浪脆弱性空间分布情况;在此基础上,为更详细地辨析高温危险

性、人口暴露度和城市适应力三个维度在高温热浪脆弱性格局形成中的差异化特征,根据各风险类型等级划分出八种灾害风险区域(见表6-7),并结合灾害风险分区特征与脆弱性等级,归纳出四类高温热浪灾害风险综合分区,以直观表达各空间风险差异,并为分区政策制定提供依据。

表6-7　城市高温热浪灾害风险分区类型特征

分区类型	占比/%	区位特征	代表性区块
高危+高暴+高适	3	涵盖西湖、拱墅、上城、滨江等城市连绵建成区域,多为城市核心区,人流量大,配套设施齐全	黄龙万科中心、武林广场、钱江新城等
高危+高暴+低适	9	集中在下沙、萧山以及上城区中部,以传统工业园区为主,建筑密度较大且硬质铺地占比高,配套设施较少	下沙工业园区、萧山区科技创新中心等
高危+低暴+高适	2	分布在河流周边少量的工业园区与奥体中心,靠近河流湖泊,适应力较好	萧山经济技术开发区、杭州奥体中心等
高危+低暴+低适	15	分布在萧山区东部与临平区中部,以开发区与传统工业园区为主,远离城市核心区,配套设施较少	萧山机场、临平经济技术开发区、萧山工业园区等
低危+高暴+高适	3	主要分布在临近大型公园湿地且河网密布的居住区,虽人口密集,但有较好的适应力	西湖、西溪湿地、半山森林公园等周边的居住区
低危+高暴+低适	2	主要集中在科创园区与城郊地区等周边区域,但园区内建筑密度大而相关配套设施尚未跟上,适应力较低	科创园区、之江
低危+低暴+高适	52	分布在余杭区西北部与萧山区南部的非建设区域,未受到城市发展影响,存在大面积的农业与生态用地	西湖、西北与西南部山区
低危+低暴+低适	14	远离城市中心,人口少,存在裸地等未建设区域,降低了城市适应力	萧山西部、良渚

(一)极度脆弱的工业开发区

"高危+低暴+高适"和"高危+低暴+低适"分区类型主要为城市传统工业集聚区,脆弱性等级高,集中在萧山工业园区、临平经济技术开发区与下沙工业园区。这些区域相较于城市中心人口密度明显降低,但工业区大面积的硬质铺地与工业生产活动对其自身和周边区域产生显著的升温作用,且绿化与水体等蓝绿设施配置较少,城市适应力差;仅有少部分距离河流湖泊较近的区域,城市适应力较高。

(二)高度脆弱的核心集聚区

"高危＋高暴＋高适"和"高危＋高暴＋低适"分区类型涵盖西湖、拱墅、上城、滨江等城市连绵建成区域,脆弱性等级较高。这些区域土地开发强度大,且人口稠密、热源密集,人类生产生活过程中产生的人为热源加剧了城市地表温度升高,并随着距离城市中心由近及远,城市设施配套能力减弱,城市适应力呈逐步下降趋势;研究同时发现,西湖沿岸脆弱性等级较其他城市中心明显降低,表明在城市高强度建设区,大面积水域对高温热浪脆弱性有较好的调节作用,而具有一定规模的团状水体(西湖、西溪湿地)对局部微气候的降温效果比带状水体(钱塘江、京杭大运河)更为显著。

(三)中度脆弱的城乡发展区

"低危＋高暴＋高适"和"低危＋高暴＋低适"分区类型占比较少,主要位于西溪湿地等大型湿地公园北部和余杭区未来科技城周边,这些区域临近湿地河流,且内部保留了较多的自然水体和绿化,形成了较好的生态网络格局,虽人口密集(高暴),但却是最理想的人居场所;与此同时,由于新近建设的创意产业园区内建筑密度大,而相关配套设施尚未跟上,造成了一些低适应力区。

(四)轻度脆弱的生态保育区

"低危＋低暴＋高适"和"低危＋低暴＋低适"分区类型集中分布在城市边缘区域,主要为城市的非建设区,存在大面积的农业用地和林地,景观破碎化程度较低,是今后需持续保护的空间;在一些城乡交界地带,如萧山区西部、余杭区良渚等地,存在较多裸地尚未利用,极大地降低了城市适应力。

第六节 城市高温热浪灾害风险预警机制

根据杭州城市高温热浪脆弱性空间分布与灾害风险分区类型,从总体化应对与差异化提升两方面提出预警机制,并通过强化底线思维、改善城市结构、促进空间转型和提升城市韧性,提高城市应对高温热浪事件能力,减少灾害带来的损失,为后续国土空间规划体系的构建与海绵城市规划的完善提供决策依据。

一、风险变化、关键风险因子与风险程度

第一,基于遥感影像反演,探究 2000 年、2010 年、2021 年三年杭州城市高温热浪空间格局变化。研究发现:从发展趋势来看,2000—2021 年杭州市高温热浪呈现出中心向外辐射趋势,高温面积增加了 622.74 km² ,高温热浪的空间分布具有较大的不均衡性及集聚性。从空间分布特征来看,城市高温区域主要集中在城市建成区,呈现团块集聚、沿主干路分布的特点。2000—2021年杭州市高温区域沿着城市发展方向不断延伸,尤其是萧山区与余杭区的高温区域增加幅度最大,显著高于其他城区。新增的高温区域主要集中于萧山区中部的产业园区、萧山机场以及余杭区东部的未来科技城等周边地区。

第二,基于皮尔逊相关性分析与主成分分析,揭示了影响城市高温热浪的关键影响因子。通过相关性分析与主成分分析发现:人文因素是地表热环境变化的主要因素,对高温热浪的贡献度大于自然因素的贡献度。自然因素与地表温度呈显著负相关,包括改进的归一化水体指数、植被覆盖率及相对湿度,贡献度分别为 -0.220 、 -0.241 和 -0.236 ,表明土地利用中的水体、绿地以及相对湿度能显著缓解杭州市主城区的高温热浪强度;人文因素大多与地表温度呈显著正相关,其中归一化差值不透水面指数与建筑密度指数正向作用最强,贡献度分别为 0.496 和 0.511,表明不断增多的城市建设用地与人类活动将加剧城市高温热浪。在各因素的综合影响下,研究区地表温度将升高 0.981 ℃ 。

第三,基于灾害风险评估概念,从高温危险性、人口暴露度和城市适应力三个维度,构建高温热浪灾害风险评估框架与指标体系,并以杭州主城区为例进行实证研究。结果表明,杭州市高温危险性、人口暴露度和城市适应力三个维度都表现出显著的空间集聚特征。高温危险性与城市适应力呈连片带状分布,而人口暴露度表现为中心向外辐射式递减趋势。根据不同分区类型分布情况,发现核心集聚区主要为"高危＋高暴＋高适",脆弱性等级较高,配套设施齐全;"高危＋低暴＋低适"区域脆弱性等级最高,主要为城市的工业开发区;"低危＋高暴＋高适"地处城市疏密有致地区,脆弱性较低,是一种理想的

人居环境类型;"低危+低暴+高适"区域位于城市外围,属于生态保育区,脆弱性等级最低,存在大面积的农业用地和林地,景观破碎化程度较低,是今后需持续保护的空间。

二、预警机制与管控策略

在全球极端气候事件频发的背景下,根据不同地区的脆弱性特征,制定针对性策略,对于提升城市抵御高温热浪灾害的整体能力至关重要。本章以高温热浪脆弱性分区为基础,从总体思路与差异举措两个层面提出杭州城市高温热浪的预警机制与管控策略。

(一)总体思路

1.减缓思路

(1)提倡绿色低碳城市,减缓高温热浪灾害

在城市建设方面,首先,针对杭州核心区块制定和实施集约用地政策,优化城市空间布局,合理划分工业区、商业区、居住区和绿地,增加城市的透水性表面,通过建设透水性道路和人行道,以及其他雨水管理设施,如雨水花园和渗透井等海绵设施,提升城市整体湿度,从而达到降低高温风险的效果;其次,针对西湖、上城以及拱墅等区的老旧小区,通过城市更新,增加绿地、绿带以及屋顶绿化,提供阴凉区域,降低地表温度,提高其适应力。在城市交通方面,首先,发展非机动交通,如自行车道和步行道,鼓励市民选择健康、低碳的出行方式;其次,建设和完善公共交通网络,如地铁、轻轨和公交线路,提供安全、便捷、低碳的交通服务,减少私人交通出行需求和能源消耗。

(2)优化生态环境建设,扩大有效碳汇面积

首先,生态建设是扩大有效碳汇面积的基础。通过植树造林、恢复湿地、保护和恢复自然森林等措施,可以有效地吸收大气中的二氧化碳,减少温室气体的排放。例如,通过实施国家重点生态工程,加强对重要生态系统的保护,不仅可以提高生态系统的固碳能力,还可以提高生态系统对高温热浪等极端气候事件的抵御能力。同时,这些措施还可以提升生物多样性,保护水源,改善土壤质量,促进生态平衡。其次,科学管理和政策引导是扩大有效碳汇面积的关键,通过出台一系列激励措施,鼓励企业和个人参与到生态建设中来。例如,可以通过碳交易、碳税等市场化机制,激励企业减少排放,投资生态恢复项

目。同时,应加强生态监测和科学研究,通过数据分析和模型预测,科学制订生态恢复和建设计划,确保碳汇项目的有效性和持续性。

2.适应思路

(1)提高群体风险认知,完善预警监测体系

提高风险认知能力并完善综合防灾规划,应对极端高温事件带来的负面影响,是提升城市高温热浪适应力的基础。这需要从教育、信息共享、预警系统建设和政策支持等多个维度入手。一方面,城市居民和政府部门应通过多渠道学习,了解高温热浪带来的风险和影响,提高公众意识和参与程度,通过学校教育、社区活动以及媒体宣传,普及高温热浪带来的健康风险和防护知识,确保每一类群体都能理解高温热浪的潜在风险,并明确在高温热浪来临时的应对措施;另一方面,需构建一个全面的高温热浪监控与预警体系,通过集成气象、医疗、规划等多方面的数据信息,能够实时监测天气变化并分析城市热环境的变化趋势,及时发布高温预警信息,指导公众采取适当措施。此外,应制订详尽的医疗响应计划,确保高温期间医疗资源的有效分配,特别是对于老年人、儿童及其他高风险群体的关注和保护,以此来完善综合防灾策略。

(2)完善灾害风险评估,注重基础设施建设

积极制定和完善高温热浪风险评估,并针对性地加强地方基础设施建设是实现城市对高温热浪长期适应的关键。首先,应通过建立更为精细化的气候监测网络,对城市及周边地区的高温热浪进行全面系统的监测,收集有关数据;其次,通过相关软件分析确定受高温热浪影响地区的具体指标,并进行相应的归类划分;最后,进行区域的高温热浪脆弱性分析和风险评估,精准识别脆弱区域,提出具体措施和策略,提升城市整体适应力。在风险评估的基础上,还应加强地方基础设施的建设和改造,包括蓝绿设施、医疗卫生和社区配套的建设。例如,在"高危＋高暴＋低适"地区增设和完善避暑中心和公共阴凉区域,满足市民在高温时段的避险所需。通过这些措施的实施,可以显著提高杭州市及其居民对高温热浪的应对能力,从而减少高温带来的健康风险和经济损失。

(二)差异举措

1.工业开发区:混合复合,促进城市空间转型

涵盖"高危＋低暴＋高适"和"高危＋低暴＋低适"分区类型,以工业用地、仓储用地为主,脆弱性风险等级最高,是城市高温热浪防治需重点关注区域,亟须科学规划引导,促进城市空间转型。一方面,随着杭州市经济结构的优化与调整,工业开发区需强调产城融合、职住混合,逐步淘汰转移部分产能过剩、污染严重的产业,引入新技术新业态,实现二三产联动,形成"产—城—人"协同发展的新模式,在城市更新过程中探索出多种转型路径。如运河工业三馆和运河国际旅游综合体等工业厂房的成功改造,都是工业园区积极转型的典范,不仅保存了建筑的历史韵味,同时赋予其新的商业和文化功能。另一方面,在发展规划与建设过程中,应重视公共服务设施完善,特别是加强教育和医疗等设施的优化布局。此外,在工业区规划与建设中,针对部分形态旧、业态低、生态乱的园区,应加强园区集中整治,拆除违章建筑,融入更多的蓝绿设施,优化园区整体居住环境,提高居民的生活质量,形成生产、生活和生态三生融合格局,实现产业整体"腾笼换鸟",增强城市适应力。

2. 核心集聚区:减量重组,均衡城市空间结构

针对"高危+高暴+高适"和"高危+高暴+低适"分区类型特征,主要分布在人类活动较为频繁的杭州核心城区,且呈现逐渐向外扩散的趋势。这一现象可能会对核心区域及其周边区域带来持续的负面影响,建议通过减量重组,均衡城市空间结构的方式降低脆弱性,对这些区域的热环境变化给予特别关注,并采取严格的管理措施以有效控制和缓解这种影响。一方面,应摈弃无序蔓延的城市建设模式,构建分散、多中心的城市空间结构与形态,在旧城更新与改造过程中,注重紧凑型开发,构建"疏密有致"的城市空间,实现空间利用的最优化和功能的多样化,逐步舒缓城市内部"高危+高暴"现象,形成低碳宜居的城市发展模式。另一方面,优先考虑行人和非机动车出行的便利性,通过增设人行道、自行车道和绿色通道,提高步行和骑行的安全性和舒适性。同时,加强公共交通系统的建设和优化,提高其覆盖范围和服务效率,鼓励市民减少私家车使用,从而减少交通排热,降低城市高温热浪,减少温室气体排放。整合破碎的生态景观资源,增加绿地、广场等开敞空间,通过系统的绿地网络设计,连通西溪湿地、西湖、京杭大运河、钱塘江等绿地和水体,形成连续的生态廊道,促进生物多样性,增强城市生态系统的服务功能,改善局部微气候,提升城市适应力。

3. 城乡发展区:锚固完善,提升城市空间韧性

包括"低危+高暴+高适"和"低危+高暴+低适"分区类型,这两类主要

以居住区、新型创意园区为主,毗邻大型公园湿地。这些区域不仅承受着不断增长的人口压力及相关的高温灾害挑战,也发挥着环境调节、生物多样性保护及提供居住休憩空间等多重功能。为此,需要从宏观和中观两方面优化城市空间,提升整体空间韧性:宏观上,锚固"大密大疏、疏密有致"的空间结构形态,实现高密度与高绿化的平衡,促进生态与发展的和谐发展。合理规划调整"15分钟社区生活圈",确保居民在步行距离内就能满足日常生活需要,并结合居民生活习惯来改善居住环境品质,促进社会互动,提升社区凝聚力和居民幸福感。中观上,加强基础设施建设,包括完善交通网络、确保水电与信息网络供应等,完善教育、医疗、文化等公共服务设施,鼓励社区居民共同参与社区建设和管理,形成"共建共享"的长效管理机制,保障居民享有配套设施的公平性,增强城市总体适应力。

4.生态保育区:保护为要,强化红线底线思维

囊括"低危+低暴+高适"和"低危+低暴+低适"分区类型,一般为具有生态功能的农业区和生态保护区,脆弱性等级较低。在今后规划发展中,应重视对这些地区生态资源的整体性、协调性和安全性的综合考量,强调保护为要,确保它们作为生态资源保护的优先区域。一方面,基于永久基本农田、生态保护红线的"底线"思维,聚焦生态生命安全,建立多部门嵌套联动的生态监管体系,完善区域内生态补偿制度,明确生态保护红线范围,严格限制该区域内的开发活动,保护生态敏感区和生物多样性,保障生态建设成果,确保有关法规和保护措施得到有效执行。另一方面,因地制宜开发建设,消除裸地,防止水土流失和地表退化,明确规划用途,将部分裸地转化为有益的生态用地,如创建公园、绿地或生态农业区,形成有效的生态缓冲带。也可以合理引导和促进与区域主体功能定位相符且对生态保育区影响较小的适宜产业发展,如新型农业、生态旅游、绿色产业等,形成可持续的发展模式。

第七章　城市内涝灾害风险评估与预警
——以杭州市为例

全球气候变化与快速城市化加剧了城市水安全问题(Louise et al.，2019；Gori et al.，2019)。2012年北京"7·21"特大暴雨、2016年武汉"7·6"特大暴雨、2020年广州"5·22"特大暴雨以及2021年河南"7·20"特大暴雨均对人民群众的生命财产造成巨大损害,严重影响城市可持续发展,城市内涝已经成为影响城市水安全问题的重要因素(赵丽元等,2020;黄华兵等,2021)。2021年国务院办公厅印发的《关于加强城市内涝治理的实施意见》强调要"探索划定洪涝风险控制线和灾害风险区","用统筹的方式、系统的方法解决城市内涝问题"。因此,建立城市内涝风险的评价体系、识别方法与相应预警机制,很具现实紧迫性。

目前国内外学者对城市内涝风险的研究涵盖内涝过程模拟、内涝灾害分析、风险评估预警、风险因子识别等内容(Hirabayashi et al.，2013；Wu et al.，2015；李超超等,2020)。内涝灾害风险评估方法主要包括历史灾情统计法、指标体系法和情景模拟法三大类。如Gerardo等(2004)整合多学科方法,开发了基于过去100年历史洪灾数据的洪水风险评估方法。Okazawa等(2011)基于洪涝灾害的自然属性与社会属性,结合48个候选参数建立了洪灾风险评估指标体系。Yoon(2019)基于SWMM模型,利用六类降水预报数据对韩国首尔的城市暴雨内涝过程进行了模拟,指出准确率最高的径流预报模型。目前,国内外内涝灾害风险评估方法越来越趋于定量化、标准化和模型化,如王成坤等(2019)采用MIKEFLOOD计算平台揭示了城市内涝积水空间分布特征,提出了耦合内涝积水特征和城市人口分布、城市用地性质等暴露脆弱性指标的内涝风险综合评估方法。扈海波等(2021)开发了一种高时空分辨率的城市分布式水文模型,根据模型模拟出不同降水情境下城市易涝点的积水深度并给出不同预警级别的雨量阈值。然而,城市内涝模拟模型面临着资料要求高、计算量大、适用尺度小等诸多挑战,且情景模拟法仅对"灾害事件"进行描述,缺乏对"承灾体"的思考研究,而指标体系法得出的模糊综合评价又难以对风险区做出精确的评价与建设指导。

内涝形成机理通常应用相关性分析(要志鑫等,2020)、回归分析(陈韬等,2022)、地理探测器(郑佳薇等,2023)、地理加权回归(周津羽等,2021)等方法进行分析。在内涝灾害影响因素方面,已有研究表明内涝灾害严重程度与地形地势、下垫面渗透性、土地利用格局等土地利用因素密切相关(Lee et al.,2018;唐钰嫣等,2021),但这些研究都缺乏深层次的灾害溯源分析,尚未从城市发展层面探究土地利用动态演变对内涝灾害形成的影响机理,难以提出更为精细的国土空间治理建议。

有鉴于此,本章将以系统化全域推进海绵城市建设示范城市——杭州为例,在前人研究的基础上回应现有研究不足并聚焦三大科学问题"土地利用如何影响城市内涝?城市内涝灾害风险如何评估?针对性的内涝灾害预警机制是什么?"展开分析。首先,根据杭州实际情况进行水文空间分析,确定城市集水区,作为内涝灾害风险评估单元和致涝因子识别单元,结合内涝灾害模拟模型对城市极端暴雨下的内涝积水情况进行模拟;其次,利用多源数据及ArcGIS技术,通过地理探测器识别土地利用因子与城市内涝灾害严重程度的相关关系,揭示关键致涝因子;再次,以 IPCC 提出的分析评估方法为参照①,结合城市内涝危险性与脆弱性指标,建立城市内涝灾害风险评估体系,划分城市内涝灾害风险等级;最后,结合关键致涝因子和城市内涝灾害风险分区,从重点管控内容、重点管控区域两个方面建立预警机制(见图 7-1)。本章旨在为水安全灾害风险评估与预警提供理论依据与决策参考。

---

①　城市内涝灾害风险属于自然灾害风险范畴。关于自然灾害风险,目前国际上还没有统一的定义,国内外研究机构和专家学者提出了多种多样的概念及表达式。其中,联合国政府间气候变化专门委员会(IPCC)第六次报告(2023)中将自然灾害风险定义为灾害事件、暴露度和脆弱性的交集。

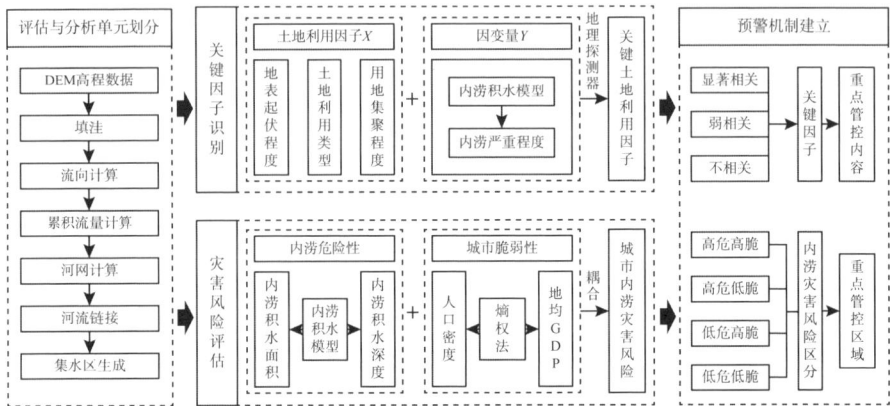

图 7-1 本章研究技术路线

第一节 研究对象与数据来源

一、研究区概况

以杭州主城八区为研究对象,包括余杭、临平、拱墅、上城、西湖、滨江、钱塘和萧山,总面积达 $3347km^2$。研究区西部海拔较高,多为山地和丘陵;东部属于浙北平原,地势低平,江河纵横,大部分地区海拔在 $10m$ 以下。研究区地处亚热带季风气候区,具有春多雨、夏湿热、秋气爽、冬干冷的气候特征,平均年降水量 1100—1600mm,3—9 月降水量占全年的 75%。钱塘江以北大部分地区隶属运河和上塘河单元防涝分区,一部分涝水向北排入杭嘉湖平原河网水系,另一部分通过泵站排入钱塘江,钱塘江以南部分则隶属萧绍平原防涝分区,涝水主要通过江边排灌站排入钱塘江。

二、数据来源

研究基于以下数据:①杭州 DEM 高程数据,分辨率为 $30m×30m$,通过中国科学院计算机网络信息中心地理空间数据云平台(http://www.gscloud.cn)下载获取;②土地利用数据,采用中国多时期土地利用遥感监测数据集(CNLUCC),根据研究需要将区域土地利用类型划分为绿地、水域、建设用地三大类(一级),以及水田、旱地、林地、园地、草地、低覆盖绿地、水域、建筑密集区、建筑较密集区、裸地十大类(二级);③下垫面雨量径流系数,参考《资源环境承载能力和国土空间开发适宜性评价技术指南》(2019)和《城镇内涝防治技术标准》(2020)中对径流系数的取值范围,结合杭州实际下垫面情况取值(见表7-1);④短时强降雨量,根据浙江省住房和城乡建设厅发布的《暴雨强度计算标准》(DB33/T1191—2020)计算所得;⑤人口经济数据,采用中国GDP和人口空间分布公里网格数据,分辨率1km×1km,来源于中国科学院资源环境科学数据中心(https://www.resdc.cn)。

表7-1 研究区土地利用分类及径流系数取值

CNLUCC 分类编号	CNLUCC 分类类别	径流系数取值	研究小类	研究大类
11	水田	0.35	水田	
12	旱地	0.50	旱地	
21/22	有林地/灌木林	0.03	林地	
24	其他林地	0.09	园地	绿地
31/32	高覆盖度草地/中覆盖度草地	0.08	草地	
23/33	疏林地/低覆盖度草地	0.19	低覆盖绿地	
41/42/43/45/46	河渠/湖泊/水库坑塘/滩涂/滩地	1.00	水域	水域
51	城镇建设用地	0.84	建筑密集区	
52/53	农村居民点/其他建设用地	0.72	建筑较密集区	建设用地
65/66	裸土地/裸岩石质地	0.30	裸地	

第二节 研究内容与方法

一、评估与分析单元划分

集水区是径流控制的结构单元,也是水文模型中重要的输入数据,我们以此作为内涝灾害风险评估和驱动因子探究的基本单元,利用ArcGIS软件的水文分析模块并基于 D8 算法①进行集水区划分,包括以下几个步骤:①无洼地 DEM 生成。DEM 能较为准确地模拟出地表形态,但由于 DEM 数据的误差和真实地形中的凹陷区域,使得直接通过原始 DEM 得到的水流方向往往存在较大误差。因此,在计算前应先对原始 DEM 数据进行填洼处理,得到无洼地 DEM。②提取水流方向。提取水流方向即计算栅格数据中每个单元上最陡的下降方向。在 3×3 的 DEM 栅格上,计算中心栅格和各相邻栅格的距离权落差,计算值最大的栅格中心即为水流的流出方向。③汇流累积量计算。以规则格网表示的数字高程模型每点处有一个单位的水量,通过水流方向数据计算每一点处所流过的水量数值,得到该区域的汇流累积量。④河网提取。在汇流积累量数据的基础上,设定合适的阈值范围②,从而提取出准确的河网栅格图层,水系的准确性直接影响集水区的尺度和准确性。本研究利用杭州市的地形数据反复实验,将提取的河网水系与实际水系进行对比,最终将阈值设定为 10000 个单位的水量。⑤流域分割。流域即所需的集水区,是指流向同一个出水口的径流所流经的地表区域。流域分割需首先确定每个出水口,通过水流方向数据计算得到所有上游流入各个出水口的栅格单元,形成相应的子汇水区。由于上述过程会得到一些极小的流域,可以通过设定阈值,将面积小于阈值的流域合并到相邻流域中,同时需处理市域边际集水区并进行拓扑检查。经过调整与检查,最终得到 172 个集水区。

二、内涝积水模型建立

内涝积水模型包含集水区划分、径流量计算和无源淹没分析三部分内容。集水区划分是以高程模型 DEM 为基础,通过 ArcGIS 的地形地貌和水文分析,模拟地表径流的自然流量累积路径。径流量根据杭州主城区暴雨强度公式计算,具体计算公式为

$$q = \frac{1455.550 \times (1 + 0.9581 \lg P)}{(t + 5.861)^{0.674}} \tag{7-1}$$

式中,q 为暴雨强度,单位为 $L/(s \cdot hm^2)$;P 为设计降雨重现期;t 为降雨历

---

① D8 算法是 ArcGIS 流向工具支持的建模算法之一,假设单个栅格中的水流只能流入与之相邻的 8 个栅格中,用最陡坡度法来确定水流的方向。

② 数字水系提取中阈值的确定方法大致可以分为试错法、河网密度法、平均坡降法、分维数法等,本章采用试错法将提取的河网水系与实际水系进行对比,从而确定阈值。

时。由暴雨强度公式推求百年一遇降雨 2 小时累积雨量,根据土地利用类型计算各集水区综合径流系数,累计降雨量与综合径流系数的乘积即为集水区地表径流量。无源淹没分析模拟区域大面积均匀降雨,所有低洼处都有可能积水。通过 ArcGIS 对每个集水区进行填挖方分析,当填方量与地表径流体积相等时,该填方高程即为淹没高程,填方区域即为淹没区,ArcGIS 表面体积工具通过 Python 程序的循环结构实现迭代计算。内涝积水模型运行流程如图 7-2 所示。

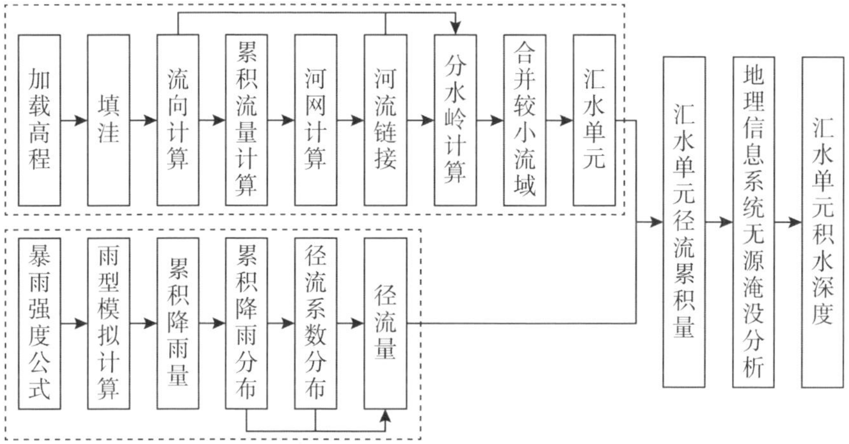

图 7-2　内涝积水模型运行流程

三、相关性分析方法与指标选取

(一)地理探测器介绍

地理探测器是基于空间方差分析理论的统计学方法,用于揭示某种或多种地理要素的驱动作用,包含分异及因子探测器、生态探测器、交互探测器和风险探测器(王劲峰等,2017)。相比传统的相关性分析方法,地理探测器无须任何线性假设即可检测因子与地理现象之间的关系,其计算过程和结果不受多变量共线性的影响,还可以探测因子的交互作用,极大弥补了传统的相关性分析对空间类型变量和非单调关系变量分析的不足,在自然灾害影响因素的分析中被广泛使用,本章将通过地理探测器中的因子探测、风险探测和交互探测进行关键致涝因子识别。

地理探测器中,因子探测可以说明因子 X 多大程度上解释了因变量 Y 的

空间分异,计算公式为

$$q = 1 - \frac{\sum_{h=1}^{L} N_h \sigma_h^2}{N \sigma^2} \tag{7-2}$$

式中,q 为因子对因变量 Y 的解释力,取值区间为$[0,1]$,值越大表示因子对因变量 Y 的解释力越强;$h=1,2,\cdots,n$;L 为因变量 Y 或者因子 X 的分层(分类或分区);N_h 和 N 分别为层 h 和全区的单元数;σ_h^2 和 σ^2 分别为层 h 和区域 Y 的方差。

风险探测用于判断两个子区域间的属性均值是否有显著的差别,显示为因子 X 子分层 h 内因变量 Y 的属性均值。当因子 X 为连续数据,并对数据进行离散化处理时,有规律地排列子区域 h,就可以得到因子 X 所对应因变量 Y 大致变动方向的趋势,即相关关系。

地理探测器交互探测可以识别两个不同的因子在共同作用时是否会增加或减弱对因变量的解释力,存在五种交互结果:交互因子解释力小于两因子解释力较小值,被称为非线性减弱;交互因子解释力小于两因子解释力较大值,被称为单因子非线性减弱;交互因子解释力大于两因子解释力较大值,被称作双因子增强;交互因子解释力等于两因子之和,说明两因子相互独立;交互因子解释力大于两因子解释力之和,被称为非线性增强(见图 7-3)。

图示	判断依据	交互作用
	$q(X1 \cap X2) < Min(q(X1),q(X2))$	非线性减弱
	$Min(q(X1),q(X2)) < q(X1 \cap X2) < Max(q(X1),q(X2))$	单因子非线性减弱
	$q(X1 \cap X2) > Max(q(X1),q(X2))$	双因子增强
	$q(X1 \cap X2) = q(X1) + q(X2)$	独立
	$q(X1 \cap X2) > q(X1) + q(X2)$	非线性增强

● q(X1),q(X2)中较小值　● q(X1),q(X2)中较大值　● q(X1),q(X2)两者求和　▼ q(X1∩X2)

图 7-3　两个自变量对因变量交互作用的类型

在运用地理探测器分析问题时,连续型因子的离散化处理尤为重要,本研究采用地理探测器的 R 语言包"GD"对连续型因子进行离散化处理,分类方法设为相等间隔法(equal)、分位数法(quantile)及自然断点法(natural),分类数区间设为$[3,9]$,以置信度 95% 的条件筛选因子解释力最大值对应的分类方法及分类数。

(二)指标选取

城市内涝是强降水或连续性降水超过城市排水能力致使城市内产生积水的现象,其严重程度与降雨量、地形地势、下垫面渗透性、土地利用格局及排水设施等密切相关(Stephane,2013;Israel,2017)。城市系统复杂多变,不同城市的内涝成因各不相同。其中,土地利用作为诱发城市内涝的重要原因,是城乡空间规划的重点管控内容。本章结合杭州八区的实际情况,借鉴相关研究(Diakakis et al.,2016;吴健生等,2017;Räsänen et al.,2018),将地表起伏程度、土地利用类型、用地集聚程度作为土地利用因子准测层。地表起伏程度包含平均高程、平均坡度和高程标准差三项指标,其中高程标准差为 DEM 高程值栅格中与输出像元同属一个区域的所有像元的标准差,较大的标准差代表区域各点高程值和其平均值之间差异较大、地势崎岖,较小的标准差代表区域各点高程值接近、地形平坦,三项指标在 ArcGIS 空间分析中通过分区统计工具获取。土地利用类型包括绿地占比、水域占比和建设用地占比三项指标。用地集聚程度,结合已有研究(唐钰嫣等,2021;吴江华等,2021),考虑景观格局指数内涵和研究区实际情况,我们选取斑块密度作为指标,斑块密度表示单位面积上景观斑块的数量,反映了斑块密集程度。土地利用类型和用地集聚程度等六项指标均运用软件 Fragstats 4.2 计算。

因变量 Y 为城市内涝灾害严重程度,同时考虑内涝积水的自然属性和积水成灾的人文属性。城市暴雨内涝灾害是自然灾害的一种,根据《城镇内涝防治技术标准》,当积水深度小于 15cm 时,基本不会对行人和机动车通行产生影响,不构成灾害;当积水深度在 15cm 以上时,会影响行人通行,致使机动车行驶速度变缓,造成财产损失乃至人员伤亡,可造成自然灾害;同时,若没有人口与财富暴露于内涝中,即使积涝再深,也不会有灾情出现。为此,研究将暴雨积水在 15cm 以上的建筑密集区在评估单元的用地占比作为衡量集水区内涝灾害严重程度的指标。

四、城市内涝灾害风险评估方法

政府间气候变化专门委员会(IPCC)提出,极端事件影响的严重性不仅取决于极端事件本身,也取决于承灾体的暴露度和脆弱性,两者是灾害风险的主要决定因素。本研究基于 IPCC 报告提出的灾害风险构成因素，将极端事件造成的影响大小定义为灾害"危险性"，极端事件定义为百年一遇短时强降雨；将同等危险条件下承灾体受影响程度定义为城市"脆弱性"；建立"危险性—脆弱性"耦合系统对城市内涝灾害风险进行评估。

前文中将暴雨积水在 15cm 以上的区域定义为"成灾"地区，将暴雨积水在 15cm 以上的建筑密集区在评估单元的用地占比作为衡量集水区内涝灾害严重程度的指标。在城市内涝灾害风险评估中则是将"危险性"和"脆弱性"分别考虑，"危险性"仅考虑内涝事件本身的自然属性，人文环境则体现在城市"脆弱性"上。因此，将极端暴雨积水在 15cm 以上区域在集水区的用地占比作为内涝灾害"危险性"，通过暴雨内涝积水模型进行计算。暴雨积水事件最终是否造成损失及其严重程度则取决于城市的"脆弱性"，结合已有研究（徐宗学等，2020；刘媛媛等，2020；黄亦轩等，2023），我们选取人口密度和地均 GDP 作为城市"脆弱性"指标，对数据进行极差标准化处理以消除变量量纲和变异范围影响，采用熵权法确定权重。在信息论中，熵是对不确定性的度量，指标熵值越小，表明指标的不确定性越小，提供的信息量越大，该指标的权重也越大；反之，指标熵值越大，表明提供的信息量越小，该指标的权重也越小，指标熵值与权重通过 SPSS 数据分析软件计算。

在完成研究区暴雨内涝灾害危险性和城市脆弱性的计算后，通过自然断点法耦合灾害危险性和城市脆弱性得到"高危高脆""高危低脆""低危高脆""低危低脆"四个城市内涝灾害风险分区。

第三节　城市内涝积水模拟结果

利用芝加哥雨型模拟器获取研究区两小时短时强降雨的雨量，重现期设为五年一遇、二十年一遇、五十年一遇、百年一遇，通过模型模拟得到不同重现期的内涝积水深度。

总体来说，拱墅区、西湖区、余杭区西部和萧山区西部地势较高，自流排水条件较好，不易形成内涝积水区，余杭区东部和临平区北部地势较低，暴雨时需承受西侧山体下泄的雨水以及运河、上塘河区块下行的涝水，且汛期杭嘉湖平原水位高,排水受阻,上下夹逼易形成大面积连片的面状内涝积水区;城市东部为钱塘江下游平原,地势低平,水网丰富,沿江易形成带状积水区;此外,山林地区的山溪交汇处和城区地势低洼处分布着孤立的点状积水区。

随着暴雨重现期不断增大,杭州八区内涝的积水深度和积水面积不断扩大。其中,遭遇二十年一遇的暴雨时,萧山区湘湖附近开始出现内涝积水区;遭遇五十年一遇的暴雨时,拱墅、西湖、上城三区交会的杭州老城区也开始出现内涝积水区;遭遇百年一遇的暴雨时,钱塘江两岸地区新增多处内涝积水区。

第四节　城市暴雨内涝驱动因子探测结果

一、单因子探测结果分析

本研究利用地理探测器中的因子探测和风险探测模块揭示了土地利用因子与城市暴雨内涝灾害危险性的相关关系和影响程度,因子探测结果如表 7-2 所示,风险探测结果如图 7-4 所示。风险探测结果中,各因子按照从小到大的分类区间自上而下排列,内涝灾害严重程度平均值最大项和最小项分别用黑色和白色加以突出显示。

表 7-2　因子探测结果

准测层	指标层	因子决定力 q	显著性水平 p	最佳分类等级	最佳分类方法
地表起伏程度	平均高程	0.2758	0.0000***	9	quantile
	平均坡度	0.2738	0.0000***	6	quantile
	高程标准差	0.2589	0.0000***	7	quantile
土地利用类型	绿地占比	0.6837	0.0000***	9	equal
	水域占比	0.0595	0.0162*	4	natural
	建设用地占比	0.8525	0.0000***	9	equal
用地集聚程度	绿地斑块密度	0.1105	0.0086**	7	natural
	水域斑块密度	0.0657	0.2498	9	natural
	建设用地斑块密度	0.1846	0.0008***	9	natural

注:*、**、***表示在 5%、1%、0.1%的水平上显著。

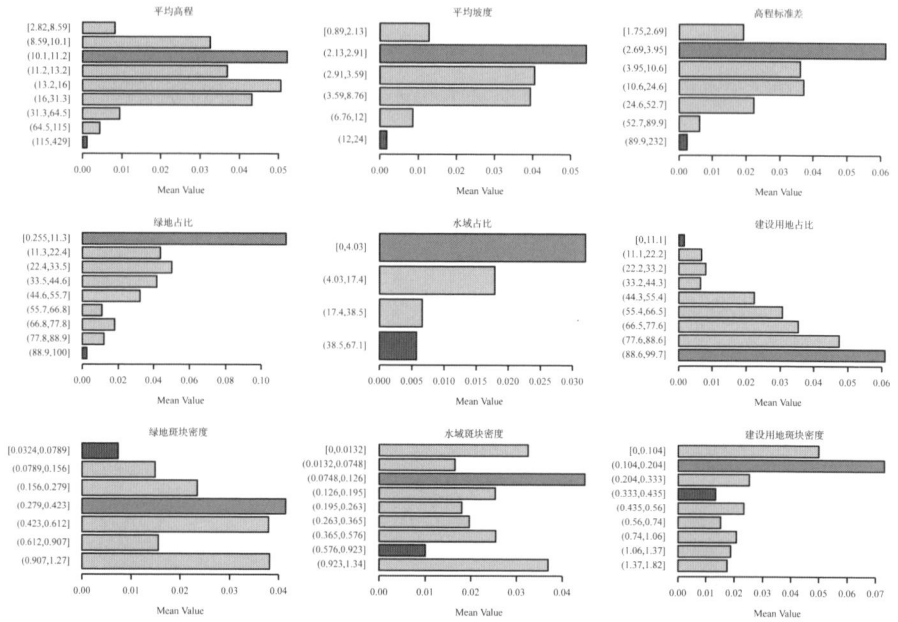

图 7-4　风险探测结果

在置信度 95％的条件下,对比准测层三大类指标,土地利用类型对城市内涝灾害风险影响最大,平均因子决定力为0.5319;其次为地表起伏程度,平均因子决定力为 0.2695;用地集聚程度的影响相对较弱,平均因子决定力为0.1476。土地利用因子决定力从大到小排列为:建设用地占比＞绿地占比＞平均高程＞平均坡度＞高程标准差＞建设用地斑块密度＞绿地斑块密度＞水域占比。水域斑块密度未通过显著性检验。

土地利用类型中,决定力最大的两个关键因子是建设用地占比(0.8525)和绿地占比(0.6837)。结合风险探测结果可知,绿地占比和内涝灾害严重程度呈明显的负相关关系,究其原因,绿地具有良好的雨水渗透与调蓄能力,植被和土壤均可吸收大量的雨水并缓慢释放到地下,这种自然渗透过程有助于减少地表径流,从而减轻城市排水系统的负担,因此,在城市建设中保留森林、草地、湿地、农田等绿色生态空间,在城市更新中增加绿地空间是减轻城市内涝灾害的有效手段。水域占比和内涝灾害严重程度呈明显的负相关关系,究其原因,水域作为天然的储水空间,具有强大的蓄水和调洪能力,在极端暴雨天气条件下,大量的雨水可以通过河流、湖泊等水域迅速扩散和储存,从而有效减轻城市排水系统的压力,使得城市发生内涝的风险显著降低,因此,在城市建设过程中应当保护湖泊水系,以确保水生态空间面积不减少、功能不降低。建设用地占比和内涝灾害严重程度呈明显的正相关关系,究其原因,建设用地的增加往往伴随着不透水面的扩大。这些不透水面,如硬化的道路、厂房设施等,使得雨水难以渗透到地下,从而降低了地表的雨水下渗能力,在极端暴雨天气下,大量的雨水无法被地表吸收,只能形成径流,加剧了地表水流的汇聚量和流动速度,因此,在城市化建设过程中应当严格控制建设用地规模,提高土地利用效率,避免无序扩张。

地表起伏程度中,平均高程、平均坡度和高程标准差等因子的决定力相差不大。当平均高程、平均坡度和高程标准差三者在最小的分类区间时,内涝并不严重,这是因为完全平坦的地形不会形成径流汇聚,只有集水区内部呈现一定的高差,才会出现汇流积水的现象。当地形出现一定的起伏时,三者和内涝灾害严重程度均呈负相关关系,表明研究区平均高程越高、平均坡度越大、高程标准差越大的区域越不容易形成内涝灾害,这样的地区往往以山地为主,植被茂密,对雨水的拦截作用强,产生径流较少,陡峭的地势也可以有效减少雨水的汇聚面积。然而,对于地势较高、坡度较陡的区域,过度开发可能导致生态破坏和地质灾害,因此,城市开发选址应就各类灾害风险、城市空间布局、交通组织、基础设施建设等多方面综合考虑。同时,应重视微地形改造对城市排水防涝能力的重要提升作用,根据排水需求、景观要求和生态功能,进行科学合理的地形设计,通过堆土、挖方等方式增加地形起伏,创造下凹绿地、下沉广场等景观地形,不仅能增加城市应对极端暴雨的滞、蓄空间,还能为城市增添独特的景观元素。

用地集聚程度中,建设用地斑块密度和内涝灾害严重程度呈负相关关系,究其原因,建设用地斑块密度越大,意味着建设用地形态越破碎,其间有更多的绿地、水域等自然区域,这些区域可以起到一定的雨水吸收和存储作用,有助于减少径流,进而减轻内涝灾害严重程度,因此,在城市发展中,应着力优化国土空间布局和功能分区,推动土地的集约化利用,适当增加生态空间,实现城市可持续发展。绿地斑块密度则与内涝灾害严重程度呈正相关关系,绿地斑块密度越小、越集中连片,内涝灾害严重程度越低,因此,城市防涝要关注"大海绵"建设,通过生态廊道联系不同的生态斑块,形成更具规模的雨水调蓄空间。

二、因子交互探测结果分析

引发内涝灾害的因素复杂多样,通过对致涝因子进行交互作用分析进一步探究其影响机理。由于水域斑块密度未通过显著性检验,在此不做讨论。交互探测结果如图7-5所示。

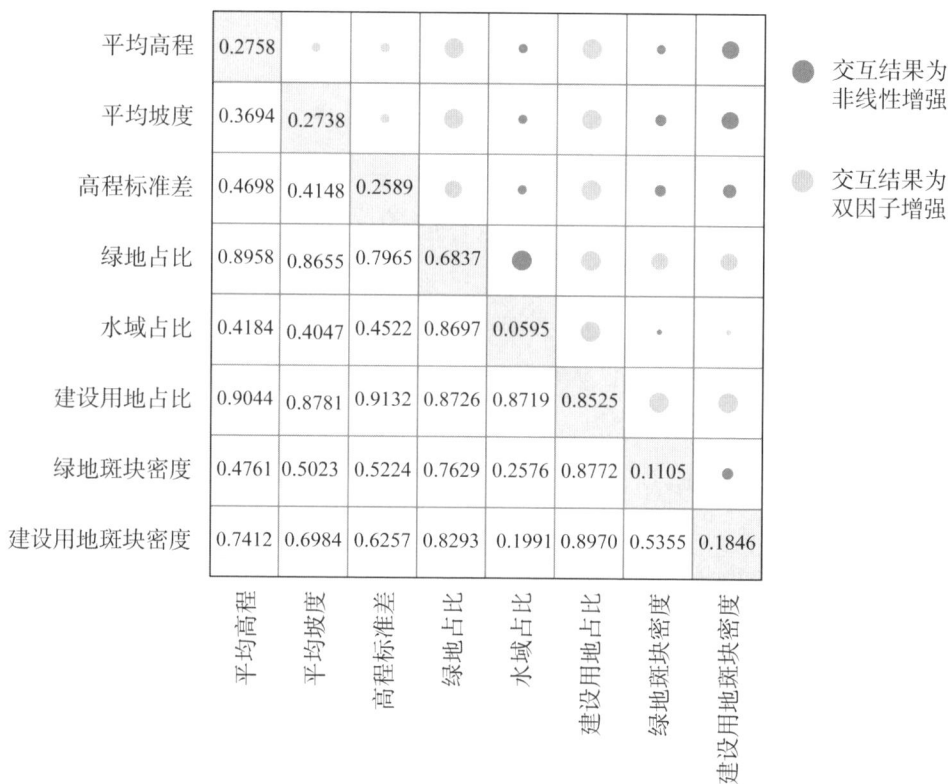

	平均高程	平均坡度	高程标准差	绿地占比	水域占比	建设用地占比	绿地斑块密度	建设用地斑块密度
平均高程	0.2758							
平均坡度	0.3694	0.2738						
高程标准差	0.4698	0.4148	0.2589					
绿地占比	0.8958	0.8655	0.7965	0.6837				
水域占比	0.4184	0.4047	0.4522	0.8697	0.0595			
建设用地占比	0.9044	0.8781	0.9132	0.8726	0.8719	0.8525		
绿地斑块密度	0.4761	0.5023	0.5224	0.7629	0.2576	0.8772	0.1105	
建设用地斑块密度	0.7412	0.6984	0.6257	0.8293	0.1991	0.8970	0.5355	0.1846

● 交互结果为非线性增强

● 交互结果为双因子增强

图 7-5 交互探测结果

所有因子的交互作用都呈现增强的效果,说明土地利用因子对内涝灾害危险性的影响存在复杂的耦合作用,而不是独立的。建设用地占比∩高程标准差(0.9132)和建设用地占比∩平均高程(0.9044)是两个最强的交互对,双因子决定力均超过0.9,表明地形地势和地表覆盖透水特性在内涝灾害形成中起决定性作用:一方面,地表径流系数大,缺乏渗、蓄空间;另一方面,地势低洼,容易导致径流汇聚。因此,为从源头上预防暴雨内涝灾害,城市开发应当特别关注建设选址、竖向设计和建设用地总量控制。

水域占比和绿地斑块密度两个因子与其他因子交互的非线性增强作用最

多(5项),表明水域占比和绿地斑块密度的交互影响在解释内涝灾害危险性时非常关键,这与以往学者的研究结论基本一致:水域占比越大,绿地景观越完整,连接性越强,对雨水的滞蓄能力越强,城市建成区在暴雨内涝中受灾的可能性就越小。因此,保留雨水滞蓄空间,保障城市水面面积,打造城市生态"大海绵",在预防城市暴雨内涝灾害中能起到事半功倍的效果。

三、驱动因子在不同脆弱性地区的差异

结合杭州暴雨内涝灾害评估结果,在高脆弱性地区和低脆弱性地区分别进行土地利用因子探测,因子解释力值如图 7-6 所示。结果表明,土地利用因子对内涝灾害危险性的影响在不同脆弱性地区存在较大差异。

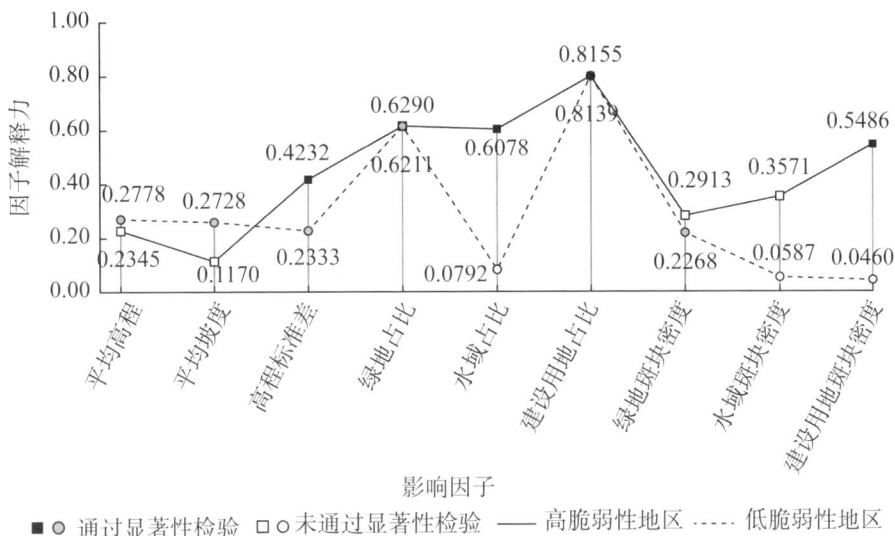

图 7-6　杭州城市不同脆弱性地区驱动因子 q 值

在置信度 95% 的条件下,低脆弱性地区的土地利用因子解释力从大到小依次为建设用地占比、绿地占比、平均高程、平均坡度、高程标准差和绿地斑块密度;高脆弱性地区的土地利用因子解释力从大到小分别为建设用地占比、绿地占比、水域占比、建设用地斑块密度和高程标准差。就准则层三大类指标而言,土地利用类型对城市内涝灾害危险性的影响在不同脆弱性地区均起决定性作用,随着地区脆弱性水平的提升,地表起伏程度对内涝灾害危险性的影响减小,用地集聚程度的解释力显著提升。

对比各驱动因子在不同脆弱性地区的差异:在地表起伏程度层面,随着区域脆弱性水平提升,平均高程、平均坡度对内涝灾害危险性的影响不再显著,高程标准差的解释力则有较大提升,表明微地形设计在高脆弱性区域的内涝灾害防治中具有重要意义。在土地利用类型层面,建设用地占比和绿地占比的因子解释力始终排前两位,水域占比对低脆弱性地区的内涝灾害危险性没有显著影响,但在高脆弱性地区的因子解释力高达 0.6078,仅次于绿地占比,表明在绿色生态空间被大量蚕食的高脆弱性地区,水域的滞蓄功能和汇流效果越发凸显,恢复和增加城市水系可以有效缓解城市内涝压力。在用地集聚程度层面,低脆弱性地区对内涝灾害危险性有影响的驱动因子仅有绿地斑块密度,高脆弱性地区仅有建设用地斑块密度,说明景观格局对内涝灾害危险性的影响是由占主导地位的土地利用类型决定的。

上述分析结果表明,在城市建设过程中,严格控制建设用地规模,科学合理安排生态空间,是减少内涝灾害最有效的手段;城市内涝灾害防控应采取分类分区的规划管理措施,在开发建设初期应注重建设选址和绿色空间功能组织,在已经大规模开发的地区可通过城市更新合理设计微地形、优化生态水系环境并改善建设用地结构以减小暴雨内涝带来的灾害损失。

第五节 暴雨内涝风险评估结果

一、危险性评估结果

在百年一遇短时强降雨条件下,研究区内涝灾害危险性评估结果显示,钱塘江沿岸地区危险性最高;其次是余杭区东部、临平区中部、萧山区东部等地势较低的片区;余杭区西部和萧山区南部山区因地势高差大,积水汇聚面小,内涝灾害危险性最低。

二、脆弱性评估结果

研究区城市脆弱性评估结果显示,高脆弱性地区承载着最大密度的经济活动和人力资源财富,是防涝的重点区域,其中,拱墅区、上城区、滨江区和钱塘区的下沙片区承载了大量人口;拱墅区、滨江区和上城区靠近滨江一带承载了大量的经济活动。通过熵权法叠加,可以看到脆弱性评估结果呈现明显的中心—外围圈层结构:拱墅区、上城区和滨江区西部地区共同构成了高易损性的中心圈层,并沿地铁线路向外扩散,城市外围地区脆弱性相对较低。

三、暴雨内涝灾害风险评估结果

借助 ArcGIS 软件对研究区暴雨内涝灾害危险性和城市脆弱性数据进行叠加,得到四类风险地区。其中,高危高脆地区占比 11.58%,低危高脆地区占比 4.49%,高危低脆地区占比 29.32%,低危低脆地区占比 54.61%。

从空间分布来看,高危高脆地区分布于滨江区、上城区、拱墅区南部、西湖区东北部和钱塘区西南部,属于城市中心特别是钱塘江两岸高密度集中建设地区,人口经济集聚是脆弱性增强的根源,而城市土地开发导致的综合径流系数增大给这类地区带来了极大的危险性。高危低脆地区广泛分布于城西科创走廊和城东制造走廊地带,这些区域平均高程较小,整体地势低洼,排水不畅,在雨季极易积水成为"高危"区域,但因为正处于开发之中目前尚属于"低脆"状态,一旦承载过量社会经济活动,便极易转化为高危高脆地区。低危高脆地区分布于拱墅区北部、钱塘区西北部、滨江区东南部等地,这类地区的集水区内部高程标准差较大,地势高差明显,虽然城市开发强度较大,但由于每个单元都有明显的地势低洼处积蓄雨水,从而有效避免了开发建设"高脆"带来的暴雨内涝"高危"。低危低脆地区则分布于研究区外围地势较高或自然排水条件较好的集水区,以山林、湿地和农田为主要用地类型。

第六节 暴雨内涝灾害风险预警机制

一、关键因子识别、内涝灾害风险评估及预警框架构建

利用暴雨内涝模型模拟得到研究区内涝积水空间分布状况,通过地理探测器分析得到影响城市内涝的关键土地利用因子,建立评估体系对内涝灾害风险进行分区,据此把握城市内涝灾前预警工作的重点和难点,为杭州全域推

进海绵城市建设提供决策依据。

第一，基于地理探测器，揭示了影响城市内涝的土地利用类型及其结构因子。研究显示，土地利用类型对城市内涝灾害严重程度影响最大，地表起伏程度次之，用地集聚程度的影响相对较弱；平均高程、平均坡度、高程标准差、绿地占比、水域占比、建设用地斑块密度六项指标与内涝灾害程度呈一定的负相关关系，建设用地占比、绿地斑块密度两项指标与内涝灾害程度呈一定的正相关关系，水域斑块密度与内涝灾害程度的关系不显著；平均高程、高程标准差与建设用地占比的交互影响对内涝灾害程度起决定性作用，水域占比、绿地斑块密度在交互作用中会产生放大效应；绿地占比和建设用地占比在影响内涝灾害严重程度中始终占据主导地位，其他因子的影响力在不同脆弱性地区存在较大差异。

第二，基于风险评估的概念，结合灾害系统相关理论，构建"危险性—脆弱性"相耦合的风险评估体系，对杭州城市内涝灾害风险进行等级划分和范围识别。结果显示，高危高脆地区大部分集中在高密度建设区域，人口经济的集聚是危险性和脆弱性增强的根源；高危低脆地区多为城市边缘洼地，其自然条件不适宜开发建设；低危高脆地区内部高差较为明显，通过合理的土地利用有效避免了"高脆"带来的"高危"；低危低脆地区则广泛分布于建成区外围。

第三，建立一个综合考虑致灾因子、动态识别风险等级、提供多维应对方案的城市水安全预警平台，为精细化管理提供科学支撑。一是将水文测算、气象预报与社会经济特性相结合，建立内涝灾害监测评估预警的理论体系和软件系统，综合分析城市关键致涝因子和因子链，将防灾减灾工作的重点转移到灾前。二是以监测技术和地理信息系统组成的空间信息技术为依托，通过对城市积涝点的历史记录和实时排查，采用"一点一方案"的形式实现早发现、早分析、早治理。三是基于信息共享及协同治理原则，形成多部门、多维度、全过程的城市水安全保障体系，建立应对各种极端降雨情景的应急预案。

二、风险预警的策略重点

根据杭州城市内涝的关键致涝因子和灾害风险等级的区域特征，从重点管控内容和重点管控区域两方面提出如下风险预警策略。

（一）重点管控内容

重点管控相关性显著的土地利用因子。①高程方面，城市规划建设要强化用地适宜性评价和项目选址论证工作,充分考虑洪涝风险;加强竖向管控,合理布局城市功能;"高水高排、低水低排",利用自然力量排水,科学确定排水分区,优化排涝通道和设施设置。②建设用地方面,老城区应该通过旧城更新,既要留白增绿,更要广泛使用透水铺装;新城区应避免建设用地无序蔓延,在开发建设时依法依规论证审查,严格控制地表径流系数,保证足够的调蓄容积和功能。③绿地方面,宏观上保留城市森林、湿地,建设城市绿色生态廊道;中观上有意识地让城市部分地区承担临时性蓄水功能,打造防护绿地、公园绿地、小型湿地等临时性蓄水空间,适度"水进人退"以缓解城市内涝;微观上生态措施与工程措施并举,在对现有城市绿地进行保护和整合的同时尽量提高城市绿化面积,增设下沉式绿地、植草沟等城市绿色基础设施。④水域方面,城市外围应保留天然雨洪通道、蓄滞洪空间,注重维持河湖自然形态,避免简单裁弯取直和侵占生态空间,保持城市及周边河湖水系的自然连通和流动性;城市内部可以实施河湖水系的治理与修复,因地制宜恢复因历史原因封盖、填埋的天然排水沟、河道等,合理开展河道、湖塘、排洪沟、道路边沟等整治工程,提高行洪排涝能力,确保与城市管网系统排水能力相匹配。如此,方能从"渗""滞""蓄""排"等方面改变地表产汇流条件,达到从源头上降低城市内涝灾害风险的目的。

(二)重点管控区域

通过划定暴雨内涝灾害风险区,对城市规划、建设和管理进行全过程控制和调节,结合内涝产生机理和关键驱动因子,对不同类型的风险区域提出差异化的管控策略。

1.高危低脆地区:强化底线约束,保障生态安全

高危低脆地区广泛分布于余杭区东部,其余七区也均有分布。集中连片的高危低脆地区往往是指具有一定生态功能的环境保护区域,如水库泄洪区、湿地保育区以及水田类人工次生湿地等,对此类区域应以保护为主,坚守城市生态安全底线,强调刚性管控和要素限制,严格控制建设发展边界。对布点分散的高危低脆地区,应当以资源环境承载能力和国土空间开发适宜性评价为基础,科学有序统筹布局生态、农业、城镇等功能空间,包括城市雨洪调蓄空间,建设湿地公园、自然教育基地等;如若有适量建设活动,则应当在全面评价和科学论证的基础上,以构建完善的排水防涝体系并制定暴雨内涝应急预案

为前提。

2.低危高脆地区:锚固城市结构,优化空间形态

低危高脆地区主要集中在拱墅区、上城区和西湖区北部,向四周呈放射状延伸。这类地区在建设选址中具有较好的地形地貌优势,在土地高强度开发的同时,保留了较多大中尺度的自然海绵体(水域、山体等);后续城市更新改造过程中应当在锚固既有城市空间结构的同时,强化微地形设计,复合土地利用,因地制宜建设海绵设施,优化用地结构,提高用地效率,改善生产、生活和生态环境,打造"大密大疏、疏密有致,大开大合、开合有度"的城市结构形态。

3.低危低脆地区:坚持规划引领,以"防"涝为主

低危低脆地区主要分布在建成区外围,呈楔形从城郊向建成区中心延伸。针对城市周边山林地区,尽量保留原生态自然景观,加强森林公园建设管理,发挥其在保护森林风景资源、弘扬传播生态文化、满足公众美好生活需求等方面的重要作用。对于低危低脆的平原地区,若非耕地保护区域,则可作为城市发展储备用地,但应坚持低影响开发原则,避免高强度开发建设导致内涝风险升高。总体来说,低危低脆地区的内涝管控策略应当以"防"为主,在高强度开发建设前,充分利用有利的自然排水条件,将系统化内涝防治理念融入城市规划中,加强排水防涝规划与城市开发建设工作的衔接。

4.高危高脆地区:推进城市更新,以"治"涝为要

高危高脆地区普遍分布于低危高脆地区内部,拱墅区东西两侧的空间集聚尤为明显。这类地区承载着较高密度的人口和生产经济活动,是城市内涝治理的重点关注区域,考虑以工程技术手段降低内涝危险性或以规划管理手段降低城市脆弱性。总体来说,这类地区的内涝治理策略应当双管齐下,双向奔赴:源头上,结合城市更新,优化土地利用类型,适当减少建设用地比例,增加下凹绿地、下沉广场等调蓄空间;在末端,以"治"为主,加强对现有排水体系的梳理和内涝点的整治,通过完善雨水管网、建设滞蓄设施、局部海绵化改造等综合措施改善排水条件,以达到治理城市内涝的目的。

第八章　城市面源污染灾害风险评估与预警——以杭州市为例

不合理的土地利用深刻影响了地表径流及壤中流,加剧了城市面源污染(Guo et al.,2005)。径流污染作为城市面源污染的最主要形式,成为水环境提升的重要制约因素(下文中的"面源污染"主要指城市径流污染)。在我国降雨充沛的江南水乡地区,越来越多的城市因不断加剧的面源污染而陷入严重的水质性缺水困境,在对居民生理和心理健康造成损害的同时,城市饮用水源不断"上移"[①]或"外移"[②],加重了经济社会成本,影响了城市的可持续发展。近年来,大量关于城市水环境问题的研究表明,面源污染已成为影响水体环境质量的重要因素(USEPA,2005;侯培强等,2009;张鹍等,2016;杨默远等,2020);2022年生态环境部印发的《关于开展汛期污染强度分析推动解决突出水环境问题的通知》也强调"部分地区城乡面源污染逐步上升为制约水环境持续改善的主要矛盾"。因此,建立城市面源污染灾害风险的评估体系、识别关键影响因子和构建相应的预警机制,日显迫切和重要。

目前,对于面源污染风险评估和风险区识别的研究方法主要有机理模型模拟和多因子综合评价两种方法。机理模型模拟通过SWAT、SWMM、DPeRS等模型的参数计算对面源污染物负荷量进行定量核算,进而识别面源污染的关键源区(张展羽等,2013;冯爱萍等,2020;Si et al.,2022),但这类方法对数据的要求较高,加上不确定性等因素,其应用受到限制;正因如此,一些学者通过构建指标化的多因子面源污染风险评价体系进行综合评价,并得到

---

① 受咸潮、面源污染等影响,杭州市饮用水源取水口从钱塘江珊瑚沙水库段逐步移至上游富春江鹿山段,并随着千岛湖配水工程的建成,进一步上移至千岛湖。

② 嘉兴市属于典型的平原水网城市,年均降雨充沛。但随着城市发展,嘉兴的径流污染问题日益严峻,同时地表水环境处于特殊地理位置,既承接上游地区的污水外排,又受到潮汐的周期顶托,致使水流下泄不畅,河流水体自净功能削弱,市域的饮用水水源受到严重污染,陷入水质性缺水困境。嘉兴市现阶段的饮用水主要通过千岛湖配水工程进行跨区域供应。

了较好的应用(张立坤等,2014;孔佩儒等,2018;齐小天等,2022)。此外,目前研究中的面源污染风险评价以大尺度流域面源污染评价为主,对城市区域的面源污染相关研究较少,且关注点侧重于特定城市建设区域小尺度的面源污染的潜在风险,内容主要集中于面源污染产生的污染负荷量核算,而对于面源污染产生的社会经济灾害风险缺少关注,缺少了对城、水、人三者互动关系和相互影响的评估。

基于以上背景,本章以系统化全域推进海绵城市建设示范城市——杭州为例,在叠合雨水排水分区与行政区划边界划定管理单元的基础上,一方面,通过对面源污染与土地利用的相关性分析和地理探测分析,识别影响面源污染的土地利用关键因子和作用机制;另一方面,构建"致灾因子危险性—孕灾环境敏感性—承灾体脆弱性"面源污染灾害风险评估体系,识别关键的灾害风险区,为水环境灾害风险预警及其管控策略设计提供理论依据与决策参考(见图8-1)。

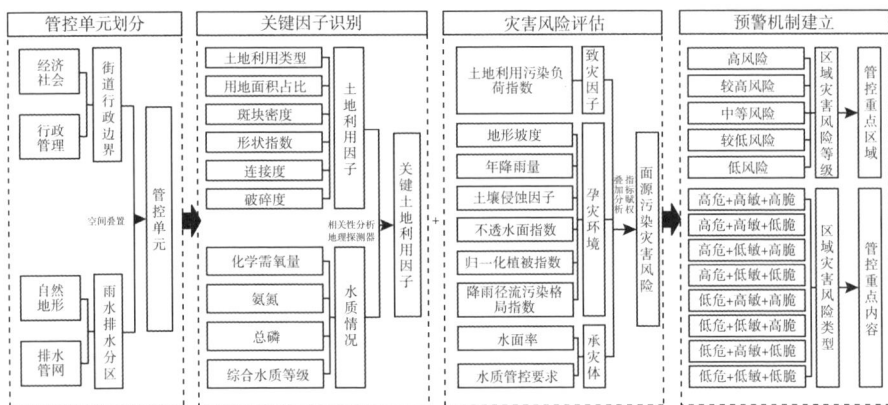

图 8-1　研究技术路线

第一节　研究对象与数据来源

一、研究对象

以杭州主城八区[①]为研究对象,余杭、临平、拱墅、上城、西湖、滨江、钱塘和萧山等八个区总面积达 3347km²。研究区西北部海拔较高,多为山地和丘陵,东北部处于钱塘江入海口,地势低平,河网密布。近年来,杭州市持续开展"五水共治""清三河"和"污水零直排"等专项行动,水环境质量有所提升,但仍有部分地表水断面达不到功能目标要求,京杭运河、钱塘江等水系局部河段仍存在一定程度污染,部分平原河网污染仍然严重。总体上,研究区内点源污染已基本得到控制,城市水环境问题主要来自城市面源污染,因此,本章确定的研究区拥有较好的面源污染研究条件。

二、数据来源

研究数据包括土地利用数据、水质数据和其他数据,并以划定的管理单元为数据收集单元。选取杭州市 2022 年 6 月的 Landsat 8 遥感影像,利用 ENVI 5.3 软件对其进行几何校正、辐射标定和定义投影。参照《城市用地分类与规划建设用地标准》(GB 50137—2011)进行监督分类,将研究区域划分为居住商业用地、道路交通用地、工业用地、林地、园地草地(城市绿地)、耕地、其他类型用地、水域共 8 类,并通过目视解译和实地调研的方法进行校正。水质数据来自公众环境研究中心(IPE)2022 年 6 月地表水监测数据,对数据进行筛选,共获得区域内有效水质数据 1002 份,并按照《地表水环境质量标准》(GB 3838—2002)选取常用的化学需氧量(COD)、氨氮(NH_3-N)、总磷(TP)和综合水质等级(Ⅰ类、Ⅱ类、Ⅲ类、Ⅳ类、Ⅴ类、劣Ⅴ类分别赋值 1、2、3、4、5、6)作为水质研究指标。以各管理单元内所有水质监测点水质指标的平均值作为该分析单元的水质指标。其他数据包括高程数据、降雨量数据和杭州人口

[①]　杭州主城八区,即余杭、临平、拱墅、上城、西湖、滨江、钱塘和萧山等八个区。

经济数据,分别来源于地理空间数据云平台(https://www.gscloud.cn)、中国科学院资源环境科学与数据中心(https://www.resdc.cn)和杭州市政府官方网站(https://www.hangzhou.gov.cn),并以管理单元为单位进行平均值计算。

第二节　研究内容与方法

一、城市面源污染管理单元划分

我国自"九五"时期治理"三河三湖"以来,就确立了污染治理的分区管理思想;"水十条"明确指出要"研究建立流域水生态环境功能分区管理体系",对深化分区管理提出了进一步的要求(王东等,2017)。通过网格化、精细化的管理,将流域或地区划分为一系列控制单元和水体,有利于明确水环境质量底线要求,落实水体的污染治理责任。为此,在充分考虑水系、水文地质、土地利用、雨水管网布局、城市管理等因素的基础上,本研究利用 ArcGIS 平台叠合杭州市 11 个雨水排水分区以及 96 个街道行政管理边界,经人工判断修正划定城市面源污染管理单元。在点源污染基本消除的前提下,这种基于行政管理可操作性以及污染传输封闭性原则划定的管理单元能基本反映区域内土地利用对水质的综合影响。具体思路:①一个街道若包含两个或多个排水分区特征,则应划分为多个管理单元;②山地丘陵区汇水特征明显的,以排水分区边界作为控制单元边界;③平原河网区域难以确定水文以及污染物传输空间边界的地区,以行政边界作为管制单元的边界。依据以上思路,共得到面源污染管理单元 110 个,即本研究的分析单元。

二、水质指标与土地利用影响因子选择

城市面源污染主要是由降雨径流对城市地表溶解态或固体污染物的溶淋和冲刷作用产生的(Marsalek et al.,1990;葛铭坤,2020)。降雨径流经过城市建设管理过程的物理、化学、生物方法的治理措施后经排水管网排放进入受纳水体。由于目前缺乏雨水排放口的水质数据,本研究基于点源污染基本消除

的前提,选取公开发布的河道水质监测数据来反映面源污染情况。利用ArcGIS的空间分析模块,将河流水质监测点位与管理单元进行叠加分析,计算各管理单元内所有水质监测点水质指标的平均值作为该管理单元的水质指标。

为更系统地研究土地利用性质对面源污染影响,引入景观生态学中的"源汇"概念。对面源污染产生过程而言,"源类用地"是指起源头污染作用的土地利用类型;"汇类用地"则是延缓污染发生,对污染物起截留、削减作用的土地利用类型(陈前虎等,2020)。相关研究表明(岳隽等,2007),耕地、居住用地、商业用地、工矿用地、道路广场等对水质产生负面影响,为"源类用地";林地、园地、公园绿地等对地表面源污染物起到削减作用,为"汇类用地"。依据已有研究(陈前虎等,2020),对土地利用类型进行"源汇"类型划分(水域作为面源污染的受纳体,故不对其进行"源汇"类型划分),划分结果见表8-1。

表8-1　按"源汇"性质划分的不同土地利用类型

"源汇"类型	土地利用类型
汇类用地	园地草地(城市绿地)
	林地
源类用地	耕地
	其他类型用地
	居住商业用地
	工业用地
	道路交通用地

土地利用是人类对土地实施的长期或周期性的经营活动,具有复杂的自身性质,为更好地量化土地利用特征,引入景观格局指数概念,利用不同景观格局指数表征土地利用的不同性质。景观格局指数是对一定区域内的土地利用景观格局信息的高度概括,反映了不同用地类型的结构和空间特征(周添红等,2023)。本研究从土地利用规模、类型、结构选取用地面积占比(PLAND)、斑块密度(PD)、形状指数(LSI)、连接度(CONNECT)、破碎度(DIVISION)五项具有不同生态学意义的景观格局指数来研究土地利用对面源污染的影响(见表8-2)。这五项指标能较全面地反映分析单元的土地利用景观格局信息。

表 8-2 研究所用的景观格局指数及其生态学含义

景观格局指数	计算公式	生态学意义	数值范围
用地面积占比（PLAND）	$PLAND=\dfrac{CA}{A}$ 式中，CA 表示某斑块类型的总面积；A 表示景观总面积	某景观类型占总景观面积的比例，其值大小反映该景观类型在整个景观中的比重	0—100
斑块密度（PD）	$PD=\dfrac{N_i}{A}$ 式中，N_i 表示 i 类景观斑块数；A 表示景观总面积	单位面积上的景观斑块数量，反映斑块分布对整个景观的影响	>0
形状指数（LSI）	$LSI=\dfrac{\sum\limits_{k=1}^{m}e_{ik}}{4\sqrt{A}}$ 式中，m 表示斑块类型数；e_{ik} 表示类型为 i 与 k 的斑块之间相邻的总长度	描述景观类型的形状特征，数值越大，景观边界越复杂，小斑块数量越多	≥1
连接度（CONNECT）	$CONNECT=\dfrac{\sum\limits_{j=k}^{n}c_{ijk}}{\frac{1}{2}N_i(N_i-1)}$ 式中，c_{ijk} 为在临界距离之内的与斑块类型 i 相关的斑块 j 与 k 的连接状况；N_i 为景观中斑块类型 i 的斑块数量	描述某类景观的连接情况，数值越大，连通性越好	0—100
破碎度（DIVISION）	$DIVISION=1-\sum\limits_{j=1}^{N}\left(\dfrac{a_j}{TA}\right)^2$ 式中，TA 为区域的总面积，N 为某类型景观的斑块数目，a_j 某类景观的第 j 个斑块的面积	表征相邻斑块出现不同属性的概率，概率越大，景观聚集的程度越低	0—1

　　此外，在进行相关因子探究时，除选取直接代表土地利用性质的指标进行探究外，还选取平均坡度、平均高程、高程标准差、平均降雨量、街道人口密度、一般公共预算等各类型影响因子进行探究。其中平均坡度、平均高程、高程标准差三者为地形特征指标；平均降雨量表征降雨影响因子；街道人口密度反映区域内人口压力，一定程度上代表土地利用使用强度；一般公共预算支出作为区域经济指标，它可侧面反映区域对环境治理的投入，根据杭州现实情况，一般公共预算支出越高的区域对公共环境治理的投入力度越大。

三、相关性分析

相关性分析是研究多个随机变量之间是否存在相关关系的一种统计学方法,计算相关系数是确定相关关系的主要方法之一。皮尔逊(Pearson)相关系数侧重于发现随机变量间的相关特性,它可以用于度量两个变量间的相关程度,相关系数取值范围为$[-1,1]$,正值表示相关关系为正相关,负值则为负相关,绝对值越大相关性越强,显著性通过p置信度进行检验。其计算公式为

$$r = \frac{\sum_{i=1}^{n}(x_i - \bar{x})(y_i - \bar{y})}{\sqrt{\sum_{i=1}^{n}(x_i - \bar{x})^2}\sqrt{\sum_{i=1}^{n}(y_i - \bar{y})^2}} \tag{8-1}$$

式中,r为皮尔逊相关系数,x_i为城市土地利用相关指标,y_i为杭州市水质指标。

四、地理探测器

地理探测器是由王劲峰等(2017)提出的一种探测空间分异性、揭示背后驱动因子的新型统计学方法,其包含了分异及因子探测器、生态探测器、交互探测器和风险探测器(见第六章),可分析各因子对因变量的影响大小以及不同因子之间的相互作用,同时消除了不同因子之间的多重共线性问题,进行水质归因分析时无须线性假设,与常规水质归因方法相比具有明显优势(王研等,2023)。

根据地理探测器对输入数据的要求,因变量可以是连续数值型数据,但自变量必须是类别数据,因此在将数据导入地理探测器之前,需要对数据进行一些预处理:选取各类土地利用类型占比、土地利用景观指数(PD、LSI、CONNECT、DIVISION)、平均高程、平均坡度、高程标准差、平均降雨量、街道人口密度、一般公共预算支出等18个因子进行研究。利用R语言中GD包(Yongze et al.,2020),运用相等间隔分类(equal breaks)、自然断点分类(natural breaks)、分位数分类(quantile breaks),将分类等级设置为3—12类,从中筛选出q值最大的空间尺度作为地理探测器分析的参数(见表8-3)。

表 8-3　地理探测器分析最佳分类方式与分类数

因素编号	影响因素	综合水质等级		化学需氧量		氨氮		总磷	
		分类方式	分类数	分类方式	分类数	分类方式	分类数	分类方式	分类数
X1	平均坡度	quantile	12	quantile	12	quantile	11	natural	12
X2	平均高程	quantile	11	quantile	11	quantile	9	quantile	11
X3	高程标准差	quantile	12	quantile	12	quantile	12	quantile	9
X4	平均降雨量	equal	6	equal	11	quantile	10	equal	6
X5	街道人口密度	quantile	9	quantile	12	quantile	8	quantile	12
X6	一般公共预算支出	natural	5	natural	5	natural	5	quantile	6
X7	水域占比	quantile	10	quantile	12	quantile	7	quantile	10
X8	林地占比	quantile	11	quantile	12	natural	12	quantile	12
X9	园地草地占比	quantile	11	quantile	12	quantile	11	quantile	12
X10	耕地占比	quantile	11	quantile	12	quantile	12	equal	11
X11	居住商业占比	equal	12	equal	12	equal	12	equal	12
X12	道路交通占比	quantile	8	equal	9	natural	12	quantile	8
X13	工业用地占比	quantile	12	quantile	12	quantile	12	quantile	12
X14	其他用地占比	quantile	11	quantile	11	quantile	11	quantile	11
X15	PD	natural	11	equal	8	natural	11	equal	8
X16	DIVISION	quantile	12	quantile	10	quantile	9	quantile	12
X17	LSI	quantile	11	quantile	12	quantile	12	equal	7
X18	CONNECT	quantile	12	quantile	11	quantile	11	quantile	11

五、面源污染灾害风险评估

区域灾害系统是由致灾因子、孕灾环境和承灾体共同组成的地球表层异变系统,灾害风险则是各子系统相互作用的产物(史培军,2002)。其中,致灾因子是指能够对人类生命、财产、环境等造成不利影响和损失的因素,具有危险性,对应面源污染产生源头;孕灾环境是灾害孕育、诞生、发展、演变的基础,具有一定敏感性和区域差异性,对应面源污染发生环节的自然和社会环境;承灾体是指受到损害的对象,具有脆弱性,于面源污染而言,其直接影响对象为水体环境,并间接影响人类社会。本研究依据区域灾害系统理论,构建包含致灾因子危险性、孕灾环境敏感性、承灾体脆弱性的城市面源污染灾害风险评估体系,结合研究区现状①以及数据可获取性确定评估指标,并将指标数据进行标准化处理,使用组合权重法对指标赋权。

(一)致灾因子危险性评估

从面源污染产生机理来看,致灾因子为城市不同土地利用产生的污染负荷,产生污染负荷越多,该区域发生灾害的危险性越高。已有研究表明(杨帆等,2021),污染负荷由土地利用类型、规模、强度共同决定,本研究构建土地利用污染负荷指数作为致灾因子危险性指标,公式为

$$P_i = A_i \times W_i \times (S_i / S_a) \tag{8-2}$$

式中,P_i 为不同土地利用污染负荷指数;S_i 为评估单元土地利用面积;S_a 为 $30\text{m} \times 30\text{m}$ 栅格单元面积;A_i 为不同土地利用非点源污染输出负荷系数;W_i 为土地利用强度;i 为不同土地利用类型。

在已有的面源污染影响因子探究中,可以发现受自然地理、社会经济条件的影响,不同城市用地的污染输出情况存在差异。为更精确地衡量评估面源污染负荷情况,本研究根据已有关于各类用地的污染输出负荷的研究(颜文涛等,2019),结合全国污染普查手册及杭州现实情况(陈前虎等,2020),设置不同用地类型的非点源污染输出负荷系数,并针对不同用地类型确定衡量土地利用强度的方法,见表 8-4。

表 8-4　非点源污染输出负荷系数和土地利用强度衡量方法

用地类型	非点源污染输出负荷系数	土地利用强度衡量方法
居住商业用地	0.78	居住商业用地强度由人口密度表征,利用第七次全国人口普查得到的街道人口数据计算人口密度,利用自然断点法划分等级,由低到高分别赋值1—5
工业用地	0.88	工业用地强度与产业类型和数量密切相关,根据《杭州市"三线一单"生态环境分区管控方案》划分的工业类型,计算三类工业产业的 POI 核密度,不同工业类型输出污染能力不同,对一、二、三类工业分别赋权0.2、0.3、0.5,计算综合核密度,最后利用自然断点法划分等级,由低到高分别赋值1—5

① 本研究以杭州市为研究对象,在对影响面源污染产生因素进行筛选时,所结合的现实情况如下:杭州城市内各区域管理情况相近,排水体制均为雨污分流制;城市内各区域清洁水平情况近似,偷排漏排情况均得到良好控制。故此,在评估指标选取中对城市管理情况指标暂予不考虑。

续表

用地类型	非点源污染输出负荷系数	土地利用强度衡量方法
道路交通用地	0.7	道路交通用地强度由道路等级表征,将城市快速路强度赋值为5,主干道为4,次干道为3,支路为2,其他街区内部道路为1
耕地	0.45	耕地利用强度由耕地类型、耕种情况等决定,研究区内耕地基本以水稻、果蔬种植为主,种植水平近似,强度赋均值为3
其他用地	0.5	其他用地强度情况应根据现实情况决定,研究区范围内其他用地以未建设空地为主,现实情况相似,强度赋均值为3

注:草地园地和林地一般对污染起截留和削减作用,水域作为污染受纳体,三者非点源污染输出负荷系数设置为0。

(二)孕灾环境敏感性评估

孕灾环境包含了自然环境和人为环境,其敏感性受降雨情况、地形地势、土壤植被、不透水情况、土地利用结构等因素的影响。降雨情况是面源污染产生的必要条件,选取研究区年降雨量作为指标综合表征,降雨量越大,雨水冲刷产生污染越多,敏感性越高;选择坡度作为地形因子表征指标,坡度越大,污染迁移越容易,敏感性越高;不同的土壤情况影响污染下渗、迁移的能力,根据土壤类型利用 SPAW 软件计算土壤侵蚀因子(K),将其作为评估指标,K 值越大,土壤越容易受到侵蚀,敏感性越高;人为环境选取归一化差值不透水面指数(NDISI)、归一化植被指数(NDVI)、降雨径流污染格局指数作为评估指标,其中 NDISI 是表示城市化程度的指标,反映城市建设的地表透水性质,体现污染进入河道水体的难易程度,数值越大,敏感性越高;NDVI 指数反映地表植被覆盖情况,NDVI 值越高,植被覆盖越密集,对污染的截留、缓解能力越强,敏感性越低;土地利用结构对径流污染迁移亦存在重要影响,构建降雨径流污染格局指数以表征土地利用结构,指数越高,敏感性越高。

结合相关研究(齐小天等,2022),从表征土地利用结构破碎度(PD、AREA_MN)、优势度(LPI、PLAND)和聚集度(CONNECT、AI)三个层面各选取两个景观指数构建降雨径流污染格局指数[①]。由于 6 个景观格局指数的量纲不同,因此,将各景观指数进行标准化处理,并对每个层面的 2 个景观指数进行平均计算,得到格局指数 $I_{破碎度}$、$I_{优势度}$ 和 $I_{聚集度}$,并计算降雨径流污染格局指数,计算公式为

$$I = I_{破碎度} + I_{优势度} + I_{聚集度} \tag{8-3}$$

式中,I 为降雨径流污染格局指数,指数越大,说明径流污染物质越容易进入水体,孕灾环境敏感性越高。

(三)承灾体脆弱性评估

承灾体脆弱性包括自然脆弱性和社会脆弱性(周利敏,2012)。自然脆弱性是指承灾体的内在固有属性,表现承灾体自身对灾害的承受和抵御能力,而社会脆弱性还与区域自然、社会要素等密切相关。为此,选取水面率作为自然脆弱性指标,水面率越高,表明研究单元内水体的单位面积大,水容量大,反映区域内水体对污染的承受、净化能力越强,脆弱性越低;选取水质管控要求作为社会脆弱性指标,反映人类社会系统对污染影响敏感程度,水质管控要求越高,脆弱性越高。

(四)综合风险评估

由于评估指标体系中指标含义和量纲各不相同,各指标之间不具有可比性,对数据进行标准化处理,处理后的数值可综合反映面源污染灾害风险程度。为有效降低主观决策的误差,提高整体评估的准确性,采用 AHP—熵权法组合法确定指标权重(刘媛媛等,2020)。

本研究从致灾因子、孕灾环境、承灾体的交互关系出发,计算面源污染综合风险指数,具体公式如下:

危险性指数:$Z(x) = \sum\limits_{j=1}^{i} \left[w_j \times z_{ji}(x) \right]$ \qquad (8-4)

敏感性指数:$S(x) = \sum\limits_{j=1}^{i} \left[w_j \times s_{ji}(x) \right]$ \qquad (8-5)

脆弱性指数:$V(x) = \sum\limits_{j=1}^{i} \left[w_j \times v_{ji}(x) \right]$ \qquad (8-6)

---

①　在构建降雨径流污染格局指数时涉及景观格局最佳尺度,本研究综合考虑径流污染过程和影响范围,结合杭州 11 个排水分区和街道行政边界,划分出 110 个研究单元作为景观格局指数计算的最佳尺度,下文中水面率亦采用该尺度进行计算。

综合风险指数：$R(x)=w_z Z(x)+w_s S(x)+w_v V(x)$ (8-7)

式中，$z_{ji}(x)$、$s_{ji}(x)$、$v_{ji}(x)$ 是标准化后指标值；$Z(x)$、$S(x)$、$V(x)$ 和 $R(x)$ 的值分别表示危险性、敏感性、脆弱性和综合风险指数；w_z、w_s、w_v、w_j 是各评估指标的权重。最终建立综合风险评估指标体系（见表 8-5）。

表 8-5　面源污染灾害风险评估指标体系

目标层	准则层	指标层	说明	权重		
				层次分析法	熵权法	组合法
面源污染灾害风险评估	致灾因子危险性（0.412）	土地利用污染负荷指数	正向指标	1.000	1.000	1.000
	孕灾环境敏感性（0.328）	地形坡度	正向指标	0.126	0.221	0.181
		年降雨量	正向指标	0.126	0.092	0.106
		土壤侵蚀因子	正向指标	0.118	0.094	0.104
		归一化差值不透水面指数（NDISI）	正向指标	0.254	0.215	0.232
		归一化植被指数（NDVI）	负向指标	0.104	0.229	0.176
		降雨径流污染格局指数	负向指标	0.272	0.149	0.201
	承灾体脆弱性（0.260）	水面率	负向指标	0.333	0.056	0.156
		水质管控要求	正向指标	0.667	0.945	0.844

第三节　面源污染的土地利用关键因子识别

一、相关性分析结果

不同土地利用类型通过影响面源污染物的产生、迁移、汇聚等过程而影响水质。土地利用与水质污染指数的相关性分析表明（见表 8-6），影响水质的关键土地利用类型有 7 种，分别为道路交通用地、耕地、工业用地、居住商业用地、其他用地、园地草地（城市绿地）和林地。其中，道路交通用地、居住商业用地、工业用地与氨氮存在显著的正相关性，表明城市居住商业用地及人口密集、商业活动频繁的道路交通区域中人类各种活动产生的主要污染物质为氨氮，与此同时，城市工业用地也会产生大量氨氮污染，这与已有研究结论一致（Peng et al.，2016；王雪松等，2021；张志敏等，2022）；耕地与化学需氧量、总磷污染存在显著正相关性，表明农业用地中随地表径流进入水体的化学肥料和产生的养殖废弃物是水环境中总磷污染物的主要来源，同时这些污染物质通过迁移汇入水体后改变了水环境中的氧化还原环境，影响了化学需氧量这一污染指标；其他用地与化学需氧量存在显著正相关关系，经深入调查发现，这类用地大部分为农业和工业闲置地，位于城乡接合部和城市开发区，堆积了大量的建筑垃圾和生活垃圾，大量污染物质随雨水径流进入河道；林地、园地草地与氨氮污染指标等存在一定的负相关性，表明这两类用地在吸收、截留地表径流所携带的污染物方面具有积极的作用，化学需氧量和总磷也呈现明显的削减效果。

表 8-6　土地利用类型与水质指标相关性

土地利用类型	化学需氧量	氨氮	总磷	综合水质等级
道路交通用地	−0.223*	0.327**	−0.161	0.079
耕地	0.471**	0.089	0.525**	0.314**
工业用地	0.360**	0.207*	0.378**	0.333**
居住商业用地	−0.175	0.404**	−0.111	0.211*
其他用地	0.284**	0.019	0.167	0.113
水域	0.022	−0.091	0.117	0.048
园地草地	0.051	−0.218*	0.073	0.100
林地	−0.204*	−0.510**	−0.329**	−0.494**

注：*、**分别表示在5%、1%的水平上显著。

为深入研究"源汇"景观格局与水质的关系，以研究单元的景观格局指数和水质数据为基础，进行皮尔逊相关性分析，揭示影响水质的土地利用景观格局关键因子。

从汇类用地景观格局（见表 8-7）看，5 项景观格局指数均与水质污染水平存在相关性，用地面积占比、连接度与水质指标呈负相关，斑块密度、形状指数和破碎度呈正相关。其中汇类用地面积占比及其连接度与化学需氧量、氨氮、总磷、综合水质等级呈负相关，可见规模大、连接度好的汇类用地促进了地表径流中污染物质的吸附和滞留,有利于水质净化;而形状指数、破碎度与化学需氧量、氨氮、总磷、水质综合污染指数呈正相关,可见边界复杂、小面积斑块数量多且分散破碎的汇类斑块结构不利于其净化水质的能力提升。

表8-7　汇类用地景观格局指数与水质指标相关性

景观格局指数	化学需氧量	氨氮	总磷	综合水质等级
用地面积比(PLAND)	−0.225*	−0.487**	−0.374**	−0.476**
斑块密度(PD)	−0.107	0.500**	0.033	0.314**
形状指数(LSI)	0.448**	0.195*	0.609**	0.382**
连接度(CONNECT)	−0.192*	−0.014	−0.195*	−0.122
破碎度(DIVISION)	0.132	0.275**	0.247**	0.292**

注:*、**分别表示在5%、1%的水平上显著。

从源类用地景观格局(见表8-8)看,5项景观格局指数均与水质污染水平存在一定程度相关性:用地面积占比、斑块密度、形状指数和破碎度与水质污染水平呈正相关,连接度与水质污染水平呈负相关。源类用地面积占比与化学需氧量、氨氮、总磷和综合水质呈高度正相关,对水质污染存在显著影响。斑块密度、形状指数、破碎度与水质呈正相关,连接度与水质呈负相关;这4项景观指数能综合反映源类景观结构的聚散性特征,斑块密度小、连接度好、破碎度低、景观边界规则,反映了源类用地紧凑集中的结构特征,一定程度上可减少源类用地污染物的输出负荷,缓解水质污染程度。

表8-8　源类用地景观格局指数与水质指标相关性

景观格局指数	化学需氧量	氨氮	总磷	综合水质等级
用地面积比(PLAND)	0.234*	0.525**	0.290**	0.472**
斑块密度(PD)	−0.060	0.288*	−0.060	−0.060
形状指数(LSI)	0.230*	−0.133	0.221*	−0.065
连接度(CONNECT)	−0.229*	0.074	−0.211*	0.021
破碎度(DIVISION)	−0.072	0.387**	−0.088	0.297**

注:*、**分别表示在5%、1%的水平上显著。

从其他因素的影响情况(见表8-9)看,地形地貌、降雨、人口密度和区域经济水平均与水质存在一定相关性。平均坡度、平均高程和高程标准差综合反映区域的地形起伏变化,三者均与水质呈负相关,一方面,说明起伏变化较大的地形环境可以增强对面源污染的截留;另一方面,实际调研发现杭州地形起伏较大的区域以山林为主,人类活动较少、污染产生少,水质环境较好。平均降雨量与水质情况呈正相关,降雨为面源污染的产生和迁移创造了条件,使得面源污染物质更易进入受纳水体,产生污染。街道人口密度反映土地利用强度,与水质情况呈负相关,密集的人口意味着频繁的人类活动和高强度的土地开发,产生更多的生活、生产污染物质,对水质产生负面影响。一般公共预算支出与水质情况呈负相关,说明积极地提升环境保护治理力度有助于城市水质的好转。

表 8-9　其他影响因子与水质指标相关性

其他因素	化学需氧量	氨氮	总磷	综合水质等级
平均坡度	−0.191*	−0.493**	−0.368**	−0.493**
平均高程	−0.234*	−0.508**	−0.339**	−0.493**
高程标准差	−0.160	−0.536**	−0.335**	−0.486**
平均降雨量	0.192*	0.163	0.194*	−0.116
街道人口密度	0.255**	0.214*	0.247**	0.034
一般公共预算支出	−0.371**	−0.151	−0.320**	−0.217*

注:*、** 分别表示在 5%、1% 的水平上显著。

二、地理探测器分析结果

为了探究土地利用影响面源污染的内在机理,利用地理探测器的因子探测、风险探测和交互探测进行进一步分析,探索哪些影响因子之间存在交互影响的作用,并结合前文的相关性分析,以便找到经济合理的土地利用调整模式以及影响因子的主要影响区域。

(一)单因子探测结果

利用因子探测器探测 18 个影响因子对 4 类水质指标的解释力 q 值,q 值越高说明该影响因子对地表水质的影响程度越大。结合前文相关性分析和表 8-10 可知,同一影响因子对不同水质指标的因子解释力和贡献率存在一定差异,总结所选影响因子解释力之和来看:综合水质等级>总磷>氨氮>化学需氧量。

对综合水质等级而言,平均坡度(X1)、平均高程(X2)、高程标准差(X3)的因子解释力最强,且在 0.01 的显著水平之下,说明区域内地形的起伏变化对综合水质影响较大,很大程度上决定了水质情况,结合相关性分析结果,三个因子与各项水质指标存在负相关性,并综合实际状况表明,起伏变化的地形更容易截留面源污染物质,起到滞留、削减污染的作用。CONNECT(X18)和一般公共预算支出(X6)的 q 值分别为 0.352、0.350,仅次于 X1、X2、X3,对水质有较强解释力,且显著水平在 0.05 之下,结合其与水质指标的负相关性,由此可推,城市一般公共预算支出反映城市对于环境等公共事务的治理力度和经济投入,较高的预算支出意味着相应的环境治理力度也较大,结合杭州近几年的城市治理情况,城市管理部门通过投入大量资金对城市环境进行治理,通过物理、化学和生物手段对面源污染进行干预,从而达到污染治理目的。在 0.01 的显著性水平下,耕地占比(X10)、道路交通用地占比(X12)的因子解释力分别为 0.295、0.212,反映耕地和道路交通这两种用地类型对面源污染产生的影响较大。

对化学需氧量而言,LSI(X17)、耕地占比(X10)和 PD(X15)的解释力最强,q 值大小分别为 0.365、0.315、0.2820,且显著性水平均在 0.01 水平之下,表明区域内面源污染的化学需氧量指标受到耕地占比和用地分散情况影响较大。对于氨氮而言,在 0.01 的显著性水平下,除地形因子外居住商业用地占比(X11)、林地占比(X8)、街道人口密度(X5)的因子解释力较高,结合上文中相关性分析结果,一定空间内人口分布的聚集程度反映城市土地利用强度,表明居民生活产生的废物是影响径流氨氮污染主要因子。对总磷而言,平均降雨量(X4)和耕地占比(X10)的因子解释力分别为 0.376 和 0.328,说明两者为影响总磷指标的重要因子,耕地为影响总磷污染的关键用地类型,降雨则在面源污染过程中扮演重要角色,一方面影响水文循环过程,另一方面影响污染物在地表的迁移(王晓峰等,2002)。

表 8-10 面源污染影响因子探测结果

因子	化学需氧量		氨氮		总磷		综合水质等级	
	q	p	q	p	q	p	q	p
平均坡度(X1)	0.161	0.158	0.336	0.000	0.396	0.000	0.428	0.000
平均高程(X2)	0.209	0.027	0.343	0.000	0.379	0.000	0.388	0.000
高程标准差(X3)	0.121	0.397	0.405	0.000	0.200	0.012	0.364	0.000
平均降雨量(X4)	0.136	0.948	0.147	0.111	0.376	0.000	0.313	0.621
街道人口密度(X5)	0.150	0.239	0.295	0.000	0.129	0.337	0.075	0.582
一般公共预算支出(X6)	0.263	0.004	0.263	0.000	0.250	0.000	0.350	0.000

因子	化学需氧量		氨氮		总磷		综合水质等级	
	q	p	q	p	q	p	q	p
水域占比(X7)	0.177	0.046	0.141	0.030	0.178	0.043	0.154	0.090
林地占比(X8)	0.168	0.806	0.346	0.304	0.245	0.488	0.316	0.857
园地草地占比(X9)	0.245	0.014	0.237	0.010	0.124	0.371	0.140	0.192
耕地占比(X10)	0.315	0.000	0.124	0.356	0.328	0.494	0.295	0.000
居住商业用地占比(X11)	0.231	0.036	0.343	0.006	0.242	0.036	0.312	0.145
道路交通用地占比(X12)	0.155	0.268	0.238	0.337	0.206	0.006	0.212	0.006
工业用地占比(X13)	0.206	0.050	0.152	0.201	0.222	0.030	0.255	0.012
其他用地占比(X14)	0.219	0.019	0.058	0.835	0.230	0.013	0.127	0.263
PD(X15)	0.282	0.513	0.300	0.121	0.255	0.147	0.282	0.380
DIVISION(X16)	0.266	0.000	0.123	0.284	0.264	0.008	0.198	0.068
LSI(X17)	0.365	0.000	0.146	0.166	0.256	0.267	0.120	0.303
CONNECT(X18)	0.201	0.035	0.281	0.005	0.239	0.010	0.352	0.000

(二)风险探测结果

风险探测是一种衡量各因子内部中不同分类区域之间是否存在显著差异的方法。通过风险探测器分析,分别将18个影响因子按数值从小到大分为多个分类,并得到分类区域的各类水质指标的平均值,各项水质指标大小用色块深浅加以区分,可视化结果如图8-2至图8-5所示,可揭示影响因子与水质指标的相关性趋势。各水质指标最高的子区域可确定为所有影响因子的主要影响区域,即某些因子驱动的高度水污染区域。

从综合水质等级的风险探测结果(见图8-2)来看,主要影响区域位于钱塘区。综合水质等级与平均坡度(X1)、平均高程(X2)、高程标准差(X3)、平均降雨量(X4)和林地占比(X8)呈较强的负相关性。其中平均高程、平均坡度和高程标准差与综合水质等级呈负相关性,与已有研究存在差异,一方面,研究区内平均高程高、平均坡度大处为山林地区,植被茂密,人类活动较少,污染产生少,水质环境较好;另一方面,平均坡度、平均高程和高程标准差综合反映区域内地形的起伏变化,对面源污染截留存在一定作用,也侧面证明了区域内的污染情况是多个因子综合作用的结果。

从化学需氧量的风险探测结果(见图8-3)来看,主要影响区域位于钱塘区和临平区,与平均坡度(X1)、平均高程(X2)和高程标准差(X3)呈较强的负相

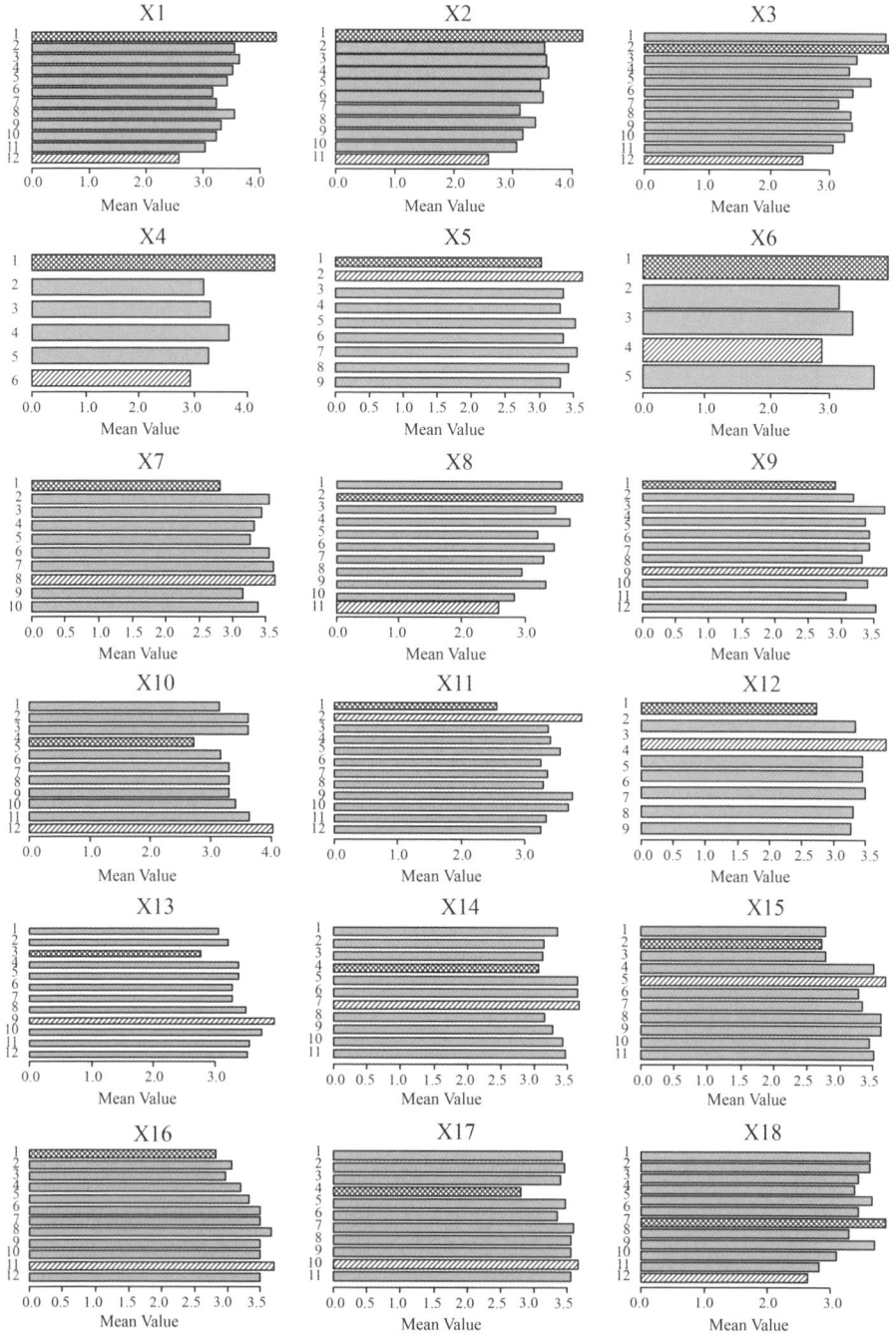

图8-2　综合水质等级风险探测结果

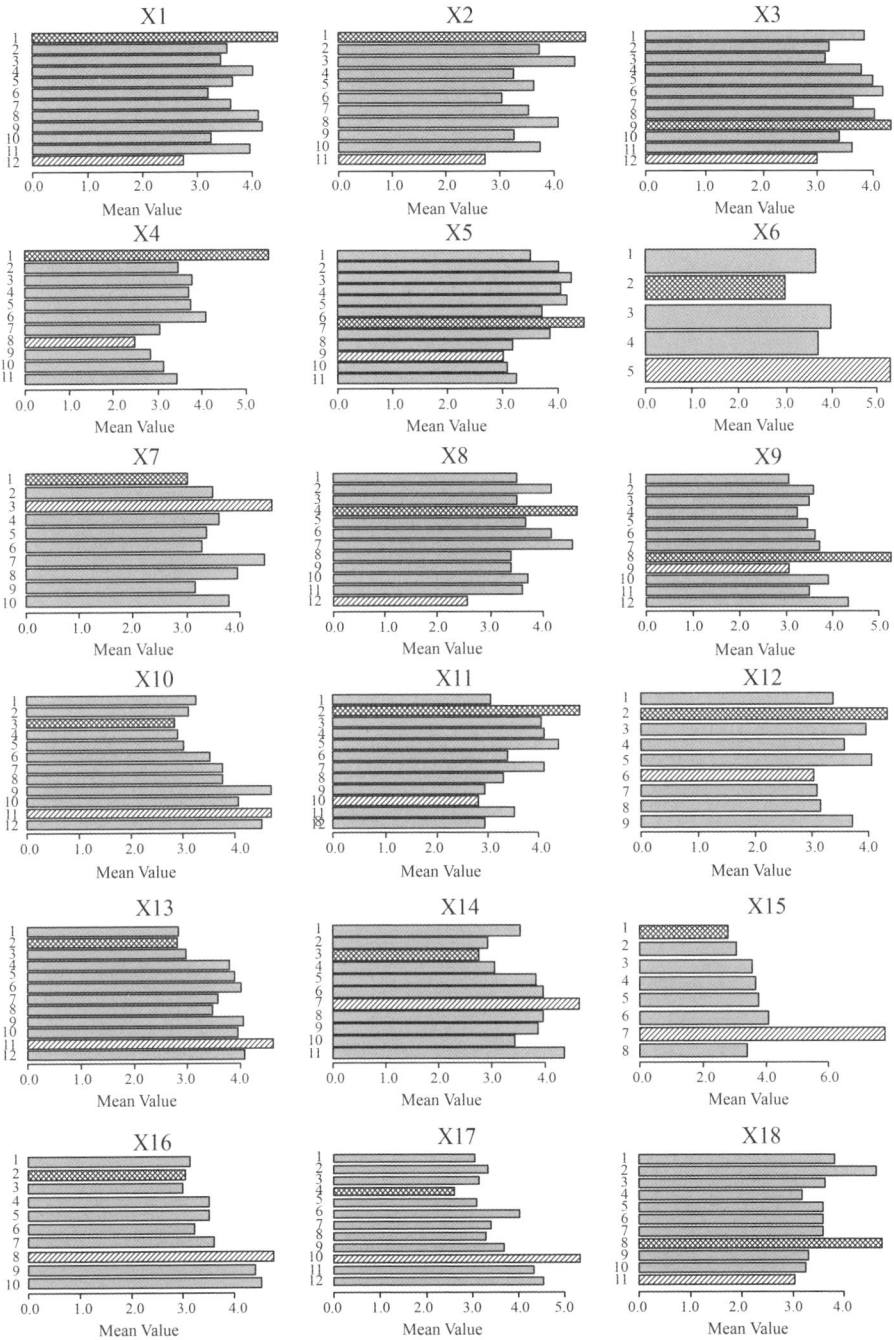

图 8-3 化学需氧量风险探测结果

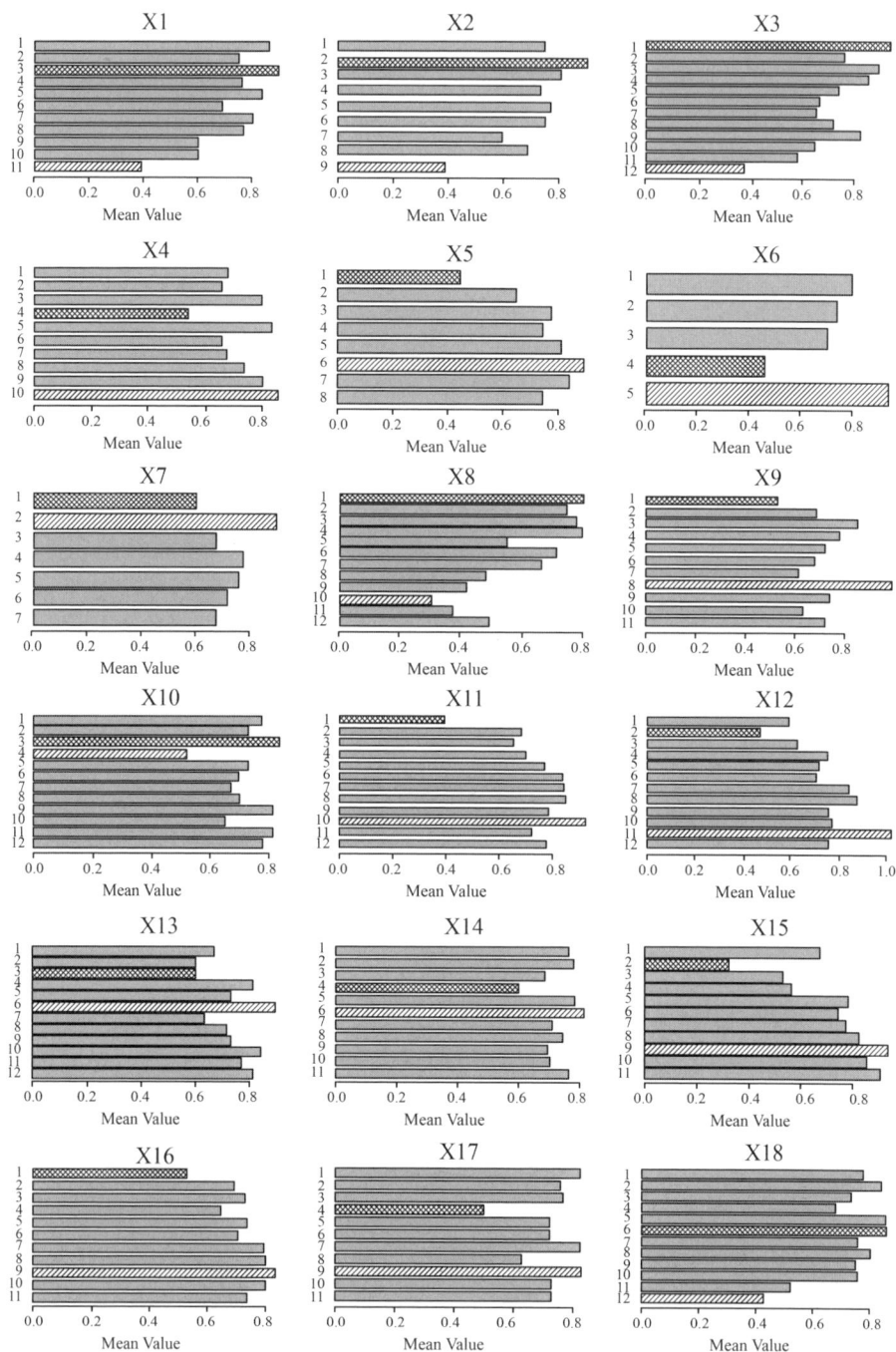

图 8-4　氨氮风险探测结果

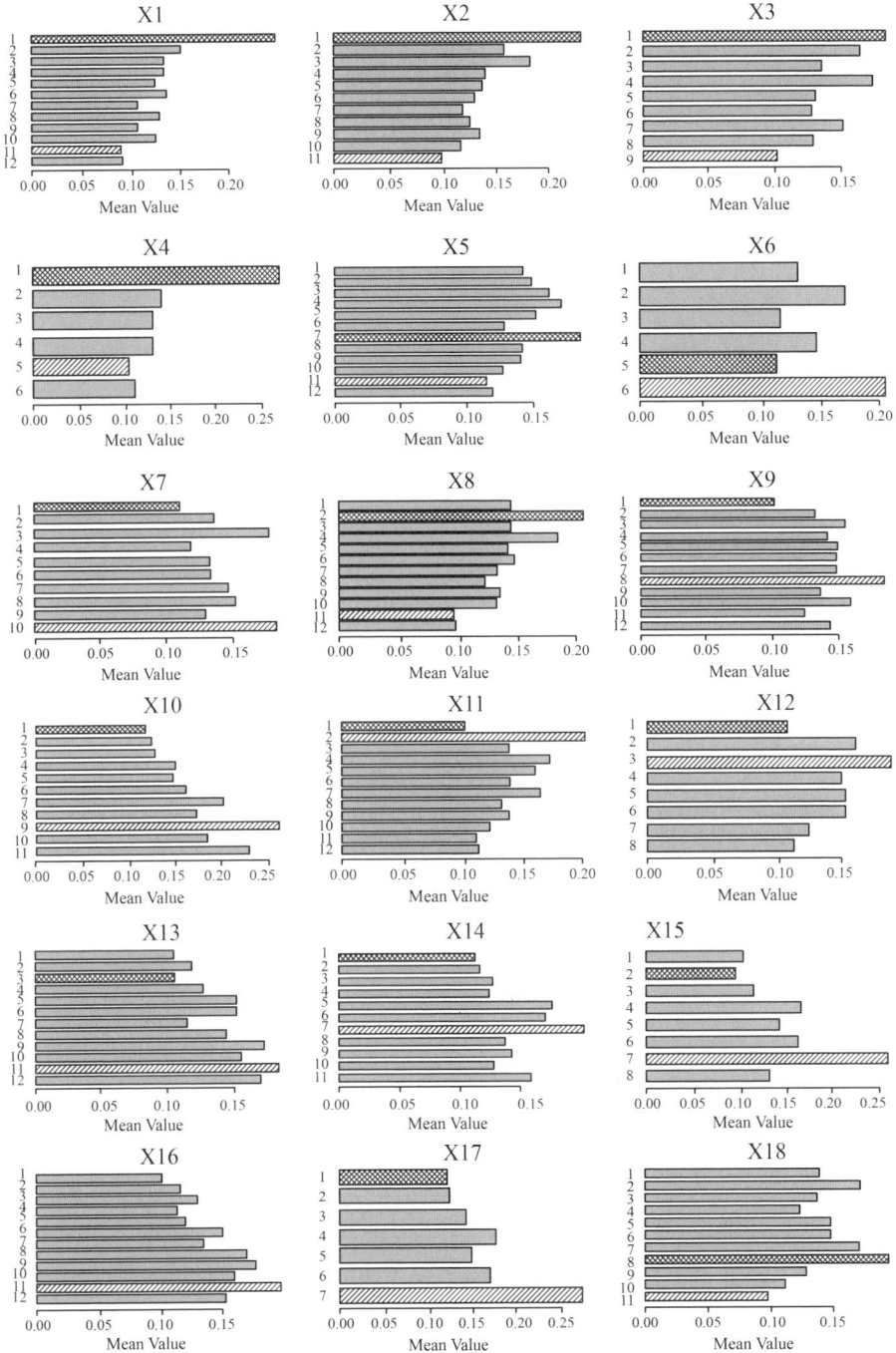

图 8-5 总磷风险探测结果

关性,与DIVISION(X16)大致呈正相关。从氨氮的风险探测结果来看(见图8-4),主要影响区域位于拱墅区、上城区、西湖区和临平区等区域。氨氮指标与平均坡度(X1)、平均高程(X2)、高程标准差(X3)和林地占比(X8)呈较强的负相关性,与居住商业用地占比(X11)、道路交通用地占比(X12)、PD(X15)和DIVISION(X16)大致呈正相关性,与相关性分析结果大致相同。由此可推出:城市居住商业用地及人口密集、商业活动频繁的道路交通区域中人类各种活动产生的主要污染物质为氨氮,同时破碎化的土地利用会促进面源污染的产生。从总磷的风险探测结果来看(见图8-5),主要影响区域位于钱塘区和临平区,与平均坡度(X1)、平均高程(X2)、高程标准差(X3)和林地占比(X8)大致呈负相关性,与耕地占比(X10)、工业用地占比(X13)、PD(X15)、DIVISION(X16)和LSI(X17)大致呈正相关性,与相关性分析结果大致相同。由此表明:农业用地中随地表径流进入水体的化学肥料和产生的养殖废弃物是水环境中总磷污染物的主要来源,工业用地与总磷污染也存在重要影响,边界复杂、破碎化的土地利用形态会促进总磷污染的产生。

(三)交互探测结果

现实情况中,城市面源污染的产生往往受到多种因素的共同作用,因此,通过交互探测器确定不同影响因子对面源污染的交互作用情况,有利于探究面源污染的更深层的影响因素,为调整土地利用提供更优的组合模式。交互探测结果如图8-6所示,图中展示了不同影响因子叠加后的q值,值越大表明交互作用越强。由图可知,任意两个影响因子的交互作用对面源污染空间分异的解释力均大于单个因子,且大多数为双因子增强作用,少数为非线性增强,不存在独立作用或非线性减弱类型,证明了现实情境性面源污染受多种因素共同影响,形成过程复杂。

对化学需氧量而言,耕地占比—高程标准差的交互影响q值最大(0.94),表明两者的交互作用对面源污染影响极其显著,因此,在合适的地形起伏区域合理布置耕地有助于改善化学需氧量的污染问题。街道人口密度—园地草地占比、工业用地占比—平均坡度交互影响q值次之,为0.91,在城市规划过程中合理控制城市绿地占比并兼顾人口密度对面源污染的改善有明显作用;控制工业区的地形平坦、坡度平缓,并调整工业用地比例能够有效减少化学需氧量的污染水平。

对氨氮指标而言,连接度与各类土地利用占比的交互影响均较为强烈,

反映

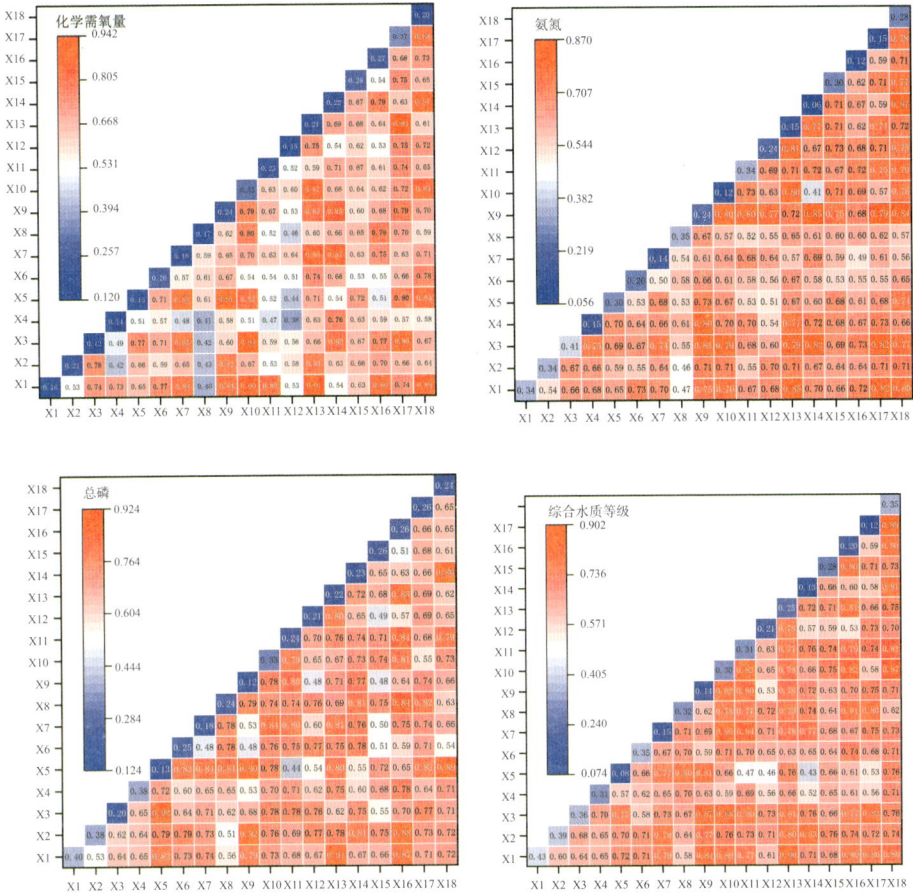

图 8-6　面源污染影响因子交互探测结果

控制城市不同土地利用类型的连接度能有效地控制城市面源污染的氨氮问题，其中连接度—园地草地占比 q 值高达 0.84，说明各汇类用地连接度提高能够截留更多的面源污染物质，减少进入受纳水体的面源污染物质。与此同时，各类用地之间的交互作用也呈增强趋势，其中其他用地与园地草地的交互作用最为强烈，在城市土地利用调整中，主要针对其他用地和城市绿地进行综合调整对水环境的影响效果更好。

对于总磷而言，平均高程—园地草地占比交互作用影响最大，q 值为 0.92，调整不同高程区域的园地草地占比情况可以更有效地改善径流总磷污染情况。耕地、工业用地和居住商业用地与土地利用结构的交互影响均较强烈，q 值均大于 0.55，表明对这三类用地结构进行合理调整能更好地改善城市面源污染的总磷问题。

总体来说,连接度和破碎度与各土地利用类型呈现强烈交互影响关系,提升城市土地利用的结构紧凑度和景观连接度对面源污染的削减具有良好作用。同时,改变不同土地利用类型的地表起伏有利于对径流的截留和滞蓄,如城市低洼绿地和雨水花园就是利用不同起伏地表的土壤和植被对径流起滞蓄作用,有效减缓了雨水流速,削减了洪峰流量,减少了地表面源污染。

第四节 面源污染灾害风险评估

一、杭州市面源污染灾害风险空间分布特征

评估结果显示杭州市面源污染致灾因子危险性、孕灾环境敏感性、承灾体脆弱性以及综合风险空间分布情况存在较大的差异。

从分维特征来看:致灾因子危险性呈中心向外降低的趋势,高危险性区域集中在杭州市中心区以及钱塘区部分区域,余杭区西部、萧山区南部危险性等级较低;孕灾环境高敏感区主要分布于拱墅区、临平区东部、余杭区南部、萧山区中部,余杭区西部、萧山区南部、西湖区等山林区域敏感性等级低;承灾体高脆弱性区域主要包括杭州西部与南部山林区域、钱塘江沿岸区域和拱墅区东部区域等。从综合风险看,大致呈中心向外围逐渐降低态势;其中,高风险区域所占比例较小,为3.2%,主要集中于拱墅区、上城区、滨江区,而低风险、较低风险区域占比接近70%,主要集中于余杭区西部、萧山区南部和钱塘区东部。

二、杭州市面源污染灾害风险类型分区

为更准确辨析杭州市面源成因,针对不同风险类型精准施策,本研究利用自然断点法将三个维度风险进行高低分级,并将风险划分为8种类型区域。

"高危+高敏+高脆"和"高危+高敏+低脆"类型风险等级高,这两类区域内聚集了密集的高污染风险工业产业或承载了高密度人口和频繁的商业活动,导致单位面积产生的面源污染负荷大,危险性等级高;与此同时,高强度的

城市建设使得城市不透水面比例剧增,不断蚕食城市开敞空间,破坏绿化系统的连通性,削弱了绿地景观对面源污染的截留净化作用,导致高敏感性。前者一般位于钱塘江沿岸、生态公园、生态缓冲区和水源保护区等水质要求较高的区域,例如滨江区和上城区为杭州原取水保护区,水质要求等级高,脆弱性等级较高;后者为一般城市建设区域,水体功能以景观娱乐和微环境调节为主,脆弱性较低。

"高危+低敏+低脆"和"高危+低敏+高脆"类型占比较小,主要分布在拱墅区、西湖区、上城区和滨江区,这两类区域基本为高强度城市建设区中地势平缓、植被覆盖情况较好、绿地景观结构合理的居住区、城市绿地生态公园等,对面源污染具有良好的截留作用,孕灾环境敏感性低。前者区域内的水体功能以景观娱乐、微环境调节为主,水质要求较低,脆弱性低;后者位于钱塘江岸线的缓冲地带,水质要求等级高,脆弱性高。

"低危+高敏+高脆"和"低危+低敏+高脆"两类区域主要位于余杭区、西湖区南部和萧山区南部,这些区域一般为生态空间、农业空间和城镇发展区,土地开发强度较低,产生的面源污染负荷较低,但水生态环境质量要求较高。前者以低人口密度的乡镇区域为主,由于近年来乡镇的发展,建设用地不断扩展,不透水面比例增加,原有良好的自然生态景观结构受到破坏,敏感性较高;后者主要为农业和山林区域,生态环境保护良好,植被覆盖率高且结构良好,对面源污染物质的净化作用良好,敏感性低。

"低危+低敏+低脆"和"低危+高敏+低脆"分布于钱塘区、临平区、萧山区北部城镇发展区,以低人口密度城市住区、乡镇和产业园区为主,土地利用强度低,水体功能以景观用水、工农渔业用水为主,水质管控要求较低;前者区域内城市建设的不透水面比例较低,绿地景观完善且结构良好,敏感性较低;而后者由于无序的土地开发,使得部分区域的建设用地零散、结构混乱,敏感性提高。

第五节　面源污染灾害风险预警机制

一、风险关键因子识别、评估及预警框架构建

通过对杭州市 110 个管理单元的水质与土地利用因子的相关性分析和地理探测器分析，可得到影响面源污染的土地利用关键因子；引入基于区域灾害系统理论的风险评估体系对杭州市面源污染灾害风险进行识别，可得到杭州市面源污染风险的空间分布及其等级状况，为灾害预警建设——全域化推进杭州海绵城市建设的重点、难点把控提供决策依据。

第一，基于 Pearson 相关性分析和地理探测器分析，揭示了影响径流水质的主要土地利用类型及其结构因子。研究显示，耕地是总磷污染的主要来源，居住商业用地、道路交通用地是氨氮污染的主要来源，耕地和其他用地则是化学需氧量污染的主要来源。林地和园地草地对径流水质具有一定的净化作用；从景观格局来看：大规模、分散的源类用地结构对水质污染影响显著；破碎化、形状复杂的汇类景观结构会降低汇类用地净化水质的能力，但通过提高汇类用地的规模、增强斑块间的连接度对水质净化起到有效的促进作用；此外，区域内地形的起伏变化也对总体水质情况产生较大影响。在现实情境中，径流污染受到多种因素的共同影响，土地利用景观结构与土地利用类型的交互影响尤为强烈。

第二，基于灾害风险评估的概念，结合致灾因子危险性、孕灾环境敏感性和承灾体脆弱性构建城市面源污染灾害风险综合评估框架，并对风险等级进行划分，识别杭州市面源污染灾害高风险区域。结果显示，杭州市面源污染综合风险整体较低，局部较高，呈中心向外围逐渐降低态势。从分维特征看，致灾因子危险性等级由中心向外围逐渐降低，孕灾环境敏感性和承灾体脆弱性空间分布存在较大的差异，不同风险类型的风险等级和区域特征详见表8-11所示。

表 8-11　杭州面源污染风险类型分布特征

风险类型	风险等级	占比/%	区域特征	分布区域
高危＋高敏＋高脆	高	5.4	以高强度开发的商业、工业、居住用地为主，土地利用结构混乱，水质管控等级较高	滨江区、钱塘区、上城区
高危＋高敏＋低脆	较高	7.4	主要为高人口密度的居住用地和商业用地	拱墅区、上城区、临平区东部
高危＋低敏＋高脆	中等偏高	1.3	以高强度开发建设区中具有良好景观结构的居住用地为主	上城区
高危＋低敏＋低脆	中等	0.9	以高强度开发的城市建设区中的居住用地为主	拱墅区、上城区
低危＋高敏＋高脆	中等	13.7	以低人口密度的城镇空间为主，空间结构零散	余杭区、萧山区、西湖区
低危＋低敏＋高脆	较低	38.9	主要为农业空间和绿色生态空间，环境保护良好，水质要求高	余杭区、萧山区南部、西湖区北部
低危＋高敏＋低脆	中等偏低	20.8	主要为低人口密度、分布零散的居住用地、工业用地	临平区、钱塘区和萧山区
低危＋低敏＋低脆	低	14.6	以低开发强度、保护良好的生态空间	临平区、钱塘区、西湖区、萧山区

　　第三，建立一个综合考虑致灾因子危险性、孕灾环境敏感性和承灾体脆弱性，以管理单元土地利用为管理对象的面源污染预警平台，为水环境精细化管理提供科学支撑。致灾因子危险性评价以城市土地利用开发情况为依托，通过对土地利用开发性质和强度的分析，动态识别面源污染的主要成分和程度；孕灾环境敏感性评价以城市关键的土地利用类型的空间为重点，监控城市各类汇类用地的空间结构布置的合理性；承灾体脆弱性评价以管理单元为基础，根据《"三线一单"方案》等其他管理战略对水质管控的要求，进行动态调整与评价；基于多源动态数据融合及协同治理原则，建立城市面源污染灾害风险预警平台，对特定单元的水环境灾害风险进行实时动态的精准化管控。

二、风险预警的策略重点

　　根据杭州市面源污染灾害风险评估结构和类型划分结果，针对不同区域风险特征,结合风险产生原因,以管理单元为基础,对不同类型的风险区域提出差异化的分区预警策略重点。

(一)存量更新发展区:以城市更新为抓手,优化土地利用的空间结构

主要针对"高危+低敏+低脆"型和"高危+高敏+低脆"型区域,这两类以高强度的城市居住区、商业区、工业区为主,存在较高的面源污染风险。针对这些区域主要采取"以城市更新为抓手,优化土地利用的空间结构"土地利用管控策略。城市高强度开发不可避免,以承载高密度的人口和生产经济活动,一方面,需经持续的城市更新与旧城海绵化改造等手段优化区域内部土地利用类型结构,减少区域内不透水面比例,尽可能增加绿化用地比例,减少污染负荷的产生;不断调整、优化城市绿地系统布局,增设绿色生态廊道,提高海绵城市建设力度,提升对面源污染物质的截留能力。另一方面,通过完善城市基础设施缓解高密度人口区域产生的高强度的生活性污染压力,通过调整产业结构、整合产业资源、推动产业升级降低高污染工业区的生产性污染压力,降低区域的危险性。

(二)有限开发控制区:以环境保护为优先,控制城市建设的过度扩张

主要针对"高危+高敏+高脆"型和"高危+低敏+高脆"型区域,这两类区域整体风险等级较高,以开发程度高且具有生态缓冲作用的生态控制区域为主,土地开发强度较大,同时水环境要求较高。对于此类区域主要采取"以环境保护为优先,控制城市建设的过度扩张"土地利用管控策略。在城市快速扩张中,这些区域内的生态空间被逐步占用,加速了生态资源的退缩。为此,首先,要确保区域内生态保护红线不被突破,对存在侵占生态用地的建设区域进行严格整改,禁止各种形式的侵占和过度开发,保证绿色生态空间规模;其次,协调自然空间与城市建设界面,引导和控制山边、水边、林边等自然要素与建设区域的过渡空间,维护复育生态系统,构建良好的城市空间景观格局,塑造和谐的城市景观风貌。

（三）重点发展规划区：以新区建设为契机，强化绿地景观的系统锚固

主要针对"低危＋高敏＋低脆"型和"低危＋低敏＋低脆"型区域，这两类区域风险等级低，是城市未来扩张的主要区域，若无序扩张势必破坏自然平衡的用地结构，亟须科学规划引导，构建合理的景观格局。对于这些城市重点发展规划区，采取"以新区建设为契机，强化绿地景观的系统锚固"土地利用优化策略。宏观上，以区域生态基底为依托，构建高连接度、聚合度的城市森林、湿地等绿色生态系统，保护建设城市绿色生态廊道，保证各大型绿地斑块相互连通；中观上，建设高度网络化的生态节点，通过设置防护绿地、公园绿地等绿色通廊，形成有机镶嵌、层层递进的污染净化系统；微观上，通过增设绿色屋顶、雨水花园等绿色基础设施，从源头上进行有效的截留净化。

（四）重点生态保护区：以红线控制为准绳，细化各类用地的管制规则

主要针对"低危＋高敏＋高脆"型和"低危＋低敏＋高脆"型区域，这两类区域一般为具有水源涵养、山林保育等生态服务功能的乡村发展区、农田保护区和生态保护区，目前风险等级中等偏低，采取"以红线控制为准绳，细化各类用地的管制规则"土地利用管控策略。对此类区域应以保护自然环境为前提，坚守底线思维，以永久基本农田、生态保护红线等管控要素为限维护土地管理秩序和自然景观格局，在全面评估和科学论证的基础上对各类用地进行调整优化；与此同时，要突出规划引领作用，落实国土空间规划部署，系统考虑区域范围内土地综合整治工作，严格控制村镇发展边界，有序管控开发规模和土地利用强度，减少对自然环境的干扰。

本篇参考文献

［1］Carlson T N，Arthur S T，2000. The impact of landuse：land cover changes due to urbanization on surface microclimate and hydrology：a satellite perspective［J］. Global and Planetary Change，25(1)：49-65.

［2］Chen Q，Dong H，2019. Sustainable development indicator systems for island cities：the case of Zhoushan Maritime Garden City ［J］. Island Studies Journal，14(2)：137.

［3］Diakakis M，Deligiannakis G，Pallikarakis A et al.，2016. Factors controlling the spatial distribution of flash flooding in the complex environment of a metropolitan urban area：the case of athens 2013 flash flood event［J］. International Journal of Disaster Risk Reduction，18 (9)：171-180.

［4］Gerardo B，Michel L，Mariano B et al.，2004. Use of systematic, palaeofood and historical date for the improvement of flood risk estimation：an introduction：an introduction［J］. Natural Hazards，31：623-643.

［5］Gori A，Blessing R，Juan A et al.，2019. Characterizing urbanization impacts on floodplain through integrated land use，hydrologic，and hydraulic modeling ［J］. Journal of Hydrology，568(1)：82-95.

［6］Guo Q H，Ma K M，Zhao J Z et al.，2005. A landscape ecological approach for urban non-point source pollution control［J］. The Journal of Applied Ecology，16(5)：977-981.

［7］Hirabayashi Y，Mahendran R，Koirala S et al.，2013. Global flood risk under climate change［J］. Nature Climate Change (3) ：816-821.

［8］Israel A O，2017. Nature，the built environment and perennial flooding in Lagos，Nigeria：the 2012 flood as a case study［J］. Urban Climate，21 (9)：218-231.

［9］Lee Y，Brody S D，2018. Examining the impact of land use on flood losses in Seoul，Korea[J]. Land Use Policy，70(1)：500-509.

[10] Li K ，Yang H ，Chen Q et al.，2024. Analysis of urban thermal environment evolution and mechanisms based on multisource data：a case study of Hangzhou，China[J]. Journal of Urban Planning and Development，150(3). DOI：10. 1061/JUPDDM. UPENG-4919.

[11] Louise B，Karin W，Isadora D M T et al.，2019. Urban flood resilience：a multi-criteria index to integrate flood resilience into urban planning [J]. Journal of Hydrology，573(6)：970-982.

[12] Marsalek J，1990. Evaluation of pollutant loads from urban nonpoint sources[J]. Water Science and Technology，22：10-11.

[13] Okazawa Y，Yeh P J F，Kanae S et al.，2011. Development of a global flood risk index based on natural and socio-economic factors [J]. Hydrological Sciences Journal，56(5) ：789-804.

[14] Shi P，Zhang Y，Li Z B et al.，2016. Influence of land use and land cover patterns on seasonal water quality at Multi-Spatial scales[J]. Catena，151.

[15] Qiu J，Turner M G，2015. Importance of landscape heterogeneity in sustaining hydrologic ecosystem services in an agricultural watershed [J]. Ecosphere,11(6)：1-19.

[16] Rasanen A，Nygren A，Monge A M et al.，2018. From divide to nexus：interconnected land use and water governance changes shaping risks related to water[J]. Applied Geography，90(1)：106-114.

[17] Si S，Li J，Jiang Y et al.，2022. The response of runoff pollution control to initial runoff volume capture in sponge city construction using SWMM[J]. Applied Sciences，12(11).

[18] Sobrino J A，Oltra R，Soria G et al.，2012. Impact of spatial resolution and satellite overpass time on evaluation of the surface urban heat island effects[J]. Remote Sensing of Environment，117(1)：50-56.

[19] Stephane H，2013. Future flood losses in major coastal cities[J]. Nature Climate Change(3)：802-806.

[20] USEPA，1995. National water quality inventory，report to congressex ecutive summary[M]. Washington，D. C.：USEPA.

[21] Wu Y，Zhong P A，Zhang Y et al.，2015. Integrated flood risk assessment and zonation method：a case study in Huaihe River basin，China[J]. Natural Hazards，78(1)：635-651.

[22] Song Y Z，Wang J F，Ge Y et al.，2020. An optimal parameters-based geographical detector model enhances geographic characteristics of explanatory variables for spatial heterogeneity analysis：cases with different types of spatial data[J]. GI Science Remote Sensing，57(5)：593-610.

[23] Yoon S S，2019. Adaptive blending method of radar-based and numerical weather prediction QPFs for urban flood forecasting [J]. Remote Sensing，11(6)：642.

[24] 鲍全盛,王华东,1996. 我国水环境非点源污染研究与展望[J]. 地理科学(1):66-72.

[25] 陈恺,唐燕,2019. 城市高温热浪脆弱性空间识别与规划策略应对——以北京中心城区为例[J]. 城市规划,43(12):37-44,77.

[26] 陈宽,杨晨晨,白力嘎,等,2021. 基于地理探测器的内蒙古自然和人为因素对植被 NDVI 变化的影响[J]. 生态学报，41(12)：4963-4975.

[27] 陈前虎,沈铷桑,陈甜甜,等,2024.基于元胞自动机的城市内涝风险识别模型研究[J].水利水电技术(中英文),55(8):1-12.

[28] 陈前虎,吴昊,2020. 国土空间开发"源汇"格局对河道水质的影响——以杭州市 11 个排水分区为例[J]. 城市规划,44(7)：28-37.

[29] 陈前虎,吴松杰,黄初冬,等,2014.城市街区道路交通布局与降雨径流污染关系研究——以杭州市为例[J].浙江工业大学学报(社会科学版),13(3):320-326.

[30] 陈韬,钟传胤,赵大维,等,2022. 基于二元 Logistic 对城市内涝风险区预测研究[J]. 中国农村水利水电(5)：57-61,69.

[31] 陈甜甜,沈铷桑,杨泓哲,陈前虎,2024.城市径流污染风险评估与分区管

控研究——以杭州为例[J].长江流域资源与环境,33(8):1741-1752.

[32] 崔胜辉,徐礼来,黄云凤,等,2015. 城市空间形态应对气候变化研究进展及展望[J]. 地理科学进展,34(10):1209-1218.

[33] 段四波,茹晨,李召良,等,2021. Landsat 卫星热红外数据地表温度遥感反演研究进展[J]. 遥感学报,25(8):1591-1617.

[34] 冯爱萍,王雪蕾,徐逸,等,2020. 基于 DPeRS 模型的海河流域面源污染潜在风险评估[J]. 环境科学,41(10):4555-4563.

[35] 高静,龚健,李靖业,2019. "源—汇"景观格局的热岛效应研究——以武汉市为例[J]. 地理科学进展,38(11):1770-1782.

[36] 葛铭坤,2020. 我国面源污染治理理论和措施研究综述[J]. 水利规划与设计(3):24-28.

[37] 何苗,徐永明,李宁,等,2017. 基于遥感的北京城市高温热浪风险评估[J]. 生态环境学报,26(4):635-642.

[38] 何平,徐玉裕,周侣艳,等,2014. 杭州市区主要河道水质评价及评价方法的选择[J]. 浙江大学学报(理学版),41(3):324-330.

[39] 侯培强,王效科,郑飞翔,等,2009. 我国城市面源污染特征的研究现状[J]. 给水排水,45(S1):188-193.

[40] 胡和兵,刘红玉,郝敬锋,等,2012. 南京市九乡河流域景观格局空间分异对河流水质的影响[J]. 环境科学,33(3):794-801.

[41] 扈海波,孟春雷,程丛兰,等,2021. 基于城市水文模型模拟的暴雨积涝灾害风险预警研究[J]. 气象,47(12):1484-1500.

[42] 扈海波,熊亚军,2015. 城市极端高温灾害研究综述[J]. 气象科技进展,5(1):18-22.

[43] 黄华兵,王先伟,柳林,2021. 城市暴雨内涝综述:特征、机理、数据与方法[J]. 地理科学进展,40(6):1048-1059.

[44] 黄亦轩,徐宗学,陈浩,等,2023. 深圳河流域内陆侧洪涝风险分析[J]. 水资源保护(1):101-108.

[45] 江颖慧,焦利民,张博恩,2018. 城市地表温度与 NDVI 空间相关性的尺度效应[J]. 地理科学进展,37(10):1362-1370.

[46] 金成,沈杭锋,高天赤,等,2018. 杭州地区短时强降水特征与服务思考

[J]. 浙江气象，39(3)：1-6.

[47] 孔佩儒,陈利顶,孙然好,等,2018. 海河流域面源污染风险格局识别与模拟优化[J]. 生态学报,38(12):4445-4453.

[48] 李炳元,潘保田,韩嘉福,2008. 中国陆地基本地貌类型及其划分指标探讨[J]. 第四纪研究(4):535-543.

[49] 李超超,田军仓,申若竹,2020. 洪涝灾害风险评估研究进展[J]. 灾害学,35(3)：131-136.

[50] 李志林,任重琳,2021. 基于均值和内梅罗综合污染指数法的岳城水库水质评价及分析研究[C]// 中国水利学会 2021 学术年会论文集第一分册:340-344.

[51] 刘婕,谭华芳,2011. 城市化进程中的热岛效应问题及对策[J]. 财经问题研究(5):110-114.

[52] 刘帅,李琦,朱亚杰,2014. 基于 HJ-1B 的城市热岛季节变化研究——以北京市为例[J]. 地理科学,34(1):84-88.

[53] 刘媛媛,王绍强,王小博,等,2020. 基于 AHP—熵权法的孟印缅地区洪水灾害风险评估[J]. 地理研究,39(8):1892-1906.

[54] 罗海婉,黄国如,2021. 洪涝灾害风险评估单元选取方法研究[J]. 水电能源科学,39(3)：24-27.

[55] 潘明慧,兰思仁,朱里莹,等,2020. 景观格局类型对热岛效应的影响——以福州市中心城区为例[J]. 中国环境科学,40(6):2635-2646.

[56] 潘莹,崔林林,刘昌脉,等,2018. 基于 MODIS 数据的重庆市城市热岛效应时空分析[J]. 生态学杂志,37(12):3736-3745.

[57] 彭保发,石忆邵,王贺封,等,2013. 城市热岛效应的影响机理及其作用规律——以上海市为例[J]. 地理学报,68(11):1461-1471.

[58] 彭翀,张晨,顾朝林,2015. 面向"海绵城市"建设的特大城市总体规划编制内容响应[J]. 南方建筑(3):48-53.

[59] 彭少麟,周凯,叶有华,等,2005. 城市热岛效应研究进展[J]. 生态环境(4):574-579.

[60] 彭文甫,周介铭,罗怀良,等,2011. 城市土地利用与地面热效应时空变化特征的关系——以成都市为例[J]. 自然资源学报,26(10):1738-1749.

［61］齐小天,张质明,赵鑫,等,2022. 降雨径流污染风险等级识别与优化方法
　　　［J］. 环境科学,43(3):1500-1511.

［62］史培军,2002. 三论灾害研究的理论与实践［J］. 自然灾害学报(3):1-9.

［63］史培军,2016. 灾害风险科学［M］. 北京:北京师范大学出版社.

［64］税伟,陈志淳,邓捷铭,等,2017. 耦合适应力的福州市高温脆弱性评估
　　　［J］. 地理学报,72(5):830-849.

［65］孙富,金之宏,谈永仁,等,2007. 中国经济分布——长三角地区产业集聚
　　　分析［J］. 沿海企业与科技(3):118-120.

［66］唐钰嫣,潘耀忠,范津津,等,2021. 土地利用景观格局对城市内涝灾害风
　　　险的影响研究［J］. 水利水电技术(中英文),52(12):1-11.

［67］唐哲,王琪,申亚兰,等,2017. 湖库型铁山水库饮用水水源地水资源评价
　　　［J］. 人民长江,48(S2):104-107,192.

［68］王成坤,黄纪萍,曾胜,等,2019. 基于积水特征和暴露脆弱性的城市内涝
　　　风险评估［J］. 中国给水排水,35(5):125-130.

［69］王东,秦昌波,马乐宽,等,2017. 新时期国家水环境质量管理体系重构研
　　　究［J］. 环境保护,45(8):49-56.

［70］王劲峰,徐成东,2017. 地理探测器:原理与展望［J］. 地理学报,72(1):
　　　116-134.

［71］王伟武,金建伟,肖作鹏,等,2009. 近18年来杭州城市用地扩展特征及
　　　其驱动机制［J］. 地理研究,28(3):685-695.

［72］王雪松,李琪,高俊峰,等,2021. 常州市河流水质对滨岸带土地利用响应
　　　的初步分析［J］. 长江流域资源与环境,30(12):2915-2924.

［73］王晓峰,王晓燕,2002. 国外降雨径流污染过程及控制管理研究进展［J］.
　　　首都师范大学学报(自然科学版)(1):91-96,101.

［74］王研,马瑞瑞,李娟,等,2023. 基于地理探测器的地表水质影响因素研
　　　究——以山西省吕梁市为例［J］. 环境科学学报,43(2):212-222.

［75］王耀斌,赵永华,韩磊,等,2017. 西安市景观格局与城市热岛效应的耦合
　　　关系［J］. 应用生态学报,28(8):2621-2628.

［76］吴健生,张朴华,2017. 城市景观格局对城市内涝的影响研究——以深圳
　　　市为例［J］. 地理学报,72(3):444-456.

[77] 吴江华,刘康,张红娟,等,2021. 西安市主城区景观格局演变对地表径流的影响[J]. 水土保持通报,41(4):83-92.

[78] 吴志强,叶锺楠,2016. 基于百度地图热力图的城市空间结构研究——以上海中心城区为例[J]. 城市规划,40(4):33-40.

[79] 武夕琳,刘庆生,刘高焕,等,2019. 高温热浪风险评估研究综述[J]. 地球信息科学学报,21(7):1029-1039.

[80] 夏洋,曹靓,张婷婷,等,2016. 海绵城市建设规划思路及策略——以浙江省宁波杭州湾新区为例[J]. 规划师,32(5):35-40.

[81] 向竹霞,韩贵锋,陈明春,2021. 城市高温灾害风险评估及规划响应[C]// 面向高质量发展的空间治理——2020中国城市规划年会论文集(01城市安全与防灾规划):157-167.

[82] 谢盼,王仰麟,彭建,等,2015. 基于居民健康的城市高温热浪灾害脆弱性评价——研究进展与框架[J]. 地理科学进展,34(2):165-174.

[83] 熊鹰,章芳,2020. 基于多源数据的长沙市人居热环境效应及其影响因素分析[J]. 地理学报,75(11):2443-2458.

[84] 徐涵秋,陈本清,2004. 城市热岛与城市空间发展的关系探讨——以厦门市为例[J]. 城市发展研究,11(2):65-70.

[85] 徐涵秋,2015. 新型Landsat 8卫星影像的反射率和地表温度反演[J]. 地球物理学报,58(3):741-747.

[86] 徐涵秋,2008. 一种快速提取不透水面的新型遥感指数[J]. 武汉大学学报(信息科学版)(11):1150-1153,1211.

[87] 徐卫红,杜晓鹤,2021. 我国城市内涝形成机理及防治策略[C]// 第十一届防汛抗旱信息化论坛论文集:245-252.

[88] 徐宗学,陈浩,任梅芳,等,2020. 中国城市洪涝致灾机理与风险评估研究进展[J]. 水科学进展,31(5):713-724.

[89] 颜文涛,邹锦,2019. 趋向水环境保护的城市小流域土地利用生态化——生态实践路径、空间规划策略与开发断面模式[J]. 国际城市规划,34(3):45-55.

[90] 杨帆,李祝,罗文丽,2021. 河网型城市土地利用对水安全的影响及其优化管控——以岳阳市为例[J]. 经济地理,41(8):177-186.

[91] 杨默远,潘兴瑶,刘洪禄,等,2020. 基于文献数据再分析的中国城市面源污染规律研究[J]. 生态环境学报,29(8):1634-1644.

[92] 要志鑫,孟庆岩,孙震辉,等,2020. 不透水面与地表径流时空相关性研究——以杭州市主城区为例[J]. 遥感学报,24(2):182-198.

[93] 岳隽,王仰麟,李贵才,等,2007. 不同尺度景观空间分异特征对水体质量的影响——以深圳市西丽水库流域为例[J]. 生态学报(12):5271-5281.

[94] 张鹍,车伍,2016. 海绵城市建设背景下对城市径流污染问题的审视[J]. 建设科技(1):32-36.

[95] 张立坤,香宝,胡钰,等,2014. 基于输出系数模型的呼兰河流域非点源污染输出风险分析[J]. 农业环境科学学报,33(1):148-154.

[96] 张亮,2016. 西北地区海绵城市建设路径探索——以西咸新区为例[J]. 城市规划,40(3):108-112.

[97] 张伟,王家卓,车晗,等,2016. 海绵城市总体规划经验探索——以南宁市为例[J]. 城市规划,40(8):44-52.

[98] 张杨,江平,2018. 基于 RS 和 GIS 的武汉市热岛效应时空演变研究[J]. 现代城市研究(1):119-125.

[99] 张展羽,司涵,孔莉莉,2013. 基于 SWAT 模型的小流域非点源氮磷迁移规律研究[J]. 农业工程学报,29(2):93-100.

[100] 张志敏,杜景龙,陈德超,等,2022. 典型网状河网区域土地利用和景观格局特征对地表季节水质的影响——以江苏省溧阳市为例[J]. 湖泊科学,34(5):1-18.

[101] 赵剑强,2002. 城市地表径流污染与控制[M]. 北京:中国环境科学出版社.

[102] 赵丽元,韦佳伶,2020. 城市建设对暴雨内涝空间分布的影响研究——以武汉市主城区为例[J]. 地理科学进展,39(11):1898-1908.

[103] 郑佳薇,尹昌应,戴丽,等,2023. 多尺度下西南喀斯特山地城市内涝空间分布特征与驱动力分析:以贵阳市为例[J]. 水利水电技术(中英文),54(2):33-46.

[104] 郑雪梅,王怡,吴小影,等,2016. 近 20 年福建省沿海与内陆城市高温热

271

浪脆弱性比较[J]. 地理科学进展,35(10):1197-1205.

[105] 中国科学院地理研究所,1987. 中国 1∶1000000 地貌图制图规范(试行)[M].北京:科学出版社.

[106] 周津羽,杨云川,韦均培,等,2021. 南宁市设计暴雨空间异质性特征[J]. 广西大学学报(自然科学版),46(5):1214-1227.

[107] 周利敏,2012. 从自然脆弱性到社会脆弱性:灾害研究的范式转型[J]. 思想战线,38(2):11-15.

[108] 周添红,苏思霖,马凯,等.典型区域土地利用/景观格局对黄河上游水体 TN 的影响[J]. 环境科学,45(10):1-13.

[109] 周源涛,高原,刘峰贵,等,2022. 灾害风险评价中天气生成器的应用研究综述[J]. 灾害学,37(3):155-161.

第四篇

防灾原理与减灾技术

海绵城市作为我国城市水灾害的风险管理工具，其防灾原理和减灾机制何在？本篇以首批国家海绵试点城市嘉兴为例，通过对嘉兴已完成的海绵城市改造示范区的实证研究，依循雨水循环过程，分别研究了海绵城市设施及其结构性指标对热岛强度、地表径流水质及雨洪内涝的影响机理和减灾机制，揭示了海绵城市的工作原理，回答了"海绵城市建什么"这一现实问题，为海绵城市规划、建设、运维的标准制定和指标优化提供了科学依据，也为海绵城市建设风险管理提供了关键技术支撑。

嘉兴市地处北亚热带南缘，属东亚季风区，冬夏季风交替，四季分明，气温适中，雨水丰沛，日照充足，具有春湿、夏热、秋燥、冬冷的特点，因地处中纬度，夏令湿热多雨的天气比冬季干冷的天气短得多。年平均气温 15.9℃，年平均降水量 1168.6mm，年平均日照 2017 小时。作为沿海地区，嘉兴每年 7—9 月都会受台风影响，加上平原地区水体流动性差，城市极易发生内涝灾害。

嘉兴属典型的江南水乡，水资源较为充沛。但在城市化建设过程中，由于不透水面积的增加，城市雨水径流汇流的时间缩短，峰值流量增加，径流污染加剧，雨水径流冲刷地面造成的面源污染已成为嘉兴水体污染的主要来源之一，加剧了环境水体的恶化与水资源的结构性短缺；与此同时，城市热岛效应也在不断加剧。

2015 年 4 月，嘉兴成为国家首批 16 个海绵城市建设试点城市之一，并于 2019 年 4 月通过了国家考核验收。本篇以嘉兴这一海绵城市建设试点城市为例，开展海绵城市建设对热岛强度、地表径流水质及雨洪内涝的影响研究，目的在于揭示海绵城市防灾机理和减灾机制，为风险管理提供决策支持与技术支撑。

第九章　海绵城市建设缓解热岛效应的机理——以嘉兴市三环区域内为例

随着我国城镇化的不断推进,土地利用类型与生态格局发生了较大变化,大量植被、农田、水域等自然地表被建筑物和道路等不透水下垫面取代(王敏等,2013),城市对地表温度和湿度的调节能力日益减弱,引发城市内涝和热岛效应等一系列问题。城市热岛是由城市化引起的城市温度高于周边乡村地区的现象,它对城市生态环境、居民健康和生产生活等方面都带来了极大的威胁和挑战(Ziska et al.,2004;姚远等,2018)。为了应对上述问题,住建部在《海绵城市建设绩效评价与考核办法(2015)》中将城市热岛效应纳入指标范畴,明确要求海绵城市建设示范区中心区域的夏季(6—9月)热岛效应得到有效缓解。

目前,在城市热岛研究方面,国内外学者的研究主要集中在城市热岛时空特征和变化(Sobrino et al.,2012;刘帅等,2014;潘莹等,2018)、驱动机制(彭文甫等,2011;Lazzarini et al.,2013)和缓解策略(Stathopoulou et al.,2009;贾宝全等,2017)等方面。其中城市土地利用与城市热岛的相关性研究表明,城市高温区主要集中在建设用地,而植被和水体则有明显的"冷岛"效应(牟雪洁等,2012),这说明城市热岛强度与下垫面性质有直接关系。而海绵城市建设主要通过铺设透水路面、建造下沉式绿地等措施来蓄积雨水,加强蒸腾和蒸发作用,从而缓解城市热岛效应。目前,海绵城市与热岛效应的关联研究集中在定性的策略建议(束方勇,2017)和缓解效果评估(朱玲等,2018;宋雯雯等,2018)等方面,对海绵城市建设的热环境改善效应及其机理机制的相关研究相对不足,城市热岛的缓解尚缺乏有效的理论指导。为此,探究海绵城市建设的结构性指标与相对热岛强度的关系,揭示各影响因素对城市热岛的重要性,显得十分必要。

基于 Landsat 卫星遥感的城市热岛监测相较于传统气象站观测具有覆盖

范围广和易于获取的优点,是研究城市热岛效应的重要技术手段。嘉兴市作为首批国家海绵试点城市,截至 2018 年底,海绵城市示范区建设基本完成,建设成效逐步显现。本章以嘉兴市为例,利用 Landsat 8 遥感数据,反演嘉兴市三环内的地表温度(land surface temperature,LST),在求证海绵城市建设与热岛效应关系的基础上,从定性和定量两个方面研究海绵城市建设的结构性指标对相对热岛强度的影响,揭示嘉兴市热岛强度变化的主要影响因素及其内在的机理机制,以期为科学编制海绵城市规划、缓解城市热岛效应提供理论依据。

第一节　数据获取与研究方法

一、研究区概况与数据来源

本部分以嘉兴市三环以内为主要研究区域。受气候影响,嘉兴市夏季能够获取高质量卫星遥感影像的时间主要集中在 6—8 月。为保证数据的可靠性,本文选取的是夏季、平均气温相对较近日期的遥感数据。综合考虑遥感影像的获取质量与《海绵城市建设绩效评价与考核办法(2015)》中对夏季时间的要求,本次研究的地表温度反演采用 7—8 月份这一时段的遥感影像。基于上述原因,本次研究采用成像时间为 2013 年 7 月 12 日、2015 年 8 月 3 日、2017 年 7 月 23 日和 2018 年 6 月 15 日的 Landsat 8 遥感影像,分别代表未进行海绵城市建设时期、海绵城市建设初期、海绵城市建设末期和海绵城市建设完成时期四个时期,遥感数据来源于美国 USGS 网站。海绵城市建设的结构性指标数据来源于嘉兴市土地利用分类图和海绵城市建设施工图,由嘉兴市规划院提供。

二、热岛效应指标

本研究的地表温度反演采用覃志豪等(2001)提出的单窗算法,综合考虑地表辐射率和大气辐射的影响反演得到地表真实温度,用 LST 表示。在此基础上,研究通过计算得到研究区域地表平均温度 T_a($℃$)及相应的标准差 σ,

并根据均值－标准差 $(T_a - \sigma)$（徐涵秋等，2004）对反演得到的 LST 进行温度等级划分，具体分级标准见表 9-1。

表 9-1 地表温度分级标准

等级	地表温度等级划分	范围
1	低温区	$< (T_a - \sigma)$
2	次中温区	$(T_a - \sigma)—(T_a - 0.5\sigma)$
3	中温区	$(T_a - 0.5\sigma)—T_a$
4	次高温区	$T_a—(T_a + 0.5\sigma)$
5	高温区	$(T_a + 0.5\sigma)—(T_a + \sigma)$
6	特高温区	$> (T_a + \sigma)$

在相对热岛强度估算的基础上，依据表 9-1 的地表温度分级标准，研究采用热岛比例指数（urban heat proportion index，UHPI）（徐涵秋，2003）来定量评估同一地区在不同时期的热岛强度大小，计算公式为

$$I_{UHI} = \frac{1}{100m}\left(\sum_{i}^{n} w_i\, p_i\right) \tag{9-1}$$

式中，I_{UHI} 为热岛比例指数；m 为地表温度划分的等级数，本研究取 $m = 6$；i 为温度高于平均温度的第 i 个温度等级；n 为温度高于平均温度的温度等级数，本研究取第 4 级、5 级、6 级三个等级，取 $n = 3$；w_i 为第 i 级的权重，取等级值；p_i 为第 i 级所占面积百分比。一般 I_{UHI} 取值在 0—1.0 之间，值越大，热岛现象越严重。为了更详细地分析区域热场在时空上的绝对差异，本研究采用相对热岛强度的概念（李丽光等，2013），计算公式为

$$T_R = \frac{T_i - T_a}{T_a} \tag{9-2}$$

式中，T_R 为相对热岛强度；T_i 为区域内第 i 点的 LST；T_a 为研究区域的平均 LST。

三、海绵城市建设的结构性指标

自嘉兴进行海绵城市建设以来，城市中的透水下垫面分为绿地、水体等自然透水下垫面以及经改造后的透水路面与屋顶花园，其中的绿地又分为常规高绿地和改造后的下沉式绿地、植被浅沟等。城市中的总不透水下垫面（total impervious area,TIA)分为有效不透水下垫面(effective impervious area,EIA)和无效不透水下垫面(ineffective impervious area,IIA)。其中,有效不透水下垫面指传统意义上的与排水管道直接连接的不透水下垫面,如直接排入雨水管道的水泥路面和屋顶;而无效不透水下垫面则指与排水管道断接的不透水下垫面,如就近排入下沉式绿地、雨水花园的不透水路面、屋顶、停车场等。传统的环境和水资源研究认为,TIA 是影响城市生态系统的重要因素,但近年的研究发现用 EIA 来研究城市化地区的径流影响比 TIA 更为合适(Ebrahimia et al.,2016)。综合上述情况和嘉兴实地布置情况,本研究选用透水路面、绿地(包括下沉式绿地和常规高绿地)、下沉式绿地和 EIA 作为研究对象,其中 EIA 的值通过 Sutherland 公式(Sutherland,1995)计算得到,公式为

$$EIA = 0.04 \, (TIA)^{1.7} \tag{9-3}$$

式中,EIA 为有效不透水下垫面面积占总用地面积的百分比;TIA 为总不透水下垫面面积占总用地面积的百分比。

在此基础上,为探究海绵城市建设的结构性指标与城市热岛的关系,本研究选用有效不透水面积比例(有效不透水面积与总用地面积之比)、透水路面比例(透水路面面积与总道路面积之比)、下沉式绿地比例(下沉式绿地面积与总绿地面积之比)与绿地面积比例(总绿地面积与总用地面积之比)四个指标进行研究。

四、灰色关联分析法

为探究海绵城市建设的结构性指标对城市热岛的相对影响程度,本研究选用灰色关联分析法(Deng,1982;刘思峰等,2010;彭继增等,2015)进行分析,主要步骤如下:

第一,确定参考序列和比较序列,得到分析序列;

第二,根据公式求得关联系数,并在此基础上求得灰色绝对关联度、灰色相对关联度;

第三,求灰色综合关联度,计算公式为

$$\rho_{0i} = \theta \varepsilon_{0i} + (1-\theta) r_{0i} \tag{9-4}$$

式中,ε_{0i} 为灰色绝对关联度;r_{0i} 为灰色相对关联度;θ 取值遵循多数学者做法,取 $\theta = 0.5$。

第二节　结果与分析

一、海绵城市建设对热岛效应的缓解

(一)城市热岛空间变化对比

为探讨海绵城市建设对嘉兴热岛效应的缓解效果,本研究主要分为两个层面展开分析:在单一性质用地层面,考虑到嘉兴市海绵城市建设主要集中于小区类、公建类、公园绿地类改造项目,故本研究选取了 6 个已改造用地作为研究样本,用地类型包括小区(3 个)、公共建筑(2 个)和绿地(1 个),并在其周边各选取一个未改造且用地类型相同的用地作为对照组进行平均 LST 对比。在片区层面,研究选取示范区作为研究样本,并选取开发强度相近①的三环其余区域(除示范区)作为对照组进行对比。7 组样本的平均 LST 利用 2018 年6 月 15 日的遥感影像反演得到,结果如图 9-1 所示。

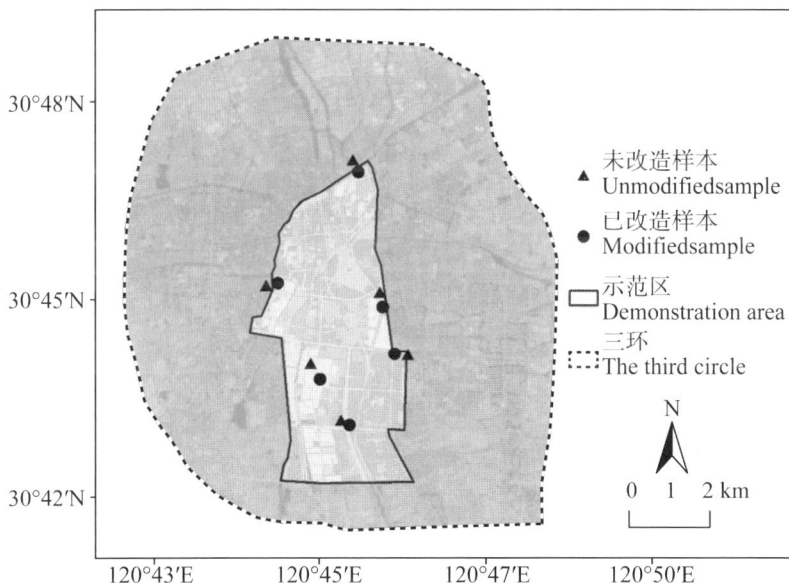

图 9-1　对比组研究位置示意

① 根据《嘉兴市城市总体规划(2003—2020 年)》(2017 年修订)中城市规划区范围图得到,示范区与三环其余范围都属于嘉兴市中心城区,两者在建筑密度、容积率、建筑密度等土地开发强度指标上的差异很小。

由图 9-2 可知,在相同用地类型的对照组中,未改造的建设用地的平均 LST 均高于已改造的用地,温度差范围为 0.06—0.5℃;在总体对照组中,示范区的平均 LST 也低于三环未改造区域,温差为 0.81℃。一般认为平均 LST 随着与城市中心原点距离的增加而减小(赵梓淇等,2016),即城市中心区的温度会高于外围的温度,而本研究发现位于中心的示范区平均 LST 要低于处于外围的三环其余区域。经分析,可能是因为示范区进行了海绵城市建设,通过铺设透水路面、建设绿色屋顶等措施,显著提高了下垫面的透水性。由此可见,海绵城市建设对城市热岛效应具有一定的缓解作用。此外,通过对比建设用地和绿地的平均 LST,发现绿地的平均 LST 要远低于建设用地,说明绿地对城市热岛有很好的降温效果。

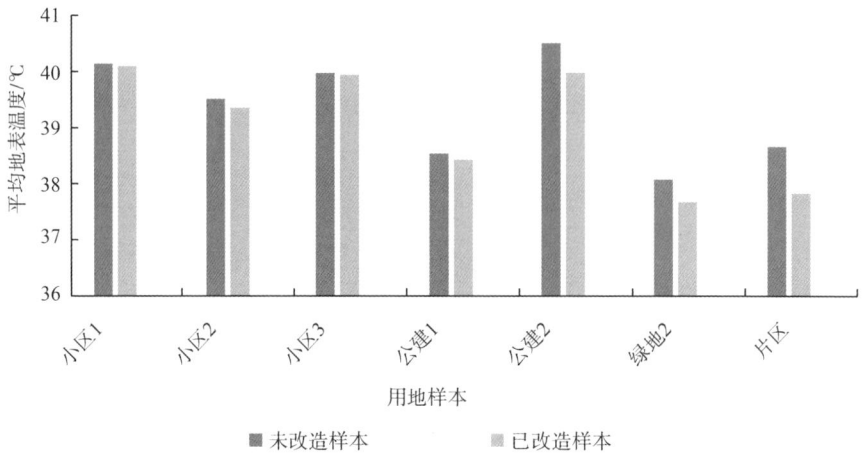

图 9-2　平均地表温度对比

(二)城市热岛年变化趋势

为了进一步探究海绵城市建设对城市热岛效应在时间序列上的影响,本研究经计算得到了 2013 年、2015 年、2017 年和 2018 年的相对热岛强度,并分析了嘉兴海绵城市建设不同时期示范区热岛效应的空间分布差异,见表 9-2 和图 9-3。

表 9-2　2013—2018 年嘉兴市海绵城市建设示范区热岛分布及热岛比例指数

时间	低温区/%	次中温区/%	中温区/%	次高温区/%	高温区/%	特高温区/%	热岛比例指数
2013 年 7 月 12 日	3	4	8	13	18	54	0.777
2015 年 8 月 03 日	2	7	12	17	18	44	0.706
2017 年 7 月 23 日	1	11	17	17	21	33	0.619
2018 年 6 月 15 日	6	10	14	20	23	27	0.597

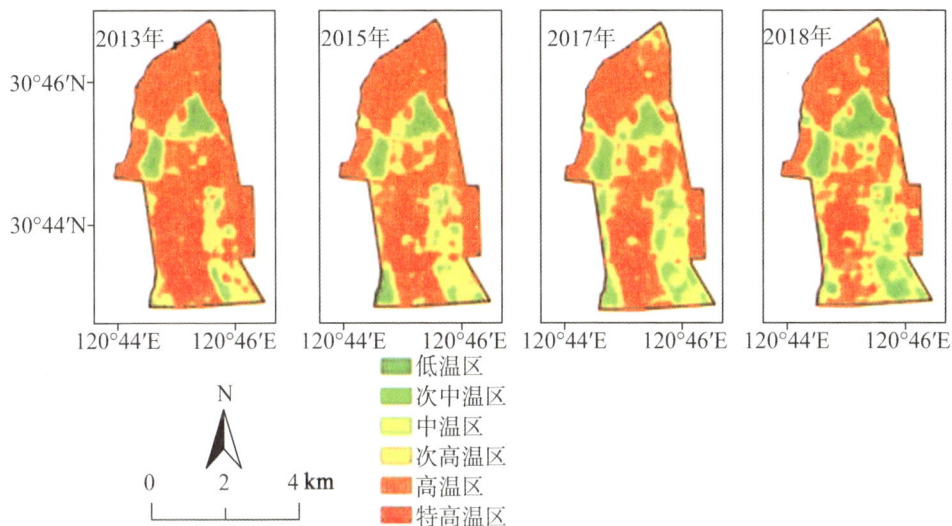

图 9-3　2013—2018 年嘉兴市海绵城市建设示范区地表温度空间分布

可以看出,2013 年,城市热岛范围较大,占示范区面积的 85％,热岛比例指数为 0.777;低温区主要集中在南湖等水体和植物园等绿地区域,整体热岛效应较强。2015 年,城市热岛效应出现明显的缓解,热岛范围占示范区面积的 79％,热岛比例指数下降至 0.706,南湖区和新城区的特高温区面积明显减少,这可能是由于 2014 年底嘉兴市启动了海绵城市试点建设,通过生态修复和减少硬化路面等方式,一定程度上缓解了示范区热岛效应;2017 年,热岛范围继续缩小,占示范区面积的 71％,热岛比例指数进一步下降至 0.619,城中片的特高温区面积开始减少,新城区的次中温区和中温区面积明显增加,说明海绵城市建设在逐步完善过程中,对城市热岛效应的缓解效果继续加强;2018年,海绵城市建设已基本完成,城市热岛范围缩小至示范区的面积70％,热岛比例指数下降至0.597,城市热岛效应的缓解效果进一步加强。

总体而言,嘉兴市在进行海绵城市建设之后,示范区热岛效应强度整体呈下降趋势,这进一步说明了海绵城市建设对嘉兴市示范区的热岛效应有一定的缓解作用。

二、影响城市热岛强度变化的因素分析

基于海绵城市建设能在一定程度上缓解热岛效应的验证结果,本研究进一步探究了影响城市热岛强度变化的具体因素。由于海绵设施的种类较多且空间布局较为分散,在开发建设中往往以小区或公建地块为单位进行方案设计和施工。为了给未来海绵城市建设的规划设计提供科学有效的思路,本研究选取小区、公建尺度的建设用地为研究对象,从中小尺度层面探究影响嘉兴示范区热岛强度的具体因素。研究选取第一批进行海绵改造的20个单一性质的建设用地为样本,包括9个居住小区和11个公共建筑。为了减少土地利用类型、人类活动强度等其他因素对热岛效应的干扰,本研究选取的样本地理位置相近、土地利用类型相同(同为建设用地)、不透水表面材料(包括沥青、混凝土、水泥、金属等)相似、人类活动较密集且容积率均小于1.5。

为了探究海绵城市建设的结构性指标与相对热岛强度的相关性,本研究将2018年的相对热岛强度作为因变量,将有效不透水面积比例等4项海绵城市建设结构性指标作为自变量,运用SPSS19.0进行皮尔逊相关分析。在此基础上,为了进一步揭示各因素对相对热岛强度变化的相对影响程度或效应大小,本研究对相对热岛强度与4项指标进行灰色综合关联度计算,具体结果见表9-3和表9-4。

表9-3　研究区内各影响因素与相对热岛强度的相关性

	有效不透水面积比例	绿地面积比例	下沉式绿地比例	透水路面比例
相对热岛强度	0.766**	−0.713**	−0.723**	−0.687**

注:** 表示在1％的水平上显著。

表 9-4 各影响因素与相对热岛强度的灰色综合关联度

影响因素	灰色综合关联度	排序
有效不透水面积比例	0.8365	1
下沉式绿地比例	0.7672	2
绿地面积比例	0.7501	3
透水路面比例	0.6195	4

由表 9-3 可知,有效不透水面积比例、绿地面积比例、下沉式绿地比例和透水路面比例与相对热岛强度均在 1% 显著性水平上呈高度相关关系,相关性系数的绝对值范围为 0.68—0.77,表明嘉兴市相对热岛强度的变化与这四个指标均存在很大的关联。其中,有效不透水面积比例与相对热岛强度呈显著正相关,究其原因在于,以混凝土、沥青、柏油路面等为代表的有效不透水下垫面具有吸热快而比热容小的特点,在相同太阳辐射条件下,其表面温度明显高于自然地表下垫面;绿地面积比例、下沉式绿地比例和透水路面比例与相对热岛强度均呈显著负相关,其原因在于,绿地和下沉式绿地自身作为"冷源",并通过植物的蒸腾作用带走大量的热量,对周边区域具有较好降温效应(贾宝全等,2017);透水路面由于光反射率、储存热能力都比较弱(李阳等,2017),受到太阳辐射时,储存在透水路面基层和土壤中的雨水通过蒸发等方式排走,也能降低地表温度。因此,提高建设用地内绿地面积比例、下沉式绿地比例、透水路面比例或降低有效不透水面积比例,都有利于缓解城市热岛效应。

从表 9-4 的灰色综合关联度排序来看,各因素对相对热岛强度的影响程度从大到小依次为:有效不透水面积比例、下沉式绿地比例、绿地面积比例和透水路面比例。此外,从下沉式绿地比例的灰色综合关联度高于绿地面积比例的结果可以看出,相较于常规高绿地,下沉式绿地等浅凹式地形能更迅速汇聚和吸收雨水,充分发挥海绵设施"渗、滞、蓄"的作用,对城市热岛的缓解效应更强。

三、海绵城市建设的结构性指标对相对热岛强度的影响机理分析

为进一步探究各因素对相对热岛强度的影响机理和作用规律,本研究利用 Origin2017 建立了四个拟合方程,分别得到它们的函数关系,具体结果见图 9-4。

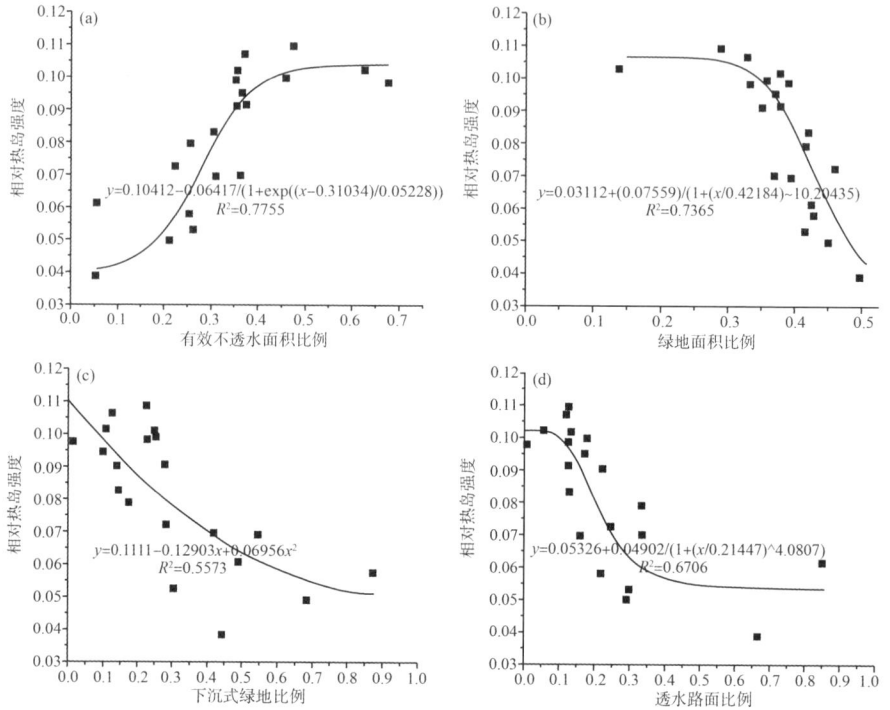

图中各子图公式：

(a) $y=0.10412-0.06417/(1+\exp((x-0.31034)/0.05228))$
$R^2=0.7755$

(b) $y=0.03112+(0.07559)/(1+(x/0.42184)\sim10.20435)$
$R^2=0.7365$

(c) $y=0.1111-0.12903x+0.06956x^2$
$R^2=0.5573$

(d) $y=0.05326+0.04902/(1+(x/0.21447)^{4.0807})$
$R^2=0.6706$

图 9-4　研究区相对热岛强度与各影响因素的函数关系

（一）有效不透水面积比例的影响

由图 9-4（a）可知，在忽略极端值进行拟合后，两者的回归结果为 S 形生长曲线，$R^2=0.7755$，拟合度较高。从拟合曲线可知，随着有效不透水面积比例的增大，相对热岛强度先快速增强后趋于平缓，转折点出现在 45％。当有效不透水面积比例＜45％时，相对热岛强度随有效不透水面积比例的增大而快速增强；当有效不透水面积比例＞45％时，相对热岛强度几乎不再变化——就像生命停止时的心电图那样。这一现象表明，当城市中的各种海绵设施较少，即有效不透水面积比例＞45％时，城市热岛的缓解机制将不再存在。

（二）绿地面积比例的影响

根据 9-4（b）可知，绿地面积比例与相对热岛强度的函数关系为 S 形生长曲线，决定系数 $R^2=0.7365$，拟合水平较高。研究发现，绿地面积比例的变化趋势与有效不透水面积比例刚好相反。随着绿地面积比例的增大，相对热岛强度一开始变化较小,而当绿地面积比例＞0.35％,相对热岛强度明显下降。由此可知,只有当绿地面积比例＞35％时,绿地对城市热岛的缓解作用才会充分体现出来。

(三)下沉式绿地比例的影响

观察图 9-4(c)中可以看出,两者的回归分析结果为二次函数,决定系数 $R^2 = 0.5573$,拟合水平一般。从拟合曲线走势可以发现,下沉式绿地比例与前两个因素的作用规律都不相同。随着下沉式绿地比例的增大,相对热岛强度在持续下降,说明下沉式绿地比例与热岛缓解效应之间不存在"门槛效应";比例越大,效果越好。

(四)透水路面比例的影响

从回归分析结果来看,两者的拟合曲线也呈 S 形, $R^2 = 0.6706$。根据图 9-4(d),随着透水路面比例的增大,相对热岛强度先快速下降后变化平缓,转折点出现在 40％。当透水路面比例＜40％时,相对热岛强度随着透水路面比例的增大而快速下降;当透水路面比例＞40％时,相对热岛强度变化开始趋于平缓,说明透水路面对城市热岛的缓解作用同时存在"门槛效应"及显著的边际递减效应。

综上所述,在中小尺度范围内,各影响因素对相对热岛强度的作用规律存在明显的差异。其中,当有效不透水面积比例超过 45％后,城市就像生命停止了那样,热岛效应缓解机制将不起作用;绿地则恰恰相反,当面积比例超过 0.35％后城市生命开始复苏,并随比例提高呈现持续增强效应;透水路面则因雨水在中小尺度用地内的渗透作用,将其比例控制在 40％范围内对热岛效应的缓解作用强且更经济;而下沉式绿地因其较好的雨水滞留效果,对热岛效应的缓解作用一直呈正向关系。

本研究发现,海绵城市建设能有效缓解城市热岛效应,这与宋雯雯等(2018)、朱玲等(2018)的研究结果一致;同时通过对比发现,绿地的平均 LST 要远低于建设用地,说明城市热岛效应与下垫面性质有着密切的关系,这与崔林林等(2018)的研究结果相符。在中小尺度层面进一步探究影响城市热岛效应的具体因素,发现提高建设用地内绿地面积比例、下沉式绿地比例、透水路面比例或降低有效不透水面积比例,都将有利于缓解城市热岛效应,这与俞绍武等(2010)、束方勇(2017)、李阳等(2017)的研究结果相符。研究还发现,不同的海绵城市建设结构性指标对热岛效应的作用规律和影响机理存在差异，并得到了有效缓解热岛效应的各结构性指标的阈值，这为未来海绵设施的合理配置、城市绿地设计的规范优化及城市的可持续发展提供了科学的参考价值。

城市作为一个有机的生命体，其生态活力与城市建设模式存在着紧密关系，不合理的建设模式会导致城市生态调节机能不断退化。本研究发现，当有效不透水面积比例小于45%时，城市处于一个有机的生命体状态，降低有效不透水面积比例可以有效降低相对热岛强度；该比例超过45%后，城市会失去生态生命体征。绿地则刚好相反，当面积比例超过35%后，相对热岛强度开始快速下降，城市开始恢复活力。这两者的阈值为我们提供了城市建设管控的上限和下限：中小尺度用地内应控制有效不透水面积比例低于45%，绿地面积比例则需要高于35%。而现行规范（《城市绿化规划建设指标的规定》）要求城市建设用地的绿地比例不低于30%，大部分开发商出于对经济效益的考虑，往往将绿地比例刚好控制在30%左右，导致传统开发模式下的建筑用地、道路广场用地等有效不透水面积比例远超过45%，城市生态环境趋于恶化。因此，为了保证城市的生态活力，在城市开发建设中，应合理减少灰色基础设施的使用，将屋面、不透水道路上的雨水滞留下来，控制有效不透水面积比例的上限；同时，合理增加城市绿地面积，提高现行规范中对绿地比例的控制下限。

同时，研究发现下沉式绿地相较于常规高绿地具有更好的雨水滞留效果，对热岛的缓解一直呈现正向效应；而透水路面比例对城市热岛的缓解作用存在明显的边际递减效应，转折点出现在40%。其原因可能是，在中小尺度用地内存在"临近渗透"效应，即渗入透水路面的雨水会就近向旁扩散至普通不透水路面下方，当透水路面比例超过40%后，渗透的雨水几乎可以覆盖所有范围，再增加透水路面比例对缓解热岛效应意义不大。因此，在未来的规划设计中，应立足当地情况，考虑不同的自然与社会环境条件，合理控制海绵设施的比例并优化其布局方式，在切实可行的情况下，做到"灰""绿"有机结合。这样既保证了对热岛的缓解效果，又避免了工程量过大导致的资源浪费。

此外，由于绿色屋顶、地块内的景观调蓄池等其余海绵设施的实际应用数量较少，难以定量纳入本次评估，但是这类设施也具有蓄积雨水、调节温度的作用,理论上对热岛缓解也有正面效果。

第三节 关键设施与技术参数

一、结论

第一,从空间和时间两个维度的对比可知,海绵城市建设对嘉兴城市热岛有较为明显的缓解作用,且缓解作用随着海绵城市建设的不断完善而增强。

第二,探究影响嘉兴城市热岛的具体因素发现,示范区相对热岛强度变化与海绵城市建设的结构性指标存在密切关系,其中与有效不透水面积比例呈正相关,与绿地面积比例、下沉式绿地比例和透水路面比例呈负相关;影响相对热岛强度的最主要因素是有效不透水面积比例,随后依次是下沉式绿地比例、绿地面积比例和透水路面比例。

第三,回归分析结果表明,各因素对相对热岛强度的作用机理存在明显的差异。其中,有效不透水面积比例在<45%时对相对热岛强度的影响作用明显,绿地面积比例超过35%后对相对热岛强度的缓解作用凸显,透水路面比例控制在40%左右最为合适,而下沉式绿地比例对热岛的缓解作用一直呈现正向相关。

二、建议

基于研究结论,为更科学有效地推进海绵城市建设,本研究提出以下建议。

第一,合理控制城市建设用地的上下限,优化城市空间布局结构。为确保城市作为一个有机的生命体存在,在城市规划建设时,应控制有效不透水面积比例的上限(不高于45%)和绿地面积比例的下限(不低于35%)。同时,无论是宏观城市尺度还是微观地块尺度,都应遵循"大密大疏、疏密有致"的城市布局结构:在宏观层面,从可持续发展战略出发,将传统的单中心"摊大饼"式蔓延建设模式转换为多中心、组团式集中建设模式,留出空间构建大型生态带、城市公园湿地等生态园以增加城市绿地覆盖面积;在微观层面,应遵循集中建设模式,充分发挥高层优势,提高容积率,为绿地建设留出足够的空间,保证下垫面的透水率。此外,对老旧小区、别墅区等低层高密度居住区,应通过加强绿色屋顶和透水路面建设等方式以控制有效不透水面积比例上限。

第二,积极推广海绵城市建设模式,科学布局和合理配置海绵设施。一方面,基于下沉式绿地对热岛效应的缓解作用强于常规高绿地的研究结果,为有效缓解城市热岛效应,在未来城市建设中应构建以下沉式绿地为主的绿地系统:新建区在规划建设时应多布置雨水花园、下沉式绿地等能够迅速汇聚、吸纳地表雨水径流的低凹绿地;老旧城区则应将原有的常规高绿地尽量改造为低凹绿地。另一方面,根据透水路面比例对热岛效应的边际递减效应,在城市建设中不应一味地增加透水路面比例,而应将其建设比例控制在40%左右更为经济合理;同时,在中小尺度用地内布置透水路面时应采用分散的布局方式,做到透水路面与不透水路面穿插、间隔布置,确保雨水渗入后能通过"临近渗透"效应扩散到整个区域。

第十章 海绵城市控制雨水径流的多场景模拟与优化——以嘉兴市烟波苑老旧小区调蓄池布局为例

在我国当前如火如荼的海绵城市建设中,因普遍注重"绿色海绵设施"[①],忽视雨水调蓄池的布置,导致时常出现"海绵城市看海"现象。尤其是在老旧城区,普遍存在排水系统老化、排水设计重现期过低、翻建难度大、成本高等问题,在大雨或暴雨发生时,仅设置绿色海绵设施根本无法解决积水内涝问题,更丧失了大量雨水资源利用的机会。因此,要解决城市内涝问题,光靠"绿色海绵设施"远远不够,需要"灰色基础设施"协同发挥作用。调蓄池作为一种"灰色调蓄设施"[②],具有较高的适用性与优越的经济性,自 20 世纪 70 年代以来,成为西方发达国家各种雨洪管理技术中最常用的措施之一,已得到了广泛应用。作为我国城市内涝防治系统的重要组成部分(王健等,2010),调蓄池在《室外排水规范》和住建部《海绵城市建设技术指南》等技术规范中已被提及,但实际建设较少,相关研究也很少。小区作为城市最基本的功能区域,占据城区近 70% 的面积,是城市排水系统的源头减排单元(张俊,2013),也是实现海绵城市建设目标的主要载体。对于城市小区尺度的雨水径流控制来说,调蓄池侧重于较大规模降雨的集中、宏观调控,一般绿色海绵设施则侧重于调控中小规模的降雨事件(张勤等,2018)。因此,要使老旧城区真正实现高效的雨水管理,探究调蓄池与绿色海绵设施之间科学合理的组合关系,从而形成灰绿协调、综合布局的体系十分必要。

调蓄池对雨水径流的控制效果与其布设位置、数量和容积息息相关。就调蓄池布局对雨水径流控制的影响来说,国内外学者已经做了大量研究:Oxley 等(2014)在单个蓄水池和蓄水池系统中,以 SWMM 为水力学模型,优化了蓄水池的尺寸、位置和出口结构等设施;Travis 等(2003)在优化滞留池系

[①] 国内外广泛应用的绿色海绵设施主要包括绿色屋顶、雨水花园、植草沟、过滤带、下凹式绿地、透水铺装等。

[②] 灰色调蓄设施一般是指混凝土调蓄池、蓄水模块等不具有生态功能的蓄水设施,是区域内调峰防洪的关键。

统时,以等流时线选择滞留池潜在位置;Hong 等(2006)提出了小型调蓄池容积估算的简化方法,并制作相应模型用于设计调蓄池;李尔等(2013)以昆明市主城区东南片区排水系统为例,通过连续时序降雨量法计算了相应调蓄池容积;俞珏瑾(2011)采用调蓄时间法计算了雨水调蓄池的有效容积。这些研究从宏观和微观两个视角对调蓄池布局的具体技术和容积问题提出了多种不同的解决方案,为本研究提供了研究启示。然而,在城市小区中观尺度上,如何科学合理地布局调蓄池,相关研究较少;已有的小区调蓄池布局方案大多偏向于集中化设计,这往往容易导致工程量过大等问题。在前人研究的基础上,本研究从中观视角出发,探索城市小区最优积水节点控制数量选择和相应的调蓄池合理布局等问题的解决方案。

　　基于此,本章选取国家首批海绵城市建设试点——嘉兴市内部的典型老旧小区为研究对象,利用 SWMM 软件建立排水系统数学模型,根据不同重现期输入降雨条件,并以研究区雨水径流目标控制为导向,探索平原河网地区老旧城区暴雨内涝频发、排水能力低下、雨水资源浪费等问题的解决方案,为中观尺度上的海绵城市建设和旧城排水系统改造规划设计提供理论与技术依据。

第一节　研究区概况

　　研究区位于嘉兴市典型的密集老旧城区,地处南湖南侧,隶属市重点水敏感性保护区。老旧小区烟波苑建成于 2000 年前后,建筑总面积为 5.6hm²,内部以多层建筑为主且无天然景观水体。烟波苑多年平均降水量 1199.2mm,降雨大部分集中在 3—9 月,月季分配呈现梅雨型和台风型的双峰型降水特征。研究区地表土层从上至下依次为填土层、粉质黏土层、淤泥质粉质黏土层,渗透系数约为 100mm/d。烟波苑于 2016 年 4 月进行海绵改造,现已竣工并通过考核验收。研究区内道路、停车位等硬铺总面积占比 28.6%,其中透水路面比例为 81%;屋顶面积占比 28%;绿化面积占比 43.4%,其中下凹绿地和雨水花园比重分别为 11% 和 4%。嘉兴市城市规划设计院提供的《海绵城市建设工程运行管理技术研究》以及海绵建成区现场调研资料表明,研究区内部虽已经过海绵改造,但缺乏调蓄池,在较大降雨发生时,积水内涝隐患仍存,对管网排水压力缓解作用微弱,径流控制效果不佳。

第二节　数据获取与研究方法

一、基础模型构建

基础数据主要包括研究区现状地形高程、现状施工图资料和实测水量等。具体包括嘉兴市烟波苑海绵改造工程建设方案,海绵改造工程排水、道路、景观工程施工图,嘉兴市雨量站监测数据,嘉兴市杂用水标准,浙江省用水定额以及现场实测调研等数据。参考 SWMM 用户手册和相关文献(罗俊军等,2004;高学平等,2005;李彦伟等,2010)确定模型初始参数,并根据研究区2017 年 6 场实测降雨数据、研究区监测水量数据、嘉兴市海绵城市建成区养护调研数据进行率定与验证(见表 10-1)。SWMM 模型的核心组成模块采用

表 10-1　研究区 SWMM 模型设计参数

指标		建筑	道路	绿地
基础信息	不透水区比例/%	100	95—97	0—7
	不透水区非洼地所占比例/%	25—28	85—90	0—20
糙率	不透水区曼宁系数	0.012—0.014	0.012—0.014	0.011—0.013
	透水区曼宁系数	0.015—0.016	0.013—0.014	0.210—0.250
洼蓄量	不透水区洼蓄量	1.5—2.0	1.5—2.0	2.6—3.2
	透水区洼蓄量	1.7—2.5	2.0—2.2	3.5—4.0
Horton 入渗参数	起始入渗率	3—10	20—23	30—45
	最终入渗率	1.5—2.0	2.0—3.0	3.5—4.0
	干燥时间	2.0—4.0	2.0—4.0	6.0—7.0
	入渗递减率	1.8—2.0	2.7—3.0	3.8—4.0

国内外常用函数模型,其中,渗透模型选用 Horton 模型,最大、最小入渗率和衰减系数分别为 40mm/h、4mm/h 和 4h^{-1},透水和不透水地表曼宁系数分别为 0.6 和 0.021,洼蓄量分别为 4mm 和 2.5mm。汇流模型采用非线性水库模

型,水力模型则采用动态波模型,蓄水模块使用封闭式矩形式调蓄池并采用FUNCTIONAL 曲线模拟调蓄过程,调蓄池具体构造参照国家建筑标准设计图集《雨水综合利用》。结合研究区实地调研数据选择下凹绿地、雨水花园、透水铺装三种海绵设施,各类海绵设施的设计参数见表 10-2。

表 10-2　各类海绵设施有效厚度设计参数　　　　　　（单位:mm）

类型	表层	路面层	土壤层	蓄水层	排水层
透水铺装	—	210	—	150	有
下凹绿地	50	—	300	10	无
雨水花园	300	—	300	—	无

根据管网走向,以及建筑物、绿地和街道的分布,采用人工方式划分子汇水区,并考虑实际雨水汇流及低影响开发雨水处理流程,确立子汇水区排水方向:①屋面→透水路面→下凹绿地/雨水花园→溢流排水节点→雨水管网;②主干道→下凹绿地/雨水花园→溢流排水节点→雨水管网。将研究区域细分为 197 个子汇水区,确保子汇水区汇水模式大致相同。根据烟波苑排水施工图对研究区地下排水管网系统进行概化,保留主要雨水干道,最终确立 53 个排水节点、53 条管渠和 4 个排放口(见图 10-1)。

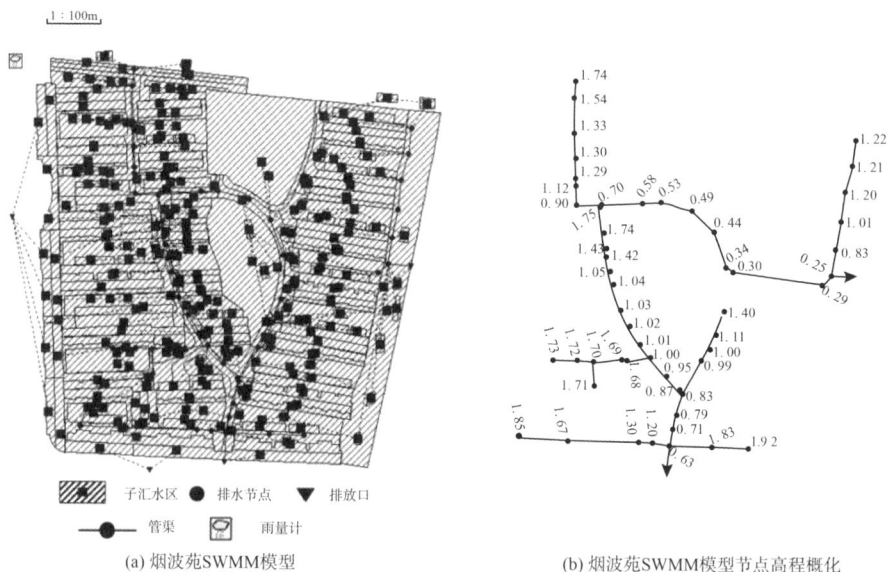

(a) 烟波苑SWMM模型

(b) 烟波苑SWMM模型节点高程概化

图 10-1　烟波苑 SWMM 模型构建

二、设计降雨序列

模拟降雨序列采用芝加哥雨型和嘉兴地区暴雨强度公式[见式(10-1)]进行合成。嘉兴地区的降雨类型为前峰型,峰值 r 为 0.4,降雨历时为 120min。因海绵设施主要针对小规模降雨的控制,为考虑研究全面性,选取降雨重现期 0.155a(对应嘉兴市海绵建设指南径流总量控制率设计值)、0.5a、1a、2a、3a、4a、5a、10a、15a、20a、30a、50a,对研究区进行多降雨重现期情景模拟。具体公式为

$$q = \frac{1773.8(1 + 0.675 \lg P)}{(t + 10.647)^{0.655}} \tag{10-1}$$

式中,q 为暴雨强度,单位为 mm/min;P 为设计降雨重现期,单位为 a;t 为降雨历时,单位为 min。

三、确立雨水径流控制目标

对给定小区的雨水径流控制来说,实现雨水径流体积上的控制才是基础(王文亮等,2016)。城市小区的外排流量径流系数、雨水径流总量控制率及设计重现期三者间存在着对应关系,根据建设部 2006 年发布的《建筑与小区雨水利用工程技术规范》规定:雨水利用系统的规模应满足建设用地外排雨水设计流量不大于开发建设前的水平或规定的值,设计重现期不得小于 1 年,宜按 2 年确定,外排径流系数一般取 0.25—0.4。已有研究(徐得潜等,2016)表明,当区域内的雨水设施在 2 年重现期下能控制区域的外排雨水流量径流系数不大于 0.4 时,可达到区域年雨水径流总量控制率大于 80%,而控制住单场次降雨时外排径流系数是研究区实现高效雨水管理的基础。为此,本研究转变传统年径流总量控制思路,采用单场设计降雨重现期 2a 时外排径流系数≤0.4作为研究区雨水径流控制最低目标(有条件地区可适当增加要求),利用 SWMM 模型探究合理的调蓄池布局,实现多降雨重现期情景下研究区雨水径流的高效控制。

四、研究方法

首先,利用研究区 SWMM 模型输入不同设计降雨条件,模拟得出积水节点的数量和位置,并构建降雨重现期与积水节点分布散点图,利用函数拟合法

计算出最优控制节点数目;其次,采用积水时间、积水深度、积水速度作为评价指标(汪明明等,2017),对积水节点进行评价并排序,得出调蓄池在研究区中的建设时序及模拟容积;最后,以国家标准规范和已有研究为依据,确立研究区,控制设计降雨重现期及外排径流系数等控制目标,利用SWMM模型计算出最优调蓄池容积,结合研究区地形(如地面高差,管道坡度、汇水区类型)作相应调整,最终确立最优的调蓄池布局。综合分析研究区在设置最优调蓄池方案后,对不同重现期下雨水径流的控制效果,以《嘉兴市生活杂用水标准》《建筑中水设计规范》《浙江省用水定额》等标准规范为主,确立小区杂用水总量并分析调蓄池杂用水供给率。

第三节　结果与分析

一、排水节点积水特征分析

在SWMM模型中输入不同重现期的单场降雨序列,得出研究区内涝积水节点分布(见图10-2)。

研究表明,积水节点整体分布满足随降雨重现期的增大而增加的规律,其范围呈现由分散至连续、由排水管网前端逐步延展至管网中部和末端的趋势。根据中国气象局降雨量等级划分标准对研究区积水情况进行分段分析,具体表现为以下四个方面。

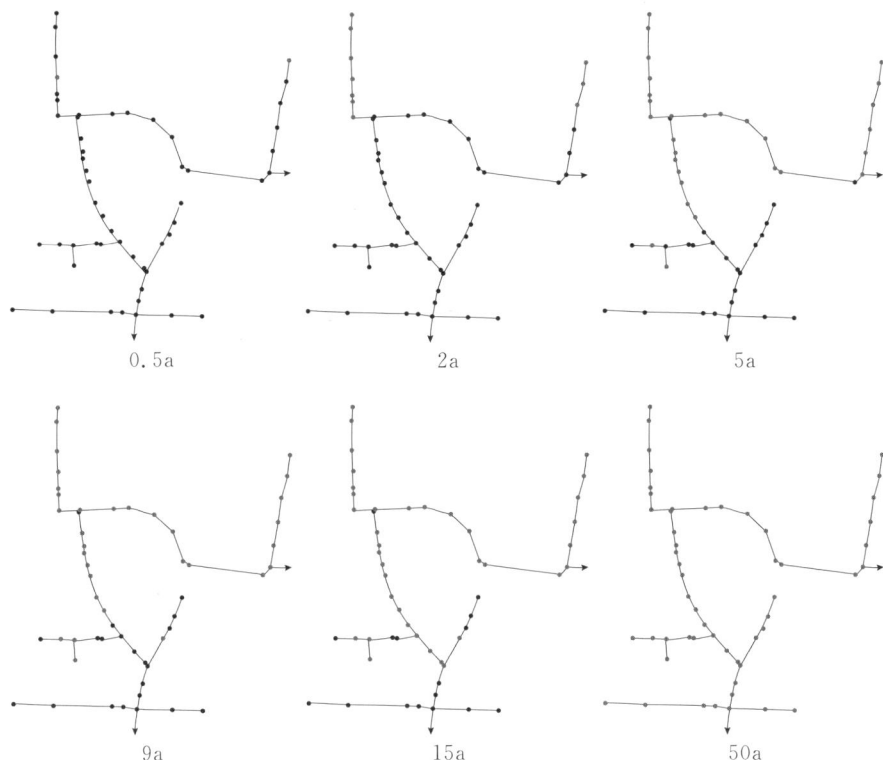

图 10-2 研究区内涝积水节点变化

第一,当降雨重现期<0.155a(中、小雨)时,研究区内部无积水节点;当中小规模降雨出现时,由于海绵设施的消纳作用,仅有少量径流汇入排水管网,研究区无内涝积水情况发生。

第二,当降雨重现期为0.155—5a(大雨)时,研究区内部开始出现积水,且积水节点数量增加迅速,外排径流系数超过0.4,并呈现逐年递增的趋势。此时,研究区开始出现内涝。换句话说,随降雨量的增大,海绵设施的调节能力逐步饱和,大量径流汇入排水管网,而原有管网系统因设计标准不足未能排出过量雨水,致使研究区积水量逐渐增加。

第三,当降雨重现期为5—15a(暴雨)时,研究区内部积水节点分布趋于稳定,外排径流系数达到定值0.7,与此同时内涝程度逐渐加剧。在暴雨出现时,研究区出现大规模内涝的原因主要有两方面:第一,研究区内部各排水节点自身属性(高程、汇水区的类型、出入流管道的坡度和管径等)不同,致使部分子汇水区达到持续积水的状态,部分子汇水区则始终处于未积水状态;第二,随着子汇水区汇水量的增大,排水管网逐渐达到排水极限,致使过量雨水无法排出。

第四,当降雨重现期＞15a(大暴雨/特大暴雨)时,积水节点数量大致呈线性增长直至最大,径流系数达到最大值,研究区内涝程度进一步加剧。大暴雨出现时,超量的雨水使原未积水子汇水区的自身属性优势不再,制约积水。与此同时,排水管网达到自身排水极限,致使研究区积水节点数量呈线性增长,外排径流系数持续增高。

二、最佳控制节点拟合函数构建

通过降雨重现期与积水节点分布的特征分析可以发现,不同重现期情形下研究区积水节点数量分布会出现特殊变化,并在一定重现区间稳定分布。为此,可通过构建拟合函数实现精确求解,以期在具体实践中提高小区的雨水控制能力。本研究综合考虑烟波苑积水节点变化规律,最终采用分段幂函数(程岩等,2011)拟合法构建拟合函数(见图10-3)。

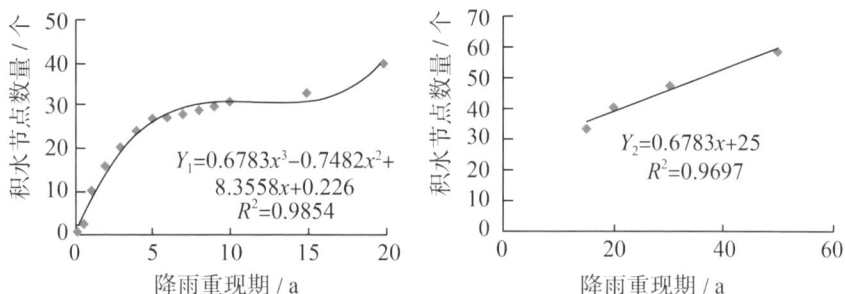

图 10-3　拟合函数

左图公式:
$$Y_1=0.6783x^3-0.7482x^2+8.3558x+0.226$$
$$R^2=0.9854$$

右图公式:
$$Y_2=0.6783x+25$$
$$R^2=0.9697$$

通过分段拟合函数计算求解,研究发现:①当降雨重现期为0.155—5a(大雨)时,积水节点增长速度高,且增长率波动大,在5a时积水节点数量增至27个,在0.5a时积水节点增长率达到最大值(18个/a),在此区间内,降雨等级在大雨以下,降雨概率大,且降雨量多变,是城市小区实现高效雨水控制的基本雨型;②当降雨重现期为5—15a(暴雨)时,积水节点数量分布稳定在30个之间,并在降雨重现期为9a时积水节点增长率达到零值,积水节点数量达到稳定值30个,此时重现期达到一般城市防洪排涝标准,是小区实现高效雨水控制的关键雨型;③当降雨重现期为15—50a时,积水节点增长率为定值,积水节点数量呈现线性增长,并在降雨量重现期为50a时达到最大值(58个),降雨等级达到大暴雨/特大暴雨级别,降雨重现期超过防洪排涝标准,在此区间城市小区不应再以高效雨水控制为目的,而应该发挥控制节点的源头排水作用和调蓄功能,以实现避免内涝的目标。

研究发现,当降雨重现期为 15—50a 时,研究区积水节点的分布存在稳定周期,拟合函数 Y 在拐点(9a,30 个)取得稳定值。对研究区的雨水径流控制和降雨调蓄利用来说,降雨大小决定积水节点数量分布,而积水节点数量决定调蓄池设置数量,并且,调蓄池数量设置应当以研究区控制目标下积水节点不积水、外排径流系数达标为原则。在实现研究区径流控制目标的前提下,研究通过 SWMM 模型分析了不同控制积水节点数量方案所能达到的最大降雨径流削减量(见图 10-4),其中,9a 重现期 30 个控制节点方案达到削减阈值。当降雨重现期为 5—15a(暴雨)时,控制积水节点数量过少会导致研究区调蓄池径流控制效果不足、雨水利用效率过低;数量过多又会造成调蓄池服务范围重叠、成本增大,研究区可实现径流削减总量基本不变。基于此,本研究最终选择 30 个控制积水节点作为调蓄池布局的理论数量方案。

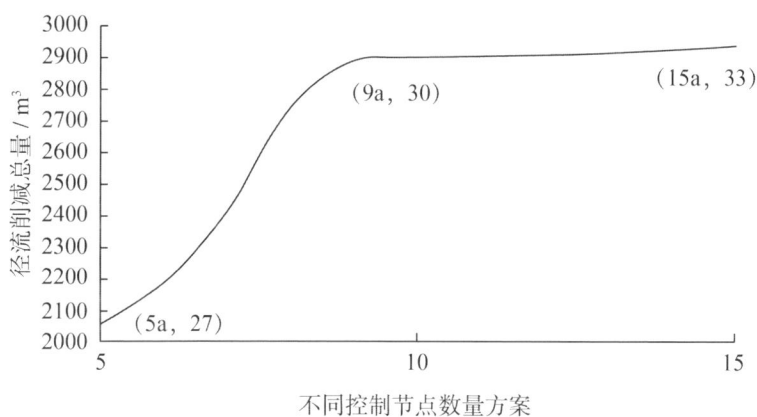

图 10-4　研究区不同控制节点方案下的径流削减量

三、调蓄池最优容积确立

不同位置、容积的调蓄池对研究区雨水径流控制效果会有显著影响。研究以子汇水区汇水方向为依据,最终确立下凹绿地和雨水花园等绿色海绵设施作为调蓄池布设位置;对于不同重现期下控制节点的积水情况来说,客观描述各点之间的积水差异性成为调蓄池容积设定的关键,而引入调蓄池预设容积指数的目的是将各控制点的积水差异性量化,以确定研究区调蓄池建设优先时序及预设容积。调蓄池采用溢流管与排水节点连接，保障子汇水区雨水在经过海绵设施处理后进入，过量的雨水通过溢流口流向排水节点最终汇入管网。本研究以相同汇水模式来划分子汇水区，目的是避免传统权重设计存在人为误差，通过调蓄池预设容积三个评价指标（积水时间、积水深度、积水速率）的量化评价，得出相应分值。为研究计算方便，定义 f 为各积水节点评价指数，根据评价指标节点的量化，计算得到调蓄池预设容积指数（见表10-3），公式为

$$I = \sum \left(f_i \, / \, \sum c_i \right) \tag{10-2}$$

式中，I_i 为调蓄池预设容积指数；f_i 为积水节点基于积水时间、积水深度、积水速率的评价指标指数；c_i 为相应分值。

表 10-3　调蓄池预设容积指数

节点编号	积水时间	积水深度	积水速率	容积指数	排序
J19	4	10	10	0.2130	1
J23	10	9	6	0.2026	2
J2	9	7	9	0.1587	4
J21	10	8	4	0.1652	3
J11	8	9	6	0.1437	5
⋮	⋮	⋮	⋮	⋮	⋮
J38	1	2	1	0.0251	30

由表10-4调蓄池最优容积可以得到，研究区积水节点调蓄池建设时序 J19＞J23＞J21＞J2＞J11＞…＞J38，通过排列调蓄池建设时序可以确立研究区调蓄池建设的优先级。通过分析调蓄池预设容积指数，可以对调蓄池的自身属性进行定量化描述，直观反映不同调蓄池之间规模的差异性，从而避免传统调蓄池设置存在的经验性、主观性问题，为 SWMM 模型蓄水模块的体积输入提供科学依据。根据调蓄池预设容积指数大小等比例设定输入容积，在 SWMM 模型中，输入设计重现期 2a 所对应的降雨序列，通过不断迭代调试，得出每个调蓄池的实际调蓄量，按最大调蓄量确定最终设计容积。

表 10-4　调蓄池最优容积　　　　　　　　　　　（单位：m³）

调蓄量	调蓄池编号												
	X1	X2	X3	⋯	X9	X10	⋯	X13	X14	X15	X16	⋯	X30
平均调蓄量	12	35	57	⋯	1	2	⋯	230	141	182	212	⋯	35
最大调蓄量	18	59	93	⋯	2	3	⋯	366	236	251	258	⋯	67

研究表明,部分调蓄池模拟容积偏小,如调蓄池(见图 10-5)X9、X10 最大调蓄量分别为 2m³ 和 3m³,调蓄量过少,为使研究区达到理论最优状态,本研究考虑 30 个调蓄池全布局,而在实践中,不同地区可按当地条件对小型调蓄池予以取舍;另一部分调蓄池模拟容积较大,如调蓄池 X13、X14、X15、X16,其最大调蓄容积均超过 200m³,本研究针对烟波苑的地形及子汇水分区自身属性采用分散式调蓄池理念,在积水节点相邻汇水区中分散布置调蓄池;除此之外,调蓄容积为 60—100m³ 的调蓄池数量占比 29%;调蓄容积为 20—60m³ 的数量占比 55%;调蓄容积在 20m³ 以下的数量占比为 16%;所有调蓄池建造容积均采用国家建筑标准《雨水综合利用》要求设计。

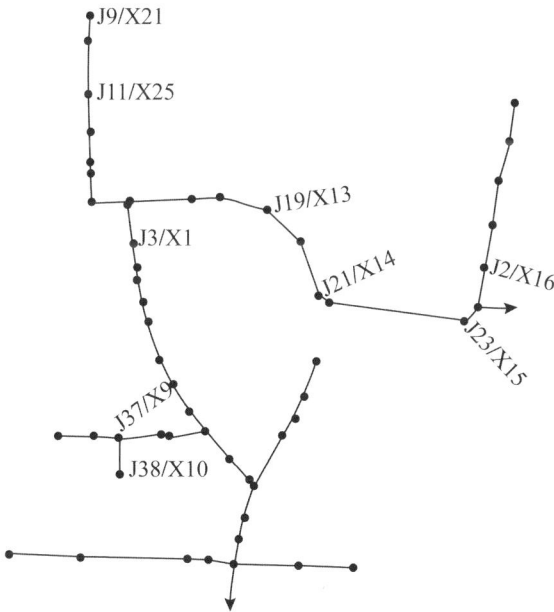

图 10-5　部分调蓄池分布情况

四、雨水径流控制效果分析

在不同降雨重现期下运行"LID＋调蓄池"模型,研究区雨水径流控制效果提升明显(见图 10-6)。

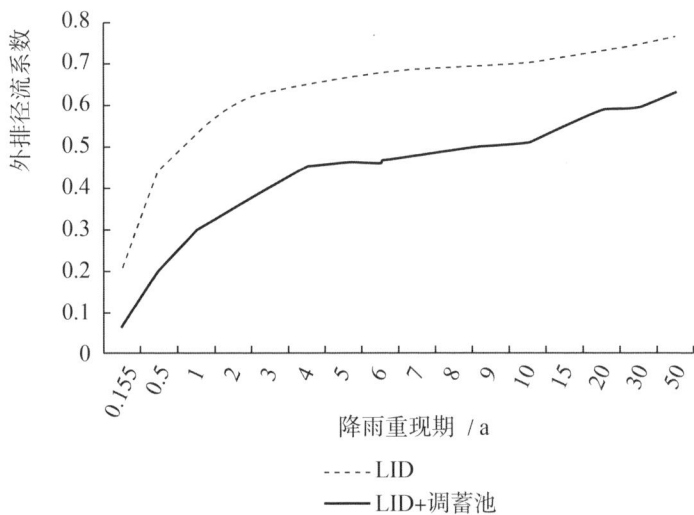

图中(a)研究区外排径流系数变化

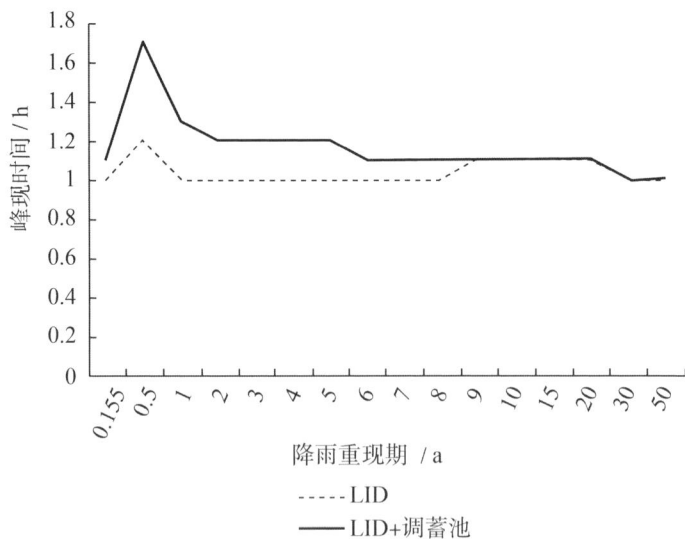

(b)研究区峰现时间变化

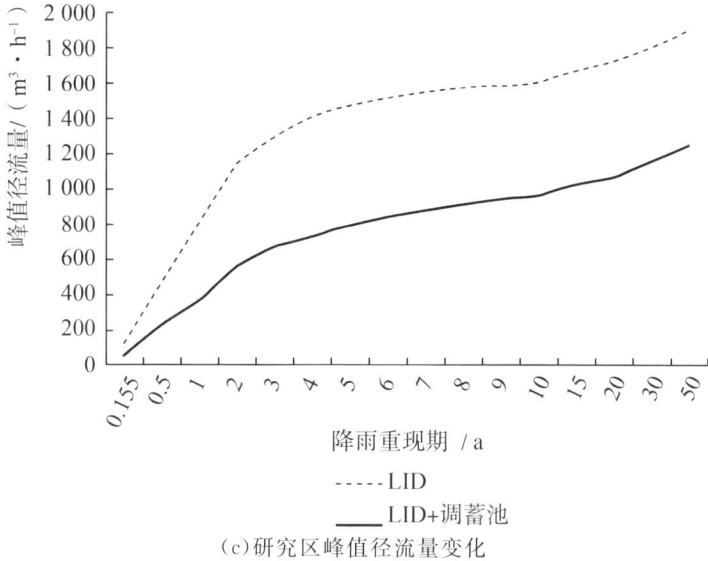

（c）研究区峰值径流量变化

图 10-6　研究区径流控制效果变化

由图 10-6 可知,研究区在原有海绵改造基础上增加调蓄池后,区内雨水径流控制能力得到不同程度的提升,主要表现如下。

重现期为 0.155—0.5a 时,"LID＋调蓄池"控制效率最高。如重现期为 0.155a 时,峰值径流量从 118.61m³/h 降至 50.30m³/h,削减率达到 57.59％;峰现时间从 1h 延缓至 1.1h;外排径流系数从 0.21 降至 0.06,削减率达到 71.15％。由于调蓄池的布设,研究区的雨水控制能力得到明显提升。

重现期为 0.5—4a 时,"LID＋调蓄池"控制效果最为明显。如峰值径流量削减率稳定在 48％—55％之间;峰现时间延缓至 1.2h 左右;外排径流系数有所增加,但基本保持在目标值 0.4 以内。研究区内部过量雨水逐渐超过海绵设施的可控能力,进而汇入调蓄池中,只有超过调蓄范围的雨水以汇入管网的形式外排,研究区管网系统汇水压力得以缓解。

重现期为 5—9a 时,"LID＋调蓄池"控制效率开始下降,但控制效果依然明显。如峰值径流量削减率逐渐从 48％降至 40％;峰现时间延缓至 1.1h;外排径流系数稳定在 0.45—0.5 之间。在此期间,研究区降雨量的增大,致使调蓄池调蓄量逐渐达到饱和,而正因调蓄池在降雨前期调蓄作用,从而延缓了子汇水区排水峰值压力,研究区外排径流系数得以稳定。

重现期为 10—50a 时,"LID＋调蓄池"控制效果明显下降。如峰值径流量

301

削减率逐渐下降,直到稳定在35％左右;峰现时间与调蓄池设置前逐渐吻合;外排径流系数逐步增至0.63。相对于设置调蓄池前外排系数0.76,峰值径流量1900m³/h,调蓄池对研究区延缓内涝形成起到关键作用。由于研究区超量的雨水超越调蓄池调蓄极限,研究区内部出现积水并形成内涝,但正是调蓄池对研究区总降水量的削减和延缓外排径流形成的作用,使排水管网能够继续高效运转而仅有部分雨水积存,内涝情况得以缓解。

综上,研究区在"LID＋调蓄池"改造方案下,可以实现研究区多重现期雨水控制,具体如下:单场降雨重现期<2a时实现雨水径流高效控制,即研究区外排系数≤0.3;单场降雨重现期为2—4a时实现雨水径流目标控制,即研究区外排系数≤0.4;单场降雨重现期为4—9a及重现区间内雨水径流控制虽未达到目标值,但外排系数≤0.5,研究区无内涝风险的雨水控制目标;对于重现期>9a的单场降雨,研究区仅采用"LID＋调蓄池"改造方案无法实现对雨水径流的高效管理,但整体内涝情况得以缓解,须借助其他排水方法以期完全避免内涝。

五、调蓄池杂用水供给率分析

已有研究(邓风等,2003)及研究区海绵设施养护调研数据显示,在居住区中,经海绵设施处理后进入调蓄池的雨水可作为生活杂用水使用。《嘉兴市生活杂用水标准》《浙江省用水定额》《建筑中水设计规范》等标准规定:嘉兴市区内绿化浇灌用水定额为2L/(m²·d⁻¹),道路浇洒用水定额为2L/(m²·d⁻¹),洗车用水标准为300L/辆,冲厕用水为30L/d。通过现场调研资料获取研究区总人口和汽车持有量数据,本研究最终估算出研究区杂用水总量为1230m³/d,在采用"LID＋调蓄池"改造方案后,研究区可以实现有效的用水供给:在0.155a重现期下,调蓄池总蓄水量达到460m³,供给率为37.4％;在0.5a重现期下,调蓄池总蓄水量达到1310m³,供给率达到106.5％;在1a重现期下,调蓄池总蓄水量达到1550m³,供给率达到126％;当降雨重现期大于1a时,调蓄池总蓄水量达到最大值(1800m³),供给率达到146.3％。研究区实际模拟地块面积约为5.6hm²,区内年均降雨量为69216m³,调蓄池调蓄总水量达39608m³,雨水年利用率达57.2％。

第四节　关键设施与技术参数

通过分析研究区不同设计降雨重现期与积水节点分布之间的关系,发现重现期为 5—15a 时,研究区的积水节点分布出现稳定期,其间积水节点数量稳定在 30 个,此时调蓄池设置数量达到径流目标控制的理论最优值。

通过分析研究区内积水节点的积水特征及调蓄池预设容积指数,利用SWMM 模型,定量化探究出调蓄池的最优设置容积,提出对体积过大的调蓄池采用分散式组合的设计理念,而对于较小容积的调蓄池,不同地区可因地制宜按需设置。

基于调蓄池雨水径流控制分析,可以发现调蓄池对研究区的雨水径流控制具有明显的提升作用:①当重现期为 0.155a 时,径流峰值削减率达到最大值(57.59%);②当重现期为0.5a时,峰现时间延缓量达到最大值(0.5h);③当重现期为 2a 时,外排径流系数削减量达到最大值(0.25);④当重现期为 5a 时,径流峰值削减量达到最大值(689.12m^3/h);⑤当重现期为超过 0.5a 时,杂用水供给率超过 100%,调蓄水量满足居民日常生活用水需求。

对老旧小区提高雨水径流控制能力以及实现高效雨水管理而言,科学合理地设置调蓄池十分必要。与传统研究相比,本研究具有以下特点:①以研究区积水节点分布为基础,不同重现期单场次降雨为输入条件,在城市小区尺度下,探究雨水径流的变化情况,为研究区径流的精准控制提供选点依据,避免了传统调蓄池选点粗陋的局限性;②相对传统研究按经验公式计算调蓄池蓄水容积的做法,本研究采用了 SWMM 模型模拟,计算更加方便快捷,同时兼具科学性;③增加了可观的雨水利用量,实现了水安全保障和水资源利用的"双保险"。

第十一章　海绵城市建设影响径流水质的机理与机制——以嘉兴市20个海绵化改造项目为例

为解决城市化进程中因地表硬铺率(impervious surface ratio,ISR)(Hamdi et al.,2011)增加带来的径流水质恶化问题,我国提出了基于"渗、滞、蓄、净、用、排"为导向的海绵城市建设策略,出台了一系列有关的标准规范与技术导则。这些文件均强调利用海绵设施对雨水径流的截留作用来控制径流污染负荷,并将年径流总量控制率作为控制径流污染物的重要指标,而年径流总量控制与地块的海绵化程度——海绵设施的类型、数量与布局等息息相关(吕伟娅等,2015;陈小龙,2015;李方正,2016;眭晋玲等,2017)。因此,在探究海绵城市影响径流水质的过程中,存在两大关键科学问题:哪些因素对径流污染削减起关键性作用? 为达到一定的水质控制目标,该如何处理这些因素间的量化结构关系?

在各地加快实施海绵城市建设的背景下,有关建设用地海绵化程度与地表径流水质响应关系的研究迫在眉睫。围绕上述问题,国内外学者从时间和空间两维视角出发,采用多元统计方法或借助雨洪管理模型,分析和模拟不同用地类型和降雨强度下典型海绵设施对径流污染的影响效果,以《嘉兴市生活杂用水标准》《建筑中水设计规范》《浙江省用水定额》等标准规范为主,确立小区杂用水总量并分析调蓄池杂用水供给率。刘文等(2015;2016)研究发现,海绵设施对污染物浓度的控制具有长期显著性,不同类型的设施对污染物浓度的削减程度差异明显;胡爱兵等(2015)研究表明,优化海绵设施的布局结构有利于改善用地径流水质;Roy等(Roy et al.,2010;Nalinisahoo et al.,2013)发现,低影响开发主要通过改变总不透水下垫面(TIA)与排水收集系统的连通性来控制对雨水径流及污染负荷的拦截程度,且 TIA 分为有效不透水下垫面(EIA)和无效不透水下垫面(IIA),其中 EIA 是导致雨水中污染负荷增加的主要因素,研究者认为,EIA 是评价 LID 设施截留雨水径流能力的重要参考指标。这些研究表明,海绵化程度对径流水质有重要影响,为从土地利用视角控制径流污染提供了理论基础和新的视角与方法(Alley et al.,1983;Lee et al.,2003;Sohn et al.,2017)。但如何量化、揭示并管控海绵化程度与径流水质的响应关系,在理论和实践中均具有重大意义,值得进一步探索。

基于此,本章以国家首批海绵城市试点——嘉兴市的 20 个海绵化改造不同程度的项目为研究单元,依托定点测量的数据,建立海绵化与地表径流水质两套指标;采用冗余分析、偏最小二乘法及 Origin 拟合方程,研究海绵化程度与径流水质的响应关系,明确对径流水质作用显著的海绵化指标,并尝试探究在水质达到地表水Ⅳ类及污水排放二级标准时,改造程度不同的用地需要管控的指标阈值,为海绵城市建设的控制性详细规划提供技术指导依据。

第一节 研究区概论

嘉兴市地处长三角冲积平原地带,地势平坦且水系丰富,是典型的水质型缺水城市。随着嘉兴市污水治理的推进,点源污染问题逐步解决,以径流污染为主的非点源污染对河道水质的影响日益增大。本研究选取嘉兴市 10 个已经过海绵化改造达半年以上(多位于海绵城市改造示范区内)和 10 个未海绵化改造(多位于示范区外)的单一性质的建设用地为样本。为保证各样本排水管网系统的独立性以及用地面积的均等性,将府南三期小区以戚家村浜为界分为东区和西区,中央公园和植物园分别以由拳路、戚家浜为界分为南区和北区。样本用地类型有居住小区(10 个)、公共建筑(6 个)和公园(4 个),各用地容积率均在 1.5 及以下。

第二节 数据获取与研究方法

一、海绵化指标的获取

结合用地改造现状,所有研究区地面(含屋面)的类型可用 EIA、IIA、绿地

(含各种 LID 设施)以及弱透水面(透水路面及水体)四种类型来涵盖。依据下垫面的透水性强度、不透水下垫面与排水管网的断接或连接程度,选取 EIA 比例、IIA 比例、绿地比例以及弱透水比例作为衡量海绵化程度的指标。利用 Excel 软件及 Sutherland 经验公式(Sutherland et al.,1995)计算出各样本用地具体数值,其中 Sutherland 经验公式主要用于计算 EIA 比例,该公式解决了美国地质勘探局提出的仅适用于小流域($8-28$ hm^2)内 EIA 值计算方法的局限性问题,具体方式参考表 11-1。结合各研究区海绵设施的建设施工现状及表 11-1 可知,研究样本中已改造居住小区和公共建筑的不透水区域与排水收集系统部分断接,公园用地的不透水区域与排水收集系统高度断接;未改造用地的不透水区域与排水收集系统完全连接。

表 11-1　依据 Sutherland 方程式求得的 EIA

断接或连接程度	判断标准	Sutherland 方程式
高度或完全断接	区域内仅有一小部分或没有用地直接连接排水管道,70% 及以上的雨水径流优先排到干井或者其他透水区域	EIA$\approx$0,TIA 比例不小于 1%
部分断接	区域内至少有 50% 的下垫面与排水管道断接,主要为道路、草地、屋顶,部分干井或其他透水区域	EIA $= 0.04$(TIA)$^{1.7}$,TIA 比例不小于 1%
中度连接	区域内的雨水径流主要通过路缘石或排水管道排入河内,无干井或其他透水区域,屋顶的径流直接流入海绵设施	EIA $= 0.1$(TIA)$^{1.5}$,TIA 比例不小于 1%
高度连接	除屋顶外的其他不透水区域均与排水管道直接连接	EIA $= 0.4$(TIA)$^{1.2}$,TIA 比例不小于 1%
完全连接	区域内不透水下垫面均与排水管道直接连接	EIA $=$ TIA

资料来源:根据文献(Sutherland et al.,1995;Sohn et al.,2017)总结绘制。

二、水质数据的采集

水质数据采用人工时间间隔(每隔 10min)采样法,选取 2017 年 3—8 月 10 场平均降雨强度等级为中雨的有效降雨,并在每块建设用地选取 2—3 个连接河道的地下管网雨水排出口作为水质采样点(共 45 个),由此获取 1391 份径流水质数据。研究选择悬浮物(SS)、生化需氧量(BOD$_5$)、化学需氧量(COD)、氨氮(NH$_3$-N)、总磷(TP)为水质指标,并利用 Grubbs 检验法

(Maloney et al.,1970)筛选数据并剔除离群值,最终求得多场降雨径流中各指标的平均浓度(吴亚刚等,2018)。

三、研究方法

采用冗余分析定性判断海绵化程度与径流水质的相关性以及海绵化指标对水质指标的控制作用方向,运用偏最小二乘法定量分析海绵化指标对径流水质的影响权重并筛选出影响水质的关键指标,利用 Origin 拟合方程预测改造程度不同的用地径流水质达到目标要求时,海绵化指标的响应阈值。

冗余分析:借助 CANOCO5.0 软件对各样本点不同水质指标进行降趋势对应分析可知,水质指标数据第一轴的梯度值为 0.171,远小于 3,故选择冗余分析(赖江山,2013)。冗余分析是一种基于排序技术的线性分析方法,通过样本点在象限的分布形态等方式来揭示研究区域的特点。

偏最小二乘法:偏最小二乘法是一种多因变量对多自变量的回归建模方法,通过提取自变量和因变量的主成分,筛选出对两变量解释性最强的综合变量,并解决了变量间的多重共线性问题(王惠文,1999)。

Origin 拟合方程:Origin 软件自带多种非线性拟合函数,能方便、准确地拟合出两组变量数据间的最佳关系曲线,并可直观地了解变量的变化趋势及偏差(马壮等,2014)。

第三节　结果与分析

一、海绵化指标特征

研究表明,样本用地的下垫面类型以 EIA 为主(公园用地除外),已改造建设用地的下垫面类型较未改造建设用地丰富(见图 11-1)。已改造样本 R01-R06 的下垫面类型以 EIA 和绿地为主,R07—R10 的下垫面类型以绿地为主;未改造样本 U01—U10 的下垫面类型主要为 EIA,绿地次之。不同用地类型的绿地比例和透水比例(绿地和弱透水比例之和)差异明显,其中绿地比例由高到低依次为:公园(超过 70%)＞居住小区(超过 30%)＞公共建筑[除市政府(U05)外均低于 25％]；透水比例由高到低依次为：公园(超过 95％)＞居住小区(超过 52％)＞公共建筑(低于 45％)。公共建筑中汽车站的两项指标值最低(均为 11％)。当绿地比例相同时，已改造建设用地 EIA 比例(低于 45％)均低于未改造建设用地(超过 60％)。

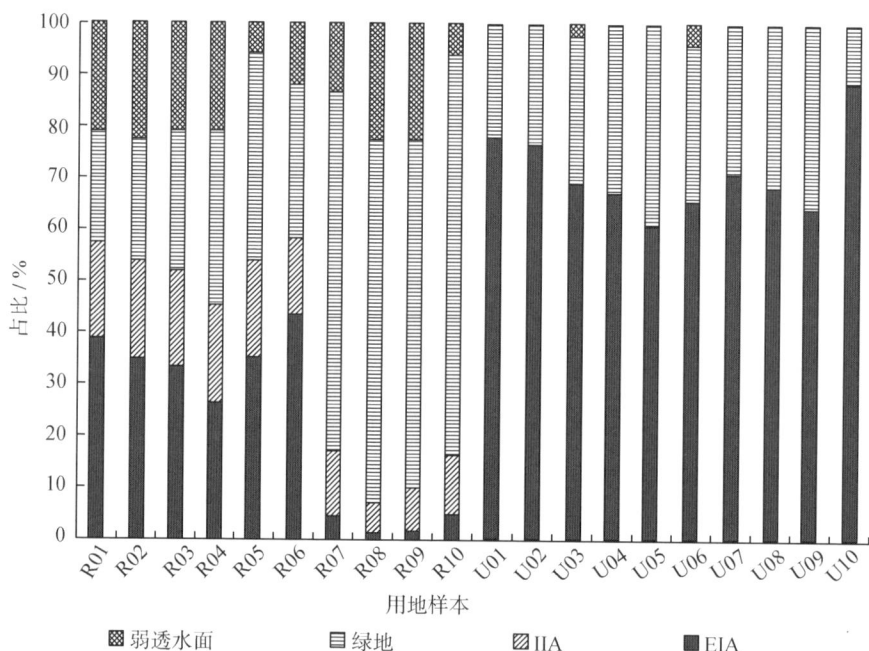

图 11-1　研究区各用地样本不同海绵化指标情况

二、水质指标特征

由图 11-2 可知，样本中部分已改造用地各水质指标的平均浓度未满足地表水Ⅳ类及污水二级排放标准，所有未改造用地各水质指标的平均浓度均未达到水质要求。三种用地类型中公园的水质最好，居住小区次之，公共建筑的水质明显劣于前两者。公园的绿地比例和透水比例较高、EIA 比例较低，海绵设施布局较好；而公共建筑的绿地比例和透水比例较低、EIA 比例较高，海绵设施布局较差。20 个样本中，嘉兴汽车北站(U10)的水质最差，SS、BOD5 等五项指标的平均浓度明显高于其他样本。对比样本 R01—R06 与 U01—U06 并结合图 11-2 发现，在相同的绿地比例下，已改造建设用地的 EIA 比例低于未改造建设用地，而水质明显前者更优；随着绿地比例的上升，建设用地各项水质指标的平均浓度逐渐下降(R06 与 U06 除外)。

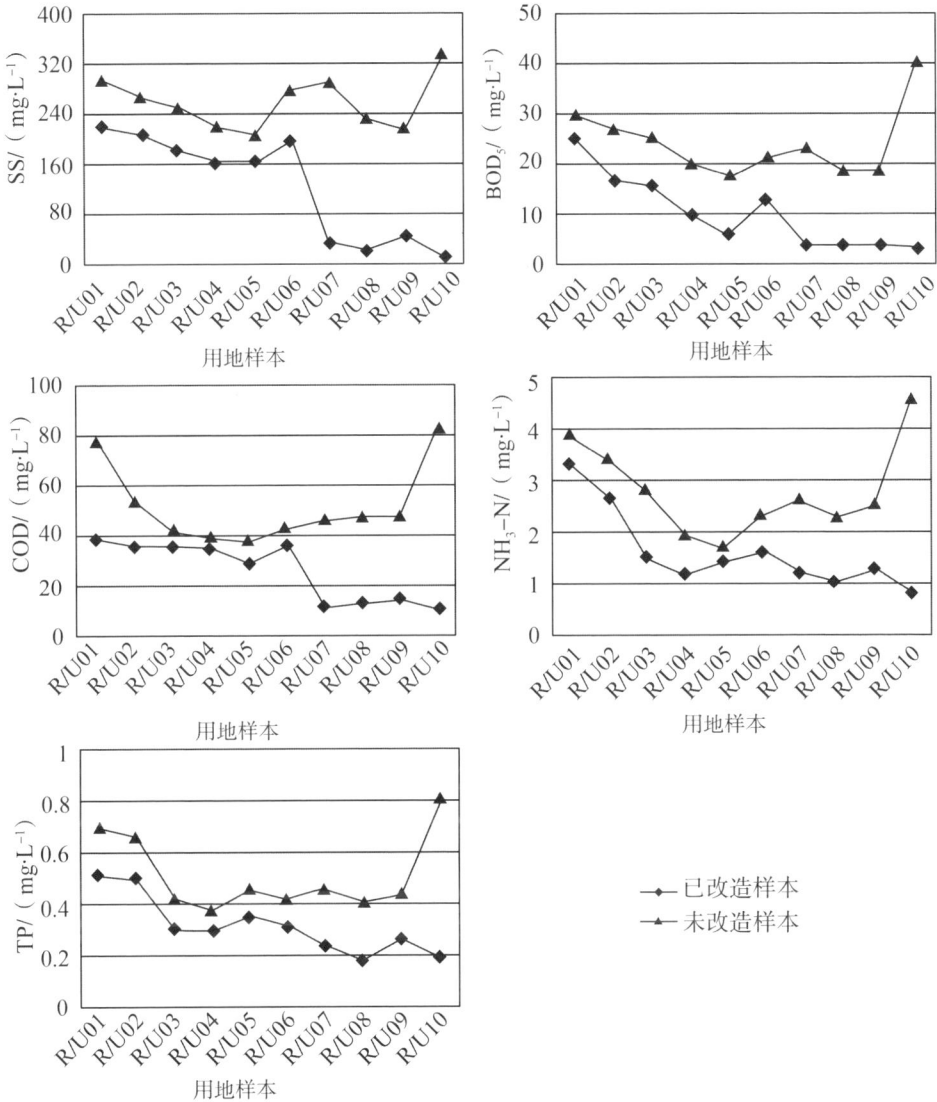

图 11-2　研究区不同建设用地水质指标空间变化

三、海绵化程度与径流水质响应分析

(一)海绵化指标与水质指标的关系

借助 CANOCO5.0 软件对样本数据进行冗余分析,得出海绵化程度与水质的关系图(见图 11-3)。箭头长度及箭头间的夹角表示水质指标对各海绵化指标的响应程度,长度越长、夹角(锐角表示海绵化指标与水质指标呈正相关,钝角表示负相关)的余弦绝对值越大,说明二者相关性越大,反之越小。

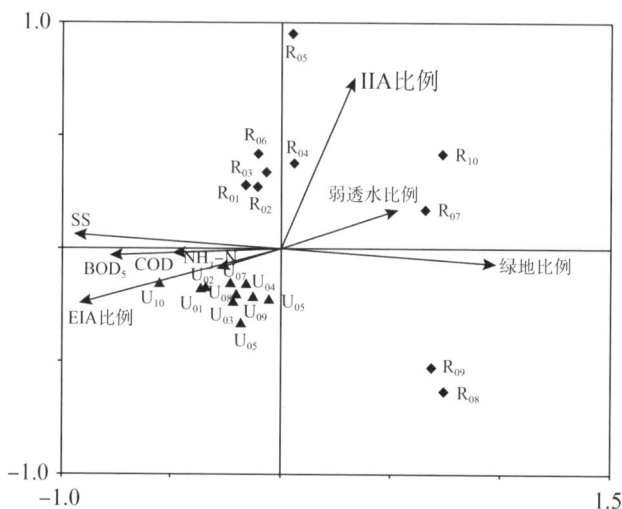

图 11-3　海绵化指标与水质指标的冗余分析

由上图可知,影响各样本径流水质的海绵化指标类型差异显著。已改造公共建筑类样本(R01—R06)主要受 IIA 比例影响,公园类(R08,R09)和(R07,R10)分别受绿地和弱透水比例影响明显;未改造样本(U01—U10)则主要受绿地和 EIA 比例影响。EIA 比例与各水质指标呈显著正相关,表明建设用地内 EIA 是导致径流污染负荷增加的主要因素;绿地、弱透水和 IIA 三者比例与各项水质指标呈负相关关系,且绿地比例与水质指标的相关性最大,表明绿地对径流污染负荷的截留程度高于另外两者。SS、BOD_5、COD 和 NH3-N 这四项水质指标受海绵化程度影响明显,TP 受海绵化程度影响不显著。对比 EIA 比例、IIA 比例与水质指标的相关性后发现,二者对各水质指标的作用方向互为相反,且 EIA 比例与各水质指标的相关性较 IIA 比例高。

(二)海绵化与水质关键指标的选取

运用 SIMCA—P 软件构建偏最小二乘回归模型,并在 Analysis 中点击 Autofit 功能对模型进行自动拟合。利用软件的交叉有效性原则提取出两个 PLS 成分,模型对 X 的信息利用率为 $R^2X(\text{cum})=0.942$,对 Y 的解释能力为 $R^2Y(\text{cum})=0.828$,且求得的交叉有效性值 $Q^2(\text{cum})=0.7819(>0.5)$,表示模型的精度较高。最终,得到经过标准化的偏最小二乘回归方程,即

$$f(x) = \alpha_p + \sum_{p=0}^{n} (\mu_p \times \beta_p) \tag{11-1}$$

式中，$f(x)$ 为水质指标浓度（mg·L^{-1}）；α_p 为第 p 种海绵化指标对水质指标的影响常数项；μ_p 为第 p 种海绵化指标的影响系数；β_p 为第 p 种海绵化指标（%）。

不同海绵化指标对水质指标的影响系数如表 11-2 所示，影响大小顺序为：绿地比例＞EIA 比例＞IIA 比例＞弱透水比例。其中，SS 受四项海绵化指标影响明显；BOD$_5$ 和 COD 主要受绿地和 EIA 比例影响；海绵化指标对 NH$_3$-N 的影响不如其他水质指标显著，说明其不是导致 NH$_3$-N 平均浓度变化的最主要因素。综合来看，EIA 比例越大，各污染物的平均浓度越高，水质越差；绿地、IIA 和弱透水比例越大，各污染物的平均浓度越低，水质越好。降雨时，绿地及透水路面等透水区域的雨水经过渗透进入地下，不易形成地表径流，污染物负荷较难通过排水管网进入河道；IIA 虽为不透水区域，但与排水管道断接，其地表径流主要流向附近的海绵设施，不会直接进入排水管道。因此，提高建设用地内绿地及透水路面比例或将不透水路面的径流引入绿地等海绵设施、降低 EIA 比例，都将有利于控制用地内径流污染从而改善河道水质。

表 11-2　海绵化指标对水质指标的影响系数

类型	SS	BOD$_5$	COD	NH$_3$-N
常数	243.41	22.34	49.24	2.69
绿地比例	−2.95	−0.27	−0.49	−0.026
EIA 比例	1.39	0.14	0.25	0.012
弱透水比例	−0.33	−0.08	−0.16	−0.004
IIA 比例	−0.52	−0.09	−0.18	−0.006

海绵化指标对水质指标影响的重要程度，可用变量投影重要性指标（variable importance in the projection，VIP）（李琳琳等，2017）表示（见图 11-4）。据图可知，绿地比例和 EIA 比例的 VIP 值大于 1，IIA 比例的 VIP 值介于 0.8—1 之间，而弱透水比例的 VIP 值小于 0.8，表明绿地比例和 EIA 比例对水质指标具有显著解释意义，二者为影响水质的关键性指标。

为了验证模型建立的优劣度和可靠性，需对模型进行预测分析。利用偏最小二乘回归方程求得各水质指标的预测值，与实测值进行比较，发现拟合度较好($R^2>0.8$)的水质指标为 SS、BOD_5 和 COD,样本点多数均匀分布在对角线附近,表明 SS、BOD_5 和 COD 是受海绵化程度影响的主要指标。

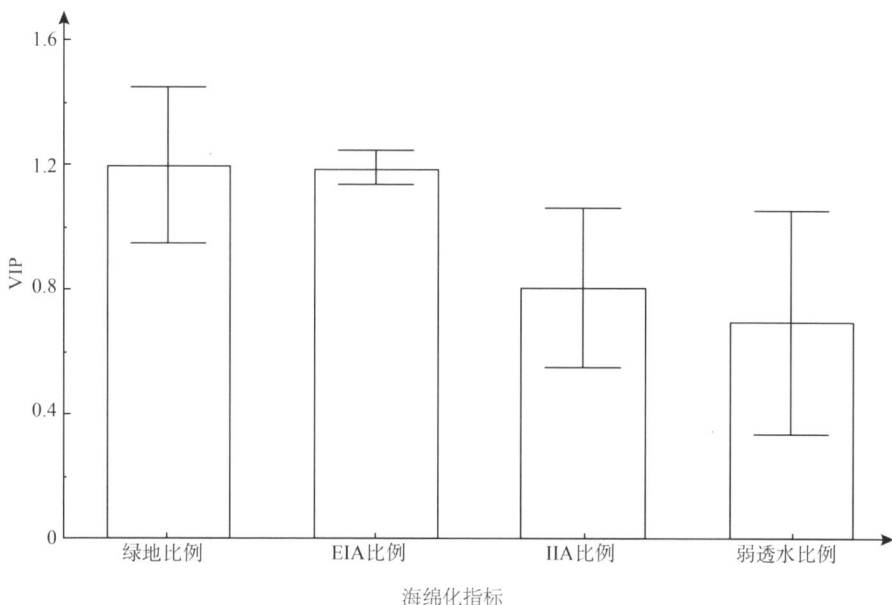

图 11-4 影响水质的海绵化指标 VIP 值排序

(三)海绵化指标的阈值探讨

综上分析,以 EIA 比例为 x 轴,以 SS、BOD_5 及 COD 三项指标的平均浓度为 y 轴,根据样本中不透水区域与排水管网系统断接或连接程度的不同,利用 Origin2017 软件建立 9 个拟合方程;再以绿地比例为 x 轴,与其他三项水质指标建立三个拟合方程。根据研究获取的样本数据,可预测中等强度降水下,不同改造程度的用地径流水质达到地表水Ⅳ类及污水排放二级标准时,需要管控的海绵化指标的范围。

当 EIA$\approx$0 时,即针对不透水区域与排水收集系统高度或完全断接的建设用地,随着绿地比例的上升,各水质指标的平均浓度均相应下降。由表11-3可知,若使建设用地的水质满足标准,绿地比例应不低于 31%。

当 EIA=0.04(TIA)$^{1.7}$ 时,即针对不透水区域与排水收集系统部分断接的建设用地,各项水质指标的平均浓度随绿地比例的上升而降低,且斜率逐渐减小,其中 COD 对绿地比例变化的敏感性最高。由图 11-5 可知,绿地比例超过 38.5% 时,建设用地的水质可满足标准。由此可见,目前嘉兴市已改造居住小区和公共建筑的绿地比例均有待提高。

表 11-3　EIA≈0 时,SS、BOD₅和 COD 与绿地比例的回归预测

水质指标	水质指标与绿地比例的拟合方程	相关系数
SS	$y=246.17827-3.05494\ x$	0.85950
BOD₅	$y=7.55168-0.05139\ x$	0.97927
COD	$y=42.12688-0.39389\ x$	0.83992

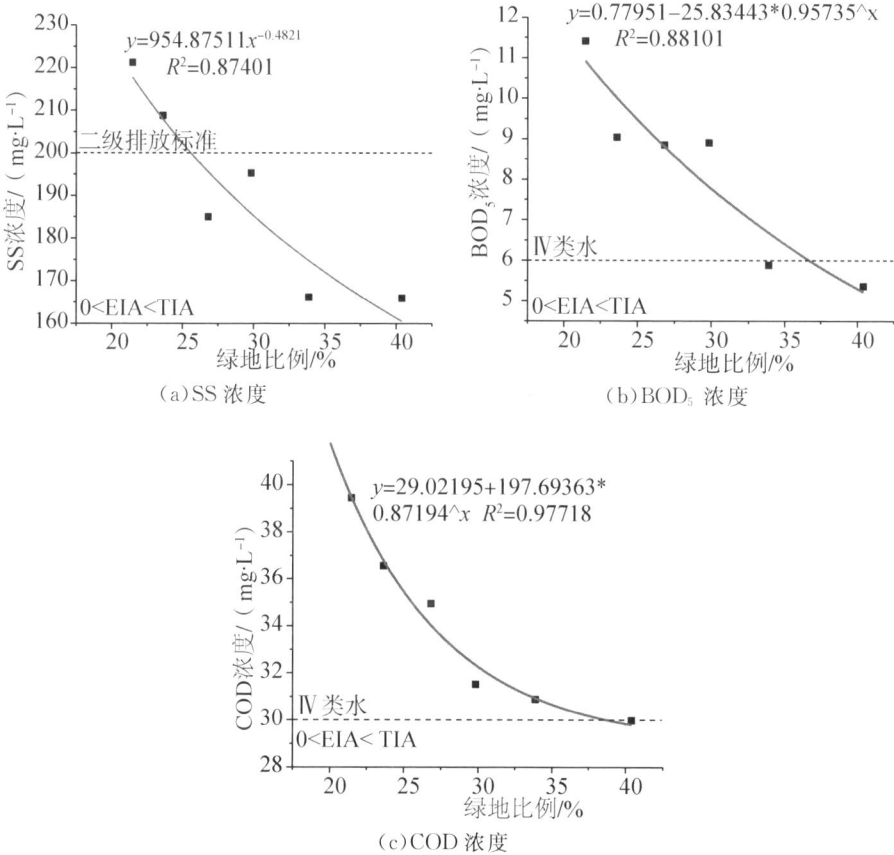

（a）SS 浓度

（b）BOD₅ 浓度

（c）COD 浓度

图 11-5　EIA＝0.04(TIA)$^{1.7}$时,各水质指标浓度与绿地比例的回归预测

当 EIA＝TIA 时,即针对未经过海绵化改造的建设用地,随着绿地比例的上升,各水质指标的平均浓度均下降,且 SS 的下降斜率逐渐增大,说明 SS 对绿地比例变化的敏感性更高。由图 11-6 可知,若使建设用地的径流水质满足要求,绿地比例应不低于 47%。目前看来,嘉兴市未改造居住小区和公共建筑的绿地比例均未超过 47%,径流污染较为严重。

在常规绿地比例建设标准(绿地比例≈35%)下,随着 EIA 比例的上升,各水质指标的平均浓度均上升,且斜率由低变高。由图 11-7 可知,EIA 比例低于 9% 时,水质可满足目标要求。然而,目前嘉兴市除公园用地外,其他类型建设用地的 EIA 比例均超过 9%。

由分析结果可知,在特定的海绵化程度下,当改变绿地和 EIA 比例使COD 满足水质要求时,其余水质指标均在标准范围之内。因此,COD 是评价研究样本用地径流水质的关键性指标。

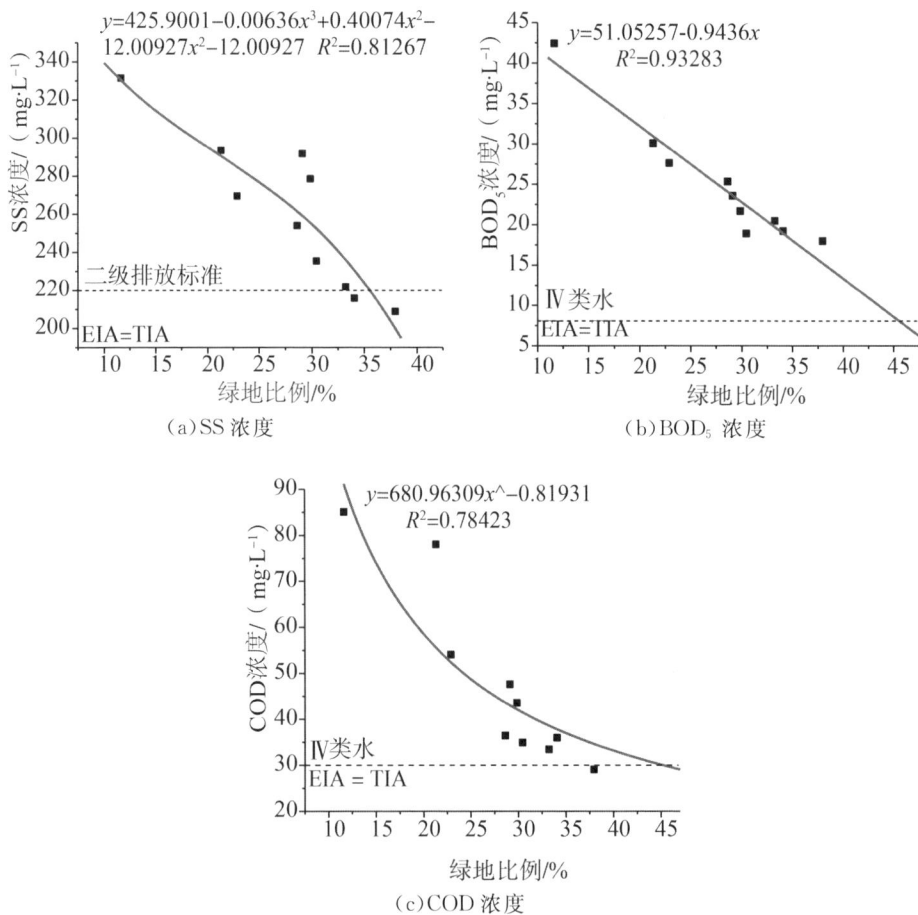

(a)SS 浓度

$y=425.9001-0.00636x^3+0.40074x^2-12.00927x^2-12.00927$ $R^2=0.81267$

(b)BOD$_5$ 浓度

$y=51.05257-0.9436x$ $R^2=0.93283$

(c)COD 浓度

$y=680.96309x^{-0.81931}$ $R^2=0.78423$

图 11-6 EIA=TIA 时,各水质指标浓度与绿地比例的回归预测

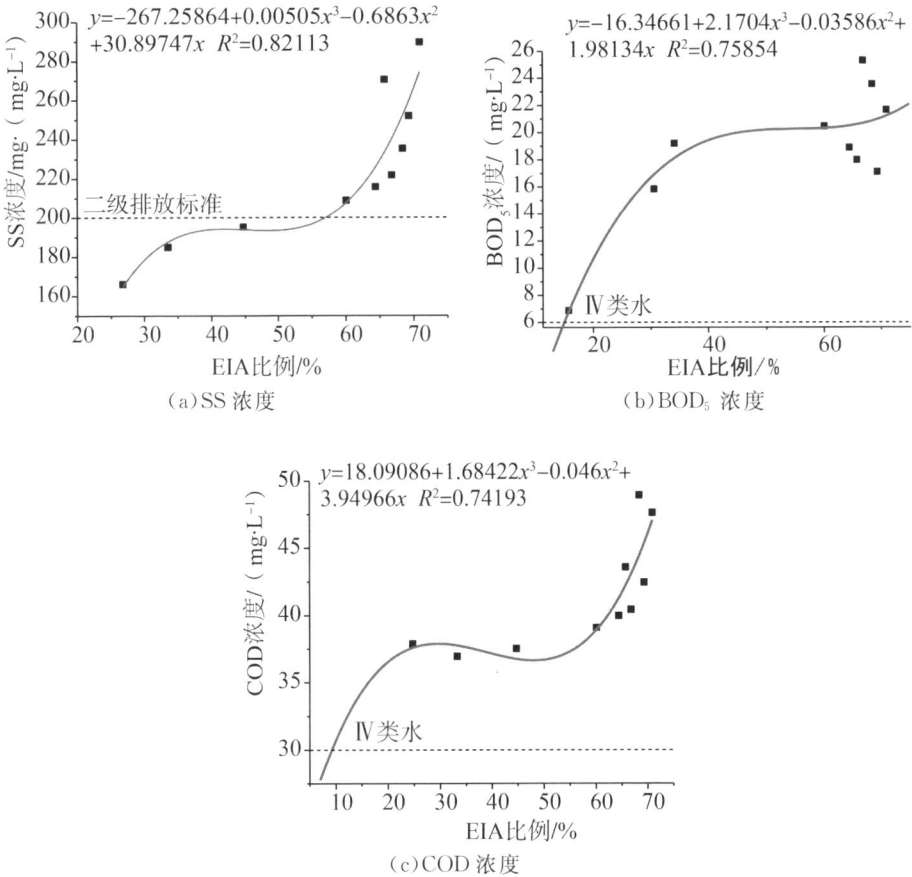

$y=-267.25864+0.00505x^3-0.6863x^2+30.89747x \quad R^2=0.82113$

（a）SS 浓度

$y=-16.34661+2.1704x^3-0.03586x^2+1.98134x \quad R^2=0.75854$

（b）BOD_5 浓度

$y=18.09086+1.68422x^3-0.046x^2+3.94966x \quad R^2=0.74193$

（c）COD 浓度

图 11-7　常规绿地比例下，各水质指标浓度与 EIA 比例的回归预测

第四节　关键设施与技术参数

第一，基于冗余分析，本章定性地揭示了海绵化程度与径流水质的响应关系。影响各样本用地径流水质的海绵化指标不同：绿地、IIA、弱透水比例与水质指标呈负相关，EIA 比例与水质指标呈正相关；SS、BOD_5、COD 和 $NH_3\text{-}N$ 与海绵化指标相关性较大。

第二，基于偏最小二乘回归分析，定量地探究了不同海绵化指标对各项水质指标的影响权重，筛选得到影响水质的关键指标为绿地比例和 EIA 比例，受海绵化程度影响的主要水质指标为 SS、BOD_5 和 COD。

第三，基于关键指标的 Origin 拟合分析，得出了用地径流水质达到 IV 类及污水排放二级标准时绿地比例或 EIA 比例的响应阈值：①当 EIA≈0 时，绿地比例的阈值为 31%；②当 EIA = 0.04(TIA)$^{1.7}$ 时，绿地比例的阈值为 38.5%；③当 EIA = TIA 时，绿地比例的阈值为 47%；④在常规绿地比例（约为 35%）建设标准下，EIA 比例的阈值为 9%。

当前，《城市绿化规划建设指标的规定》中规定城市建设用地中绿地比例应不低于 35%，其中，居住小区和公共建筑的绿地比例标准分别为 40%（新小区）、35%（旧小区和公共建筑）。由此可知，当 EIA≈0 时，无须改变城市建设用地内绿地比例标准；当 EIA = 0.04(TIA)$^{1.7}$ 时，建议已改造的居住小区和公共建筑的绿地比例标准均提高 3.5%；当 EIA = TIA 时，建议未改造建设用地中居住小区和公共建筑的绿地比例分别提高 7%（新小区）、12%（旧小区和公共建筑）；在常规绿地比例（约为 35%）建设标准下，可通过增加透水路面面积或将普通绿地改为下凹式绿地、雨水花园及雨落管等方式降低 EIA 比例。

第十二章　海绵城市建设多目标调控决策模型——以嘉兴市新城区府南花园海绵设施改造示范小区为例

随着城市化水平的不断提高,暴雨后引发的水文和水质问题越发严重,传统城市排水系统面临严峻考验。为了合理有效地管理城市雨水问题,以SWMM为代表的水文模型在城市低影响开发(LID)设施布局及效果评价方面得到了广泛应用(赵冬泉等,2009)。然而,这种依赖水文模型的LID设施布局方法在实践中仍然存在一些有待改进与优化的地方。第一,在决策目标的选择方面,已有研究与实践大多集中于对单一目标(如径流控制)改造效果的模拟与评价(王婷等,2017),但海绵城市作为一个综合性生态工程,其改造效果理应从多个方面进行考量,以满足现实中复杂多维的工程设计目标要求;第二,在决策效率方面,这种主要依靠手工布局的方法存在建模效率低下、难以穷尽潜在优化方案等问题(李思,2015;胡爱兵等,2015),因此亟须寻求新的技术支持。

近年来,通过数学建模进行工程优化已经成为解决上述两大问题的常用方法。如章双双等(2018)通过耦合SWMM模型与最优化目标函数,得出研究区内各类LID设施经济与效益的最优解;刘标等(2017)利用城市暴雨处理及分析集成模型系统(SUSTAIN)和SWMM模型,进行了以径流总量控制率与经济性为目标的优化计算;徐得潜等(2017)以合肥市某小区为例,应用非线性规划建立了建筑小区雨水利用优化设计模型。这些研究探索为多目标决策模型构建及算法优化提供了启示与借鉴。

基于此,本章首先尝试以成本、水量和水质为目标函数,调蓄容积、年SS总量去除率和设施规模为约束条件,建立雨水调控多目标优化数学模型;其次利用面向多目标优化问题求解的粒子群算法与SWMM模型联合进行方案寻优;最后将研究成果应用到嘉兴市新城区府南花园海绵设施改造示范小区中,指导当地LID设施的合理布局。

第一节 雨水调控多目标优化数学模型

一、优化的目标函数

为实现改建过程中降低造价，同时提升截污排涝能力的优化目标，本章确立了三个目标函数。其中，f_1 为成本目标函数，是以年折算费用最小来确定 LID 设施合理规模的目标函数（唐冬云，2017）；f_2 为水量目标函数，用各排放口径流总量表达，通过调用 SWMM 源代码进行水力学模拟求值；f_3 为水质目标函数，由于 TSS 含量与 COD、TN 和 TP 均有显著的正相关性（唐文锋等，2017），故本研究仅采用 TSS 这个污染因子代表地表径流的水质情况，通过调用 SWMM 源代码进行水力学模拟，得到特定降雨强度下各排放口 TSS 含量的模拟值。其相应的表达式为

$$f_1 = \min F = \min \left[\frac{i(1+i)^n}{(1+i)^n - 1} \sum_{j=1}^{m} C_j + \sum_{j=1}^{m} W_j \right] \qquad (12\text{-}1)$$

式中，i 为年利率，单位为%；n 为计算期，单位为 a；m 为 LID 设施总数，单位为个；C_j 为第 j 个设施建造成本，$C_j = D_j S_j$，单位为元；W_j 为第 j 个设施管理成本，$W_j = B_j S_j$，单位为元；D_j 为第 j 个设施建造单价，单位为元/m²；B_j 为第 j 个设施年管理单价，单位为元/m²；S_j 为第 j 个设施面积，单位为 m²。

$$f_2 = \min J = \min \sum_{k=1}^{N} V_k \qquad (12\text{-}2)$$

$$f_3 = \min W = \min \sum_{k=1}^{N} \text{TSS}_k \qquad (12\text{-}3)$$

式中，k 为排放口编号；N 为排放口数；V_k 为各排放口径流总量，单位为 m³；TSS_k 为各排放口 TSS 含量，单位为 kg。

以上三个目标函数都是越小越优型，但各目标之间既相互关联，又相互制约，因此往往不能同时得到满足。针对此类多目标优化问题，常见做法是根据决策者对不同目标的选择偏好赋予相应的权重系数，从而将多目标优化问题转化为单目标优化问题进行求解（潘峰，2014）。

值得注意的是，除了所有权重系数之和必须为 1 外，由于各目标之间不存

在对应关系,因此还需要对其进行归一化处理,使得本没有联系的不同性质的数据可以放在一个公式中进行比较优化(Ghodsi et al.,2016),其表达式如下:

首先,进行归一化处理,即

$$Y_i = \frac{f_i}{\max(f_i)} \tag{12-4}$$

其次,加权确定总目标函数,得到

$$f = \min \sum_{i=1}^{3} W_i Y_i \tag{12-5}$$

式中,Y_i 表示归一化后的指标值,取值范围为 0—1;f_i 表示第 i 个目标的函数值;$\max(f_i)$ 表示第 i 个目标函数的最大值;W_i 表示相应的权重系数。

二、优化的约束条件

约束条件主要包括调蓄容积约束、年 SS 总量去除率约束和设施规模约束。就调蓄容积约束而言,LID 设施以径流总量和径流污染为控制目标进行设计时,研究区内需要调蓄的容积一般按下式计算(住房和城乡建设部,2014):

$$V = 10H\varphi F \tag{12-6}$$

式中,V 为总调蓄容积,单位为 m³;H 为设计降雨量,单位为 mm,根据年径流总量控制率指标确定;φ 为综合径流系数;F 为汇水面积,单位为 hm²。

根据所选 LID 设施的特点,设计降雨历时内 LID 设施的径流体积控制规模 V_j 可以分以下几种情况计算。

首先,对入渗及渗滤设施的径流体积控制规模,得到

$$V_j = V_s + W_s \tag{12-7}$$

$$W_s = KJA_s t_s \tag{12-8}$$

式中,V_s 为设施有效调蓄容积,单位为 m³;W_s 为设施降雨过程中的下渗量,单位为 m³;K 为表层种植土的饱和渗透系数单位为 m/h;J 为水力坡度,一般取 1;A_s 为有效渗透面积,单位为 m³;t_s 为降雨过程中的入渗历时,单位为 h。

其次,对延时调节设施的径流体积控制规模,得到

$$V_j = V_s + W_p \tag{12-9}$$

$$W_p = \frac{V_s}{T_d} t_p \tag{12-10}$$

式中，W_p 为设施降雨过程中的排放量，单位为 m^3；T_d 为设计排空时间，单位为 h。根据保证 SS 去除率所需沉淀时间确定；t_p 为降雨过程中的排放历时，单位为 h。

经过海绵城市改造后，所有 LID 设施径流体积控制规模之和应大于等于研究区内需要调蓄的总容积，即

$$\sum V_j \geqslant V \tag{12-11}$$

就年 SS 总量去除率约束而言，改扩建项目雨水年径流污染总量（以 SS 计）削减率不得低于 40%，即

$$P = P_t \times P_w \tag{12-12}$$

$$P_w = \sum \frac{F_i \times P_i}{F} \tag{12-13}$$

$$P \geqslant 40\% \tag{12-14}$$

式中，P 为年 SS 总量去除率；P_t 为年径流总量控制率；P_w 为 LID 设施对 SS 的平均去除率；F_i 为各 LID 设施对应的汇水面积，单位为 m^2；P_i 为各 LID 设施的去除率，参照《海绵城市建设技术指南》取值；F 为 LID 设施对应的汇水面积总和，单位为 m^2。

此外，由于所选 LID 设施功能特点、规模大小以及位置分布的不同将直接或间接影响到工程成本及建筑小区水质水量的处理效果，因此有必要将各类措施的规模进行约束。

根据《绿色建筑评价标准》，下凹式绿地、雨水花园和透水铺装规模应满足以下要求

$$0.3 F_{ld} \leqslant \sum (F_{xa} + F_{hy}) \leqslant F_{ld} \tag{12-15}$$

$$0.5 F_y \leqslant F_{ts} \leqslant F_{xq} \tag{12-16}$$

式中，F_{xa} 为下凹式绿地面积，单位为 hm^2；F_{hy} 为雨水花园面积，单位为 hm^2；F_{ld} 为小区绿地面积，单位为 hm^2；F_{ts} 为透水路面面积，单位为 hm^2；F_{xq} 为小区道路面积，单位为 hm^2；

由于屋面雨水水质优于道路雨水，因此雨水通常用于收集和回用建筑与小区屋面雨水，而其容积应满足以下要求

$$0 \leqslant V_x \leqslant V_{x\max} \tag{12-17}$$

$$V_{x\max} = pV \tag{12-18}$$

式中,V_x 为研究区内雨水桶有效容积,单位为 m³;$V_{x\,max}$ 为雨水桶最大有效容积,单位为 m³;p 为屋面子汇水区均设置雨水桶时的总数,单位为个;V 为单个雨水桶容积,单位为 m³。

第二节　优化模型求解

近年来,随着计算机水平的不断发展,利用优化算法寻求模型最优解已经成为常用的技术手段。由于粒子群算法具有精度高、收敛快、参数调整简单等优点,因此本研究尝试将其应用于 SWMM 模型的 LID 设施自动优化布局过程中。

为了使 LID 设施在优化布局过程中显得更加科学与高效,本研究在迭代寻优前,对研究区内的子汇水区划分、LID 设置原则、模型网络特点和设施规模大小做了如下处理。

子汇水区划分:根据管网走向,建筑物、绿地和街道的分布,采用人工方式划分子汇水区,其目的是在考虑实际雨水汇流的前提下,使每一个子汇水区仅含有一种用地类型。

LID 设置原则:由于每一种用地类型被细分为若干个子汇水区,因此在优化布局之前即可明确每个子汇水区实际采用的 LID 设施类型,如在屋面仅选择雨水桶作为改造措施,在道路仅选择透水路面作为改造措施,在小区门前绿化处仅选择下凹式绿地作为改造措施,而在大型绿化带内则选择雨水花园和下凹式绿地的组合形式进行改造。

模型网络特点:在 SWMM 模型中提供了两种添加 LID 设施的方式,本研究采用的是将预先定义好的 LID 设施直接运用到子汇水区内,若某汇水区在决策过程中添加了 LID 设施,则不改变其汇流方向和用地性质,但应注意子汇水区的参数(如特征宽度、不透水率)要在扣除 LID 设施面积后确定。

设施规模大小:为了降低程序运算时间以及避免子汇水区内由于改造面积过小而导致改造方案不符合实际施工特点的情况,本研究对需要改造的地块内嵌等面积的 LID 设施。特别地,由于雨水桶占地面积较小,所以在相应子汇水区内仅添加一个固定大小的雨水桶进行改造。

根据以上优化模型的特点,将其求解的主要步骤总结如下。

第一步,初始化设置粒子群的规模、循环代数、加速系数、惯性权值、各粒子的初始速度和初始位置等。

第二步,首先,在给定的约束条件下,通过修改 SWMM 模型中的输入文件(.inp 文件),对各粒子添加 LID 设施;其次,调用输入文件的水文分析计算引擎完成延时模拟计算,并提取报告文件(. rpt 文件)中各汇水区的水质水量数据;最后,结合成本目标函数来评价各个粒子的适应值。

第三步,对每个粒子,比较当前适应值和其个体历史最优解,并对其进行更新;对比每个粒子的个体历史最优解,选择其中最优适应度粒子作为群体历史最优解。

第四步,更新各粒子的飞翔速度,并对更新后的速度进行限幅处理;同时更新粒子的位置,检验其是否超过设计变量的取值范围。

第五步,若满足迭代终止条件则算法终止,输出搜索结果,否则返回第二步继续搜索。

多目标粒子群优化算法流程如图 12-1 所示。

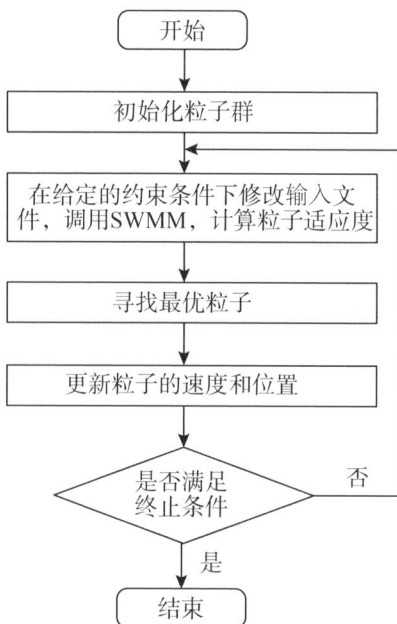

图 12-1　多目标粒子群优化算法流程

第三节 工程实例

一、研究区概况及常规改造方案

以嘉兴市新城区已开发建设的 LID 示范小区府南花园小区为例,验证多目标粒子群算法应用于 LID 设施优化布局的合理性。小区北侧为珠庵路,南侧为庄前路,东临新气象路,西接玉泉路,总面积 9.0hm²,其中陆地面积为 8.7hm²。示范区下垫面类型包括屋面、绿地和道路等,分别占陆地面积的 28%、42% 和 30%。区内实行雨污分流,雨水从西北区、东南区和东北区三个主排放口就近排入河道,接出的管径分别为 DN800、DN800 和 DN400。

根据当地规划设计院提供的竣工图,常规改造方案如下:研究区内所有住宅小区均采用雨落管断接方式,将屋面雨水引入周边绿地中进行下渗、净化处理,年折算成本为 3 万元;将小区内部的停车场、广场等改造为透水路面,提高雨水调蓄空间的联动性,年折算成本为 54.86 万元;将所有绿地设置为下沉式绿地、雨水花园等设施,收集、净化建筑屋面及硬化铺装流入的雨水,将现状雨水口移至绿地设施内,同时在雨水管道排出口末端增设格栅除污井,年折算成本为 91.87 万元。

低影响开发雨水系统的工艺流程如图 12-2 所示。

二、模型构建

结合该小区的地形、现状雨水管网资料和实测水质水量等数据,将研究区域人工划分为 337 个子汇水区,设置检查井节点 410 个、管段 410 个、末端排放口 5 个。

模型参数初始取值参考用户手册中的典型值及相关文献(李彦伟等,2010),然后选取嘉兴市某雨量监测站 2017 年监测的 6 场降雨数据和相应的水质水量数据进行率定与验证。其中,渗透模型选用 Horton 模型,最大、最小入渗率和衰减系数分别为 40mm/h、4mm/h 和 4h⁻¹,透水和不透水地表曼宁系数分别为 0.6 和 0.021,洼蓄量分别为 4mm 和 2.5mm。汇流模型采用非线

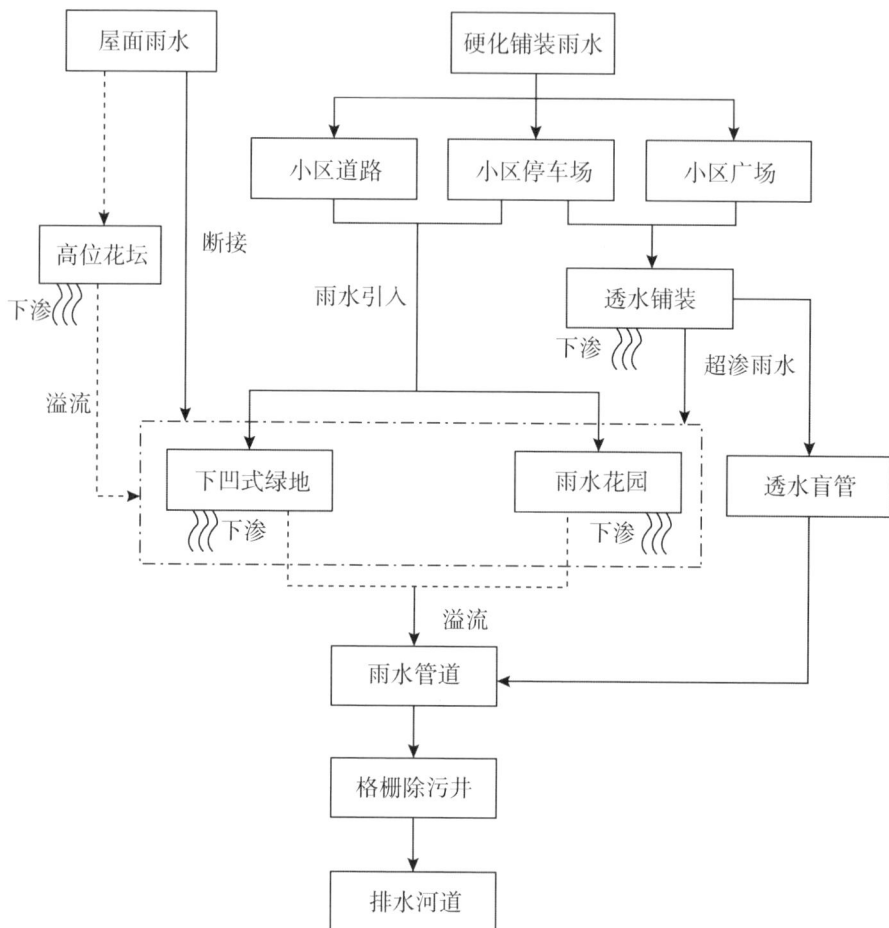

图 12-2 低影响开发雨水系统工艺流程

性水库模型,水力模型则采用动态波模型。水质模拟方面,地表污染物积累模型和径流冲刷模型分别选取饱和累计函数与指数冲刷函数。

设计降雨条件取重现期为 5a、降雨历时为 2h 的芝加哥雨型作为降雨输入,其中峰值比例 r 取 0.4,降雨量为 77.65mm。嘉兴市暴雨强度的计算公式为

$$q = \frac{1773.8(1 + 0.675 \lg P)}{(t + 10.647)^{0.655}} \tag{12-19}$$

式中,q 为暴雨强度,单位为 mm/min;P 为设计降雨重现期,单位为 a;t 为降雨历时,单位为 min。

最后,结合实际调研情况选择透水路面、下凹式绿地、雨水花园和雨水桶

等四种 LID 设施,分别针对道路、绿地和屋面进行水质和水量的调控。各类 LID 设施的设计参数见表 12-1 所示。

表 12-1　各类 LID 设施设计参数　　　　　　　　（单位:mm）

项目	表层	路面层	土壤层	蓄水层	排水层
透水路面	—	210	—	150	有
下凹式绿地	50		300	10	无
雨水花园	300		300	—	无
雨水桶	—	—	—	1500	有

为便于分析,本次研究共构建了三种不同情景下的模型:①传统开发模型,即按传统灰色基础设施建设思路进行开发,不采用 LID 设施的模型;②常规改造模型,即按 LID 理念手工进行规划设计的改造模型;③编程优化模型,即通过计算机程序在给定目标函数和约束条件下进行 LID 改造建设的模型。

三、优化设计参数

在成本目标函数中,取年利率为 8%,计算期为 10 年代入式(12-1)进行计算。在约束条件中,结合小区实际用地条件以及各类 LID 设施建设要求,确定调蓄容积约束范围和设施规模约束范围。①调蓄容积约束:该小区计划改造后年径流总量控制率达 80%,其对应的设计降雨量为 24mm,在未进行海绵城市改造前的综合径流系数为 0.64,最终得到所有 LID 设施径流体积控制规模之和应不小于 1341m³。②设施规模约束:下凹式绿地和雨水花园面积之和的最小规模为 19452m²,最大规模为 38903.9m²;透水路面最小值为 11855.2m²,最大值为 23710.3m²;当所有屋面均布设雨水桶时,其最大有效调蓄容积 $V_{x\,max}$ 为 202.3m³。

在用 MATLAB 编写程序时,设置初始种群数为 50,迭代次数为 100,然后根据当地实际改造需求,选取三组不同目标导向下的权重值作为编程优化方案,供当地决策者参考。其中在成本目标导向下,成本、水量和水质的权重分别取 0.5、0.2 和 0.3;类似地,在水量目标导向下,相应权重分别取 0.2、0.5 和 0.3;水质目标导向下,相应权重分别取 0.2、0.3 和 0.5。

四、优化结果分析

利用上述参数设置结果,得到不同偏好下的编程优化方案,并与传统开发模型及常规改造模型进行比较,探究不同 LID 组合方案在五年一遇降雨强度下的抗冲击能力,结果见表 12-2。

表 12-2　传统开发模型、常规改造模型及编程优化模型结果对比

项目	传统开发模型	常规改造模型	编程优化模型		
			成本导向	水量导向	水质导向
总降水量/mm	77.65	77.65	77.65	77.65	77.65
地表径流量/mm	65.72	36.12	41.53	34.17	35.08
径流削减程度/%	—	45.04	36.81	48.01	46.62
TSS 总量/kg	562.60	400.79	330.78	284.35	253.30
TSS 削减程度/%	—	28.76	41.21	49.46	54.98
年成本/万元		149.73	134.92	183.23	181.65

注:削减程度为经 LID 改造后的模型相对于传统开发模型的比较。

由表 12-2 可知,经过海绵城市改造后的小区,其地表径流量和 TSS 总量较传统开发模式均有较大幅度的削减,这表明在不同的下垫面综合运用多种 LID 设施,可以有效提升改造区域内的抗冲击能力。比较常规改造方案与不同目标导向下的编程优化方案可以发现,常规改造方案主要侧重于对地表径流量的削减,但对 TSS 总量的削减效果并不理想,仅为 28.76%,与优化方案相差甚远。而编程优化方案是在相应的决策偏好下提出的改造策略,它不仅具有良好的灵活性,而且还能结合实际的改造需求,解决当地的主要矛盾。例如,成本导向下的优化方案相较于常规改造方案可以节省 14.81 万元的年成本,但截污减排能力较其他优化方案差。同理,水量导向下的优化方案侧重于对地表径流量的调控,水质导向下的优化方案侧重于对 TSS 总量的调控,但这两种调控方案都需要付出较大的年成本。

值得一提的是,由于嘉兴市的土质以淤泥质黏土为主(王贤萍,2016),所以渗透性普遍较差,加之当地的下凹式绿地平均仅下沉 50mm,故其对水量的调蓄能力有限。因此,以水量控制作为改造目标时,虽然在径流削减程度上较其他方案有所改进,但总体而言并没有达到理想效果。另外,嘉兴市地处长江三角洲冲积平原,地形平坦,河网密布,是一个典型的江南水乡城市;近 30 年来,受工业化和城市化快速发展的影响,该市水环境问题日趋严重。为此,在选择改造方案时,应侧重于对水质的处理效果;而在水量控制方面,应充分利

用小区周边的河网优势,将雨水尽量引导至河道内进行调蓄,从而避免因换土而造成的额外成本。

第四节 LID 设施布局

经编程优化后的 LID 设施规模大小和布局情况,分别见表 12-3 和图 12-3 所示。

表 12-3 经编程优化后建筑小区 LID 设施

下垫面	LID 设施	LID 设施占下垫面比例/%			
		常规改造方案	编程优化方案		
			成本导向	水量导向	水质导向
绿地	下凹式绿地	91	48	62	53
	雨水花园	9	6	7	5
道路	透水路面	32	49	63	76
屋面	雨水桶	—	60	58	61
	雨水断接	100	—	—	—

注:雨水断接和雨水桶为经 LID 改造后的屋面子汇水区和所有屋面子汇水区的比较。

由表 12-3 可知,在常规改造方案中,除了道路仅在局部区域进行改造外,绿地和建筑屋面均设置了相应的 LID 设施。而从其他三种编程优化方案可以看出,并非所有的下垫面都要建设 LID 设施,对某一类下垫面,只需添加一定比例的 LID 设施即可实现相应的改造目标。例如,以水质作为主要考虑因素时,由于透水路面的孔隙率较传统道路高且有专人进行定期清扫,因此,适当增加透水路面的比例将有助于 TSS 含量的削减。总的来说,除了雨水花园宜分散布置且规模不宜过大外,其他各类设施占相应下垫面的比例均在半数左右。

由图 12-3 可知,由于常规改造方案是将大部分下垫面进行"海绵化"处理,因此各类设施的布局特点完全取决于下垫面的分布情况,在看似规律的布局形态下往往难以贴合实际改造需求,缺少灵动性。而对于编程优化方案来说,无论是以何种偏好作为主导因素进行"海绵化"改造,它们都有一些共同的

a.常规改造方案

b.成本改造方案

c.水量改造方案

d.水质改造方案

| 下沉式绿地 | 雨水花园 | 透水路面 | 硬质场地 |
| 普通绿地 | 屋面 | 雨水桶 | 雨水断接 |

图 12-3　建筑小区 LID 设施布局方案

特点,那就是各类设施会相对集中于某些区域内,并且相互之间具有很强的连通性。这样做一方面能避免某些不必要的资源浪费,另一方面良好的连通性和聚集性可以大大增强建筑小区在不同降雨强度下的抗冲击能力,从而实现因地制宜的改造目的。

第五节　关键技术

海绵城市改造是解决水问题的重要途径之一,但盲目地进行规划设计容易造成资源浪费且效率低下,优化传统的规划设计思路与方法十分必要。本研究所提出的优化思路与方法跟传统规划手段相比,主要有两方面优势:①从管理层面看,决策者可以针对改造区域内的主要问题与矛盾,综合考虑成本、水量和水质等因素,选择不同目标偏好下的决策方案,为因地制宜建设各类LID设施提供决策思路;②从技术层面看,本研究利用面向多目标优化问题求解的粒子群算法与SWMM模型联合进行方案寻优,充分发挥了优化算法的高效性以及SWMM模型对城市雨洪系统的前瞻性,使得最终的决策结果更为科学合理。

当然,本研究也存在一定的不足和局限性。首先,针对老城区排水管网重现期普遍较低以及雨污合流的情况,可以将低影响开发的措施和雨水管网系统优化设计结合在一起,通过相关规范和研究区域实际改造需求,选择合适的优化目标函数,从而获得更为系统、合理的规划方案;其次,对于面积较大、管道较多的区域,采用手动划分子汇水区的方式工作量巨大,使其适用性下降。这些不足有待进一步探索改进。

第十三章 海绵城市建设的关键设施与技术

　　海绵城市建设通过大规模推广应用低影响开发（LID）设施技术，包括透水铺装、植草沟、生物滞留设施（雨水花园）、绿色屋顶以及其他各种小型措施，实现对雨水的"自然积存、自然渗透、自然净化"，从而达到削减径流总量、降低径流峰值、延长径流产生时间、减少雨水污染负荷及补充地下水的目的；与此同时，还能最大限度地降低城市建设过程中土地开发利用对周围生态环境的影响（见图 13-1）。实践证明，LID 设施技术可广泛应用于新城开发和旧城改造。

　　本章将重点介绍透水铺装、植草沟、雨水花园和绿色屋顶四种海绵城市建设的关键设施及其技术原理，以深入理解其作为城市水灾害风险管理工具的防灾原理和减灾机制。

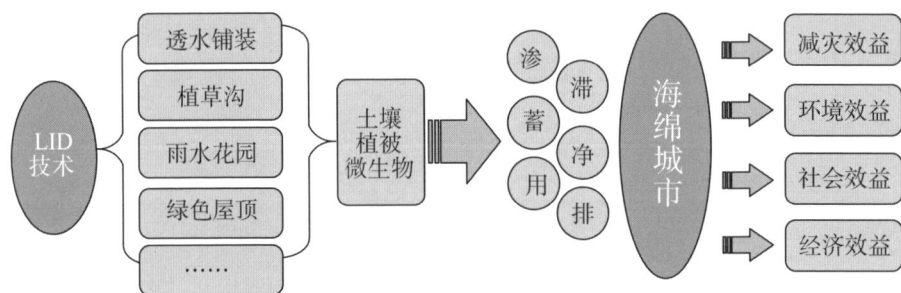

图 13-1　海绵城市建设关键设施与技术原理

第一节 透水铺装

一、透水铺装定义

透水铺装是指一种由大孔隙结构层组成的新型铺装形式,具有良好的透水、净水等功能(刘亚楠,2017)。该铺装形式既能保证铺面正常使用,又能使雨水通过铺装就地直接下渗入土基或通过内部排水设施排出。

透水铺装从技术上转变了传统铺装对雨水的处理方式,两者在排水方式上存在明显差异。传统的不透水铺装主要通过路面汇流排入城市排水设施,增加了城市排水系统的负担;而透水铺装采用透水性良好的材料使雨水快速下渗,补充地下水的同时还能缓解城市热岛效应。

二、结构类型

根据透水铺装面层材料的不同,透水铺装大致可分为透水混凝土铺装、透水沥青铺装和透水砖铺装三类(张玉玉等,2014)(见表13-1)。

表 13-1 透水铺装类型与性能

类型	透水混凝土	透水沥青	透水砖
使用材料	水泥、骨料、添加剂	沥青、骨料、填料	非金属材料、废料
综合成本	较低	较低	较高
适用场地	道路、通道、人行道和广场	园路、广场、人行道	小区人行道、景观道路、小区广场

(一)透水混凝土铺装

透水混凝土也称多孔混凝土,属于全透水类型,由水泥、骨料、特殊添加料和水经特殊的比例混合而成,具有良好的透水性、蓄水性和通气性,比其他地面铺装形式更优良和环保。其结构形式自上到下依次为面层、找平层、基层、底基层、垫层(王俊岭等,2015)(见图13-2)。该铺装可将雨水渗透至路基或是周围的土壤中加以储存,多数应用于园林绿地、公园和球场等负载较小地方;

另外,针对不同区域的降雨水平,可适当增加附属排水系统,联通市政管网或蓄水系统。

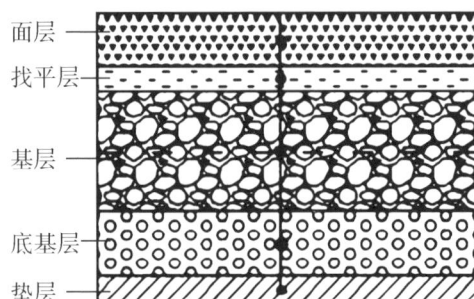

图 13-2　透水混凝土铺装结构

(二)透水沥青铺装

透水沥青铺装属于半透水类型,其路面结构形式与普通沥青路面相同,只在道路表面层采用透水沥青(见图 13-3)。该铺装形式需要在路面底层两侧增加排水沟,以保证渗水通过路面底层横向流入两侧排水沟;同时必须在路边设置集水井,使下渗的雨水通过集水井渗透到路基以下,或者统一储存于蓄水池以便于综合利用。透水性沥青铺装应用范围广泛,不仅应用于承载力要求较低的路面如园路、广场、人行道等,也适用于承载力要求较高的高速公路(Eban et al.,2007)。

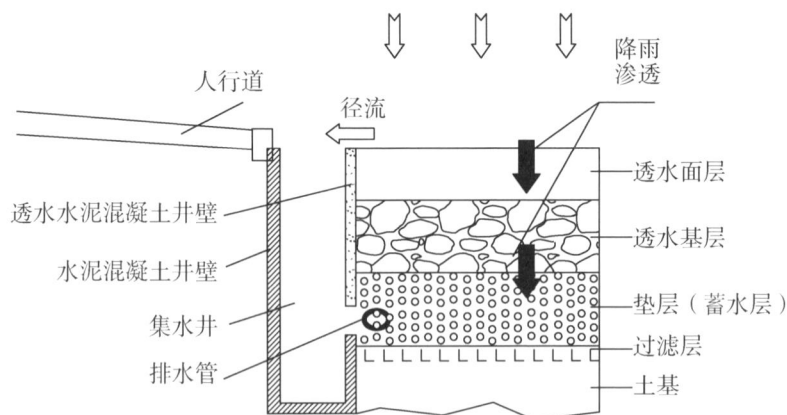

图 13-3　透水沥青铺装结构

(三)透水砖铺装

透水砖又称"互锁砖",是一种砖体结构类型的透水铺装,其铺装结构层自上而下为透水砖面层、找平层、基层、垫层(见图13-4)。透水砖铺装的透水能力由砖体本身的渗透性能和砖体间的缝隙两部分决定,常应用于小区人行道、景观道路、小区广场等对路面荷载要求较低的路段(张旺等,2014)。根据制作工艺,常用透水砖可分为水泥混凝土砖、陶瓷砖以及砂基砖三类。水泥混凝土砖是采用胶结法挤压成型;陶瓷砖是通过高温煅烧制成;砂基砖是以天然硅砂为原料,通过高分子粘接剂在常温下固结成形(张波,2014)。

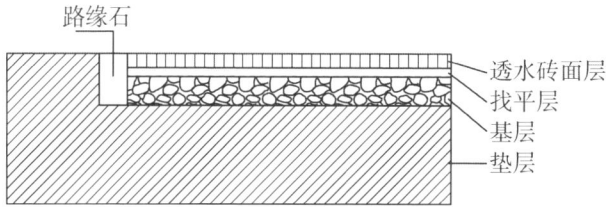

图 13-4　透水砖铺装结构

三、作用机理

(一)雨水下渗机理

透水铺装雨水下渗包括两个过程:吸湿过程和传递过程(见图13-5)(赵人俊,1984)。首先为吸湿过程,雨水降落到铺装表面形成薄膜水和吸湿水,同时进入孔隙内形成毛管水;由于材料的毛管势作用,使得孔隙内的少量雨水被吸附从而阻止其下渗。其次为传递过程,当持续降落的雨水超过透水铺装的吸附能力后,孔隙内的雨水会堆积融合形成小水滴并在重力的作用下沿间隙传递到下层材料表面从而完成雨水的下渗。

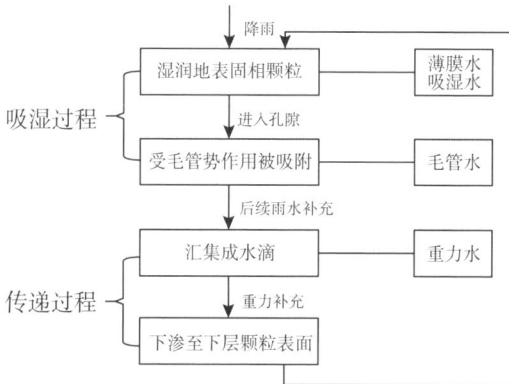

图 13-5　雨水下渗机理

(二)水质净化机理

透水铺装的孔隙结构对下渗的雨水具有过滤吸附作用,可有效去除COD、TN、TSS、N 和 P,同时降低重金属污染(王华,2016)。Flecher 等(2004)对不同类型污染物进行了试验,发现不同类型透水铺装对径流中污染物具有 40%—90% 的去除效率;Wilson 等(2015)发现透水铺装具有去除烃类物质的能力,认为其对油污具有良好吸附效果;Carsen(2002)等发现透水铺装可有效吸附金属物质、降低烃类污染物,经其过滤的雨水可用于灌溉和补充地下水。透水铺装的滤水功能可有效净化水质,对保障海绵城市的水安全和地下水稳定具有重要作用。

(三)气温调节机理

透水铺装的多孔结构使得储存在不同面层的雨水可通过蒸发作用促进地表与大气的热量交换,降低城市温度,缓解热岛效应。有实验结果表明,敷设透水铺装可降低城市温度 3—5℃(陆继斌等,2017)。杨文娟等(2008)研究发现,与传统水泥混凝土路面相比,80% 以上的透水混凝土路面湿度更高、温度更低,可有效避免现代城市干热和热岛效应。

第二节　植草沟

一、植草沟定义

植草沟,又称植被浅沟、浅草沟、生物沟等。在美国,部分州在其雨水措施规范管理手册中明确提及了植草沟的概念。如《爱荷华州雨水措施管理手册 2008》(*Iowa Stormwater Management Manual* 2008)指出"植草沟,也被称为生物过滤设施,是设计用来对雨水进行初步处理的措施,同时也能使得降雨径流达到设计暴雨水质控制的流速目标";《新泽西州雨水管理手册 2010》(*NJ Stormwater Management Technical Manual* 2010)提到"植草沟是一种通过断面为抛物线形或梯形的沟渠来改善水质或者用于灌溉的措施";《密西西比州雨水冲刷手册 2012》(*Erosion Stormwater Manual* 2012)认为"植草沟是天然形成或者按尺寸人工建造的、植有合适的植被来稳定输送降雨径流且对沟渠不产生冲刷的沟渠"。概括来说,植草沟是指种植植被的地表排水沟渠。当地表径流以较低流速流经植草沟时,植物的过滤、滞留和渗透作用可有效去除多数悬浮污染物和部分溶解态污染物。植草沟一般适用于城市园区道路两侧、停车场附近及大面积绿地内等,可代替传统雨水管道与排水明渠,避免管道混接和错接带来的污染问题;同时植草沟与其他绿色基础设施组合应用可建立生态排水体系,实现对雨水的输送、收集与净化功能。

二、植草沟结构类型

根据地表径流的传输方式,植草沟可分为三种类型:标准传输植草沟、干植草沟及湿植草沟(见表 13-2)(Woods-Ballard,2015)。标准传输植草沟构造简单,主要作用是将集水区的雨水径流引导和传输到其他地表水处理设施,适

表 13-2　植草沟类型与特性

植草沟类型	示意图	特点	适用场景
标准传输植草沟		构造简单,有宽阔的浅层植被通道,可有效传输来自路面的径流	高速公路、山边侧沟
干植草沟		构造复杂,强化了雨水的传输、过滤、渗透和持留能力,从而保证雨水在水力停留时间内从沟渠排干	居住区
湿植草沟		与标准传输植草沟类似,通过长期保持湿润状态以加强对雨水的渗透、净化效果	高速公路、小型停车场、屋顶

用于高速公路和山边侧沟等。干植草沟在标准传输植草沟的基础上增设土壤过滤层和底部排水系统,强调对雨水的传输、过滤、渗透和滞留作用,多应用于居住区。湿植草沟是类似沟渠的湿地生态系统,通过长期保持湿润状态以加强渗透、净化效果(王健等,2011;Stagge et al.,2012;杨默远等,2017)。

三、作用机理

(一)水质净化处理

植草沟可有效净化雨水径流,但其对污染物的去除机理却十分复杂,主要涉及物理、化学、生物等作用,并与植被种类、土壤种类等因素密切相关。研究表明,植草沟通过渗透、过滤和沉积等物理过程去除颗粒物及吸附于表面的污染物(重金属、磷等)(Barrett et al.,1998;Rose et al.,2003);对氮的去除主要是通过反硝化、生物累积和土壤交换来实现(见表13-3)。

表 13-3　植草沟对径流污染物的去除效率　　　　　　　(单位:%)

指标	标准传输植草沟	干植草沟	湿植草沟
TSS	68	93	74
TP	29	83	28
溶解性 P	40	70	−31
TN	—	92	40
$NO_x b$	−25	90	31
Cu	42	70	11
Zn	45	86	33

1.物理化学作用

雨水沿着植草沟表面流动过程中由于颗粒沉淀、植被截留、土壤渗透与吸附等物理作用,污染物得以去除。雨水中的悬浮颗粒受重力和浮力作用而发生运动,当重力大于浮力时,水中的颗粒就会发生沉降。植被的截留作用指植物在生长发育过程中会吸收利用雨水中的营养物质(氮、磷等),最后通过收割使污染物得到去除,同时植物还能吸附和富集部分重金属污染物。土壤的渗透作用分为两种情况:粒径大于土壤空隙的颗粒通过机械拦截被去除;粒径小于空隙的颗粒由于偶然接触被捕获,从而使径流污染物得到去除。土壤的吸附作用是指水流中的颗粒迁移到土壤表面时,在范德华力和静电引力相互作用下,以及某些化学键的作用下,被黏附于土壤或滤料颗粒表面或以前黏附的颗粒上(王健等,2011)。

2.微生物作用

土壤中含有好氧性、厌氧性和兼性微生物,能够对水体中的悬浮物、胶体和溶解性污染物进行生物降解,并以污水中的有机物作为营养物质进行新陈代谢。根据微生物种类和形成生物膜的不同,主要可分为两种情况,在氧含量较低的根部或土壤深层,厌氧微生物将难降解的有机物分解成结构较简单的易降解无机物;在氧含量较高的土壤表层,好氧微生物附着在有机物表面发生好氧反应(王健等,2011)。在不同的条件下,通过微生物作用发生硝化作用、反硝化作用和吸磷、释磷过程,有效地去除污水中的氮、磷,达到去除污染物的作用。

(二)径流削减机理

植草沟可以有效削减降雨的径流量和峰值,延迟径流峰值到达时间,但其对径流的调控作用受降雨特征(降雨强度、降雨历时、降雨量)、植被(种类、覆盖度)、土壤基质等因素影响。许浩浩等(2019)的研究结果显示,植草沟对雨水径流峰值的平均削减率为 50%—53%,对径流总体积的削减率达46%—54%,峰值延迟时间达 33—34min(许浩浩等,2019);沈子欣等(2015)研究表明,植草沟可将大雨(12mm/h)和暴雨(24—30mm/h)的洪峰到来时间延迟 20min 以上,对径流的削减率能达到 20% 以上,且土壤基质孔隙率、粒径和间隙越大,植草沟对径流的滞留效果越好(沈子欣等,2015);魏源源等(2015)发现,植草沟的滞蓄效果与降雨总量呈负相关关系,当降雨量小于24.3mm 时,植草沟无出水流量,当降雨量为 37.2mm、96.9mm 时,植草沟发生溢流(魏源源等,2015)。

第三节 雨水花园

一、雨水花园定义

雨水花园的概念源于 20 世纪 90 年代,是指自然形成或人工挖掘的浅凹绿地,利用雨洪管理设施、沙土、植物等收集、净化、下渗、储存、处理雨水,是一种环保、可持续的雨洪调控和雨水利用设施(魏广龙等,2021)。雨水花园的设计原理是利用地形的沉降设置可收集、净化再利用雨水资源的循环水系统设施,有效控制雨水地表径流量的同时,可净化雨水污染并将其储存在蓄水池中,实现蓄水、滞洪、削峰的目标(魏广龙等,2021)。然而,目前国内雨水花园的相关建设大多为单纯依靠天然下渗、没有循环系统设施的下凹绿地,因其不具备净化排水蓄水的功能,所以仅仅是雨水花园的雏形,未来应进一步推动雨水花园系统建设。

二、雨水花园结构类型

根据施工程序的复杂程度,雨水花园可分为简易型雨水花园和复杂型雨水花园(见表 13-4)(钱程,2019)。简易型雨水花园多结合植物造景以形成环境良好的休闲空间,一般适用于污染较低地区,如居住小区、广场等。复杂型

表 13-4　雨水花园类型与特性

分类	要求	适用场景	结构图
简易型	土壤具有良好的渗透能力	污染较轻的地区,如居民区、广场等	
复杂型	针对污染较重的区域雨水收集时,应设置初期雨水弃流装置	土壤渗透性差、污染较重的区域,如工业区、商业区、城市道路等	

雨水花园在简易型基础上,增加砂层、穿孔排水管和砂石层三部分,多设置于土壤渗透性差、污染较重的区域,如工业区、商业区、城市道路等。

三、作用机理

(一)径流削减机理

雨水花园中土壤和植被的滞蓄作用可有效减缓雨水流速、削减洪峰流量、减少雨水外排,保护下游管道、构筑物和水体(陈思聪等,2020)。此外,植物的茎、叶也具有削减地表径流的作用,雨水渗透进入土壤后,通过植物茎叶的蒸腾作用将水分释放到大气中。郭慧慧(2020)的研究结果显示,雨水花园对降雨径流的削减效果明显,其设施径流控制率为88.72%(郭慧慧,2020);唐双成等(2015)通过为期4年的试验发现,雨水花园运行期内对于暴雨径流的总削减率高达99%,在监测的28场降雨中仅有4场高强度、短历时暴雨发生溢流;Autixier等(2014)研究发现,当降雨量小于24mm时,径流削减率为100%,当降雨量为27.4和39.8mm时,对径流的截留率为89%和69%。由此可知,雨水花园具有径流削减功能,尤其是在中小型降雨条件下效果显著。

(二)水质净化机理

植物的枝干、茎叶、根系截留与土壤渗滤净化作用可以有效地去除雨水中的悬浮固体颗粒、重金属离子及其他有机污染物等(陈思聪等,2020)。在降雨时,雨水会溶解空气中部分污染性气体与颗粒物,并通过植物吸附和降解作用净化雨水和空气。唐双成等(2015)开展雨水花园对污染物降解的试验发现,其对氮、磷污染物总负荷的削减率分别达到52.5%和51.5%;李家科等(2014)基于SWMM模型发现,雨水花园可削减污染物浓度峰值,减少COD、SS、TP等污染负荷,并对污染物浓度峰值具有一定迟滞作用;张静玉(2020)结合现场监测与试验研究,发现雨水花园的氮、磷、COD及悬浮物的去除率均介于70%—88%之间。

(三)气温调节机理

雨水花园可通过植被的蒸腾作用与土壤基质的蒸发作用调节空气温度和湿度,改善小气候环境,降低城市热岛效应。Miao等(2017)通过分析微气候观测数据,结果表明雨水花园在夏季具有显著的降温效应,并受土壤含水率及地表温度的影响；殷忠路(2021)运用计算机仿真发现，与柏油路面相比，雨水花园在距地面 0.3m、0.75m、1.5m 高度下可分别实现平均降温 1.1℃、0.71℃、0.68℃，其降温效应受太阳辐射强度、环境温度、风速及土壤湿度四种因素的影响。

第四节　绿色屋顶

一、绿色屋顶定义

绿色屋顶又称屋顶绿化、屋顶花园等，是指以各种不同形式在屋顶营建植被，利用植物在屋顶进行的一种绿化形式。广义上讲，绿色屋顶是指在高出地面的非渗透性的建筑物和构筑物上进行的绿化，包括建筑物的屋顶、露台、阳台以及建筑物的空中平台和厂房的屋顶等；狭义上仅指在屋顶平面种植植被。

绿色屋顶在德国、美国及其他发达国家已成为控制城市屋顶降雨径流污染的最佳成本效益的技术措施，其设计与应用已相对成熟(Chen et al.，2015)。反观国内，受政策法规及资金、设计思路、施工方法等多种因素限制，绿色屋顶推广滞缓且存在效果不佳、屋顶漏水、后期运维跟不上等问题。

二、绿色屋顶结构类型

(一)结构

绿色屋顶的主要组成结构自上而下分别是植被层、基质层、过滤层、排水层和防水层(见图 13-6)(章楚卓等，2021)。

1.植被层

植被层作为绿色屋顶与外界环境的直接接触面，可以容纳各种类型的植被。植被层在绿色屋顶中起到吸收、过滤、拦截部分污染物的作用，而不同类型的植被对雨水径流污染物具有不同的吸附效果，所以在选择植被的时候不仅要考虑植被的景观价值及存活率，也要考虑植被的吸附性能(章楚卓等，2021)。

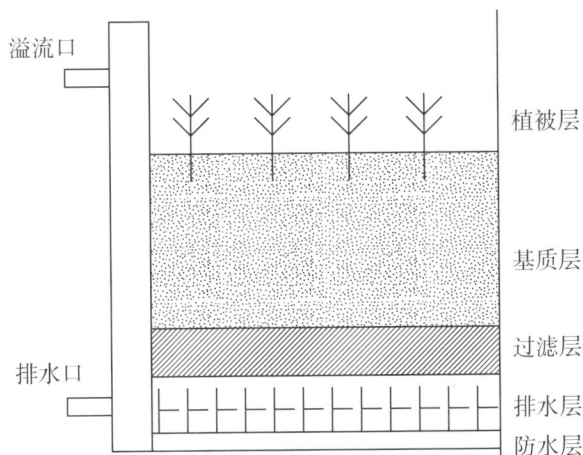

图 13-6　绿色屋顶结构

2. 基质层

基质层是植被层的下层结构,其基本功能是提供植被生长必需的有机物质、水分等。基质层在绿色屋顶中起到削减暴雨径流和净化水体污染的作用,应综合考虑屋面荷载、植被生长状况及削减暴雨径流和污染物浓度效果审慎选择。

3. 过滤层

过滤层既可防止基质层中的颗粒物随着雨水径流被冲走,又可以过滤和沉淀雨水径流中的部分污染物,防止土壤、植物残体等堵塞破坏排蓄水系统。

4. 排水层

当多余的雨水无法滞蓄时,排水层能避免屋面荷载过高而对建筑物的结构造成损害。

5. 防水层

防水层主要用于防止雨水渗入屋顶而损坏建筑屋顶。

(二) 类型

绿色屋顶根据生长基质厚度可分为三类:粗放型、半密集型和密集型(见表 13-5)(库斯特,2005)。粗放型绿色屋顶的生长基质厚度一般小于或等于15cm,适合种植高度低、根系浅但枝叶含水量高的植物,例如草本植物、苔藓和景天属植物(李俊生,2019)。得益于其构造简单、成本低、维护方便的优势,粗放型绿色屋顶成为目前应用最广泛的一种绿化模式,适建于大多数建筑的

341

表 13-5　绿色屋顶类型与特征

分　类	特　征	示意图
粗放型	• 低养护 • 免灌溉 • 重量为 60—200kg/m² • 高度为 6—20cm • 从苔藓、景天到草坪地被型绿化	
半密集型	• 定期养护 • 定期灌溉 • 重量为 120—250kg/m² • 高度为 12—25cm • 从草坪绿化屋顶到灌木绿化屋顶	
密集型	• 经常养护 • 经常灌溉 • 重量 150—1000kg/m² • 高度为 15—100cm • 从草坪、常绿植被到灌木、乔木相组合	

屋顶。密集型绿色屋顶的生长基质厚度一般为 20—200cm,多种植草坪、多年生植物、灌木和乔木等(李俊生,2019)。对比粗放型绿色屋顶,密集型绿色屋顶构造复杂、对维护要求较高,后期运维强调除草、施肥和浇水。此类型绿色屋顶与地面园林绿地类似,可供人参观游玩,具有一定的景观价值。半密集型绿色屋顶的生长基质厚度、构造和后期维护等介于粗放型和密集型之间,多种植各类草本植物和小型灌木植物。

三、作用机理

(一)径流削减机理

绿色屋顶可有效削减雨水径流量、延缓径流发生时间和峰值时间。在降雨过程中,一部分雨水会被土壤基质吸收或储存在颗粒孔隙中;一部分雨水被植被层吸收利用并滞留在植物表面,或通过蒸腾作用回到大气中;剩余降水进入排水系统(见图 13-7)。大量实验研究表明,绿色屋顶滞留和截留雨水能力显著,并受降雨特征、生长基质厚度、植被类型、屋顶坡度、建筑尺度等因素影响。Teemusk 等研究发现,当降雨强度属于中小雨时,绿色屋顶的平均截留率为 87%;当降雨强度为大暴雨时,绿色屋顶的截留能力会大大减弱。Lee 等发现,生长基质为 20cm 时,绿色屋顶截留率变化范围为 42.8%—60.8%;生长基质为 15cm 时,截留率下降到 13.8%—34.4%。Nagase 等挑选了几种粗放型绿色屋顶常用植物进行了实验,研究发现,禾本科植物径流削减效果最佳,其次是非禾本科草本植物和景天属植物(李俊生,2019)。

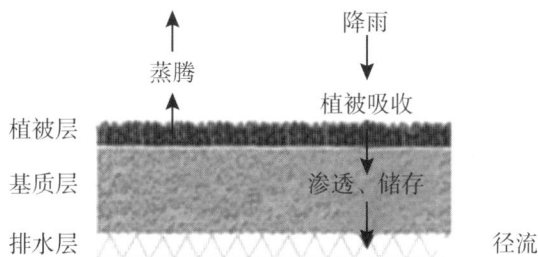

图 13-7　绿色屋顶径流调控机理

(二)水质净化机理

绿色屋顶主要是通过植被层和基质层的截留、过滤、吸附和生物降解等作用去除雨水中氮、磷、重金属及 COD 等污染物(见表 13-6)。在目前关于绿色屋顶植被层的研究中,章孙逊等(2019)研究了植被类型对绿色屋顶雨水径流量和水质的影响,结果显示,以马齿苋为植被的绿色屋顶削减率(58.2%)>以佛甲草为植被的绿色屋顶削减率(47.7%)>以高羊茅为植被的绿色屋顶削减率(36.3%)>无植被屋顶削减率(对照组,33.0%)。在关于绿色屋顶基质层的研究中,章楚卓等(2021)从基质厚度、基质选择、基质配比、基质改良等方面研究了绿色屋顶对雨水径流污染物的淋失效果。郑美芳等(2013)发现绿色屋顶的 CODcr 总负荷均低于混凝土屋顶,且经绿色屋顶后的雨水径流的 pH 值高于混凝土屋顶,说明绿色屋顶具有提高 pH 值的能力,且能够减少酸雨污染,在城市污染防治中起到很好的效果。王晓晨等(2015)研究了 5、10、20、30cm 厚度的基质层对屋面径流雨水水质的影响,结果显示,厚度为 5cm 的基质层后期的 TN 浓度高于原水浓度,反而造成了污染;厚度为 10cm 的基质层对 TN 具有一定的去除效果,但不稳定;厚度为 20cm 和 30cm 的基质层对 TN 的去除效果显著且较稳定。

表 13-6　绿色屋顶水质净化效果　　　　　　　　（单位：%）

来源	TN	NH₄-N	NO₃-N	TP	COD	重金属
Deborah 等	87.0	—	79.0—97.0	20.0—52.0	—	—
郑美芳等	84.2	—		19.0	61.4	—
Guo 等	—	93.9	—	−191.0	—	>94.0—
Wang 等	73.3	78.2	71.6	78.9	47.0	>80.0

(三)气温调节机理

众所周知,植物具有降温功效,提高植被覆盖率可以显著降低城市整体温度。考虑到绿色屋顶上所能种植的种类相对有限,增加的植被覆盖率相较于同面积的林地要小,那么绿色屋顶是否仍具有显著的降温功效?国内外大量学者对此进行了验证,通过对相关研究的总结分析,发现绿色屋顶可降温0.2—9℃(见表13-7),主要受植物种类、土壤基质深度与含水量等因素影响。

表 13-7　绿色屋顶的降温效应

来源	降温/℃	研究方法	位置	影响因素
Peng 等	0.4—1.7	建模	中国香港	—
陈红等	0.8	建模	日本东京	—
Lundholm 等	3.0	建模	加拿大新斯科舍省哈利法克斯	植物种类
Smith	3.0	建模	美国芝加哥	—
Jim 等	1.7	建模	中国香港	—
陈东等	0.5	建模	澳大利亚墨尔本	叶面积指数
Lobaccaro 等	1.0	建模	西班牙毕尔巴鄂	—
MacIvor 等	1.5	实验	加拿大多伦多	植物种类
孙婷等	2.5	建模	中国北京	—
何宝洁等	2.5—5.0	实验	中国上海	土壤基质深度、植物种类
Alcazar 等	1.0	实验	西班牙马德里	植物种类
Morakinyo 等	0.6	建模	中国香港、埃及开罗、法国巴黎和日本东京	—
Solcerova 等	0.2	实验	荷兰乌得勒支	土壤含水量

来源	降温/℃	研究方法	位置	影响因素
殷文枫等	3.1 和 5.6	实验	中国无锡	—
Huang 等	4.0	实验	中国台湾	植物种类
Castiglia 等	0.9 和 1.1	实验	巴西里约热内卢和澳大利亚悉尼	—
Piro 等	2.1	实验	意大利科森扎	植物种类
Zhang 等	0.8	建模	中国杭州	—

本篇参考文献

［1］ Ahiablime L M，Engel B A，Chaubey I，2013. Effectiveness of low impact development practices in two urbanized watersheds：retrofitting with rain barrel/cistern and porous pavement ［J］. Journal of Environmental Management，119：151-161.

［2］ Alley W M，Veenhuis J E，1983. Effective impervious area in urban run off modeling［J］. Journal of Hydraulic Engineering，109(2)：313-319.

［3］ Barrett M E，Walsh P M，Malina J F et al. ，1998. Performance of vegetative controls for treating highway runoff ［J］. Journal of Environmental Engineering，124(11)：1121-1128.

［4］ CWP，2000. Multi-chamber treatment train developed for stormwater Hot Spots［R］. CWP.

［5］ Chen X P，Huang P，Zhou Z X et al. ，2015. A review of green roof performance towards management of roof runoff［J］. Applied Ecology，26(8)：2581-2590.

［6］ Deborah A B，Gwynn R J，Graig A S，2011. Amending green roof soil with biochar to affect runoff water quantity and quality ［J］. Environmental Pollution，159(8/9) ：2111-2118.

［7］ Deng J L，1982. Control problems of grey systems［J］. Systems & Control Letters(5)：288-294.

［8］ Droz A G，Coffman R R，Blackwood C B，2021. Plant diversity on green roofs in the wild：testing practitioner and ecological predictions in three midwestern (USA) cities［J］. Urban Forestry & Urban Greening，60：238-245.

［9］ Eban Z B，Willam F H，David A B 2007. Fileld survey of permeable pavement surface in filtration rates［J］. Asce Jorunal of Irrigation and Drainage Engineering(7)：12-14.

［10］Ebrahimian A，Wilson B N，Gulliver J S，2016. Improved methods to estimate the effective impervious area in urban catchments using rainfall-runoff data［J］. Journal of Hydrology，536：109-118.

［11］Fletcher T，Duncan H，Poelsma P，2004. Stormwater flow and quality and the effectiveness of non-proprietary stormwater treatment measures：a review and gap analysis ［R］. CRC Forecasting Entrophylogy.

［12］Ghodsi S H，Kerachian R，Zahmatkesh Z，2016. A multi-stakeholder framework for urban runoff quality management：application of social choice and bargaining techniques ［J］. Science of the Total Environment，550：574-585.

［13］Guo J K，Zhang Y T，Che S Q，2017. Performance analysis and experimental study on rainfall water purification with an extensive green roof matrix layer in Shanghai， China ［J］. Water Science&Technology，77(3)：670-681.

［14］Hamdi R，Termonia P，Baguis P，2011. Effects of urbanization and climate change on surface runoff of the Brussels Capital Region：a case study using an urban soil-vegetation-atmosphere-transfer model［J］. International Journal of Climatology，31(13)：1959-1974.

［15］Hong Y M，Yeh N，Chen J Y，2006. The simplified methods of evaluating detention storage volume for small catchment ［J］. Ecological Eng，26(4)：355-364.

［16］Lazzarini M，Marpu P R，Ghedira H，2013. Temperature-land cover interactions：the inversion of urban heat island phenomenon in desert city areas［J］. Remote Sensing of Environment，130(4)：136-152.

［17］Lee J G，Heaney J P，2003. Estimation of urban imperviousness and its impacts on storm water systems［J］. Journal of Water Resources Planning and Management，129(5)：419-426.

［18］Liu W，Chen W P，Peng C，2014. Assessing the effectiveness of green infrastructures on urban flooding reduction：a community scale study

[J]. Ecological Modelling，291(1)：6-14.

[19] Maloney C J，Rastogi S C，1970. Significance test for Grubbs's estimators[J]. Biometrics，26(4)：671-676.

[20] Miao S，Tapper N，2017. Land surface temperature and soil moisture distribution characteristics for a raingarden in Fitzroy Gardens，Melbourne[J]. Journal of Southeast University（English Edition），33（3）：355-361.

[21] Miller J D，Kim H，Kjeldsen T R et al. ，2014. Assessing the impact of urbanization on storm runoff in a peri-urban catchment using historical change in impervious cover[J]. Journal of Hydrology，515(7)：59-70.

[22] Nalinisahoo S，Sreeja P，2013. Role of rainfall events and imperviousness parameters on urban runoff modelling[J]. Ish Journal of Hydraulic Engineering，19(3)：329-334.

[23] Oxley R L，Mays L W，2014. Optimization-simulation model for detention basin system design[J]. Water Resources Management，28（4）：1157-1171.

[24] Pennino M J，McDonald R I，Jaffe P R，2016. Watershed-scale impacts of stormwater green infrastructure on hydrology，nutrient fluxes，and combined sewer overflows in the Mid-Atlantic region[J]. Science of The Total Environment，565(9)：1044-1053.

[25] Reeves E，2000. Performance and condition of biofilters in the Pacific Northwest[R]. Center for Watershed Protection，Ellicott City MD.

[26] Rose C W，Yu B F，Hogarth W L et al. ，2003. Sediment deposition from flow at low gradients into a buffer strip：a critical test of re-entrainment theory[J]. Journal of Hydrology，280(1)：33-51.

[27] Roy A H，Shuster W D，2010. Assessing impervious surface connectivity and applications for watershed management[J]. Jawra Journal of the American Water Resources Association，45（1）：198-209.

[28] Sobrino J A，Oltra R，Soria G et al. ，2012. Impact of spatial resolution

and satellite overpass time on evaluation of the surface urban heat island effects[J]. Remote Sensing of Environment，117(1)：50-56.

[29] Sohn W，Kim J H，Li M H，2017. Low-impact development for impervious surface connectivity mitigation：assessment of directly connected impervious areas （DCIAs）[J]. Journal of Environmental Planning and Management，60(4)：1-19.

[30] Stagge J H，Davis A P，Jamil E et al.，2012. Performance of grass swales for improving water quality from highway runoff[J]. Water Research，46(20)：6731-6742.

[31] Stathopoulou M，Cartalis C，2009. Downscaling AVHRR land surface temperatures for improved surface urban heat island intensity estimation[J]. Remote Sensing of Environment，113(12)：2592-2605.

[32] Sutherland R C，1995. Methodology for estimating the effective impervious area of urban watersheds ［J］. Watershed Protection Techniques(2)：282-284.

[33] Travis H，Dr. Steve，2003 . Using SWMM to model sediment runoff from a golf course[A]. World Water Congress.

[34] Wang X O，Tian Y M，Zhao X H，2017. The influence of dual-substrate-layer extensive green roofs on rainwater runoff quantity and quality[J]. Science of the Total Environment(592) ：465-476.

[35] Wilson S，Newman A P，Puehmeier T et al.，2003. Performance of an oil interceptor incorporated into a pervious pavement ［J］. ICE Proceedings，Engineering Sustainability，156(1)：51-58.

[36] Woods-Ballard B，Wilson S，Udale-Clarke et al.，2015. The SuDS manual：CIRIA Report C753. UK[M]. London：Construction Industry Research&Information Association (CIR-IA).

[37] Zhang Q Q，Han Y T，Geng Y D et al.，2016. Research advances on the effect of the runoff intercepting and pollution reducing of green roof [J]. Environmental Science & Technology，39(1)：74-78.

[38] Ziska L H，Bunce J A，Goins E W，2004. Characterization of an urban-

rural CO$_2$/temperature gradient and associated changes in initial plant productivity during secondary succession[J]. Oecologia, 139（3）：454-458.

[39] 车伍,张鹍,张伟,等,2016. 初期雨水与径流总量控制的关系及其应用分析[J]. 中国给水排水,32(6)：9-14.

[40] 陈前虎,周明,邹澄昊,等,2020. 海绵化改造小区调蓄池优化布局及其雨水径流控制效果——以浙江省嘉兴市烟波苑小区为例[J]. 水土保持通报,40(3):235-242.

[41] 陈思聪,刘雪梅,2020. 浅析在海绵城市背景下的雨水花园设计——以宁波生态走廊为例[J]. 现代园艺,43(7)：172-174.

[42] 陈小龙,赵冬泉,盛政,等,2015. 海绵城市规划系统的开发与应用[J]. 中国给水排水,31(19)：121-125.

[43] 程岩,汤永佐,马然,2011. 曲线拟合在土壤有机质检测中的应用[J]. 山东科学(4)：89-92.

[44] 仇保兴,2015. 海绵城市(LID)的内涵、途径与展望[J]. 建设科技(1)：11-18.

[45] 崔林林,李国胜,戢冬建,2018. 成都市热岛效应及其与下垫面的关系[J]. 生态学杂志,37(5)：1518-1526.

[46] 邓风,陈卫,2003. 南京市居住区雨水利用方案探讨[J]. 中国给水排水(3)：95-97.

[47] 高学平,李昌良,李兰秀,2005. 水电站尾水管水击与尾水调压室涌波联合计算[J]. 天津大学学报(4)：333-337.

[48] 郭慧慧,2020. 雨水花园、植草沟对降雨径流削减效果的评估及比对[J]. 城市住宅,27(8)：39-42.

[49] 胡爱兵,任心欣,丁年,等,2015. 基于SWMM的深圳市某区域LID设施布局与优化[J]. 中国给水排水(21)：96-100.

[50] 胡爱兵,任心欣,裴古中,2015. 采用SWMM模拟LID市政道路的雨洪控制效果[J]. 中国给水排水(23)：130-133.

[51] 贾宝全,仇宽彪,2017. 北京市平原百万亩大造林工程降温效应及其价值的遥感分析[J]. 生态学报,37(3)：726-735.

［52］简兴,鲍钦,王雪娟,2021. 屋顶绿化研究现状与展望［J］. 世界林业研究,34(6):14-19.

［53］蒋春博,李家科,李怀恩,2017. 生物滞留系统处理径流营养物研究进展［J］. 水力发电学报,36(8):65-77.

［54］库斯特,2005. 德国屋顶花园绿化［J］. 中国园林(4):71-75.

［55］赖江山,2013. 生态学多元数据排序分析软件 Canoco5 介绍［J］. 生物多样性,21(6):765-768.

［56］李尔,曾祥英,2013. 连续时序降雨量在雨水调蓄池设计中的应用［J］. 中国给水排水(1):56-58,63.

［57］李方正,胡楠,李雄,等,2016. 海绵城市建设背景下的城市绿地系统规划响应研究［J］. 城市发展研究,23(7):39-45.

［58］李家科,李亚,沈冰,等,2014. 基于 SWMM 模型的城市雨水花园调控措施的效果模拟［J］. 水力发电学报,33(4):60-67.

［59］李俊生,2019. 绿色屋顶雨洪调控能力研究［D］. 南京:南京大学.

［60］李丽光,许申来,王宏博,等,2013. 基于源汇指数的沈阳热岛效应［J］. 应用生态学报,24(12):3446-3452.

［61］李琳琳,张依章,唐常源,等,2017. 基于偏最小二乘模型的河流水质对土地利用的响应［J］. 环境科学,38(4):1376-1383.

［62］李思,2015. 排水模型和 LID 技术在海绵城市中的应用［D］. 北京:清华大学.

［63］李彦伟,尤学一,季民,等,2010. 基于 SWMM 模型的雨水管网优化［J］. 中国给水排水,26(23):40-43.

［64］李阳,刘颖华,刘滋菁,等,2017. 基于 LID 理念的透水路面生态效益研究进展［J］. 中国给水排水,33(2):37-41.

［65］刘标,李江云,常青,2017. 基于雨洪模型的城市低影响开发设施的优化研究［J］. 中国农村水利水电(7):107-111,115.

［66］刘帅,李琦,朱亚杰,2014. 基于 HJ-1B 的城市热岛季节变化研究——以北京市为例［J］. 地理科学,34(1):84-88.

［67］刘思峰,党耀国,方志耕,等,2010. 灰色系统理论及其应用(第 5 版)［M］. 北京:科学出版社.

[68] 刘万和,2021. 绿色屋顶—雨水花园组合 LID 装置对雨水径流调控效果研究[D]. 南昌:南昌大学.

[69] 刘文,陈卫平,彭驰,2016. 社区尺度绿色基础设施暴雨径流消减模拟研究[J]. 生态学报,36(6):1686-1697.

[70] 刘亚楠,2017. 海绵城市中透水铺装的应用推广研究[D]. 北京:北京建筑大学.

[71] 刘燕,尹澄清,车伍,2008. 植草沟在城市面源污染控制系统的应用[J]. 环境工程学报(3):334-339.

[72] 刘洋,2021. 中美雨水花园设计规范差异性研究[D]. 邯郸:河北工程大学.

[73] 陆继斌,李平菊,2017. 海绵城市理念下的城市透水性铺装技术探索[J]. 中华建设(5):118-119.

[74] 罗冰,唐颂,郑文苗,2019 透水铺装系统"支撑体"结构及其功能[J]. 陶瓷(10):61-67.

[75] 罗俊军,李建平,2004. 龙滩水电站尾水调压室形式选择[J]. 水力发电(6):9-12.

[76] 罗平平,刘佳鑫,苏梦飞,等,2020. 屋顶绿化在海绵城市中的应用前景[J]. 人民珠江,41(7):70-78.

[77] 吕伟娅,管益龙,张金戈,2015. 绿色生态城区海绵城市建设规划设计思路探讨[J]. 中国园林,31(6):16-20.

[78] 马壮,邸文静,王帅,等,2014. 基于 Origin7.0 软件非线性拟合白浆土胡敏酸吸附 Zn^{2+} 的热力学过程[J]. 中国农学通报,32:159-164.

[79] 牟雪洁,赵昕奕,2012. 珠三角地区地表温度与土地利用类型关系[J]. 地理研究,31(9):1589-1597.

[80] 潘峰,2014. 动态多目标粒子群优化算法及其应用[M]. 北京:北京理工大学出版社.

[81] 潘莹,崔林林,刘昌脉,等,2018. 基于 MODIS 数据的重庆市城市热岛效应时空分析[J]. 生态学杂志,37(12):3736-3745.

[82] 彭继增,孙中美,黄昕,2015. 基于灰色关联理论的产业结构与经济协同发展的实证分析——以江西省为例[J]. 经济地理,35(8):123-128.

[83] 彭文甫,周介铭,罗怀良,等,2011. 城市土地利用与地面热效应时空变化特征的关系——以成都市为例[J]. 自然资源学报,26(10):1738-1749.

[84] 钱程,2019. 基于低影响开发的杭州市雨水花园营建研究[D]. 杭州:浙江农林大学.

[85] 沈子欣,阚丽艳,车生泉,2015. 生态植草沟结构参数变化对降雨径流调蓄净化效应的影响[J]. 上海交通大学学报(农业科学版),33(6):46-52.

[86] 束方勇,2017. 海绵城市理念下的热岛效应生成机制与治理策略[C]. 持续发展理性规划——2017中国城市规划年会论文集:285-294.

[87] 宋雯雯,陈佳,刘新超,等,2018. 遂宁市海绵城市建设对其热岛效应影响的评估[J]. 高原山地气象研究,38(1):70-76.

[88] 睢晋玲,刘淼,李春林,等,2017. 海绵城市规划及景观生态学启示:以盘锦市辽东湾新区为例[J]. 应用生态学报,28(3):975-982.

[89] 覃志豪,Zhang,等,2001. 用陆地卫星TM6数据演算地表温度的单窗算法[J]. 地理学报,56(4):456-466.

[90] 唐冬云,2017. 基于海绵城市理念的城市雨水系统优化设计研究[D]. 合肥:合肥工业大学.

[91] 唐双成,罗纨,贾忠华,等,2015. 雨水花园对暴雨径流的削减效果[J]. 水科学进展,26(6):787-794.

[92] 唐文锋,胡友彪,何晓文,等,2017. 淮南城区传统开发模式下雨水径流水质污染特征研究[J]. 环境工程,35(2):53-58.

[93] 唐颖,2010. SUSTAIN支持下的城市降雨径流最佳管理BMP规划研究[D]. 北京:清华大学.

[94] 汪明明,孙远祥,马雄飞,2017. 基于SWMM和层次分析法的调蓄池预选址方案选择[J]. 水资源与水工程学报(1):120-124,129.

[95] 王华,2016. 透水铺装在海绵城市中的应用[J]. 山西建筑,42(7):143-114.

[96] 王惠文,1999. 偏最小二乘回归方法及其应用[M]. 北京:国防工业出版社.

[97] 王健,尹炜,叶闽,等,2011. 植草沟技术在面源污染控制中的研究进展

［J］. 环境科学与技术，34(5)：90-94.

［98］王健，周玉文，刘嘉，等，2010. 雨水调蓄池在国内外应用简况［J］. 北京水务(3)：6-9.

［99］王俊岭，王雪明，张安，等，2015. 基于"海绵城市"理念的透水铺装系统的研究进展［J］. 环境工程，33(12)：14-16.

［100］王敏，孟浩，白杨，等，2013. 上海市土地利用空间格局与地表温度关系研究［J］. 生态环境学报，22(2)：343-350.

［101］王婷，刁秀媚，刘俊，等，2017. 基于 SWMM 的老城区 LID 布设比例优化研究［J］. 南水北调与水利科技，15(4)：39-43，128.

［102］王文亮，李俊奇，车伍，2016. 雨水径流总量控制目标确定与落地的若干问题探讨［J］. 给水排水(10)：61-69.

［103］王贤萍，2016. 嘉兴市海绵城市建设实践与探索［J］. 中国给水排水(14)：33-35.

［104］王晓晨，张新波，赵新华，等，2015. 绿化屋顶基质材料及厚度对屋面径流雨水水质的影响［J］. 中国给水排水，31(1)：95-99.

［105］王有为，秦佑国，2006. 绿色建筑评价标准［J］. 上海住宅(9)：104-111.

［106］魏广龙，覃楚越，增誉录，2021. 雨水花园在现代城市排涝中的应用研究［J］. 艺术与设计(理论)，2(5)：70-72.

［107］魏宁宁，2019. 绿色屋顶在城市雨洪管理中的应用研究综述［J］. 山东国土资源，35(10)：64-70.

［108］魏源源，王红武，胡龙，2015. 典型低影响开发工程措施的应用效果研究［J］. 中国给水排水，31(15)：110-113.

［109］吴苇杭，阙晨曦，李房英，2021. 美国植草沟建造技术的经验启示［J］. 福建建设科技(4)：101-104.

［110］吴亚刚，陈莹，陈望，等，2018. 西安市某文教区典型下垫面径流污染特征［J］. 中国环境科学，38(8)：3104-3112.

［111］谢继锋，胡志新，徐挺，等，2012. 合肥市不同下垫面降雨径流水质特征分析［J］. 中国环境科学，32(6)：1018-1025.

［112］徐得潜，汪维伟，余育速，2016. 合肥市建筑小区雨水利用设计方法［J］. 中国给水排水(5)：225-230.

[113] 徐得潜,余育速,汪维伟,2017. 建筑小区雨水利用优化设计[J]. 中国给水排水,33(1):131-135.

[114] 徐涵秋,陈本清,2003. 不同时相的遥感热红外图像在研究城市热岛变化中的处理方法[J]. 遥感技术与应用,18(3):129-133.

[115] 徐涵秋,陈本清,2004. 城市热岛与城市空间发展的关系探讨——以厦门市为例[J]. 城市发展研究,11(2):65-70.

[116] 许浩浩,吕伟娅,2019. 植草沟在城市降雨径流控制中的应用研究[J]. 人民珠江,40(8):97-100,107.

[117] 杨默远,赵芮,李薇,2017. 典型低影响开发措施研究进展[J]. 北京水务(4):13-19.

[118] 杨文娟,顾海荣,单永体,2008. 路面温度对城市热岛的影响[J]. 公路交通科技,25(3):147-152.

[119] 姚远,陈曦,钱静,2018. 城市地表热环境研究进展[J]. 生态学报,38(3):1134-1147.

[120] 伊元荣,海米提·依米提,赵丽丽,2010. 乌鲁木齐市不同下垫面雨水径流水质特性分析[J]. 水土保持研究,17(2):247-251.

[121] 殷忠路,2021. 雨水花园的降温效应及其机制研究[D]. 南京:东南大学.

[122] 俞珏瑾,2011. 雨水调蓄池容积的简易计算方法探讨[J]. 城市道桥与防洪(9):97-102,323.

[123] 俞绍武,丁年,任心欣,等,2010. 城市下凹式绿地雨水蓄渗利用技术的探讨[J]. 给水排水,46(S1):116-118.

[124] 张波,2014. 透水砖铺装在市政道路工程中的应用[J]. 科技致富向导,30:177.

[125] 张静玉,2020. 生物滞留设施污染物积累对微生物群落结构影响试验研究[D]. 西安:西安科技大学.

[126] 张俊,2013. 西安市建筑和小区雨水利用研究[D]. 西安:西安建筑科技大学.

[127] 张勤,陈思飘,蔡松柏,等,2018. LID措施与雨水调蓄池联合运行的模拟研究[J]. 中国给水排水(9):134-138.

[128] 张旺,庞靖鹏,2014. 海绵城市建设应作为新时期城市治水的重要内容 [J]. 水利发展研究(9):5-7.

[129] 张杨,江平,2018. 基于 RS 和 GIS 的武汉市热岛效应时空演变研究 [J]. 现代城市研究(1):119-125.

[130] 张玉玉,王俊岭,张雅君,等,2014. 透水网格的研究进展[J]. 混凝土 (10):150-152.

[131] 章楚卓,詹健,徐晨,2021. 绿色屋顶对雨水径流截污效果的现状分析 [J]. 广东建材,37(9):76-78.

[132] 章双双,潘杨,李一平,等,2018. 基于 SWMM 模型的城市化区域 LID 设施优化配置方案研究[J]. 水利水电技术,49(6):10-15.

[133] 章孙逊,张守红,张英,等,2019. 植被对绿色屋顶径流量和水质影响 [J]. 环境科学,40(8):224-231.

[134] 赵冬泉,王浩正,陈吉宁,等,2009. 城市暴雨径流模拟的参数不确定性 研究[J]. 水科学进展,20(1):45-51.

[135] 赵人俊,1984. 流域水文模拟[M]. 北京:水利电力出版社.

[136] 赵梓淇,李丽光,王宏博,等,2016. 沈阳市区土地利用类型与地表温度 关系研究[J]. 气象与环境学报,32(6):102-108.

[137] 郑国栋,2021. 海绵城市透水铺装工程设计及混凝土技术[J]. 科技创 新与应用(20):107-109.

[138] 郑美芳,邓云,刘瑞芬,等,2013. 绿色屋顶屋面径流水量水质影响实验 研究[J8]. 杭州:浙江大学学报,47(10):1846-1851.

[139] 朱玲,由阳,程鹏飞,等,2018. 海绵建设模式对城市热岛缓解效果研究 [J]. 给水排水,54(1):65-69.

第五篇

建设风险与绩效评估

海绵城市犹如一台机器，要确保其高效运转，需要从前期设计到中间制造，再到后期运行维护都不出差错；否则，巨额的海绵城市建设投资不仅发挥不了水灾害风险管理工具的作用与效能，而且会给城市带来巨大的经济与社会风险。那么，海绵城市的全生命周期建设过程到底面临哪些风险因素？这些风险因素间存在什么样的因果逻辑关系？如何识别其中的关键致因链及其动态演化规律？揭示这些科学问题的真相对于海绵城市建设具有重要的理论意义与现实价值。本篇运用社会科学的研究方法，通过对全国海绵试点城市的典型调查与扎根理论分析，识别出海绵城市建设风险的关键因素以及"制度—管理—技术"这一关键致因链及其在海绵城市全生命周期中的动态演化规律，剖析了"影响海绵城市建设的内在机理与机制"这一科学问题，回答了"海绵城市应该怎么建"这一现实问题，并以浙江省42个正在建设的海绵城市绩效评估为例，实证检验本篇提出的主要理论观点，为海绵城市全生命周期管理和建设风险防控提供理论依据。

第十四章　我国海绵试点城市建设风险管控现状

海绵城市建设的系统性和复杂性,使各地充分认识到构建一套适应我国国情和区域特点的风险管控体系的重要性。本章试图从国家层面总览当前海绵城市建设的风险管控现状:首先,梳理我国海绵城市建设的相关政策文件与技术规范,以及国家两批共 30 个海绵试点城市建设的总体概况;其次,分批次选取 11 个国家海绵试点市为调查对象,通过现场勘探、专家座谈、问卷访谈等方式,从整体上把握试点城市的海绵城市建设风险管控现状;最后,归纳总结试点城市在风险管控方面存在的问题与不足,以期为构建符合我国国情的海绵城市建设风险管控体系提供决策基础。

第一节　我国海绵城市建设发展历程

截至 2023 年底,我国的海绵城市建设工作已走到了第十个年头。2013 年 12 月,习近平总书记在中央城镇化工作会议上首次提出要"建设自然积存、自然渗透、自然净化的海绵城市"的思想,正式开启了全国性的海绵城市建设热潮。随后,中共中央、国务院及相关部委高度重视海绵城市建设工作,多次发布政策文件要求大力推进海绵城市建设。习近平总书记在中央城市工作会议、中国共产党第十九次全国代表大会等场合多次强调了海绵城市建设的重要性。李克强总理在《2017 年国务院政府工作报告》中要求推进海绵城市建设,使城市既有"面子",更有"里子"。此外,住建部、财政部、水利部、国家发改委等相关部委先后出台《海绵城市建设技术指南——低影响开发雨水系统构建》《海绵城市专项规划编制暂行规定》等技术规范,以保障海绵城市建设科学、高效、有序推进。为"尽快形成一批可推广、可复制的示范项目,经验成熟后及时总结宣传、有效推开",住建部、财政部和水利部于 2015 年和 2016 年,公布了第一、第二批共 30 个国家级海绵城市建设试点城市,截至 2019 年底,各试点城市均已接受国家级终期考核验收。2020 年 4 月,住建部发文要求所有设市城市编制海绵城市建设自评估报告,以落实系统化全域推进海绵城市建设的工作部署。2021 年财政部、住建部等相关部委先后出台《关于开展系统化全域推进海绵城市建设示范工作的通知》《中央财政海绵城市建设示范补助资金绩效评价办法》等文件,要求系统化全域推进海绵城市建设工作,详细说明了示范海绵城市的选拔程序、中央财政支持标准、组织申报以及绩效评价与管理等内容。2021 年 5 月,包括杭州等城市在内的 20 座城市被确定为全国首批系统化全域推进海绵城市建设示范城市;2022 年 5 月,全国第二批系统化全域推进海绵城市建设示范城市名单公布,秦皇岛等 25 城入选。

一、国家相关政策文件与技术规范的制定情况

我国在海绵城市建设推进过程中,除遵循《中华人民共和国城乡规划法》《中华人民共和国防洪法》《中华人民共和国环境保护法》《城镇排水与污水处理条例》等相关法律法规之外,国务院及相关部委陆续发布了与海绵城市建设相关的 30 余项政策性文件与技术标准规范,以指导并支持各地海绵城市建设工作的顺利推进。

2013 年,在习近平总书记首次提出"建设海绵城市"之前,国务院办公厅便发文要求各城市做好城市排水防涝设施建设工作并加强城市基础设施建设,倡导积极推行低影响开发建设模式,以期提升城市排水防涝、防洪减灾能力,这为后续"海绵城市"理念的提出奠定了坚实基础。

2014 年,住建部通过发布《海绵城市建设技术指南——低影响开发雨水系统构建》,进一步明确了"海绵城市"的概念、建设路径和基本原则,细化了海绵城市建设的技术方法,为各地海绵城市设计、建设和管理工作的开展提供了基本遵循;此外,财政部、住建部和水利部根据习近平总书记关于"建设海绵城市"的讲话精神,决定联合开展海绵城市建设试点示范工作。

2015 年,财政部、住建部和水利部正式开启海绵城市建设试点工作,并评选出首批共 16 个国家级海绵城市试点城市,以期发挥试点的示范效应,获得可复制可推广经验。与此同时,为支持海绵城市建设顺利推进,国务院及相关

部委发布多项政策文件与技术规范。例如,住建部进一步发文推动成立海绵城市建设技术指导专家委员会,发布《海绵城市建设绩效评价与考核办法(试行)》,并发文要求各地与国家开发银行加强合作;国家发改委发文鼓励社会资本参与海绵城市建设和运营;水利部发文提出推进海绵城市建设水利工作的指导意见;国务院发文提出推进海绵城市建设的指导意见,明确海绵城市建设的目标要求和具体措施。

2016年,财政部、住建部和水利部再次开启海绵城市建设试点工作,并评选出第二批共14个国家级海绵城市试点城市。此外,住建部进一步出台《海绵城市建设国家建筑标准设计体系》,并发文规定海绵城市专项规划编制的主要任务和内容,要求各地抓紧编制海绵城市专项规划,以加强海绵城市建设的顶层设计;国务院发文要求将海绵城市理念纳入城市规划建设管理、新型城镇化建设等工作,以及《"十三五"生态环境保护规划》中,以全面推进海绵城市建设。

2017年,国务院、住建部和国家发改委进一步要求将海绵城市理念纳入《全国国土规划纲要(2016—2030年)》《全国城市市政基础设施建设"十三五"规划》以及生态修复和城市修补等工作中,以加快推进海绵城市建设,实现城市建设模式转型。此外,住建部发布首批海绵城市建设试点终期自评估通知,并提出绩效考核指标以及一系列要求。

2018年,住建部发布《海绵城市建设工程投资估算指标》,以服务海绵城市建设,满足工程计价需要;住建部和生态环境部联合发文要求运用海绵城市理念,综合采取"渗、滞、蓄、净、用、排"方式进行改造建设,以减少径流污染。

2019年,国家发改委首次将海绵城市产业纳入《绿色产业指导目录(2019年版)》,以助力海绵城市建设可持续发展;住建部进一步发布《海绵城市建设评价标准》,规定了海绵城市建设的评价标准与方法;财政部和住建部联合发布提供补助资金用于支持海绵城市建设试点城市;此外,国家发改委和水利部在《国家节水行动方案》中,要求结合海绵城市理念,全面推进节水型城市建设。

2020年,住建部发文要求所有设市城市对海绵城市建设成效进行自评,并发布《海绵城市建设专项规划与设计标准(征求意见稿)》《海绵城市建设监测标准(征求意见稿)》《海绵城市建设工程施工验收与运行维护标准(征求意见稿)》,提出海绵城市建设专项规划与设计、监测、工程施工验收和运行维护等方面的标准。

2021年4月,财政部、住建部和水利部联合发布《关于开展系统化全域推进海绵城市建设示范工作的通知》,12月财政部发布《中央财政海绵城市建设示范补助资金绩效评价办法》,明确了示范海绵城市的选拔及绩效评价方法;国务院分别于4月和10月发布了《国务院办公厅关于加强城市内涝治理的实施意见》及《地下水管理条例(2021年)》,对水安全和水资源管理提出明确要求;6月水利部发文《对十三届全国人大四次会议第7960号建议的答复》,强调通过加快海绵城市建设来加强排水防涝设施建设,提升城市防灾减灾能力;12月发改委发文《关于印发黄河流域水资源节约集约利用实施方案的通知》,要求将海绵城市建设理念融入城市规划建设管理全过程。

总的来说,从2013年到2021年,国务院及相关部委发布的政策性文件与技术标准规范(见表14-1)包括以下六个方面内容:一是发挥试点示范作用,通过选出两批共30个试点城市,以"尽快形成可推广、可复制的示范项目,经验成熟后及时总结宣传、有效推开";二是强化组织保障,即住建部、水利部、财政部、国家发改委等相关部委协同推进海绵城市建设工作;三是做好制度建设,例如建立健全监督考评和考核奖惩机制等,以指导和监督全国各城市的海绵城市建设工作;四是加强技术保障,例如发布用于指导海绵城市设计、建设、管理的《海绵城市建设技术指南》,以及用于指导专项规划编制、建设效果评价等工作的一系列技术标准规范;五是解决资金难题,例如要求各地与国家开发银行加强合作,鼓励社会资本参与海绵城市建设和运营,给予专项资金补助等;六是扩大海绵城市影响,即要求将海绵城市理念和举措纳入"新型城镇化建设"、"十三五"规划、"城市双修"、"节水行动"等工作中,以加快推进海绵城市建设,实现城市建设模式转型。

表14-1　我国海绵城市相关政策文件与技术规范

发布时间	发布机构	文件及政策名称	重点内容
2013年3月	国务院办公厅	《国务院办公厅关于做好城市排水防涝设施建设工作的通知》	积极推行低影响开发建设模式,要求各地区旧城改造与新区建设必须树立尊重自然、顺应自然、保护自然的生态文明理念

发布时间	发布机构	文件及政策名称	重点内容
2013 年 9 月	国务院办公厅	《国务院关于加强城市基础设施建设的意见》	积极推行低影响开发建设模式，因地制宜配套建设雨水滞渗、收集、利用等削峰调蓄设施。全面提高城市排水防涝、防洪减灾能力，用 10 年左右时间建成较为完善的城市排水防涝、防洪工程体系
2014 年 10 月	住建部	《海绵城市建设技术指南——低影响开发雨水系统构建》	明确低影响开发措施类型与控制目标，确定了海绵城市建设的设计、工程建设以及维护管理等方面的基本要求与流程
2014 年 12 月	财政部 住建部 水利部	《关于开展中央财政支持海绵城市建设试点工作通知》	开展中央财政支持海绵城市建设试点工作，并针对海绵城市建设专项资金补助、试点城市申报、评审方式、绩效评价等方面进行了说明
2015 年 1 月	财政部 住建部 水利部	《2015 年海绵城市建设试点城市申报指南》	启动 2015 年中央财政支持海绵城市建设试点工作，指出试点通过省级推荐、资格审核、竞争性评审选出
2015 年 4 月	国家发改委 国土资源部 环保部 住建部	《关于促进国家级新区健康发展的指导意见》	在国家级新区大力推进建设自然积存、自然渗透、自然净化的"海绵城市"，节约水资源，保护和改善城市生态环境
2015 年 4 月	财政部 住建部 水利部	《2015 年海绵城市建设试点城市名单》	公布首批 16 个国家级海绵城市试点城市名单
2015 年 5 月	国家发改委	《关于 2015 年深化经济体制改革重点工作的意见》	开展"海绵城市"建设试点，鼓励社会资本参与城市公用设施建设和运营，拓宽多元投资渠道
2015 年 7 月	住建部	《海绵城市建设绩效评价与考核办法（试行）》	指导和监督全国各城市的海绵城市的建设工作，并对其绩效的评价情况和考核的具体情况进行不定期的随机抽查

续表

发布时间	发布机构	文件及政策名称	重点内容
2015 年 8 月	水利部	《关于推进海绵城市建设水利工作的指导意见》	提出推进海绵城市建设水利工作的总体思路、基本原则和总体目标,制定了海绵城市建设水利工作的主要任务和实施方案
2015 年 9 月	住建部	《关于成立海绵城市建设技术指导专家委员会的通知》	为加强海绵城市建设技术指导,充分发挥专家在海绵城市建设领域中的重要作用,不断提高我国海绵城市建设管理水平
2015 年 10 月	国务院	《关于推进海绵城市建设的指导意见》	通过海绵城市建设,最大限度地减少城市开发建设对生态环境的影响,将 70% 的降雨就地消纳和利用。规定到 2020 和 2030 年,城市建成区分别有 20% 和 80% 以上的面积达到目标要求
2015 年 12 月	住建部 国家开发银行	《关于推进开发性金融支持海绵城市建设的通知》	各级住建部门要把国家开发银行作为重点合作银行,加强合作,增强海绵城市建设项目资金保障,用好用足信贷资金,为海绵城市建设助力
2016 年 1 月	住建部	《海绵城市建设国家建筑标准设计体系》	提出源头径流控制系统、城市雨水管渠系统和超标雨水径流排放系统的设计标准
2016 年 2 月	国务院	《关于深入推进新型城镇化建设的若干意见》	在城市新区、各类园区、成片开发区全面推进海绵城市建设。在老城区结合棚户区、危房改造和老旧小区有机更新。加强海绵型建筑与小区、海绵型道路与广场等建设。加强自然水系保护与生态修复
2016 年 2 月	国务院	《关于进一步加强城市规划建设管理工作的若干意见》	推进海绵城市建设。充分利用各类生态空间,建设海绵城市,提升水源涵养能力。鼓励单位、社区和居民家庭安装雨水收集装置。大幅度减少城市硬覆盖地面,推广透水建材铺装,大力雨水滞留设施
2016 年 2 月	财政部 住建部 水利部	《关于开展 2016 年中央财政支持海绵城市建设试点工作的通知》	启动 2016 年中央财政支持海绵城市建设试点工作,指出试点通过省级推荐、资格审核、竞争性评审选出

发布时间	发布机构	文件及政策名称	重点内容
2016 年 3 月	住建部	《关于印发海绵城市专项规划编制暂行规定的通知》	要求各地抓紧编制海绵城市专项规划,于 2016 年 10 月底前完成设市城市海绵城市专项规划草案,按程序报批。规定海绵城市专项规划编制的主要任务和内容等要求
2016 年 3 月	财政部 住建部	《城市管网专项资金绩效评价暂行办法》	公布海绵城市建设试点绩效评价指标体系。按照绩效评价结果,通过调整专项资金拨付进度和额度等方式,督促各项政策贯彻落实和相关工作加快实施
2016 年 3 月	住建部办公厅	《关于做好海绵城市建设项目信息报送工作的通知》	开通海绵城市建设项目库信息系统,信息系统中的海绵城市建设项目将作为各地市申请海绵城市试点、专项建设基金,以及政策性、开发性金融机构优惠贷款的条件
2016 年 4 月	财政部 住建部 水利部	《2016 年海绵城市建设试点城市名单》	公布第二批 14 个国家级海绵城市试点城市名单
2016 年 12 月	国务院	《关于印发"十三五"生态环境保护规划的通知》	转变城市规划建设理念,保护和恢复城市生态,推进海绵城市建设
2017 年 2 月	国务院	《全国国土规划纲要(2016—2030 年)》	推进海绵城市建设,促进城镇生态环境改善,大力推进绿色城镇化
2017 年 3 月	住建部	《关于加强生态修复城市修补工作的指导意见》	城市双修应"修复城市生态,改善生态功能"。要求尊重自然生态环境规律,落实海绵城市建设理念
2017 年 5 月	住建部 国家发改委	《全国城市市政基础设施建设"十三五"规划》	加快推进海绵城市建设,实现城市建设模式转型
2017 年 11 月	住建部	《第一批海绵城市建设国家试点城市终期自评估通知》	提出第一批海绵城市建设国家试点城市终期自评估的绩效考核指标,典型设施设计参数与监测效果和模型应用等方面要求

续表

发布时间	发布机构	文件及政策名称	重点内容
2018 年 4 月	国务院	《关于落实〈政府工作报告〉重点工作部门分工的意见》	扎实推进区域协调发展战略,提高新型城镇化质量,加强排涝管网、地下综合管廊、海绵城市等建设
2018 年 8 月	住建部	《海绵城市建设工程投资估算指标》	服务海绵城市建设,满足工程计价需要
2018 年 9 月	住建部生态环境部	《关于印发城市黑臭水体治理攻坚战实施方案的通知》	运用海绵城市理念,综合采取"渗、滞、蓄、净、用、排"方式进行改造建设,从源头解决雨污管道混接问题,减少径流污染
2019 年 2 月	国家发改委	《绿色产业指导目录(2019 年版)》	海绵城市产业首次被列入目录,包括海绵建筑、社区、道路、广场、水环境治理和生态修复等内容
2019 年 4 月	住建部	《海绵城市建设评价标准》	规定了海绵城市建设的评价标准,包含年径流总量控制率及径流体积控制率等 7 个指标的评价方法
2019 年 6 月	财政部住建部	《城市管网及污水处理补助资金管理办法》	补助资金用于支持海绵城市建设试点城市,其中直辖市 6 亿元/年、省会城市 5 亿元/年、其他城市 4 亿元/年
2019 年 7 月	国家发改委水利部	《国家节水行动方案》	全面推进节水型城市建设,结合海绵城市建设,提高雨水资源利用水平
2020 年 4 月	住建部	《关于开展 2020 年度海绵城市建设评估工作的通知》	各省级住房和城乡建设(水务)部门负责组织本地区所有设市城市,以排水分区为单元,对海绵城市建设成效进行自评,并指导设市城市编制自评估报告
2020 年 12 月	住建部	《海绵城市建设专项规划与设计标准(征求意见稿)》《海绵城市建设监测标准(征求意见稿)》《海绵城市建设工程施工验收与运行维护标准(征求意见稿)》	提出海绵城市建设专项规划与设计、监测、工程施工验收和运行维护等方面的标准

续表

发布时间	发布机构	文件及政策名称	重点内容
2021 年 4 月	财政部 住建部 水利部	《关于开展系统化全域推进海绵城市建设示范工作的通知》	要求系统化全域推进海绵城市建设,对示范海绵城市的选拔程序、中央财政支持标准、组织申报工作以及绩效管理等方面提出了详细说明
2021 年 4 月	国务院	《国务院办公厅关于加强城市内涝治理的实施意见》	将城市作为有机生命体,根据建设海绵城市、韧性城市要求,因地制宜、因城施策,提升城市防洪排涝能力,用统筹的方式、系统的方法解决城市内涝问题
2021 年 6 月	水利部	《对十三届全国人大四次会议第 7960 号建议的答复》	完善城市地下管网,继续加大推广海绵城市建设,带动地方政府加大投入,加强排水防涝设施建设,提升城市防灾减灾能力
2021 年 10 月	国务院	《地下水管理条例(2021 年)》	统筹地下水水源涵养和回补需要,按照海绵城市建设的要求,推广海绵型建筑、道路、广场、公园、绿地等,逐步完善滞渗蓄排等相结合的雨洪水收集利用系统
2021 年 12 月	发改委	《关于印发黄河流域水资源节约集约利用实施方案的通知》	将海绵城市建设理念融入城市规划建设管理各环节,合理推广雨水渗滞、调蓄、利用等设施,推进就地消纳、就地利用,因地制宜推进新型雨水集蓄利用工程
2021 年 12 月	财政部	《中央财政海绵城市建设示范补助资金绩效评价办法》	为做好系统化全域推进海绵城市建设工作,提高中央财政补助资金使用效益,详细说明了评价的依据、内容、应用及组织实施程序

二、海绵试点城市的建设概况

截至 2019 年底,财政部、住建部和水利部对第一、第二批海绵试点城市开展了国家级终期考核验收工作。根据各城市提交的自评估报告统计,30 个国家海绵城市试点总面积约 920km²,完成总投资约 1600 亿元。试点期内共完成 4900 多个项目建设,其中建筑与小区类项目近 2600 个、海绵型道路 1000余条、海绵型公园近 400 个、河湖治理项目近 350 个、排水防涝项目 570 多个。

这 30 个试点城市分三年获得了中央财政海绵城市建设资金补助,其中直辖市每年 6 亿元,省会城市每年 5 亿元,其他城市每年 4 亿元。

从资金投入来看,在各区域中,位于东南沿海区域的试点城市投资额相对较高,而位于西北内陆区域的试点城市投资额相对较低;在各试点城市中,武汉的投资额最高,西咸新区的投资额最低。

(一)首批海绵试点城市建设概况

截至 2018 年 12 月,我国首批海绵试点城市建设工作基本完成,具体建设情况如表 14-2 所示。图 14-1、图 14-2 展示了首批海绵试点城市试点面积占比与投资情况:16 个试点城市的平均试点面积为 28.46km²,试点面积最大和最小的试点城市分别为南宁和嘉兴,其试点面积分别为 54.6km² 和 18.44km²;各试点城市的平均单位面积投资额为 2.13 亿元/km²,其中投资额最高的武汉和最低的鹤壁分别为 3.47 亿元/ km² 和 1.1 亿元/ km²。

首批海绵试点城市在试点面积占比、区位分布、组织机构、投融资渠道、建设项目、工程进展等方面具有如下特点:首批试点城市的平均试点面积占比为 0.8%,其中西咸新区最大,占比为 2.55%;重庆最小,占比为 0.02%。受老旧小区改造难度影响,首批试点试点城市的试点基本集中在新城区。首批试点城市基本都成立了以市政府主要领导为组长的海绵城市建设领导小组或海绵城市建设工作指挥部,并具有发改、监察、国资、财政、住建、水利、环保、规划等多部门的多主体成员。首批试点建设资金主要来源于国家奖补资金、政府投入、PPP 融资三种渠道。首批试点平均项目数为 185 个,不同城市项目数量差异较大,其中南宁的项目数量最多,一共有 322 个;济南项目数量最少,仅 43 个。首批试点已基本完成了需保障的所有项目工程,建成了一批具有示范意义的样板工程。

表 14-2　国家首批海绵试点城市建设概况

地域	城市	海绵投资总额/亿元	示范区三年投资总额/亿元	中央财政补贴/亿元	PPP 模式筹资金额/亿元	试点区面积/km²	海绵项目总数/个
华东地区	江苏镇江	91.3	44.9	12.0	25.9	22.0	495.0
	浙江嘉兴	71.9	44.2	12.0	17.7	18.4	448.0
	安徽池州	211.6	40.5	12.0	44.3	18.5	117.0
	福建厦门	99.7	61.3	12.0	22.4	35.4	244.0
	江西萍乡	63.0	63.0	12.0	47.8	33.0	121.0
	山东济南	149.0	75.9	15.0	43.0	39.0	322.0
华南地区	广西南宁	95.2	95.2	15.0	43.7	54.6	494.0
华北地区	河北迁安	69.7	38.4	12.0	19.3	21.5	214.0
华中地区	河南鹤壁	32.9	32.9	12.0	5.6	29.8	317.0
	湖北武汉	162.9	162.9	15.0	/	38.5	455.0
	湖南常德	174.0	80.0	12.0	/	36.1	148.0
东北地区	吉林白城	79.8	43.5	12.0	24.3	22.0	317.0
西南地区	重庆	79.0	61.0	18.0	/	18.7	/
	四川遂宁	58.3	58.3	12.0	43.2	25.8	346.0
	贵州贵安新区	257.1	46.7	12.0	29.7	19.1	67.0
西北地区	陕西西咸新区	27.1	27.1	12.0	6.2	22.5	77.0

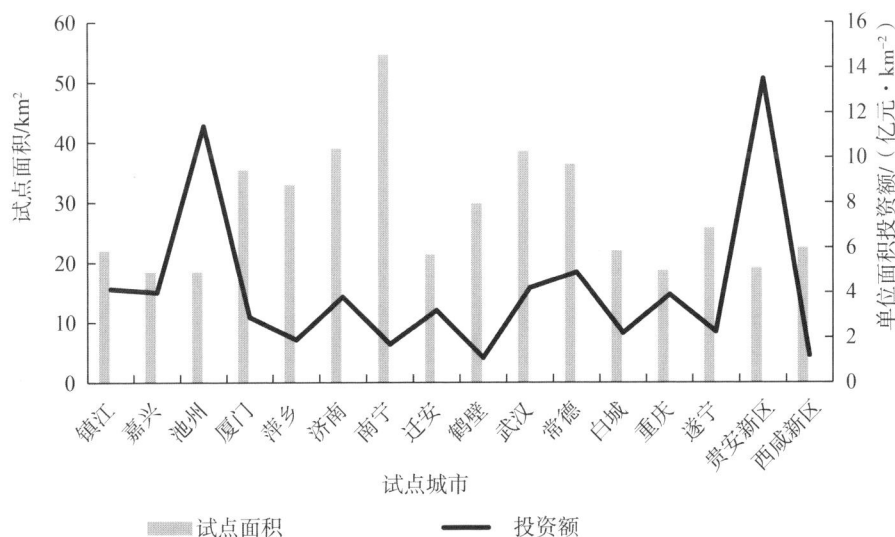

图 14-1　首批海绵试点城市试点面积与投资情况

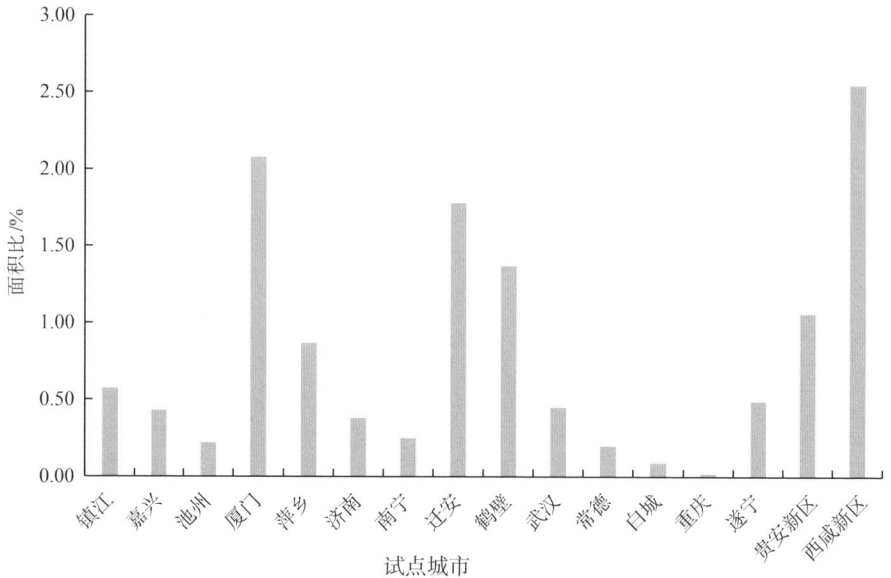

图 14-2　首批海绵城市试点区域占城市面积比

(二)第二批海绵城市试点建设概况

截至 2019 年 12 月,我国第二批试点城市的海绵城市建设工作基本完成,具体建设情况如表 14-3 所示。图 14-3、图 14-4 展示了第二批海绵试点面积占比与投资情况。第二批试点城市的平均试点面积为 33.14km²,相比首批试点城市有所提高,面积最大和最小的试点城市分别为上海和北京,其试点面积分别为 79.08km² 和 19.36km²;各试点城市的平均单位面积投资额为 2.11 亿元/平方公里,略低于首批试点,其中投资额最高的玉溪和最低的上海分别为 4 亿元/km² 和 1.03 亿元/km²。

第二批海绵试点城市在面积占比、区位分布、组织机构、投融资渠道、建设项目、工程进展等方面具有如下特点:

各试点城市的平均占比为 0.64%,略低于首批试点城市,其中珠海最大,占比为 3.04%;庆阳最小,占比为 0.11%。与首批试点不同,第二批试点基本集中在城市中心区,包括新城区和老城区,其中老城区比例较首批试点有所提高,这是因为第二批试点城市申报要求中明确指出,试点区域必须包括一定比例的老城区。与首批试点相同,第二批试点成立了以市政府主要领导为组长的海绵城市建设领导小组或海绵城市建设工作指挥部,并具有发改、监察、国

表 14-3　第二批国家海绵试点城市建设概况

地域	城市	海绵投资总额/亿元	中央财政补贴/亿元	试点区面积/km²	海绵项目总数/个
华东地区	山东青岛	82.5	12.0	25.2	189
	浙江宁波	60.4	12.0	31.0	168
	福建福州	78.0	12.0	37.0	267
	上海	81.6	18.0	79.0	100
华南地区	广东深圳	41.0	12.0	24.9	79
	广东珠海	105.4	12.0	52.0	233
	海南三亚	60.0	12.0	20.3	122
华北地区	天津	76.1	18.0	39.5	132
	北京	57.2	18.0	19.4	134
东北地区	辽宁大连	41.4	12.0	21.8	143
西南地区	甘肃庆阳	36.6	12.0	29.6	256
	青海西宁	57.9	15.0	21.6	264
	云南玉溪	83.8	12.0	20.9	232
西北地区	宁夏固原	50.0	12.0	26.0	123

资委、财政、住建、水利、环保、规划等多部门的多主体成员。与首批试点相同，第二批试点建设资金主要来源于国家奖补资金、政府投入、PPP 融资三种渠道。与首批试点不同，第二批试点城市的平均项目数量为 174 个，略低于首批试点城市，且不同城市项目数量差异同样较大，其中福州的项目数量最多，达 267 个；深圳的项目数量最少，仅 79 个。与首批试点相同，第二批试点已基本完成了需保障的所有项目工程，建成了一批具有示范意义的样板工程。

第二节　国家海绵试点城市建设风险管控现状调查

截至 2019 年底，虽然各试点城市的海绵城市建设工作均已顺利通过国家级终期考核验收，但深入调研发现，各试点城市的风险管控体系仍存在诸多问题。为更深入地掌握各试点城市在组织实施、技术支撑、公众参与等方面的风险管控现状，课题组综合考虑各试点城市的地理区位、地形地貌以及气候特

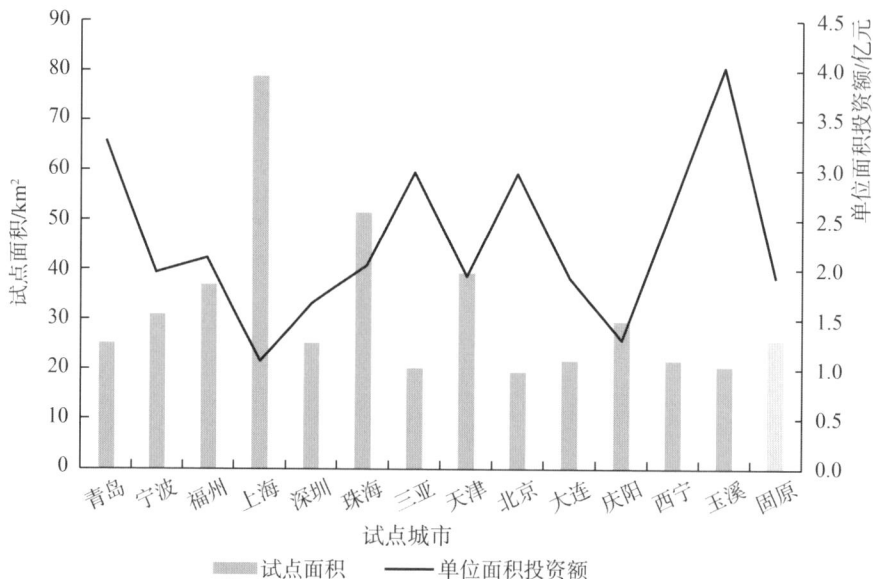

图 14-3　第二批试点城市试点面积与投资情况

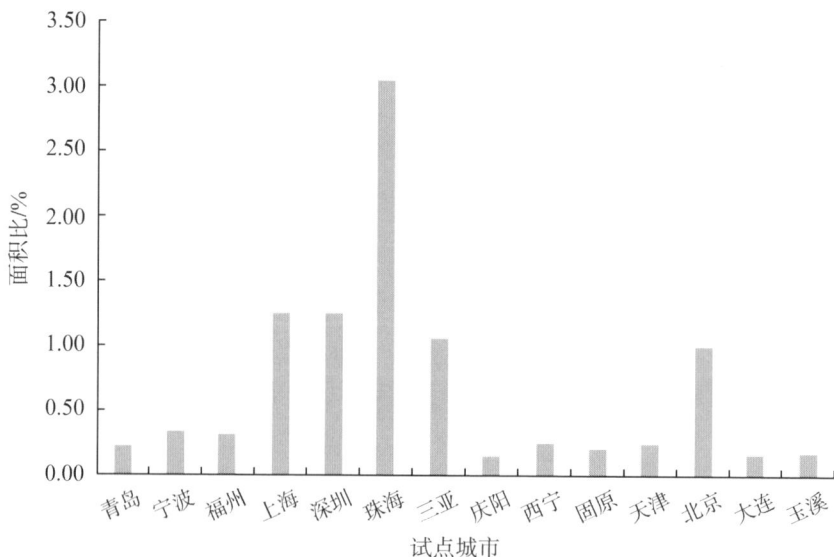

图 14-4　第二批试点城市试点区域占城市面积比

点,于 2019 年 7—8 月、2022 年 5—6 月对池州、萍乡、遂宁、白城、西宁、贵阳、南宁、大连、武汉、嘉兴、宁波等 11 个国家海绵试点城市进行了实地调研。借鉴现代管理学中的 PESTLM 分析框架,通过专家座谈会、现场走访、问卷调查等方式,从整体上把握各试点城市的海绵城市建设风险管控现状,总结其中存在的问题与不足,以期为构建符合我国国情的海绵城市建设风险管理体系提供参考。

PESTLM 分析框架又称大环境分析,由美国学者 Johnson 与 Scholes 于 1999 年首次提出,是分析宏观环境的有效工具,不仅能够分析外部环境,而且能够识别一切对组织有冲击作用的力量(王心娟等,2012)。如表 14-4 所示,"PESTLM"中的每个字母均代表一个因素,分别为政治(political)、经济(economic)、社会(social)、技术(technological)、法律(law)和管理(management)因素。由于本课题研究对象均为国内城市,政治方面的大环境相同,不具备比较性,选择组织(organization)因素替代政治因素进行分析。

表 14-4　PESTLM 分析框架

因素类别	内涵概况
政治因素 P	具有实际与潜在影响的政治力量和有关的政策、法律及法规等因素
经济因素 E	经济结构、产业布局、资源状况、经济发展水平以及未来的经济走势等
社会因素 S	社会成员的历史发展、文化传统、价值观念、教育水平以及风俗习惯等因素
技术因素 T	不仅包括那些引起革命性变化的发明,还包括与企业生产有关的新技术、新工艺、新材料的出现和发展趋势以及应用前景
法律因素 L	法律、法规、司法状况和公民法律意识所组成的综合系统
管理因素 M	由计划、组织、指挥、协调及控制等职能为要素组成的活动过程

一、问卷调查汇总

根据调查维度与目标,本课题将调查对象分为两类:一是参与海绵城市建设与管理的从业人员,二是海绵城市建设项目所在区域的公众。考虑到两者对海绵城市建设的了解程度不同,本课题分别针对海绵从业人员和公众设计了调查问卷,问题涵盖组织管理、技术保障、法规政策、资金供给、公众参与等方面,并采用专家咨询法优化问卷形式和内容,以此确保问卷的有效度。

通过线上和线下两种方式进行问卷发放,线下问卷总计发放 820 份(海绵从业人员 466 份,公众 354 份),回收有效问卷 788 份(海绵从业人员 448 份,公众 340 份);线上答卷 5512 份,有效问卷 4875 份(海绵从业人员 2402 份,公众 2473 份)。调查样本的具体情况见图 14-5 和图 14-6。

(一)受访公众情况

由图 14-5 可知,受访公众的年龄层次多样化,50 岁以上的中老年受访者人数最多,占比达 54%;其次为 20—30 岁的青年受访者,占比为 18%。受访公众中男性稍多,占比达 58%。在职业分布方面,已退休的受访公众人数最多,占比为 46%,相比其他人群,退休公众有更多空闲时间去关心身边的海绵城市建设工作;其次为上班族和自由职业者,占比分别为 25% 和 22%;学生人数最少,占比仅为 3%。

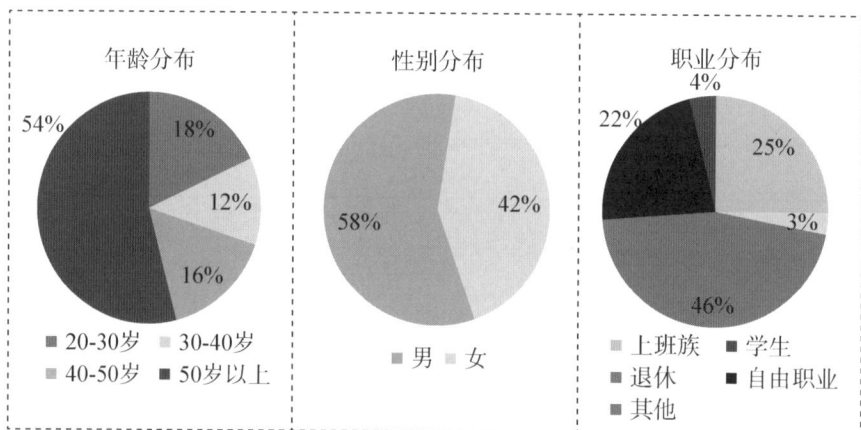

图 14-5　公众调查问卷样本统计

(二)海绵相关从业人员情况

由图 14-6 可知,在年龄分布方面,30—40 岁的从业人员占比最高,达 59%,其次为 40—50 岁,占比 23%。受访从业人员以男性为主,占比达 66%。参与工作时间在 3 年以上的受访从业人员占 89%,说明受访从业人员的从业经验普遍较为丰富。受访从业人员的专业领域多元化程度较高,其中市政领域的从业人员人数最多,占比达 48%;其次为园林领域,占比为 20%;此外,受访从业人员还涉及规划、道路、建筑以及其他专业领域。在工作性质方面,来自政府主管部门和设计方的从业人员人数最多,占比分别达 38% 和 35%,这两类从业人员分别负责项目的全过程管控和前期规划设计工作;来自施工方的从业人员占比为 13%,主要负责项目的具体施工建设工作;而负责新设备、新技术和新材料研发工作的从业人员占比较少,仅为 6%。

年龄分布　　性别分布　　参与工作时间分布

1%
8%
23%
59%

66%　34%

11%　89%

■ 20–30岁　▨ 30–40岁
▨ 40–50岁　▨ 50岁以上

■ 男　▨ 女

■ 1–3年　▨ 3年以上

专业分布　　工作性质分布

12%
9%
6%
5%
20%
48%

6%
38%
35%
13%
6%　2%

■ 规划　▨ 建筑
▨ 园林　▤ 市政
▨ 道路　▨ 其他

■ 规划主管部门　▨ 施工方
▨ 监理方　▨ 科研
▨ 设计方　▨ 其他

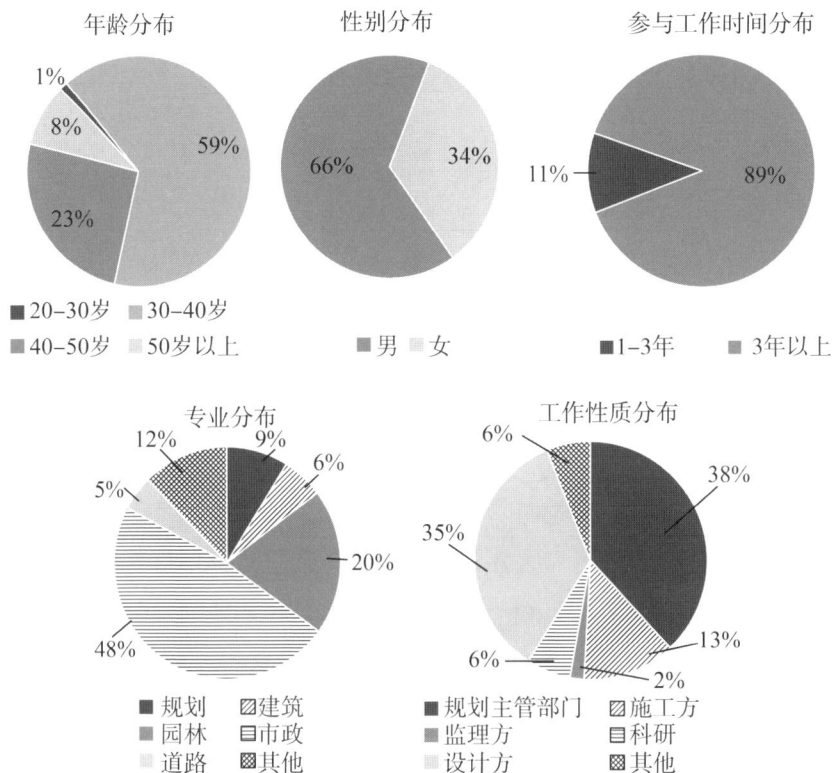

图 14-6　从业人员调查问卷样本统计

二、调查结果分析

(一)组织风险管控现状

海绵城市建设是一项涉及规划、国土、财政、水务等多部门领域,以及国家、省、地方各级政府的系统工程,需要各方力量对人、财、物等多种要素的统筹与协调,体制架构和运行机制是影响海绵城市建设成效的首要因素。

1. 组织架构建设情况

强有力的组织领导是抓好海绵城市建设的重要前提。11 个典型试点城市均成立了海绵城市建设工作领导小组,并根据政府部门的职责划分情况,形成了适合当地特点的领导组织架构形式。其中,领导小组组长均为市委或市政府担任主要领导,基本形成"一把手"工程。然而,本课题在对典型试点城市实地访谈中间及各地政府对海绵城市建设的重视度时,有 28% 的从业人员认为当地政府重视程度不够(见图 14-7),在一定程度上影响了项目建设的如期推进。这一现象表明,即便是领导组织层面,也尚未充分意识到海绵城市建设的重要性。

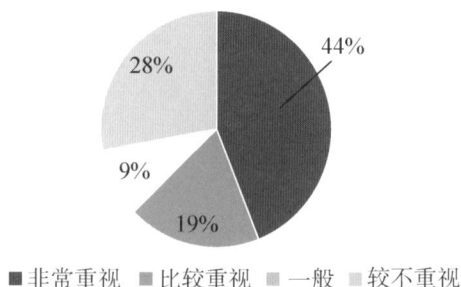

图 14-7　地方政府对海绵城市建设工作的重视情况(从业人员问卷)

2.管理机构设置情况

高效的海绵城市建设离不开合理的管理机构设置。调查发现,各试点城市均建立了海绵建设管理机构,且设置模式统一,均为海绵办负责综合协调,各职能部门协同管理。然而,本课题在实地访谈中发现,首先,有个别试点城市在试点期结束后撤销了海绵办等专职管理机构,这直接导致海绵城市建设项目的后续运维管理和长效推进工作面临"瘫痪"局面;其次,部分管理人员在上岗前欠缺系统培训,对海绵城市内涵及其作用的认识不足,由此产生认知偏差,错误地认为海绵城市建设只是面子工程,导致相关决策未能及时执行,最终影响海绵城市建设工作的顺利推进。此外,问卷调查显示,在海绵办等管理机构的人员配备方面,有 63% 的从业人员认为各专业、各部门的人员配备欠均衡(见图 14-8),具体表现为人员配置少、配置人员专业水平不足等。

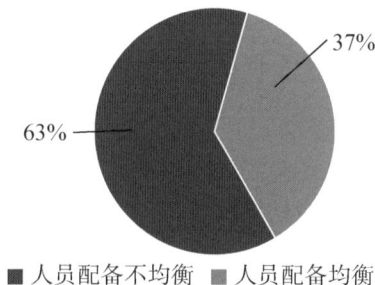

图 14-8　管理机构人员配备情况(从业人员问卷)

(二)管理风险管控现状

1.管理机制建设情况

科学有效的管理机制是海绵城市建设长效推进的关键所在。本课题通过问卷调查发现,各典型试点城市的管理机制建设仍有待完善(见图 14-9):在各专业、各部门协同合作机制建设方面,有 93％的从业人员认为所在试点城市已建立相应工作机制,但认为该工作机制效率较高的仅占 41％,认为工作效率较低的占 9％;在各阶段监督机制建设方面,有 89％的从业人员认为所在试点城市已建立相应机制,但有 57％的从业人员认为该工作机制效率一般;在绩效考核机制建设方面,认为所在试点城市已建立相应机制的从业人员占到 96％,但其中只有 34％的从业人员认为该工作机制效率较高,大部分则认为效率一般或较低;在海绵设施的运行维护管理机制建设方面,高达 36％的从业人员认为所在试点城市尚未建立相应机制。同时,本课题在实地访谈中发现,个别试点城市的管理部门之间缺乏有效沟通合作,甚至出现部门间推诿责任的现象;除此之外,还存在缺乏有效的考核制度等问题。

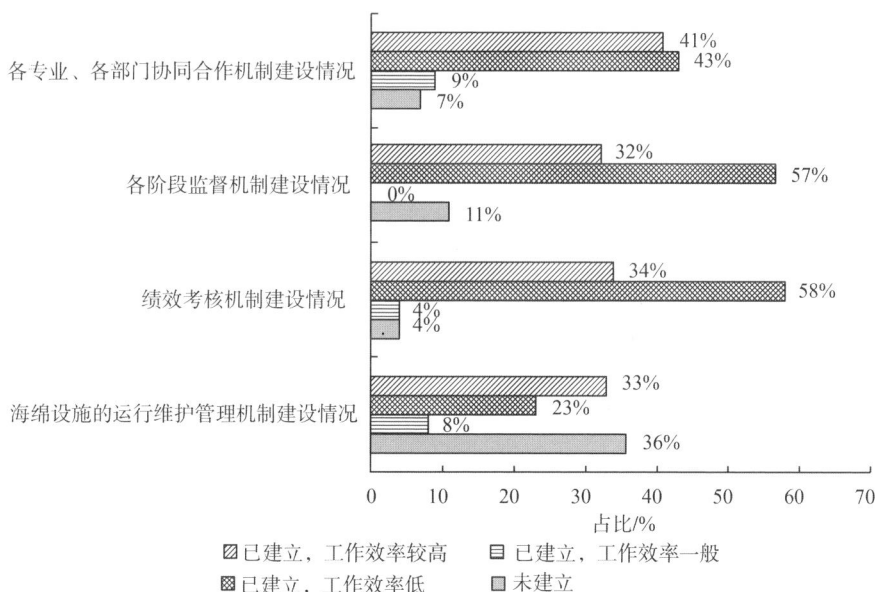

图 14-9　海绵城市管理机制建设情况(从业人员问卷)

综合来看,各试点城市大多已初步建立起各专业及部门协同合作机制、各阶段监督机制及绩效考核机制,但机制执行效果仍有较大提升空间;运行维护管理机制的建设情况并不理想,这在公众的问卷回复中也有所体现,很多市民表示已建成的海绵设施处于无人维护的窘境。由此可见,目前各试点城市在海绵城市建设中,普遍存在"重建设、轻管理"的问题。

2. 信息化平台建设情况

信息有效共享是海绵设施高效运维的重要保障,信息化平台的建立正是实现这一目标的有效手段。从实地调研情况来看,各试点城市虽都搭建起了信息化网络平台,但成效普遍不佳:一方面,无法有效满足各部门间的信息传递和共享;另一方面,尚未实现公众信息获取和反馈功能。

(三)资金风险管控现状

1. 建设资金投入情况

从现状来看,试点城市的海绵建设资金基本来源于国家财政补贴、地方政府投入和采用 PPP 模式的社会投资这三个渠道,资金投入基本满足试点项目需求。然而,在对从业人员进行问卷调查后发现,只有 56% 的从业人员认为社会资本参与热度较高(见图 14-10);此外,在实地访谈中得知,个别试点城市甚至出现因 PPP 项目融资难导致项目无法顺利推进而最终放弃的情况。部分管理人员表示,PPP 项目以企业投资为主,投资主体更看重项目产生的经济效益,但海绵城市建设项目产出更多的是社会和环境效益,对社会资本的吸引力不足。

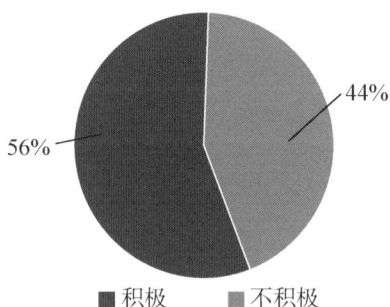

44%

56%

■ 积极　　■ 不积极

图 14-10　社会资本投入情况(从业人员问卷)

2. 运维资金筹措情况

相对于建设资金,设施建成后的运维资金来源更不稳定。在运维资金筹措方面,调查数据显示有 54% 的从业人员认为海绵城市运维资金相对不足(见图 14-11)。以池州市为例,运维方面的管理人员表示目前已建成的海绵设施每年的运维资金高达3亿多元,且基本仅依靠政府性投入,这势必给当地政府带来巨大的公共财政压力。若无法有效解决此问题,海绵城市建成后的运维工作将陷入困境。

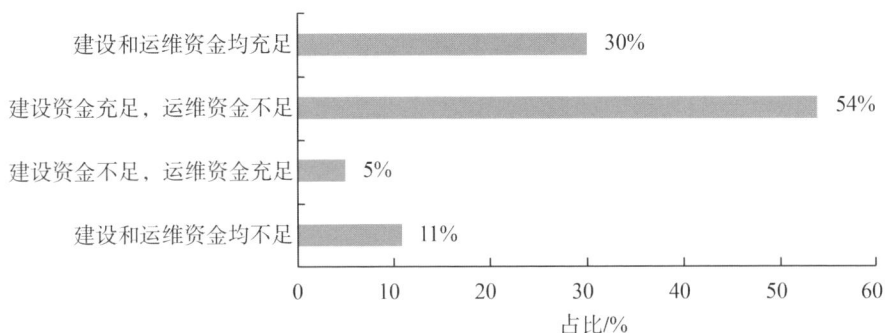

图 14-11　海绵城市建设资金筹措情况(从业人员问卷)

(四)技术风险管控现状

海绵城市是以构建跨尺度水生态基础设施为核心的系统性生态改造工程,涉及排水、园林、道路等多个行业和部门,对多学科、跨部门、全过程的技术协作要求很高。

1.规划设计方面

各试点城市均已建立起包括海绵城市专项规划、实施方案在内的相对完善的规划技术体系。83%的从业人员认为海绵城市专项规划比较合理(见图 14-12);在问及各项目方案设计的合理性时,68%的从业人员认为方案设计比较合理,11%的从业人员认为方案设计较不合理(见图 14-13),他们认为主要问题在于盲目借鉴外来技术、本地适应性不足、连片效应未能充分体现等。

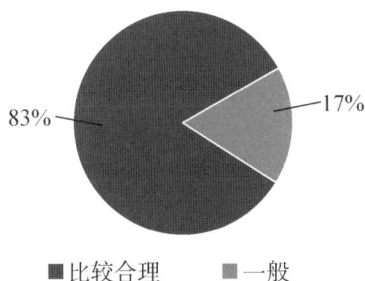

图 14-12　海绵城市专项规划合理性(从业人员问卷)

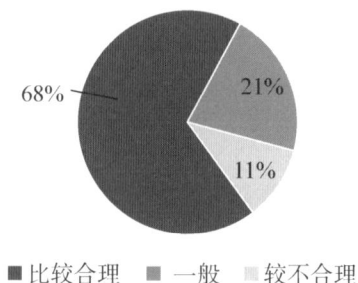

比较合理 ■ 一般 ■ 较不合理

图 14-13　建设项目方案设计合理性(从业人员问卷)

2.技术标准与材料方面

虽然各试点城市基本都制定了包括设计导则、标准图集在内的地方技术标准,但深入实地调研后发现,各地制定的技术标准仍有待完善。23%的从业人员认为现行海绵技术标准的地方适应性不足(见图 14-14),主要表现在植物选配不合适、海绵材料本地供应不足、与已有园林等建设标准不匹配等多个方面。同时,部分从业人员表示,我国对海绵城市建设的科技研发投入不足,现有技术的适应性仍有待时间的检验。此外,绿色屋顶的防渗处理难、雨水回收处理成本高、监测技术水平不足等技术难题也亟须在海绵城市的后续推进工作中予以解决。

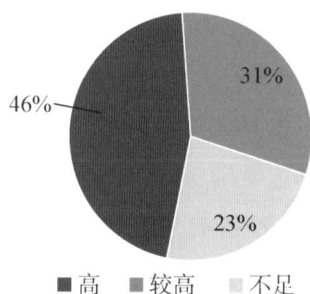

高 ■ 较高 ■ 不足

图 14-14　各试点现行海绵技术标准的地方适应性(从业人员问卷)

3.本地人才培养方面

问卷认为专业人员中技能水平较高的从业人员仅占 43%,大部分从业人员认为专业人员的技能水平一般或较低(见图 14-15)。此外,实地调研中发现部分城市在试点期间一味地依赖外来技术咨询团队的指导,尚未培育起本地化的专业人才队伍,这不仅增加了大量成本,还可能带来方案设计"不接地气"

等风险,不利于海绵城市建设的可持续推进。

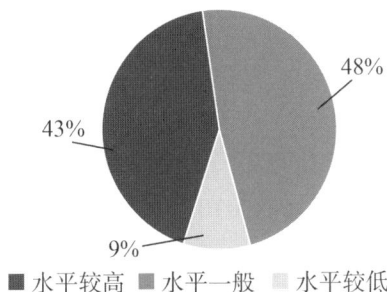

图 14-15 专业人员的技能水平(从业人员问卷)

(五)法律风险管控现状

1.法规方面

海绵城市建设涉及面广,需要健全的法律制度予以保障。然而,调查数据显示,大部分从业人员认为我国海绵城市建设相关法规体系不健全,人数占比高达 80%,其中有 70% 的人认为现行法规体系缺乏法律法规等强制性条文(见图 14-16)。我国目前已出台的相关政策和规定大多为指导性意见,不仅缺少对海绵城市开发建设进行约束的专门性立法,也缺少针对雨水资源利用作出明确规定和要求的上位法规;此外,地方性法规及部门规章等相关配套的法律法规也有待完善。

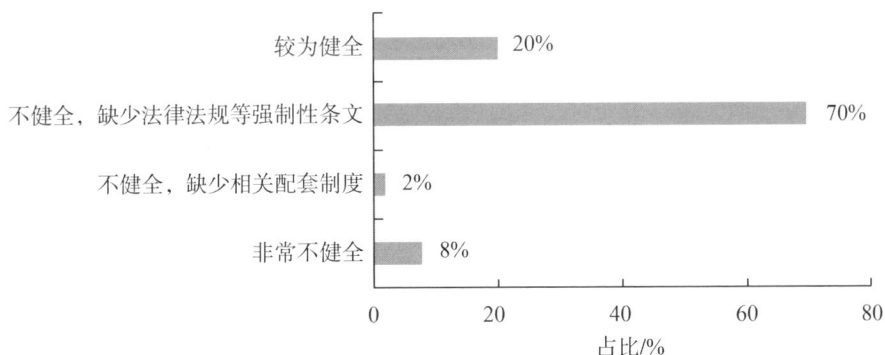

图 14-16 法律法规制定情况(从业人员问卷)

2.制度文件方面

通过梳理试点城市的 90 余项制度文件发现,各地的制度文件主要集中在规划建设技术导则,以及管理体制机制、投融资政策和绩效考核等行政管理规定方面,且各地的制度建设水平参差不齐。多数从业人员认为在现阶段的海绵城市建设工作中,投融资制度建设亟待完善;认为技术标准体系尚未健全的人数位居其次,且问题主要集中于海绵设施的运行维护层面。

3. 激励政策方面

海绵城市建设的长效推进离不开有效的经济激励政策。然而,从调研情况来看,在当前的海绵城市建设过程中,国家层面的经济激励机制及地方政府配套激励措施仍有待改进,具体表现在激励方和受激励方的主体不明确、激励条款的落实性不足等方面,由此造成海绵城市建设对社会资本的吸引力不足。

(六)社会风险管控现状

1. 公众认知方面

问卷结果表明,超过85%的公众听说过海绵城市这一概念,但对此较为了解的只占到72%,大部分公众表示只知道海绵城市的大概意思,但对其内涵不甚了解(见图14-17)。此外,多数公众在海绵城市建设项目开工前,便已从报纸、电视、广播等媒体的推广以及宣传栏、工作人员的宣传中获知海绵城市概念,但也有相当一部分公众表示是在海绵城市建设项目开始施工后才听说海绵城市概念,这说明试点城市对公众的宣传仍显不足。

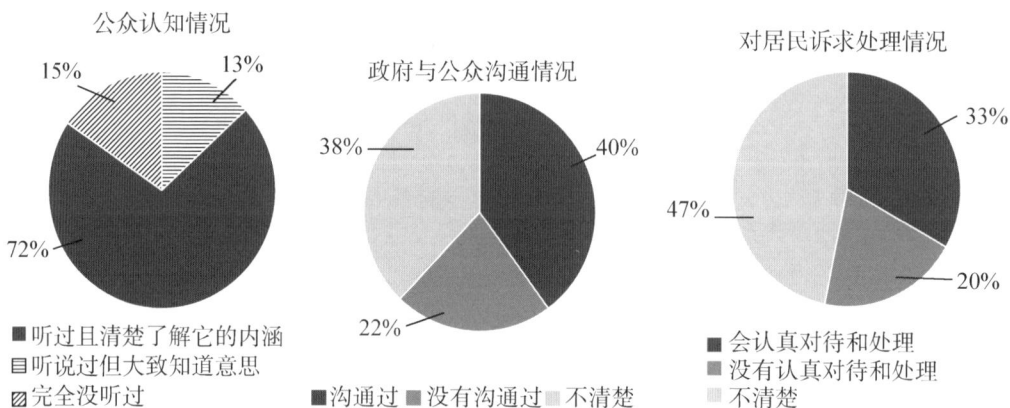

图 14-17 公众参与情况

2. 公众参与方面

项目建设施工前的筹备阶段,公众的参与度明显偏低,具体表现为:在小区进行海绵改造施工前,政府与小区居民的沟通率仅为40%,对居民诉求认真对待和处理的比例仅为33%,超过38%的受访公众表示不清楚身边的海绵改造项目(见图 14-17)。同时,试点城市公众的反映渠道比较单一,主要依靠向物业反映和拨打市长热线这两种途径,可见全面有效的公众参与机制尚未建立起来。

3.公众态度方面

海绵城市建设作为一项百姓身边的民生工程,其成效与公众的责任意识及参与程度息息相关。调查数据显示,只有 9% 的公众主动参与过海绵城市建设,绝大部分公众并未参与(见图 14-18)。在被问及未参与海绵城市建设的原因时,大部分公众表示自己平时工作较忙,没时间参与;也有部分公众表示不知该如何参与,以为只要配合建设即可。当被问到是否愿意接受雨水收费制度时,超过 88% 的公众表示不愿意接受,并且其中有 83% 的公众认为解决雨水问题是政府的责任,与自身无关(见图 14-19、图 14-20)。由此可见,目前公众对海绵城市建设的参与意识非常不足。究其原因,一方面,公众的理念认知不足,责任意识不强,尚未认识到海绵城市建设的重要性和必要性;另一方面,政府尚未建立起公众积极参与的良好社会环境。

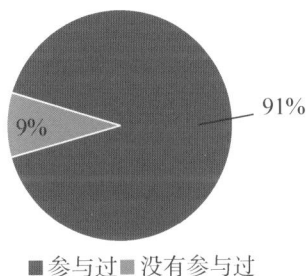

■参与过　■没有参与过

图 14-18　公众的主动参与情况

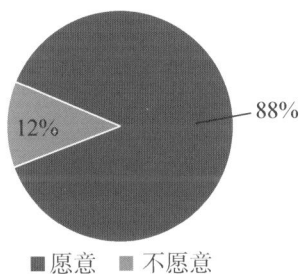

■愿意　■不愿意

图 14-19　公众对实行雨水收费制度的态度

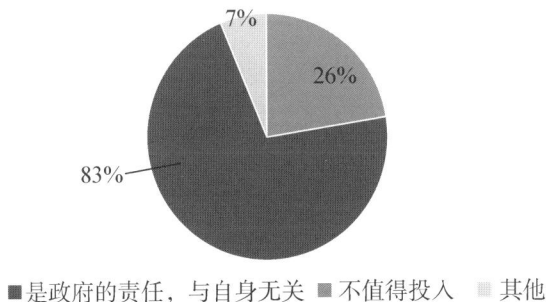

■是政府的责任,与自身无关　■不值得投入　■其他

图 14-20　公众不接受雨水收费制度的原因

第三节　海绵试点城市建设风险管控问题

各试点城市历经实践探索,均初步形成了一套针对建设全过程的风险管控体系,但目前这一体系普遍存在有待完善的地方。

一、理念认知不足,建设思路不够清晰

海绵城市是一项涉及多学科、跨部门、跨尺度、全过程协作的系统性生态改造工程。实地调研表明,由于缺乏系统的学习和培训,试点城市中仍有相当多的从业人员对海绵城市建设理念的认识不到位,具体体现在以下两个方面:一是对海绵城市建设的认识不到位,片面地认为海绵城市建设就是铺设透水砖、渗水管道等工程;二是缺乏系统、全域、动态的眼光和思路,未能从区域、城市和街区等多个尺度进行统筹规划,导致建设规划碎片化。

二、协同作战不力,组织管理不成系统

作为一项复杂的系统工程,海绵城市建设的长效推进离不开我国集中力量办大事的组织管理优势。但从调研结果来看,各试点城市在组织实施方面仍有大量工作亟待改进,具体表现在以下四个方面:一是部分试点城市的地方政府对海绵城市建设重视度不足,且往往伴随政府领导换届而转移建设重点,影响项目进度如期推进;二是组织机构设置不合理,各部门职责不清而且人员配备不均衡,未能有效发挥统筹协调作用;三是园林、市政、水务等相关部门缺乏有效的沟通、协调和配合,部门间相互推诿的情况时有发生;四是试点期结束后,部分城市撤销了海绵办等专职管理机构,导致已建成的海绵设施陷入无人管理的窘境。

三、投资渠道不畅,融资模式不够完善

海绵城市的持续建设离不开充足的资金保障。然而,目前各试点城市的海绵城市建设资金主要来源于国家专项补助资金及地方政府直接投资,社会资金投入相对不足,试点期过后的海绵城市全域推广工作或多或少都存在资

金短缺的问题。其中的主要原因在于,我国海绵城市建设投融资制度不完善,融资主体权责不清,缺乏相应的法律支持。一方面,海绵城市建设项目多为道路、公园、老旧小区改造等公益性项目,建设投资力度与回报反馈机制复杂,短期投资效益不高,对社会资本的吸引力不足;另一方面,中央对 PPP 项目的投资和管控愈加严格,如中央规定财政支出责任占比超过 10% 的地区严禁新项目入库,致使某些欠发达地区的地方政府融资能力受到较大的制约。此外,社会公众对海绵城市建设的认知不足,且缺乏社会责任意识,这也导致社会资本参与度不高。

四、技术支持乏力,人才体系尚未建立

海绵城市建设本身综合性强且专业性要求较高,而我国在这方面的起步较晚,研究相对滞后,各试点城市普遍面临着建设经验不足、技术人才队伍匮乏的困境。一方面,多数试点城市的前期基础研究不足,从业人员缺乏系统的学习和培训,存在着直接"套规范搬文献"、盲目照搬外来经验的状况;另一方面,由于建设时间较紧,尚未形成集规划、建设、运营等于一体的全方位技术标准体系,各专业间经常出现已有标准无法协调的情况。同时,绿色屋顶的防渗处理、透水路面的清洗维护、雨水回收处理成本高等技术难题也是未来海绵城市推广中亟须解决的问题。此外,部分试点城市在试点建设时完全依靠第三方技术服务团队,忽视了本地海绵城市技术人才的培养,致使试点期结束后海绵城市建设的持续推进难以为继。

五、制度建设滞后,长效推进机制不够完善

因地制宜、科学合理的绩效考核办法是衡量海绵城市建设成效的重要依据。然而,目前的绩效考核仍存在诸多问题,具体表现为:考核指标未考虑气候因素的影响,如高温枯水期的水质比丰水期差,但考核指标不变;未设置合理的监督考核方案,导致考核指标形同虚设。同时,调研结果显示,各试点城市建设的长效推进机制尚不完善,主要表现在运维管理机制未建立、海绵产业未形成、技术适配性不足、法律保障机制不健全、信息化平台未建立等方面。

六、公共宣传不足,社会参与机制不够完善

首先,在公共宣传方面,部分媒体夸大了海绵城市建设的作用,混淆了"海

绵城市"和"市政工程"两个概念,认为海绵改造完工后就不会出现"城市看海"现象,这容易使公众产生误解,导致群众满意度不高。其次,在公众认知方面,由于缺乏全面有效的宣传教育和引导,一部分公众甚至部分从业人员对海绵城市的内涵不甚了解,片面认为海绵城市破坏了原有的园林景观,或者认为海绵城市实施效果不佳,只是面子工程,进而反对海绵城市建设;此外,部分公众自身的责任感不足,认为海绵城市建设就是政府的责任,与自身无关,缺乏社会责任感。最后,在公众参与机制方面,目前各试点城市建立的公众参与机制普遍不完善,存在公众反映渠道较为单一、反映问题不受重视等问题。

第四节　小结

　　面对上述海绵试点城市建设过程中的风险管理现状,需要深入思考两大科学问题:一是如何系统认知、精准识别错综复杂的风险因素,从中把握海绵城市建设风险的关键因素与风险源;二是如何深刻揭示、深入刻画各风险因素之间的关联机理与动态机制,从而把控海绵城市建设管理的关键环节与策略重点,随时阻断"多米诺骨牌效应"带来的系统性风险。

　　为此,下一章将基于国家海绵试点城市现场实地调查结果,进一步运用社会科学的理论与方法,全面系统地识别海绵城市建设风险,探究风险之间的关联机理,找出关键风险及其致因链,为完善风险管控体系提供理论基础。

第十五章　海绵城市建设风险因素及其致因链

基于文献检索及对国家海绵试点城市的现场调查,本章先运用扎根理论方法对资料进行质性编码,精准识别海绵城市建设六类风险因素;在此基础上,以海绵城市建设人员为调查对象,针对六类风险因素开展问卷调查,根据风险矩阵分析初步评定各风险因素的风险等级;最后基于各风险因素评估数据,构建贝叶斯网络模型,深入探究海绵城市建设风险因素之间的关联机理,识别关键风险因素,分析提炼出"制度—管理—技术"这一海绵城市建设风险致因链。

第一节　基于扎根理论分析的海绵城市建设风险因素识别

一、风险因素识别过程

(一)扎根理论方法

考虑到海绵城市建设风险的特点,本课题采用扎根理论方法进行风险因素识别。一方面,扎根理论可对文献、访谈和实际调研中的原始资料不断地进行归纳分析,强调从行动者的视角对社会互动的过程进行探讨(陈向明,1999),既通过文献梳理把握了前沿动态,也通过访谈方式了解了现实状况,掌握了第一手资料;另一方面,以扎根理论的方式进行风险因素的识别与内生机制的探讨可避免实证范式之下先入为主的经验性观念或预设理论模式对于所得结论的"程序化"限制(贾旭东,2010)。

由 Glaser 等(1967)提出的扎根理论(Grounded Theory)起源于社会学领

域,旨在"填补理论研究与实证研究之间的鸿沟",被认为是质性研究(qualitative research)中最为科学的方法。扎根理论从 20 世纪 60 年代发展至今演变成了不同的版本,目前学术界主要将其分为经典扎根理论、程序化扎根理论及建构型扎根理论三大流派。经典扎根理论基于实证主义,认为研究者需以旁观者的角度,通过精准的、可重复的实验来追求研究过程的科学化、客观性和研究结果的普遍性;程序化扎根理论基于解释主义,较前者更加强调研究者的主观认识能力,侧重于借助预设模型等技巧来探寻数据中的规律;建构型扎根理论基于建构主义认识论,继承并发扬了前两大学派的思想,认为数据中的规律虽然客观存在,但所谓的"事实"是多元化的,可被研究者建构及认知(贾旭东,2016)。虽然三大学派在扎根理论的认识论及操作方式上有些许不同,但总体而言,都是指研究人员在不进行假设的前提之下,通过介入式观察、非结构性访谈以及文献收集等方式获取原始资料,通过一套完整的信息编码方式对现象进行归纳并加以分析整理,自下而上构建理论。在理论构建过程中,需要将整理归纳出的概念与原始资料进行不断的比较修正,形成最终概念,并在概念之间建立联系直至提炼出扎根于原始资料与现实的理论体系,其成功的关键点在于收集的数据是否丰富且真实。

建构型扎根理论的编码过程大体上分为质性编码和理论编码两大类,本章主要运用质性编码来识别海绵城市建设风险,具体的应用步骤如图 15-1 所示。

质性编码是扎根理论中对数据进行分析性解释的方法,包括初始编码(initial coding)和聚焦编码(focused coding)两个步骤。其中,初始编码是对原始资料进行初步的分析整理,生成与文献和访谈记录相关的能够反映行动的短语,并在分析过程中使研究者认识到文献访谈数据中所存在的漏洞,逐步修正;聚焦编码则是在初始编码所获得的概念的基础上,在概念之间进行不断比较综合,以解释更大范围的数据。

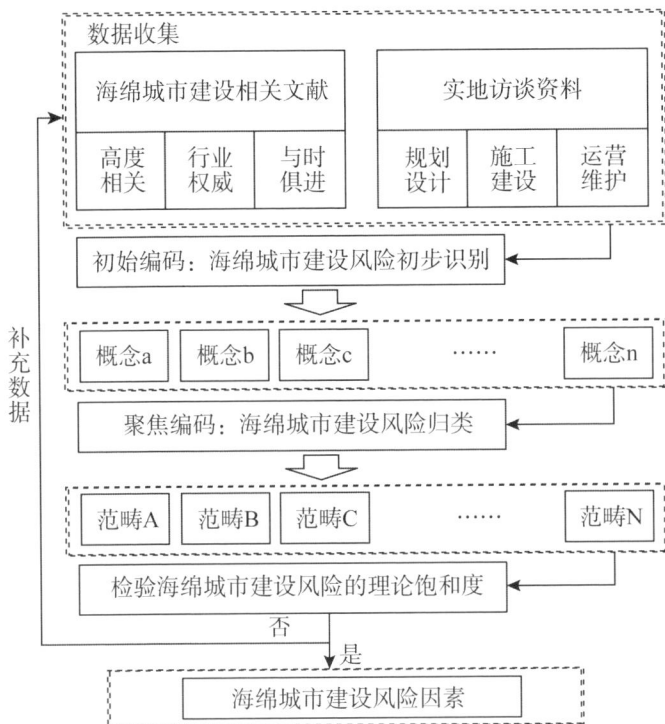

图 15-1　扎根理论的应用步骤

(二)相关文献分析

自"海绵城市"的概念被提出以来,相关文献层出不穷,良莠不齐。定性研究方法一般认为研究数据越丰富,数量越充足,结果才会越科学,也越具合理性。但 Flynn 等(2018)对采用了扎根理论方法的文献进行了统计,发现各学者所收集材料的样本量在 4—59 之间,平均值为 16.7,认为研究样本量在 20 左右时,便已经能够保证理论的合理性。本研究选择超出一般扎根理论研究所需的文献数量,以确保研究结果的科学性。

1.中文文献选取

在 CSSCI 文献库中进行海绵城市主题相关的中文文献检索,截至 2022 年 6 月,共检索出文献 200 篇(见图 15-2),其主题主要分布在海绵城市、海绵城市建设、雨洪管理、城市规划设计等方面(见图 15-3)。

通过梳理现有文献,将海绵城市建设风险因素进行归纳整理,发现大部分风险因素可归于管理、资金、社会、技术、环境及法规这六个维度(见表 15-1)。

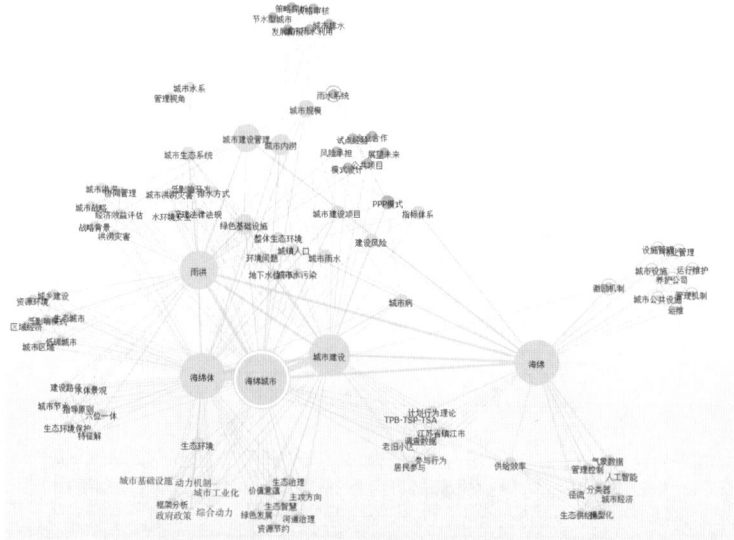

图 15-2　海绵城市主题相关中文文献检索可视化分析结果

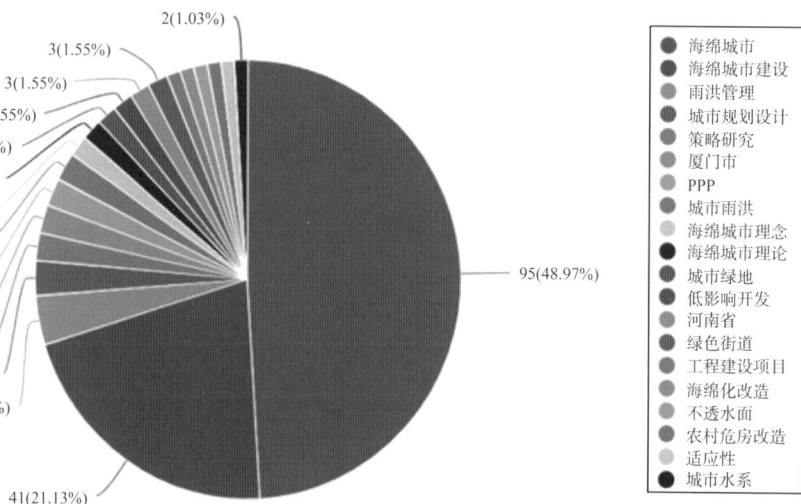

图 15-3　海绵城市相关中文文献检索主要主题分布

从因素出现的频次来看,出现 3 次及以上的因素共计 26 个,占总数的 9 成,说明学者们对于海绵城市建设风险因素已基本达成共识。总体上,技术类因素出现的频率最高,反映出当前海绵城市正处于如火如荼建设期这样一个事实及其面临的诸多问题。

表 15-1　海绵城市建设风险因素

维度	序号	风险因素名称	观点支持者	频次
管理（M）	1	投融资模式亟待创新、待优化	刘剑、车伍、王二松、夏柠萍、鞠茂森、刘延芳、耿潇、廖朝轩、周建国、李冠雄、李婧	11
	2	绩效考核制度不完善	刘剑、邹艳丽、杨一夫、方正、耿潇、王二松、李玲、鞠茂森、陈华、周建国、徐振强、刘延芳、宋旭升、丁继勇	14
	3	管理体系不健全	刘剑、邹艳丽、方世南、车伍、左其亭、周建国、俞茜、耿潇、夏军	10
资金（F）	4	资金投入不足	邹艳丽、车伍、孙振勇、郑昭佩、许心情、周建国、李秀娴、俞茜、丁继勇、陈华、耿潇、张毅、仲笑林、纪秀娟	14
	5	运维资金缺口大，投资难以回报	刘剑、邹艳丽、张毅、耿潇、陈华	5
社会（S）	6	社会参与度不高	方世南、王二松、孙振勇、鞠茂森、李秀娴、丁继勇、张毅、纪秀娟	8
技术（T）	7	理念认识不清	刘剑、车伍、邹艳丽、方世南、廖朝轩、夏军、史学臻、许心情、丁继勇、邓朝显	10
	8	专业人才匮乏，水平欠缺	邹艳丽、李玲、刘延芳、李秀娴、车伍、宋旭升、方世南	7
	9	前期调研不足，基础研究不足	刘剑、车伍、崔广柏、聂超	4
	10	城市改造难度大	方世南、张毅、左其亭、朱敏、梁亚楠、车伍、郑昭佩	7
	11	跨界规划陷窘境	俞孔坚、邹艳丽、杨一夫、夏军、崔广柏、陈华、李俊奇、李秀娴	8
	12	与现有规划系统缺乏衔接	邹艳丽、方正、史学臻、仝贺、王二松、陈华、张毅	7
	13	全域规划困难	刘剑、方世南、王二松	3
	14	对竖向规划不够重视	仝贺、陈华	2
	15	科研投入力度不足	刘剑、邹艳丽、方正、方世南、王二松、夏柠萍、孙振勇、许心情、陈华、李卫红、刘延芳、李进丰、车伍、夏军	14
	16	规划设计不够细化	孙振勇、夏军、仝贺、李俊奇、聂超	5
	17	灰、绿设计结合不到位	李俊奇、车伍、梁亚楠、周建国	4
	18	地方技术标准缺位，未因地制宜	刘剑、邹艳丽、祁琪、方正、王连接、方世南	6

续表

维度	序号	风险因素名称	观点支持者	频次
技术（T）	19	环境污染	郑昭佩、朱敏、邹艳丽、邓朝显	4
	20	设计与规划相脱节	邹艳丽、李秀娟	2
	21	海绵材料供应不足	许心情	1
	22	管理养护不到位	邹艳丽、方正、耿潇、夏柠萍、李玲、陈华、周建国、丁继勇	8
	23	智慧化管理平台不完善或未建立	丁继勇、夏军	2
	24	环境监测系统不完善	车伍、邹艳丽、黄鹏	3
	25	顶层设计缺失	刘剑、车伍、邹艳丽、杨一夫、梁亚楠、周建国、李进丰、史学臻	8
环境（E）	26	气候变化和生态环境污染对城市的冲击	车伍、宫永伟、谭术魁、吴丹洁、孙振勇、刘剑	6
	27	相关行业亟待转型	吴丹洁、于开红、宋芳晓	3
法规（L）	28	相关法律法规缺失	车伍、邹艳丽、王文亮、祁琪、孙振勇、梁亚楠、李玲、陈华、周建国、耿潇、夏柠萍、俞茜、丁继勇	13
	29	全程性规划管控缺位	邹艳丽、鞠茂森、王二松	3
	30	跨部门合作缺乏统筹协调	张毅、刘剑、车伍、邹艳丽、徐振强、杨一夫、孙振勇、宋旭升、丁继勇、方世南	10

删去理论发展沿革、径流削减模拟等与本课题主题相关度不高的文献后，剩余海绵城市风险管理的相关文献共 27 篇。另外，作为补充，在 CSCD 文献中检索出相关文献共 557 篇，根据主题、引用量、下载量和时间进行筛选，选取具有代表性的 18 篇文献。

2.英文文献选取

在 Web of Science(WOS)中的核心文献库中进行相关文献的检索。研究选取了"best management practices""low impact development""sustainable drainage system""water sensitive urban design"这四个使用较为广泛的主题词并结合"risk"(风险)这一关键词进行检索，最终选取了引用率较高的 11 篇英文文献。

(三)实地访谈分析

实地访谈法是学界公认的一种有效的质性研究的数据来源方式，本课题采取对国家试点城市进行实地访谈的方式获得一手资料。鉴于质性研究要求受访者对访谈主题有一定的理解与认识,故将访谈对象限制为国家试点城市在海绵城市推进过程中所涵盖的规划、设计、施工及运维人员,并通过滚雪球(snowball sampling)的方式由初始访谈对象提供他们所熟悉的符合访谈主题且持有不同观点的人群进行补充。由于访谈对象的特征将对研究结果产生较大的影响,因此对不同工种的访谈者的比例进行了设定,以提高原始数据的科学性。样本量遵循"理论饱和原则",即在新获取的数据不再对理论建构有新贡献时,便判断理论饱和,停止抽样。

在研究准备阶段,首先,根据文献阅读及国家试点城市实际项目的走访情况,初步制定了本次研究的访谈提纲。其次,通过预实验及专家咨询等方式,针对提纲的不足进行修正。最后,在访谈过程中,出示"保密承诺书"以打消受访者的犹疑与顾虑;对受访者直接提问,启发其谈论海绵城市建设过程中的受阻因素,采用现场录音及笔录的方式整理出访谈笔记,共形成访谈资料 18 份,录音文稿及访谈笔记共 9 万余字。

(四)质性编码过程

1.初始编码

初始编码是扎根理论对质性资料分析的基础步骤(孙晓娥,2011),课题组采用逐句编码的方式对中英文文献以及访谈记录中的语句进行概念化的分析,将一些较为模糊及前后矛盾的访谈记录删除之后,采用文献原文以及受访者的原话作为编码名称以尽量减少研究者的个人主观偏见所带来的影响,最终生成初始编码 142 个。表 15-2、表 15-3 分别为文献及访谈资料的初始编码编辑过程摘录,为节省篇幅,仅列出其中的一小部分。

表 15-2　文献初始编码和编辑过程摘录

文献资料	内容摘取	初始编码
《我国海绵城市建设面对供给侧改革的冷思考及新路径》	· 模糊的 PPP 法律法规使项目公司处于被动地位 · 私营合作方的基础设施运营收入无法弥补建设成本和利息 · 管理部门之间职权交叉、权责不明	· 投融资法律法规模糊 · 收入无法弥补成本 · 部门职权交叉、权责不明

续表

文献资料	内容摘取	初始编码
《海绵城市建设的公众参与机制探讨》	· 我国的海绵城市建设较注重规划设计和工程建设,但对公众参与的重视不足 · 领导小组办公室的宣传组仅停留在宣传教育阶段,未能更深入动员、组织公众参与海绵城市建设	· 对公众参与的重视不足 · 未能深入动员、组织公众参与
《海绵城市建设中对政府和社会资本合作模式运用的思考及建议》	· 简单套用其他城市或项目的PPP架构的例子比比皆是,最终结果极有可能埋下建设项目推行困难、资金或债务方面的隐患 · 非试点城市没有中央下发的海绵城市补助资金,省政府的补贴微乎其微,地方政府的融资平台受到限制 · 参与PPP项目的人员的专业性难以保障,专业人才的匮乏带来的问题十分突出 · 我国的PPP项目还处于起步阶段,各项规章制度也不尽完善	· 简单套用PPP架构,导致建设项目推行困难以及资金债务隐患 · 海绵城市补助资金和政府补贴不足,融资平台受限 · 人员专业性难以保障,专业人才匮乏问题突出 · PPP项目的各项规章制度有待完善

表 15-3　访谈初始编码编辑过程摘录

访谈文稿	内容摘取	初始编码
访谈文稿 X1	· 城市发展水平相对滞后,原本存在的黑臭水体、雨污水管串接等问题较多 · 施工方面的技术并不成熟,在落地实施的过程中存在很多困难 · 绩效考核一般都是关于GDP等经济层面的,导致部分地方官员为了应付考核目标,盲目地建设灰色基础设施,与理念背道而驰	· 发展水平落后、基础设施存在问题 · 施工技术水平不成熟、实际落地难 · 缺乏合理的考核制度
访谈文稿 X2	· 地方政府的部门利益和行政责权使然,往往政出多门,不能形成统筹协调的管理系统 · 各专业间缺乏相互融合,特别是不同专业间已有的标准互不协调 · 适合当地的理念、经验、技术等内容都需要经过不断的实践才能逐渐完善 · 我国的海绵城市建设与发达国家相比,人才不足,技术上还处于成长阶段,也尚未形成规模化的海绵产业	· 部门利益和行政责权阻碍统筹协调管理 · 各专业缺乏配合,已有标准不协调 · 因地制宜的理念、经验和技术亟待完善 · 人才不足,技术不成熟,未形成规模化的海绵产业

2.聚焦编码

在这一阶段,根据上文初始编码在原始数据中出现频次的高低,与原始数据进行不断地比对校正后,将意思相近的编码进行归纳整合,共获得聚焦编码17个。例如,通过初始编码自身以及与数据的比较后,注意到"部门职权交叉、权责不明""未建立统筹管理机构"等编码均表达了政府管理部门的组织架构存在不合理现象,因此"组织架构不合理"便自然成为其中一个概念。在对初始编码进行初步的概念化之后,结合原始数据中初始编码所形成的语境和实际情况,进一步对其进行提炼,最终归纳生成管理风险、资金风险、社会风险、技术风险、环境风险和法规风险这六个主范畴。表 15-4 为管理风险和法规风险的编码整合过程。

表 15-4 聚焦编码编辑过程摘录

初始编码	概念化	范畴化
M11 部门职权交叉、权责不明	M1 组织架构不合理	M 管理风险
M14 未建立统筹管理机构		
M21 缺乏合理的考核制度	M2 运行机制不健全	
M24 投融资机制不完善		
M29 各专业缺乏配合,已有标准不协调		
M31 地方政府重视度不足	M3 制度执行不到位	
M35 规划审批效率有待提高		
⋮	⋮	⋮
L11 法律条文仅着重强调工程质量	L1 海绵城市未纳入国家立法体系	L 法规风险
L14 国家层面缺少对城市水问题综合治理的指导性意见		
L21 缺少建设具体细则	L2 配套法规体系不健全	
L23 地方技术标准缺位		
L31 城乡规划体系存在缺失	L3 相关政策制定不完善	
L35 城市规划缺少对生态环境的深入思考		

二、风险因素识别结果

经过质性编码过程之后，再用预留的三分之一文献与访谈记录进行理论饱和度检验，显示研究得到的理论类属已经足够丰富，在海绵城市建设风险的六个主范畴之外均未形成新的重要范畴，且对应范畴内部也未形成新的构成因子，最终获得的风险识别结果详见表 15-5。

表 15-5　海绵城市建设风险因素

类别	编号	风险因素
管理（M）	M1	组织架构不合理
	M2	运行机制不健全
	M3	制度执行不到位
资金（F）	F1	建设资金筹措困难
	F2	运维资金来源不稳定
	F3	海绵产业发展不足
社会（S）	S1	社会宣传教育不到位
	S2	社会参与程度较低
技术（T）	T1	规划设计方案不合理
	T2	施工工艺与技术不成熟
	T3	技术创新力缺乏
	T4	智慧化监管平台未搭建
环境（E）	E1	行业大环境不稳定
	E2	地方建设积极性不高
法规（L）	L1	海绵城市未纳入国家立法体系
	L2	配套法规体系不健全
	L3	相关政策制定不完善

（一）管理类风险

M1 组织架构不合理：如果地方未建立或明确海绵城市建设管理的统筹机构，或统筹机构内部存在部门设置和人员配置不合理等情况，可能会对海绵城市建设管理产生不良影响。

M2 运行机制不健全：如果部门协调联动机制、考核评估机制、投融资机制等管理体系与工作运行机制未建立或不健全,可能会影响海绵城市建设。

M3 制度执行不到位:如果政府相关部门在规划设计管控、长效管理、监督考核等制度方面执行不到位,可能会导致海绵城市建设各环节产生漏洞,最终影响海绵城市建设。

(二)资金类风险

F1 建设资金筹措困难:如果建设资金筹措困难,政府、社会对海绵城市建设项目的投入力度较弱,将影响海绵城市建设的顺利开展。

F2 运维资金来源不稳定:由于维护主体不明确、投资回报率低等,各类海绵设施建成后可能会面临运维资金来源不稳定的问题,造成项目建设完成后维护效率低下,甚至无人维护,致使海绵设施寿命大大缩短,最终使海绵城市的可持续建设受到严重挑战。

F3 海绵产业发展不足:如果海绵产业的培育扶持力度不足,未能抓住机会建立起本地化的海绵产业与龙头企业,无法吸引足够的社会资本投入,使海绵城市建设不可持续。

(三)社会类风险

S1 社会宣传教育不到位:如果官方缺乏科普咨询平台,官媒的宣传推广力度不足,教育内容枯燥且形式单调,或者自媒体报道存在误区,会导致海绵城市建设的理念、功效和方法等社会科普深度不够,从而阻碍海绵城市建设项目的落地与推进。

S2 社会参与程度较低:如果公众未能正确认识到自身社会责任,认为海绵城市建设与己无关,不愿参与海绵城市建设及维护并发挥社会监督作用,可能会影响海绵城市建设在社区层面的推进。

(四)技术类风险

T1 规划设计方案不合理:如果规划内容不完善、指标设置不科学、与其他规划衔接不到位、海绵设施类型和布局设置不合理,会导致规划难以落地,各功能区块无法发挥协同效应,最终影响海绵城市项目建成效果和连片效应的发挥。

T2 施工工艺与技术不成熟:如果海绵城市建设的施工工艺不成熟、相关施工技术欠佳,易导致设施运行过程中出现设施塌陷、道路积水等问题,从而影响海绵城市建设成效。

T3 技术创新力缺乏：如果工艺技术和海绵产品不能做到因地制宜、与时俱进，技术参数不符合当地需求，难以有效指导透水路面、绿色屋顶等特殊设施的建造和维护，就会制约海绵设施的效用发挥，影响海绵城市建设成效。

T4 智慧化监管平台未搭建：如果未建立有效的海绵城市信息化综合管控平台，导致信息流通不畅，就会阻碍海绵城市的全面发展与持续推进。

(五)环境类风险

E1 行业大环境不稳定：海绵城市行业环境可能存在诸多不稳定因素，如行业人才就业、市场投资、产品生产等需求减少，将会出现技术人才资源匮乏、建设资金筹措困难和产品创新停滞不前等问题，影响海绵城市建设。

E2 地方建设积极性不高：随着试点建设热度下降，可能会出现地方政府重视程度不足，并导致城市建设重点转移，影响海绵城市可持续发展。

(六)法规类风险

L1 海绵城市未纳入国家立法体系：如果未将海绵城市纳入国家层面的立法体系，会导致海绵城市在具体推进建设过程中无法可依，影响其他系列制度建设及管理效率，从而产生系列风险，阻碍海绵城市建设持续推进。

L2 配套法规体系不健全：如果规划与建设管控制度、技术规范标准、运行维护规定细则、投融资规定等规章制度不健全，可能会导致海绵城市建设各环节中的制度保障缺失，最终影响海绵城市建设成效。

L3 相关政策制定不完善：如果地方没有出台一系列与海绵城市建设相关的政策措施，未能构建适宜各地海绵城市建设的政策体系框架，无法广泛有效地引领社会群体参与、执行和落实，必将影响海绵城市建设的可持续推进。

第二节　基于问卷调查的风险等级评估

在扎根理论分析确定六类风险因素的基础上，以国家试点城市参与海绵城市建设的从业人员为调查对象，针对六类风险因素开展调查问卷，目的有二：一是根据调查数据进行风险矩阵分析，初步评估各风险因素的风险等级；二是基于各风险因素评估数据，构建贝叶斯网络模型，进一步分析各风险因素之间的关系，以确定关键风险因素及其致因链。

一、风险调查问卷的设计与数据收集

（一）调查问卷设计

问卷主要分为两个部分：第一部分是对调查对象基本情况的调查，例如年龄、专业以及从业时间等；第二部分是对风险因素的评估。问卷的题项按照海绵城市建设风险因素清单（见表 15-5）进行设计，旨在评估得到各因素对海绵城市建设风险的影响程度及发生概率。

（二）样本特征描述

本次调查共发放问卷 300 份，回收有效问卷 261 份，问卷有效率达 87%。问卷调查对象为嘉兴、萍乡、白城、遂宁、镇江、贵阳、池州等 11 个国家试点城市参与海绵城市建设的从业人员，包括设计人员、施工人员和管理人员等，均有较为丰富的实践经验。从业人员的基本信息见图 15-4。

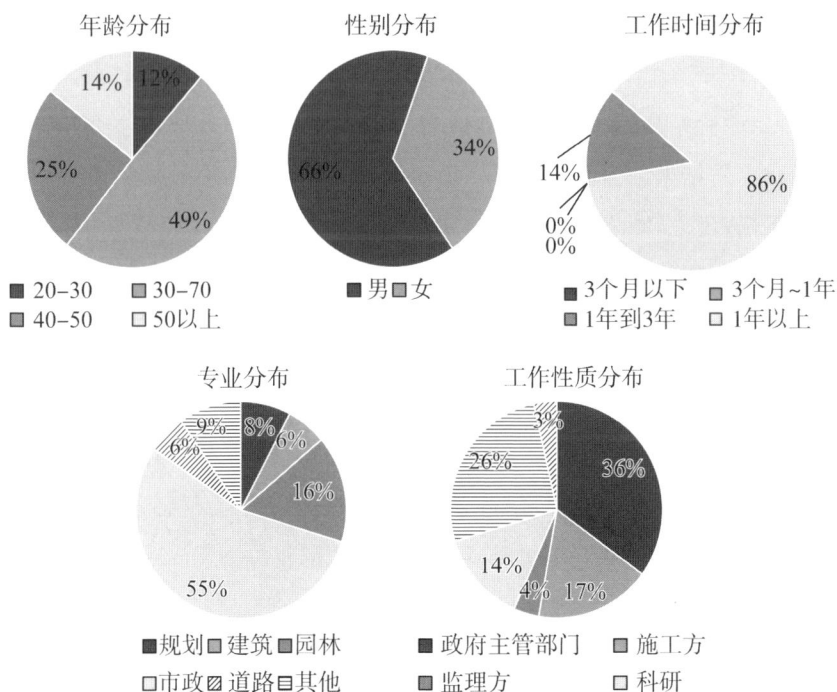

图 15-4　调查对象的基本信息

由图可知,在年龄分布方面,30—40岁的从业人员占比最高,达49%,其次为40—50岁的从业人员,占比为25%。受访从业人员以男性为主,占比达66%。参与工作时间在3年以上的受访从业人员占86%,说明受访从业人员的从业经验普遍较为丰富。受访从业人员的专业领域多元化程度较高,其中市政领域的从业人员人数最多,占比达55%;其次为园林领域,占比为16%。此外,受访从业人员还涉及规划、道路、建筑以及其他专业领域。在工作性质方面,来自政府主管部门和设计方的从业人员人数最多,占比分别达36%和26%,这两类从业人员分别负责项目的全过程管控和前期规划设计工作;来自施工方的从业人员占比为17%,主要负责项目的具体施工建设工作;负责科研工作的从业人员占14%;而监理方的从业人员人数较少,仅占4%。

二、调研数据质量检验分析

(一)信度分析

1.信度分析的概念

信度(reliability)即可靠性,是指当采用同样的方法对同一对象重复测量时,所得到检验结果的一致性程度或者可靠性程度。信度分析主要应用于测量问卷样本的结果是否真实可靠。检验信度越高,表示测量值越接近实际值,结果越可信;反之,则表示结果偏离实际值越大,越不可信。

克隆巴赫信度系数法(Cronbach's alpha values)是目前比较常用的一种信度检验方法。Cronbach's alpha 系数是由 Cronbach 在 1951 年提出的用于测量评价问卷内部一致性的检验方法,计算公式为

$$\alpha = \frac{k}{k-1}(1-\frac{\sum_{i=1}^{k}S_i^2}{S_X^2}) \tag{15-1}$$

式中,k 为问卷中题项的总数;S_i^2 为第 i 个题项的得分方差;S_X^2 为全部题项的得分总方差。

Cronbach's alpha 系数的取值范围为[0,1],一般认为系数大于0.8时,问卷的信度较高;系数的取值范围为[0.7,0.8]时,问卷信度一般;系数小于0.7时,说明问卷设计存在较大问题,应重新进行设计(屈芳等,2015)。

2.总量表的信度分析结果

本研究利用SPSS 19.0软件对问卷结果的总量表和各指标分别进行了信

度分析,结果如表 15-6 和表 15-7 所示。

表 15-6 总量表信度

	N	占比/%	Cronbach's alpha 值	基于标准化项的 Cronbach's alpha 值	项数
案例有效	261	100.0	0.884	0.874	16

由表 15-6 可知,总量表的 Cronbach's alpha 值为 0.884,大于 0.8,基于标准化项的 Cronbach's alpha 值为 0.874,大于 0.8,说明本问卷的内在信度很高,收集的信息能有效满足统计分析的需要。

表 15-7 各指标信度

维度	编号	风险因素	指标项已删除的 Cronbach's alpha 值
管理（M）	M1	组织架构不合理	0.867
	M2	运行机制不健全	0.882
	M3	制度执行不到位	0.877
资金（F）	F1	建设资金筹措困难	0.865
	F2	运维资金来源不稳定	0.883
	F3	海绵产业发展不足	0.872
社会（S）	S1	社会宣传教育不到位	0.879
	S2	社会参与程度较低	0.879
技术（T）	T1	规划设计方案不合理	0.872
	T2	施工工艺与技术不成熟	0.865
	T3	技术创新力缺乏	0.871
	T4	智慧化监管平台未搭建	0.877
环境（E）	E1	行业大环境不稳定	0.869
	E2	地方建设积极性不高	0.876
法规（L）	L1	海绵城市未纳入国家立法体系	0.873
	L2	配套法规体系不健全	0.879
	L3	相关政策制定不完善	0.872

由表 15-7 可知,问卷中每个指标项已删除的 Cronbach's alpha 值均小于总量表信度的 Cronbach's alpha 值,表示剔除任一条目均会降低信度,说明本问卷的每个指标项设计都是可信的,应该全部予以保留。

(二)效度分析

1.效度分析的概念

效度(validity)即有效性,是指数据测量的有效性和准确性,即问卷等测量手段能测出所需测量事物的准确程度。测量结果与需要考察的内容越吻合,效度越高;反之,则效度越低。

2.效度分析结果

本研究利用 SPSS 19.0 软件对问卷结构效度进行分析,KMO 和 Bartlett 检验结果如表 15-8 所示。

表 15-8　KMO 和 Bartlett 检验

取样足够度的 KMO 度量		0.872
Bartlett 的球形度检验	近似卡方	1027.624
	df	278
	Sig.	0.000

KMO 的取值区间为[0,1],一般认为,当 KMO>0.8 时,表示结构效度较好(Kaiser et al.,1974)。由表 15-8 可知,本问卷的 KMO 值为 0.872,大于0.8,说明本问卷具有较好的结构效度。

综上,本研究采用的问卷通过了信度和效度检验。

三、风险等级评估

在识别 17 个风险因素的基础上,运用风险矩阵分析,结合风险的影响程度和风险发生的可能性进一步对风险进行综合评价。

风险因素的分级方法主要采用李克特(Likert)5 级量表法(亓莱滨,2006),即将各因素对海绵城市建设风险的影响程度以及发生的概率分别分为5 个等级,具体评估标准见表 15-9。

风险矩阵分析即以风险的影响程度为横坐标,以风险发生的概率为纵坐标构建风险等级评估矩阵(Lee et al.,2009),如图 15-5 所示。海绵城市建设风险等级分为低、中、高三类风险,并分别记为 R1、R2、R3,表示各风险因素的风险等级。

表 15-9　评估标准

评估项目	评估分值				
	1	2	3	4	5
概率描述	基本不发生	偶尔发生	经常发生	较频繁发生	频繁发生
程度描述	基本不影响	较小影响	影响一般	较大影响	影响很大

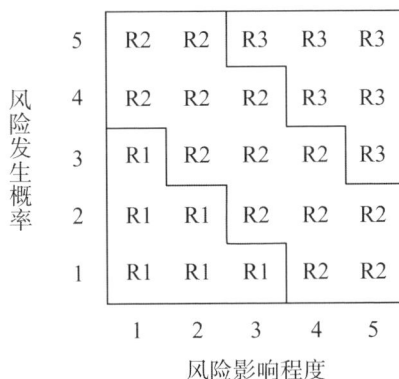

图 15-5　风险等级评估矩阵

经对调研获取的 261 份调查问卷进行统计和矩阵分析，海绵城市建设风险因素等级评估结果详见表 15-10。

表 15-10　海绵城市建设风险因素分级结果统计

维度	编号	风险因素	R1	R2	R3
管理（M）	M1	组织架构不合理	69	150	42
	M2	运行机制不健全	30	153	78
	M3	制度执行不到位	27	114	120
资金（F）	F1	建设资金筹措困难	33	147	81
	F2	运维资金来源不稳定	36	174	51
	F3	海绵产业发展不足	75	120	66
社会（S）	S1	社会宣传教育不到位	39	144	78
	S2	社会参与程度较低	45	162	54

续表

维度	编号	风险因素	R1	R2	R3
技术 （T）	T1	规划设计方案不合理	18	159	84
	T2	施工工艺与技术不成熟	12	192	57
	T3	技术创新力缺乏	96	111	54
	T4	智慧化监管平台未搭建	60	141	60
环境 （E）	E1	行业大环境不稳定	27	165	69
	E2	地方建设积极性不高	24	159	78
法规 （L）	L1	海绵城市未纳入国家立法体系	21	150	90
	L2	配套法规体系不健全	15	141	105
	L3	相关政策制定不完善	66	132	63

由表 15-10 可知,从风险等级评估结果来看,高风险等级排在前五位的分别为"制度执行不到位""配套法规体系不健全""海绵城市未纳入国家立法体系""规划设计方案不合理""建设资金筹措困难"。可以看出,初步统计的高风险主要集中在管理、法规、技术和资金四大领域。

接下来,基于问卷得到的各风险因素评估数据,构建贝叶斯网络模型,进一步分析各风险因素之间的关系。

第三节　基于贝叶斯网络模型的海绵城市建设关键风险与致因链分析

一、贝叶斯网络分析方法

(一)贝叶斯网络简介

贝叶斯网络(Bayesian Network)又称信度网络,以概率论为理论基础,是描述随机变量之间依赖关系的图形模式,目前被广泛应用于不确定问题的智能化求解和推理领域(胡春玲,2013)。与根据多次重复试验统计事件发生概率的客观概率不同,贝叶斯概率是利用现有知识对未知事件进行预测,观测其发生的可能性(王双成,2010)。

贝叶斯网络由代表变量节点及连接这些节点的有向边构成,节点之间通过箭线连接,代表两节点之间存在因果关系,箭头由原因指向结果。两节点之间会产生一个条件概率值,所有的条件概率值构成完整的条件概率分布(Jensen,2007)。贝叶斯网络关联诊断推理则是基于已生成结果反推出原因之间的关系。贝叶斯网络模型公式如下。

条件概率:设两随机事件为 X 和 Y,且 $P(Y)>0$,在 Y 一定发生时 X 发生的概率为

$$P(X \mid Y) = \frac{P(X \cap Y)}{P(Y)} \tag{15-2}$$

上式可以得到

$$P(X \cap Y) = P(Y)P(X \mid Y) \tag{15-3}$$

若有 $P(Y)>0$,根据公式(15-3),同样可以定义 $P(X \mid Y)$,则这时有

$$P(X \cap Y) = P(Y)P(X \mid Y) = P(X)P(Y \mid X) \tag{15-4}$$

先验概率:设事件 $Y_1,Y_2,\cdots,Y_n$ 属于样本空间 C,$P(Y_i)$ 可通过已有数据进行计算获得,则先验概率为 $P(Y_i)$。

后验概率:Y_i 在 X 发生的情况下的概率为 $P(Y_i \mid X)$,依据 $P(Y_i)$ 和观测数据对其进行改正可得 $P(Y_i \mid X)$,为后验概率。

贝叶斯定理:$Y_1,Y_2,\cdots,Y_n$ 互不相容但能构成一个完整事件,且 $P(X)>0$,$P(Y_i)>0$ $(i=1,2,\cdots,n)$,则根据乘法定理和条件概率,有

$$P(Y_i \mid X) = \frac{P(X \mid Y_i)P(Y_i)}{\sum_{i=1}^{n} P(X \mid Y_i)P(Y_i)} \tag{15-5}$$

式中,$P(Y_i)$ 为先验概率,$P(Y_i \mid X)$ 为后验概率。

(二)贝叶斯网络模型法的可行性分析

贝叶斯网络有效结合了概率理论、因果推理和图论,为解决不确定性问题提供了一种直观且有效的方法。贝叶斯网络模型的构建主要包括三个步骤:首先,选取变量构成网络图的各节点;其次,通过结构学习搭建网络结构;最后,通过参数学习获得条件概率分布。

目前关于风险评估的方法有很多,常用的有 AHP 层次分析法、模糊综合评价法、神经网络法和贝叶斯网络法等(李宏远,2019)。相较于其他方法,贝叶斯网络分析具有以下优势特点:

第一,贝叶斯网络分析通过构建网络结构图,利用图形的模式来描述变量之间的因果关联关系,在表达上较为直观且逻辑清晰,利于理解;

第二,贝叶斯网络分析中的结构学习和参数学习能分别从定性和定量两个层面描述变量之间的因果关系,使结果更为准确;

第三,相较于传统监督学习算法,贝叶斯网络可以处理不完备数据集,在缺少一些数据的情况下仍可以建立较为准确的模型;

第四,贝叶斯网络可以针对现实情况的改变对信息加以修正,使研究内容更接近实际情况;

第五,贝叶斯具有较强的预测能力,能深入挖掘各影响因素之间的关系,从而更好地掌握事物发展的客观性和规律性。

基于上述特点,贝叶斯网络能有效进行不确定问题的智能化求解和推理,并在专家系统、决策支持、机器学习和数据挖掘等诸多领域得到了广泛应用。

海绵城市建设涉及面广,建设过程相对复杂,具有风险因素众多且各因素之间关系复杂的特点,利用贝叶斯网络分析方法能有效解决此类问题。

为此,本研究选择贝叶斯网络分析方法作为研究手段,目的是揭示在管理、资金、社会、技术、环境和法规等维度下,各风险因素对海绵城市建设的影响程度,以及各风险因素之间的因果关联机理,得出影响显著的关键风险及其致因链,为风险防控提供理论依据。

(三)贝叶斯网络分析法的研究步骤

在识别风险因素的基础上,利用调查问卷数据构建贝叶斯网络模型,揭示海绵城市建设风险因素之间的内在关系,主要研究步骤如下:

第一,风险因素的定义与识别。结合文献梳理、案例分析和专家经验,建立影响海绵城市建设的风险数据库,对梳理得到的风险因素进行定义、分类,识别出各类别下的风险因素。

第二,风险因素的评估。在识别出海绵城市建设风险因素的基础上,通过调查问卷收集数据,利用风险等级矩阵评估风险,继而为后续贝叶斯网络模型的构建提供数据支持。

第三,构建贝叶斯网络模型。利用调查问卷数据进行网络结构学习,构建贝叶斯网络模型,并结合专家意见对网络结构模型进行调整优化,使其更为合理。在此基础上,利用最大似然法进行参数学习,确定各变量节点的参数取值。

第四,贝叶斯网络模型的推理分析。通过对构建的贝叶斯网络模型进行逆向推理和最大致因链分析,识别关键风险因素与风险链。

二、基于贝叶斯网络的海绵城市建设风险模型构建

完整贝叶斯网络模型的构建主要包括变量的定义、结构学习和参数学习三方面的内容。

首先,在变量的定义方面,通过上一章节的研究,已经识别出了包括"制度执行不到位""配套法规体系不健全""海绵城市未纳入国家立法体系""规划设计方案不合理"等在内的 17 个海绵城市建设风险因素。

其次,在结构学习方面,利用相关软件对问卷数据进行初步学习,得到初始的海绵城市建设风险贝叶斯网络模型,并通过相关专家咨询建议,对模型进行调整优化,使之更为科学合理;对构建的模型进行交叉验证,确保模型的科学性。

最后,在参数学习方面,本研究在优化后的贝叶斯网络模型基础上,通过软件的参数学习功能,得到网络中各风险因素的条件概率。

(一)海绵城市建设风险贝叶斯网络结构学习与优化

选取 17 个海绵城市建设风险因素作为构建模型的变量,通过贝叶斯网络结构学习得出的网络拓扑结构来定性描述海绵城市建设风险因素之间的关联机理。此次研究利用 GeNle 2.3 软件来构建贝叶斯网络模型,将数据导入软件用于机器学习,并选择已识别的主要风险因素作为贝叶斯网络节点,得到贝叶斯网络结构。贝叶斯网络结构学习界面如图 15-6 所示。

由于用于训练学习的数据有限,存在部分学习结果与实际情况不符的问题,无法得到真实"正确"且简洁的网络结构,因此需要进一步调整优化。

部分研究表明,构建系统要素因果关系的最佳方法是将专家的经验知识构建的临时因果关系图与实际因果关系图进行有机结合(Nadkarni et al., 2001)。因此,本研究在数据学习的基础上,咨询了相关专家的建议,并根据专家的经验知识对海绵城市建设风险因素间的关联机理进行了调整、修正和优化,使得各因素之间的逻辑关系更为科学合理。最终,优化后的海绵城市建设风险贝叶斯网络结构如图 15-7 所示。

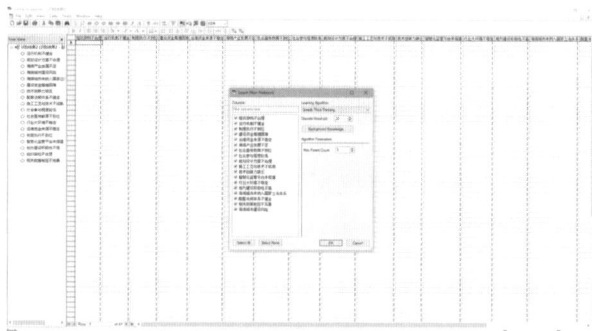

图 15-6　贝叶斯网络结构学习界面

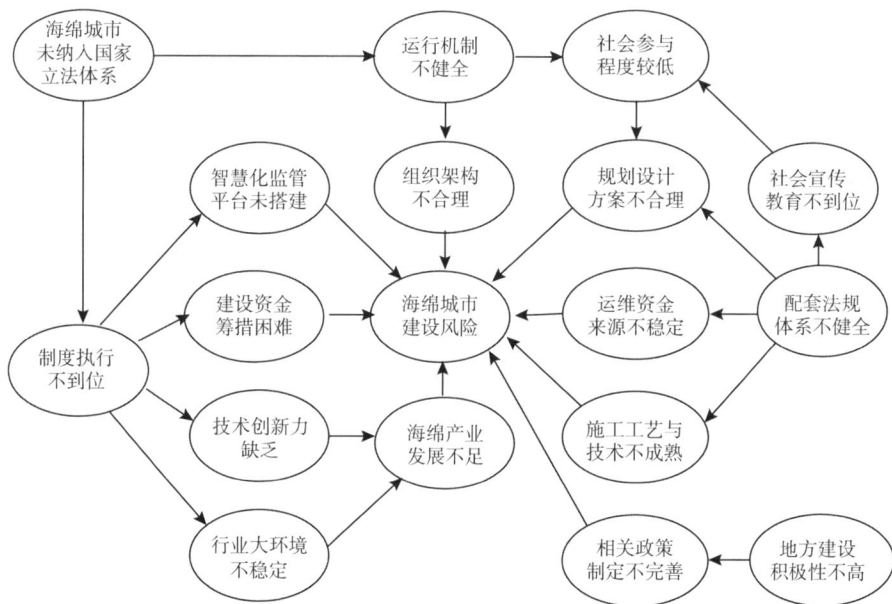

图 15-7　海绵城市建设风险贝叶斯网络结构

(二)海绵城市建设风险贝叶斯网络模型验证

为保证模型的准确性和科学性,本研究采用 Leave One Out Cross Validation(LOO—CV)方法对构建的海绵城市建设风险贝叶斯网络模型进行交叉验证,具体结果见表 15-11。

表 15-11　贝叶斯网络模型交叉验证结果

维度	编号	节点	预测精度
管理（M）	M1	组织架构不合理	0.805
	M2	运行机制不健全	0.816
	M3	制度执行不到位	0.776
资金（F）	F1	建设资金筹措困难	0.793
	F2	运维资金来源不稳定	0.897
	F3	海绵产业发展不足	0.842
社会（S）	S1	社会宣传教育不到位	0.782
	S2	社会参与程度较低	0.851
技术（T）	T1	规划设计方案不合理	0.839
	T2	施工工艺与技术不成熟	0.885
	T3	技术创新力缺乏	0.852
	T4	智慧化监管平台未搭建	0.812
环境（E）	E1	行业大环境不稳定	0.834
	E2	地方建设积极性不高	0.863
法规（L）	L1	海绵城市未纳入国家立法体系	0.805
	L2	配套法规体系不健全	0.823
	L3	相关政策制定不完善	0.831

由表 15-11 可知,大部分节点的预测精度大于 0.8,其中最高可达 0.897。同时,经计算后,模型整体的节点预测精度为 0.830,说明本研究构建的海绵城市建设风险贝叶斯网络模型具有较高的预测精度,较为科学合理,适合用于致因分析与推理。

三、海绵城市建设风险因素关联机理分析

由图 15-7 可以看出,17 个风险因素与海绵城市建设风险之间形成了一个整体网络,各风险因素之间共存在 11 条因果风险链。其中,"海绵城市未纳入国家立法体系""配套法规体系不健全""地方建设积极性不高"均处于父节点的位置,说明这 3 个风险因素是致因型风险因素,是主要的风险源头,而这 3 个风险因素均属于制度层面风险,表明制度因素是海绵城市建设风险的根本

因素。同时,各父节点与子节点之间形成了各自局部的网络结构,任何节点的状态发生变化都会对其他节点的状态造成影响。各风险因素之间的关联机理分析如下。

(一)以"海绵城市未纳入国家立法体系"为风险源

1.海绵城市未纳入国家立法体系→制度执行不到位→建设资金筹措困难→海绵城市建设风险

我国海绵城市建设主要依靠政府推动,政府对相应制度的执行力度是确保海绵城市建设成功的重要前提。地方政府的制度执行力受到很多因素的影响,其中是否存在国家层面的专门立法是一个重要的因素。而目前我国海绵城市建设相关内容尚未被纳入国家立法体系,这会造成海绵城市建设缺少国家层面相关制度的硬性规定和有效指导,削弱地方政府对海绵城市建设工作的积极性,使得相关制度未能得到有效执行。同时,海绵城市建设投资规模较大,且项目中包括大量公园、道路、广场等公益性项目,经济效益不明显,对社会资本的吸引力较弱,目前基本以政府性投资为主,存在建设资金筹措困难的问题。而海绵城市建设资金能否得到有效筹措则与制度执行力直接相关,若地方政府未能有力执行海绵城市建设的投融资制度,不能鼓励社会资本参与海绵城市建设,则会进一步加大建设资金筹措的难度,造成海绵城市建设风险。

2.海绵城市未纳入国家立法体系→制度执行不到位→智慧化监管平台未搭建→海绵城市建设风险

智慧化监管平台是各部门、各专业之间进行信息交换的有效渠道,其主要作用在于加强对海绵城市的本地监测、对海绵城市建设效果的定量化评估以及对已建成设施的综合调度管理。平台的建立需要政府的支持,若地方政府对海绵城市建设相关制度执行不到位,则可能出现信息集成平台缺失或者不完善等情况,由此产生各部门之间的信息不能高效流通、已建成设施调度不合理等问题,最终影响海绵城市建设效果。

3.海绵城市未纳入国家立法体系→制度执行不到位→技术创新力缺乏→海绵产业发展不足→海绵城市建设风险

目前海绵城市尚未纳入国家立法体系,意味着无法用国家层面的法规来保障海绵城市建设管理制度的有效执行,这容易造成政府对海绵城市科研激励制度的执行不到位,主要表现在未能设立奖励和补助资金以鼓励和支持海绵城市相关领域的研发,进而影响各大企业、高校及科研机构对海绵城市关键技术的科研投入。技术创新力缺乏则会阻碍自主创新能力提升,进一步影响产业技术结构的优化升级,最终导致海绵产业发展不足,影响海绵城市建设可持续发展。

4.海绵城市未纳入国家立法体系→制度执行不到位→行业大环境不稳定→海绵产业发展不足→海绵城市建设风险

构建长效机制是海绵城市建设可持续推进的必要保障,而加强国家立法层面的顶层设计是构建长效机制的重要前提。若未能在国家层面建立健全海绵城市建设的法制化、标准化、常态化、社会化实施机制,可能会使地方政府对海绵城市建设相关制度的执行不到位,海绵城市建设过程中遇到的各类问题与挑战无法得到各参与方应有的重视和解决,致使海绵城市试点热度下降、规划编制重点转移,这进一步加剧了海绵城市相关行业大环境的不稳定,最终引发海绵城市建设风险。

5.海绵城市未纳入国家立法体系→运行机制不健全→组织架构不合理→海绵城市建设风险

海绵城市的建设管理涉及规划、景观、财政等多个部门,需要经历设计、建设、考核、运维等多个阶段,程序多且较为复杂。因此,在海绵城市试点建设过程中,各城市应完善组织架构,召集各职能部门的专业人员组成海绵办等专职管理机构,统筹部署和协调关于海绵城市建设推进中的总体安排、重大事项决策等工作。若运行机制不健全,可能会使统筹机构的管理工作流于形式,不能明晰组织架构内各职能部门权责以及有效发挥统筹协调作用,导致政出多门、职责交叉、多头管理、相互推诿的"九龙治水"乱象。然而,运行机制是否健全在很大程度上依赖于将海绵城市纳入国家立法。

6.海绵城市未纳入国家立法体系→运行机制不健全→社会参与程度较低→规划设计方案不合理→海绵城市建设风险

海绵城市建设理念在我国推行的时间较短,公众对海绵城市的了解度和认可度相对不足,对海绵城市建设普遍持不关心态度。究其原因,是政府管理部门尚未建立有效的公众参与机制,无法让公众切身参与到海绵城市建设中。例如在方案设计阶段,设计单位若没能通过公众意见咨询了解公众需求,就会出现设计方案不适宜当地具体情况、无法满足公众需求等问题,最终引发海绵城市建设风险。

(二)以"配套法规体系不健全"为风险源

1.配套法规体系不健全→规划设计方案不合理→海绵城市建设风险

科学合理的规划设计方案需要健全的海绵城市规划体系与规划许可制度进行规范。若规划体系不健全,"一书两证"等许可制度不够完善,则会导致规划设计方案不合理,出现大小海绵体缺乏统筹考虑与系统布局等技术问题,最终影响海绵城市建设效果。

2.配套法规体系不健全→施工工艺与技术不成熟→海绵城市建设风险

施工工艺与技术的成熟度是影响海绵城市建设效果的直接因素,施工工艺与技术不成熟会导致施工技术不到位,使海绵城市项目在建设过程中出现质量问题。施工工艺与技术的提升离不开地方配套法规体系的规范引领,一旦地方城市缺乏相应的实施和管理规定,在创新施工工艺研发机制、优化技术创新模式和构建交流沟通平台等方面不到位,便无法为海绵城市建设提供坚实的施工工艺与技术保障,最终影响海绵城市建设效果。

3.配套法规体系不健全→运维资金来源不稳定→海绵城市建设风险

海绵设施建成后,为保证其持续发挥效益,需要投入大量的资金进行维护,由于海绵城市建设项目的运维成本较高,单靠政府财政拨款难以满足需求。因此,运维资金的筹措除了政府支出以外,也需要社会资本的共同参与。

目前社会资本参与海绵设施运维的形式多以PPP投融资模式为主,但我国海绵城市建设的时间短,各地均缺乏相应的法律法规对PPP建设模式进行规范,同时部分已出台的PPP规范性文件与当前实行的法律法规存在适应性不足的情况,容易出现融资主体权责不清等问题,造成市场融资模式不稳定;此外,根据国外发达国家经验,雨水排放收费也应作为海绵设施运维资金的重要来源,若地方配套法规体系不健全,缺乏雨水排放收费制度对民众的约束作用,造成民众不愿意支付相应费用等现象,使海绵设施缺乏运维资金,最终产生海绵城市建设风险。

4.配套法规体系不健全→社会宣传教育不到位→社会参与程度较低→规划设计方案不合理→海绵城市建设风险

海绵城市建设涉及老旧小区改造、公园改造等项目,是一项百姓身边的民生工程,离不开公众的参与和支持。社会参与程度主要取决于两个方面:一是政府是否建立了有效的公众参与机制,让百姓有渠道提供建议和反映问题,切身参与到海绵城市建设过程中;二是公众是否拥有较强的责任意识,认识到海绵城市建设并非只是政府的工作,而是与每个人息息相关。对海绵城市建设理念的宣传教育是提高公众认可度、增强公民责任意识的有效方法。若政府和社会媒体对海绵城市建设理念的宣传教育不到位,则会导致公众"主人翁"意识缺失,不会主动参与到海绵城市建设过程中,最终影响设计方案的合理性,加剧海绵城市建设风险。

(三)以"地方建设积极性不高"为风险源

以"地方建设积极性不高"为风险源的因果风险链仅有 1 条,即"地方建设积极性不高→相关政策制定不完善→海绵城市建设风险"。

国内海绵城市建设正处于起步阶段,产业链整合度不够,仅少部分企业能进行海绵城市的运作,无法实现高效的资金回笼(张建昂等,2019)。同时,在以政府购买服务为主的付费模式下,地方政府的支付能力和信用成为海绵城市 PPP 项目的重要依靠和保障。公益性服务项目的社会资本积极性极低,导致推进海绵建设的各级政府财政压力较大,政府部门的积极性也受到影响。

地方建设积极性不高导致相关政策制定不完善,如果在公众参与层面缺少相关法律的支撑,使得公众参与缺乏制度保障和实现途径;在项目投融资层面缺乏鼓励机制,最终导致海绵城市建设风险。

四、海绵城市建设风险的贝叶斯网络参数学习

在构建贝叶斯网络结构的基础上,利用 GeNIe 2.3 软件对调查获取的数据进行参数学习,确定贝叶斯网络中各节点变量的概率分布。

(一)贝叶斯网络节点变量概率初始化

在导入数据进行参数学习之前,先对海绵城市建设风险因素的概率分布按照均匀分布的原则进行初始化赋值。参照海绵城市建设风险因素分级结果,R1、R2、R3 三个级别分别对应 Low、Medium 和 High 三种风险状态,且每个状态的概率均为 1/3。

(二)导入数据、匹配数据和网络

利用 GeNIe 2.3 可支持外部数据库的功能,将经过 Access 数据库规范化

处理后的调查数据导入 GeNle 2.3 中进行参数学习,具体过程为:在 GeNle2.3 中导入经过规范化处理后的调查数据;对已构建的贝叶斯网络结构进行网络和数据匹配,并将每个节点按照 High——R3,Medium——R2,Low——R1 的规则进行匹配。具体操作界面如图 15-8 所示。

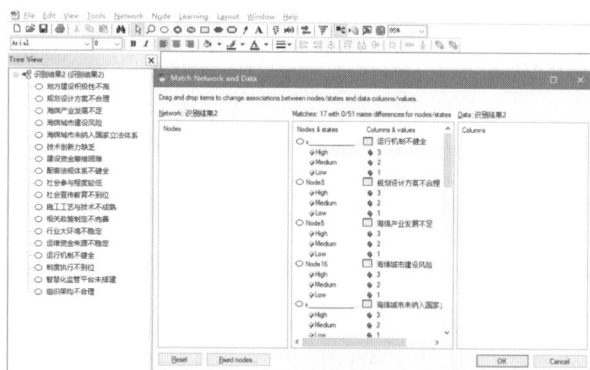

图 15-8 GeNle 2.3 软件数据与网络匹配界面

贝叶斯网络参数学习是为了获得网络中每个节点的条件概率分布,利用最大似然估计算法对海绵城市建设风险贝叶斯网络进行参数学习,参数学习结果如图 15-9 所示。

五、海绵城市建设风险的贝叶斯网络推理分析

基于上文构建的贝叶斯网络模型的参数学习结果,得到海绵城市建设风险因素在高、中、低三个风险状态下的概率分布。接下来,利用贝叶斯网络的逆向推理和最大致因链分析功能,对可能造成海绵城市建设风险的因素进行深入识别和评价,并根据分析结果,提出针对性建议。

(一)逆向推理

逆向推理就是通过调整海绵城市建设风险变量节点状态的赋值,利用随机抽样算法(Shachter et al.,1989)推理得到网络中其余变量节点的变化情况,并从中找出关键、显著的风险因素节点,以帮助管理者将海绵城市建设风险降至最低水平。

根据逆向推理算法,将海绵城市建设风险设置为最危险状态下的目标节点,即 P(High)=100%,可以逆向推理得到对海绵城市建设风险影响最显著

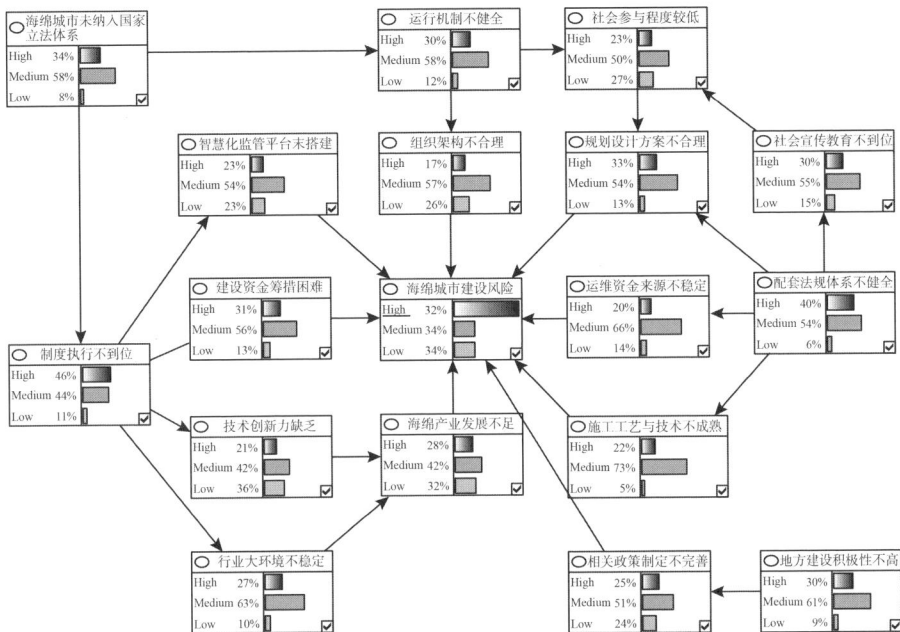

图 15-9　海绵城市建设风险贝叶斯网络参数学习

的因素,即风险越大,影响程度越显著。逆向推理结果如图 15-10 所示。

　　根据设定的高风险预警值,将图 15-8 中高风险(R3)概率超过 30% 的关键风险因素进行风险排序,结果如表 15-12 所示。

表 15-12　部分风险因素逆向推理结果表

编号	风险因素	不同风险等级状态的概率(%)			高风险值排序
		R3	R2	R1	
M3	制度执行不到位	48	41	11	1
L2	配套法规体系不健全	42	52	6	2
L1	海绵城市未纳入国家立法体系	36	56	9	3
T1	规划设计方案不合理	35	51	14	4
F1	建设资金筹措困难	33	54	13	5
E2	地方建设积极性不高	32	59	10	6
M2	运行机制不健全	31	58	12	7
S1	社会宣传教育不到位	30	55	15	8

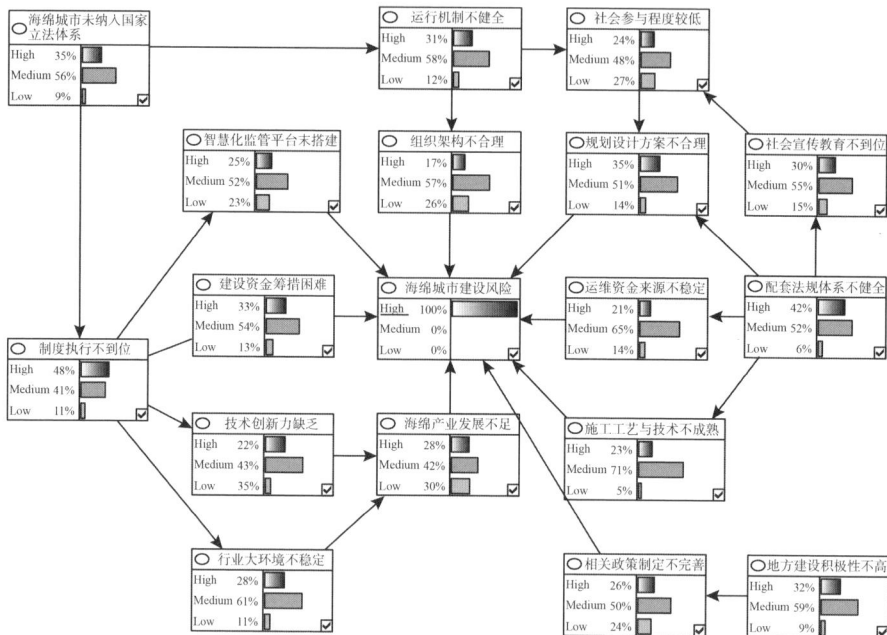

图 15-10　海绵城市建设风险逆向推理

由表 15-12 可知,对海绵城市建设风险的影响程度最大的 8 个因素分别为"制度执行不到位""配套法规体系不健全""海绵城市未纳入国家立法体系""规划设计方案不合理""建设资金筹措困难""地方建设积极性不高""运行机制不健全""社会宣传教育不到位",说明这些因素是影响海绵城市建设水平的关键风险因素,应采取措施进行规避甚至消除,从而提升海绵城市建设效果。

1.风险维度总体分析

管理、资金、社会、技术、环境和法规六个维度均含有一个及以上的关键影响因素,说明这六个维度的风险对海绵城市建设水平均有较为显著的影响。其中,管理和法规风险维度均存在两个关键影响因素,这体现了管理和法规对海绵城市建设的重要性。究其原因,管理制度和法规体系的建立与完善对海绵城市有序运行的影响是基础性和关键性的,两者贯穿于海绵城市建设的全生命周期,是推动海绵城市开发建设和长期运行的根本保障。

2.不同维度下的核心因素分析

(1)管理风险

通过逆向推理可以发现,"制度执行不到位"的高风险概率最大,说明该因素对海绵城市建设风险影响程度最大。分析原因可知,我国的海绵城市建设基本以政府为主导,而政府对相关制度的执行状况会直接影响到资金、管理等方面的工作水平,一旦地方政府对海绵城市建设的理念认知不到位,不能充分意识到海绵城市建设的重要性,使得制度执行不到位,则会出现建设重点转移、海绵城市建设投资削减、项目进度延滞等问题,从而造成海绵城市建设风险。从调研情况来看,确实有很多城市存在这些问题。除此之外,"运行机制不健全"同样会对海绵城市建设风险产生较大影响。海绵城市建设是一项系统性工程,涉及多个专业和相关职能部门,对部门间的系统协调能力要求较高,若不能制定完善的管理制度与工作机制,则无法保证各职能部门的工作效率和质量,容易出现部门之间相互推诿、权责不清等问题,最终导致海绵城市建设水平低下。

(2)资金风险

根据风险概率可知,"建设资金筹措困难"是资金风险维度的核心因素,对海绵城市建设风险的影响程度最大,其次是"海绵产业发展不足",影响最小的是"运维资金来源不稳定"。从调研情况来看,目前各试点的海绵城市建设基本以政府性投资为主,市场资本次之,民众的社会性投资相对较少,普遍存在建设资金筹措困难的问题。究其原因,海绵城市建设涉及大量老旧小区改造、道路改造、排水系统改造等公益性建设项目,其效益主要体现在社会和环境效益上,而且海绵城市建设投资回报反馈机制复杂,对市场资本吸引力不足。一旦政府资金支持不足,将会直接影响海绵城市建设推进。未来海绵城市全域推广后,若一味依靠政府性投资,必将给政府财政带来巨大的压力,难以为继。

(3)社会风险

在社会风险维度,对海绵城市建设风险影响最为显著的是"社会宣传教育不到位",其次为"社会参与程度较低"。社会宣传教育是公众了解海绵城市建设的主要途径,从对试点城市民众的访谈结果看,仍有很多民众对海绵城市的认知度不足,说明目前的社会宣传教育仍不到位。同时,从因果风险链可知,"宣传教育不到位"处在风险源的位置,是致因型风险因素,一旦风险增大,会造成"社会参与程度较低"等其他因素的风险发生可能性大增。

(4)技术风险

由推理结果可知,在技术风险维度,"规划设计方案不合理"对海绵城市建设风险的影响程度最大,"智慧化监管平台未搭建"的影响次之,接下来是"施工工艺与技术不成熟",影响最小的是"技术创新力缺乏"。规划设计方案作为技术层面的顶层设计,对海绵城市建设效果起到统领全局的作用,一旦出现规划系统性不足、方案设计不合理等问题,会引发一系列海绵城市建设风险,最终影响海绵城市建设效果。从调研情况来看,部分试点城市的海绵城市建设项目由于存在设计不合理、居民不满意等情况,需要返工进行重新设计和建设施工,浪费了大量建设资金。

(5)环境风险

在环境风险维度,"地方建设积极性不高"对海绵城市建设风险影响程度最大。究其原因,我国海绵城市建设基本以政府为主导,而政府的态度会直接影响到资金、管理等方面的工作水平,一旦地方政府对海绵城市建设的积极性不高、理念认知不到位,意识不到海绵城市建设的重要性,就会出现建设重点偏移、海绵城市建设投资削减、项目进度延期等问题,从而造成海绵城市建设风险。此外,得益于国家政策的大力支持,海绵城市建设的热潮为相关行业发展带来了重大机遇。然而,从调研结果看,海绵城市建设参与者对理论和技术体系的储备参差不齐,工程实践经验有待积累,相关行业仍处于起步阶段,面临着巨大挑战和不确定性,因此"行业大环境不稳定"的风险概率同样较高。

(6)法规风险

在法规风险维度,"配套法规体系不健全"和"海绵城市未纳入国家立法体系"对海绵城市建设风险的影响程度均较大,其中"配套法规体系不健全"相较而言更为显著。究其原因,国家层面的专门立法起到统领全局的作用,能引起各地政府对海绵城市建设的高度重视;而地方配套法规体系则是各地充分考虑自身具体情况基础上,因地制宜制定的各项制度保障,对海绵城市建设风险的影响更为直接。除此之外,"相关政策制定不完善"同样会对海绵城市建设风险产生影响。若地方建设海绵城市积极性不高,认识不到海绵城市建设是一项系统性工程,不能制定完善的政策制度与工作机制,则无法保证各职能部门的工作效率和质量,容易出现部门之间相互推诿、权责不清等问题,最终导致海绵城市建设水平低下。

(二)最大致因链分析

贝叶斯网络的最大致因链分析主要用来判断风险因素间的影响和依赖程

度，目的在于找出导致结果发生的最可能途径，即关键风险链（郑雅婵，2014）。海绵城市建设风险最大致因链分析如图 15-11 所示，图中加粗链路即为影响海绵城市建设风险的最大致因链。

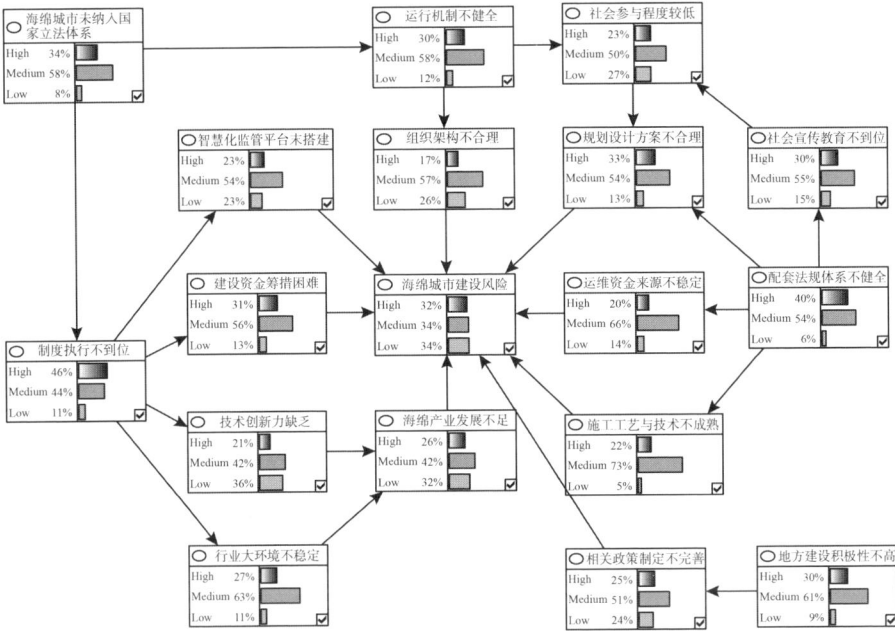

图 15-11　海绵城市建设风险最大致因链分析

由图 15-11 可知，在 3 个父节点风险因素中，加粗链条中的"海绵城市未纳入国家立法体系""配套法规体系不健全"是导致海绵城市建设风险的最大致因源头，最有可能诱发其他风险因素。若对这两个致因型风险因素进行重点管控，则可以从源头上切断风险链，最大限度减少海绵城市建设风险的发生。事实上，法规、资金、社会和环境四类风险归根结底都属于制度层面的风险。在试点城市调研及访谈过程中，课题组提出"资金类风险是否是影响海绵城市建设的直接因素"的问题时，诸多从业人员都认为资金类风险因素看似是影响海绵城市建设过程风险的直接因素，但没有合理的融资与资金管理制度，资金的筹措、管理与使用都将无法得到保障。这一现象说明，制度因素在海绵城市建设风险中起到了根本性作用。

"海绵城市未纳入国家立法体系""配套法规体系不健全"这两个风险因素导致的"制度执行不到位""运维资金来源不稳定""运行机制不健全""社会宣

传教育不到位""施工工艺与技术不成熟"等因素构成最大致因链上的次要节点,是导致海绵城市建设风险的重要因素。其中,"制度执行不到位""运行机制不健全"在最大致因链中的位置较为突出,能够引出"组织架构不合理""行业大环境不稳定"等 6 类其他风险,因而属于关键性的次要节点。两者同属于管理层面风险,这一现象表明,管理因素在海绵城市建设风险中属于间接型风险因素。

最后,隶属于技术层面风险的"规划设计方案不合理""施工工艺与技术不成熟""智慧化监管平台未搭建"均由制度风险或管理风险造成,且位于最大致因链的末端,直接导致海绵城市建设风险。这一现象表明,相较于作为风险根本因素的制度和作为风险间接因素的管理,技术在海绵城市建设风险的作用机制理论模型中属于直接因素。

由此可见,海绵城市建设存在着"制度—管理—技术"这一最大风险致因链,制度、管理和技术三大风险与海绵城市建设整体风险之间存在显著关系,并呈现出枝状交叉结构(见图 15-12)。其中,制度风险构成海绵城市建设风险作用机制的根本因素,管理风险和技术风险分别为间接因素和直接因素。

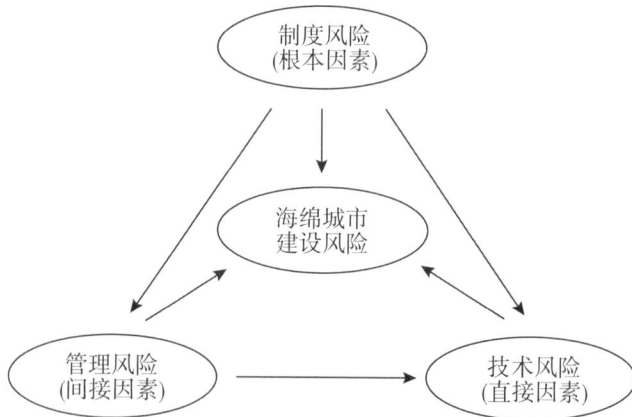

图 15-12　海绵城市建设最大风险因素及其作用机理

制度体系的建立与完善对海绵城市建设风险的影响是基础性和关键性的,它既能反映社会的现状与要求,又能体现社会客观规律——引导与督促新的社会关系,对海绵城市建设有着超前性和能动性的引导作用,在预防风险发生的策略中应予以重点关注。技术的提升与创新对风险的影响是直接和显著的,海绵城市建设的质量与进度很大程度上取决于技术水平与创新力的高低。

管理体制与运行机制的完善对风险的作用相对其他两大因素而言看似相对较弱,但国际经验和现实困境表明了其重要性及潜在性——尤其是,管理工作贯穿于海绵城市建设的全生命周期,具有持续性的特征。如同所有风险一样,海绵城市建设风险的产生也并非由单一因素引致,而是不同阶段多种因素共同影响的结果。因此,系统协同地改善各项因素对风险的全面管控是非常必要的。

第四节 小结

本章首先利用文献研究法、访谈法以及扎根理论方法,精确识别出 17 个海绵城市建设风险因素;在此基础上,通过风险因素调查评估,构建海绵城市建设风险贝叶斯网络模型,得到 11 条因果风险链,由此厘清了各风险因素之间的因果关系,识别出致因型风险因素;基于参数学习结果,进一步利用逆向推理分析,得到影响海绵城市建设风险的 8 个关键风险因素。其中,管理、资金、社会、技术、环境和法规维度均存在关键影响因素,而管理和法规风险维度各包含两个关键影响因素,这体现了管理和法规对海绵城市建设的重要性。最大致因链分析结果表明,在关键风险因素中,"海绵城市未纳入国家立法体系""配套法规体系不健全"是导致海绵城市建设风险的最大致因源头,说明制度层面风险在海绵城市建设风险产生过程中起到了根本性作用;"制度执行不到位""运行机制不健全"这两个管理风险在最大致因链中作为关键性的次要节点,因而属于间接型风险因素;技术风险基本位于最大致因链的末端,直接导致海绵城市建设风险,因而属于直接型风险因素;海绵城市建设存在着"制度—管理—技术"这一最大风险致因链。

但具体到地方层面,由于管理、社会、技术、环境等方面条件不同,各地面临的海绵城市建设风险类型及其特征也会有所差异。此外,本章着重分析了各类风险因素的静态关联特征,但海绵城市建设涉及规划、施工、运维等多个阶段,风险因素在不同阶段的状态也不尽相同。为此,需从全生命周期视角出发,全面深入揭示各风险因素在不同阶段的动态演化特征与规律,为因地制宜、与时俱进构建海绵城市建设风险防控体系提供理论依据。

第十六章 海绵城市建设风险动态演化规律

事物都是动态变化的,海绵城市建设风险也不例外。探讨全生命周期视角下的海绵城市建设风险演化特征与规律,对于海绵城市建设风险管理具有重要的理论意义与实践价值。

为此,本章在对海绵城市建设风险进行全生命周期划分的基础上,运用系统动力学的模型和方法,在绘制因果回路图、存量流量图及各风险因素权重赋值的基础上,借助系统动力学模型对海绵城市建设风险进行全生命周期仿真模拟,以探索制度、管理和技术三大风险子系统随生命周期演进的特征与规律,为海绵城市建设风险管控提供理论依据。

第一节 海绵城市建设风险的全生命周期

一、海绵城市全生命周期的划分

经文献检索分析,多数学者将海绵城市或其他大型工程项目按全生命周期理论大致划分为启动阶段、规划阶段或设计阶段、建设阶段或施工阶段、运营维护阶段(见表 16-1)。为此,根据我国海绵城市试点建设的实践经历,结合研究需要,本研究将海绵城市全生命周期划分为启动阶段、规划建设阶段和运维阶段。

表 16-1 大型工程项目全生命周期阶段划分

文献来源	全生命周期阶段划分
曾鸣等(2012)	前期工作阶段、融资阶段、施工运营阶段、项目评价阶段
周原(2013)	决策阶段、设计阶段、实施阶段、竣工验收阶段

文献来源	全生命周期阶段划分
孙攸莉（2019）	启动阶段、规划阶段、建设阶段、运维阶段
张甜（2019）	设计阶段、投融资阶段、建造阶段、运营阶段、移交阶段
喇海霞等（2021）	决策阶段、设计阶段、招投标阶段、施工阶段、竣工验收阶段、运营阶段
王同军等（2021）	规划设计阶段、建设施工阶段、运营维护阶段
张秋生等（2021）	建设阶段、运营阶段

启动阶段的工作主要包括：对海绵城市建设的宣传科普、组织管理架构、项目融资、人才引进、政策制定以及基础性调研等内容。

规划建设阶段的工作主要包括：规划编制、方案设计、规划管控，以及项目的组织、协调与建设等工作。规划设计重在制定全域、系统、科学、长远的海绵城市发展计划、建设目标与空间布局；施工建设的内容在于有序实施推进计划，历经合同签订、设计变更、技术培训、项目施工以及验收评估等环节。

运维阶段的工作主要包括：运行管理、维护管理、监测调度和效果评估等内容，这一阶段海绵设施开始运行并发挥效用。

二、海绵城市建设风险因素的全生命周期分布

根据上一章对海绵城市建设风险关键因素识别及致因链分析结果，将相关风险因素进行整合，分别纳入制度、管理和技术三大风险范畴；在此基础上，结合实地访谈过程中从业人员对各风险因素所处生命周期阶段的经验判断，可得到海绵城市建设风险的全生命周期分布状况（见表16-2）。

表16-2　海绵城市建设风险的全生命周期分布

风险范畴	风险因素	所处全生命周期阶段
制度风险	法规政策缺位	启动阶段、规划建设阶段、运维阶段
	资金保障不足	规划建设阶段、运维阶段
	社会参与缺乏	规划建设阶段、运维阶段
	大环境不稳定	启动阶段、规划建设阶段、运维阶段

续表

风险范畴	风险因素	全生命周期
管理风险	组织架构不合理	启动阶段
	运行机制不健全	规划建设阶段、运维阶段
	制度执行不到位	规划建设阶段、运维阶段
技术风险	规划设计方案不合理	规划建设阶段
	施工工艺与技术不成熟	规划建设阶段、运维阶段
	技术创新力缺乏	启动阶段、规划建设阶段、运维阶段
	智慧化监管平台未搭建	运维阶段

第二节 海绵城市建设风险的动态演化

模拟风险动态演化的目的是探索海绵城市建设风险随生命周期变化的演进规律，为与时俱进地做好海绵城市建设风险防控工作提供理论依据。

一、风险演化研究方法的选择

海绵城市建设风险是个复杂系统，各个风险子系统之间相互影响、相互作用。系统动力学是一种对系统的结构与功能进行模拟的方法，最适用于研究复杂系统的动态关系，其因果关系图和存量流量图能够充分反映系统内部各因素之间的作用关系以及作用关系的动态变化结果。另外，海绵城市建设风险涉及了大量的定性指标，比如管理风险、制度风险等，数据通常采用问卷调查、专家打分等方法获取，其精度和广度都无法得到保证，而系统动力学主要是对系统未来动态趋势的模拟，更看重系统结构的构造准确程度，能够处理数据不足且精度不高的复杂系统问题。Vetitnev(2016)在研究中指出，即使系统内部存在无法确定的因素，系统动力学的仿真模拟仍能对这一问题进行解决。首先，系统动力学可以依据子系统内部各因素之间的因果关系和有限数据推演出难以量化分析的指标(吴国斌，2006)；其次，由于海绵城市风险系统的复杂性，较难通过数理统计、线性回归等数学方法得以解决，而系统动力学借助计算机模拟和仿真技术恰恰能处理这种高阶非线性的动态问题(何刚，

2009）；最后，在海绵城市风险管理措施执行之前难以判断该措施给项目带来的影响，也很难量化评估措施的执行效果，而系统动力学能够动态模拟不同管理策略输入后的系统表现与发展趋势，以及分析策略措施的效果与适用性。

综上，系统动力学能够解决海绵城市建设风险系统数据不足、精度与广度不佳的缺陷，较好地解释各因素之间的相互作用关系，并能够分析决策措施的执行效果。

二、系统动力学的相关原理

（一）系统动力学介绍

系统动力学是由麻省理工学院 Forrester 教授于 1956 年提出的一种研究系统动态行为的方法，在系统学理论基础上，融进了计算机仿真模型。

20 世纪 50 年代后期，系统动力学逐步发展成为一门新的学科，其应用领域从最开始的工业企业管理逐步扩散至糖尿病病例医学假设、科研设计工作管理和城市决策等各行各业。60 年代是系统动力学成长的重要时期，Forrester 在 1961 年出版的《工业动力学》（*Industrial Dynamics*），被学界公认为系统动力学理论与方法的经典著作，阐明了系统动力学的原理和典型应用（Forrester，1961）。随后，他在 1969 年出版的《城市动力学》一书中总结了美国城市兴衰的规律，将系统动力学的研究范围延伸至城市发展领域（Forrester，1969）。七八十年代，以 Meadows 为首的国际研究小组所承担的世界模型研究课题，研究了世界范围的人口、资源、工农业和污染等诸多要素之间的相互关系，以及可能产生的后果。而以 Forrester 教授为首的美国国家模型研究小组，以美国的社会经济为研究对象，探讨了通货膨胀和失业等社会经济问题。

这些研究使系统动力学的应用向着复杂的非线性多重反馈环组成的社会系统发展，为研究社会经济系统问题提出了新的解决方案。

（二）系统动力学方法的主要步骤

参考相关系统动力学建模的基本步骤（Hamidi，2000），并结合海绵城市风险系统的实际情况，进行海绵城市建设风险系统模型的构建与仿真模拟（见图 16-1），分为系统分析、结构分析、模型优化以及仿真应用四个步骤。系统分析包括明确研究目的和确定系统边界两大内容，聚焦于海绵城市建设风险这一研究对象,调查收集海绵城市相关资料,并运用扎根理论提炼海绵城市建设风险相关因素以确定模型边界;结构分析主要包括各相关变量因果关系图的绘制,在扎根理论的基础上,确定主要的风险因素种类及其相互作用关系;模型优化包括模型的构建、编写函数方程以及模型的仿真和检验,研究依据结构分析过程所绘制的因果回路图和定义的模型变量,借助专家访谈和问卷调查等方式,为各变量参数进行赋值;最后利用系统动力学软件 Vensim PLE 进行仿真模拟和模型检验优化。仿真应用是指海绵城市建设风险保障体系策略的仿真模拟,评估不同决策措施的实施效果,以寻找更为高效的策略建议。

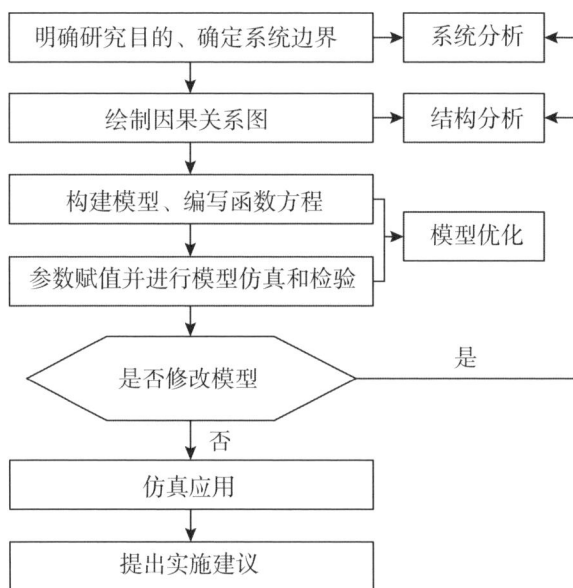

图 16-1　系统动力学应用步骤

三、绘制系统动力学的因果回路图及存量流量图

(一)因果回路图

因果回路图是根据两个及以上因素之间所存在的因果逻辑关系绘制的图形,一般以箭头连接的方式加以表现,仅表示逻辑上的关系,两个因素之间的数值大小不对两者之间的关系产生影响。

运用扎根理论的质性编码精确识别海绵城市建设风险因素,通过理论编码充分把握各风险系统及风险因素之间的逻辑关系;在此基础上,基于上一章风险因素的贝叶斯网络分析结果,绘制因果回路图(见图 16-2)。图中的箭头表明两个变量之间具有因果关系,"＋"表示两个因素之间存在着正向因果关系。比如,海绵城市建设的施工工艺与技术不成熟,将会产生技术风险,最终导致海绵城市建设风险增加。

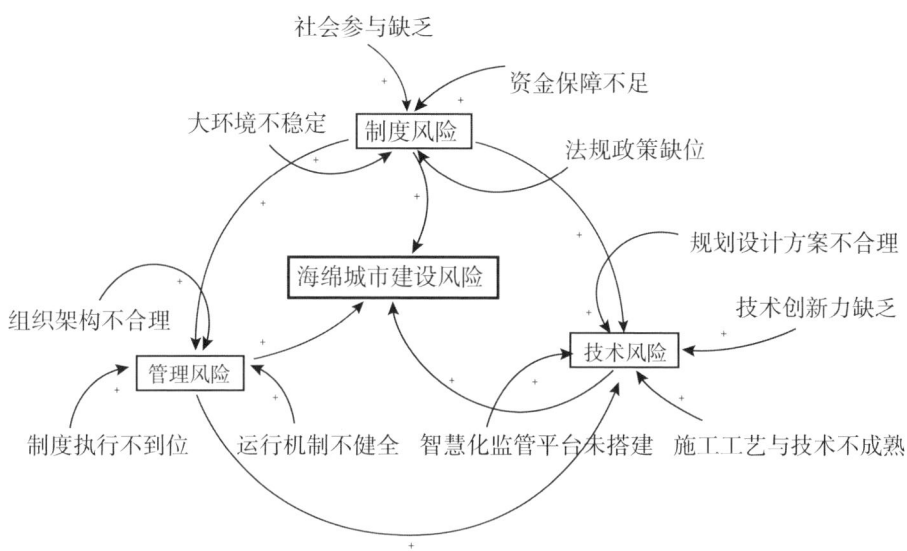

图 16-2　海绵城市建设风险因果回路

(二)存量流量图

存量流量图与因果回路图的不同在于,因果回路图是风险逻辑关系的静态描述,而存量流量图中加入的数值和数学公式则可以表达建设过程中的风险动态变化。系统动力学的建模过程涉及状态变量(level variable)、速率变量(rate variable)、辅助变量(auxiliary variable)、常量(constant variable)、外生变量(exogenous variable)五种变量(王其藩,2009;钟永光,2013)。状态变量又叫积累变量或水平变量,决定着系统的最终状态,其值等于过去时刻的量加上这段时间的变化量;速率变量是指改变状态变量的变量,反应状态变量输入或输出的变化速度;辅助变量是决策过程中状态变量与速率变量之间的中间变量,由系统中的其他变量经过一定的函数计算获得;常量的取值不随时间的变化而变化;外生变量虽然随时间的变化而变化,但与系统中的其他变量相互独立。

对各风险因素之间相互影响关系进行总结,并根据上文所绘制的因果回路图,构建由状态变量、速率变量和辅助变量三种变量形式组成的海绵城市建设风险系统动力学存量流量图,根据风险作用机制模式,将其对应为制度、管理和技术三个子模型,以满足后续赋值需求,如图 16-3、图 16-4 和图 16-5所示。

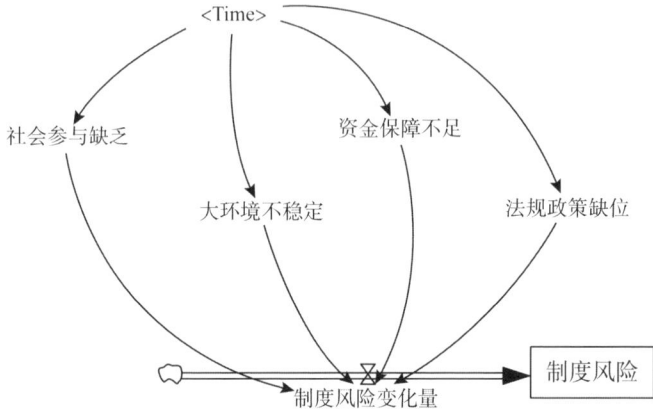

图 16-3 海绵城市建设制度风险存量流量

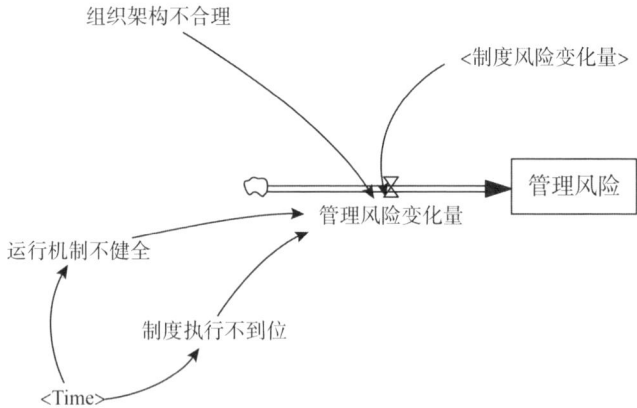

图 16-4 海绵城市建设管理风险存量流量

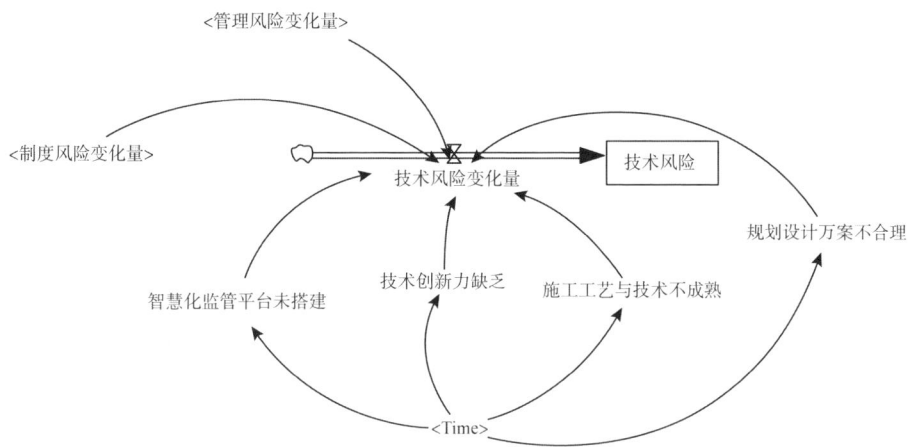

图 16-5　海绵城市建设技术风险存量流量

　　汇总上述三个子系统，并将"海绵城市建设风险"作为总系统的状态变量，可得到如图 16-6 所示的汇总形式。

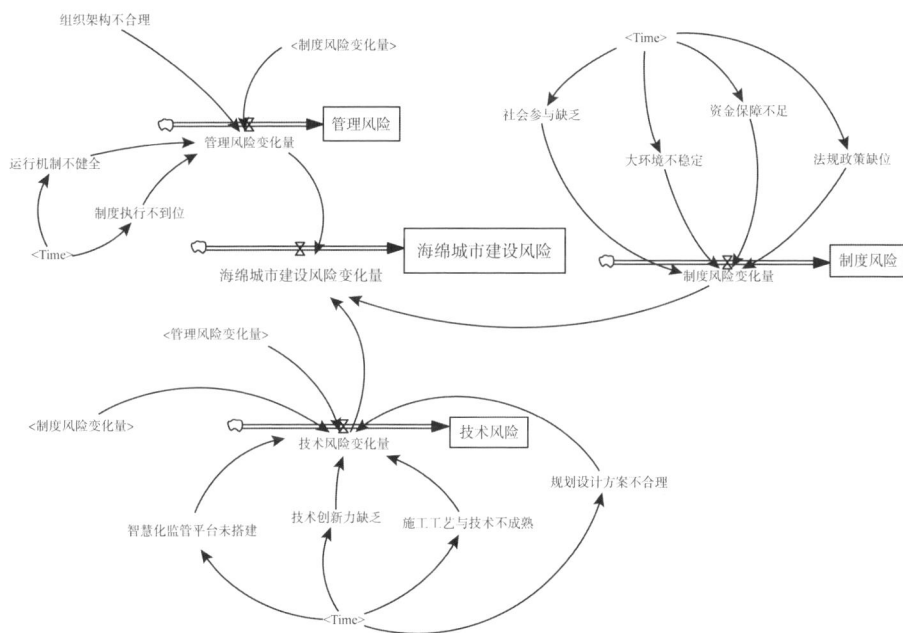

图 16-6　海绵城市建设风险存量流量

四、海绵城市建设风险因素赋值

　　在进行系统模型仿真运行之前，需要为上文所提及的状态变量、速率变量和辅助变量编写规范的方程算式,并对模型中的常数参数进行赋值。目前学界常用的赋值方式为主观赋值法和客观赋值法。

(一)边界风险因素打分

拟合好海绵城市建设项目风险存量图后,找出边界风险因素,即这些因素只受外界环境的影响,而不受内部环境的影响。对于边界风险因素的赋值,课题组邀请专家和相关从业人员让他们依据试点城市的实际建设效果及评价报告,评估海绵城市建设的风险程度,从而获得较为客观的风险值。本章数据与上一章一样,通过发放调查问卷的形式(详见附录 2)获取上述 11 个关键风险因素以及 3 个风险子系统的赋值。

风险值的判别主要考虑风险发生的可能性以及后果的严重程度两个方面,访谈对象在风险值打分时仅考虑试点城市建设过程中造成风险后果的严重程度。

按照李克特量表(Likert Scale)计分方式,将风险的后果严重程度分为 5 个等级,分别赋予 1—5 分,1 分表示程度最低,5 分表示程度最高。将所有调查专家的评分大小取平均值,即得到该风险因素的初始值,计算公式为

$$R = \frac{1}{n} \sum_{j=1}^{n} R_{ij} \tag{16-1}$$

式中,n 表示受访人群的个数;R_{ij} 表示第 j 个调查对象对第 i 个风险因素的风险大小的评分结果;R 表示状态变量的初始值。

将所有访谈对象对各风险因素的赋值取平均值后,得到的结果见表 16-3。

表 16-3 部分专家打分数据及风险初始值

范畴	边界风险	R_1 风险赋值	R_2 风险赋值	R_3 风险赋值	R_4 风险赋值	R_5 风险赋值	R_6 风险赋值	R 初始值
制度	法规政策缺位	4	3	1	4	2	3	4.024
	资金保障不足	5	4	4	3	4	2	4.315
	社会参与缺乏	3	3	1	2	2	4	2.905
	大环境不稳定	2	2	2	3	1	2	1.625
管理	组织架构不合理	4	4	3	3	3	4	3.750
	运行机制不健全	2	3	3	4	2	3	3.333
	制度执行不到位	4	3	2	2	3	3	2.500

范畴	边界风险	R_1 风险赋值	R_2 风险赋值	R_3 风险赋值	R_4 风险赋值	R_5 风险赋值	R_6 风险赋值	R 初始值
技术	规划设计方案不合理	3	2	3	4	3	2	2.738
	施工工艺与技术不成熟	4	3	3	4	3	3	4.167
	技术创新力缺乏	2	2	1	3	1	2	2.369
	智慧化监管平台未搭建	1	2	1	2	1	3	2.446
系统	［制度风险］	4	4	3	5	3	2	3.217
	［管理风险］	2	1	2	3	1	1	3.194
	［技术风险］	3	2	5	1	2	1	2.930

(二)风险子系统赋权

常见的权重赋值方法为主观赋权法和客观赋权法两类。主观赋权法是指依靠该领域专家的专业知识和实践经验对各指标之间的排列关系进行判断,所获得的权重具有较大的主观随意性,包括层次分析法和 G1 等。此类方法由于受到人为因素影响,难免会出现主观判断失误的现象。客观赋权法是指对实际情况中存在的数据加以分析来获得各评价指标的权重,包括熵值法、主成分分析法等。客观赋权的方法都是基于现有已被反复论证的数学理论与方法,更贴近事实,但忽略了决策者对决策问题的主观意愿,且此种方法需要足够多的样本数据,计算方法也比较复杂,不能体现评判者对不同属性指标的重视程度,有时候得出的权重会与属性的实际重要程度相差较大。

因此,多数研究更倾向于采用集成赋权方法,即将主观赋权法及客观赋权法进行有机结合,使其既能体现决策者的主观意愿,又能弥补客观性不足的缺陷。综合考虑,本研究将熵值法和 G1 法有机结合,对问卷结果进行数据处理。

1. 熵值法

德国学者 Rudolf Clausius 于 1850 年提出"熵"的概念,用于表示能量在空间的分布情况,分布越均匀,熵值就越大。Claude Elwood Shannon 将这一概念引入信息论中,用以判断系统的有序/无序程度,其主要思想就是通过各指标所提供的信息量大小来决定相应指标的权重。然而各位专家根据当地情况进行的打分难免有相差过大的极端情况存在,但并不能因此就将该指标删去;相反,这个指标所包含的信息更大,或许对整个系统有更为重要的作用。为此,在权重赋值上可以预先设定指标让专家赋予主观权重,再利用熵值法进行权重的修正。

(1)建立专家对各风险指标的打分矩阵:

$$X = \begin{bmatrix} x_{11} & x_{12} & \cdots & x_{1n} \\ x_{21} & x_{22} & \cdots & x_{2n} \\ \vdots & & \ddots & \vdots \\ x_{m1} & x_{m2} & \cdots & x_{mn} \end{bmatrix} \tag{16-2}$$

(2)数据的无量纲化处理:

采用非线性方法中的标准化方法,计算平均值、标准差,即

$$Y_{ij} = \frac{x_{ij} - \overline{x_j}}{\sqrt{\frac{1}{n-1}\sum_{i=1}^{n}(x_{ij}-\overline{x_i})^2}} \tag{16-3}$$

计算第 j 个风险下每个专家的打分比重 p_{ij} ,即

$$p_{ij} = \frac{Y_{ij}}{\sum_{i=1}^{m} Y_{ij}} \quad (i=1,2,\cdots,m;j=1,2,\cdots,n) \tag{16-4}$$

计算各风险因素熵值 e_j ,即

$$e_j = -\frac{1}{\ln m}\sum_{i=1}^{m} p_{ij}\ln p_{ij}\,(0 \leqslant e_j \leqslant 1)(i=1,2,\cdots,m;j=1,2,\cdots,n) \tag{16-5}$$

式中,m 为样本数量,即专家人数。

计算风险因素的差异性系数 h_j ,即

$$h_j = |1-e_j| \tag{16-6}$$

计算各风险因素的权重 w_j ,即

$$w_j = \frac{h_j}{\sum_{j=1}^{n} h_j} \tag{16-7}$$

以制度风险为例,计算和确定影响制度风险的各边界风险因素的客观权重。上节已经确定了制度风险系统下三个风险因素的风险值大小,接着计算"法规政策缺位""资金保障不足""社会参与缺乏"和"大环境不稳定"四个边界

风险因素的打分比重 p_{ij}、熵值 e_j、差异性系数 h_j，通过上文所描述的计算过程，计算出权重系数 w_j，最终结果见表 16-4。

表 16-4　制度风险中各因素客观权重

风险（j）	熵值（e_j）	差异性系数（h_j）	权重系数（w_j）
法规政策缺位	0.9028	0.0972	0.2463
资金保障不足	0.7690	0.2310	0.5852
社会参与缺乏	0.9685	0.0315	0.0799
大环境不稳定	0.9651	0.0349	0.0885

2. G1 法

郭亚军(2012)在层次分析法的基础上，提出了 G1 法这种无须构造判断矩阵也无须一致性检验的新方法。其赋权原理是通过专家对评价指标的重要程度进行判断，然后根据评分原则对两者之间的重要程度进行赋值。该方法的主要步骤如下。

(1)确定序关系

当评价指标 A_i 相对 A_j 的重要性程度大或者相等时，记做 $A_i \geqslant A_j$，当评价指标 A_1，A_2，$\cdots$，A_m 满足关系式 $A'_1 \geqslant A'_2 \geqslant \cdots \geqslant A'_m$ 时，代表评价指标 A_1，A_2，$\cdots$，A_m 之间按"$\geqslant$"确定了序关系。这里的 A'_i 表示 $\{A'_i\}$ 按照序关系"$\geqslant$"排定顺序后的第 i 个评价指标。将关系式记为

$$A'_1 \geqslant A'_2 \geqslant \cdots \geqslant A'_m \tag{16-8}$$

(2)给出指标之间相对重要程度的比较判断

设专家对评价指标 A_{k-1} 与 A_k 之间的重要程度比值为 δ，计算公式为

$$\delta = \frac{W_{k-1}}{W_k}（k = m, m-1, \cdots, 3, 2） \tag{16-9}$$

δ 的赋值可参考表 16-5。

表 16-5　δ 赋值参考

数值	重要程度
1.0	指标 A_{k-1} 与指标 A_k 重要程度相同
1.2	指标 A_{k-1} 比指标 A_k 略微重要
1.4	指标 A_{k-1} 比指标 A_k 明显重要

续表

数值	重要程度
1.6	指标 A_{k-1} 比指标 A_k 强烈重要
1.8	指标 A_{k-1} 比指标 A_k 极其重要
1.1,1.3,1.5,1.7	上述两相邻赋值中间值,如 1.1 是属于重要程度相同和略微重要之间

资料来源:课题组基于文献(王帅等,2019;向鹏成等,2020)调整并绘制。

(3)权重系数 w_m 的计算

根据专家给出的 δ_k 赋值,得出 w_m 为

$$w_m = (1 + \sum_{k=2}^{m} \prod_{i=k}^{m} \delta_i)^{-1} \tag{16-10}$$

$$w_{k-1} = \delta_k w_m (k = m, m-1, \cdots, 3, 2) \tag{16-11}$$

(4)群组评价的分类讨论

在邀请多位专家对评价指标进行评价时,所出现的评价结果一般有以下几种情况。

第一,序关系相同的情况。

假设 L 表示专家对指标 A_1,A_2,$\cdots$,A_m 之间序关系的评价是相同的,可记作

$$A_1 \geqslant A_2 \geqslant \cdots \geqslant A_m \tag{16-12}$$

设专家 k 对$r_j(j = m, m-1, m-2, \cdots, 3, 2)$ 的赋权依次为

$$r_{k2}, r_{k3}, \cdots, r_{k(m-1)}, r_{km(k-1,2,\cdots,L)} \tag{16-13}$$

式中,r_{kj} 满足$r_{k(j-1)} \geqslant 1/r_{kj}(j = m, m-1, m-2, \cdots, 3, 2; k = 1, 2, \cdots, L)$,可得

$$r'_j = \frac{1}{L} \sum_{k=1}^{j} r_{kj}(j = 2, 3, \cdots, m) \tag{16-14}$$

$$W_m = (1 + \sum_{k=2}^{m} \prod_{i=k}^{m} r'_j)^{-1}(j = m, m-1, m-2, \cdots, 3, 2) \tag{16-15}$$

$$w_{j-1} = r'_j w_j(j = m, m-1, \cdots, 3, 2) \tag{16-16}$$

第二,L 个序关系不一致时的情况。

假设有 $Lo(1 \leqslant Lo \leqslant L)$ 个专家给出指标A_1,A_2,A_3,$\cdots$,A_m 之间的序关系是一致的,可求得指标的相应权重为 w'_1,w'_2,$\cdots$,w'_m。

设序关系不同的 L-Lo 个专家给出的序关系为

$$A_{k1} \geqslant A_{k2} \geqslant A_{k3} \geqslant \cdots \geqslant A_m(k = 1, 2, \cdots, L-Lo) \tag{16-17}$$

式中，A_{kj} 表示专家 k 按序关系"$\geqslant$"排列的集合 $\{A_j\}$ $(j=1,2,\cdots,m)$ 中第 j 个元素。

设专家 k 对 $A_{k(j-1)}$ 与 A_{kj} 之间的重要程度比值为 r_{kj}，当 r_{kj} 满足 $r_{k(j-1)} \geqslant 1/r_{kj}$ 时，则 r_{kj} 的权重系数 w_{kj} （$k=1,2,\cdots,L-Lo$；$j=m,m-1,m-2,\cdots,3,2$）即可求出。

对于每一个 k $(1\leqslant k \leqslant L-Lo)$，集合 $\{A_{kj}\}$ 和 $\{A_j\}$ 都一一对应。根据每位专家 k $(1\leqslant k \leqslant L-Lo)$ 的评判，都可等价求得 X_{kj} 的权重系数 w'_{kj} （$j=1,2,\cdots,m$）。对于每一个 j $(1\leqslant j \leqslant m)$，将 $L-Lo$ 个 w'_{kj} 的算数平均值作为综合计算结果，记为 w'_{kj}，具体计算公式为

$$w'_j = \left(\prod_{k=1}^{L-Lo} w'_{kj}\right)^{\frac{1}{L-Lo}} (j=1,2,\cdots,m) \tag{16-18}$$

或
$$w'_j = \frac{1}{L-Lo}\sum_{k=1}^{L-Lo} w'_{kj} (j=1,2,\cdots,m) \tag{16-19}$$

归一化后，得到

$$w_j = k_1 w'_j + k_2 w'_j (j=1,2,\cdots,m) \tag{16-20}$$

式中，w_j 为指标 X_j 在这一指标准则内的权重系数。其中 k_1，$k_2 > 0$，且 $k_1 + k_2 = 1$，一般取 $k_1 = Lo/L$，$k_2 = (L-Lo)/L$。

以制度风险为例，计算制度风险系统下四个风险因素的主观权重。由于主观赋权法需要依靠该领域专家的专业知识和实践经验进行判断，因此对访谈对象中的 25 位专家进行风险因素的排序及权重的相对重要程度的确定，调查表详见附录 3。设法规政策缺位为 A_1、资金保障不足为 A_2、社会参与缺乏为 A_3、大环境不稳定为 A_4，其中专家 A 认为这四个边界风险因素之间存在如右所示的序关系：$A_2 \geqslant A_3 \geqslant A_1 \geqslant A_4 \to X_2 \geqslant X_2 \geqslant X_3 \geqslant X_4$。

专家 A 给出的各风险因素重要性之比 δ 为

$$\delta_2 = \frac{w'_1}{w'_2} = 1.4, \delta_3 = \frac{w'_2}{w'_3} = 1, \delta_4 = \frac{w'_3}{w'_4} = 1.2$$

通过 δ_j 进行进一步计算，可以求出

$$\delta_2\delta_3\delta_4 = 1.68, \delta_3\delta_4 = 1.2, \delta_4 = 1.2, w'_4 = \left(1 + \sum_{k=2}^{n}\prod_{j=k}^{n}\delta_j\right)^{-1} = 0.197,$$

$$w'_3 = w'_4\delta_4 = 0.236, w'_2 = w'_3\delta_3 = 0.284, w'_1 = w'_2\delta_2 = 0.477$$

故各边界风险因素的权重系数为

$$w_1 = w'_3 = 0.236, w_2 = w'_1 = 0.477, w_3 = w'_2 = 0.284, w_4 = w'_4 = 0.197$$

以此类推,求出剩余 24 位专家对这五个风险因素的权重得分,取平均值后作为该风险的主观权重。

3.集成赋权法权重的确定

w_j 是两种赋权方法集成后第 j 个边界风险因素的权重,w_j^1 表示熵值法下第 j 个风险因素的权重,w_j^2 表示 G1 法下第 j 个边界风险因素的权重,w_j 为

$$w_j = \alpha w_j^1 + (1-\alpha) w_j^2 \tag{16-21}$$

式中,α 是客观偏好系数权重占组合权重的比例。以"集成权重与熵值法权重之间的偏差"和"集成权重与 G1 法权重之间的偏差"两者偏差平方和最小为目标建立目标函数,即

$$\min z = \sum_{j=1}^{n} [(w_j - w_j^1)^2 + (w_j - w_j^2)^2] \tag{16-22}$$

代入之后对 α 进行求导,并令一阶导数为零,解方程得 $\alpha = 0.5$,则集成权重分别与主客观权重两种偏差的平方和最小的情况下,最佳集成权重结果是主观权重和客观权重各占一半。

由于目前相关研究不多,尚未有较为权威的主客观偏好系数权重,且由于决策者的想法不同,该权重系数也会有所变化。根据上述公式的推导,当客观偏好系数为 0.5 时,最终权重与主客观权重偏差的平方和最小,为此,本研究取客观权重和主观权重的平均值为最终权重结果,具体结果如表 16-6 所示。

表 16-6 各风险因素权重结果

风险范畴	边界风险	客观权重	主观权重	最终权重
制度风险	法规政策缺位	0.246	0.439	0.343
	资金保障不足	0.585	0.236	0.411
	社会参与缺乏	0.080	0.198	0.139
	大环境不稳定	0.089	0.127	0.108
管理风险	组织架构不合理	0.144	0.255	0.199
	运行机制不健全	0.381	0.231	0.306
	制度执行不到位	0.315	0.235	0.275
	［制度风险］	0.161	0.279	0.220

风险范畴	边界风险	客观权重	主观权重	最终权重
技术风险	规划设计方案不合理	0.335	0.149	0.242
	施工工艺与技术不成熟	0.107	0.206	0.156
	技术创新力缺乏	0.303	0.113	0.208
	智慧化监管平台未搭建	0.097	0.104	0.101
	[制度风险]	0.058	0.218	0.138
	[管理风险]	0.099	0.210	0.155
建设风险	[制度风险]	0.277	0.303	0.290
	[管理风险]	0.471	0.251	0.361
	[技术风险]	0.252	0.446	0.349

(三)建立各子系统方程

将表16-6所得到的权重赋值代入编写的子系统方程,具体为:

制度风险变化量 $=0.343\times$ 法规政策缺位 $+0.411\times$ 资金保障不足 $+0.139\times$ 社会参与缺乏 $+0.108\times$ 大环境不稳定

管理风险变化量 $=0.199\times$ 组织架构不合理 $+0.306\times$ 运行机制不健全 $+0.275\times$ 制度执行不到位 $+0.22\times$ 制度风险变化量

技术风险变化量 $=0.242\times$ 规划设计方案不合理 $+0.156\times$ 施工工艺与技术不成熟 $+0.208\times$ 技术创新力缺乏 $+0.101\times$ 智慧化监管平台未搭建 $+0.138\times$ 制度风险变化量 $+0.155\times$ 管理风险变化量

海绵城市建设风险变化量 $=0.29\times$ 制度风险变化量 $+0.361\times$ 管理风险变化量 $+0.349\times$ 技术风险变化量

制度风险 $=$ INTEG(制度风险变化量,3.217)

管理风险 $=$ INTEG(管理风险变化量,3.194)

技术风险 $=$ INTEG(技术风险变化量,2.93)

海绵城市建设风险 $=$ INTEG(海绵城市建设风险变化量,0)

五、海绵城市建设风险全生命周期仿真分析

将上述运算得出的风险因素数值及动力学方程输入 Vensim PLE 软件

中,便可得到 11 个风险因素及 3 个风险子系统在全生命周期内随时间变化的系统仿真图,并通过敏感性分析判别各关键风险因素对风险子系统的影响。

咨询全国试点海绵城市建设相关从业人员后发现,启动阶段大致为 1 个月左右,规划及建设阶段大概 8 个月,而后有大约 2 年的运维保修期。为了获得更好的模拟效果,将模型的模拟时长设置为 15 个月,模拟从立项到运行半年的风险变化情况。将上述系统方程代入 Vensim PLE 软件,并根据扎根理论分析得出的各个风险所存在的时间,对各辅助变量设置随时间变化的函数,观察各风险的运行结果。本章构建的系统动力学数据多为主观定性数据,模拟精度虽然较低,无法得出风险水平的精确数值,但可以从大体的变化趋势中探究海绵城市全生命周期内各子系统风险水平的动态变化规律。

(一)制度风险全生命周期仿真分析

在制度风险这一子系统中,"资金保障不足"和"社会参与缺乏"两个因素在建设及运维阶段产生风险,因此对这两个因素在这两个阶段以时间函数作为约束,而在启动阶段将它们的风险值设为 0,下文其余的时间函数均做如此处理。为进一步探究各因素对于制度风险系统的动态影响,将各因素的初始值下降 50%,并保持其他因素不变,进行敏感性分析,调整方案如表 16-7 所示,最终分析结果如图 16-7 所示。

表 16-7　制度风险敏感性分析方案说明

方案名称	调整方案说明
current	保持各因素的初始值不变
fgzc	"法规政策缺位"的风险初始值下降 50%,其他因素不变
zjbz	"资金保障不足"的风险初始值下降 50%,其他因素不变
shcy	"社会参与缺乏"的风险初始值下降 50%,其他因素不变
dhj	"大环境不稳定"的风险初始值下降 50%,其他因素不变

通过敏感性分析可以发现,"大环境不稳定""社会参与缺乏"对制度风险的影响相对较小,"法规政策缺位""资金保障不足"对制度风险的影响较为显著。"法规政策缺位""资金保障不足"在建设及运维两个阶段对制度风险的影响大幅增加,尤其在运维阶段的风险作用更为明显。这表明,建立健全的法规政策、做好资金制度保障对于降低海绵城市建设风险具有重要意义。

海绵城市建设风险

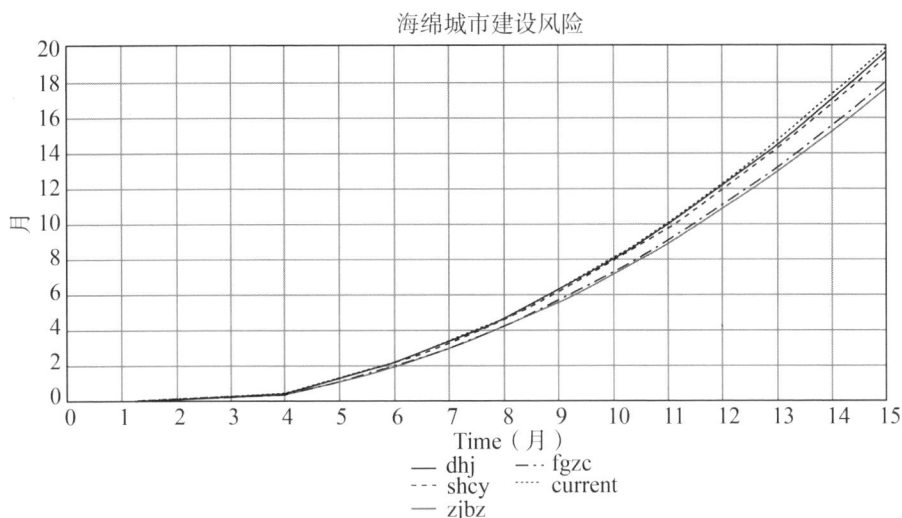

图 16-7 制度风险敏感性分析方案结果

2014 年以来,国家出台了《海绵城市建设技术指南——低影响开发雨水系统构建》等系列政策规范,但此类文件多是以鼓励与建议的方式,缺乏强制性约束。对一些经济发展水平相对落后、基础设施建设较不完善的地区进行走访后发现,由于尚未将海绵城市纳入本地立法体系,缺乏上级政府的压力,地方对海绵城市的认知普遍不够到位,对海绵城市建设的积极性也相对较低,结果导致海绵城市建设推进缓慢。

海绵城市作为大型工程项目,由国家、省级财政部门进行补助。但中央和省级财政仅为试点城市的项目建设提供资金支持,并不提供维护资金;而海绵城市建设项目在完工后还有更长的运维周期,由于财政能力的限制,许多地方难以做到持续供给。为此,海绵城市建设的持续推进尤其需要市场和社会力量的参与。受访人员表示,由于目前缺乏较为清晰的投融资法律法规,除了污水处理厂等水务项目,较少有其他项目使用 PPP 模式。

随着试点建设热度的下降,地方政府的建设重点正在发生转移;一些区县在资金约束的情况下不得不搁置海绵城市建设项目。可见,稳定海绵城市建设大环境是当前亟须关注的一大制度风险。

当前海绵城市建设的公众参与主要停留在宣传教育、调研走访等方面,参与途径较少、不够深入等问题亟待解决。有受访者表示"政府与公众之间应建立一种对等的信任,尤其在生态环境保护方面,政府和公众要守土有责、各司其职,且互相监督"。

(二)管理风险全生命周期仿真分析

在管理风险这一子系统中,"运行机制不健全"和"制度执行不到位"两个风险因素贯穿建设及运维阶段,对其以时间函数作为约束。为进一步探究各因素对管理风险子系统的动态影响,将各个因素的初始值下降50%,并保持其他因素不变,进行敏感性分析,调整方案如表 16-8 所示,最终分析结果如图 16-8 所示。

表 16-8　管理风险敏感性分析方案说明

方案名称	调整方案说明
current	保持各因素的初始值不变
zhidu	制度风险子系统的初始值下降50%,其他因素不变
zzjg	"组织架构不合理"的风险初始值下降50%,其他因素不变
yxjz	"运行机制不健全"的风险初始值下降50%,其他因素不变
zdzx	"制度执行不到位"的风险初始值下降50%,其他因素不变

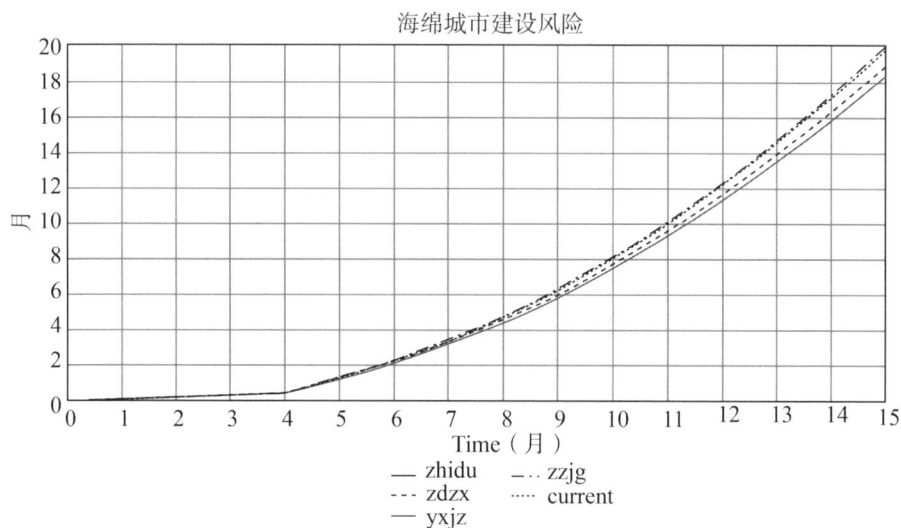

图 16-8　管理风险敏感性分析方案结果

通过敏感性分析可以发现,在管理风险子系统范畴内,管理风险对"运行机制不健全"这一风险因素最为敏感,其次为"制度执行不到位"和制度风险子系统,尤其在运维阶段,加强运行机制的建设对管理风险的降低有较为明显的作用。"制度执行不到位"除在建设施工阶段有影响外,在后期运维阶段的作用逐步增强。这一结果表明,在海绵城市建设过程中,特别需要各地通过建立优化的全生命周期运行机制、提高各项制度的执行力度来降低管理风险。

从实际调研过程来看,海绵城市建设需要强化各地"海绵办"的统筹协调能力,充分发挥"集中力量办大事"的制度优势,克服试点建设过程中的种种困难和阻力,并建立一套涵盖投融资、监督、绩效考核等要素在内的行之有效的管理体系,为海绵城市建设保驾护航。大多数受访者都提到让市长或副市长担任海绵城市领导小组的最高领导人以及各市局负责人作为小组成员的重要性,并认为该领导小组是否能真正取得效用而非当作摆设将是影响未来海绵城市建设成效的根本机制;也有部分受访人员表示"加强政府考核,引起地方政府重视,项目推进就会容易得多"。

试点城市的相关从业人员表示,海绵城市建设绩效目前尚未列入各部门考核体系,导致了权责不清与奖惩不明等情况的发生;也有受访者表示"如果各部门职责明晰、分工明确、加强协作,就不会存在互相推诿扯皮的现象了"。

(三)技术风险全生命周期仿真分析

在技术风险这一子系统中,仅"技术创新力缺乏"贯穿全生命周期,故对其作以各阶段的时间函数约束;与此同时,对建设阶段出现的"规划设计方案不合理""施工工艺与技术不成熟"以及运维阶段出现的"智慧化监管平台未搭建"分别加入不同的时间函数。为进一步探究各子因素对技术风险系统的影响,将各个因素的初始值下降50%,并保持其他因素不变,进行敏感性分析,调整方案如表16-9所示,最终分析结果如图16-9所示。

表16-9 技术风险敏感性分析方案说明

方案名称	调整方案说明
current	保持各因素的初始值不变
zhidu	制度风险子系统的风险初始值下降50%,其他因素不变
guanli	管理风险子系统的风险初始值下降50%,其他因素不变
ghsj	"规划设计方案不合理"的风险初始值下降50%,其他因素不变
sgjs	"施工工艺与技术不成熟"的风险初始值下降50%,其他因素不变
jscx	"技术创新力缺乏"的风险初始值下降50%,其他因素不变
jgpt	"智慧化监管平台未搭建"的风险初始值下降50%,其他因素不变

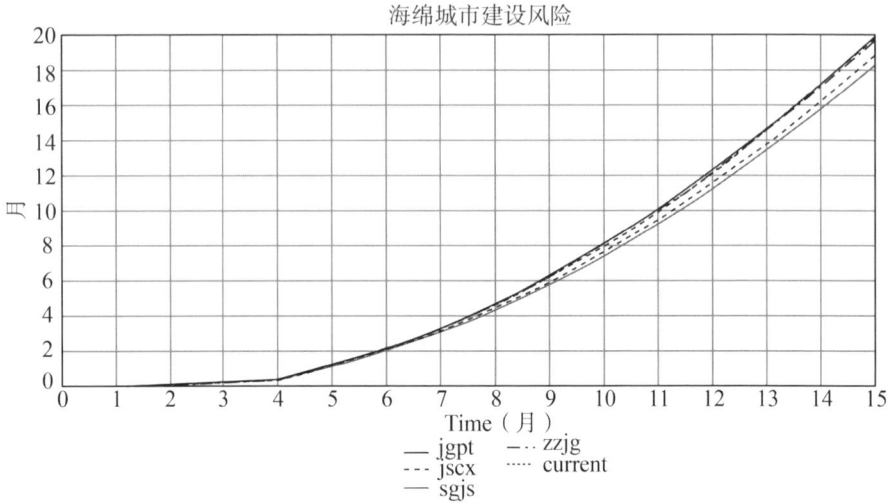

图 16-9　技术风险敏感性分析方案结果

　　通过敏感性分析可以发现,项目前期规划设计方案不合理、施工工艺不成熟以及技术创新力低下对海绵城市建设风险的影响较大;在项目后期,加强对制度风险、管理风险的控制,均可在一定程度上降低海绵城市建设技术风险,但远不及搭建智慧化监管平台产生的成效。这一结果表明,若想降低运维阶段的技术子系统风险,首先得建立起有效的智慧监管平台;与此同时,保证前期规划设计的合理性、加强工艺流程和工艺产品的创新以及提升施工技术和维护技术,都能降低技术风险。

　　前期规划设计方案的不合理将对后期的施工建设以及运行维护方面都将产生重大影响。调研发现,目前部分城市为了完成试点区规模而选择性地"碎片建设",各海绵设施零散地分布在试点区域之内,使得海绵城市建设的连片效应未能显现;或是为了解决局部水问题(如城市某处内涝)而"头痛医头",仅仅着眼于跟问题直接相关的终端排水系统处理而忽视了整个流域水文循环的系统性改善,建设成效甚微。

　　一些试点城市的技术团队主要依赖第三方,本地技术队伍建设落后,施工技术水平低下。海绵领军企业缺乏,多数企业的发展水平亟待提高;长期、稳定的联合攻关组织机制缺位,"产学研管用"未形成闭环,核心技术创新能力不足。

　　"规划设计方案不合理""技术创新力缺乏"目前对于海绵城市技术风险的

影响不大,而"智慧化监管平台未搭建"产生的风险则随着时间的累积不断变大,带来的影响更甚。在调研过程中,发现一些城市对于已建成海绵设施的监管工作并不到位。比如,透水性铺装等灰色基础设施的透水孔已开始堵塞并出现了积水的情况;植草沟与雨水花园等绿色基础设施由于缺少日常维护,出现了边坡塌方和溢流口堵塞等情况,严重影响了海绵设施的运行效果。

(四)合成系统风险的全生命周期仿真分析

为了分析海绵城市建设风险三大子系统对海绵城市建设的合成影响情况,分别将各个风险子系统的风险初始值降低50%,并保持其他因素不变,观察总风险水平的动态变化情况,调整方案见表16-10,最终分析结果如图16-10所示。

表 16-10　海绵城市建设风险敏感性分析方案说明

方案名称	调整方案说明
current	保持各因素的初始值不变
zhidu	法规风险子系统的风险初始值下降50%,其他因素不变
guanli	管理风险子系统的风险初始值下降50%,其他因素不变
jishu	技术风险子系统的风险初始值下降50%,其他因素不变

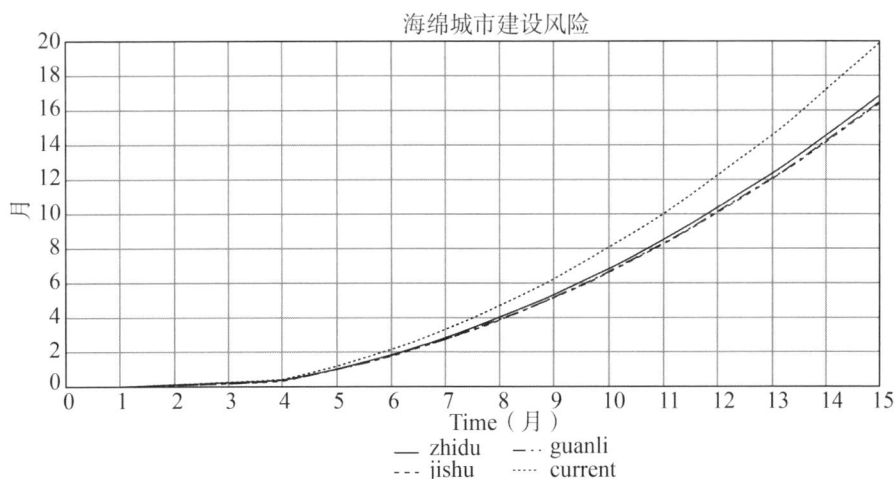

图 16-10　海绵城市建设风险敏感性分析方案结果

随着时间的推进,海绵城市建设风险受三大维度风险的协同作用及风险累积放大效应的影响,呈现出非线性增长的趋势。据图16-10,启动阶段的敏感性排序为制度风险＞管理风险＞技术风险,主要原因在于海绵城市领域的相关法律法规还不完善,虽然国家及各地政府出台了技术指南、评价标准等相关政策文件,但不具备法律效力,无法引起地方政府的足够重视,对海绵城市的持续推进埋下重大隐患;规划建设阶段的敏感性排序为管理风险＞技术风险＞制度风险,管理风险占据风险主导地位,技术风险的敏感性逐步增加,为此,特别需要加强各部门统筹协调、强化规划管理、简化审批流程等工作,这对降低规划建设阶段的风险具有决定性意义;维护阶段的敏感性排序为技术风险＞管理风险＞制度风险,技术风险超过管理风险,但错差较小,因此,海绵城市建成后,尤其需要加强海绵设施运行维护过程中的技术工艺创新、相关人才培训及运维管理工作,才能保障海绵设施发挥真正效用。总体来看,制度风险、管理风险和技术风险贯穿了海绵城市建设全生命周期,无论是前期的基础调研和体制机制建设,还是中期的规划管理与施工建设,或是后期的维护与监管都需要制度保障、管理优化与技术支持;如此,才能最大限度地规避各类风险对海绵城市建设全生命周期的影响。

六、全生命周期中的海绵城市建设风险演化规律

综上,在全生命周期过程中,海绵城市建设风险演化存在如下规律:在前期,制度建设滞后和管理组织落后往往是海绵城市建设启动阶段最大的风险,也是影响后续建设、运维能否有序持续推进的根本性因素;进入项目规划和施工建设阶段,管理不到位、技术不成熟的问题和矛盾开始凸显,并成为影响海绵城市建设实施的决定性风险因素;在后期的日常维护与运行管理过程中,技术的智慧化和管理的精细化尤为重要,成为影响海绵设施可持续运行的关键性风险因素(见图16-11)。三大风险贯穿于海绵城市建设发展全生命周期的不同阶段,既有承前启后关系,又存在相对独立性;风险管理的侧重点也应顺势应时,与时俱进。

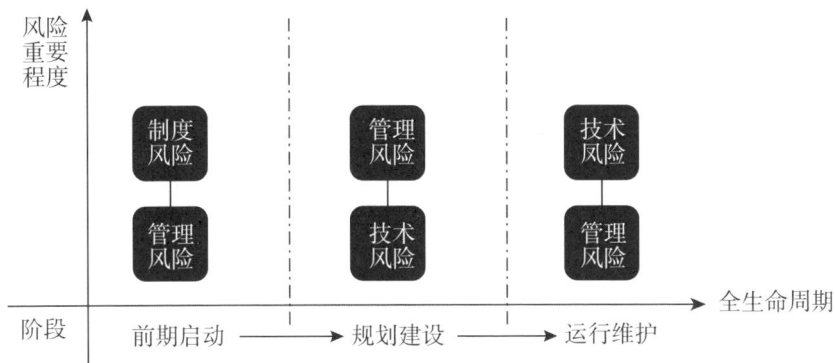

图 16-11　海绵城市建设风险演化规律

第三节　小结

本章运用系统动力学的模型和方法,对制度、管理和技术三大风险子系统进行了全生命周期仿真分析,揭示了海绵城市建设风险演化的特征与规律。结果表明:制度、管理和技术三大风险子系统贯穿海绵城市建设全生命周期,随生命周期演进而不断迭代演替,分别成为启动阶段、规划建设阶段和运维阶段最大的风险所在;其中,"法规政策缺位""资金保障不足""运行机制不健全"和"智慧化监管平台未搭建"等风险因素显著影响海绵城市建设的实施与成效。

下一章,将以浙江省海绵城市建设绩效评估为例,分析海绵城市建设过程中存在的主要问题及其风险因素,实证检验前两章提出的海绵城市建设风险因素及其演化规律。

第十七章 海绵城市建设绩效评估——以浙江省 42 个区县为例

海绵城市建设风险管控到位,就能取得较好的海绵城市建设绩效;同样,通过对海绵城市建设绩效的评估,就能发现海绵城市建设过程中的问题与不足。2015 年 7 月,住建部出台的《海绵城市建设绩效评价与考核办法》(本章简称《办法》)确立了包括六大类十八项指标的评价体系,该评价体系有两大导向性特征:一是注重环境效益;二是关注建设结果。然而,环境效益的体现适用于海绵城市成片化建成情况,而我国目前尚处于海绵城市项目实施建设阶段,尚未有真正全域连片建成的海绵城市;与此同时,政府"自上而下"推动成为当前海绵城市建设的主导模式及影响绩效的主要因素,现行《办法》强调结果导向,无法体现海绵建设阶段的过程特征,也难以发现海绵城市全生命周期中的风险因素。因此,如何构建面向实施过程且系统全面的海绵城市建设绩效评估体系,成为当前亟待研究的重要课题。

本章以浙江省 42 个区县为例,基于当前以政策推动海绵城市建设实施的现实情况,兼顾过程与结果的统一,尝试构建面向实施过程的海绵城市建设绩效评估体系;运用解释结构模型分析评估体系的结构,探讨指标间的影响与作用关系;采用模糊综合评价法与障碍度模型进行海绵城市建设绩效的实证研究,以发现海绵城市建设绩效的主要影响因素。本章既验证了前两章提出的海绵城市建设风险理论,也为未来海绵城市建设的风险管控提供决策依据。

第一节 海绵城市建设绩效评估体系构建

一、评估体系构建思路

评估指标的选取有多种方法,主要包括问题法、部门法、文献研究法、专家访谈法等。其中,问题法是指通过分析海绵城市在建设实践中存在的问题来选取评估指标,但由于海绵城市建设问题复杂繁多且涉及面广,难以构建起一套系统、全面的海绵城市建设绩效评估指标体系;部门法是按照参与海绵城市建设的各个部门进行分类,并通过访谈从中选取相关指标,主要包括住建、园林、水利等部门,但目前海绵城市建设参与部门过多,权责划分模糊,根据部门分类选取的评估指标存在相似性与重复性;文献研究法是通过梳理与海绵城市评估相关的国内外文献及国家文件,对前人工作成果进行综合归纳与提取,在已有评估指标体系的基础上初步筛选指标,这种方法具有较强的科学性与系统性;专家访谈法是通过征询专家建议,对初步筛选的指标体系的科学性及可行性予以验证,并根据相关专家意见进一步完善评估指标体系,增强可信度。

综合考虑上述四种方法的优缺点,本研究根据科学性、全面性、真实性与可操作性原则,兼顾定量与定性相结合、过程与结果相结合、经济与社会和环境相结合的原则,拟采用文献研究法结合专家访谈法,自上而下构建海绵城市建设绩效评估体系。具体思路如下:第一步,通过文献检索与归纳,确定评估指标体系的目标层与子目标层;第二步,基于文献整理与归类,提取评估指标体系的准则层;第三步,提取政府文件及权威文献中的海绵城市建设绩效影响因素,使用频度统计法初步确定指标清单;第四步,结合专家访谈,完成对评估指标的筛选及优化(见图 17-1)。

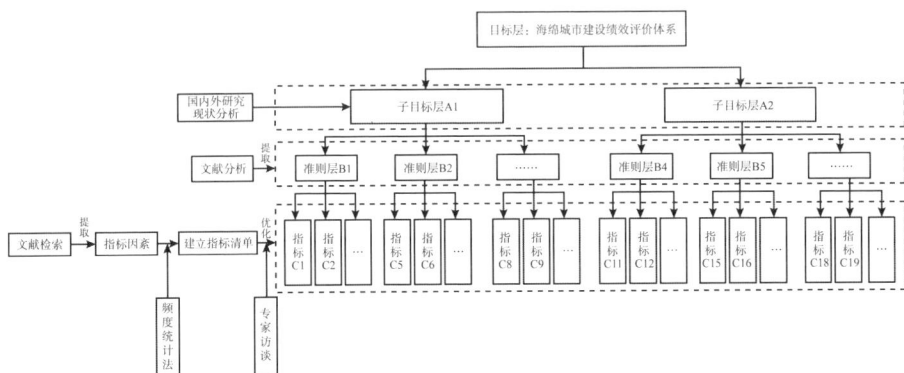

图 17-1　评估指标体系构建思路

二、评估指标体系构成

(一)子目标层划分

首先确定评估指标体系的目标层与子目标层。本研究将目标层设定为海绵城市建设综合绩效,将子目标层划分为过程绩效与结果绩效。

综合绩效是过程行为及其结果的统一体,反映了海绵城市基于当前过程绩效和结果绩效的长期发展潜力和未来潜在绩效。海绵城市建设的目标就是要持续提升综合绩效水平,实现可持续发展。

过程绩效是行为主体为推动海绵城市建设而投入的管理实践。现有评估体系过于关注任务结果的质量和数量,而忽视了绩效过程。任何绩效的形成都必须经历一个过程,没有高质量的、规范的、高效的建设过程,就不可能产生一个良好的绩效结果;Ferris 等(1991)甚至认为绩效就是行为,并不一定是行为的结果。这充分说明了行为过程的重要性和过程绩效评估的必要性。在海绵城市实施过程中,相关制度建设与支持政策的完善是推动可持续发展、实现多方效益的重要前提与保障,主要包括法律规章、绩效考核与奖励机制、规划建设管控制度、技术规范与标准建设等。为此,本研究将过程绩效融入海绵城市建设绩效评估体系,并根据全生命周期理论将海绵城市建设过程划分为启动、规划建设、运维三大阶段,重点考察海绵城市体制机制建设、法律规章制定、设计施工监管及后期运维管理等情况。

结果绩效是指在一定时期内,由海绵城市建设所创造的多种效益总和,是过程绩效的阶段性成果。海绵城市除能实现消纳雨水、改善水质、缓解城市内涝与热岛效应等生态效益外,同样具备社会和经济效益。前者是指海绵城市建设能改善居民生活质量、提升满意度等;后者反映其对区域经济发展的促进作用。现行《办法》过于强调生态效益,方法过于片面,亟须修正。为此,本研究将生态效益、经济效益、社会效益纳入绩效评估体系,以全面评估海绵城市建设成效。

(二)准则层划分

确定了子目标层后,利用文献研究法,结合实践情况,进一步确定过程绩效与结果绩效的准则层。

1.过程绩效准则层

根据第十六章划定的海绵城市全生命周期,将过程绩效再次细分为启动阶段、规划建设阶段与运维阶段的三个维度准则层(见图 17-2)。

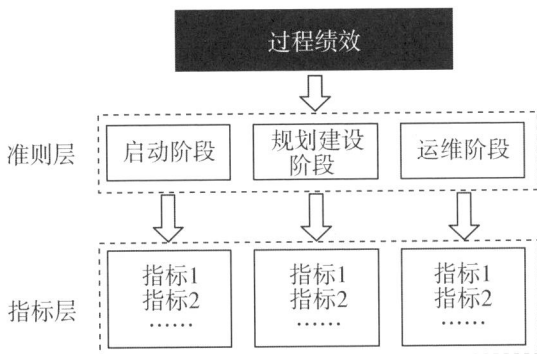

图 17-2 海绵城市过程绩效评估指标体系框架

2.结果绩效准则层

本书通过文献研究法对已有海绵城市评估体系进行归纳总结(见表 17-1)。多数学者在《办法》的基础上,将水生态、水环境、水资源、水安全作为评估指标体系准则层的重要维度,但这四个维度均属于生态效益的范畴,海绵城市建设还涉及公众满意、产业发展等社会、经济效益维度。为此,本研究将从生态效益、经济效益和社会效益三个维度构建结果绩效的准则层(见图 17-3)。

表 17-1 海绵城市建设绩效指标体系相关研究

文献来源	指标体系准则层
住建部(2015)、程鸿群等(2016)、刘秋常等(2017)、翟慧敏等(2019)	6 项:水生态、水环境、水资源、水安全、制度建设及执行情况、显示度
住建部(2015)、谢雨航(2017)	4 项:水生态、水环境、水资源、水安全
朱伟伟(2016)	6 项:水资源、水生态、水环境、水安全、水经济、水制度
孙伎莉等(2018)	4 项:功能、益惠、价值、制度
满莉等(2018)	4 项:功能、价值、制度、效益
徐心一等(2019)	4 项:水环境安全、水资源利用、水污染治理、水人居建设

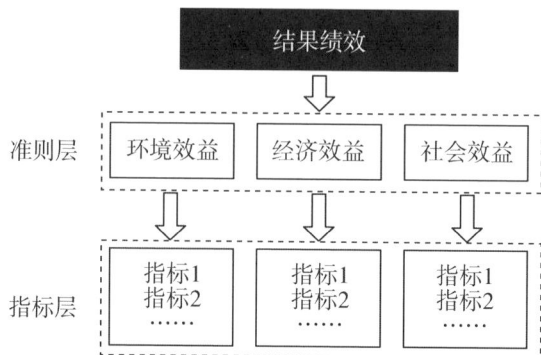

图 17-3　海绵城市结果绩效评估指标体系框架

(三)指标层识别与优化

以"海绵城市评估""海绵城市建设绩效""海绵城市指标体系"为主题,以 SCI 来源、EI 来源、核心期刊来源、CSSCI 来源、CSCD 来源为条件,在中国知网上搜索,可获得相关文献 94 篇(截至 2021 年 11 月)。通过筛选和精读,初步提取 28 个指标(见表 17-2)。从评估指标出现的频次来看,出现 3 次及以上的指标共计 23 个,占总数的 8 成以上。剔除部分出现频次较低的指标后,得到包含 25 个指标的初始指标清单(见表 17-3)。

表 17-2　海绵城市建设绩效评估指标初步识别

序号	指标名称	文献来源	频次/次
1	年径流总量控制率	《LPS》(2010)、《办法》(2015)、《标准》(2018)、程鸿群等(2016)、夏洋等(2016)、刘秋常等(2017)、李英攀等(2018)、满莉等(2018)、彭一峰等(2019)、曲悠扬等(2019)、谢鹏贵等(2019)、徐享等(2019)、徐心一等(2019)、翟慧敏等(2019)、史富文等(2020)、万雪纯等(2020)	16
2	热岛效应	《LEED》(1999)、《SITES》(2006)、《LPS》(2010)、《办法》(2015)、《标准》(2018)、蒋涤非等(2012)、程鸿群等(2016)、夏洋(2016)、刘秋常等(2017)、谢鹏贵等(2019)、徐享等(2019)、史富文等(2020)、万雪纯等(2020)	13
3	生态岸线	《办法》(2015)、《标准》(2018)、翟慧敏等(2019)、刘秋常等(2017)、程鸿群等(2016)、徐心一等(2019)、彭一峰等(2019)、徐享等(2019)、李英攀等(2018)、夏洋等(2016)、曲悠扬等(2019)、谢鹏贵等(2019)、史富文等(2020)、万雪纯等(2020)	14
4	地下水位	《办法》(2015)、《标准》(2018)、程鸿群等(2016)、刘秋常等(2017)、徐享等(2019)、翟慧敏等(2019)、史富文等(2020)、万雪纯等(2020)	8

序号	指标名称	文献来源	频次/次
5	水环境质量	《LPS》(2010)、《办法》(2015)、《标准》(2018)、蒋涤非等(2012)、程鸿群等(2016)、刘秋常等(2017)、满莉等(2018)、史富文等(2020)、万雪纯等(2020)	9
6	污水再生利用率	《办法》(2015)、蒋涤非等(2012)、程鸿群等(2016)、刘秋常等(2017)、李英攀等(2018)、彭一峰等(2019)、谢鹏贵等(2019)、徐心一等(2019)、翟慧敏等(2019)、万雪纯等(2020)	11
7	雨水资源利用率	《办法》(2015)、《标准》(2019)、程鸿群等(2016)、夏洋等(2016)、刘秋常等(2017)、李英攀等(2018)、满莉等(2018)、徐心一等(2019)、翟慧敏等(2019)、徐享等(2019)、万雪纯等(2020)	11
8	供水管网漏损率	《办法》(2015)、程鸿群等(2016)、刘秋常等(2017)、李英攀等(2018)、彭一峰等(2019)、徐心一等(2019)、翟慧敏等(2019)、万雪纯等(2020)	9
9	暴雨内涝灾害防治	《办法》(2015)、程鸿群等(2016)、夏洋等(2016)、刘秋常等(2017)、彭一峰等(2019)、曲悠扬等(2019)、翟慧敏等(2019)、史富文(2020)	9
10	城市面源污染控制	《办法》(2015)、程鸿群等(2016)、夏洋等(2016)、刘秋常等(2017)、李英攀等(2018)、徐享等(2019)、翟慧敏等(2019)、万雪纯等(2020)	9
11	饮用水安全	《办法》(2015)、程鸿群等(2016)、夏洋等(2016)、刘秋常等(2017)、李英攀等(2018)、徐享等(2019)、徐心一等(2019)、翟慧敏等(2019)	9
12	可渗透地面率	彭一峰等(2019)	2
13	提高生物多样性	《LPS》(2010)、蒋涤非等(2012)、满莉等(2018)	3
14	产业发展	《办法》(2015)、程鸿群等(2016)、刘秋常等(2017)、李英攀等(2018)、翟慧敏等(2019)、万雪纯等(2020)	6
15	提升房产价值	《LPS》(2010)、蒋涤非等(2012)	2
16	节约建设成本	《LPS》(2010)、蒋涤非等(2012)、满莉等(2018)、史富文等(2020)	4
17	节约运行维护费用	《LPS》(2010)、蒋涤非等(2012)、满莉等(2018)、史富文等(2020)	4
18	雨水管理教育机会	《SITES》(2006)、《LPS》(2010)、范峻恺等(2019)、徐享等(2019)、满莉等(2018)、蒋涤非等(2012)、万雪纯等(2020)	7
19	提升可持续意识	《LPS》(2010)、蒋涤非等(2012)	2
20	提高视觉景观质量	《SITES》(2006)、《LPS》(2010)、满莉等(2018)、万雪纯等(2020)	4

续表

序号	指标名称	文献来源	频次/次
21	审美倾向	《LPS》(2010)	1
22	公众满意度	《LPS》(2010)、蒋涤非等(2012)、夏洋等(2016)、满莉等(2018)、彭一峰等(2019)、万雪纯等(2020)、史富文等(2020)	7
23	规划建设管控制度	《办法》(2015)、程鸿群等(2016)、刘秋常等(2017)、李英攀等(2018)、满莉等(2018)、翟慧敏等(2019)、万雪纯等(2020))、史富文等(2020)	8
24	长效运维管控制度	《办法》(2015)、程鸿群等(2016)、刘秋常等(2017)、李英攀等(2018)、满莉等(2018)、翟慧敏等(2019)、万雪纯等(2020)	7
25	技术规范标准建设	《办法》(2015)、程鸿群等(2016)、刘秋常等(2017)、李英攀等(2018)、满莉等(2018)、翟慧敏等(2019)、万雪纯等(2020)、史富文等(2020)	8
26	投融资机制建设	《办法》(2015)、程鸿群等(2016)、刘秋常等(2017)、李英攀等(2018)、满莉等(2018)、彭一峰等(2019)、曲悠扬等(2019)、徐享等(2019)、翟慧敏等(2019)、万雪纯等(2020)	10
27	绩效考核奖励机制	满莉等(2018)、万雪纯等(2020)	2
28	蓝绿线制定与保护	《办法》(2015)、程鸿群等(2016)、刘秋常等(2017)、李英攀等(2018)、满莉等(2018)、万雪纯等(2020)	7

表 17-3 海绵城市建设绩效评估初始指标清单

目标层	子目标层	准则层	指标层
海绵城市建设综合绩效	过程绩效 A1	启动阶段 B1	机构建立及运行情况 C1
			法规建立情况 C2
			资金保障制度情况 C3
			激励措施制定情况 C4
		规划建设阶段 B2	规划建设管控情况 C5
			设计方案的系统性与科学性 C6
			施工技术水平 C7
			蓝绿线制定与保护 C8
		运维阶段 B3	长效运维机制建立情况 C9
			运维技术水平 C10
			智慧化管理平台建立情况 C11

目标层	子目标层	准则层	指标层
海绵城市建设综合绩效	结果绩效 A2	生态效益 B4	年径流总量控制率 C12
			城市热岛效应 C13
			生态岸线 C14
			地下水位 C15
			水环境质量 C16
			水资源利用率 C17
			饮用水安全 C18
		经济效益 B5	海绵产业政策及发展情况 C19
			节约城市建设成本 C20
			节约城市运营成本 C21
			提升房地产价值 C22
		社会效益 B6	市民满意度 C23
			海绵城市知识普及程度 C24
			提高视觉景观质量 C25

在初始指标清单基础上,通过面对面、视频网络、电话等访谈方式,向 5 位来自城市规划、景观、工程管理领域的专家学者征询意见(见表 17-4),以进一步优化指标清单。

表 17-4　专家访谈记录

编号	采访对象	研究/工作领域	采访记录
1	高校学者	城市规划	"提升房地产价值"受多重因素影响,且较难衡量,建议删除
2	高校学者	风景园林	"提高视觉景观质量"如何衡量,可慎重考虑是否保留
3	总工程师	市政	建议将部分指标具体表述,如将"热岛效应"改为"热岛效应缓解情况","生态岸线"改为"生态岸线恢复情况","地下水位"改为"地下水位埋深"
4	总工程师	市政	过程绩效指标可从制度、管理、技术等维度进行梳理,使评估结果更具参考价值 "饮用水安全"均已基本达标,可慎重考虑是否需要保留

续表

编号	采访对象	研究/工作领域	采访记录
5	高校学者	城市规划	"蓝绿线制定与保护"多数城市均已达标,对后续结果可能影响不大,建议删除 建议多结合当前海绵城市建设现状选取指标

结合专家的反馈意见与数据可得性,删除"饮用水安全""提升房地产价值""蓝绿线制定与保护""提高视觉景观质量",同时从制度、管理、技术三大维度重新梳理过程绩效指标,构建起海绵城市建设绩效评估指标体系(见表 17-5)。

表 17-5　面向实施过程的海绵城市建设绩效评估指标体系

目标层	子目标层	准则层	维度	指标层
海绵城市建设综合绩效	A1 过程绩效	启动阶段 B1	管理	机构建立及运行情况 C1
			制度	法规建立情况 C2
			制度	资金保障制度情况 C3
			制度	激励措施制定情况 C4
		规划建设阶段 B2	管理	规划建设管控情况 C5
			技术	设计方案的系统性与科学性 C6
			技术	施工技术水平 C7
		运维阶段 B3	制度	长效运维制度建设情况 C8
			技术	运维技术水平 C9
			管理	智慧化管理平台建立情况 C10
	A2 结果绩效	生态效益 B4		年径流总量控制率 C11
				城市热岛效应缓解情况 C12
				生态岸线恢复情况 C13
				地下水位埋深 C14
				水环境质量 C15
				水资源利用率 C16
		经济效益 B5		海绵产业政策及发展情况 C17
				节约城市建设成本 C18
				节约城市运营成本 C19
		社会效益 B6		市民满意度 C20
				海绵城市知识普及程度 C21

三、指标含义与说明

上文所构建的评估指标体系涵盖了两大子目标层、六个准则层,各准则层又由若干指标构成,现对各指标内涵进行解释说明。

(一)A1 过程绩效

根据全生命周期理论将海绵城市建设过程划分为启动、规划建设、运维三大阶段,重点考察海绵城市体制机制建设、法律规章制定、设计施工监管及后期运维管理情况。①B1 启动阶段:海绵城市前期准备阶段,主要包括成立专班小组、出台法规政策、建立体制机制、制定保障措施等工作内容。②B2 规划建设阶段:该阶段主要包括相关规划建设制度制定、技术标准与导则编制、海绵方案设计与施工等工作内容。③B3 运维阶段:该阶段主要包括建立运维管理机制、编制运行维护技术规程、开展日常巡检及养护等内容,以保障海绵城市设施的正常运行。具体指标解释与评估标准如表 17-6 所示。

表 17-6　过程绩效指标解释

指标	评估标准
C1 机构建立及运行情况	主要从是否设立海绵城市建设工作领导小组、统筹协调工作机制建立、职责分工与落实等方面进行考察
C2 法规建立情况	是否专门出台有关海绵城市建设管理的地方性法规;是否将海绵城市有关要求纳入相关法规条例中
C3 资金保障制度情况	主要从国家级、省级奖补资金和地方资金到位情况,PPP 项目数量与规模等方面进行考察
C4 激励措施制定情况	是否建立与海绵城市建设相关的奖励机制,包括产业发展优惠政策、绩效考核奖励措施等
C5 规划建设管控情况	规划建设管控是指在海绵城市的规划与施工阶段所建立的一套管控机制,主要包括土地出让、施工审查、竣工验收等
C6 设计方案的系统性与科学性	是否编制适宜本地区海绵城市建设的设计方案;相关指标参数的科学性与落地性
C7 施工技术水平	是否编制适宜本地区海绵城市建设的设计方案;相关指标参数的科学性与落地性
C8 长效运维机制建立情况	长效运维管控是海绵城市可持续发展的重要保障,主要从常态化维护机制建立、各类设施运行维护责任主体是否明确等方面进行考察

续表

指标	评估标准
C9 运维技术水平	是否编制适宜本地区海绵城市建设的运行维护技术规程;相关标准落实情况;是否开展海绵城市设施日常巡检及维护工作
C10 智慧化管理平台建立情况	是否建立海绵城市智慧化管理平台或其他配套信息化平台

(二)A2 结果绩效

以综合效益为导向,从生态效益、经济效益、社会效益三大维度评估海绵城市建设的绩效。①B4 生态效益:我国建设海绵城市的初衷是缓解城市内涝、消除城市径流污染。生态效益直接体现海绵城市建设效果,也是我国当前通过海绵城市建设要达到的主要目的之一。②B5 经济效益:海绵城市建设不仅要实现资源利用、生态保护和社会进步的目标,还要兼顾建设成本及经济增长等方面,尽可能以相对较低的经济成本实现海绵城市的可持续发展。③B6 社会效益:海绵城市建设不仅可以修复自然本底环境、促进雨水资源化利用、恢复自然水文生态循环,还可以通过创造雨水景观等改善城市生活质量,令公众满意。具体指标解释与评估标准详见表 17-7。

表 17-7 结果绩效指标解释

指标	评估标准
C11 年径流总量控制率	海绵城市建设的核心指标,以是否达到目标值为考察标准
C12 城市热岛效应缓解情况	以夏季 6—9 月城郊日平均温差与历史同期相比的变化趋势为主要考察标准
C13 生态岸线恢复情况	从是否进行生态岸线建设、是否达到专项规划或实施方案确定的目标值等方面进行考察
C14 地下水位埋深	从地下水位变化情况、地面沉降速率是否达到既定控制目标等方面进行考察
C15 水环境质量	从水质指标浓度(COD、TP 等)变化情况、黑臭水体消除比例等方面进行考察
C16 水资源利用率	从再生水利用是否达到专项规划或实施方案目标等方面进行考察

指标	评估标准
C17 海绵产业政策及发展情况	海绵城市建设能带动相关产业发展、促进就业,推动社会经济发展,主要从相关企业落户、专利申请数量、政府出台的优惠政策等方面来考察
C18 节约城市建设成本	该指标反映了海绵化城市改造项目在节约建造成本方面的效益
C19 节约城市运营成本	该指标反映了海绵城市建设对城市运营经济效益提升的重要作用,主要体现在缓解城市供水压力、大幅减少水环境污染治理费用等方面
C20 市民满意度	市民满意度是指城市居民对海绵城市建设后的满意程度评估值,直接反映了公众在海绵城市建设过程和结果中的社会效益实现情况
C21 海绵城市知识普及程度	海绵城市知识普及程度直接反映了政府开展海绵城市建设方面的公共教育力度,公众对于海绵城市的认识深浅程度间接影响建设进程

第二节　海绵城市建设绩效评估体系的结构关系

基于上文构建的评估指标体系,采用问卷调查(见附录4)收集数据,并运用解释结构模型构建海绵城市建设绩效评估的层级递阶模型,划分表层因素、中层因素和深层因素,分析指标间的逻辑关系,以探讨影响海绵城市建设绩效的内在机理。

一、解释结构模型概述

解释结构模型(interpretative structure modeling,ISM)是美国系统科学家Warfield于20世纪70年代提出的一种结构化模型,常用于分析宏观与微观层面的问题。建立解释结构模型需要在先验与知识的基础上,借助计算机技术,采用有向图绘制、矩阵运算等方法对复杂问题与系统进行分解,以分析研究系统各因素之间的相互关系,从而构建起一个层次清晰分明的多层递阶结构模型。

(一)模型优点

①应用步骤与操作流程简单,计算简易,对软件的使用性能要求不高,研

究人员易于掌握;②将系统内因素间复杂的逻辑关系转化为一个简单、直观的多层递阶结构模型,并采用直观的结构关系反映原先指标因素间模糊不清的逻辑关系;③解决问题时采用定性分析与定量计算相结合的方式,以定性分析结果为依据,运用矩阵来描述各个指标间的量化关系。

(二)应用步骤

解释结构模型主要有六个应用步骤(见图 17-4):①明确系统研究的目标问题;②根据需要解决的目标问题开展详细调研,从而选取相关指标因素,构建评估体系;③分析系统内部各个指标因素间的相互作用关系,采用邻接矩阵量化这种定性逻辑关系;④基于邻接矩阵计算可达矩阵,对其进行分析后划分层级结构;⑤构建多层递阶的解释结构模型;⑥指标结构分析。

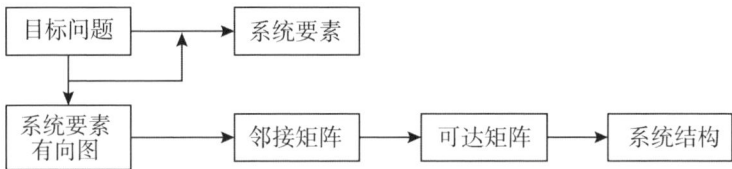

图 17-4 ISM 模型应用步骤

二、解释结构模型构建

(一)建立邻接矩阵

建立邻接矩阵的目的是将构成因素之间的相互关系进行量化,用数字来描述构成因素之间的两两关系。假设系统有 n 个构成因素,那么邻接矩阵即为 $n \times n$ 阶,规定当因素 S_i 对因素 S_j 有影响时,矩阵元素 a_{ij} 等于 1,当因素 S_i 对因素 S_j 没有影响时,对应矩阵元素 a_{ij} 等于 0,可表示为

$$a_{ij} = \begin{cases} 1, \text{当} S_j \text{对} S_i \text{有影响}, i \neq j \\ 0, \text{当} S_j \text{对} S_i \text{无影响}, i \neq j \end{cases} \tag{17-1}$$

邻接矩阵具有以下性质:①邻接矩阵与关联矩阵均可表现系统因素之间影响关系,具有一一对应关系,但两者表现形式存在差异,且邻接矩阵具有唯一性、确定性。②邻接矩阵包含的元素只有 0 和 1。若邻接矩阵中第 j 列所有元素均为 0,说明其他因素对因素 S_j 均无影响;若第 i 行所有元素均为 1,说明因素 S_i 对其他因素均有影响。③在 k 阶矩阵 A_k 中,若 $a_{ij} = 1$,表示因素 S_i 经

过 $k-1$ 个因素对因素 S_j 产生影响。

　　基于上文构建的评估指标体系,将 21 个评估指标进行编号(见表 17-8)。运用式(17-1),建立海绵城市建设绩效评估体系的邻接矩阵 A(见表 17-9)。

表 17-8　海绵城市建设绩效指标因素编号

编号	评估指标	编号	评估指标
S1	机构建立及运行情况	S12	城市热岛效应缓解情况
S2	法规建立情况	S13	生态岸线恢复情况
S3	资金保障制度情况	S14	地下水位埋深
S4	激励措施制定情况	S15	水环境质量
S5	规划建设管控情况	S16	水资源利用率
S6	设计方案的系统性与科学性	S17	海绵产业政策及发展情况
S7	施工技术水平	S18	节约城市建设成本
S8	长效运维机制建立情况	S19	节约城市运营成本
S9	运维技术水平	S20	市民满意度
S10	智慧化管理平台建立情况	S21	海绵城市知识普及程度
S11	年径流总量控制率		

表 17-9　海绵城市建设绩效评估指标体系的邻接矩阵

编号	S1	S2	S3	S4	S5	S6	S7	S8	S9	S10	S11	S12	S13	S14	S15	S16	S17	S18	S19	S20	S21
S1	0	1	1	1	1	1	0	1	0	0	0	0	0	0	0	0	1	0	0	0	0
S2	1	0	1	1	1	1	0	1	0	0	0	0	0	0	0	0	1	0	0	0	0
S3	1	0	0	0	0	1	1	0	1	0	1	0	0	0	0	1	1	1	0	0	0
S4	0	0	0	0	0	1	1	1	1	0	0	0	0	0	0	0	0	0	0	0	0
S5	0	0	0	0	0	0	0	0	0	0	1	1	1	1	1	1	0	1	0	0	0
S6	0	0	0	0	0	0	0	0	1	1	1	1	1	1	1	1	0	1	0	1	0
S7	0	0	0	0	0	0	0	0	0	0	1	1	1	1	1	1	0	1	0	1	0
S8	0	0	0	0	0	0	0	0	1	1	1	1	1	1	1	1	0	1	1	1	0
S9	0	0	0	0	0	0	0	0	0	1	1	1	1	1	1	1	0	1	1	0	0
S10	0	0	0	0	0	0	0	0	0	0	1	1	1	1	1	1	0	1	0	1	1
S11	0	0	0	0	0	0	0	0	0	0	0	1	1	1	1	1	1	0	0	0	0
S12	0	0	0	0	0	0	0	0	0	0	0	0	0	0	0	0	0	0	0	1	0
S13	0	0	0	0	0	0	0	0	0	0	0	0	0	0	0	0	0	0	0	1	0
S14	0	0	0	0	0	0	0	0	0	0	0	0	0	0	0	0	0	0	0	1	0

续表

编号	S1	S2	S3	S4	S5	S6	S7	S8	S9	S10	S11	S12	S13	S14	S15	S16	S17	S18	S19	S20	S21
S15	0	0	0	0	0	0	0	0	0	0	0	0	0	0	0	0	0	1	1	1	0
S16	0	0	0	0	0	0	0	0	0	0	0	0	0	0	0	0	0	0	1	1	0
S17	0	0	1	0	0	0	0	0	0	0	0	0	0	0	0	0	0	0	0	1	1
S18	0	0	0	0	0	0	0	0	0	0	0	0	0	0	0	0	0	0	0	0	0
S19	0	0	0	0	0	0	0	0	0	0	0	0	0	0	0	0	0	0	0	0	0
S20	0	0	0	0	0	0	0	0	0	0	0	0	0	0	0	0	0	0	0	0	0
S21	0	0	0	0	0	0	0	0	0	0	0	0	0	0	0	0	0	0	0	1	0

（二）建立可达矩阵

可达矩阵 M（reachability matrix）是反映评估体系内部指标间任意传递性的二元关系矩阵，表明了指标因素之间是否存在影响关系，包括直接影响和间接影响两方面。应用邻接矩阵 A 加上单位矩阵 I，将矩阵 $(A+I)^k$ 经过一定布尔运算，当 $(A+I)^2 = I+A+A^2$ ，$(A+1)^k = 1+A+A^2+\cdots+A^k$ 时，满足

$$(A+I)^{k-1} \neq (A+I)^k = (A+I)^{k+1} \tag{17-2}$$

得到可达矩阵

$$M = M = (A+I)^k \tag{17-3}$$

布尔运算规则为：逻辑乘取小：$0\times0=0$，$0\times1=0$，$1\times1=1$；逻辑加取大：$0+0=0$、$1+1=1$、$0+1=1$。在矩阵 $A\times A = A^2$ 中，元素为 1 时，说明因素间有二次通道，即两个因素通过一个中间因素产生联系；元素为 0 时，说明因素间无通道、无联系。在矩阵 $A\times A = A^{k+1}$ 中，元素为 1 时，说明因素间有 $k+1$ 次通道，即两个因素通过 k 个因素产生联系；元素为 0 时，说明因素间无通道、无联系。采用 MATLAB 编程得到海绵城市建设绩效评估体系的可达矩阵，结果如表 17-10 所示。

表 17-10　海绵城市建设绩效评估指标体系的可达矩阵

编号	S1	S2	S3	S4	S5	S6	S7	S8	S9	S10	S11	S12	S13	S14	S15	S16	S17	S18	S19	S20	S21
S1	1	1	1	1	1	1	1	1	1	1	1	1	1	1	1	1	1	1	1	1	1
S2	1	1	1	1	1	1	1	1	1	1	1	1	1	1	1	1	1	1	1	1	1
S3	1	1	1	1	1	1	1	1	1	1	1	1	1	1	1	1	1	1	1	1	1
S4	1	1	1	1	1	1	1	1	1	1	1	1	1	1	1	1	1	1	1	1	1

编号	S1	S2	S3	S4	S5	S6	S7	S8	S9	S10	S11	S12	S13	S14	S15	S16	S17	S18	S19	S20	S21
S5	0	0	0	0	1	1	1	0	0	0	1	1	1	1	1	1	0	1	1	1	0
S6	0	0	0	0	0	1	0	0	0	0	1	1	1	1	1	1	0	1	1	1	0
S7	0	0	0	0	0	0	1	0	0	0	1	1	1	1	1	1	0	1	1	1	0
S8	0	0	0	0	0	0	0	1	1	1	1	1	1	1	1	1	0	1	1	1	1
S9	0	0	0	0	0	0	0	0	1	0	1	1	1	1	1	1	0	1	1	1	1
S10	0	0	0	0	0	0	0	0	1	1	1	1	1	1	1	1	0	1	1	1	1
S11	0	0	0	0	0	0	0	0	0	0	1	0	0	0	0	0	0	1	1	1	0
S12	0	0	0	0	0	0	0	0	0	0	0	1	0	0	0	0	0	0	0	1	0
S13	0	0	0	0	0	0	0	0	0	0	0	0	1	0	0	0	0	0	0	1	0
S14	0	0	0	0	0	0	0	0	0	0	0	0	0	1	0	0	0	0	0	1	0
S15	0	0	0	0	0	0	0	0	0	0	0	0	0	0	1	0	0	0	0	1	0
S16	0	0	0	0	0	0	0	0	0	0	0	0	0	0	0	1	0	1	1	1	0
S17	1	1	1	1	1	1	1	1	1	1	1	1	1	1	1	1	1	1	1	1	1
S18	0	0	0	0	0	0	0	0	0	0	0	0	0	0	0	0	0	1	0	1	0
S19	0	0	0	0	0	0	0	0	0	0	0	0	0	0	0	0	0	0	1	1	0
S20	0	0	0	0	0	0	0	0	0	0	0	0	0	0	0	0	0	0	0	1	0
S21	0	0	0	0	0	0	0	0	0	0	0	0	0	0	0	0	0	0	0	1	1

(三)层级划分

分解可达矩阵前必须先分析可达集、先行集和共同集。对于可达集、先行集和共同集的定义如下：

可达集 $R(n_i)$：在可达矩阵 M 的元素 m_i 所对应的行中，一部分等于 0，一部分等于 1，那么所有包含元素 1 的列元素的集合，即 $R(n_i) = \{n_i \mid n_i \in n, m_{ij} = 1\}$，表示元素 m_i 可以到达的元素。

先行集 $Q(n_i)$：在可达矩阵 M 的元素 m_i 所对应的列中，一部分等于 0，一部分等于 1，那么所有包含元素 1 的列元素的集合，即 $Q(n_i) = \{n_i \mid n_i \in n, m_{ij} = 1\}$，表示可以到达 m_i 的元素。

共同集 T 是先行集与可达集的交集，即 $T = R(n_i) \bigcap Q(n_i)$。

根据可达矩阵可得到每个指标因素的"可达集 $R(S_i)$""先行集 $A(S_i)$""$R(S_i) \bigcap A(S_i)$"，各指标因素的集合如表 17-11 所示。根据因素集合表，将 $R(S_i) \bigcap A(S_i) = R(S_i)$ 作为确定最高等级因素的标准，可以发现指标 S20 为第一层因素；然后将该因素从可达矩阵中删除得到新的因素集合表，根据判定标准划分下一层级的指标因素;重复上述步骤直至将最后一层因素分层。具体层级划分结果见表 17-12。

表 17-11　因素集合

因素	$R(S_i)$	$A(S_i)$	$R(S_i) \bigcap A(S_i)$
S1	1—21	1—4,17	1—4,17
S2	1—21	1—4,17	1—4,17
S3	1—21	1—4,17	1—4,17
S4	1—21	1—4,17	1—4,17
S5	5—7,11—16,18—20	1—5,17	5
S6	6,11—16,18—20	1—6,17	6
S7	7,11—16,18—20	1—5,7,17	7
S8	8—16,18—21	1—4,8,17	8
S9	9,11—16,18—20	1—4,8—10,17	9
S10	9—16,18—21	1—4,8,10,17	10
S11	11,18—20	1—11,17	11
S12	12,20	1—10,12,17	12
S13	13,20	1—10,13,17	13
S14	14,20	1—10,14,17	14
S15	15,18—20	1—10,15,17	15
S16	16,19,20	1—10,16,17	16
S17	1—21	1—4,17	1—4,17
S18	18,20	1—11,15,17,18	18
S19	19,20	1—11,15—17,19	19
S20	20	1—21	20
S21	20,21	1—4,8,10,17,21	21

表 17-12　层级划分

层级	指标因素
第一层(顶层)	20
第二层	12,15,16,18,19,21

层级	指标因素
第三层	11,13,14
第四层	6,7,9
第五层	5,10
第六层	8
第七层(底层)	1,2,3,4,17

(四)建立解释结构模型

基于层级划分结果,发现海绵城市建设绩效评估体系是一个具有七个等级的多层次递阶结构。第一层次指标是"S20 市民满意度";第二层次指标是"S12 城市热岛效应缓解情况""S15 水环境质量""S16 水资源利用率""S18 节约城市建设成本""S19 节约城市运营成本""S21 海绵城市知识普及程度";第三层次指标是"S11 年径流总量控制率""S13 生态岸线恢复情况""S14 地下水位埋深";第四层次指标是"S6 设计方案的系统性与科学性""S7 施工技术水平""S9 运维技术水平";第五层次指标是"S5 规划建设管控情况""S10 智慧化管理平台建立情况";第六层次指标是"S8 长效运维机制建立情况";第七层次指标是"S1 机构建立及运行情况""S2 法规建立情况""S3 资金保障制度情况""S4 激励措施制定情况""S17 海绵产业政策及发展情况"。

根据解释结构模型关系理论,层次递阶结构一般划分为表层、中层和深层。在海绵城市建设绩效解释结构模型中,将第一层归为表层因素;第二、三、四、五层为中层因素;第六、七层为深层因素。根据该层次划分结果,构建海绵城市建设绩效的解释结构模型,如图 17-5 所示。

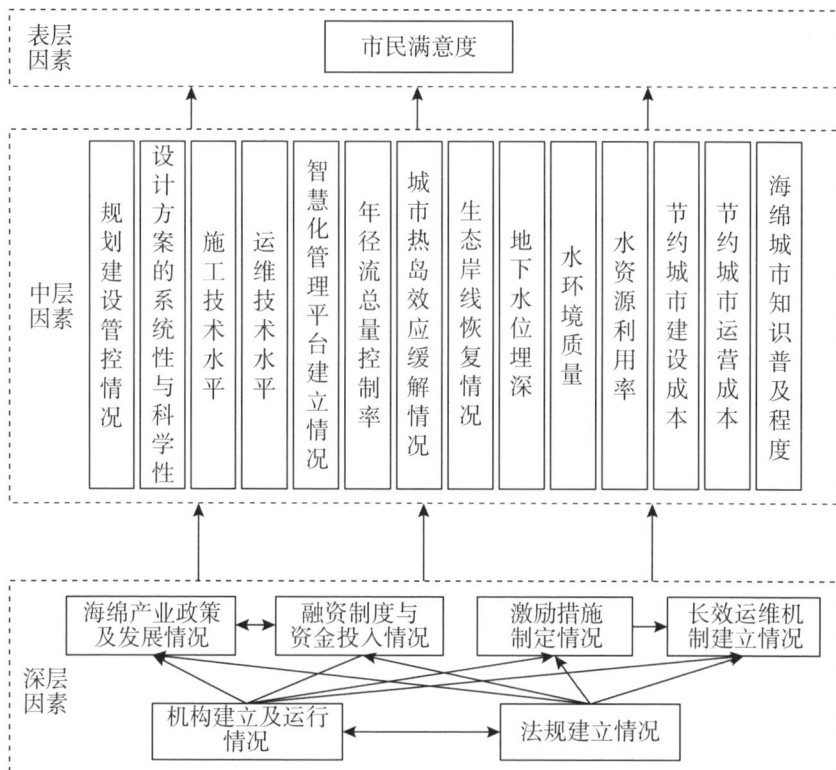

图 17-5   海绵城市建设绩效评估指标的解释结构模型

三、基于解释结构模型的评估体系结构关系分析

(一)指标层结构关系分析

1.深层因素分析

影响海绵城市建设绩效的深层指标主要为制度因素,具体包括:过程绩效启动阶段的"机构建立及运行情况""法规建立情况""融资制度与资金投入情况""激励措施制定情况",运维阶段的"长效运维机制建立情况",以及结果绩效中经济效益"海绵产业政策及发展情况"。深层的制度因素是根本影响因素,可通过直接作用路径与间接作用路径对海绵城市建设绩效产生重要影响。如鼓励发展海绵产业的制度设计既可以通过增加社会就业岗位、提高居民收入水平直接增强市民满意度,又可以通过海绵产业的发展宣传相关理念与知识,纠正公众的认知误区与偏见,进而提高社会公众对海绵城市的认可度与支持度。具体作用路径如下:直接作用路径,即海绵产业发展情况(深层因素)——

市民满意度(见表层因素);间接作用路径,即海绵产业发展情况(深层因素)—海绵城市知识普及程度(中层因素)—市民满意度(见表层因素)。

同时,同层指标因素间也存在一定的作用逻辑关系:①"统筹机构的建立及运行情况"与"法规建立情况"间具有交互作用,一方面,成立高规格的专班领导小组有助于推动法规体系建设,而严格的法律法规条文又可为明确部门职责分工、责任落实提供法制保障;另一方面,两者均可对资金因素产生直接作用,包括资金投入情况、激励措施制定情况等,为进一步明确资金使用、规范资金管理、吸引资本投入等提供制度框架。②"海绵产业发展情况"与"资金投入情况"间存在交互效应,资金投入可推动科技创新,加快城市透水路面、绿色屋顶、下凹式绿地等技术发展,有助于培育和引导海绵城市相关产业的孵化,形成产业新动能;海绵经济的高质量发展又为海绵城市建设提供了可持续的资金来源。③"激励措施制定情况"直接影响"长效运维机制建立情况"。制定政府奖补标准与措施,对运行维护成效好的海绵项目给予补助有利于进一步落实运维保障政策,保障日常运维顺畅。

2. 中层因素分析

中间层起着"承下递上"的作用,作用路径在中间层交集汇聚,并由深层向表层传递。该层指标因素数量较多,其中第二、三层指标因素涵盖了海绵城市建设的生态、经济和社会效益,是结果绩效的重要组成,直接影响表层指标因素;第四、五层指标因素集中于规划建设阶段与运维阶段,主要为建设技术因素,这部分指标以结果绩效为"中介桥梁",间接作用于表层指标。

3. 表层因素分析

表层因素为"市民满意度",直接反映了公众对海绵城市建设的社会认同程度,体现出城市规划建设"人民至上"的理念,是推广海绵城市的价值观基础。市民满意度主要受"节约城市建设成本""节约城市运营成本"等经济效益指标的直接影响,受"年径流总量控制率""地下水位埋深""生态岸线恢复情况"等部分生态效益指标的间接影响。直接影响产生的原因在于,与生态效益部分的专业性指标相比,经济、社会效益与公众切身利益相关,更易被公众感知与认可。间接影响产生的原因在于,生态效益指标的提升有助于提高资源与能源的利用效率,如减少水环境污染治理费用、节约排水设施维护费用、节省远距离供水成本等,直接影响经济社会发展质量与效益,从而对市民满意度产生间接作用。

(二)准则层结构关系分析

基于指标层结构分析结果,将 21 个评估指标按准则层重新归纳总结,得到准则层指标间的逻辑关系及作用路径(见图 17-6)。①影响海绵城市建设绩效的深层指标因素主要集中在过程绩效的"启动阶段"。该阶段起引领作用,工作重点是建立工作机制、提供政策支持等,为后续规划建设、运维等工作的顺利开展提供制度保障——可谓"磨刀不误砍柴工"。②中层指标因素集中在过程绩效的"规划建设阶段""运维阶段"以及结果绩效的"生态效益""经济效益"。规划建设阶段与运维阶段是海绵城市建设实施的重要环节,其工作完成情况决定着海绵设施建设的质量与效益,直接影响海绵城市的生态效益。同时,两阶段存在交互效应,科学、系统的规划建设有助于提升后期运维管理效率,而智慧化管控平台又可为方案的设计与实施提供数据支持。生态效益可以直接转化为经济效益,这是雨水管理发展到高级阶段的必然趋势。生态效益的提升有助于降低城市基础设施建设和运营费用,同时激发场地的活力与吸引力,创造附加经济价值。③表层指标因素集中在结果绩效的"社会效益",即"居民满意度",并受生态效益与经济效益的影响。其中,生态效益通过直接和间接两种作用路径影响社会效益,经济效益在两者间发挥部分中介效应。换言之,一部分生态效益可直接转化为社会效益,另一部分则以经济效益为"中介桥梁"间接作用于社会效益。

通过上述解释结构模型的分析可以发现,海绵城市建设的过程绩效存在明显的"制度—管理—技术"的作用路径及其逻辑关系(见图 17-7),与前两章的研究结论一致:①完善的政策制度对推进海绵城市建设的作用是基础性的、也是决定性的,从根本上影响海绵城市建设进程与绩效;②有效的过程管理是海绵城市可持续发展的重要保障,间接影响海绵城市建设绩效;③精湛的技术水平是推进海绵城市建设的必要条件,直接影响海绵城市建设的质量和效益;④完善的政策制度是过程管理的依据及管理有效的根本保障,而有效的过程管理是确保技术水平精湛及精湛技术水平落地的前提条件。技术创新直面海绵城市建设过程中不断出现的技术难题,节约了建设成本,加快了建设速度,提高了海绵城市建设的综合效益,但这一切从根本上依赖于过程中的有效管理与源头上的制度建设。

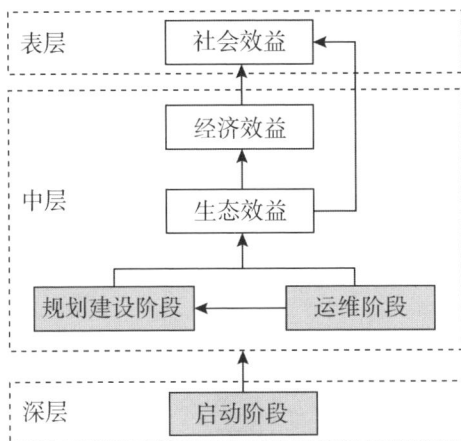

图 17-6　准则层总体结构关系

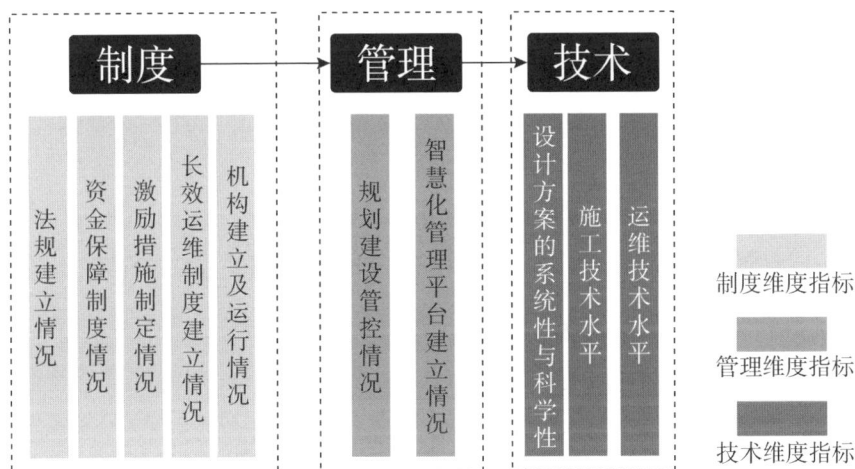

图 17-7　过程绩效准则层结构关系

同时可以发现,海绵城市建设的结果绩效也存在着明显的"生态—经济—社会"的作用路径与逻辑关系:①生态绩效是基础,海绵城市建设的直接目的就是改善生态环境;②经济绩效是保障,不计成本和代价、光靠政策高位推动的海绵城市建设注定不可持续;③社会绩效是根本,人民至上、居民满意是检验和衡量海绵城市建设绩效的最终标尺,也是持续推进海绵城市建设的不竭动力。

(三)子目标层结构关系分析

综合指标层与准则层的结构关系分析结果,归纳总结子目标层的作用路径与逻辑关系(见图17-8):海绵城市建设绩效存在"过程绩效—结果绩效—综合绩效"的正向传导机制,即综合绩效通过结果绩效反映,但结果绩效取决于过程绩效,过程绩效是综合绩效的源头;结果绩效是综合绩效的直接反映,内含着"环境效益带动经济效益,经济效益提升社会效益"的作用关系;过程绩效是综合绩效的间接反映,内含着"完善制度是有效管理的依据,有效管理保障精湛技术"的逻辑关系。

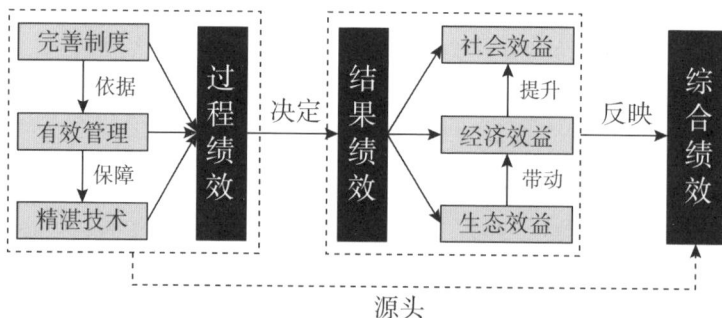

图 17-8 目标与子目标层结构关系

第三节 海绵城市建设绩效评估方法

一、主客观集成赋权法

指标权重反映了某一指标在整个指标体系中的重要程度。常见的权重赋值方法主要有主观赋权法、客观赋权法、主客观集成赋权法三种(董寒凝,2020)。主观赋权法基于行业专家的专业知识与实践经验对各项指标的重要程度进行主观判断,所得权重结果受人为因素影响较大,主要包括层次分析法、G1法等;客观赋权法通过分析客观数据计算指标权重,可避免主观原因造成的偏差,但同时忽略了定性指标的主观性,常见方法有熵值法、主成分分析法、变异系数法等;主客观集成赋权法是将主观权重与客观权重进行集成处理,所得权重值可同时反映评估人员的主观意愿与评估数据的客观性。本研究采用主客观集成赋权法以计算各评估指标的权重值,其中,主观权重采用层次分析法,客观权重采用熵值法。

(一)层次分析法确定主观权重

20世纪70年代初期,美国Satty教授首次尝试运用层次分析法(Analytic Hierarchy Process,AHP)进行决策分析(谢文平,2017)。层次分析法以一个复杂的多目标决策问题作为研究系统,通过分解层次结构、计算判断矩阵的方法,求解最底层指标权重,再计算次底层权重,以此类推。

层次分析法具有如下优点:①原理简单,结构明确,因素具体,能将经验总结并应用于实际问题;②既可以纵向比较同一组织不同时期的各个单元,也可以横向比较不同组织不同层级的各个指标;③定性和定量分析相结合,有助于解决复杂事件中指标难以量化的问题,同时保留原有信息量。

基于上文构建的评估体系,利用解释结构模型中下层对上层的相对重要性并结合层次分析法计算各项评估指标的主观权重。具体步骤如下。

首先,建立系统层次结构模型前文已有详细介绍,此处不再赘述。

其次,计算判断矩阵。通过两两比较,给出同层指标相对上一层次的有连接的指标的相对重要性,从而构造出各层次中的所有判断矩阵。判断矩阵是确定各指标影响权重的重要判别方式,通过判别两两指标之间的重要程度以计算权重(谢广平,2017)。通常引用数字1—9及其倒数作为标度来定义判断矩阵(见表17-13)。

表 17-13　判断矩阵标度定义

标度	含义
1	表示两个指标相比,具有相等的重要性
3	表示两个指标相比,前者比后者稍重要
5	表示两个指标相比,前者比后者明显重要
7	表示两个指标相比,前者比后者强烈重要
9	表示两个指标相比,前者比后者极端重要
2,4,6,8	表示上述相邻判断的中间值
倒数	若指标 i 比指标 j 的重要性之比为 a_{ij},那么指标 j 比指标 i 的重要性之比为 $a_{ji}=1/a_{ij}$

以结果绩效中的生态效益为例,构建生态效益维度的判断矩阵(详见表17-14)。以此类推,分别构建启动阶段、规划建设阶段、运维阶段、经济效益、社会效益指标的判断矩阵。

表 17-14　生态效益指标的判断矩阵

	C11	C12	C13	C14	C15	C16
C11	1	5	5	3	1	3
C12	1/5	1	1	1/3	1/3	1/3
C13	1/5	1	1	1/2	1/3	1/2
C14	1/3	3	2	1	1	1
C15	1	3	3	1	1	1
C16	1/3	3	2	1	1	1

最后,检验各个判断矩阵的一致性。进行判断矩阵的一致性测试是必要的,可以决定判断矩阵的可用性。

用矩阵最大特征值与矩阵阶数 n 检验判断矩阵是否合格。计算一致性指标 CI(consistency index)的公式为

$$CI = \frac{\lambda_{\max} - n}{n - 1} \tag{17-4}$$

式中, λ_{max} 为判断矩阵的最大特征值。

用一致性指标 CI 与 RI 的比值计算一致性指标 CR(consistency ratio),公式为

$$CR = \frac{CI}{RI} \tag{17-5}$$

RI 根据矩阵的阶数变化而变化,具体可参考表 17-15。

表 17-15　RI 值变化

n	1	2	3	4	5	6	7	8	9
RI	0	0	0.52	0.89	1.12	1.24	1.36	1.41	1.46

注:参考谢广平(2017)文献绘制。

当 CR<0.1 时,认为判断矩阵的一致性是可以接受的,否则说明判断矩阵不合格,需要进行修正。

以结果绩效中的生态效益为例,对生态效益维度的 6 个评估指标进行一致性检验(见表 17-16),计算得到 CR=0.020<0.1,一致性检验结果可以接受。最终,生态效益的 6 个评估指标的权重结果如表 17-17 所示。

表 17-16　一致性检验结果

λ_{max}	CI 值	RI 值	CR 值	一致性检验结果
6.123	0.025	1.260	0.020	通过

表 17-17　生态效益指标主观权重

指标	主观权重
年径流总量控制率 C11	0.219
城市热岛效应缓解情况 C12	0.171
生态岸线恢复情况 C13	0.138
地下水位埋深 C14	0.148
水环境质量 C15	0.176
水资源利用率 C16	0.148

将指标层指标相对于准则层指标判断矩阵归一化后的特征向量乘以准则层指标相对于子目标层指标判断矩阵归一化后的特征向量值,即可得到指标层指标相对于子目标层指标的相对权重,同理可计算得到指标层相对于目标层的权重。

(二)熵值法确定客观权重

熵值法的内涵思想及权重计算步骤在第十六章"风险子系统赋权"部分已有介绍和应用。本研究采用熵值法计算各项评估指标的客观权重,数据来源于 2020 年度浙江省海绵城市建设效果评估的专家打分及各区县提供的自评估报告。

以结果绩效中的生态效益为例,通过熵值法计算和确定生态效益维度下 6 个评估指标的客观权重。计算"年径流总量控制率""城市热岛效应缓解情况""生态岸线恢复情况""地下水位埋深""水环境质量""水资源利用率"6 个评估指标的打分比重 P_{ij}、熵值 e_j、差异性系数 h_j,通过计算得出权重系数 w_j,最终结果见表 17-18。

表 17-18 生态效益指标客观权重

指标 j	e_j	w_j
年径流总量控制率 C11	0.988	0.006
城市热岛效应缓解情况 C12	0.977	0.012
生态岸线恢复情况 C13	0.966	0.018
地下水位埋深 C14	0.922	0.041
水环境质量 C15	0.973	0.014
水资源利用率 C16	0.966	0.018

(三)主客观集成赋权法

为克服主观权重存在的部分指标过于主观和客观权重缺乏主观信息的缺陷,科学反映评价人员的主观意愿与数据的客观性,本研究采用主客观集成赋权法计算海绵城市建设绩效评估指标的权重。主客观集成赋权法的应用步骤(见图 17-9)包括:①科学分析评估目标,划分指标体系的结构层次,构建一个简单科学的层次结构;②对指标数据进行预处理,使其具有通用性,主要包括指标类型一致化、无纲量化;③选择合适的主观和客观赋权法,计算各指标的主客观权重;④将主客观权重进行集成赋权处理。

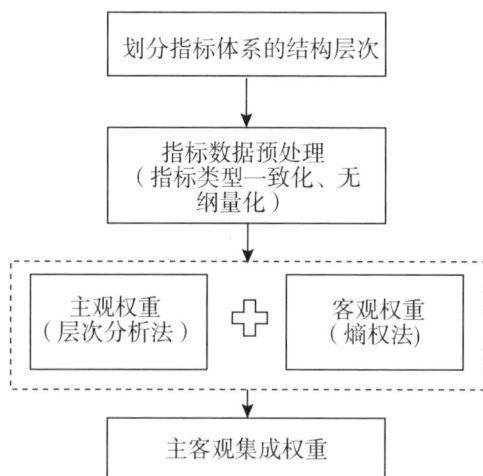

图 17-9 主客观集成赋权法的应用步骤

具体计算公式为

$$w_i = k_1 p_i + k_2 q_i, i = 1, 2, \cdots, m \tag{17-6}$$

$$w_i = \frac{p_i q_i}{\sqrt{\sum_{i=1}^{m} p_i q_i}}, i = 1, 2, \cdots, m \tag{17-7}$$

解得

$$k_1 = \frac{\sum_{i=1}^{m} p_i x_i}{\sqrt{\left(\sum_{i=1}^{m} p_i x_i\right)^2 + \left(\sum_{i=1}^{m} q_i x_i\right)^2}} \tag{17-8}$$

$$w_1 = \frac{\sum_{i=1}^{m} q_i x_i}{\sqrt{\left(\sum_{i=1}^{m} p_i x_i\right)^2 + \left(\sum_{i=1}^{m} q_i x_i\right)^2}} \tag{17-9}$$

最终,集成权重值为

$$w_i = k_1 p_i + k_2 q_i \tag{17-10}$$

式中,w_i 为集成权重;k_1 为主观权重占集成权重的比例;k_2 为客观权重占集成权重的比例;p_i 为指标 i 的主观权重;q_i 为指标 i 的客观权重。

考虑到上级指标下的同级指标权重值为 1,所以对集成权值进行归一化处理,公式为

$$w_1 = \frac{w_i}{\sum_{i=1}^{m} w_i} \tag{17-11}$$

研究运用式(17-6)—式(17-11),得到 k_1 分别为 0.605,k_2 为 0.395,从而计算得到指标权重,结果见表 17-19。

表 17-19　海绵城市建设绩效评估指标权重

目标层	子目标层	准则层	指标层	主观权重	客观权重	集成权重
海绵城市建设综合绩效	过程绩效 A1	启动阶段 B1	机构建立及运行情况 C1	0.040	0.018	0.031
			法规建立情况 C2	0.038	0.076	0.053
			资金保障制度情况 C3	0.053	0.018	0.039
			激励措施制定情况 C4	0.027	0.184	0.089

续表

目标层	子目标层	准则层	指标层	主观权重	客观权重	集成权重
海绵城市建设综合绩效	过程绩效 A1	规划建设阶段 B2	规划建设管控情况 C5	0.115	0.013	0.075
			设计方案的系统性与科学性 C6	0.058	0.009	0.039
			施工技术水平 C7	0.047	0.019	0.036
		运维阶段 B3	长效运维机制建立情况 C8	0.054	0.027	0.043
			运维技术水平 C9	0.060	0.023	0.045
			智慧化管理平台建立情况 C10	0.046	0.187	0.102
	结果绩效 A2	生态效益 B4	年径流总量控制率 C11	0.046	0.006	0.030
			城市热岛效应缓解情况 C12	0.036	0.012	0.026
			生态岸线恢复情况 C13	0.029	0.018	0.025
			地下水位埋深 C14	0.031	0.041	0.035
			水环境质量 C15	0.037	0.014	0.028
			水资源利用率 C16	0.031	0.018	0.026
		经济效益 B5	海绵产业政策及发展情况 C17	0.060	0.101	0.076
			节约城市建设成本 C18	0.012	0.108	0.050
			节约城市运营成本 C19	0.009	0.087	0.040
		社会效益 B6	市民满意度 C20	0.098	0.011	0.064
			海绵城市知识普及程度 C21	0.073	0.012	0.049

二、模糊综合评价法

20 世纪 60 年代,美国著名控制论专家 Zadeh 首先提出了模糊集概念,从而奠定了模糊理论的基础,并由此发展形成了模糊综合评价法。模糊综合评价法是在综合考虑某一系统所有影响因素的基础上,运用模糊数学统计方法对该系统的优劣进行科学评估的一种方法(郭小兵,2019)。该方法可定量处理部分模糊信息,从而将定性评价转化为定量评价。

模糊综合评价法具有以下优点:①有效解决模糊性问题。通过构建隶属度函数将定性指标转化为定量指标,直观、全面地反映评价结果。②层次清晰、系统性强。模糊综合评价法可根据构建的评价体系对评价对象进行层级分解,使得评价结果更为全面、系统(陈·巴特尔等,2021)。

海绵城市建设绩效评估体系中部分定性指标因素是基于被调研对象的主观感受得到的,这部分指标信息具有模糊性、不清晰性,采用模糊综合评价法可较好地解决定性指标模糊化问题。具体应用步骤(见图 17-10)包括:

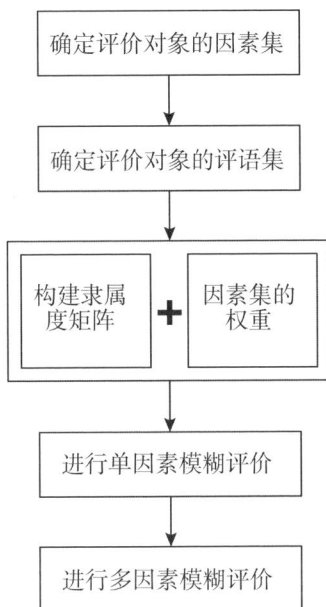

图 17-10　模糊综合评价步骤

第一步,建立评价对象因素集。因素集为前文所构建的海绵城市建设绩效评估指标 $U = \{u_1, u_2, \cdots, u_{21}\}$。

第二步,建立评估对象的评语集。将评语集设定为高绩效、较高绩效、中等绩效、较低绩效、低绩效 5 个等级(见表 17-20),以各评估分区的中间值计算各区县最终的绩效得分,即 $V = \{4.5, 3.5, 2.5, 1.5, 0.5\}$。

第三步,构建隶属矩阵。本研究采用梯形和三角形分布构造隶属度函数(见图 17-11),以打分数据所落得区间所占比例确定向量值。如果专家打分平均值为 4.5—5,那该项指标处于高绩效水平;如果打分平均值为 4—4.5,则该项指标在"高绩效"区间的向量值为 $(x - 3.5)/1$,剩余所占比例为"较高绩效"上的向量值。

表 17-20　海绵城市建设绩效评估等级

	高绩效	较高绩效	中等绩效	较低绩效	低绩效
标准分值	(4,5]	(3,4]	(2,3]	(1,2]	[0,1]
中心分值	4.5	3.5	2.5	1.5	0.5

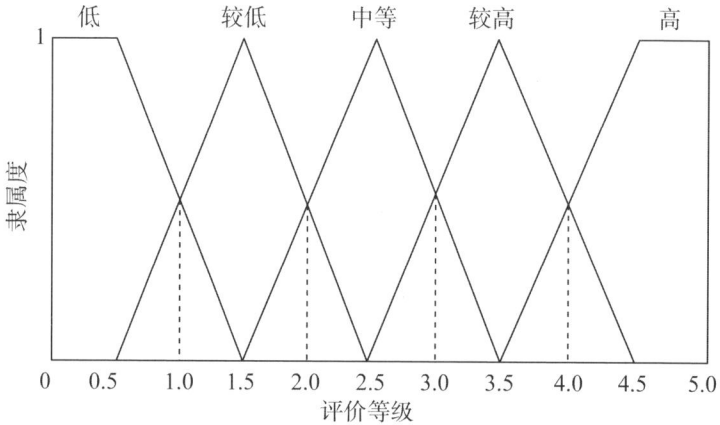

图 17-11　隶属度函数

第四步,建立评估对象的权重集 A, $A = \{a_1, a_2, \cdots, a_{21}\}$。

第五步,建立模糊综合评价模型。由于评价过程中构建的指标具有多个层级,不同层级之间存在包含和被包含的关系,为得到最高层级的评估结果,须对单个系统因素进行评估。因此,模糊综合评价包括单因素模糊综合评价和多因素模糊综合评价:

一是单因素模糊评价。单因素模糊评价主要是对系统最底层的因素进行评估,以确定各因素的隶属程度。假设对 i 个因素进行评估,对评价集中在 j 区的隶属程度为 r_{ij},则第 i 个因素的评判结果可用模糊集合 R_i 表示,即

$$R_i = \{r_{i1}, r_{i2}, \cdots, r_{im}\} \tag{17-12}$$

依照以上的规则评价底层元素,并将评判结果排列组合,形成单因素的判断矩阵 R,即

$$R = \begin{bmatrix} R_1 \\ R_2 \\ \vdots \\ R_n \end{bmatrix} = \begin{bmatrix} r_{11} & r_{12} & \cdots & r_{1m} \\ r_{21} & r_{22} & \cdots & r_{2m} \\ \vdots & & \ddots & \vdots \\ r_{n1} & r_{n2} & \cdots & r_{nm} \end{bmatrix} \tag{17-13}$$

最后，利用模糊函数进行单因素的模糊评价

$$B_i = A_i R_i = [a_1, a_2, \cdots, a_m] * \begin{bmatrix} r_{11} & r_{12} & \cdots & r_{1m} \\ r_{21} & r_{22} & \cdots & r_{2m} \\ \vdots & & \ddots & \vdots \\ r_{n1} & r_{n2} & \cdots & r_{nm} \end{bmatrix} \tag{17-14}$$

二是多因素模糊评价。多因素模糊评价方式和单因素模糊评价有着重要联系，多因素模糊评价矩阵可作为下一层次单因素模糊评价的隶属向量，即

$$B = AR = A[B_i] \tag{17-15}$$

当获得 B 的模糊综合评价向量后，可再计算最终的综合绩效为

$$Z = BV \tag{17-16}$$

当指标体系分为一级指标、二级指标与三级指标时，在应用模糊综合评价法时要进行三次指标权重与评估等级的综合运算以得到最终的模糊评价结果向量，进而综合运算得出最终结果。

第六步，计算差异系数：差异系数又称为变异系数或离散系数，是一组数据的标准差与其均值的比值，反映了一组数据的离散程度。差异系数越小表明数据离散程度越小，均衡度越高。本研究基于模糊综合评价结果，计算子目标层、准则层间的差异系数，以深入分析各分区绩效水平。计算公式为

$$V = \frac{\sqrt{\sum_{j}^{n} (y_j - \overline{y})^2 / N}}{\overline{y}} \tag{17-17}$$

式中，y_j 为 j 地区某项指标；$\overline{y}$ 为 j 地区某项指标的平均值，N 为数据个数。

三、障碍度模型

为发现各评估分区海绵城市建设的短板问题，本研究引入障碍度模型，用以测度影响海绵城市建设绩效的障碍因素。该模型采用因子贡献度、指标偏离度和障碍度三个指标进行分析诊断，最终通过对障碍度大小排序确定各障碍因子的主次关系及其对海绵城市建设绩效的影响程度，公式为

$$Q_i = \frac{A_i D_i}{\sum_{i=1}^{n} A_i D_i} \times 100\% \tag{17-18}$$

$$D_i = 1 - X_i \tag{17-19}$$

式中，Q_i 为指标 i 的障碍度；A_i 为指标 i 的权重；D_i 为指标 i 的偏离度，即标准化值与 100% 之差；X_i 为指标 i 的标准化值。

第四节　浙江省海绵城市建设绩效评估

一、研究区概况

浙江省自 2013 年开展"五水共治"以来，高度重视水生态环境的系统建设，在推进海绵城市发展方面始终走在全国前列，并于 2021 年在财政部、住建部、水利部共同组织的海绵城市建设工作成效评估中被列为第一档。因此，选择浙江省作为海绵城市建设绩效评估对象具有代表性和典型意义。

(一)浙江省海绵城市建设概况

浙江省嘉兴市、宁波市分别于 2015 年、2016 年入选国家级海绵城市建设试点城市。截至目前，这两个国家级试点城市已开工建设 49.39km² 的示范区。其中，嘉兴市已完成包括居住区改造、公共建筑改造、公园绿地改造、市政道路改造、河道水系疏浚、排水管网普查和修复等在内的十大类项目，共计 116 个；宁波市也已完成计划的 164 个项目，目前均已初见成效。同时，浙江省还设立绍兴市、衢州市、兰溪市、温岭市为省级试点城市，试点示范面积总计 75.6km²，计划实施项目共计 137 个，目前已累计开工 77 个。此外，在系统化全域推进海绵城市建设的过程中，杭州市、金华市和台州市等地区以海绵城市示范性工程为引领，在全省创建了一批海绵城市示范区。可见，当前浙江省海绵城市建设仍处于实施阶段，在海绵城市尚未成片化建成、生态效益还未完全显现的现实背景下，将强调"非工程性措施"的过程评估融入绩效评估体系，有助于更加系统全面地检查并解决海绵城市建设过程中存在的问题与短板。

(二)研究样本及数据来源

1.研究样本

此次评估对象为浙江省内所有设区城市，以及 2018 年、2019 年纳入省级考评范围的区县，分别为 11 个设区市、19 个县级市及 5 个县，共计 35 个研究样本。考虑到实际建设过程中，杭州、宁波和绍兴等市下设区县之间建设机制和成效差异明显,为此将全省 35 个研究样本细分为 48 个区县。考虑到部分区县提供的自评估报告及证明材料内容不全,从中剔除了 6 个样本,最终研究样本确定为 42 个区县(见表 17-21)。

表 17-21　研究样本

序号	地区	区县	最终样本	序号	地区	区县	最终样本
1	杭州	钱塘新区	√	25	宁波	镇海区	√
2	杭州	临安区	√	26	宁波	海曙区	√
3	杭州	上城区	√	27	宁波	象山县	√
4	杭州	江干区	√	28	宁波	慈溪市	√
5	杭州	西湖区	√	29	宁波	余姚市	√
6	杭州	富阳区	√	30	衢州	江山市	√
7	杭州	萧山区	√	31	衢州	衢州市市区	√
8	杭州	建德市	√	32	衢州	衢江区	×
9	湖州	安吉县	√	33	衢州	龙游县	×
10	湖州	湖州市市区	√	34	衢州	开化县	×
11	嘉兴	嘉兴市市区	√	35	绍兴	越城区	√
12	嘉兴	海宁市	√	36	绍兴	上虞区	√
13	嘉兴	桐乡市	√	37	绍兴	柯桥区	√
14	嘉兴	平湖市	√	38	绍兴	诸暨市	√
15	金华	兰溪市	√	39	绍兴	嵊州市	√
16	金华	经济技术开发区	×	40	台州	台州湾聚集区	×
17	金华	金华市市区	√	41	台州	温岭市	√
18	金华	义乌市	√	42	台州	临海市	√
19	金华	婺城区	×	43	台州	台州市市区	√
20	金华	东阳市	√	44	台州	玉环市	√
21	金华	永康市	√	45	温州	温州市市区	√
22	丽水	缙云县	√	46	温州	乐清市	√
23	丽水	龙泉市	√	47	温州	瑞安市	√
24	丽水	丽水市市区	√	48	舟山	舟山市市区	√

注:表中龙游县、开化县、台州湾聚集区、衢江区、经济技术开发区、婺城区 6 个样本被剔除。

2. 数据来源

2020 年,浙江省为全面摸清省内海绵城市建设现状,省建设厅、省财政厅、省水利厅和省自然资源厅联合开展全省海绵城市建设绩效评估。评估数据来源于此次调查的专家打分以及各区县提供的自评估报告;层次分析法数据(见附录 5)来源于专家打分。

二、浙江省海绵城市建设绩效评估结果分析

(一)浙江省海绵城市建设绩效评估结果与分区

浙江省海绵城市建设综合绩效的均值为 2.520,处于中等绩效水平。其中,过程绩效分值为 2.447,结果绩效分值为 2.631,差异系数为 5.123%,结果绩效略高于过程绩效(见表 17-22)。根据海绵城市建设绩效评估等级划分表,浙江省位于较高绩效、中等绩效、较低绩效的地区分别有 8 个、24 个、10 个,目前暂无高绩效与低绩效地区,大致呈橄榄形结构。其中,嘉兴市市区综合绩效分值最高,达 3.932,宁波市镇海区次之;永康市综合绩效最低,为 1.191,其次为东阳市;最高得分是最低得分的 3.301 倍,极差值为 2.741,表明全省不同地区海绵城市建设水平差距显著(见表 17-23)。

表 17-22　浙江省海绵城市建设绩效评估结果

综合绩效	评估等级	子目标层		
		过程绩效	结果绩效	差异系数
2.520	中等绩效	2.447	2.631	5.123%

较高绩效地区综合绩效分值为 3.404,主要分布于浙江省东北区域,多为国家、省级试点城市及部分建成示范性区域的城市。这些海绵城市建设发展情况良好,已形成较完善的体制机制,生态效益、社会效益开始显现,其中,嘉兴市市区分值最高,已接近高绩效临界值,海绵城市可持续发展潜力巨大。

中等绩效地区综合绩效分值为 2.522,包括桐乡市、钱塘新区、平湖市等 24 个区县,占总评估对象的 1/2 以上。其中,衢州市市区、嵊州市、诸暨市、缙云县及乐清市分值较低,介于 2.053—2.196 之间。

较低绩效地区综合绩效分值为 1.623,包括舟山市市区、温州市市区、江山市等 10 个区县。这部分区县海绵城市建设推进滞缓、体制机制不健全、保

障措施不到位、建设品质低下等问题突出，其中，东阳市、永康市分值最低，分别为 1.195、1.191，由较低绩效向低绩效转化的风险较高。

表 17-23　浙江省海绵城市建设绩效分区

绩效分区	排序	地区	分值	绩效分区	排序	地区	分值
较高绩效地区	1	嘉兴市市区	3.932	中等绩效地区	22	绍兴市上虞区	2.524
	2	宁波市镇海区	3.648		23	杭州市萧山区	2.467
	3	杭州市上城区	3.545		24	义乌市	2.364
	4	宁波市海曙区	3.465		25	建德市	2.362
	5	兰溪市	3.227		26	余姚市	2.238
	6	绍兴市越城区	3.214		27	台州市市区	2.221
	7	杭州市江干区	3.114		28	衢州市市区	2.196
	8	杭州市西湖区	3.088		29	嵊州市	2.130
中等绩效地区	9	桐乡市	2.974		30	诸暨市	2.130
	10	杭州市钱塘新区	2.954		31	缙云县	2.074
	11	慈溪市	2.900		32	乐清市	2.053
	12	平湖市	2.882	较低绩效地区	33	舟山市市区	1.990
	13	杭州市临安区	2.838		34	温州市市区	1.951
	14	金华市市区	2.819		35	江山市	1.843
	15	杭州市富阳区	2.746		36	玉环市	1.796
	16	绍兴市柯桥区	2.740		37	湖州市市区	1.689
	17	温岭市	2.667		38	安吉县	1.607
	18	龙泉市	2.576		39	丽水市市区	1.581
	19	象山县	2.572		40	瑞安市	1.391
	20	海宁市	2.555		41	东阳市	1.195
	21	临海市	2.552		42	永康市	1.191

综合考虑各评估分区过程绩效与结果绩效的发展水平，发现在较高绩效、中等绩效、较低绩效地区，这两者间的均衡度已出现明显分化。其中，较高绩效地区过程绩效略高于结果绩效——体现"好过程必然会有好结果"，两者差异系数较小，发展较为协调，且均处于较高水平；中等绩效、较低绩效地区过程绩效明显低于结果绩效——体现"没有好过程哪有好结果"，两者差异系数较

大,已出现不同程度的结构失调现象(见表 17-24)。

表 17-24　各评估分区子目标层得分

海绵城市建设绩效分区	过程绩效	结果绩效	差异系数
较高绩效	3.438	3.352	1.791%
中等绩效	2.371	2.782	11.280%
较低绩效	1.534	1.761	9.743%
浙江省	2.432	2.751	5.123%

(三)准则层评估结果分析

分析三类分区过程绩效与结果绩效的准则层得分情况(见表 17-25),存在以下特征:绩效越高的地区,差异系数越小,即协调性越好,无论是过程绩效还是结果绩效,都是如此。

从过程绩效看,各地都普遍重视规划建设过程(B2),对前期体制机制方面的准备工作(B1)和建成后期的运维工作(B3)都重视不足,以为海绵城市建设工作就是一个"工程性"的建设过程。比如,中等绩效地区和较低绩效地区在启动阶段、运维阶段的绩效分值明显滞后于规划建设阶段,较低绩效地区这一问题尤为严重。

从结果绩效看,各地都普遍重视生态效益,呈现"生态绩效(B4)>社会绩效(B6)>经济绩效(B5)"的一致格局,且三类绩效之间差异系数较大,结构失调现象严重——以为海绵城市建设就是一个单一的生态环境问题,十分不利于海绵城市的可持续发展与推进。

表 17-25　各评估分区准则层得分

海绵城市建设绩效分区	过程绩效				结果绩效			
	B1	B2	B3	差异系数	B4	B5	B6	差异系数
较高绩效	3.265	4.203	3.465	13.557%	4.270	3.009	3.500	17.702%
中等绩效	1.778	3.664	1.851	43.935%	3.951	2.000	2.128	40.566%
较低绩效	1.439	2.551	0.900	51.647%	3.108	1.103	1.264	61.040%
浙江省	2.161	3.472	2.072	36.380%	3.776	2.036	2.300	39.770%

(四)指标层评估结果分析

对较高绩效、中等绩效、较低绩效地区指标层评估得分制作雷达图,具体情况分析如下。

较高绩效地区:在机构建立及运行情况(C1)、规划建设管控情况(C5)、年径流总量控制率(C11)等9个指标上处于高绩效水平,主要集中于过程绩效的规划建设阶段与结果绩效的生态效益维度;法规建立情况(C2)、激励措施制定情况(C4)及海绵产业政策及发展情况(C17)表现不佳,分值介于1.125—1.766之间,处于较低绩效水平;节约城市运营成本(C19)、市民满意度(C20)等反映海绵城市可持续发展潜力的指标处于中等绩效水平,也亟待提高(见图17-12)。

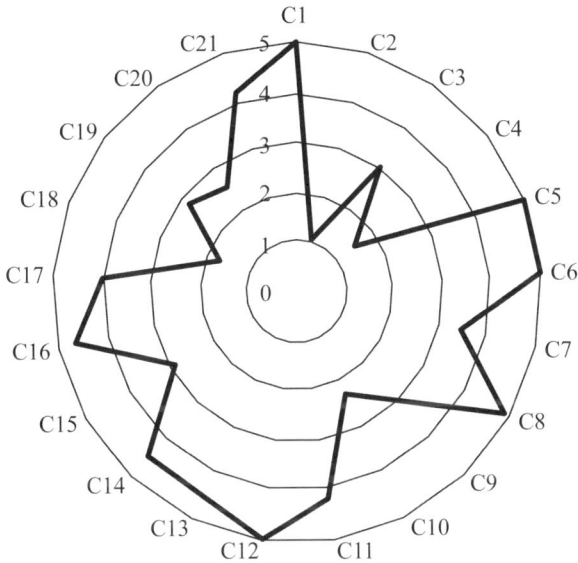

图 17-12 较高绩效地区指标层得分

中等绩效地区:机构建立及运行情况(C1)、城市热岛效应缓解情况(C12)、生态岸线恢复情况(C13)等8个指标处于高绩效水平,主要集中于结果绩效的生态效益维度;法规建立情况(C2)、激励措施制定情况(C4)、智慧化管理平台建立情况(C10)及市民满意度(C20)得分较低,处于低绩效水平(见图17-13)。

较低绩效地区:多数指标表现略差,其中,设计方案的系统性与科学性(C6)得分最高,为4.286,处于高绩效水平;此外,生态效益维度的6个指标表现较好,处于较高绩效水平;法规建立情况(C2)、激励措施制定情况(C4)、海绵产业政策及发展情况(C17)等6个指标分值低于1.000,处于低绩效水平,主要分布于过程绩效维度(见图17-14)。

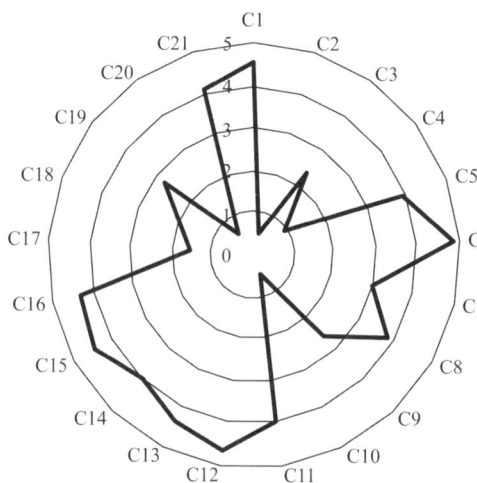

图 17-13　中等绩效地区指标层得分　　　图 17-14　较低绩效地区指标层得分

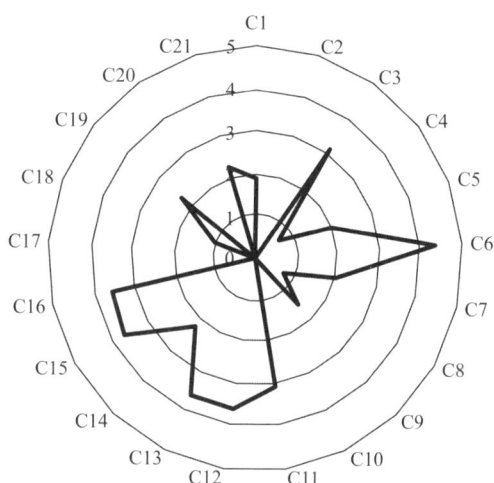

综上,各地在海绵城市建设过程中普遍关注生态绩效,在缓解城市内涝、降低水体污染、消减城市径流污染等方面已取得初步成效;与此同时,制度建设滞后、经济社会效益不佳是当前海绵城市建设中普遍存在的问题。比如,全省仅有宁波市已将编制《海绵城市条例》列入年度立法计划,其余地区都尚未有强制性的立法工作,导致"自上而下"的政策执行力普遍较弱。又如,全省仅有嘉兴、宁波、杭州等少部分地区引入海绵相关企业,海绵产业生态系统尚未形成,产业发展严重滞后。相比生态效益的各项专业性指标,社会效益、经济效益与公众利益密切相关,也更易被感知与认同;只有充分调动公众与企业的参与积极性,才能使海绵城市建设"自下而上"的力量与国家"自上而下"的推动力结合起来,两者相辅相成,方能相得益彰,合力推进海绵城市的可持续发展。

尤其值得一提的是,中等绩效与较低绩效地区存在严重的顶层设计缺位与体制机制建设滞后问题。多数地区仍未建立全域规划建设管控机制,部门协调联动无力、保障措施不济,只是简单地从工程技术层面去推动海绵城市建设。

三、浙江省海绵城市建设绩效障碍因子分析

(一)三类分区的主要障碍因子

为发现海绵城市建设中的短板,本研究引入障碍度模型探讨各类评估分区海绵城市建设绩效的关键障碍因子。基于上文构建的障碍度模型计算三类分区在各单项指标上的障碍度,进而得到准则层的障碍度(见表17-26)。由于指标层指标数量较多,本研究进一步筛选出排序前五位的指标作为主要障碍(见表17-27)。

表 17-26　准则层障碍因子排序

评估分区	障碍度排序					
	1	2	3	4	5	6
较高绩效	B5(0.282)	B1(0.278)	B6(0.226)	B3(0.132)	B4(0.056)	B2(0.025)
中等绩效	B3(0.246)	B1(0.238)	B5(0.199)	B6(0.134)	B2(0.104)	B4(0.079)
较低绩效	B1(0.294)	B3(0.250)	B5(0.205)	B6(0.132)	B2(0.062)	B4(0.057)

表 17-27　指标层障碍因子排序

评估分区	障碍度排序				
	1	2	3	4	5
较高绩效	C17(0.163)	C18(0.135)	C20(0.124)	C2(0.116)	C4(0.114)
中等绩效	C4(0.185)	C2(0.146)	C20(0.114)	C17(0.104)	C10(0.098)
较低绩效	C2(0.149)	C4(0.114)	C10(0.110)	C17(0.094)	C5(0.077)

1.较高绩效地区

综合准则层与指标层障碍度分析结果,发现较高绩效地区结果类指标占主导(总障碍度为 0.564),其中经济效益、社会效益的障碍度远高于生态效益。这一事实表明,结果绩效水平是制约较高绩效地区海绵城市建设发展的主要障碍,而经济效益、社会效益是障碍的主要方面,海绵产业政策及发展情况(C17)、节约城市建设成本(C18)、市民满意度(C20)等反映海绵城市未来发展潜力的指标亟待提高。由此可见,较高绩效地区虽然在高位政策推动下实现了海绵城市的快速发展建设,但在实施进程中,忽视了对社会问题与经济问题的关注,突出表现为公众参与意识薄弱、社会认同度低,以及海绵产业滞后、

市场活力不足等。为此,海绵城市发展较高阶段需强调以综合绩效为导向,回应社会各方利益诉求,努力实现生态、经济与社会的协调发展,方能助推海绵城市可持续建设。

2. 中等绩效地区

中等绩效地区过程类指标占主导(总障碍度为 0.588),其中启动阶段、运维阶段的指标排序靠前,突出表现为法规建立情况(C2)、激励措施制定情况(C4)、智慧化管理平台建立情况(C10)等指标表现不佳。包括体制机制、法律规章及激励措施等在内的制度体系建设是影响海绵城市绩效的深层因素,简单地以工程思维推动海绵城市建设的发展模式都在具体实施过程中面临着严重的制度瓶颈,加强制度体系建设是这些地区未来海绵城市健康发展最为迫切的任务。

3. 较低绩效地区

较低绩效地区与中等绩效地区极度类似,过程类指标占主导(总障碍度为 0.606),其中启动阶段、运维阶段位于前两位,主要障碍因子为法规建立情况(C2)、激励措施制定情况(C4)、规划建设管控情况(C5)、智慧化管理平台建立情况(C10)——制度体系的不完善已经严重制约了这些地方海绵城市建设进程的推进。此外,经济效益维度也表现不佳,障碍度为 0.205,突出体现在海绵产业政策及发展情况(C17)这一指标。究其原因,较低绩效地区尚未建立海绵产业发展的相关政策与制度,如优惠性金融政策、奖励补贴措施等,导致科技创新动力不足、专利转化效率不高、产业发展表现不佳等。

(二)障碍因子的变化特征

从三类评估分区的指标障碍度变化情况看(见图 17-15),各项指标对海绵城市建设绩效的影响程度均有所改变,并呈现障碍因子随海绵城市建设绩效等级的降低而逐级增多的特征。其中,较高绩效地区在机构建立及运行情况(C1)、规划建设管控情况(C5)、设计方案的系统性与科学性(C6)及城市热岛效应缓解情况(C12)等方面的障碍度为零;中等绩效、较低绩效地区各单项指标均存在一定的障碍度。

具体而言,在过程绩效中,三类分区启动阶段的障碍度最高,四个单项指标的障碍度普遍呈现中等绩效、较低绩效地区高于较高绩效地区的特征;其次为运维阶段,三类分区运维技术水平(C9)、智慧化管理平台建立情况(C10)这两个指标的障碍度相近,长效运维机制建立情况(C8)的障碍度随评估等级的降低而升高;规划建设阶段各项指标的障碍度普遍较低,并随评估等级的降低而升高。在结果绩效中,三类评估分区具有相似性,生态效益维度的障碍度普遍较低;经济效益与社会效益维度的障碍度随评估等级的升高而升高。究其原因,这一现象与当前海绵城市建设的阶段性目标和任务有关——通过高位政策推动改善城市水生态环境;然而,当海绵城市建设发展到较高阶段——如浙江的较高绩效地区,社会效益和经济效益低这一问题就会凸显出来,从而严重制约其整体建设绩效,阻碍海绵城市可持续推进。

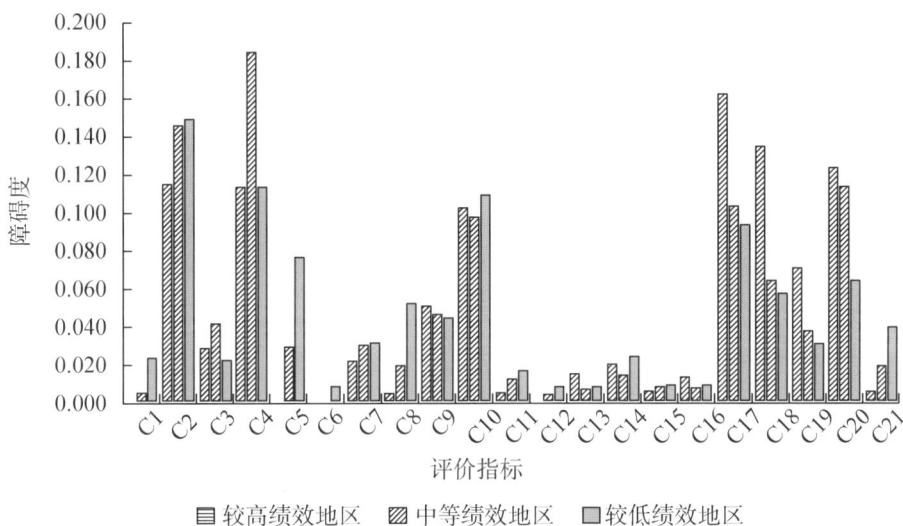

图 17-15 单项指标障碍度

第五节 小结

本章构建了面向实施过程的海绵城市建设绩效评估体系,并对浙江省 42 个区县进行了实证研究。主要研究成果与结论如下。

第一,系统构建了面向实施过程的海绵城市建设绩效评估体系。综合运用文献研究法、专家访谈法等构建了面向实施过程的海绵城市建设绩效评估体系,包含 2 个子目标层、6 个准则层、21 个指标层。其中,子目标层分为过程绩效与结果绩效,前者按照海绵城市全生命周期阶段分为启动阶段、规划建设阶段、运维阶段;后者以综合效益为导向分为生态效益、经济效益、社会效益。

　　第二,深入剖析了海绵城市建设绩效评估体系的解释结构模型。构建包括深层因素、中层因素和表层因素在内的海绵城市建设绩效评估体系的解释结构模型(ISM);在此基础上,自下而上、层层递进,从指标层、准则层到子目标层深入剖析了海绵城市建设绩效评估体系的内在结构关系。分析发现:①海绵城市建设绩效存在"过程绩效—结果绩效—综合绩效"的正向传导机制,即综合绩效通过结果绩效反映,但结果绩效取决于过程绩效,过程绩效是综合绩效的源头;②过程绩效存在明显的"制度—管理—技术"的作用路径及其逻辑关系,即完善的政策制度是过程管理的依据及管理有效的根本保障,而有效的过程管理是确保技术水平精湛及精湛技术水平落地的前提条件;③结果绩效也存在明显的"生态—经济—社会"的作用路径与逻辑关系,即生态绩效是基础,经济绩效是保障,社会绩效是根本。

　　第三,实证研究了浙江省42个区县的海绵城市建设绩效。运用模糊综合评价法和障碍度模型,评估了浙江省42个区县的海绵城市建设绩效,分析了影响绩效的障碍因素。绩效评估的主要结论如下:①浙江省整体海绵城市建设绩效处于"中等"水平,42个区县可分为"较高绩效""中等绩效""较低绩效"三类,其中中等绩效地区占主导。②从子目标层看,较高绩效地区过程绩效略高于结果绩效——体现"好过程必然会有好结果",发展较为协调;中等绩效、较低绩效地区过程绩效明显低于结果绩效——体现"没有好过程哪有好结果",发展过程呈现不同程度的结构失调现象。③从准则层来看,绩效越高的地区,协调性越好;各地普遍重视规划建设过程,对前期体制机制方面的准备工作以及建成后期的运维工作重视不足——认为海绵城市建设工作就是一个"工程性"的建设过程;重视生态效益,忽视社会效益和经济效益,结构失调现象严重——认为海绵城市建设就是一个单一的生态环境问题,这些都十分不利于海绵城市的可持续发展与推进。④从指标层看,各地普遍重视生态绩效,但制度建设滞后、经济社会效益不佳已成为当前海绵城市建设中的通病。

　　障碍度分析的主要结论如下:①经济效益、社会效益已成为制约较高绩效地区海绵城市建设发展的主要障碍,实现生态、经济与社会的协调发展,方能助推这些地区海绵城市的可持续建设;②包括体制机制、法律规章及激励措施等在内的制度体系建设已成为中等绩效地区和较低绩效地区海绵城市建设发展的最大短板,加强制度体系建设是这些地区未来推进海绵城市工作最为迫切的任务。

本篇参考文献

［1］Andersson E，Barthel S，Borgstrm S et al.，2014. Reconnecting cities to the biosphere：stewardship of green infrastructure and urban ecosystem services［J］. Ambio，43(4)：445-453.

［2］Bissonnette J F，Dupras J，Messier C et al.，2018. Moving forward in implementing green infrastructures：stakeholder perceptions of opportunities and obstacles in a major North American metropolitan area ［J］. Cities，81(11)：61-70.

［3］Bolton A，Edwards P，Lloyd S et al.，2007. Needs analysis：an assessment tool to strengthen local government delivery of water sensiive urban design［A］// Rainwater and Urban Desigan 2007［C］. Barton：Engineers Australian：93-100.

［4］Brown R R，Farrelly M A，2009. Delivering sustainable urban water management：a review of the hurdles we face［J］. Water Science & Technology，59(5)：839.

［5］Brown R R，2005. Impediments tointegrated urban stormwater management：the need for institutional reform［J］. Environmental Management，36(3)：455-468.

［6］Burton A，Maplesden C，Page G，2012. Flood defence in an urban environment：the Lewes Cliffe Scheme，UK［J］. Proceedings of the Institution of Civil Engineers-Urban Design and Planning，165（4）：231-239.

［7］Chang N B，Lu J W，Chui T F et al.，2018. Global policy analysis of low impact development for stormwater management in urban regions［J］. Land Use Policy，70：368-383.

［8］Charlesworth S M，Booth C A，2017. 可持续地表水管理：可持续排水系统(SuDS)［M］.陈前虎，董寒凝，译.北京：中国建筑工业出版社.

［9］ Charlesworth S M，2010. A review of the adaptation and mitigation of global climate change using sustainable drainage in cities［J］. Journal of Water and Climate Change(3)：165-180.

［10］ Chidammodzi C L，Muhandiki V S，2017. Water resources management and integrated water resources management implementation in Malawi：status and implications for lake basin management［J］. Lakes ＆ Reservoirs Research ＆ Management,22(2)：101-114.

［11］ Chris C，1997. Project risk analysis and management-PRAM the generic process［J］. International Journal of Project Management,15(5)：273-281.

［12］ Chubb C，Griffiths M，Spooner S，2014. Regulation for water quality-how to safeguard the water environment［C］. Cambridge：Foundation for Water Research：12-187.

［13］ Copeland C，2016. Green infrastructure and issues in managing urban stormwater［R］. Washington，D. C. ：Library of Congress，Congressional Research Service.

［14］ Daniels S E，Walker G B，2001. Working through environmental conflict：the collaborative learning［M］. Westport ：Praeger.

［15］ De Feo G，Antoniou G，Fardin H F et al. ,2014. The historical development of sewers worldwide［J］. Sustainability(6)：3936-3974.

［16］ Debo T N，Reese A,2002. Municipal stormwater management［M］. Westport：Praeger.

［17］ Demuzere M，Coutts A M，Göhler M et al. ,2014. The implementation of biofiltration systems，rainwater tanks and urban irrigation in a single-layer urban canopy model［J］. Urban Climate(10)：148-170.

［18］ Department for Communities and Local Government（DCLG），2019. National Planning Policy Framework［EB/OL］. (2019-02-08)［2020-05-02］. https：//assets. publishing. service. gov. uk/government/uploads/system/uploads/attachment _ data/file/810197/NPPF _ Feb _ 2019 _ revised. pdf.

[19] Dhakal K P，Chevalier L R，2017. Managing urban stormwater for urban sustainability：barriers and policy solutions for green infrastructure application[J]. Journal of Environmental Management，203(1)：171.

[20] Dunphy A，Beecham S，Vigneswaran S et al. ，2007. Development of a confined water sensitive urban design （WSUD） system using engineered soils[J]. Water Science and Technology：A Journal of the International Association on Water Pollution Research，55（4）：211-218.

[21] Farrugia S，Hudson M D，McCulloch L，2013. An evaluation of flood control and urban cooling ecosystem services delivered by urban green infrastructure ［J］. International Journal of Biodiversity Science Ecosystem Services & Management，9(2)：136-145.

[22] Ferris G R，Judeg T，1991. A personnel human resource management：apolitical influence perspective ［J］. Journal of Management(17)：1-42.

[23] Flynn S V，Korcuska J S，2018. Grounded theory research design：an investigation into practices and procedures[J]. Counseling Outcome Research and Evaluation，9(2)：102-116.

[24] Forrester J W，1961. Industrial dynamics[M]. Cambridge：MIT Press.

[25] Forrester J W，1969. Urban dynamics[M]. Cambridge：Productivity Press.

[26] Foster J，Lowe A，Winkelmann S，2011. The value of green infrastructure for urban climate adaptation[J]. Center for Clean Air Policy，750(1)：1-52.

[27] Glaser B G，Strauss A L，1967. The discovery of grounded theory：strategies for qualitative research[M]. New York：Aldine Publishing Company.

[28] Goulden S，Portman M E，Carmon N et al. ，2018. From conventional drainage to sustainable stormwater management：beyond the technical

challenges[J]. Journal of Environmental Management,85:37-45.

[29] Hamidi Z, 2000. System dynamics [M]. Iran: Shahid Beheshti Printing.

[30] Herslund L, Mguni P, 2019. Examining urban water management practices-challenges and possibilities for transitions to sustainable urban water management in Sub-Saharan cities[J]. Sustainable Cities and Society,48:101573.

[31] Jeffrey P, Seaton R, 2004. A conceptual model of "receptivity"applied to the design and deployment of water policy mechanisms [J]. Environmental Sciences(3):277-300.

[32] Jensen F V, 2007. Bayesian networks and decision graphs [J]. Technometrics, 45(2):178-179.

[33] Jiang Y, 2009. China's water scarcity[J]. Journal of Environmental Management, 90(11):3185-3196.

[34] Kaiser H F, Rice J, 1974. Little Jiffy, Mark Iv[J]. Journal of Educational & Psychological Measurement,34(1):111-117.

[35] Yu K J, 1995. Ecological security patterns in landscapes and GIS application[J]. Annals of GIS(1):88-102.

[36] Kostalova J, Tetrevova L, 2016. Application of project management methods and tools with respect to the project life cycle and the project type [A]//9th International Scientific Conference "Business and Management 2016"[C]. Vilnius: VGTU Press:1-8.

[37] Lamond J E, Rose C B, Booth C A, 2015. Evidence for improved urban flood resilience by sustainable drainage retrofit[J]. Proceedings of the Institution of Civil Engineers-Urban Design and Planning,168 (2):101-111.

[38] Lee E, Park Y, Shin J G, 2009. Large engineering project risk management using a bayesian belief network[M]. Oxford: Pergamon Press Ltd.

[39] Li H, Ding L, Ren M et al. ,2017. Sponge city construction in China: a

survey of the challenges and opportunities[J]. Water(9):594.

［40］ Lienert J，Monstadt J，Truffer B，2006. Future scenarios for a sustainable water sector：a case study from Switzerland［J］. Environmental Science & Technology，40(2)：436-442.

［41］ Lu Z，Noonan D，Crittenden J et al.，2013. Use of impact fees to incentivize low-impact development and promote compact growth[J]. Environmental Science & Technology,47(19):10744-10752.

［42］ Marcucci D J，Jordan L M，2013. Benefits and challenges of linking green infrastructure and highway planning in the United States[J]. Environmental Management，51(1):182-197.

［43］ Mees H L P，Driessen P P J，Runhaar H A C et al.，2013. Who governs climate adaptation? getting green roofs for stormwater retention off the ground[J]. Journal of Environmental Planning and Management,56(6):802-825.

［44］ Nadkarni S，Shenoy P P，2001. A bayesian network approach to making inferences in causal maps[J]. European Journal of Operational Research,128(3)：479-498.

［45］ Nakamura I，Llasat M C，2017. Policy and systems of flood risk management：a comparative study between Japan and Spain［J］. Natural Hazards,87(2)：919-943.

［46］ National Research-Council，2009. Urban stormwater management in the United States[M]. Washington，D. C.：The National Academies Press.

［47］ O'Brien L，De Vreese R，Kern M et al.，2017. Cultural ecosystem benefits of urban and peri-urban green infrastructure across different European countries［J］. Urban Forestry and Urban Greening，24：236-248.

［48］ Odum W E，1982. Environmental degradation and the tyranny of small decisions[J]. Bioscience,32(9):728-729.

［49］ RICS，1987. Lifecycle costing：a work example［M］. London：

Surveyors Publication.

［50］ Rossrakesh S，Francey M，Chesterfield C，2006. Melbourne water's stormwater quality offsets［J］. Australasian Journal of Water Resources,10(3):241-250.

［51］ Roy A H，Wenger S J，Fletcher T D et al. ，2008. Impediments and solutions to sustainable，watershed-scale urban stormwater management：lessons from Australia and the United States［J］. Environmental Management,42(2):344-359.

［52］ Saravanan V S，McDonald G T，Mollinga P P et al. ，2010. Critical review of integrated water resources management：moving beyond polarized discourse［J］. Natural Resources Forum,33(1):76-86.

［53］ Schultz S K，McShane C，1978. To engineer the metropolis：sewers，sanitation，and city planning in Late-Nineteenth-Century America［J］. The Journal of American History,65(2):389-411.

［54］ Shachter R D，Peot M A，1989. Simulation approaches to general probabilistic inference on belief networks［A］//Proceedings of the Fifth Annual Conference on Uncertainty in Artificial Intelligence［C］. Canada：Windsor Ontario:18-20.

［55］ Shastri H，Ghosh S，Paul S et al. ，2019. Future urban rainfall projections considering the impacts of climate change and urbanization with statistical-dynamical integrated approach［J］. Climate Dynamics，52(9-10):6033-6051.

［56］ Su B，Heshmati A，Geng Y et al. ，2013. A review of the circular economy in China：moving from rhetoric to implementation［J］. Journal of Cleaner Production,42:215-227.

［57］ Tackett T，2009. Low impact development for urban ecosystem and habitat protection［C］. Seattle ：the 2008 International Low Impact Development Conference.

［58］ Tah J H M，Carr V，Howes R，1999. Information modelling for case-based construction planning of highway bridge projects［J］. Advances in Engineering Software，30：495-509.

［59］ Tasca F，Assunção L，Finotti A，2018. International experiences in stormwater fee［J］. Water Science and Technology(1)：287-299.

［60］ Thompson J R，Elmendorf W F，McDonough M H et al.，2005. Participation and conflict：lessons learned from community forestry［J］. Journal of Forestry，103(4)：174-178.

［61］ Todorovic Z，Breton N P，2014. A geographic information system screening tool to tackle diffuse pollution through the use of sustainable drainage systems［J］. Water Science and Technology，69（10）：2066-2073.

［62］ Vetitnev A，Kopyrkin A，Kiseleva A，2016. System dynamics modelling and forecasting health tourism demand：the case of Russian resorts［J］. Current Issue in Tourism，19(7)：618-623.

［63］ Wang H，Mei C，Liu J H et al.，2018. A new strategy for integrated urban water management in China：sponge city［J］. Science China（Technological Sciences），61(3)：317-329.

［64］ Wang Y，Sun M，Song B，2017. Public perceptions of and willingness to pay for sponge city initiatives in China［J］. Resources，Conservation and Recycling，122：11-20.

［65］ Warwick F，2016. Surface water strategy，policy and legislation：a handbook for SuDS［M］. New York：John Wiley & Sons，Ltd.

［66］ Watkins S，Charlesworth S M，2014. Sustainable drainage systems-features and designs［M］. New York：John Wiley & Sons，Ltd.

［67］ Liu W，Chen W P，Peng C，2014. Assessing the effectiveness of green infrastructures on urban flooding reduction：a community scale study［J］. Ecological Modelling，291(1)：6-14.

［68］ Zölch T，Henze L，Keilholz P et al.，2017. Regulating urban surface runoff through nature-based solutions-an assessment at the micro-scale［J］. Environmental Research，157：135-144.

［69］ 安娜尔，2021. 区域人口环境安全评估及治理研究［D］. 杭州：浙江大学.

［70］卞伟杰,2020.建筑工程群塔作业塔机碰撞风险管理研究［D］.兰州:兰州交通大学.

［71］蔡凌豪,2016.适用于"海绵城市"的水文水力模型概述［J］.风景园林(2):33-43.

［72］蔡文,1999.可拓论及其应用［J］.科学通报(7):673-682.

［73］曹阿娇,2020.基于改进物元可拓模型的城市黑臭河流全过程整治评价研究［D］.南京:南京大学.

［74］车生泉,谢长坤,陈丹,等,2015.海绵城市理论与技术发展沿革及构建途径［J］.中国园林,31(6):11-15.

［75］车伍,吕放放,李俊奇,等,2009.发达国家典型雨洪管理体系及启示［J］.中国给水排水,25(20):12-17.

［76］车伍,闫攀,赵杨,等,2014.国际现代雨洪管理体系的发展及剖析［J］.中国给水排水(18):45-51.

［77］车伍,赵杨,李俊奇,2015.海绵城市建设热潮下的冷思考［J］.南方建筑(4):104-107.

［78］车伍,周晓兵,2008.城市风景园林设计中的新型雨洪控制利用［J］.中国园林,155(11):52-56.

［79］陈·巴特尔,赵志军,2021.西部民族地区义务教育资源空间差异性及均衡性研究——基于国家义务教育均衡评估数据的实证分析［J］.教育发展研究,41(12):61-70.

［80］陈德强,潘高,2011.几种项目风险评估方法比较［J］.合作经济与科技(18):50-51.

［81］陈华,2016.关于推进海绵城市建设若干问题的探析［J］.净水技术,35(1):102-106.

［82］陈前虎,曹丹,2022.面向实施过程的海绵城市建设绩效评价研究——以浙江省为例［J］.浙江工业大学学报(社会科学版),21(2):186-194.

［83］陈前虎,董寒凝,王贤萍,2019a.基于扎根理论的海绵城市建设制约因素研究——以浙江省嘉兴市为例［J］.浙江工业大学学报(社会科学版),18(2):185-191.

［84］陈前虎,李玉莲,黄初冬,等,2019b.城市建设用地海绵化程度对地表径

流水质的影响——以浙江省嘉兴市为例[J].水土保持通报,39(4):1-8.

[85] 陈前虎,孙伋莉,黄初冬,2018.海绵城市建设风险因素及其影响机制[J].城市发展研究,25(10):96-104.

[86] 陈前虎,邹澄昊,黄初冬,等,2019c.基于多目标粒子群算法的LID设施优化布局研究[J].中国给水排水,35(19):126-132.

[87] 陈神龙,陈龙珠,宋春雨,2006.基于模糊综合评判法的地铁车站施工风险评估[J].地下空间与工程学报(1):32-35,41.

[88] 陈统华,2020.C市地下综合管廊PPP项目风险管理研究[D].成都:电子科技大学.

[89] 陈向明,1999.扎根理论的思路和方法[J].教育研究与实验(4):58-63.

[90] 陈小龙,赵冬泉,盛政,等,2015.海绵城市规划系统的开发与应用[J].中国给水排水,31(19):121-125.

[91] 程鸿群,佘佳雪,姬睿,等,2016.基于群组评价的海绵城市建设绩效评价研究[J].科技管理研究,36(24):42-47.

[92] 程江,徐启新,杨凯,等,2007.国外城市雨水资源利用管理体系的比较及启示[J].中国给水排水(12):68-72.

[93] 崔广柏,张其成,湛忠宇,等,2016.海绵城市建设研究进展与若干问题探讨[J].水资源保护,32(2):1-4.

[94] 邓朝显,梁行行,马笑,等,2020.沣西新城海绵城市建设中景观设计的问题与思考[J].建筑与文化(3):137-139.

[95] 翟慧敏,程启先,李佳惠,等,2019.鹤壁市海绵城市绩效评价模型构建与应用[J].信阳师范学院学报(自然科学版),32(4):590-594.

[96] 丁继勇,冷向南,陈军飞,等,2020.海绵城市建设"碎片化"问题及其治理[J].水利经济,38(4):33-40,82.

[97] 董寒凝,2020.基于系统动力学的海绵城市建设风险动态演化研究[D].杭州:浙江工业大学.

[98] 董淑秋,韩志刚,2011.基于"生态海绵城市"构建的雨水利用规划研究[J].城市发展研究(12):37-41.

[99] 董慰,2009.城市设计框架及其模型研究[D].哈尔滨:哈尔滨工业大学.

[100] 杜文萱,2020. 基于物元可拓模型的高标准农田建设绩效评价[D]. 南昌:江西财经大学.

[101] 范峻恺,徐建刚,胡宏,2019. 基于BP神经网络模型的海绵城市建设适宜性评价——以福建省长汀县为例[J]. 生态经济,35(11):222-229.

[102] 范远航,邓朝显,李怀恩,等,2019. 海绵城市低影响开发措施应用的风险研究[J]. 给水排水,55(S1):138-142.

[103] 方世南,戴仁璋,2017. 海绵城市建设的问题与对策[J]. 中国特色社会主义研究(1):88-92,99.

[104] 方行明,魏静,郭丽丽,2017. 可持续发展理论的反思与重构[J]. 经济学家(3):24-31.

[105] 方正,张磊,刘非,2016. 海绵城市建设及相关技术问题分析[J]. 湖北理工学院学报,32(3):31-36,56.

[106] 高峰,蔺欢欢,2017. 海绵城市的建设与评估概念模型构建研究[J]. 国际城市规划,32(5):26-32.

[107] 高洋,2012. 水敏性城市设计在我国的应用研究[D]. 哈尔滨:哈尔滨工业大学.

[108] 耿潇,赵杨,车伍,2017. 对海绵城市建设PPP模式的思考[J]. 城市发展研究,24(1):25-129,134.

[109] 耿潇,2017. 城市雨水基础设施维护运营管理研究[D]. 北京:北京建筑大学.

[110] 宫永伟,傅涵杰,张帅,等,2018. 海绵城市建设的公众参与机制探讨[J]. 中国给水排水,34(18):1-5.

[111] 宫永伟,刘超,李俊奇,等,2015. 海绵城市建设主要目标的验收考核办法探讨[J]. 中国给水排水,31(21):114-117.

[112] 顾大治,罗玉婷,黄慧芬,2019. 中美城市雨洪管理体系与策略对比研究[J]. 规划师,35(10):81-86.

[113] 顾海兵,1997. 宏观经济预警研究:理论·方法·历史[J]. 经济理论与经济管理(4):3-9.

[114] 郭绯绯,2018. 基于可持续发展的海绵城市景观设计[J]. 文化创新比较研究,21(2):162-163.

[115] 郭小兵,2019. 基于模糊综合评价的唐山市资源环境承载力研究[D]. 北京:中国地质大学.

[116] 郭旭,2020. 基于模糊综合评价法和层次分析法的地铁车站施工安全风险评估研究[D]. 北京:中国铁道科学研究院.

[117] 韩文龙,2003. 海淀区北部地区雨水利用措施与对策[A]//2003 年北京"水与奥运"学术研讨会论文集[C]. 北京:中国水利学会.

[118] 韩秀娣,2000. 最佳管理措施在非点源污染防治中的应用[J]. 上海环境科学(3):102-104,128.

[119] 何刚,2009. 煤矿安全影响因子的系统分析及其系统动力学仿真研究[D]. 淮南:安徽理工大学.

[120] 何明明,2020. 吉林市 HDW 区域海绵城市建设项目风险控制研究[D]. 长春:吉林大学.

[121] 胡爱兵,任心欣,俞绍武,等,2010. 深圳市创建低影响开发雨水综合利用示范区[J]. 中国给水排水,26(20):69-72.

[122] 胡春玲,2013. 贝叶斯网络研究综述[J]. 合肥学院学报(自然科学版),23(1):33-40.

[123] 黄初冬,李丹君,陈前虎,等,2020. 海绵城市建设缓解热岛的效应与机理——以浙江省嘉兴市为例[J]. 生态学杂志,39(2):625-634.

[124] 黄冠胜,林伟,王力舟,2006. 风险预警系统的一般理论研究[J]. 中国标准化(3):9-11.

[125] 黄金良,王思齐,卢豪良,2018. 可持续雨水管理与海绵城市构建的美国经验[J]. 中国环境管理,10(5):97-103.

[126] 黄鹏,2017. 海绵城市建设的难点与技术要点探析[J]. 低碳世界(9):140-141.

[127] 黄欣茹,宋彦,陈燕萍,2018. 利用绿色街道推进我国海绵城市建设——美国绿色街道建设的经验启示[J]. 国际城市规划,33(2):120-127.

[128] 黄奕龙,傅伯杰,陈利顶,2003. 生态水文过程研究进展[J]. 生态学报,23(3):580-587.

[129] 纪秀,张景奇,2019. 北方半湿润地区海绵城市建设的问题与对策——以辽宁省沈阳市为例[J]. 水土保持通报,39(3):200-205.

[130] 贾旭东,衡量,2016. 基于"扎根精神"的中国本土管理理论构建范式初探[J]. 管理学报,13(3):336-346.

[131] 贾旭东,2010. 基于扎根理论的中国城市基层政府公共服务外包研究[D]. 兰州:兰州大学.

[132] 姜斌,2017. 海绵城市是城市建设的一种可持续发展方式[J]. 低碳世界(15):138-139.

[133] 姜涛,2018. 高校校园绿地景观的雨洪管理问题研究[D]. 雅安:四川农业大学.

[134] 蒋涤非,宋杰,刘蓉,2012. 健康城市化的响应机制及指标体系——基于包容性增长的视角[J].城市问题(5):15-20.

[135] 金菊良,陈梦璐,郦建强,等,2018. 水资源承载力预警研究进展[J]. 水科学进展,29(4):583-596.

[136] 鞠茂森,2015. 关于海绵城市建设理念、技术和政策问题的思考[J]. 水利发展研究,15(3):7-10.

[137] 康宏志,郭祺忠,练继建,等,2017. 海绵城市建设全生命周期效果模拟模型研究进展[J]. 水力发电学报,36(11):82-93.

[138] 科技部,国家计委,国家经贸委灾害综合研究组,2000. 灾害·社会·减灾·发展——中国百年自然灾害态势与21世纪减灾策略分析[M]. 北京:气象出版社.

[139] 孔嘉敏,孙钰,2014. 循环经济理念下的城市雨水利用——以天津市为例[J]. 天津经济(1):45-49,86.

[140] 邰艳丽,2017. 海绵城市建设问题、风险与制度逻辑[J]. 北京规划建设,(2):58-63.

[141] 喇海霞,段晓晨,牛衍亮,2021. 基于ISM的高铁工程全生命周期成本影响因素研究[J]. 建筑经济,42(8):57-61.

[142] 郎启贵,徐多,李丽霞,2017. 海绵城市PPP项目风险分担机制研究[J]. 经营与管理(11):141-144.

[143] 类延辉,吴静,2016. 英国海绵社区可持续排水体系设计[J]. 城市住宅,23(7):22-25.

[144] 李冠雄,贺洋,2020. 新时期海绵城市建设融资问题研究[J]. 管理现代

化，40(3)：4-6.

[145] 李宏远,2019. 城市地下综合管廊运维安全风险管理研究[D]. 北京:北京建筑大学.

[146] 李进丰,2015. 海绵城市给排水建设需要注意的问题[J]. 科技创新与应用(24)：171.

[147] 李婧,2018. 海绵城市视角下城市水系规划编制方法的探索[J]. 城市规划,42(6)：100-104.

[148] 李俊奇,任艳芝,聂爱华,等,2016. 海绵城市:跨界规划的思考[J]. 规划师,32(5)：5-9.

[149] 李俊奇,王文亮,2015. 基于多目标的城市雨水系统构建与展望[J]. 给水排水,51(4)：1-3,37.

[150] 李兰,李锋,2018. "海绵城市"建设的关键科学问题与思考[J]. 生态学报,38(7)：2599-2606.

[151] 李莉,孙攸莉,2017. 海绵城市建设 PPP 模式风险及管控研究——以嘉兴为例[J]. 浙江工业大学学报(社会科学版),16(2)：183-189.

[152] 李玲,2016. 关于海绵城市建设的技术问题分析[J]. 城市建设理论研究(电子版)(30)：110-111.

[153] 李梦娜,2018. 循环经济理论研究[J]. 山西农经(21)：12-13.

[154] 李瑞格,2019. 建筑垃圾资源化项目风险评价研究[D]. 武汉:武汉理工大学.

[155] 李莎莎,翟国方,吴云清,2011. 英国城市洪水风险管理的基本经验[J]. 国际城市规划,26(4)：32-36.

[156] 李卫红,2016. 海绵城市给排水建设注意问题分析[J]. 科技展望,26(7)：107.

[157] 李秀娴,2015. 浅谈海绵城市的建设[J]. 江西建材(9)：35-36.

[158] 李英攀,刘名强,王芳,2018. 基于云模型的海绵城市项目绩效评价研究[J]. 中国园林,34(8)：45-49.

[159] 李照惠,2019. A 时代广场综合体项目全生命周期风险管理研究[D]. 西安:西安科技大学.

[160] 梁小勇,2004. 项目生命周期模式研究[D]. 北京:北京化工大学.

[161] 梁亚楠,周林,武艳芳,2016. 海绵城市建设过程中的问题与对策——武汉市案例研究[J]. 净水技术,35(6):119-127.

[162] 廖朝轩,高爱国,黄恩浩,2016. 国外雨水管理对我国海绵城市建设的启示[J]. 水资源保护,32(1):42-45,50.

[163] 刘丹花. 世界主要国家水资源管理体制比较研究[D]. 赣州:江西理工大学,2015.

[164] 刘飞,张忠华,2017. 西方国家循环经济发展经验与启示[J]. 北方经济(2):38-40.

[165] 刘剑,2016. 首批海绵城市试点建设存在的问题及建议[J]. 低温建筑技术,38(12):144-146.

[166] 刘年平,2012. 煤矿安全生产风险预警研究[D]. 重庆:重庆大学.

[167] 刘秋常,韩涵,李慧敏,等,2017. 基于熵权 TOPSIS 法的海绵城市建设绩效评价——以河南省鹤壁市为例[J]. 人民长江,48(14):23-26.

[168] 刘舒燕,2006. 交通运输系统工程(第 2 版)[M]. 北京:人民交通出版社.

[169] 刘颂,李春晖,2016. 澳大利亚水敏性城市转型历程及其启示[J]. 风景园林(6):104-111.

[170] 刘文,陈卫平,彭驰,2015. 城市雨洪管理低影响开发技术研究与利用进展[J]. 应用生态学报,26:1901-1912.

[171] 刘延芳,李毅,胡琪勇,2017. 昆明市海绵城市建设相关问题探究[J]. 价值工程,36(5):21-23.

[172] 满莉,李雨霏,2018. 海绵城市生态环境的绩效评价[J]. 城市住宅,25(8):6-10.

[173] 米文静,张爱军,任文渊,2018. 国外低影响开发雨水资源利用对中国海绵城市建设的启示[J]. 水土保持通报,38(3):345-352.

[174] 莫琳,俞孔坚,2012. 构建城市绿色海绵——生态雨洪调蓄系统规划研究[J]. 城市发展研究,19(5):130-134.

[175] 聂超,周丹,林韵婕,等,2020. 建筑与小区低影响开发设计问题及对策[J]. 中国给水排水,36(14):6-11,17.

[176] 欧阳绪清,傅晓华,2003. 可持续发展系统观[J]. 系统辩证学学报(4):

10-18.

[177] 亓莱滨,2006. 李克特量表的统计学分析与模糊综合评判[J]. 山东科学,19(2)：18-23.

[178] 祁琪,2015. "海绵城市"建设之国际经验[J]. 中国生态文明(3)：80-83.

[179] 秦升益,陈梅娟,孙青亮,等,2015. "水十条"背景下创新型海绵城市建设技术[J]. 建设科技(13)：18-20,23.

[180] 秦语涵,王红武,张一龙,2016. 城市雨洪径流模型研究进展[J]. 环境科学与技术,39(1)：13-19.

[181] 仇保兴,2015. 海绵城市(LID)的内涵、途径与展望[J]. 给水排水,51(3)：1-7.

[182] 曲悠扬,邓小鹏,阎超成,2019. 基于 SEM 的南方多雨地区海绵城市评价研究[J]. 建筑经济,40(1):112-116.

[183] 屈芳,马旭玲,罗林明,2015. 调查问卷的信度分析及其影响因素研究[J]. 继续教育,29(1)：32-34.

[184] 佘丛国,席酉民,2003. 我国企业预警研究理论综述[J]. 预测(2)：23-29,2.

[185] 石磊,樊瀞琳,柳思勉,等,2019. 国外雨洪管理对我国海绵城市建设的启示——以日本为例[J]. 环境保护,47(16)：59-65.

[186] 石婷婷,吕斌,2014. 基于低碳理念的城市水系统规划优化路径研究——以北京丽泽商务区为例[A]//中国城市科学研究会、天津市滨海新区人民政府.2014(第九届)城市发展与规划大会论文集—S02 生态城市规划与实践的创新发展[C]. 中国城市科学研究会、天津市滨海新区人民政府：中国城市科学研究会.

[187] 史富文,2020. 海绵城市建设绩效评价指标体系研究[J]. 工程经济,30(3):49-54.

[188] 史学臻,2017. 海绵城市控规及相关问题之研究[J]. 智能城市,3(1)：233.

[189] 束方勇,李云燕,张恒坤,2016. 海绵城市：国际雨洪管理体系与国内建设实践的总结与反思[J]. 建筑与文化,142(1)：94-95.

[190] 宋芳晓,张海荣,2016. 我国海绵城市建设管理的问题和策略探析[J]. 城市发展研究(23):99-104.

[191] 宋国君,赵文娟,2018. 中美流域水质管理模式比较研究[J]. 环境保护,46(1):70-74.

[192] 宋旭升,王辉霞,2018. "海绵城市"在市政道路给排水设计中的应用分析[J]. 中国资源综合利用,36(7):128-130.

[193] 苏桂武,高庆华,2003. 自然灾害风险的分析要素[J]. 地学前缘,10(S1):272-279.

[194] 苏义敬,王思思,车伍,等,2014. 基于"海绵城市"理念的下沉式绿地优化设计[J]. 南方建筑(3):39-43.

[195] 孙炼,李春晖,2014. 世界主要国家水资源管理体制及对我国的启示[J]. 国土资源情报,165(9):14-22.

[196] 孙晓娥,2011. 扎根理论在深度访谈研究中的实例探析[J]. 西安交通大学学报(社会科学版),31(6):87-92.

[197] 孙攸莉,陈前虎,2018. 海绵城市建设绩效评估体系与方法[J]. 建筑与文化(1):154-157.

[198] 孙振勇,李钟宁,晁新秀,2016. 海绵城市建设存在问题与对策[J]. 山东水利(11):43-44.

[199] 索联锋,2016. 渗滤池—滞留塘系统在山地城市径流污染控制中的应用研究[D]. 重庆:重庆大学.

[200] 谭术魁,张南,2016. 中国海绵城市建设现状评估——以中国16个海绵城市为例[J]. 城市问题(6):98-103.

[201] 唐双成,罗纨,贾忠华,等,2016. 填料及降雨特征对雨水花园削减径流及实现海绵城市建设目标的影响[J]. 水土保持学报,30(1):73-78,102.

[202] 田闯,2015. 发达国家海绵城市建设经验及启示[J]. 黄河科技大学学报,17(5):64-70.

[203] 仝贺,王建龙,车伍,等,2015. 基于海绵城市理念的城市规划方法探讨[J]. 南方建筑(4):108-114.

[204] 万雪纯,张晨旸,2020. 基于DEA—AHP模型的海绵城市绩效评价研

究[J]. 建材与装饰(15):101-102.

[205] 王岱霞,陈前虎,钱爱华,2017. 我国海绵城市建设的困境及建议:基于国际比较的研究[J]. 浙江工业大学学报(社会科学版),16(2):176-182.

[206] 王东,2011. 国外风险管理理论研究综述[J]. 金融发展研究(2):23-27.

[207] 王东升,1998. 资源观与可持续发展[J]. 经济与管理研究(2):20-23.

[208] 王二松,李俊奇,刘超,等,2017. 海绵城市建设配套机制保障措施探讨[J]. 给水排水,53(6):57-62.

[209] 王国荣,李正兆,张文中,2014. 海绵城市理论及其在城市规划中的实践构想[J]. 山西建筑,40(36):5-7.

[210] 王海锋,2015. 关于建立城市雨水利用激励政策的思考[J]. 水利发展研究,15(3):14-16.

[211] 王建龙,车伍,易红星,2009a. 低影响开发与绿色建筑的雨水控制利用[J]. 工业建筑,39(3):123-125,102.

[212] 王建龙,车伍,易红星,2009b. 基于低影响开发的城市雨洪控制与利用方法[J]. 中国给水排水,25(14):6-9,16.

[213] 王建龙,车伍,易红星,2010. 基于低影响开发的雨水管理模型研究及进展[J]. 中国给水排水,26(18):50-54.

[214] 王连接,王开春,黄勤铮,等,2019. 海绵城市建设地方标准体系构建初探[J].给水排水,55(12):47-51,58.

[215] 王佩琼,2016. 决策失误还是异化?——"三门峡水利枢纽"争议辩证[J]. 工程研究——跨学科视野中的工程,8(1):97-106.

[216] 王其藩,2009. 系统动力学[M]. 上海:上海财经大学出版社.

[217] 王帅,郝生跃,2019. 基于系统动力学的海绵城市 PPP 项目风险动态评价[J]. 工程管理学报,33(3):63-68.

[218] 王双成,2010. 贝叶斯网络学习、推理与应用[M]. 上海:立信会计出版社.

[219] 王思思,张丹明,2010. 澳大利亚水敏感城市设计及启示[J]. 中国给水排水,26(20):64-68.

[220] 王思思,2009. 国外城市雨水利用的进展[J]. 城市问题(10):79-84.

[221] 王同军,2021. 智能高速铁路基础设施全生命周期管理框架研究[J]. 铁道学报,43(11):1-7.

[222] 王文亮,李俊奇,王二松,等,2015. 海绵城市建设要点简析[J]. 建设科技(1):19-21.

[223] 王心娟,高厚礼,郭海燕,2012.《管子·八观》思想与 PEST 模型比对分析[J]. 管子学刊(4):10-13.

[224] 王优,2019. 基于 MUSIC 的 LID 雨水系统有效性研究[D]. 天津:天津工业大学.

[225] 魏杰,2010. 循环经济理论与深圳市城区雨水利用规划[J]. 水资源保护,26(4):80-83.

[226] 魏永晖,1998. 三门峡水利枢纽建设的经验与教训[J]. 水利水电工程设计(1):3-5,55.

[227] 文俊,2006. 区域水资源可持续利用预警系统研究[D]. 南京:河海大学.

[228] 文玉婷,2020. 基于熵权 TOPSIS 法的 H 公司财务风险评价及防范措施[D]. 哈尔滨:哈尔滨工业大学.

[229] 吴丹洁,詹圣泽,李友华,等,2016. 中国特色海绵城市的新兴趋势与实践研究[J].中国软科学(1):79-97.

[230] 吴迪,2014. 关于绿色建筑项目全生命周期管理的研究[D]. 长春:吉林建筑大学.

[231] 吴国斌,2006. 突发公共事件扩散机理研究——以三峡坝区为例[D]. 武汉:武汉理工大学.

[232] 吴海瑾,翟国方,2012. 我国城市雨洪管理及资源化利用研究[J]. 现代城市研究,27(1):23-28.

[233] 吴伟,付喜娥,2009. 绿色基础设施概念及其研究进展综述[J]. 国际城市规划,24(5):67-71.

[234] 夏军,石卫,王强,等,2017. 海绵城市建设中若干水文学问题的研讨[J]. 水资源保护,33(1):1-8.

[235] 夏柠萍,杨高升,潘丹萍,2016. 基于 FAHP-CIM 的海绵城市建设项目融资风险度量研究[J]. 水利经济,34(6):30-33,78,80.

[236] 夏砚波,2016. 基于综合集成赋权与模糊综合评价的煤矿项目社会稳定性风险评估研究[D]. 西安:西安邮电大学.

[237] 夏洋,曹靓,张婷婷,等,2016. 海绵城市建设规划思路及策略——以浙江省宁波杭州湾新区为例[J]. 规划师,32(5):35-40.

[238] 向鹏成,贾富源,2018. 海绵城市建设风险评价方法——基于灰色直觉模糊层次分析法[J]. 科技管理研究,38(3):113-119.

[239] 向鹏成,聂晟,贾富源,2020. 基于 SD 模型的海绵城市建设风险传导效应评价研究[J]. 建筑经济,41(2):108-114.

[240] 肖利民,2006. 国际工程承包风险预警系统的实证研究[J]. 管理科学(5):75-82.

[241] 肖洋,蒋涤非,2012. 城市雨洪管理的景观安全格局途径[J]. 城市建筑(17):3.

[242] 谢鹏贵,吴连丰,黄黛诗,2019. 厦门市海绵城市建设径流控制指标的探索与实践[J]. 给水排水,55(8):36-41.

[243] 谢秋皓,2016. 关于海绵城市建设的可持续发展理念研究[J]. 门窗(5):224.

[244] 谢文平,2017. 基于 BP 神经网络的公共自行车站点服务水平评价研究[D]. 南京:东南大学.

[245] 谢映霞,2015,李帅杰. 让城市回归自然[J]. 人类居住(1):14-15.

[246] 谢雨航,2017. 基于 PSIR 框架的海绵城市规划指标体系构建[D]. 武汉:武汉大学.

[247] 邢薇,赵冬泉,陈吉宁,等,2011. 基于低影响开发(LID)的可持续城市雨水系统[J]. 中国给水排水,27(20):13-16.

[248] 徐君,任腾飞,2018. 我国海绵城市建设面对供给侧改革的冷思考及新路径[J]. 经济问题探索(4):99-105.

[249] 徐倩,徐森,2018. 基于 SEM 的海绵城市 PPP 项目风险影响因素研究[J]. 项目管理技术,16(11):48-54.

[250] 徐少尉,2019. 基于 PCA-AHP 的 HK 海绵住宅区项目施工阶段风险管理研究[D]. 郑州:郑州大学.

[251] 徐享,李俊奇,冯珂,等,2019. 海绵城市 PPP 项目绩效考核体系的优化

与提升[J].环境工程,37(7):1-7.

[252] 徐心一,张晨,朱晓东,2019.海绵城市建设水平评价与分区域控制策略[J].水土保持通报,39(1):203-211.

[253] 徐源,2019.基于直觉模糊层次分析法在海绵城市项目建设期的风险管理[D].成都:成都理工大学.

[254] 徐振强,2015.中国特色海绵城市试点示范绩效评价概念模型的建立与应用——兼论我国海绵城市创新体系平台的建设[J].中国名城(5):16-25.

[255] 许心倩,2016.关于海绵城市建设研究进展及问题分析[J].管理观察(35):97-99.

[256] 薛科进,2015.浅谈海绵城市理论在工程建设中的应用[A]//江苏省公路学会.江苏省公路学会学术年会论文集(2015年)[C].南京:江苏省公路学会.

[257] 杨雪锋,郑欢欢,2019.海绵城市背景下国内外雨洪管理政策与实践探索[J].中国名城(4):45-49.

[258] 杨雪锋,陈前虎,2018.海绵城市建设项目的风险协同治理机制研究[J].苏州大学学报(哲学社会科学版),39(5):120-127.

[259] 杨阳,林广思,2015.海绵城市概念与思想[J].南方建筑(3):59-64.

[260] 杨一夫,2017.厦门海绵城市建设的冷静思考[J].中国给水排水(2):27-30.

[261] 杨银川,肖冰,崔贺,等,2018.海绵城市的发展沿革及其对径流污染控制的研究现状[J].华东师范大学学报(自然科学版)(6):32-42.

[262] 尹贻林,陈伯乐,2010.全生命周期项目管理思想在我国政府投资项目中的应用研究[J].哈尔滨商业大学学报(社会科学版)(3):49-54.

[263] 于开红,2018.中国古代城市建设中的"海绵"智慧考证[J].三峡大学学报(人文社会科学版),40(4):87-91.

[264] 俞孔坚,李迪华,袁弘,等,2015."海绵城市"理论与实践[J].城市规划,39(6):26-36.

[265] 俞孔坚,李迪华,2003.城市景观之路——与市长们交流[M].北京:中国建筑工业出版社.

[266] 俞孔坚,乔青,李迪华,等,2009. 基于景观安全格局分析的生态用地研究——以北京市东三乡为例[J]. 应用生态学报,20(8):1932-1939.

[267] 俞孔坚,2015. 建海绵城市不需要"高技术"——海绵城市的三大关键策略:消纳、减速与适应[J]. 房地产导刊(9):54-55.

[268] 俞孔坚,1998. 景观生态战略点识别方法与理论地理学的表面模型[J]. 地理学报,5(S1):11-20.

[269] 俞茜,李娜,张念强,2020. 我国海绵城市建设配套机制与保障措施现状与建议[J]. 水利水电技术(1):30-36.

[270] 曾鸣,陈春武,段凯彦,等,2012. 合同能源管理项目全生命周期风险评估研究[J]. 华东电力,40(10):1666-1670.

[271] 张珂莹,2018. 风险管理理论在供应链金融风险管理中的应用——基于全面风险管理理论[J]. 现代管理科学(12):112-114.

[272] 张丽,2018. PPP 模式下西咸新区海绵城市建设风险管理研究[J]. 山西农经(4):95.

[273] 张秋生,朱子璇,姚舒戈,等,2021. 关于智慧高铁全生命周期经济性研究的思考——以京张高铁为例[J]. 北京交通大学学报(社会科学版),20(1):46-54.

[274] 张甜,2019. 基于全生命周期的地方政府公益项目 PPP 模式研究[D]. 南京:东南大学.

[275] 张晓凤,2014. 基于模糊层次分析法的广东省生物医药产业发展水平测评[D]. 广州:华南理工大学.

[276] 张毅,李俊奇,王文亮,2016. 海绵城市建设的几大困惑与对策分析[J]. 中国给水排水,32(12):7-11.

[277] 张玉鹏,2015. 国外雨水管理理念与实践[J]. 国际城市规划,30(S1):89-93.

[278] 张钰靓,徐伟,周吕艳,2015. 城市排涝政策管理体制的现状问题及应对策略[J]. 山西建筑,41(7):237-238.

[279] 张缘舒,2016. 城市不再"看海"海绵城市成为"香饽饽"[J]. 智能建筑与智慧城市(5):32-35.

[280] 赵银兵,蔡婷婷,孙然好,等,2019. 海绵城市研究进展综述:从水文过程

到生态恢复[J]. 生态学报，39(13)：4638-4646.

[281] 赵迎春,刘慧敏,2012. 城市雨洪及其管理体系[J]. 中国三峡，183(7)：28-33.

[282] 赵昱,2017. 各国雨洪管理理论体系对比研究[D]. 天津:天津大学.

[283] 郑雅婵,2014. 基于贝叶斯网络的大型工程项目进度风险研究[D]. 成都:西南交通大学.

[284] 郑昭佩,宋德香,2016. 山地城市海绵城市建设的对策研究——以济南市为例[J]. 生态经济,32(11):161-164.

[285] 钟永光,贾晓菁,钱颖,2013. 系统动力学[M]. 北京:科学出版社.

[286] 仲笑林,李迪华,2020. 镇江海绵城市建设老旧小区改造中的挑战与对策[J]. 中国给水排水,36(24)：34-38.

[287] 周红量,廖金凤,2000. 可持续发展的资源观浅析[J]. 热带地理(4)：317-320.

[288] 周建国,2016. 济南市"海绵城市"建设管理问题研究[D]. 济南:山东大学.

[289] 周原,2013. 基于全生命周期的修缮工程造价管理研究[J]. 财会通讯,35:72-73.

[290] 朱海,2020. 装配式混凝土建筑施工安全评价及对策研究[D]. 北京:北京建筑大学.

[291] 朱敏,2016. 海绵城市发展与建设存在的若干问题及对策[J]. 知识经济(20)：22,24.

[292] 朱伟伟,2016. 海绵城市评价指标体系构建与实证研究[D]. 杭州:浙江农林大学.

[293] 左其亭,2016. 我国海绵城市建设中的水科学难题[J]. 水资源保护,32(4)：21-26.

第六篇

风险管理与防控策略

当前我国如火如荼的海绵城市建设面临着制度不健全、管理不协调、技术不完善等过程性、系统性风险挑战。若不能有效管控这些风险，海绵城市就不能有效发挥作为灾前风险管理工具的作用与功能，城市面临水灾害风险时必将陷入困境。本篇根据城市水灾害风险形成机理（见第三篇）、海绵城市防灾减灾原理（见第四篇）及海绵城市建设风险演变机制（见第五篇），在系统设计风险管控框架的基础上，结合海绵城市建设风险的关键致因链，从制度、管理和技术三个层面提出了海绵城市建设风险防控的策略体系，回答了"海绵城市如何建"这一现实问题。

第十八章 海绵城市建设风险管控的整体框架

海绵城市建设是一项系统工程,涉及跨学科交叉融合(自然科学与社会科学),强调全生命周期管理(投建管运),注重全域布局(大中小海绵体)与一体设计(灰绿基础设施协同),但大多数试点城市在建设过程中都面临着法规制度不健全、管理机制不协调、技术体系不完善和社会认知不充分等系列风险挑战,海绵城市可持续发展建设任重道远。

本章在系统梳理总结江西萍乡、四川遂宁、吉林白城、浙江宁波四个优秀试点海绵城市建设风险管控措施与经验的基础上,提出了海绵城市建设风险管控的四大原则,并围绕风险致因链系统设计了海绵城市建设风险管控的整体逻辑框架。

第一节 国内优秀海绵试点城市建设风险管控的主要经验

两批共 30 个试点城市在"摸着石头过河"的过程中,虽然出现了诸多问题和建设风险,但其中仍不乏出类拔萃的佼佼者。本节以在多次过程检查和终期考核验收中表现优秀的江西萍乡、四川遂宁、吉林白城和浙江宁波为对象,从组织、资金、社会、技术、法规、管理等全要素风险视角深入分析了优秀案例城市在海绵城市建设风险管控过程中的实践做法与具体措施,为本课题系统设计海绵城市风险管控思路提供经验启示。

一、江西萍乡

萍乡市(纬度 26°57′—28°01′N,经度 113°35′—114°17′E)位于江西省西

部,河流分属湘江水系与赣江水系,地形以丘陵和山地为主,市域面积 3824km² ,是长江中游城市群的重要成员之一。萍乡市属亚热带湿润季风气候区,多年平均降雨量为 1600mm 左右,降雨集中在 3—8 月,雨量充沛但降水时空分布不均,旱涝交替,是全国 103 个缺水城市之一。近百年来,丰富的煤炭资源给萍乡发展带来了动力与生机,但早期无序的城市扩张导致了老城区生态空间匮乏、经济持续发展乏力、洪涝灾害频发、水资源匮乏等一系列问题。

萍乡市海绵城市建设试点区域位于主城区,面积 32.98 平方公里,涵盖内涝问题最严重的万龙湾、蚂蟥河、百源河等主要内涝区。其间完成了 6 个项目片区的 166 个项目建设,总投资 64.63 亿元,全面或超额完成当初确定的年径流总量控制 75%、三十年一遇防涝标准、试点区水面率 6.56%、雨水资源化利用率 12% 等海绵城市试点建设具体指标。在财政部、住建部、水利部组织的海绵城市建设 2016 年度、2017 年度绩效考评中,萍乡均获得了全国第一的成绩,较好地完成了试点任务;2019 年 4 月,在住建部、财政部和水利部共同组织的海绵城市建设三年终期试点考评中,萍乡再次荣获第一,并获得财政部海绵城市试点奖励资金 1.2 亿元。

在试点建设过程中,萍乡形成了以"坚持一条主线、践行三个理念、夯实六个支撑"为核心的建设经验(见图 18-1),探索出了一条具有江南丘陵特色的海绵城市建设之路;通过海绵城市建设,萍乡有效治理了城市内涝顽疾,全面改善了城市生态环境,大幅提高了城市发展质量,并有力促进了经济结构调整和城市转型升级。

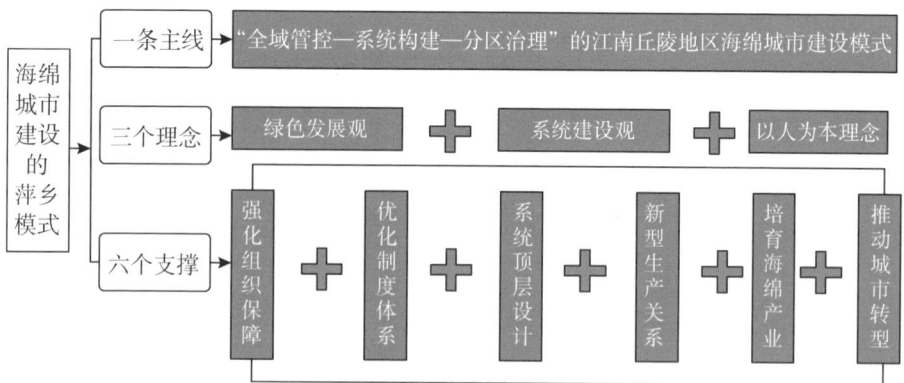

图 18-1　海绵城市建设的萍乡模式

(一)组织风险管控

自成功申报国家首批海绵城市建设试点后,萍乡市委高度重视试点建设工作,成立萍乡市海绵城市试点建设工作领导小组(简称"海绵城市试点建设工作领导小组")和领导小组办公室(简称"海绵办")来统一领导、协调和带动全市海绵城市试点建设工作。在此基础上,萍乡市建立了"领导小组＋海绵办＋多部门"(1＋1＋N)工作体系,包括:一个高规格的领导小组,负责重大事项决策;一个高效率的海绵办,负责具体海绵城市建设管理事务;多部门高效协助,共同推动全市海绵城市建设工作(见图18-2)。

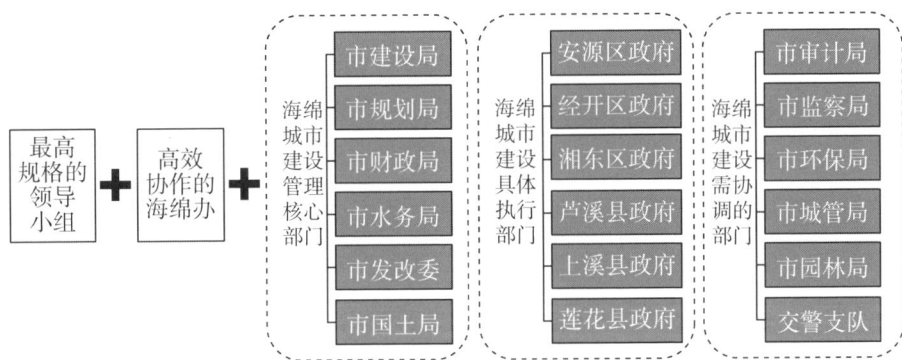

图 18-2　领导小组＋海绵办＋多部门(1＋1＋N)工作体系

1.最高规格的领导小组

为强化海绵城市建设统筹工作,萍乡市成立了以市委书记为组长、市政府市长为第一副组长的"双核心、双组长"海绵城市试点建设工作领导小组。市委副书记、常务副市长、分管城建工作的副市长、分管水务工作的副市长为副组长,各县区(含萍乡经济开发区)县区委书记与县区长、相关职能部门主要负责同志为领导小组成员。部门齐备的高规格领导小组的建立,为海绵城市试点建设和长效实施建设提供了强有力的组织保障。海绵领导小组主要通过定期例会和现场办公会两种形式将工作落到实处。

定期例会主要研究海绵城市试点建设过程中的重大事项、协调解决推进实施中存在的主要困难、部署试点建设工作推进的总体安排。在三年试点期间,萍乡市共召开9次会议,全部由市委书记亲自主持。在历次小组会议中,领导小组分阶段确定了海绵城市试点建设的重点:在试点初期阶段,重点决策研究了组织机构与工作机制、管理制度与配套政策等问题;在规划设计阶段,组织研究了专项规划与标准规范等顶层设计工作;在项目具体推进阶段,重点研究项目选择、项目推进实施、PPP项目的关键条款等项目具体实施层面的问题;在针对海绵城市建设长效推进阶段,对海绵产业的培育发展、长效管理机制的建立、智慧化管控平台的建设、海绵设施的运行维护等问题进行了深入探讨。萍乡市最高规格的领导小组对这些涉及全局工作问题的明确,为海绵城市试点建设工作提供了"指南针"。

海绵城市试点建设工作进入施工阶段后,海绵领导小组开始实行现场办公制度。现场办公会由领导小组组长和第一副组长组织,对项目工地进行巡查,重点监督工程进度与施工质量,并协调解决海绵建设过程中存在的主要难题和障碍,每季度召开一次。

2.高效运作的海绵办

为了保障试点建设工作的有序推进,萍乡市成立了海绵办来落实具体的日常海绵城市建设管理工作。海绵领导小组任命市政府分管城建副市长、海绵领导小组副组长为海绵办主任,市建设局局长为海绵办第一副主任,负责统筹协调试点建设工作,并建立了海绵办主任"半月一调度"、第一副主任"一周一总结"的工作机制。海绵办各副主任则由建设、财政、规划、水务等部门分管相关业务的领导同志担任,分别负责对应各部门的协调工作。

为了充分发挥各部门的协调作用,海绵办从建设、规划、水务、财政、审计、发改、城管、园林等相关职能部门抽调了大量业务骨干组成海绵办综合管理科、项目管理科、绩效考评科和资金管理科等工作部门,并制定了各科室的职能细则。海绵办各副主任、工作人员与原单位工作脱钩,组成专职的海绵试点建设工作执行机构。同时,制定了海绵办主任办公会和业务工作会等日常工作制度,确保问题时时有人接、情况时时有人管。

此外,海绵办要求建设、规划、园林等相关职能部门明确内部各业务科室负责海绵城市联络协调工作的兼职联络专员,能够做到随叫随到,第一时间解决海绵城市建设推进过程中的各种问题。这畅通了海绵办与各职能部门的沟通、协调、落实、执行渠道,在规划编制、项目行政审批、项目资金监管等方面实现了建设各环节、全过程的高效运作。同时,萍乡市建立了协调会议制度、工作例会制度、信息沟通制度、监督检查制度、总结评估制度等工作协调联动机制,形成了职责明确、协调有序、信息畅通、共同参与的工作格局。

3.长效的专职管理机构

试点期结束后,海绵城市建设工作仍在全市范围内长期持续推进。对于试点期后的海绵城市建设工作,萍乡市进行了提前谋划布局,将现有领导小组与海绵办转为常态化运行。其中,领导小组的职能不变,负责全市海绵城市建设推广、海绵产业发展过程中的全局性重大问题的决策部署。海绵办的职能则发生部分变化,工作侧重点由负责具体工程项目的建设转为海绵城市建设过程中的协调与管理工作。同时,在市建设局设立海绵设施管理处作为专职管理机构,负责统筹管控已建海绵设施及未来长期的海绵城市建设工作,避免"重建设、轻管理"的现象发生。目前,海绵设施管理处人员、经费均已到位,机构运行正常。

(二)资金风险管控

萍乡海绵城市试点建设项目总投资64.63亿元,相对本地财政收入而言,短期内资金压力巨大。对此,萍乡市拓展资金筹措渠道,同时设立海绵基金,加强产业发展资金保障,有效缓解了资金压力。

1.三管齐下,拓展资金筹措渠道

面对海绵城市建设所需的巨额资金,萍乡通过"对上积极争取资金""对内统筹整合资金""对外采用PPP模式"三个渠道解决了资金问题。

对上,萍乡作为首批国家海绵试点城市,三年建设期间获得中央补助资金12亿元;对内,萍乡市除了统筹整合发改、城建等各条线和各级县、区政府资金投入海绵城市建设外,还出台了《萍乡市海绵城市项目收费体系》,提出从污水处理费、城市基础设施配套费、公园经营设施收费、物业服务费、国有土地使用权出让收入等环节提取海绵城市专项资金;对外,萍乡市鼓励社会资本采用PPP模式参与海绵城市建设,其中老城区4个PPP项目总投资18.72亿元,吸引社会投资15.35亿元。

2.创新激励机制,降低全生命周期成本

为了有效降低海绵城市建设全生命周期成本,萍乡市创新建设投资模式,大力推行PPP模式。PPP模式实行按效付费,在保障工程实施效果的前提下,PPP公司会主动优化设计、施工、运营方案,进行资源的有效配置和风险的合理分配,采用市场化运作方式,争取实现全生命周期最低成本。以万龙湾的整治为例,PPP项目公司主动勘探现场,提出了优化方案,为工程总投资节省了 2682 万元,使工程期缩短了 7 个月以上。

同时,萍乡创新性地提出了设计费计费模式的优化探索,改变了设计费取费与工程投资挂钩的传统方式,通过评估和论证采用包干价的方式确定总的设计费,有效规避了设计单位过度设计、人为提高工程投资的风险,激发了设计单位在技术可行的基础上对项目和投资进行优化的积极性,有效减少了工程投资。以萍乡老城区御景园小区为例,设计单位在后续的深化设计中优化设计方案,以大量的雨水花园和景观水景取代原雨水模块方案,使工程投资由原先的 885.58 万元降至 778.41 万元,降低了 13%。

3.设立海绵基金,加强产业发展资金保障

为了加强本地海绵产业的资金保障,萍乡市出台了《萍乡市海绵智慧城市建设基金设立方案》,制定了详细的基金筹组方案。萍乡海绵智慧城市建设基金规模为 100 亿元,第一期拟发行 10 亿元,依托萍乡海绵城市试点建设经验,专项投资于海绵城市建设项目和智慧城市建设项目。

如图 18-3 所示,萍乡的基金组织形式为有限合伙制,参与主体分为普通合伙人(双 PG)、优先级有限合伙人(优先级 LP)、劣后级有限合伙人(劣后级

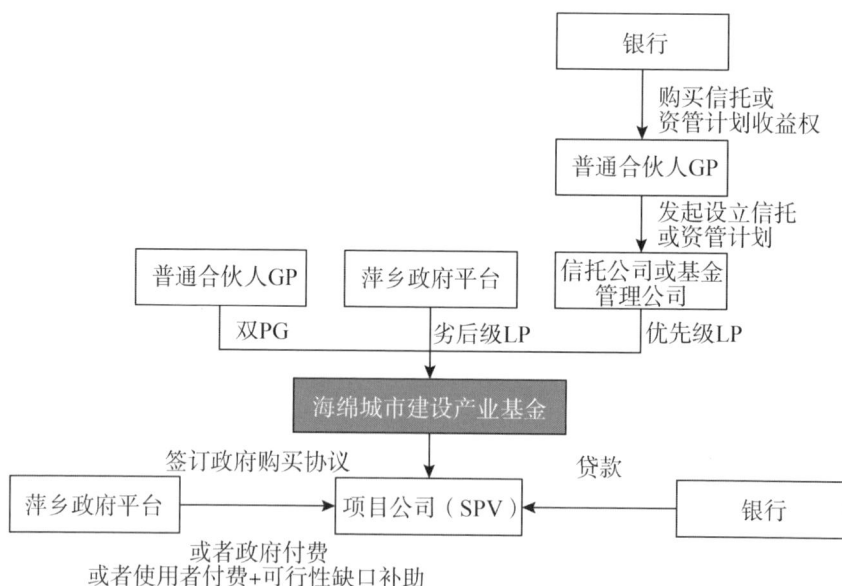

图 18-3 萍乡海绵智慧城市建设基金交易结构

LP),其中优先级资金与劣后级资金的出资比例为4∶1。基金出资采取认缴制,有限合伙人通过签署合伙协议承诺认缴出资金额。

基金投资项目由萍乡市城投公司物色并推荐,由基金管理人派遣专业团队会同城投公司相关人员组成项目小组,进行尽职调查、投资价值分析、价格谈判、提交投决会审议及投资协议签署等事宜。

(三)社会风险管控

海绵城市建设是一项老百姓身边的民生工程。在海绵城市试点建设过程中,萍乡始终坚持以人为本的理念,积极倡导公众参与,形成公众全过程参与的有效机制。

1.深入宣传,营造舆论氛围

萍乡市通过电视台专题节目、《萍乡日报》专栏等方式制作播放海绵城市建设专题片和专栏文章,并开展线下宣传互动活动,让广大市民了解海绵城市的内涵和重要意义。同时,萍乡市建设了海绵城市展示馆,通过展板、实体模型和专题宣传片等手段让广大市民生动体验海绵城市理念,亲身了解海绵城市规划、建设情况。

在试点建设之初,面对公众因不了解海绵城市而产生的反对声——如位于老城区的金典城小区反对进行海绵改造,萍乡市没有采用强制手段,而是积极调整策略,优先在公共项目、单位家属院内开展海绵城市改造,用事实说话,将真实的改造效果呈现在公众面前。居民切实感受到海绵城市的好处后,自发组织向市政府提出改造申请。

2.广听民意,优化设计方案

在项目设计阶段,萍乡市海绵办组织项目公司和技术设计人员将改造方案带到改造现场与居民开展座谈会,广泛听取民意,共同优化方案,切实解决居民诉求,让设计方案既能实现海绵城市的建设目标与意图,又融合了民众的意愿与智慧。例如在鹅湖公园的改造过程中,针对原公园市民跳舞、健身场所少等问题,萍乡海绵办充分倾听民意,结合公园海绵改造,新建跳舞广场、健身广场等休闲游憩空间,满足市民要求,让海绵改造后的公园和广场更具人气和活力。

3.优化组织,减少施工扰民

在施工过程中,海绵城市建设项目落实施工现场"五公开"——项目建设内容公开、项目建设单位与负责人公开、项目建设工期公开、文明施工要求公开、联系方式公开,主动接受市民监督;在工期控制方面,萍乡通过施工单位做好前期准备、设计人员驻场服务等方式优化施工组织,确保施工过程出现问题时能得到高效解决,尽量缩短施工时间;在施工时段方面,萍乡充分考虑施工对居民生活的影响,避免夜间和午休时间施工,将施工的扰民影响控制在最低限度。

4. 共同管理,强化日常维护

在项目运行维护阶段,海绵设施需要社区居民共同爱护。海绵城市设施竣工后,海绵办组织对社区物业与居民进行了宣讲,介绍了海绵设施日常维护过程中的注意事项,倡导社区居民自觉爱护海绵设施。同时,萍乡市设立了海绵设施故障与问题举报热线,当小区居民发现海绵设施出现故障或养护不佳时,可随时进行举报。市海绵设施管理处经查实后会安排责任单位及时进行处理。

(四)技术风险管控

针对海绵城市建设试点过程中的技术难题,萍乡市加强顶层设计,组织编制了一系列专项规划与规范标准,并引入外部特聘专家及第三方技术团队强化技术保障与本地人才的培养,形成了不同阶段多层次的技术保障体系。

1. 揽才引智,强化合作,培育本地专业人才

由于海绵城市建设的专业性和综合性较强,面对试点建设之初专业人才匮乏和建设经验缺乏的难题,萍乡市海绵城市建设的技术保障体系采用了"引进来,促提升,走出去"三步走策略。

为了加强对萍乡海绵城市试点建设技术路线与关键技术环节的总体把控,萍乡市政府邀请了五位来自住建部海绵城市建设技术指导专家委员会的业内权威专家作为政府海绵城市建设特聘顾问。在试点建设之初,市政府便邀请特聘顾问对萍乡的情况进行了整体分析,明确了总体的技术思路;在试点建设过程中,如遇到具有争议的重大技术问题,市政府也将根据专业领域,提请不同的特聘顾问审议,协助进行决策。

萍乡市通过公开招标的方式聘请了专业的第三方技术服务团队与本地设计院共同提供三年试点期的全过程技术服务。服务技术主要包括海绵城市建设顶层设计、海绵城市技术条件拟定、海绵城市设计技术审查、海绵城市建设动态评估和全过程技术支撑与服务。

萍乡始终高度重视本地海绵城市技术人才的培养工作,积极组织第三方技术服务团队与本地设计单位、相关政府管理部门进行技术交流。三年试点期内,萍乡培育了一大批本地海绵城市专业技术人才,且目前的本地设计院已可独立承担各阶段海绵城市规划设计工作,为试点期结束后海绵城市建设的深入持续推进提供了有效的技术依托。

2.系统化的顶层设计

萍乡市在试点建设初期,面临着无规划引领、无规范指导等问题,存在盲目建设导致偏离海绵城市建设的初衷与方向等风险。为此,萍乡市围绕海绵城市建设开展了大量的顶层设计工作。萍乡市组织编制了《萍乡市海绵城市专项规划》,系统、全面地分析了城市的水安全、水环境、水生态、水资源等方面的问题,综合评估了萍乡海绵城市建设的本底条件,提出海绵城市建设的总体目标与具体指标,并在此基础上提出总体技术路线:老城区以问题为导向,重点解决突出的内涝问题;新城区以目标为导向,科学制定规划建设管控的目标及指标体系。由于海绵城市建设涉及大量的工程建设项目,为了确保工程的有序衔接,萍乡市编制了《萍乡市海绵城市试点建设系统化方案》,按照源头减排、过程控制、系统治理的思路制定系统化的工程体系,确保综合效益最大化。

同时,萍乡市将海绵城市建设相关要求全面纳入了城乡空间总体规划(多规合一)、城市总体规划和控制性详细规划等法定规划,确保试点期结束后,海绵城市理念能深入贯彻到城市的长期发展中。

3.因地制宜的规范标准

萍乡市在海绵城市规划、设计、施工、验收等各个环节进行了全方位的标准制定,逐步出台了《萍乡市海绵城市建设规划设计导则》《萍乡市海绵城市建设标准图集》《萍乡市海绵城市建设施工、验收及维护导则》等一系列标准规范,作为萍乡市海绵城市建设过程中的重要技术依据,确保每个环节都有标准可循。随着试点工作的深入开展和海绵设施监测数据的不断累积,萍乡市组织专业人员对本地海绵设施的设计参数和植物配置进行了深入总结和优化提升,对已编制的各项标准进行了全面修订,形成了一系列属地化特征鲜明、适宜萍乡本地特点的标准体系,为萍乡海绵城市建设工作的长效、科学推进奠定了良好基础。

（五）法规风险管控

萍乡市委、市政府将海绵城市理念作为城市建设发展的基本遵循,明确将海绵城市建设纳入城市的各项基本公共政策,制定了一系列海绵城市相关管理机制。目前,萍乡市在海绵城市试点建设的规划、设计、施工、验收、运维、投融资等各个环节都制定了相关规定和规范,有效规避了法规风险(见表18-1)。

萍乡自 2017 年开始获得立法权后,立即将海绵城市建设管理纳入立法计划,并于 2018 年 1 月 1 日起施行《萍乡市海绵城市建设管理条例》。条例明确规定萍乡市城市规划区内各类建设活动必须按条例全面落实海绵城市建设要求,同时从职责划分、政府考核、指标分解、项目审查及维护赔偿等多方面进行约束。

表 18-1　萍乡市海绵城市建设相关法规与标准

海绵城市建设环节	相关法规与标准
海绵城市规划体系与规划许可制度	《萍乡市海绵城市专项规划》 《萍乡市海绵产业发展规划》 "两证一书"
海绵城市建设技术规定	《萍乡市海绵城市规划设计导则》 《萍乡市海绵城市建设植物选型技术导则》 《萍乡市海绵城市建设标准图集》 《萍乡海绵城市设计文件编制内容与审查要点》 《萍乡市海绵城市试点建设项目工程技术管理实施细则》
海绵城市管理规定	《萍乡市海绵城市建设管理规定》 《萍乡市海绵城市试点建设项目管理暂行办法》 《萍乡市海绵城市 PPP 项目包工程监督管理制度》 《萍乡市海绵城市试点建设工作领导小组办公室 PPP 项目绩效考核管理制度》
海绵城市运营维护规定	《萍乡市海绵城市建设施工、验收及维护导则》
海绵城市建设投融资相关法规	《萍乡市海绵城市项目收费体系》 《萍乡市政府投资建设项目监督管理办法》 《萍乡市海绵城市试点建设专项资金奖励补助及管理暂行办法》 《萍乡市海绵城市建设投融资管理实施细则》 《萍乡市海绵城市 PPP 项目包资金监督管理制度》

（六）管理风险管控

为了让海绵城市真正融入城市建设发展的全过程,萍乡市建立了一套涵盖规划管控、项目管理、资金管理、PPP 管理等要素的管理体系。

1. *严格的全过程建设环节管控*

为了强化海绵城市建设各环节全过程管理,萍乡市政府制定了萍乡市中心城区海绵城市建设管理的规范性流程。萍乡市规划局、建设局先后出台了《萍乡市海绵城市试点建设项目规划管理实施细则》《关于加强建设项目海绵城市施工图设计文件审查工作的通知》《关于加强建设项目海绵城市竣工验收管理工作的通知》,明确了"两证一书"发放、施工图审查、竣工验收管理等项目建设全过程海绵城市建设管理的具体要求,确保各类建设项目有效落实海绵城市建设要求。

2. *长效的海绵设施运维管理*

海绵设施功效的有效发挥依赖于完善的运营维护管理。为了提高运营管理水平,萍乡市经过认真研究,提出了一整套海绵设施运维管理的具体操作办法。由于海绵设施工作相对分散,其运行维护工作与物业、业主、环卫等不同责任主体的日常保洁、绿化养护工作存在一定重叠。为了避免在运行维护过程中出现不同责任主体相互扯皮的现象,萍乡市对海绵设施运行维护职责进行了清晰的划分。同时,萍乡市设立了海绵设施管理处,负责对海绵设施的长期运行维护进行监管。而萍乡市建立的一体化信息平台和智慧化设施调度平台可以帮助海绵设施管理处及时发现海绵设施存在的问题,并派遣相应责任单位进行巡查、检修。此外,萍乡市设立了海绵设施运行维护状况举报热线,当公众发现局部内涝积水点、透水铺装堵塞、海绵设施植物死亡、垃圾清理不及时等问题时,可以通过热线进行举报,鼓励公众共同参与海绵设施的运行维护。

3. *权责明确,奖惩分明的考核体系*

海绵城市建设管理涉及规划、建设、财政等多个部门。为了有效凝聚各部门的力量,防止出现各部门间相互推诿的问题,萍乡通过规范性文件明确海绵城市建设过程中各部门的责任。同时,为了保障各部门及县区有效落实海绵城市建设要求,萍乡将海绵城市建设工作的推进、执行情况纳入了对各部门及县区的考核体系,建立了奖惩分明的考核制度,激发各部门及县区全力推动海绵城市建设工作的积极性。

4. *严格的资金管理与监督*

海绵城市试点建设涉及大量资金,为了提高资金使用效率、规范资金用途,萍乡制定了严格的资金管理与监督要求。在专项奖励补资金管理方面,萍乡市制定了《萍乡市海绵城市试点建设专项资金奖励补助及管理暂行办法》,规范了专项奖补资金的使用与管理;在 PPP 项目包资金管理方面,萍乡市制定了《萍乡市海绵城市 PPP 项目包资金监督管理制度》,监督管理内容根据 PPP 项目合同、合资经营协议、公司章程等确定,规范了 PPP 项目包资金的监督与管理。

5. 制定长效的管理机制

萍乡市在认真总结试点期海绵城市建设管理经验的基础上,出台了《萍乡市海绵城市建设管理规定》作为长效管理机制,明确提出全市所有新建、改建、扩建工程项目都必须按照海绵城市相关要求进行建设,在规划、立项、土地、建设等全过程对项目建设实施有效监管,确保海绵城市理念能够在全市范围内得到长效落实。

6. 智慧化的管理平台

为了加强对海绵城市建设的科学管理,萍乡先后建设了一体化信息管理平台和智慧化设施调度平台。试点建设之初,萍乡首先建设了一体化信息管理平台,主要作用于加强海绵城市的本地监测及海绵城市建设效果的定量化评估,同时建立一张图的可视化管理系统,作为海绵城市建设管理的重要平台。在试点建设后期,随着大量海绵设施的陆续完工,萍乡组织建设了海绵设施智慧化调度平台,用于设施综合调度管理。两者衔接互补,共同构成了萍乡海绵城市建设的智慧化管理平台。

二、四川遂宁

遂宁市(纬度 $30°10'$—$31°10'$N,经度 $105°03'$—$106°59'$E)位于四川盆地中部,拥有较多的自然河湖水系,地形以丘陵为主,地势四周高中间低,市域面积 $5325km^2$,是长江上游重要的生态屏障。属四川盆地亚热带湿润季风气候,雨量充沛,年均降雨量为 928—993mm,以中小降雨为主。按照土壤类型,涪江平坝区土壤以砂砾为主,粉砂渗透系数为 5—10 m/d,渗透性较好;红土丘陵区以红色砂岩、泥岩为主,粉质黏土渗透系数为 $4×10^{-4}$—$4×10^{-3}$ m/d,渗透性较差。由于城市紧邻涪江,地势低洼,在各种历史原因和地理条件的影响下,遂宁市面临的防洪排涝压力巨大。同时,早期的市政建设缺乏系统规划,存在地下管网雨污不分、排水设施老旧、排水系统不完善等问题,导致遂宁市面临"水多""水少""水脏""水堵"等一系列水灾害风险,"城市看海"现象时有发生。

遂宁市海绵城市建设试点区位于中心城市的核心区域,包括河东新区、圣莲岛及部分老城区,总面积为 25.8 平方公里。经过试点期建设,遂宁市有效推进了排水防涝以及河湖水系整治,并进一步修复了城市水生态,改善了城市水环境,提高了城市水安全,复兴了城市水文化。截至 2019 年 4 月,遂宁市顺利完成了 25.8 平方公里试点区域内 7 大类 314 个项目,完成投资 56.1 亿元。水生态方面,试点区域年径流总量控制率达到 78.4%,地下水位稳步上升;水环境方面,试点区径流污染削减率达到 47.5%,黑臭水体基本消除;水资源方面,试点区污水再生利用率达到 21.5%,雨水资源化利用率达到 2.2%;水安全方面,达到三十年一遇的城市内涝防治目标和百年一遇的城市防洪标准。在 2015 年和 2016 年的两次中期建设绩效考评中,遂宁均列第二名,并在 2019年全国首批海绵城市试点建设终期绩效考评中,荣获全国海绵城市试点优秀城市荣誉。

遂宁市坚持立足实际、因地制宜的建设思路,成功探索出具有鲜明特色的"六大经验体系",获得"三大效应",成为我国西部丘陵地区海绵城市建设创新典范,如图 18-4 所示。

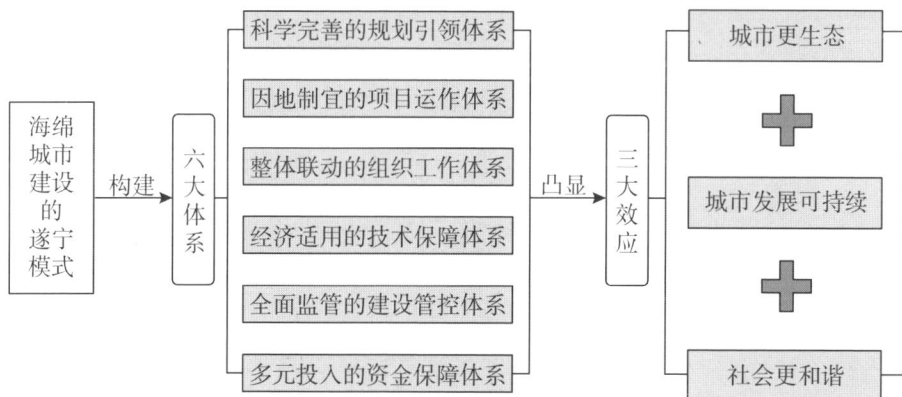

图 18-4　海绵城市建设的遂宁模式

(一)组织风险管控

海绵城市建设是庞杂的系统工程,需要各方力量的共同协作为保障。为抓好海绵城市建设工作,遂宁市在试点建设之初就开始搭建海绵城市建设总体组织框架,建立"条块结合、分工协作"的工作推进机制,落实海绵城市建设从决策、规划、设计、投资、建设、过程监管到竣工验收、运营维护的全生命周期的监管主体、责任主体和实施主体,做到权责分明,各司其职。总体组织框架(见图 18-5)包括:市委统筹,负责解决海绵城市建设规划、人财物保障等重大问题;市政府主导,成立领导小组负责部署海绵城市建设的实施过程;各部门协作,形成全员推动海绵城市建设的合力。

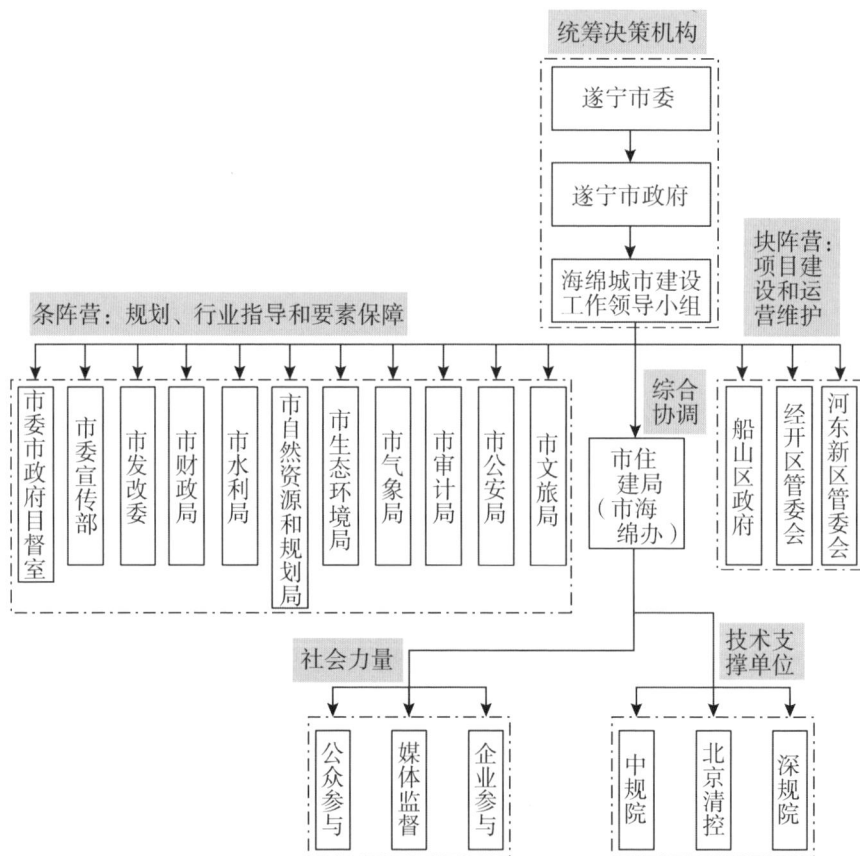

图 18-5　遂宁市海绵城市建设总体组织框架

1.高位统筹的市委领导

遂宁市高度重视海绵城市建设,各任市委书记亲自统筹协调和督促落实试点工作,负责解决海绵城市建设规划、人财物保障等重大问题。遂宁市委原书记在试点申报时带队赴京答辩,并在申报成功后,多次召开海绵城市建设市委专题会议,研究解决试点建设过程中遇到的重大问题和困难,并且在离开遂宁市任四川省副省长后对遂宁市的海绵城市建设工作仍十分关心;继任遂宁市委书记在履任之初即十分重视试点建设工作,现场调研镇江寺片区的"城市双修"及海绵化综合改造项目推进情况,并将其做成老城区改造的典范工程,为逐步推进其他老旧小区改造工程提供经验;时任市长则全程参与、督促指导海绵城市试点申报、海绵城市建设及终期考核验收的全过程工作。

2.高效部署的领导小组

遂宁在试点成功申报后即马上成立了以市长为组长、相关副市长为副组长的海绵城市建设工作领导小组,成员包括市住建局、市发改委、市财政局、市水务局等单位主要负责人。领导小组主要负责海绵城市建设过程中的征地拆迁、关键项目方案审定等重大问题,统筹协调各方面力量资源,共同推进海绵城市建设。同时,为了方便统筹协调海绵城市建设的日常工作,遂宁市在市住建局设立海绵办,负责统筹协调各方关系,督促检查工程进度质量,并确保海绵城市建设的相关要求在施工图审查、工程监管、竣工验收等各环节落实到位。

3."条块结合"的部门协作

遂宁市在海绵城市建设过程中,十分重视部门协作,形成全员推动海绵城市建设的合力。基于海绵城市涉及部门众多、区域分布不同等问题,遂宁市将海绵城市建设工作任务按照属地管理原则分解落实到各相关区县、园区,将项目建设指导和督促配合工作按照职责分工落实到市级相关部门,形成了属地负责、"条块结合"、以"块"为主、职责明确的工作推进机制。其中,"条"阵营为市财政局、市自然资源和规划局等部门,负责为海绵城市建设提供规划制定、行业指导等保障工作;"块"阵营为遂宁市人民政府、市直园区委员会和市住建局,按属地原则负责设计审查、项目推进等具体实施工作。

4.务实高效的工作会议制度

为及时解决项目建设过程中遇到的困难和问题,遂宁市制定了包括市委专题会、领导小组会议、现场办公会议、工作例会、研讨会在内的五大类会议,并明确了各类会议的主持单位、参会人员、召开周期、主要内容、会议程序等关键要素。试点期间共召开海绵城市市委专题会议4次,领导小组会议38次,现场办公会议40次,工作例会100余次,研讨会2次。

527

（二）资金风险管控

遂宁市海绵城市建设计划总投资 58.28 亿元，对地方财政压力较大。为破解资金压力，遂宁市始终坚持"开源节流、不烧钱、不补贴"的原则，积极创新资金投入方式，整合各方力量，激活社会资本积极参与建设，建立了一套以 PPP 为主的多元化投融资模式。

1. 多元投入，实现资金保障

遂宁市海绵城市建设资金主要来源于四个方面：一是政府性投资，包括 12 亿元的国家财政补助资金及地方政府财政预算资金；二是银行借贷资金，2015 年海绵试点核心区河东新区获得农发行 26 亿元贷款用于城市基础设施和海绵城市建设；三是采取 PPP 模式，吸引社会资本投入 69 亿元；四是建设业主投入，政府通过规划管控，积极督促开发企业完成投资 7 亿元。其中，引导业主自建是遂宁市的亮点之一，遂宁市依照"谁开发、谁负责"的原则，坚持引导企业积极参与海绵城市建设。

2. 提高资金使用效率

在 PPP 模式方面，遂宁市建立了按效付费机制和投资回报率调整机制，实行弹性费率，实现了政府与社会资本风险共担、收益共享，提高了资金的使用效率；在技术层面，遂宁市坚持技术创新，因地制宜创新了"微创"型雨水口改造等新技术，在保证质量的基础上，有效节约了项目建设成本。例如东平大道依照原先的改造方案，预算达 1700 万元，但通过遵循"微创"改造思路进行本地化的再设计后，在满足要求的前提下，成本降到了 700 万元。

（三）社会风险管控

群众满意是检验海绵城市建设成效的最终标尺。为营造全民支持的海绵城市建设氛围，遂宁坚持问题导向，充分了解民意，问计于民，有针对性地实施海绵改造和建设，将自上而下的工作要求转化为群众自下而上的民生需求。

1. 深入宣传，营造全民支持氛围

在试点建设之初，遂宁市开展了国内首个海绵城市建设问卷调查，既向公众宣传了海绵城市理念，又了解了公众对海绵城市建设的认知及诉求，收集了公众最关注和亟待解决的问题，为遂宁市海绵城市建设规划编制和建设管理提供了重要参考。同时，为加深市民对海绵城市建设的认识、理解和支持，遂宁市采取由市委宣传部牵头的方式，充分利用电视、报纸、网络和城市公益广

告等多种传播载体,通过科普活动、社区宣传、教育培训等手段,向公众广泛宣传建设海绵城市的重要意义和实现途径,激发公众积极参与海绵城市建设,营造全社会积极推进海绵城市建设的良好社会氛围。

2.了解民意,提高群众满意度

试点建设之初,由于缺乏施工经验,老百姓对海绵城市建设的满意度不高,甚至出现阻挠施工建设的问题。遂宁市在建设过程中总结经验教训,逐步认识到海绵城市建设与群众的实际需要紧密相关。因此,在后续项目实施过程中,遂宁充分了解民意,问计于民:在项目设计阶段,征求相关市民的意见,了解诉求,重点解决排水防涝、路面破损等问题,并由居民自主决策植物、车位设置等问题,在公众参与基础上不断优化方案;在施工过程中,尽量减少对居民生产、生活的影响。此外,遂宁市还组织其他待改造区域的市民到已改造好的小区进行参观,让市民亲身感受到海绵城市建设的好处,赢得了百姓的支持。

(四)技术风险管控

海绵城市建设试点初期,面临技术不成熟、本地人才少的问题,遂宁市注重技术支撑,通过科学规划引领、寻求专业团队帮助、探索技术创新等方式构建全面覆盖的技术保障体系,形成了因地制宜的技术标准和本地人才队伍。

1.科学的规划引领

遂宁构建了科学完善的规划技术体系,编制了海绵城市建设专项规划、控规以及相关专业专项规划,做好海绵城市建设顶层设计。其中,《遂宁市海绵城市建设专项规划(2015—2030)》成为国内首部出台的海绵城市专项规划,为遂宁全面开展海绵城市建设、从试点走向示范提供了技术支撑。在三年试点过程中,遂宁结合本地海绵规划管理需求,在实践的基础上,组织编制了《遂宁市海绵城市建设试点实施计划》《海绵城市建设管理办法(试行)》等一系列制度与办法,提出了打造"国家海绵城市典范"的总目标和浅丘平坝地区内涝防治示范、老城区水环境综合治理示范、滨江水生态文化示范三大具体目标;与此同时,进一步调整了城市总规、片区控制性详细规划等各层级、各专项规划编制,及时修订城市蓝线、绿线管理办法,将海绵城市的理念和要求落实到具体规划中,科学引领海绵城市建设。

2.加强本地人才储备

为加强技术保障,遂宁市邀请了国内相关领域知名专家为海绵城市建设出谋划策,并与中国城市规划设计研究院、北京清控人居环境研究院、深圳市规划设计研究院等专业团队建立战略合作伙伴关系,积极开展相关研究工作。

同时,为加强本地人才的培养,遂宁市选择了"请进来、走出去"的方式:一是组织人员通过参加高校集中培训、学习考察其他城市做法等方式,学习各地的先进经验和办法;二是邀请住建部、中国城市规划设计研究院(简称"中规院")等专家到遂宁现场指导和培训,并聘请骨干团队长期入驻遂宁开展相关工作;三是组织本地技术力量,会同中规院参与试点项目设计以及施工图审查工作,提高本地人才的专业水平以支撑海绵城市试点建设的可持续发展。

3. 独具特色的标准体系

遂宁市在实践过程中发现,试点之初运用的一些外来设计方案及设备设施出现"水土不服"的情况,不仅不适宜当地情况且成本很高。为此,遂宁市立足本地实际情况,积极探索技术创新,将外来技术与本地工艺有机结合,逐步摸索出了雨水口"微创"改造、海绵"卓筒井"、道路边带透水、碎石渗透带、钢带波纹管蓄水带等高度适宜本地条件的海绵技术,做到了用"小办法"解决"大问题"。其中,海绵"卓筒井"、雨水口"微创"改造技术和道路边带透水技术已获得国家专利并全面推广。遂宁市将这些创新技术广泛运用于东平干道等改造项目中,总结出适用于本地的技术参数,并将得到的新技术参数逐步融入标准体系中,形成标准体系的动态更新。

同时,遂宁积极探索创新本地材料利用技术,利用连砂石、碎石、多孔砖等本地建筑材料替代部分塑料制品和除污设施,既兼顾了生态、安全,又做到了经济、适用,效果明显。目前,海绵城市建设所需的全部材料基本来自川渝两地,材料本地化供应率达70%以上。

(五)法规风险管控

为明确和落实各设计单位和建设单位的具体职责及相关细则,确保海绵城市建设管理有法可依、有章可循,遂宁市政府制定了一系列针对海绵城市试点建设的规划建设管控、绩效考核、投融资政策、资金管理、运行维护等内容的规范性文件及地方标准(见表18-2)。此外,遂宁市将海绵城市建设和管理要求写入《遂宁市城市管理条例》,通过地方立法保障海绵城市建设要求落实到位。

表 18-2 遂宁市海绵城市建设相关法规与标准

海绵城市建设环节	相关法规与标准
海绵城市规划体系与规划许可制度	《遂宁市海绵城市建设专项规划(2015—2030 年)》 《遂宁市海绵城市建设试点实施计划(2015—2017 年)》 "两证一书"
海绵城市建设技术规定	《遂宁市海绵城市规划设计导则(试行)》 《遂宁市海绵城市设计图则(试行)》 《遂宁市海绵城市植物名录(试行)》 《遂宁市海绵城市建设设计导则(修订)》 《遂宁市海绵城市建设标准图集》 《遂宁市海绵城市建设项目施工及验收技术导则》
海绵城市管理规定	《遂宁市城市管理条例》 《遂宁市海绵城市规划建设管理办法(试行)》 《关于开展海绵城市规划建设管控工作的通知》 《遂宁市防汛应急预案》 《遂宁市主城区排水防涝应急预案》
海绵城市运营维护规定	《遂宁市海绵城市建设设施运行维护导则(试行)》
海绵城市建设投融资相关法规	《遂宁市推进政府和社会资本合作(PPP)的实施意见》 《遂宁市海绵城市建设资金使用管理办法》 《遂宁市投资促进委员会关于促进海绵城市建设产业发展政策措施》
海绵城市建设绩效考核规定	《遂宁市海绵城市建设工作考核办法》 《遂宁市海绵城市建设项目奖励补助办法》 《遂宁市海绵城市建设试点区绩效评价与考核办法(试行)》

(六)管理风险管控

为保障海绵城市试点建设工作的可持续推进,指导和规范各阶段管控工作,遂宁市建立了一套涵盖规划体系管控、监督考核、资金管理、监测评估等要素的管理制度体系。

1.全域管控的区域规划

为全域实现海绵城市建设目标,遂宁市要求无论试点区域内外,新建工程项目均需按照海绵城市建设标准进行建设,实施从规划设计、施工建设到运营维护的全程管控,在进行存量改造的同时严格控制增量。同时,针对新建划拨类项目、新建出让类项目、改造类项目审批流程特点,植入海绵把控关口,明确审批环节、审批要点和审批单位。

2.全过程的项目管控模式

遂宁市将海绵城市建设的指标和要求纳入基本建设程序,通过方案制定、施工图审查、竣工验收等环节进行全过程监管,确保海绵城市建设试点工作有效开展。在方案制定阶段,主要以"一表三图"为核心进行审查,其中"一表"为海绵城市建设专项设计指标列表,"三图"指项目排水分区图、项目下垫面及海绵设施布局图、项目排水路由图。在施工图审查阶段,明确了施工图设计成果要求,并规定施工图设计阶段应就海绵城市建设方案进行细化,原则上不得更改经主管部门审核的设计方案,若确需调整,则应将新编制的项目方案报主管部门重新审核;在专项验收阶段,应先进行资料审查,待资料经建设主管部门审查合格后,再进行由建设单位组织实施,建设主管部门、市政管理部门、施工单位、设计单位、监理单位等单位共同参与的现场核实,并签署现场核实意见;若不合格,则整改后重新组织验收。

3. 规范化的资金审查与管控

为加强资金监管,遂宁市制定了《遂宁市海绵城市建设资金使用管理办法》,严格项目物有所值评价、财政承受能力评价以及预算、财政评审、跟踪审计、竣工决算、绩效评价等制度,切实加强对城镇化建设资金筹措使用的全过程监管,对资金的筹措和使用情况定期不定期开展监督检查,确保专款专用,努力提高资金使用效益。

4. 强有力的绩效考核体系

为加强海绵城市建设试点工作的目标考核与督察督办,遂宁市制定了《遂宁市海绵城市建设工作考核办法》,将海绵城市建设工作纳入各参建单位的年度绩效目标考核体系,严格考核奖惩,实行倒扣分制度,对照年度工作内容量化打分。对于影响遂宁海绵城市建设试点工作推进的单位,实施年度考核一票否决,并严肃追究责任。同时,将海绵城市建设纳入督查范围,定期进行现场督查,对进展较快的项目团队及单位给予通报表扬,而对于进展较慢、施工扰民、工程质量不达标的项目团队及单位则进行约谈并通报。

此外,遂宁市财政局印发《遂宁市海绵城市建设项目奖励补助办法》,明确了奖励补助对象为区政府、市级园区管委会,采取"先建后补""以奖代补"等方式对完成投资额和项目规划面积、年度考核达标的对象给予支持和奖励,所得奖补资金均用于海绵城市建设。

5. 严格的 PPP 模式管控

在 PPP 模式管控方面,增加业主单位对设计方案、投资预算的审查环节,在确保方案优化、节省投资的基础上注重材料、设备的选择,避免以次充好,确保工程质量;在 PPP 模式投资回报方面,建立了投资回报率调整机制,实行弹性费率。如开发区产业新城 PPP 项目在 2016 年 2 月签订合同时约定投资回报率以实际融资利率为准,但不超过 8.95%;到了 2016 年 4 月,按照合同约定,根据实际融资利率变化通过协商调整为 6.8%。

6. 全方位的海绵管控平台

为加强海绵城市建设管控工作,实现信息协同、互动和资料共享,遂宁市建设了海绵城市一体化管控平台,以支撑海绵城市建设项目全生命周期管理与考核评估工作。遂宁市海绵城市监测平台建设项目通过构建覆盖遂宁市海绵城市试点区域范围的在线监测网络,多方位记录海绵城市建设相关设施建设运行情况。全面且综合的监测数据为遂宁市排水防涝等重要模型的搭建及率定提供了数据支撑,为试点区域的综合考核与评估提供了科学依据。同时,一体化管控平台的建立从实时数据和综合评估效果等两个层面集中反映了海绵城市建设、运营和管理的全过程信息,全面提升了海绵城市建设运营管理、规划决策和建设维护等各环节的管控水平。

此外,平台设置的集成公共意见反馈模块,能让公众实时了解海绵城市建设动态并作出反馈,提出自己的意见和问题,有效实现了政府与公众的互动,从而营造全民参与共建海绵城市的良好氛围。

三、吉林白城

白城市(纬度 44°13′—46°18′N,经度 121°0′—124°22′E)位于吉林省西北部,境内水资源短缺,地形为沙丘覆盖的冲积平原,市域面积 2.58 万 km²,拥有丰富的石油资源、风力资源及多种矿产资源。气候属温带半干旱季风气候区,降水集中在 6—9 月,雨热同期,平均年降雨量为 400mm。市域内土壤以淡黑钙土、草甸土、风沙土、盐土和碱土为主,渗透系数一般为 100—200 m/d,渗透性较好。随着经济社会的快速发展和城市人口的增长,城市基础设施建设滞后矛盾凸显,小区、道路的硬化铺装破损严重,地下管网年久失修,老化不堪,违章建筑比比皆是,城市基础设施承载能力不足,严重影响着人民的生产生活。在全国首批由中央财政支持的 16 个海绵城市建设试点中,白城是唯一一个地处我国北方高寒干旱缺水地区的城市,平均年降雨量 400mm,年均蒸发量却达到 1600mm,蒸发量是降雨量的 4 倍,导致"无雨就旱,有雨就涝"的局面时有发生。为此,如何有效利用水资源成为困扰白城发展的大难题。

白城市海绵城市建设试点区域总面积为 22 平方公里,其中老城区 12.4 平方公里,生态新区 9.6 平方公里。截至 2019 年 4 月,白城市顺利完成了试点范围内全部项目,累计完成投资 43.3 亿元。白城市海绵城市建设成效显著,城市生态环境和居民生活环境大大提升,在全国首批海绵城市试点建设终期绩效考评中,获全国海绵城市试点优秀城市荣誉,得到国家海绵城市建设专家组和住建部的高度肯定。

在试点建设中,白城市打造出了三个"全国第一",即首批由中央财政支持的国家海绵城市试点区域建设任务全国第一个全面完工的试点城市;全国第一个从海绵城市建设全生命周期视角完成完整经验模式总结的试点城市;全国第一个由国家级出版社以本版书方式正式出版城市案例且在国内外公开发行的试点城市。

白城市坚持立足实际、因地制宜的建设思路,成功探索出"海绵城市＋老城改造"的"白城模式",并悟出"六个一"秘诀,成为北方寒冷缺水地区海绵城市建设的典范(见图 18-6)。

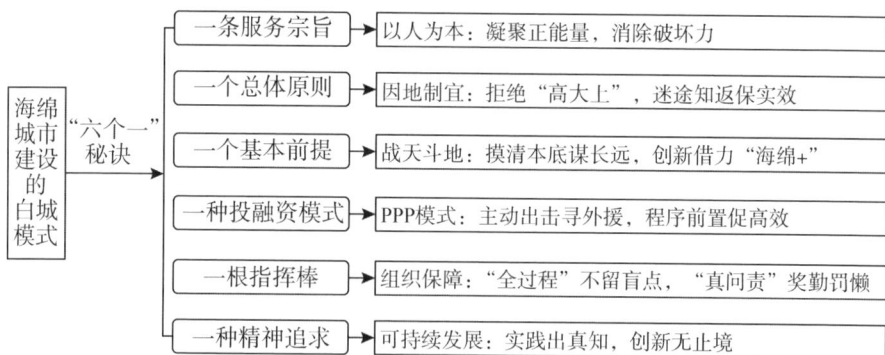

图 18-6　海绵城市建设的白城模式

(一)组织风险管控

为保证海绵城市建设顺利实施,白城成立了以市委、市政府主要领导任组长的专项领导小组来统一领导、协调和带动全市海绵城市建设,并设立了能够为项目前期、征收、招投标等全过程环节提供技术支持的 11 个专家领导小组和 1 个负责综合协调工作的办公室,具体负责组织海绵城市建设项目推进工作,形成了"11＋1"的工作模式。

1.高位推动的组织机构

如图18-7所示,白城市成立了市委、市政府主要领导任组长的专项领导小组,坚持市级统筹、区级操作的建设原则,建立了部门、区级、市级三级联席会议制度,完善研商、会商等工作机制,并细化落实市区两级部门、两级干部包保责任,指挥部办公室实行"全天候"工作模式。搭建了"全方位"建设保障体系和"全链条"质量监管格局。在规划建设体系上,实现"系统化";在专业设计团队组建上,追求"高标准";在服务体系建立上,实行"全过程";在质量监管上,实现"全过程""无死角""零容忍"。

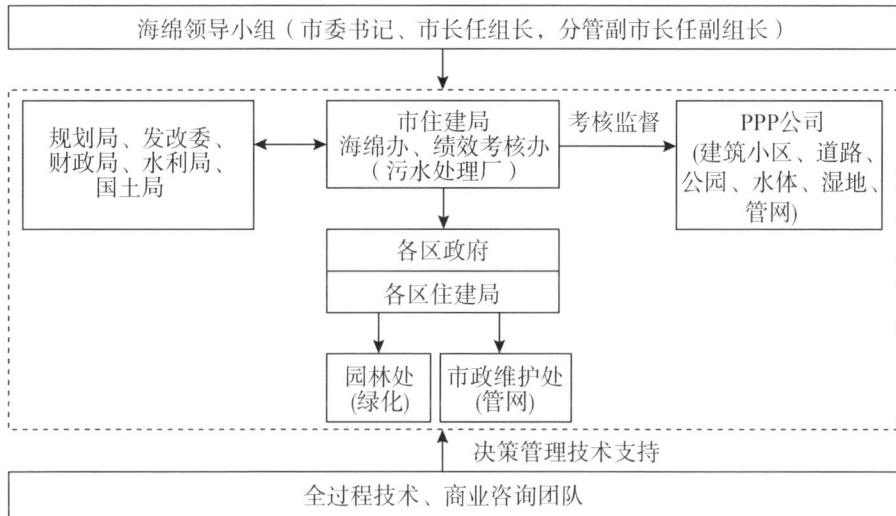

图18-7　白城市海绵城市建设工作机制

2.分工明确的职责体系

在职责分工方面,白城采取的办法是将海绵城市建设任务按属地管理原则分解落实到各区,将建设指导和督促配合工作按职责分工落实到市级相关部门,各责任部门分别成立主要领导亲自挂帅的工作机构。此举的重大价值在于有效解决了因"部门""属地"利益不同而导致的"踢皮球"现象。市督查指挥中心定期进行现场督查、通报,财政、造价、审计等部门全程跟踪参与,交警、社区等部门全力配合。

(二)资金风险管控

1. 实行"多条腿走路"筹资模式

面对资金难题,白城市采取向上争、银行贷、社会融、财政挤等"多条腿走路"的办法,完成了68亿元建设资金的筹集,为海绵城市建设提供了源源不断的动力。通过 PPP 模式,白城市海绵城市建设项目吸纳社会资本 8 亿元,与多家企业合作,筹备组建 SPV 公司;通过发行政府债券 13 亿元,争取国家农行贷款 32 亿元,其他方式融资 1 亿元。此外,通过出台《白城市海绵城市建设项目资金使用管理实施意见》,采取专款专用,专账管理,针对预算、财政评审、跟踪审计、竣工结算、绩效评价等实施了全过程监管,规范资金管理。

2. 创新 PPP 项目管理模式

海绵城市建设 PPP 模式项目采用新建与存量打包,其中,新建项目采用"建设—运营—移交"模式进行投资、建设、运营和维护;存量项目采用委托运营模式,PPP 项目合作期开始后即开始运营、维护,整体采用"政府付费"模式进行付费。此外,白城市通过制定 PPP 项目绩效考核办法,并组建绩效考评管理办公室,立足于 PPP 项目的全生命周期予以整体设计和综合考虑,从项目前期工作、融资交割、项目建设,到运营维护、项目移交等项目全流程进行了详细约定,并在项目用地问题、回报机制、风险分配、配套安排、绩效考核、提前终止等关键问题的处理上考虑周全,成为项目顺利落地实施的强大保障。

3. 海绵产业化:本地材料变废为宝

海绵城市建设项目的公益属性决定了其经济效益不高。因此,白城市海绵城市 PPP 项目采用政府购买服务的方式,支付社会资本方建设与运维费用,缓解政府财政压力,积极通过海绵城市建设带动地方产业。白城市地面 2m 以下即为沙砾层,地质条件非常利于雨水入渗,也为白城提供了大量的海绵优质材料——沙砾,是生态设施优良的覆盖层防冲刷材料,其应用可有效解决生态设施边坡易被冲刷等问题。此外,海绵城市建设大量选择了本土化的植物,培育了大量本地苗圃基地,作为雨水渗滤设施重要的净化材料,往日无人问津的炉渣变废为宝,成为海绵城市建设的优质材料。

(三)社会风险管控

1. 多渠道推广宣传

很多市民由于缺乏对海绵城市建设的理解和认知,对海绵城市建设给自身带来的不便产生了一定的负面反应。在海绵城市建设过程中,为进一步提高公众参与度和接受度,白城市在当地报纸、电视台、网络社交媒体和微信平台对海绵城市建设进行了多次宣传,并深入街道社区,广泛发动群众力量,将海绵城市推广工作融入居民的日常生活当中。此外,白城市甚至通过国家级行业媒体对当地海绵城市建设成效和经验进行了系统宣传报道。

2.成立护工队伍保障项目建设

海绵城市建设不是一蹴而就的,不能急于求成,项目的顺利建成迫切需要全社会每个市民的积极参与,发挥市民所能。为了保障海绵城市项目施工的顺利进行,白城市部分地区专门成立了由社区志愿者以及城管、信访和街道办事处等部门人员组成的护工队伍,一方面保障项目建设顺利进行,另一方面也可以更好地向市民宣传普及海绵文化知识,减少海绵城市项目建设面临的阻力。

(四)技术风险管控

1.系统全面的规划引领

白城市通过完善的海绵城市规划体系,构建起系统全面的源头减排、过程控制、系统治理工程系统——通过编制海绵城市专项规划,统筹引领该市海绵城市建设;修编水系、绿地系统、道路交通专项规划,保障海绵城市建设空间格局;编制白城市控制性详细规划,通过衔接相关专项规划,细化落实地块雨水总量控制指标、调蓄与排放空间内涝防治设计重现期控制指标,并细化城市竖向控制。

2."本地化"的技术标准支撑

白城市通过制定《白城市海绵城市建设项目质量验收与评价技术导则》《白城市海绵城市建设项目运行维护与评价技术导则》《白城市海绵城建设规划设计导则》《白城市海绵城建设绿色基础设施标准图集》,突出渗透技术的应用,从而适应白城土壤地质特点;构建延时调节、多功能调蓄、地表径流行泄通道等排涝除险关键工程体系,支撑老城区积水点、生态新区针对内涝风险的综合整治;创新融雪剂渗滤弃流技术、透水铺装抗冻融技术,使海绵城市适应北方高寒地区气候特点;重视设计、施工、竣工质量、效果全过程评价标准建立,让海绵城市成果更长效、更持续,同时支撑PPP项目移交与绩效评价。

3.创新研发攻破技术难题

为解决融雪剂和冻融技术难题,白城市联合科研单位,创新研发了"抗冻融透水铺装与融雪剂自动渗滤弃流生物滞留带"集成技术,实现了道路融雪径流和初期雨水的优先渗滤净化与排放,并选择适合本地生长的抗碱性强的植物,解决了融雪剂侵害雨水生态设施植物的问题;采用"面层透水砖/缝隙透水+变形缝、基层导排水"做法,解决了高纬度、高寒地区透水铺装冻胀破损问题。此外,为突出渗透技术的应用,并适应当地土壤地质特点,白城市通过构建延时调节、多功能调蓄、地表径流行泄通道等排涝除险关键工程体系,支撑老城区积水点、生态新区针对内涝风险的综合整治。

(五)法规风险管控

白城市为有效规避可能出现的法规风险,保障海绵城市建设工作稳步有序地推进,建立起一套完整的保障制度,该制度比较突出的特点是注重"全过程"。为此,白城市先后出台了《白城市海绵城市建设(老城区综合提升改造)实施方案》《白城市海绵城市规划建设管理办法(试行)》等,20多个方案和办法,形成了规划、设计、建设、验收、运维全过程管理制度(见表18-3)。

表 18-3 白城市海绵城市建设相关法规与标准

海绵城市建设环节	相关法规与标准
海绵城市规划体系与规划许可制度	《白城市海绵城市建设专项规划》 《白城市海绵城市建设系统化实施方案》 《白城市海绵城市试点城市三年实施计划(2015—2017年)》 "两证一书"
海绵城市建设技术规定	《白城市海绵城市建设规划设计导则》 《白城市海绵城市建设项目质量验收与评价技术导则》 《白城市海绵城市绿色基础设施标准图集》 《白城市海绵城市建设(老城区综合提升改造)实施方案》 《白城市海绵城市建设(老城区综合提升改造)工程竣工验收方案》 《白城市海绵城市建设项目相关技术导则和标准图集》

海绵城市建设环节	相关法规与标准
海绵城市管理规定	《白城市雨水径流排放管理条例》 《白城市海绵城市规划建设管理办法》 《白城市海绵城市建设工程施工管理办法》 《白城市海绵城市规划管理规定》 《关于印发白城市海绵城市建设工作组织机构及工程责任分工的通知》 《白城市河湖水系保护与管理办法》 《白城市城市防洪排涝管理办法》 《白城市雨水系统施工及验收导则》
海绵城市运营维护规定	《白城市海绵城市建设工程运行维护与评价技术导则》
海绵城市建设投融资相关法规	《白城市海绵城市及管廊城市项目建设资金管理的实施意见》 《白城市海绵城市建设 PPP 运作模式试行办法》 《白城市海绵城市建设项目奖励办法》 《白城市海绵城市建设项目资金使用管理实施意见》
海绵城市建设绩效考核规定	《白城市海绵城市建设 PPP 项目绩效考核办法》

(六)管理风险管控

1.项目实施全过程保障制度

白城市在规划编制、土地出让、规划选址、项目立项、规划两证、设计审查、施工质量、竣工验收运行维护、绩效考核等海绵城市建设中的各过程环节,提出具体要求、前置要件与办事流程,落实责任主体,形成基于部门联动的"一条链式"制度落实机制,提高了办事效率。此外,通过制定一系列规章制度,形成了规划、设计、建设、验收、运维全过程管理体系,并出台各类奖励办法,全面覆盖所有海绵城市建设项目,让社会广泛参与海绵城市建设中来。

2.完善项目绩效考核制度

白城市通过实行打分制度,按照"每月日常考核＋季度定期考核＋不定期抽查考核"的方式,从项目设施可用性和项目实施效果两大方面着手进行考核。在项目设施可用性上,对雨水管区疏通率、污水混接率、雨水生态设施及管渠系统的日常维护等方面进行考核;在项目实施效果上,对雨水总量控制、水质净化设施的出水标准、综合排水和超标降雨时是否达到排水标准等方面进行考核。最终,项目可用性服务费用和运维费用的支付金额与考核结果挂钩,通过绩效考核督促社会资本在项目合作期内积极发挥主观能动性,切实开展运维工作,达到了较为理想的项目效果。

3. 网格化的运维管理模式

白城市通过"PPP"模式组建了项目管理公司,负责对海绵城市的运营维护。为了实施有效监管,白城市将海绵城市中的公园、街道、喷泉、绿地、路面、人行道、路灯、管线、小区的铺装等工程分为三类,即"园""路""区",创新设置"三长制度",即"园长""路长""区长"进行常态化巡查责任包保。建立项目运维监管工作小组,实行以组长为一级网格,"园长""路长""区长"为二级网格,包保巡查人员为三级网格的网格化管理模式,对在运营维护期间产生的问题,及时转办、跟踪维护,实现项目运维监管无时差、无死角、全覆盖。

4. 建立健全监督考评机制

为保障白城市海绵城市建设稳步有序地推进,白城市建立健全了监督考评机制,加强对各个环节行为和工作人员的监督考评,切实提高海绵城市建设工作进程。市委、市政府将此项工作纳入年度工作目标绩效考评中,制定了有针对性的考核细则,确保海绵城市建设取得实效。市督查指挥中心对各责任单位工作情况进行督查,定期印发督查通报。市纪委、组织部对不作为、慢作为、乱作为的部门及工作人员严肃问责,对表现好的工作人员及时任用和重用,有效解决了在海绵城市建设试点推行过程中普遍存在的"揽功诿过"通病,形成激励奋进的用人导向和工作导向。

5. 构建信息化监测管理平台

白城市在海绵城市建设过程中注重监测数据积累,并构建起信息化管理平台,用于支持海绵城市建设与评估考核,并在源头设施、排水管网、受纳水体等要素选择适宜的监测点,建立监测预警系统,为在线监测数据提供统一的数据管理分析平台。此外,通过智能算法识别各类设施的潜在运行风险,并发布溢流、内涝等报警信息,辅助管理者了解设施的运行状态,为海绵城市建设运行、考核评估、防汛应急、溢流管理等提供数据支持。

四、浙江宁波

宁波市(纬度28°57′—30°33′N,经度120°55′—122°16′E)位于浙江省东部,是长三角南翼经济中心。宁波市地势较为平坦,90%的排水口在常水位以下,重力排水不畅。宁波市降水量年际变化明显,丰水年与枯水年降雨量可相差一倍;年内分布不均匀,多集中在梅雨和台风季节,其中 5—9 月的总降水量约占年降水量的 65.6%,导致干湿分布不均,洪涝与干旱频发。此外,宁波工程地质层以淤泥质粉质黏土与淤泥质黏土为主,具有高含水率、高压缩性、低抗剪性、高灵敏度等特点,日益剧烈的工程建设活动导致地面沉降,加重了城市防洪抗汛的压力。近年来随着城市化进程的加快,宁波水问题愈加突出,面临着水环境整体状况亟待提高、水生态系统亟待修复、水资源开发亟待加强等难题。

宁波市为全国第二批海绵城市建设试点城市之一,试点区位于江北区,共划分为 8 个汇水分区 168 个项目,用地类型多样,涵盖了古城区、新城建设区、生态区、城市发展保留区、老城区等不同用地类型,总面积约为 $30.95 km^2$。经过 3 年多的建设实践,宁波市积极探索滨江临海平原河网城市的海绵城市建设新模式,圆满完成了试点区建设任务,年径流总量控制率、年径流污染削减率等核心指标均满足试点建设目标要求,试点区的水生态、水环境、水安全得到了提升和保障,并建立起一整套海绵城市建设项目工作机制和管控制度。2019 年 12 月,宁波市通过了国家三部委组织的终期绩效考核,建设成效在全国第二批 14 个试点城市中位列第一梯队,获全国海绵城市试点优秀城市荣誉。

(一)组织风险管控

1.成立高规格的领导小组

宁波市委、市政府高度重视海绵城市建设工作,并于 2015 年 2 月成立海绵城市建设试点工作领导小组,由市长担任组长,市委宣传部、市发改委、市财政局、市自然资源局、市规划局、市住建委、市城管局、市水利局、市环保局以及各县(市)区政府、管委会为成员单位,负责海绵城市建设工作的统筹调度和组织推进,重点研究海绵城市规划、建设、运营、维护过程中的重大事项。市海绵办召开了多次领导小组会议以及跨专业、跨部门的协调会议,共签发会议纪要 37 次。此外,为进一步推进宁波市全域海绵城市建设,各区(县、市)相继成立属地海绵城市领导小组。

2.建立议事制度

为统筹全市海绵城市建设工作,保障海绵城市建设管理工作长期有效推进,宁波市建立海绵领导小组会议、海绵办工作例会等议事制度,研究解决海绵城市建设过程中的重大事项和日常事务,落实专项职能。

3.设立专职机构

宁波市海绵城市建设试点工作领导小组下设办公室,办公室内设综合协调组、项目管理组、资金管理组、绩效考核组,负责市海绵办全面工作,抽调相关部门人员组成专职工作组,跟踪监督海绵城市建设推进工作,统筹协调解决项目实施中的关键问题,明确了办公室职责,建立了办公室计划管理制度、督查考核制度以及领导小组办公室工作会议制度。

(二)资金风险管控

宁波市试点区建设项目总投资 60.73 亿元,涉及水利建设、生态环境保护、雨污管网改造、内涝治理等有关水环境提升、水生态改善、水安全保障的项目建设,资金压力较大。为了有效缓解资金压力,宁波市制定了一系列资金保障政策,积极创新融资机制,拓展资金筹措渠道,不断增强财政保障力度。

1.制定专项资金管理

宁波市为规范资金的管理与使用,于 2016 年 9 月发布了《关于印发宁波市海绵城市建设专项资金使用管理暂行办法的通知》,明确了海绵城市专项资金的使用范围、补助标准、资金分配与使用管理等内容。此外,为充分增强各区县(市)财政对海绵城市建设保障力度,宁波市又先后印发了《宁波市市级财政专项资金管理暂行办法》《宁波市城镇污水处理设施建设专项补助资金管理办法》《宁波市农村"安居宜居美居"专项资金管理暂行办法》等资金管理办法。

2.拓宽资金筹措渠道

宁波市政府积极探索"多种项目建设模式",不断加强与社会资本合作,提高社会投融资的积极性。在海绵城市建设中,部分海绵建设项目采用传统建设模式,如党校、奥体中心等重大政府投资项目;部分采用设计施工总承包(EPC)建设模式。同时,积极探索与社会资本的合作,开展 PPP 模式集中成片海绵城市改造建设。宁波市中心城区中,江北区、海曙区均有以 PPP 形式打包建设的海绵城市项目。

(三)社会风险管控

海绵城市建设是一项老百姓身边的民生工程。在海绵城市试点建设过程中,宁波市始终坚持以人民为中心的理念,积极倡导公众参与,形成公众全过程参与的有效机制,保障海绵项目有序推进。

1.拓宽海绵城市宣传渠道

宁波市充分利用电视、网络报刊等多种媒体渠道开展海绵城市建设专题宣传,发表相关宣传文章报道 20 次,《新闻联播》《人民日报》《浙江日报》《中国青年报》《宁波日报》《宁波晚报》《现代金报》等数十家媒体,多次对宁波海绵城市建设进行整版宣传,使老百姓能够更立体、更全面地了解宁波市海绵城市建设工作的进展情况。此外,设立线下宣传点,并发放宣传手册、宣传单,开展现场咨询,提升市民对海绵城市和工业化建设的认识和理解,营造市民支持、社会各界共同参与的海绵城市建设良好氛围。

2.加强海绵城市理念宣传

在海绵城市建设中,尤其是老旧小区的海绵化改造,民众诉求较多,为防止理念曲解导致出现居民反对、不理解等情况,宁波各区县(市)海绵办多次向业主讲解海绵城市理念,使得民众对海绵城市理念有了较深的认识。随着海绵化改造进程的推进,效果逐步显现,民众愈加支持海绵城市建设,自发组建队伍,对海绵设施进行自主维护,实现了共建共享。

(四)技术风险管控

面对海绵城市建设试点过程中的技术难题,宁波市针对自身情况,积极寻求对策,通过专业培训,加强与国内相关专家的交流与本地人才的培养,并出台地方性技术标准规范,注重相关设计标准的有效衔接,形成了多阶段不同层次的技术保障体系。

1.组织专业培训

宁波市积极组织海绵城市建设专业培训,拓宽专业人员对海绵城市概念的理解,加深对海绵城市建设过程中技术指标和实施要点的认识。宁波市共开展了 7 次海绵城市技术专业培训,培训主题涵盖海绵城市建设管理、专项规划、系统化方案编制、项目设计施工及运维要点、项目审图、规划设计导则及标准图集讲解等方面,来自市发改委、市规划局、市城管局、市园林局、市自然资源局、市水利局、市投资公司、江北试点区海绵办相关领导及人员、全市 13 个县(市、区)海绵办的相关领导及人员、68 家设计单位的千余名学员参与了培训。

2.大力引进高端人才和专业团队

宁波市制定了一系列产业优惠政策和保障制度,对科技创新、绿色生态、节能环保等产业发展给予了大力支持,鼓励高端人才和创业团队来宁波发展,其中海绵城市相关的规划设计研发类高层次人才和团队属于重点引进方向之一。自宁波市开展海绵城市建设以来,共吸引 7 家海绵城市相关企业落户宁波,申请获得国家发明和实用新型专利成果共 36 项。

3.出台地方性技术标准、规范和导则

为更好地指导和促进海绵城市规划建设,宁波市制定了一系列本土化技术标准、规范和导则,如《宁波市海绵城市规划设计导则》《宁波市海绵城市建设技术标准图集》《宁波市海绵城市施工图设计审查要点(试行)》《宁波市海绵城市建设工程施工与质量验收技术导则》等,可有效管控与指导海绵城市规划、设计、施工、验收、养护等环节,并在全市范围内的新、改、扩建项目中执行。

4.同步修编相关排水标准

海绵城市建设涉及竖向、道路、小区、绿地、水系等多种要素,为使海绵城市建设能够有效落实到各类项目中,需要相关设计标准同步修编,实现有效衔接。宁波市相关专项规划中规定道路设计要明确竖向控制;相关设计标准中要求新建小区实现雨落管末端断接。

(五)法规风险管控

为了更好地指导各设计单位和建设单位,明确海绵城市建设相关细则和落实海绵城市建设责任,一方面,宁波市政府出台了一系列海绵城市建设实施意见,明确全域推进海绵建设的工作目标、具体任务、责任单位等相关内容;另一方面,启动了海绵城市立法工作,包括制定海绵城市条例、修订城市排水条例、推动海绵城市建设法治化(见表 18-4)。

表 18-4　宁波市海绵城市建设相关法规与标准

海绵城市建设环节	相关法规与标准
海绵城市规划体系与规划许可制度	《宁波市中心城区海绵城市专项规划(2016—2020 年)》"两证一书"

海绵城市建设环节	相关法规与标准
海绵城市建设技术规定	《宁波市海绵城市规划设计导则》 《宁波市海绵城市建设技术标准图集》 《宁波市海绵城市施工图设计审查要点(试行)》 《宁波市屋面雨水收集回用实施细则》 《宁波市老小区、城中村截污纳管改造技术要求及验收标准》 《宁波市海绵城市建设工程施工与质量验收技术导则》 《宁波市海绵城市建设工程设施运行与维护技术导则》
海绵城市管理规定	《宁波市海绵城市建设管理办法(试行)》 《宁波市海绵城市建设规划设计管理办法》 《宁波市海绵城市试点区建设项目海绵方案审查流程及要点》 《宁波市海绵城市施工图设计审查要点(试行)》 《宁波市海绵设施竣工验收管理办法》
海绵城市运营维护规定	《宁波市海绵设施运行维护实施细则(试行)》
海绵城市建设投融资相关法规	《宁波市市级财政专项资金管理暂行办法》 《宁波市城镇污水处理设施建设专项补助资金管理办法》 《宁波市农村"安居宜居美居"专项资金管理暂行办法》
海绵城市建设绩效考核规定	《宁波市 2018 各区县(市)海绵城市建设考核办法》 《项目交(竣)工验收及考核标准》 《江北区海绵城市水系整治及综合提升工程 PPP 项目绩效考核管理办法(暂行)》

(六)管理风险管控

为了更好地推进全市海绵城市建设推广工作,指导和规范各阶段管控工作,宁波市建立了一套涵盖规划体系管控、项目管理、资金管理、监测评估等要素的管理制度体系。

1.建立项目建设全过程管控流程

宁波市在海绵城市建设管控方面经过了多次探索,逐步建立起一套科学、合理的项目建设全过程管控流程。五年来,宁波市先后印发《宁波市海绵城市建设管理办法(试行)》《宁波市海绵城市建设规划设计管理办法》《关于加强海绵城市建设项目设计和施工图审查工作的通知》等一系列政策文件,明确海绵城市建设的规划管控,逐步将海绵设计方案和施工图专篇的内容和要求纳入施工图审查之中,真正实现了规划、设计"两头抓",使得海绵城市建设有序推进。

2.加强运维资金保障

宁波市发布了一系列政策文件,严格规范运行维护资金的使用与管理,促进了海绵建设项目的可持续发展。例如,《宁波市海绵城市运行维护实施细则(试行)》对不同类型项目的运行维护责任主体、运行维护资金来源等作了详细规定;《宁波市河道管理条例》规定,市和区县(市)人民政府应当将河道管理纳入国民经济和社会发展规划以及年度计划,保障河道管理所需经费。

3.建立监测管控平台

通过在线液位、流量、水质 SS 实时监测仪器,全时段监测 LID 设施、排水设施等的运营情况、效果,并构建集数据存储查询分析,模型计算,决策支持,成果展示于一体的海绵城市一体化信息管控平台,以保障海绵城市建设效果考核评估。目前,部分项目已经安装监测仪器,进行实时监测。

4.合理的绩效考核体系

为了保障各部门及县区有效落实海绵城市建设要求,宁波市海绵办印发《宁波市 2018 各区县(市)海绵城市建设考核办法》,考核对象为全大市各区县(市)人民政府、管委会,从体制机制与保障措施、专项规划以及项目建设等方面,建立了奖惩分明的考核制度,激发各部门及县区全力推动海绵城市建设工作的积极性。同时,宁波市将海绵城市建设纳入一系列考核办法中,进一步促进考核工作的规范化、标准化。

五、经验总结

围绕海绵城市建设的全风险要素,四个城市坚持绿色发展、系统建设和以人为本的基本理念,大胆创新机制、技术、资金、管理与运维模式,确立和坚持"全有力组织保障、全方位资金筹措、全方面社会参与、全领域技术支撑、全行业制度定标、全过程监督管理"的"六全"整体推进策略,探索出了代表中国特色的海绵城市试点建设之路,形成了许多可推广、可复制的经验做法,值得总结、学习和借鉴。

(一)全有力组织保障

海绵城市建设是涉及规划、自然资源、财政、水务等领域以及各级政府部门的系统工程,离不开各方力量和人、财、物等多种要素的充分保障。因此,强有力的组织机构架构是抓好海绵城市建设的重要前提条件。

四个优秀试点城市均建立了相对完善的组织架构：一是成立高规格的海绵城市建设工作领导小组，以负责统筹决策工作；二是设立海绵城市建设工作领导小组办公室，以负责综合协调海绵城市建设的日常工作；三是建立工作会议制度，以加强各部门之间协调能力，并及时解决项目建设过程中遇到的困难和问题（见表18-5）。

表 18-5　典型试点城市海绵城市建设组织架构比较

城市	共性	差异
江西萍乡	• 成立高规格的海绵城市建设工作领导小组，负责统筹决策工作 • 设立海绵城市建设工作领导小组办公室（海绵办），负责综合协调海绵城市建设的日常工作 • 建立工作会议制度，及时解决项目建设过程中遇到的困难和问题	在试点期结束后，设立海绵设施管理处作为长效专职管理机构
四川遂宁		按属地原则分配建设任务，形成属地负责、"条块结合"、以"块"为主、职责明确的工作推进机制
吉林白城		将任务按属地管理原则分解落实到各区，将建设指导和督促配合工作按职责分工落实到市级相关部门，各责任部门分别成立主要领导亲自挂帅的工作机构
浙江宁波		成立市政府防汛防旱指挥部，成员单位包括各主要职能部门，建立起防汛防台工作程序化、规范化、制度化的应急响应机制

此外，四个城市在组织架构上又各具特色：萍乡在试点期结束后，专门设立了海绵设施管理处，以对海绵设施实行长效管理；遂宁按属地原则分配建设任务，形成了职责明确的工作推进机制；白城将任务按属地管理原则分解落实到各区和各部门，各责任部门分别成立了主要领导亲自挂帅的工作机构；宁波根据自身海绵城市建设特点，将海绵办转设成立市政府防汛防旱指挥部，并建立起防汛防台工作的应急响应机制。

（二）全方位资金筹措

海绵城市建设需要大量资金投入，但由于海绵城市建设工程具有社会公共属性，这些资金投入并不能产生明显、直接的经济效益，因此现阶段资金来源主要依靠政府投入，这容易对当地政府造成巨大财政压力，进而使海绵城市建设陷入资金困境。

为防范可能产生的资金风险，四个优秀试点城市均采取了如下举措：一是积极拓宽资金筹措渠道，以实现海绵城市建设的资金保障，资金主要来自国家奖补、地方财政投入、PPP 模式三种渠道;二是对于 PPP 模式项目建立按效付费机制,提高资金使用效率,并鼓励社会资本参与海绵城市投资建设和运营管理(见表 18-6)。

表 18-6　典型试点城市海绵城市建设资金筹措比较

城市	共性	差异
江西萍乡	拓宽资金筹措渠道,实现资金保障,资金主要来源于国家奖补资金、地方财政投入、PPP 模式；针对 PPP 模式项目建立按效付费机制,提高资金使用效率	· 创新提出了设计费计费模式的优化探索,采用包干价的方式确定总的设计费,有效减少了工程投资 · 设立海绵基金,加强产业发展资金保障
四川遂宁		· 通过规划管控,积极督促开发企业积极参与海绵城市建设,引导业主自建 · 通过技术创新,有效节约项目建设成本
吉林白城		PPP 项目采用政府购买服务的方式,支付社会资本方建设与运维费用,缓解政府财政压力,积极通过海绵城市建设带动地方产业
浙江宁波		制定专项资金管理制度,明确海绵城市专项资金的使用范围、补助标准、资金分配与使用管理等内容,对不同类型项目的运行维护责任主体、运行维护资金来源等作了详细规定

　　四个城市在资金筹措方面也存在一定差异:萍乡创新提出设计费计费模式的优化探索,并设立海绵基金,以加强海绵城市建设的资金保障;遂宁通过规划管控和技术创新,有效节约了项目建设成本;白城采用政府购买服务的方式,支付社会资本方建设与运维费用,以缓解政府财政压力;宁波通过制定专项资金管理,明确了海绵城市专项资金的各项使用规定,并对各类项目的运维责任主体、资金来源等作了详细规定。

　　虽然通过拓宽融资渠道,创新 PPP 项目管理模式,在一定程度上解决了在海绵城市建设准备阶段普遍存在的资金难题,有效防范了海绵城市建设初期容易产生的资金风险。但是,因政策风险、缺乏稳定的盈利渠道、投资规模较大、运营周期较长等因素,部分海绵城市项目在建成后的运行阶段中,依旧容易产生诸多新的资金风险。诸如,海绵城市建设项目大多因具有社会公益属性且自身"散、碎、小",而导致投资大、回报率低、回报周期长、投资与受益主体不对应,在后续运维过程中,很难再受到社会资本的青睐;虽然各试点城市考虑到这一点,通过设立专项奖励资金调动投资方的积极性,但由于激励条款主体不明确、落实性不足等原因,激励效果并不如预期,这给当地海绵城市建设的可持续发展带来了挑战。

(三)全方面社会参与

发达国家的实践经验表明,海绵城市建设的成功不但需要技术、管理、法规等方面的创新和支撑,更需要社会公众的广泛参与。公众参与是将可持续发展理念纳入海绵城市的关键,公众的社会公共意识、教育以及决策对海绵城市规划、设计、运维等阶段工作的科学有序开展起到至关重要的作用。

四个优秀试点城市均充分利用电视、报纸、网络、公益广告、线下活动等多种途径,通过拓宽海绵宣传渠道,向公众广泛宣传海绵城市建设的重要性,以增进市民对海绵城市建设的理解和支持,进而营造良好的社会参与氛围(见表18-7)。

表 18-7 优秀试点海绵城市建设社会参与方式比较

城市	共性	差异
江西萍乡	拓宽海绵城市宣传渠道,充分利用电视、报纸、网络、公益广告、线下活动等多种途径,向公众广泛宣传海绵城市建设的重要性,以增进市民对海绵城市建设的理解和支持	• 在项目设计阶段,将改造方案带到改造现场与居民开展座谈会,广泛听取民意 • 通过优化施工组织,尽量缩短施工时间,将施工的扰民影响控制在最低限度 • 在项目运行维护阶段,倡导社区居民自觉爱护海绵设施
四川遂宁		• 在项目设计阶段,征求相关市民的意见,了解诉求,在公众参与基础上优化方案 • 组织待改造区域的市民到已改造小区参观,让市民亲身感受海绵城市建设的好处
吉林白城		专门成立由社区志愿者、城管、信访和街道办事处人员组成的护工队伍,一方面保障项目建设顺利进行,另一方面向市民宣传普及海绵文化知识
浙江宁波		各县区的海绵办通过积极开展宣传教育活动,以增进公众对海绵城市建设的支持,并使其自发组建队伍,对海绵设施进行自主维护,实现了共建共享

当然,试点城市在加强公众参与方面又各有特点:萍乡在项目设计、施工和运行维护阶段,均建立了公众参与机制,以提升公众对海绵城市建设工作的满意度,实现共建共治共享;遂宁强调基于公众意见进行项目设计方案的优化,并积极组织公众参观已改造小区,让公众亲身感受海绵城市建设带来的好处;白城专门成立护工队伍,一方面保障项目建设顺利进行,另一方面向市民宣传普及海绵文化知识;宁波各县区的海绵办通过积极开展宣传教育活动,以增进公众对海绵城市建设的支持,并使其自发组建队伍,对海绵设施进行自主维护,实现了共建共享。

(四)全领域技术支撑

我国的海绵城市建设工作强调遵循"规划引领""因地制宜""统筹建设"等基本原则,综合采用"渗、滞、蓄、净、用、排"等具体技术措施,系统地解决城市发展过程中面临的水问题。因此,全面加强规划、设计、建设施工、运维等阶段的技术支撑体系建设成为持续推进海绵城市建设的重要前提。

为加强海绵城市建设的技术支撑,四个优秀试点城市均采取了如下措施:一是编制海绵城市建设专项规划,并与总规、控规以及相关专项规划相衔接,以强化顶层设计;二是出台基于全过程且因地制宜的海绵城市规划建设规范与标准体系;三是邀请权威专家作为政府海绵城市建设特聘顾问,并与专业的第三方技术服务团队、全国知名设计院和企业进行合作(见表18-8)。

然而,四个城市所构建的技术支撑体系又存在一定差异:萍乡格外重视本地海绵城市技术人才的培养工作,积极组织第三方技术服务团队与本地技术管理人才交流;遂宁除积极组织人员学习各地经验和办法外,还邀请专家指导培训,以提高本地人才专业水平外,不断摸索适宜本地条件的海绵技术及其参数;白城注重技术研发和样板打造,研发了一系列集成技术并突破了技术难题,并创新打造了城市排险除涝工程样板;宁波通过制定一系列产业优惠政策和保障制度,鼓励海绵城市相关人才和团队来宁波发展。

表 18-8　优秀试点城市海绵城市建设技术支撑体系比较

城市	共性	差异
江西萍乡	通过编制海绵城市建设专项规划,修编总规、控规以及相关专项规划,构建出系统、科学、完善的顶层设计 出台基于全过程且因地制宜的海绵城市规划建设规范与标准体系 邀请权威专家作为政府海绵城市建设特聘顾问,与专业的第三方技术服务团队、全国知名设计院和企业进行合作	重视本地海绵城市技术人才的培养工作,积极组织第三方技术服务团队与本地设计单位、相关政府管理部门进行技术交流
四川遂宁		• 组织人员学习各地的先进经验和办法,邀请专家现场指导培训,组织本地技术力量,提高本地人才专业水平 • 立足本地实际,将外来技术与本地工艺有机结合,摸索适宜本地条件的海绵技术,并总结适用于本地的技术参数
吉林白城		• 研发了一系列集成技术,实现了道路融雪径流和初期雨水的优先渗滤净化与排放 • 创新打造了城市排险除涝工程样板,并总结出景观设计、源头减排等相关技术经验
浙江宁波		制定一系列产业优惠政策和保障制度,鼓励海绵城市相关的规划设计研发类高层次人才和团队来宁波发展

(五)全行业制度定标

完善的政策制度与法规体系是海绵城市建设取得成功的根本保障。四个优秀试点城市均在海绵城市建设的规划、设计、施工、验收、运维、投融资等环节制定了相关制度和规范,如海绵城市规划体系与规划许可制度、技术规定、管理规定、运营维护规定、投融资相关法规等,形成了较为完备的制度体系,但又存在一定差异(见表 18-9)。

在建设技术规定方面,萍乡市和遂宁市为植物选型单独制定了技术导则,以加强植物对海绵城市建设的作用;白城市通过制定海绵城市建设(老城区综合提升改造)实施方案,成功探索出"海绵城市＋老城改造"的"白城模式";宁波市制定了屋面雨水收集回用实施细则以及老小区和城中村截污纳管改造技术要求及验收标准,以服务于雨水回收利用和老旧小区海绵化改造工作。

在管理规定方面,萍乡市为保障 PPP 项目的工程质量,制定了 PPP 项目

表 18-9   优秀试点城市海绵城市建设制度比较

城市	共性	差异
江西萍乡	在海绵城市试点建设的规划、设计、施工、验收、运维、投融资等各个环节都制定了相关规定和规范，主要包括海绵城市规划体系与规划许可制度、技术规定、管理规定、运营维护规定、投融资相关法规等内容	• 建设技术规定:海绵城市建设植物选型技术导则 • 管理规定:海绵城市 PPP 项目包工程监督管理制度 • 投融资相关法规:海绵城市项目收费体系、海绵城市 PPP 项目包资金监督管理制度 • 绩效考核规定:海绵城市试点建设工作领导小组办公室 PPP 项目绩效考核管理制度
四川遂宁		• 建设技术规定:海绵城市植物名录 • 管理规定:防汛应急预案、主城区排水防涝应急预案 • 投融资相关法规:投资促进委员会关于促进海绵城市建设产业发展政策措施 • 绩效考核规定:海绵城市建设工作考核办法、海绵城市建设项目奖励补助办法
吉林白城		• 建设技术规定:海绵城市建设(老城区综合提升改造)实施方案 • 管理规定:雨水径流排放管理条例、雨水系统施工及验收导则 • 投融资相关法规:海绵城市建设 PPP 运作模式试行办法 • 绩效考核规定:海绵城市建设 PPP 项目绩效考核办法
浙江宁波		• 建设技术规定:屋面雨水收集回用实施细则、老小区和城中村截污纳管改造技术要求及验收标准 • 管理规定:海绵城市试点区建设项目海绵方案审查流程及要点、海绵城市建设施工图设计审查要点

包工程监督管理制度;遂宁市制定了防汛应急预案和主城区排水防涝应急预案,以缓解当地面临的防洪排涝压力;白城市为解决当地在水资源利用方面存在的突出问题,颁布了雨水径流排放管理条例和雨水系统施工及验收导则;宁波市则发布了试点区建设项目海绵方案审查流程及要点和建设施工图设计审查要点,以加强对项目方案设计和施工的审查。

在投融资相关法规方面,萍乡市制定了海绵城市项目收费体系、海绵城市PPP项目包资金监督管理制度,以破除海绵城市建设面临的资金困境;遂宁市通过制定促进海绵城市建设产业发展的政策措施,以实现海绵城市建设的可持续发展;白城市通过颁布海绵城市建设PPP运作模式试行办法,以打造创新性融资方案。

在绩效考核方面,遂宁市制定了海绵城市建设工作考核办法和海绵城市建设项目奖励补助办法,以完善考核激励机制;为规范PPP项目绩效考核,萍乡市制定了海绵城市试点建设工作领导小组办公室PPP项目绩效考核管理制度;白城市制定了海绵城市建设PPP项目绩效考核办法。

值得指出的是,各试点城市虽通过制度建设规避了诸多法规风险,但由于缺乏上位法的支撑,地方在实施过程中仍面临诸多掣肘。例如,缺乏与雨水资源利用相关的强制性条文,导致海绵城市建设试点区域的雨水资源回用率偏低;各试点城市制定的诸多制度条文——譬如"一书两证"审批制度,很难在城市建设全过程中得到贯彻落实。

(六)全过程监督管理

如果贯穿海绵城市规划设计、建设施工、运维管理全过程的监管不到位,即使海绵城市建设有了足够的资金、技术和人力投入,仍难保证建设成效。

四个优秀试点城市在海绵城市建设过程中的监管模式有以下五方面的共性:一是强化海绵城市建设全过程管理体系;二是建立严格的资金规划、使用与审查制度;三是建立健全监督考评和考核奖惩机制;四是制定海绵运维导则;五是建立海绵城市一体化管控平台和建立全过程监测体系(见表18-10)。

四个城市的监管模式也存在一定差异:萍乡提出了一整套海绵设施运维管理的具体操作办法,并制定了长效管理机制,以实现对项目建设实施的有效监管;遂宁提出"先建后补、以奖代补"的激励措施,并增强了业主单位对设计方案、投资预算的审查,除此之外,还建立了实行弹性费率的投资回报率调整机制;白城形成了基于部门联动的"一条链式"制度落实机制,成立了采取网格化管理模式的项目运维监管工作小组,并建立了可通过智能算法识别设施潜在风险的监测预警系统;宁波建立了汇水区分区规划体系和管控体系,并通过印发海绵设施运行维护实施细则,明确了海绵设施运行维护的工作范围、工作职责、技术标准、责任单位、资金保障等相关内容。

表 18-10　优秀试点海绵城市建设监管模式比较

城　市	共　性	差　异
江西萍乡	• 针对不同规划区域和项目类型，强化从规划设计、施工建设到运营维护的海绵城市建设全过程管理体系 • 通过建立严格的资金规划、使用与审查制度，对资金的筹措和使用情况开展监督检查 • 建立健全监督考评和考核奖惩机制，将海绵城市建设纳入各县市区年度工作绩效考核中，明确目标、细化分值进行考核 • 制定海绵运维导则，对项目运维的责任主体、设施的后期维护和监测设备和平台运维提出具体要求建立海绵城市一体化管控平台和建立全过程监测体系，为海绵设施的建设、运行及评估考核提供依据	• 提出一整套海绵设施运维管理的具体操作办法：职责划分、成立海绵设施管理处、构建智慧化信息平台、设立举报热线等 • 制定长效管理机制，所有项目必须按照海绵城市相关要求进行建设，全过程对项目建设实施有效监管
四川遂宁		• 利用"先建后补、以奖代补"，奖励完成投资额和项目规划面积、考核达标的对象 • 增强业主单位对设计方案、投资预算的审查，注重材料、设备的选择，确保工程质量 • 在 PPP 模式投资回报方面，建立了投资回报率调整机制，实行弹性费率
吉林白城		• 落实责任主体，形成基于部门联动的"一条链式"制度落实机制，并出台奖励办法，让社会广泛参与海绵城市建设 • 建立项目运维监管工作小组，实行以组长为一级网格，园长、路长、区长为二级网格，巡查人员为三级网格的网格化管理模式 • 建立监测预警系统，通过智能算法识别设施潜在风险，并发布溢流、内涝等报警信息，辅助管理者了解设施的运行状态
浙江宁波		• 进行汇水区分区规划体系管控 • 印发海绵设施运行维护实施细则，明确海绵设施运行维护的工作范围、工作职责、技术标准、责任单位、资金保障等相关内容

第二节　海绵城市建设风险管控的基本原则

根据海绵城市建设风险的复杂性与动态性特征，结合优秀试点城市的实践经验，我国海绵城市建设风险管理过程必须运用系统思维，坚持多主体、全过程、多维度、全要素的风险管控基本原则,为系统设计风险管控策略提供基本遵循。

一、多主体管控

海绵城市建设涉及主体众多,需要多方"各司其职,各尽所能,通力合作"。一要纵向衔接好国家、省和地方三级政府在海绵城市建设风险管控体系中的上下事权关系;二要横向协调好发改、规划、住建、园林、水利等相关部门的左右事务关系;三要妥善处理好政府、企业和社会公众在推进海绵城市建设中的可能合作关系。不厘清多方主体的合作关系,海绵城市建设就会陷入管理混乱,并最终产生系统性风险。

二、全过程管控

海绵城市建设是一项复杂的系统工程,具有明显的全生命周期特征,具体涉及"启动""规划""建设""运维"四个阶段。在不同的生命周期,各风险维度及相应要素的活跃程度及其相互关系具有动态变化性。根据海绵城市建设在这四个阶段的具体形态和特征,可对风险维度及相应要素进行系统、动态、全面的识别与分析,从而有助于对项目进行整体把控。为此,顺应海绵城市建设生命周期及其风险演进规律,与时俱进地把握风险管理重点是海绵城市建设风险管控的基本原则。

三、多维度管控

"制度—管理—技术"是海绵城市建设风险的最大致因链,也是风险管控的三大关键维度。三大风险维度之间既相互独立,又相互影响和转化。在进行海绵城市建设风险管控时,若无法把握不同风险维度的具体作用特征及其相互间动态复杂的演变趋势,会导致风险管控体系缺乏系统性和针对性,并加剧风险累积放大效应,使得风险管控成本大大增加。因此,唯有系统、全面、动态地看待不同风险维度的作用机理及其相互影响关系,才能更好地实现海绵城市建设的风险管控。

四、全要素管控

透过三大风险维度可以窥见诸多风险要素。海绵城市建设的风险要素多元复杂,且各要素间呈现明显的连锁链接效应;因此,需在系统识别海绵城市建设风险因素的基础之上,综合集成各类风险因素并深入探究其内在结构关系。一方面,各类风险要素在责任主体、管控模式等方面存在显著差异,管控措施需结合各类风险要素特点,突出针对性;另一方面,各类风险要素会因所处管控主体、过程和维度的不同而不同,需结合管控主体层级事权,因地制宜、与时俱进地采取适宜性的管控措施,突出实效性。

第三节　海绵城市建设风险管控的整体框架

海绵城市建设风险管控整体框架的设计,一方面要直面风险的复杂性特征,强调系统性,做到"不漏死角,保障有力";另一方面要尊重风险要素之间的内在关系,注重逻辑性,做到"不乱阵脚,运行有序"。

一、风险管控框架的系统设计

根据海绵城市建设风险因素组成、风险致因链关系及其在全生命周期中的演变特征,积极动员、充分发挥全社会的力量,按照"多主体、全过程,多维度、全要素"的风险管控原则,系统设计海绵城市建设风险管控的整体框架,打造可持续的中国雨洪管理方案,如图18-8所示。这个框架回答了海绵城市建设风险"谁来管、管什么、怎么管"三大问题,体现了风险管控的系统性要求。

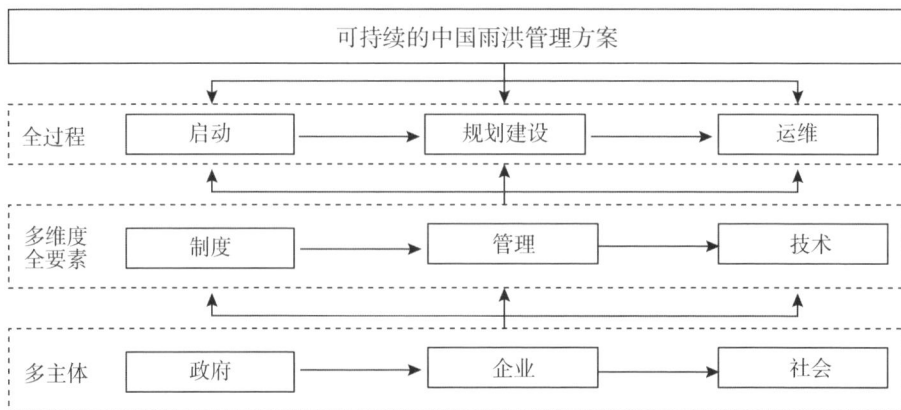

图 18-8　海绵城市建设风险管控整体框架

二、风险管控框架的运行逻辑

海绵城市要真正发挥其作为可持续的水灾害风险管理工具效能,建设风险管控框架需遵循以下三条运行逻辑。

逻辑一:处理好"制度—管理—技术"的垂直控制关系。海绵城市建设表面看似一项工程性技术措施,实则内功在制度与管理;否则,再优的方案和技术也落不了地。因此,对海绵城市建设而言,完善制度为有效管理提供依据,而有效管理为精湛技术提供保障。

逻辑二:协调好"启动—规划建设—运维"的顺序衔接关系。海绵城市最终能发挥其作为水灾害风险管理工具的作用,离不开从前期谋划准备到中期规划建设施工再到后期运行维护的全生命周期管理。"磨刀不误砍柴工",只有扎实做好每道工序,海绵城市才能"功成名就"。

逻辑三:构建好"政府＋企业＋公众"的社会合作关系。海绵城市建设单靠政府"剃头挑子一头热"是远远不够的,也是不可持续的;只有把企业投身海绵城市建设的激情和公众参与海绵城市建设管理的热情都激发出来,才能解决当前海绵城市建设因资金短缺、社会阻力重重带来的踟蹰不前困境。

第十九章　海绵城市建设的制度风险防控策略

前文的理论研究和实证分析结果都表明,包含体制机制、法律规章及激励措施等在内的制度体系建设滞后已成为海绵城市,尤其是中等绩效地区和较低绩效地区海绵城市建设发展的最大短板,如何通过制度设计来有效应对解决这些问题,已成为全面推进海绵城市建设的迫切课题。本章基于制度风险防控的全生命周期视角,围绕政府、企业、社会多主体合作,系统性地构建了海绵城市建设的制度风险防控策略体系(见图19-1)。

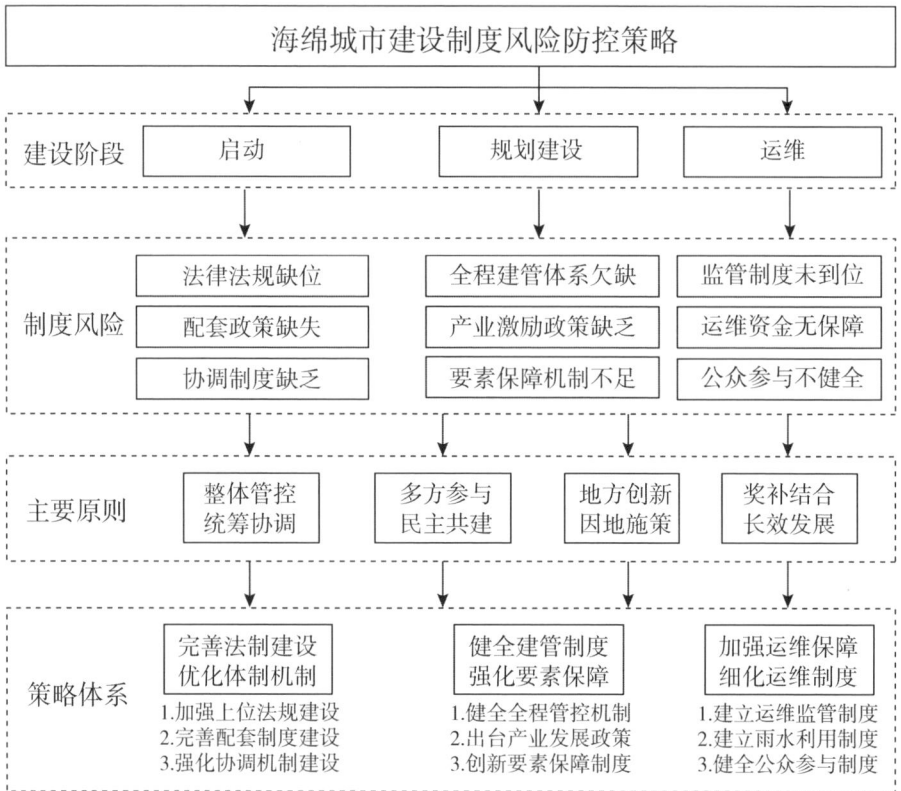

图 19-1　海绵城市建设制度风险防控策略路线

第一节　海绵城市建设中的制度风险

一、海绵城市启动阶段制度风险

(一)法律法规缺位

在启动阶段,由于缺乏从国家到地方的法律保障,各地对海绵城市建设的重视程度有限,同时也难以做到有法可依,埋下诸多风险隐患。具体体现在:①法律规章滞后。国家层面尚未专门针对雨水管理和海绵城市建设立法,这使得地方在制度建设上缺乏上位依据;地方立法缺乏整体性和系统性,与国家政策衔接不紧密。例如,除了萍乡、宁波等优秀试点城市外,大部分城市都没有专门化的地方立法支持,导致建设过程缺乏可依据的指导准则及监督方面的有效措施(李芸,2020)。②相关立法层次低、效力弱。自2013年《关于做好城市排水防涝设施建设工作的通知》拉开我国海绵城市建设序幕以来,国家陆续出台了各类关于海绵城市建设的政策文件,但出台的有关规范性文件多以"意见""指南""通知"等形式为主,缺乏强制性规定,法律效力低且可操作性差(徐君,2021)。

(二)配套政策缺失

具体表现在:①激励性政策少。国家、省和地方都制定了海绵城市建设系列技术文件,但有关资金筹措、产业发展、人才培养、公众参与等方面的激励政策却极为少见,大多数试点城市的融资模式以政府付费为主,公益筹措为辅,社会资本参与度低(李上志等,2019)。②投融资法规不健全。海绵城市建设投融资的过程缺乏制度保障,无法做到按效付费,极易产生风险。政府政策的不连续和频繁变化,以及模糊的法律法规和不够透明的合同环境,导致海绵城市项目公司处于被动地位,直接影响项目的盈利能力(耿潇等,2017)。③公众参与机制尚不健全。当前,我国的海绵城市建设注重规划设计和工程建设层面,对公众参与的重视不足,仅停留在前期宣传、调研走访、问题反馈等低层次参与方式上,公众参与制度仍缺保障,公众参与意识亟须提高,公众参与途径有待拓展(宫永伟等,2018)。

（三）协调制度缺乏

目前有关我国海绵城市的相关制度建设主要着眼于海绵城市本身。①从国家层面来看，相关制度内容主要集中在海绵城市建设的基本原则、技术框架、考核办法等方面，侧重于海绵城市建设本身，对于各部门之间的协调联动关系较少关注。②从地方层面来看，各地出台的政策文件主要集中于各类评价指标的细化上，部门之间各自为政、职能交叉的现状缺乏制度协调，导致海绵城市建设普遍出现沟通合作困难、项目推进受阻、项目审批和施工拖延等问题，最终使得海绵城市建设的实际效果大打折扣。

二、海绵城市规划建设阶段制度风险

（一）全程建管体系欠缺

具体表现在：①规划管控制度不严格。当前，海绵城市建设普遍存在规划设计条件不充分、审批要求不明确以及规划审批流程复杂等问题，影响了海绵建设项目在规划阶段的顺利推进。并且，由于规划阶段方案审查的缺乏，施工许可阶段的设施布局、规模一致性审核也难以为继（徐君等，2018）。②工程建管环节缺抓手。现阶段，除了施工图审查和竣工验收环节，各地普遍缺乏针对工程建设项目管理其他环节的具体要求。然而，施工图审查和竣工验收环节仅能审查海绵设施是否建设以及是否符合相关图集的要求，对于设施建成后的透水率、径流减少率、污染处理效率等复杂指标无法核实。因此，只有对项目建议书和可行性研究报告编制以及方案设计和施工图设计等具体环节提出明确的规范性要求，才能让工程建设项目管理有的放矢（许可等，2020）。③施工验收标准缺特色。各海绵城市自然社会本底差异巨大，如果施工技术规范标准未考虑各地参数设计，极有可能因为国家层面技术规范标准的适用性较差，导致本地技术无参数、本地验收无标准等问题，使海绵城市建设陷入失序无效状态。

（二）产业激励政策缺乏

具体表现为：①产业体系尚不完整。海绵城市产业体系应由规划、设计、施工、运营、监管和投资六个环节构成，而我国现有的海绵产业还未形成一个能支撑海绵城市建设全过程的产业体系，相关制度的系统化仍显不足（徐振强,2015)。现阶段,我国的海绵产业主要围绕城市雨水治理展开,海绵产业只有实现企业的规模化市场服务,并与现有城市市政体系有效融合,才能发展成有市场竞争力的产业体系,成为与排水行业有效分工协同的市场参与主体。由于缺乏系统性的海绵城市建设相关制度设计指导,一些新兴行业尤其是专业化雨水利用企业难以形成体系化、规模化的经营模式。②尚未确立激励性制度框架。海绵城市建设过程中,经济激励、荣誉激励和授权激励等措施的缺乏,会严重影响后续设计、施工及运维单位对建设项目持续优化的积极性。市场投资对海绵城市发展战略的顺利实施起到关键性作用,但目前我国海绵产业的相关规划与运行仍以政府主导的形式推进,尚未确立激励性制度框架。在国家层面,虽然有一些关于投融资体制方面的创新举措,但总体而言仍处于初期探索阶段,未形成市场化运行模式;在地方层面,海绵产业主要以政府筹措公共经费予以维持,从私营企业出发的盈利模式设计和探索极为有限,市场盈利模式、资金投入机制与城市配套激励政策对接不严密,缺乏灵活性。

(三)要素保障机制不足

海绵城市建设涉及城市规划、给排水、风景园林、环境科学与工程、工程管理、材料学、经济学、自动化和机电与控制等多个专业,复合型人才和多学科合作的团队建设是提高海绵城市建设专业化水平的关键(徐振强,2015)。然而,我国目前尚未建立起海绵城市建设相关人才培养机制以及相关保障制度,专业型、复合型人才严重短缺,且现有人才参与建设积极性低。此外,海绵城市相关从业人员的教育和培训体系有待深化,理论学习和技术培训的缺位限制了从业人员专业知识技能的提升,致使海绵设施往往难以实现正常效用。

三、海绵城市运维阶段制度风险

(一)监管制度未到位

海绵城市的建设成效离不开对建成后设施的日常维护,然而我国相关设施的管理、维护、运营工作缺少监管体系,导致海绵设施的效用大大降低(王凯博,2022)。目前,我国海绵城市建设的监管制度存在以下问题:①长效运维管理机制未建立。各地长效运维管理机制缺位,海绵设施运行管理责任难以落实,致使许多已建成的海绵设施因缺乏日常巡检与维护而丧失了基本功能。②运行维护规定细则不完善。海绵设施维护责任主体不明晰、维护定额模糊、维护周期不确定,导致项目建设完成后维护效率低下甚至是无人维护,设施寿命大幅缩短。③运维评价考核机制不健全。评价考核是海绵城市建成后进行验收工作的关键步骤,不仅是对工程设施的质量把控,也是对海绵城市成效的验证。当前各地大都尚未建立绩效考核机制,已建立的绩效评估体系也缺乏地域性特点,可考核性不强,难以科学有效评估建设效果。④考核的时效性不足。随着海绵设施工程的竣工以及周边环境的变化,海绵城市水质水量的考核标准以及年径流量等指标应作相应调整,但目前尚缺乏这种有效机制。⑤考核组织及具体实施办法不清晰。虽然提出了海绵城市建设投融资及 PPP 管理方面的制度建议,并就海绵城市 PPP 项目建立了按效付费的绩效考评与奖励机制,但具体实施办法仍未明确规定(邓敏贞,2021)。

(二)运维资金无保障

海绵城市建设不仅需要前期的资金投入以保证建设行动的推进,更需要后续的资金保障来维持各项设施的正常运转,以发挥其长久的建设效应。由于海绵城市建设涉及污染源控制、内涝防治、雨水资源利用、污染水体修复等多个方面,各类设施数量众多且大都采用新材料、新技术和新工艺,需要进行定期的维护和保养,因此后期运营维护所需资金投入较高(李文英,2019)。但目前我国投入的海绵城市建设资金仅能满足前期需求,对于后期的运维资金缺乏相关制度保障。

(三)公众参与不健全

目前,多数城市在海绵城市建设过程中尚未建立健全的全民监督反馈机制,现有的公众参与途径集中在前期的意见咨询和收集,而运维阶段的公众监督和意见反馈渠道较为匮乏。问题主要源自以下两个方面:①国家政策层面缺乏明确的运行维护监督机制和相关法律法规的约束,加上各地海绵项目在监督内容、范围、形式、目标、程序等方面缺乏统一的规范,致使民主监督带有很大的主观随意性。②运维阶段公众监督反馈机制形式单一,渠道不畅。许多城市尚未搭建海绵城市公众监督服务平台,来自群众的零散监督信息传达不够顺畅,相关部门无法及时收集和反馈信息,影响了群众监督的积极性。

第二节　海绵城市建设制度风险防控原则

一、整体管控，统筹协调

海绵城市建设是个复杂的系统工程，首先应该遵循整体性原则。在法律法规层面，海绵城市建设和区域生态规划、环境保护规划、城市总体规划、城市绿地系统规划、地下空间规划、控制性详细规划等不同层级、不同深度、不同部门的规划均有紧密联系（邻艳丽，2017）。因此，海绵城市建设在兼顾"启动、规划建设、运维"全生命周期过程的同时，还应统筹考虑城市规划、建设管理、生态环境等多方面要求，通过整体性、系统性的制度设计将海绵城市建设理念落实到位。其次，针对海绵城市多部门参与的复杂性，海绵城市建设在整体管控基础上，还应打破行业分割、部门分割的壁垒，加强各类规划间的协调与融合，突出城市规划的引导调控作用。应明确责任主体，落实各设计单位和建设单位的具体职责及相关细则，确保海绵城市建设管理有法可依、有章可循，制定针对海绵城市试点建设的规划建设管控、绩效考核、投融资政策、资金管理、运行维护等内容的规范性文件及地方标准。

二、多方参与，民主共建

在海绵城市建设过程中，应当贯彻落实全过程的民主性，充分听取社会各界的意见和建议，在政策措施的制定与执行、资金筹措的来源及用途、公众参与的途径及评价等多方面应提倡开放性和透明性，保证各主体的知情权和参与权，实现共建海绵城市的目标。为保障海绵城市建设资金的稳定性，资金筹措层面应兼顾前期资金投入和后期资金保障，协调政府、企业、社会多主体的合作，保障多方利益；在产业发展层面，应兼顾前期顶层设计和后期专业人才培育，促进多类型企业合作，培育完整产业链。在公众参与层面，保证公众从前期项目方案到后期监管维护全过程参与，联合相关部门保障公众利益，在制度设计上充分保障公众的知情权、参与权，鼓励公众参与、共同缔造（徐慧纬等，2018），使海绵城市建设真正做到符合民情、顺应民意。

三、地方创新,因地施策

我国地域辽阔,各地自然地理环境差异明显,各地城市规划建设的管理体制及社会经济发展各有特点,海绵城市建设理应因地制宜,在综合考虑各地经济社会发展条件、自然地理环境、水资源状况及原有排水设施能力等因素基础上,结合城市规划建设原有体系及旧城改造现实状况,立足自身特色和存在的问题,制定符合本地实情的海绵城市建设制度风险防控策略体系,切忌"一阵风"和"一刀切"。

四、奖补结合,长效发展

对于按规定要求取得较好环境效益和社会效益的项目、为海绵城市建设做出贡献并取得良好效益的产业,以及积极参与的社会民众,制度设计上应考虑给予不同形式的奖励,以激发全民参与热情,鼓励更多的企业和个人参与到海绵城市建设中来。在此基础上,探索创新不同的奖励激励形式,如雨水资源费及减免制度、资金奖励制度、荣誉奖励制度等(王巍巍,2020),在鼓励激励的同时还能成为获取雨水管理的稳定资金来源,保障设施持续稳定发挥效益。

第三节　海绵城市建设制度风险防控策略

一、完善法制建设,优化体制机制

(一)加强上位法规建设

1.健全国家法规体系

我国应自上而下适时建立健全法律法规体系,实现海绵城市建设法制化。首先,应加快推进相关法律法规的制定,在《中华人民共和国环境保护法》《中华人民共和国水污染防治法》等法律中明确将雨水定义为面源污染,规定财政补贴、建设主体、层级架构、运行监督等内容,为各地区顺利推进海绵城市建设提供法制保障。其次,应在现有法律制度的基础上,推进海绵城市建设专项立法,以立法的形式对雨水合理利用加以强制性规定,为海绵城市的建设、管理、运维等提供法律支撑。如英国环保署规定凡新建设项目都必须使用"可持续性城市排水系统",并由环境、食品和农村事务部负责制定关于系统设计、建造、运行和维护的"全国标准",将雨水的合理利用以立法形式进行强制性规定。

2.纳入地方立法计划

在地方层面,应为海绵城市建设制定更为具体细致的法律法规条文,如《海绵城市建设和管理条例》《城市雨水生态系统构建法规》等,在遵守国家层面海绵城市法律条文的基础上,各试点海绵城市应根据地方特点及存在的问题建立相应的规章制度。目前,我国已有海绵城市试点城市做出相应举措,例如四川省遂宁市为明确落实各设计单位和建设单位的具体职责及相关细则,确保海绵城市建设管理有法可依、有章可循,将海绵城市建设和管理要求写入《遂宁市城市管理条例》,通过地方立法保障海绵城市建设要求落实到位。又如,山东省济南市还根据海绵城市建设要求,制定了一系列针对海绵城市试点建设的规划建设管控、绩效考核、投融资政策、资金管理、运行维护等内容的规范性文件及地方标准,为海绵城市建设提供了重要依据和法律保障。

(二)完善配套制度建设

1.明确公众参与法规条文

国家层面应在相关法律法规、标准守则、排放限值制定和规划项目实施的过程中,规定和发布各流程公众参与的最低准则,鼓励公众积极参与到海绵城市建设中来,以法律形式有效保障海绵城市建设工作顺利推进。此外,各地政府应通过积极立法建立完善公众参与机制,保障公众参与权利、行动流程和责任主体,加强政策法规的宣传普及,制订计划引导公众积极主动参与雨水管理的全过程。

2.设立海绵城市专项基金

在资金筹措方面,应该通过以奖代补推进全国海绵城市建设。比如美国环境保护署(EPA)为广泛的涉水基础设施项目提供财政援助计划,拨款40亿美元设立清洁水国家循环基金(CWSRF),将非点源污染治理、雨洪管理、流域治理、分散式污水处理系统等纳入资助范围,规定将清洁水国家循环基金总额的20%作为绿色项目储备金,用以支持绿色基础设施的效能提升、环保创新活动等(梁行行等,2021)。我国应结合实际发展海绵城市建设国家基金,在此基础上,各城市可根据自身情况设立专项资金,保证海绵城市的建设资金来源。如江西省萍乡市为了加强本地海绵产业的资金保障,出台了《萍乡市海绵智慧城市建设基金设立方案》,制定了详细的基金筹组方案并设立了萍乡海绵智慧城市建设基金,基金规模总计金额达到 100 亿元,第一期就发行了 10 亿元,专项投资于海绵城市建设项目和智慧城市建设项目。

3. 创新 PPP 投融资模式

首先,政府可以放宽社会资本进入门槛,通过明晰经营性收益权、财政补贴和创新绿色产业金融体系等方式,进一步扩大市场参与主体,鼓励企业和社区居民自发参与项目建设,充分引导和发挥社会资本采用 PPP 模式参与海绵城市建设的积极性,实现可持续资金投入。其次,政府可采用雨水排放许可、环境保护税、雨水排放费等制度,对已经申请雨水排放许可但未达到水质水量标准的企业,处以限期改造或高额罚款;也可依据雨水径流污染物负荷大小,向社区企业征收雨水排放费,激励其减少径流雨水的排放。最后,鼓励地方政府积极探索除 PPP 模式外的多形式投融资渠道,加大金融机构对海绵城市建设的信贷支持力度。

(三)强化协调机制建设

1. 完善纵向领导体系

发达国家注重雨水资源的整体性,从国家、地方、流域等不同层级实施开展雨水资源统筹管理,有效保障了雨水资源的开发管理。我国应借鉴先进国际经验并结合自身实际,完善"中央—省—市—县"纵向传导管理体制机制,促使各级管理机构具有明晰的责任分工,依法办事,避免权责的交叉冲突,有效推动相关决策的制定、落实和实施(魏依柯等,2023)。首先,应由国家牵头,统一开发和管理,中央政府负责统筹各级政府部门制定相应的政策和措施,以法律条文的形式明确海绵城市建设各部门的权责范围;其次,必须加大建设管理机构的力度,省级层面应组建海绵城市建设专班,负责制定考评奖惩规则和下级专班的责权赋能等,省级政府明确县级政府作为编制主体的同时制定海绵城市专项资金分配方案,并及时向市县落实资金,同时也需要开展门槛化和分级化的考核来防止资源过度投放;最后,县级层面主要负责成立地方海绵建设专班,根据省级政府制定的海绵评价指标和操作规则开展具体项目的建设和管理(施德浩等,2021)。

2.建立横向合作体系

海绵城市的建设过程涉及多主体、多部门的共同参与,意味着管理不当会产生"九龙治水"的情形,需要建立横向协调合作的建设管理体系。首先,应在法律法规层面明确各部门的责任和职能范围,统一协调多部门的工作,充分发挥规划、水利、住建、交通、环保、园林等多部门的协同作用,提高海绵城市建设管理的系统性和综合性,切实做好海绵城市建设工作。其次,在当前快速推进建设阶段,各地应充分发挥我国"集中力量办大事"的制度优势,组建由市政府主要领导为组长,财政、规划、建设、市政、水利等多部门为成员的海绵城市建设工作领导小组,统筹推进全市海绵城市建设工作,领导小组下设办公室,办公室下辖技术、项目、资金保障、考核督导等工作组,细化分工,权责到人,同时各工作组加强合作,职能互补,推动海绵城市建设有序高效进行(见图 19-2)。

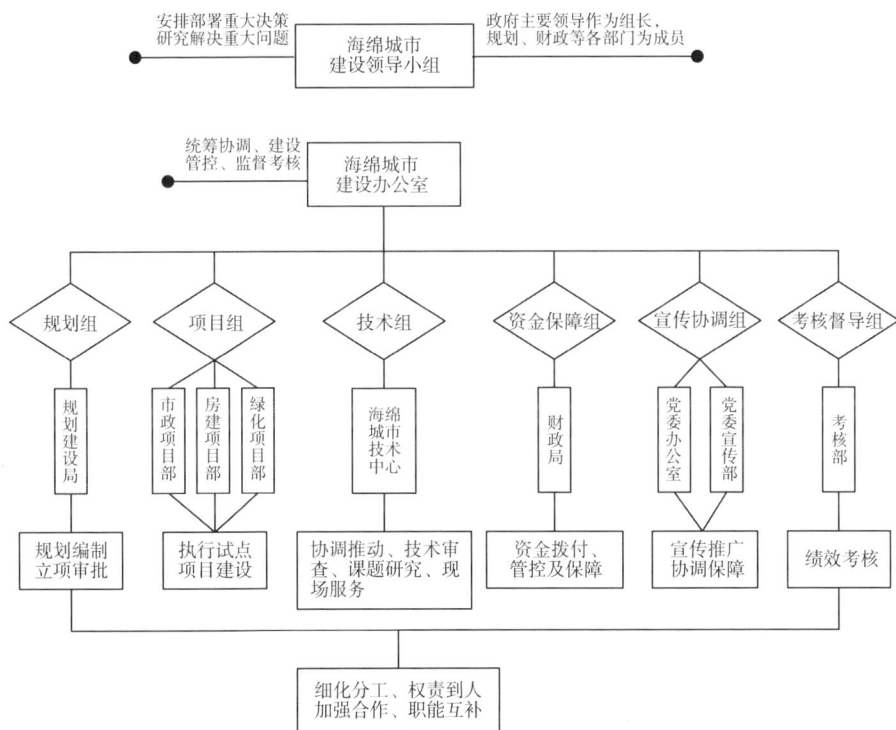

图 19-2　海绵城市建设领导小组制度设计框架

二、健全建管制度,强化要素保障

(一)健全全程管控机制

1.健全规划管控标准

首先,在遵守国家层面海绵城市法律条文的基础上,各地海绵城市建设应根据地方特点和存在的问题建立相应的规章制度,例如《海绵城市建设规划管理技术要点》《海绵城市规划建设管控专项审查制度》《建设项目雨水径流控制与利用技术要点》《建设项目雨水径流控制与利用管理办法》《区域雨水径流排放管理制度》等。其次,应将海绵城市建设理念融入规划编制管理全过程:一方面,明确将海绵设施建设纳入城市发展规划与"一书两证"管控程序,对于新建项目,要严格按照有关标准开展建设;对于改造项目,若受场地条件限制而很难达到海绵城市指标要求,建议在项目管理过程中不过多地强调指标达标情况;对于不涉及用地性质改变、不新增建筑面积的项目,则不需要出具用地规划许可和工程规划许可。另一方面,要健全施工验收标准,充分考虑各地参数差异并因地制宜进行专业化设计,在施工阶段提供本地特色技术指导,提高现有技术规范标准的适用性,优化本地技术参数。

2.构建长效管控制度

有效的海绵设施运维事关海绵城市的可持续发展,构建长效管控制度尤为重要。首先,应制定相应的法律法规,明确各部门在维护过程中的职责范围,设立突发情况的应急预案,确保海绵设施长期可靠运行;其次,为PPP项目资金制定专项管理政策,规范资金用途,依据项目合同、合资经营协议和公司章程确定工程资金计划管理、支付管理及审计制度等监管内容,从制度上规范海绵城市建设PPP项目资金的监督管理,提高资金使用效率;最后,完善运维评价考核体系,科学制定评价考核指标,明晰考核组织及具体实施方法,建立绩效考评机制及相应的奖励机制,保障海绵城市运维的持续性和长效性。

(二)出台产业发展政策

1.完善相关顶层设计

以海绵城市可持续建设为导向,通过顶层设计,制定系统性的海绵产业发展规划,规范协调海绵产业整体规模及空间布局,形成上下左右协力推进海绵产业发展的合作格局。在国家层面,应出台海绵产业发展的相关专项政策进行激励,并从人才引进、财税补贴、产业孵化、营商环境等方面给予政策扶持,塑造产业新动能,拉动经济增长,带动传统企业向海绵型企业转型升级。

2.加强政策扶持力度

当前我国海绵城市建设的相关产业仍处于起步阶段,普遍存在规模小、数量少的问题,这就要求各地应加快培育和引导海绵城市相关产业的孵化,形成产业新动能,促进地区产业转型,带动本地经济发展。首先,应明确海绵产业发展方向与拳头产品;其次,发展本土龙头企业,引导中小企业聚集,形成海绵产业链;再次,推进产业体系建设,强化产业的创新驱动力和发展辐射力;最后,海绵产业发展初期至关重要的是——设立产业基金、减免税收或资助补贴,加强产业发展的资金保障。

(三)创新要素保障制度

1.积极推进产学研合作

海绵城市建设的地域性较强,各地可鼓励高校与海绵城市建设相关企业进行密切合作,借助企业的资金、技术和设备优势,通过共同研究专业课题、增加技术交流、委派相关研究人员进入企业学习等方式,有效培育当地海绵城市建设的专业人才队伍。

2.加强技术创新与交流

为有效提升海绵城市建设的技术水平和创新能力,各地政府可指导建立海绵城市建设技术研究中心,集结各部门核心技术人员,邀请国内权威专家赴试点区域讲课,定期围绕海绵城市建设的新技术、新材料和新设备议题进行交流研讨,从根本上解决多专业、跨部门的技术难题;与此同时,积极与国外有成熟经验的研究机构或高校开展人才交流活动,选拔优秀人才出国学习先进经验,有效提升海绵城市建设的整体技术水平。

三、加强运维保障,细化运维制度

(一)建立运维监管制度

1.制定运维保障条例

地方城市可通过制定相应的规章条例,明确各部门在运营维护过程中的职责范围、目标要求和奖惩机制等,同时可设立突发情况的应急预案,使海绵城市设施长期有效运行、有法可依,促进海绵设施的正常运转和建设成效的长期保持。

2.优化设施运维模式

首先,公共投资类建设项目应根据设施类型及其所在位置,由市政、城乡建设、园林等相关部门按照职责分工进行运行维护;其次,其他社会投资类(包括 PPP 建设模式)的建设项目应由其业主或委托方承担运行维护责任,若无确定责任主体时,实行"谁建谁经营"的原则;最后,利用市场化手段建立专业运维公司,提高海绵城市运维效率。

3.完善运维资金保障

首先,制定不同层级的运行维护资金保障制度,市级海绵城市建设有关设施运行维护的费用纳入政府年度预算管理;其次,各区县海绵城市有关设施运行维护费用纳入区县财政年度预算;再次,采取社会资本运营方式的,应当根据绩效考核结果按合同规定缴纳运营服务费并将缴纳的运营服务费列入政府年度预算管理;最后,制定出台《运营维护费用保障方案》,保障落实海绵城市日常运营维护费用,确保各类海绵设施能够长效运行(侯小宝,2021)。

(二)建立雨水利用制度

1.实施雨水收费制度

雨水收费制度不仅能够为城市雨水管理工作提供可靠的资金来源,还能够提高公众参与雨水设施建设运行与维护的积极性。美国将雨水管理制度分为联邦政府和州政府两级,并采取等效居住单元(ERU)、等级收费和固定收费等收费制度对雨水进行高效管理。我国可借鉴国际经验,因地制宜推出不同级别的雨水收费制度,根据不同城市、地区的等级规模制定不同的雨水收费标准,将雨水设施建设的财政负担分摊给土地开发业主单位和个人,并在市政雨洪计划中设立单独的支出为检查活动提供经费,保证雨洪管制措施能够充分规划、安装和保养。与此同时,可实施未来环境可持续发展企业计划,促进经济发展且同时为关注环境健康的企业颁发"最佳可持续奖章",实行荣誉奖励机制,激励企业投入雨水源头绿色设施建设之中。

2.实施雨水补贴政策

联合财政部门根据不同用地性质、建筑类型和群体制定不同的经济激励和补贴制度,明确补贴标准和补贴年限。例如通过绿色屋顶容积率替代方案,对建筑方案中包含满足具体需求的绿色屋顶,给予开发者较高的容积率即容积率奖励制度;海绵城市建设负责部门可定期或不定期地对雨水设施的运营维护、雨水是否得到管理等进行抽查,对不合格的项目取消当年的补贴金额,同时对表现优秀的单位或个人实行荣誉奖励机制,并根据实际需求,对不合格的单位或个人进行二次评估,确保设施正常运行后可重新申请补贴,以此激励各单位、市民和业主主动参与到海绵城市建设工作中来。

3. 实行金融优惠政策

加大对雨水产业的扶持力度,运用税收减免、优惠贷款等激励制度,鼓励雨水利用设施的制造商和经营者扩大生产规模、创新经营模式,可根据设施的实际运行效率给予不同程度的金融优惠政策,可率先在大城市进行试点工作,待经验成熟后向全国推行。

(三)健全公众参与制度

1. 建立全程参与制度

公众作为海绵城市建设中的利益主体,只有全过程参与海绵城市建设,才能让海绵城市建设真正做到符合民情、顺应民意。在海绵城市建设的各环节,政府应加强与多方利益者的论证和商议,以确保海绵城市建设政策制度的落地实施,实现公众的全过程参与:在项目启动阶段,应面向公众征集意见和建议,采纳合理建议,反映民心,顺应民意;在项目规划建设阶段,加强信息公示制度,充分听取民众意愿;在项目运维阶段,增强公众对于海绵城市的责任感,加强公众监督,对于公众反映强烈的问题要及时处理并予以落实,鼓励公众参与工程验收和后期维护工作(见图 19-3)。

2. 提升公众参与意识

一方面,加大宣传推广力度,使社会公众充分认识到海绵城市是解决城市水问题的根本途径,也是促进经济社会全面协调可持续发展的必由之路;另一方面,打造海绵社区、海绵学校等,采用宣传册、网络媒体、公众听证会等形式,加深公众的理解和认知,拓宽海绵宣传渠道,充分利用电视、报纸、网络、公益广告、线下活动等多种途径,专门成立由社区志愿者以及城管、信访和街道办事处等部门工作人员组成的护工队伍。

3. 拓宽公众参与途径

信息时代的数字化和信息化管理模式正全面普及,在先进技术、管理手段和大数据式手段的推动下,协调推进海绵城市建设工作,加强监管措施和社会

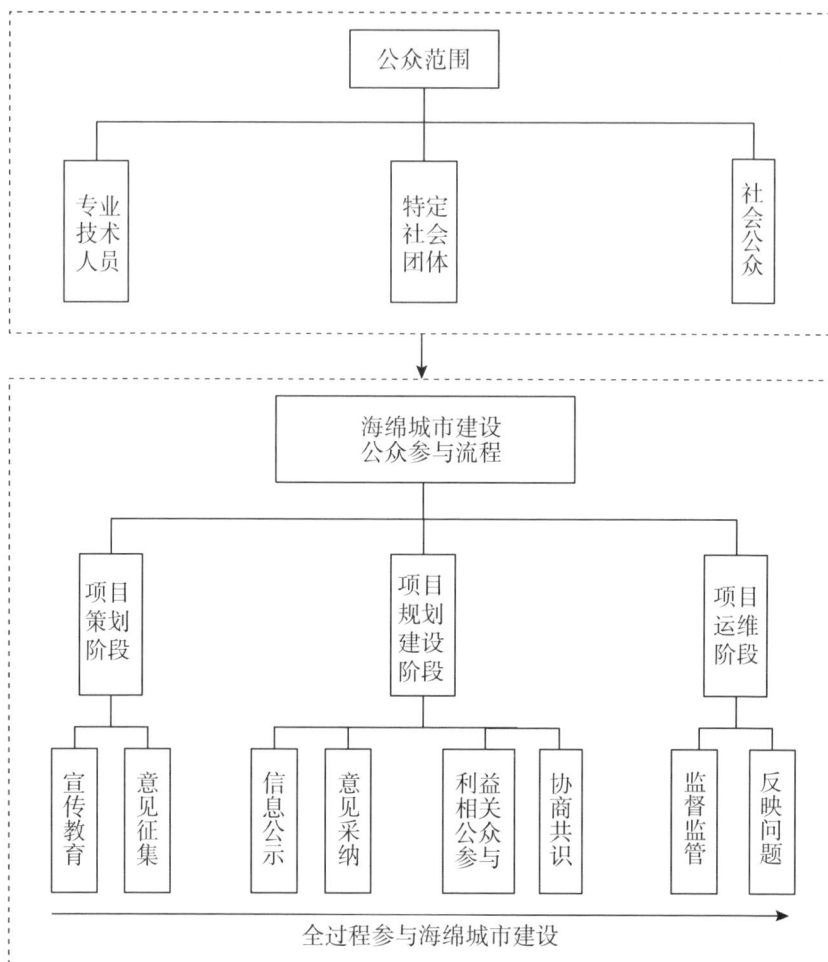

图 19-3　全过程公众参与流程

公众意见反馈,能够实现海绵城市建设的透明性、公开性和高效性。地方政府可以充分利用网络社交平台,如通过微博、微信等平台建立官方电子政务平台将海绵城市建设的有关信息推送给社会公众,及时公开海绵城市的建设过程与建设成果,利用政务服务信息平台的留言方式拓宽公众参与海绵城市建设的途径,广泛吸纳公众的意见与建议,为海绵城市建设添砖加瓦。

第二十章　海绵城市建设的管理风险防控策略

经过近年来的试点建设与示范建设,海绵城市建设经历了从启动到运行维护的各个阶段,取得了一定的建设成效,但在全生命周期建设中也暴露出各部门之间协调不畅(丁继勇等,2020)、重建设轻管理(侯小宝,2021)、建设运维不足(邹艳丽,2017)等诸多问题。因此,如何有效解决各阶段暴露出的这些管理问题,是可持续推进海绵城市建设的根本保障。本章将围绕风险管控主体和管控机制进行全过程问题检视,在此基础上系统构建海绵城市建设过程中的管理风险防控策略(见图 20-1)。

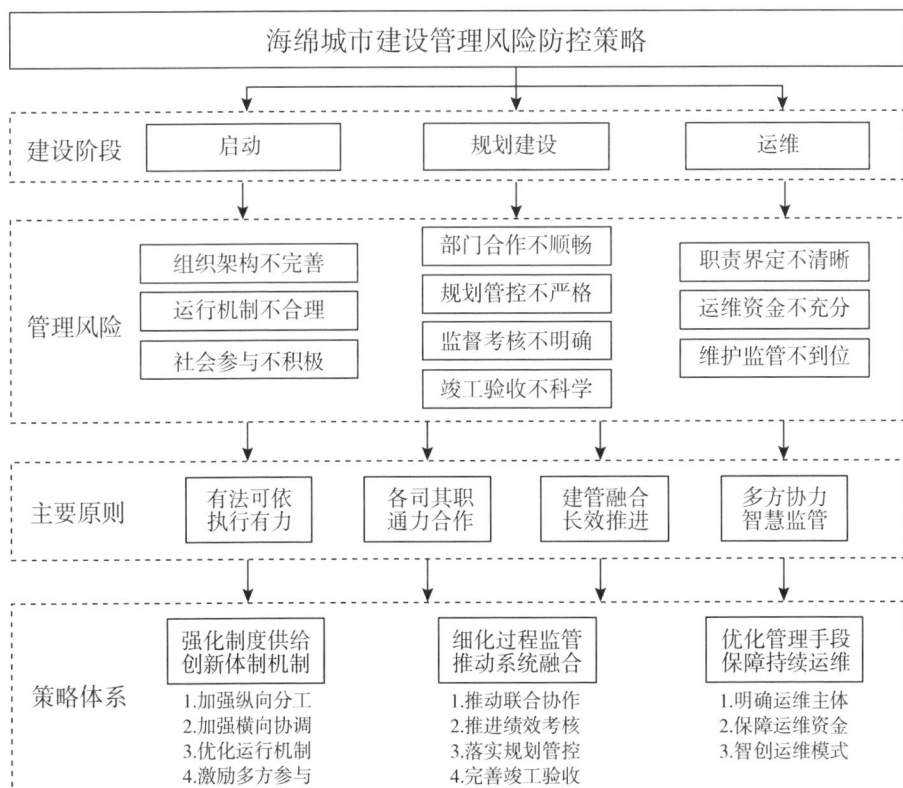

图 20-1　海绵城市建设管理风险防控策略路线

第一节　海绵城市建设中的管理风险

一、海绵城市启动阶段管理风险

(一)组织架构不完善

1.顶层管理架构空虚

现阶段,我国海绵城市建设在国家层面由财政部、住房和城乡建设部以及水利部合力开展相关工作;省级层面则由住房和城乡建设主管部门会同省发展的改革、水利、气象等部门联合推进。与市级层面相比,国家和省两级层面缺乏实体运作的工作领导小组与工作专班,各部门责任划分不明确、主体不够突出,未能有效统筹推进海绵城市的全要素与全过程管理。

2.专班管理机制不健全

一方面,目前大多数地方建设专班的主要任务是完成海绵城市试点申报时承诺的建设项目清单,这就不可避免地形成了"重建设轻管理"的现象。另一方面,多数试点城市在完成验收后,专班或处于虚设状态,出现"考核一结束,专班即停运"的尴尬现象;或者撤销海绵办等专职管理机构,导致海绵项目的后续运维管理和长效推进工作面临"瘫痪"局面。

3.地方工作专班执行不力

虽然各试点城市都成立了海绵城市建设工作小组,但这种"专班"管理机构大都是一种临时机构,缺乏明确的管理条例,致使海绵城市建设难以长久保持专业性、持续性和有效性(李俊奇等,2016)。

(二)运行机制不合理

海绵城市自上而下推进过程中存在诸多运行上的不合理之处:①"申报—考核"管理方式不合理。项目的申报先由省级财政、住房和城乡建设、水利等部门推荐本地区城市名单,再对城市的申报方案进行书面评审;地方政府是项目实施主体,同时也是项目的保障监管者,既是运动员又是裁判员;项目绩效考核实施主体是住建管理部门,但目前国、省两级住建部门没有建立起强有力的专班工作机制。这种简单的"申报—考核"两头管理方式使试点城市在推进海绵城市建设过程中既得不到及时有效的指导,也诱使地方工作陷入"一切为了考核"的困境(施德浩等,2021)。②规划衔接与审批过程不顺畅。由于海绵项目三年的规划建设期与其他专项规划在时间与空间上有所出入,致使规划系统之间衔接困难,具体实施过程中规划建设许可的地域范围、项目范畴和管控力度也都大打折扣;加上海绵建设项目审批过程手续复杂、流程烦琐、报批困难,极大地延缓了海绵城市建设步伐(崔广柏等,2016;陈华,2016;夏军等,2017)。

(三)社会参与不积极

海绵城市建设初期对公众参与的重要性认识不足,包括:①宣传不到位。因缺乏全面引导和有效的宣传教育,民众对海绵城市缺乏正确认知,片面地认为海绵城市破坏了原有的园林景观,给海绵城市推进增添了诸多麻烦和障碍。②社会动员的深度和广度不够。长期以来,我国公共事务大都由政府一手包揽,这种现象反映在海绵城市建设中就是政府是海绵城市的唯一管理者,缺乏相关的非政府民间组织,导致海绵城市建设工作"剃头挑子一头热",许多海绵城市建设的动员活动也更多地停留于表面,难以有效提升市民的认同感。

二、海绵城市规划建设阶段管理风险

(一)部门合作不顺畅

不同专业人员对海绵城市理念的认识存在差异,造成了不同部门之间协调不畅的现象(陈前虎等,2020)。究其原因:①条块化的管理方式。现有的城市建设按照不同区域、行业实施条块化管理,建设项目的跨学科、多专业、多部门相关性因行政门槛而割裂,过度分工的趋势使工作环节增多,工作流程趋于琐碎,严重影响海绵城市建设的顶层规划与系统布局,也影响了运行和监管工作的推进(严文婷,2018)。②部门缺乏协同设计平台。海绵城市建设涉及工程管理、建筑规划、给水排水、景观园林等多个不同专业部门,但目前缺乏协同设计平台,各个职能部门意见和诉求不一致,导致设计效率低下、设计成果割裂、设计冲突等系列问题,同时也增加了设计变更的风险,统筹协调难度进一步加大。③跨部门审批程序烦琐困难。海绵建设项目牵涉部门众多,审批手续繁杂,部门之间履职情况不一、相互推诿、联动困难等现象普遍存在,致使海绵城市规划设计理念难以落地,给项目实施造成极大风险。

(二)规划管控不严格

①规划管控制度不完善。在试点城市发布的"管理规定"中对海绵城市管控制度的规定较少,规则尚未细化,实地操作起来困难。如果海绵城市建设存在流程不完善、审核要求不明确、全程性建设管控缺失等问题,势必会影响海绵建设项目的顺利进行。②规划管控指标僵化。部分城市仍按照传统的"灰色模式"进行指标划定,未将年径流总量控制率、绿色屋顶率、可渗透地面面积、面源污染降低率等低影响开发指标纳入方案。③"一书两证"管控不严格。"一书两证"指建设项目用地预审与选址意见书、建设用地规划许可证和建设工程规划许可证,是规划建设阶段推进海绵城市建设的重要抓手。然而,目前仍有一些城市尚未将海绵城市建设要求及相应指标严格纳入"一书两证"管控流程,致使海绵城市建设成效甚微。

(三)监督考核不明确

①考核机制不完善。一方面,目前海绵城市考核以评分为主,缺乏建设前和建设过程中的反馈机制,导致项目建设过程中暴露出的问题得到及时反映和有效解决,海绵体无法实现预期效果(周建国,2016);另一方面,目前的绩效考核存在诸多问题,包括考核指标未考虑气候因素的影响(如高温枯水期的水质比丰水期差,但考核指标不变)、未设置合理的监测和考核方案以及一级指标之间相互交叉等。②缺乏专职监督机构。海绵城市建设工程的整体质量取决于建设施工各个环节得到有效监督,但由于缺乏海绵城市建设管理的专职机构,施工单位在建设过程中表现出来的理解不准确、认知错误和技术储备不足等问题得不到及时纠正,实际施工与规划设计不符的现象频发。③政府考核机制不健全。部分海绵试点城市存在管控不严格、权责不清、奖惩不明的问题,主要原因在于海绵城市建设尚未纳入各部门政府绩效考核(陈前虎等,2020)。

(四)竣工验收不科学

①验收指标不科学。虽然国家层面出台了《海绵城市建设绩效评价与考核办法》,但海绵项目在短时间内难以彰显其经济社会与环境效益,使得部分评价指标缺少可操作性。此外,国内部分海绵城市建设还停留在一味追求"物理"验收,不注重"化学"效果,即主要验收海绵设施"有没有",而不是评估海绵

设施"行不行"。②考核标准不规范。部分城市尚未建立完善的竣工验收考核标准,往往通过专家组打分一次性完成考核,缺乏"分—总"目标考核、分阶段定周期考核等全面的项目考核模式;而且针对径流总量控制率、面源污染降低率等低影响开发指标,缺乏建设前后的监测、模拟和对比,导致验收结果可信度不高(宫永伟等,2015;严文婷,2018)。③验收缺乏专业性指导。海绵城市项目方案的设计文件联合技术指导主要停留于项目流程的前端,在项目验收阶段缺乏专业人员的把关,结果常常造成"海绵设施规划布局到位,落地效果却不理想"的状况。

三、海绵城市运维阶段管理风险

(一)职责界定不清晰

①运维管理体系不完善。海绵试点城市普遍尚未建立包含质量、安全、信息、环境等方面的管理体系,且不同部门的管理人员往往职权交叉、管理权限不明,导致运维阶段容易出现项目移交过程信息缺失、有效的信息管理缺位等问题(徐君等,2016;刘剑,2016)。②运营维护主体不明确。海绵设施从设计施工到建成运行需经过多个部门和企事业单位的参与,"谁开发、谁负责"的临时管理机制使海绵城市运行维护陷入了主体责任不明确、难落实的困境。③运营维护责任界定不清。由于同一项目涉及不同的权属主体、运营维护主体、使用主体和监管主体,各主体间缺乏明确的责任分工,项目管理常常陷入"大家都管"却"无一人管"的困境(袁再健等,2017)。

(二)运维资金不充分

①运维资金来源不稳定。海绵城市建设的运行维护周期时间较长,需要源源不断的资金供给。现阶段,社会资本参与海绵设施运维的形式以PPP投融资模式为主,但由于我国海绵城市建设时间尚短,各地缺乏对PPP建设模式的管理规范,容易出现融资主体权责不清、市场融资模式不稳定等问题。市场融资困难造成项目维护效率低下,甚至是无人维护的状况,导致海绵设施寿命大大缩短。②社会资本参与不积极。目前,海绵项目大部分资金仍来源于国家财政补贴及当地政府直接投资,社会资本注入量明显不足。海绵城市属于非营利性公共设施,难以学习污水处理厂根据污水处理量收取服务费的模式;缺乏合理的盈利方式,加上利润回报空间狭窄,使得社会资本在参与海绵

城市建设时过分谨慎。③缺乏有效的雨水排放激励机制。大多数雨水管理先发国家已建立起完备的雨水收费激励机制,而我国民众对雨水排放收费普遍不接受,无论是观念还是运行机制建设方面都有待改善和提高(丁继勇等,2019)。

(三)维护监管不到位

①后期养护工作不到位。我国城市运行维护管理往往处于薄弱环节,运维管理人员对日常检查和维护的重视程度不够,导致排水管堵塞、绿植枯萎、透水铺装积水严重等现象普遍,造成海绵城市建设资金浪费,海绵设施使用年限也大大缩短。②长效运维管理机制未建立。当前各试点城市缺乏成熟的运维管理绩效考核机制和此类项目的运维经验,长效运维管理机制以及对相关设施运行维护过程的管理保障尚未建立,海绵设施运维的成本和绩效目标难以控制。③传统管理手段效率低下。当前试点海绵城市的工作重点均放在建设阶段,忽视了运营管理的重要性,缺乏更加精细化、人性化、智慧化的管理方式(邵艳丽,2017)。许多城市尚未建立统一的信息管理平台,无法整合与共享数据,致使海绵城市管理与运维的一体化建设缺乏有效的决策依据与管理平台。

第二节　海绵城市建设管理风险防控原则

一、有法可依,执行有力

缺乏系统性法律支撑的海绵城市建设难以持续推进,海绵城市建设必须坚持有法可依和执行有力原则,在各个层面加快推进"海绵入法",明确部门职责以及规划、建设、运维工作流程,为海绵城市建设管理提供法律保障。立法层面,应以法律法规形式构建专班管理制度,明确海绵专班设立形式、权力责任架构以及日常运行方式,避免部门职责边界不清、建设管控机制不全等问题,增强对规划设计和建设管理从业人员的约束力;执行层面,应完善海绵城市建设监管考核制度设计,严格依照法定程序,实施海绵城市建设工作的常态化、规范化绩效考核,实时把控海绵城市建设的经济、社会与生态效益状况,保障海绵城市建设持续推进。

二、各司其职,通力合作

海绵城市建设是一项综合复杂的系统工程,面对当前不同部门各自主导专项规划的困境,必须推进跨部门主体协作,实现"规划一张图、管理一张网"的管控目标。为此,建议由专班牵头,联合组织相关部门共同编制规划,结合市、区(管委会)、街镇三级行政管理体系,实现宏观、中观、微观层面海绵城市建设规划与其他各专项规划之间的整合;在此基础上,进一步推进海绵城市建设协调联席会议制度的制定,通过联席会议的常态化沟通机制,统一理念、统一部署,确保不同部门各司其职,参与海绵城市建设管理。

三、建管融合,长效推进

海绵城市建设不是朝夕之功,应转变"重建设、轻管理"的发展观念,坚持建管融合以及长效推进的原则,树立全生命周期管控理念,构建长效建设机制。对于新建和已建成项目,应强化全过程建设管理,落实以"一书两证"为核心的规划管控举措,在建设项目申报中增加对海绵城市相关内容的审查,在建设管理过程中加强对项目建设情况的监管,在项目验收中必须经由海绵城市专班审核海绵城市相关指标后方可通过;对于规划和申报项目,应确立系统科学的长效推进机制,避免"干一片、成一片"的碎片化建设,建立从试点探索到全域推进,再到星级评价的多层次考核机制;与此同时,建立严格的负面清单及推出机制,树立试点和示范城市的权威性及其公信力,起到更好的引导作用和推广示范意义。

四、多方协力,智慧监管

海绵城市的建设和运行涉及经济、社会、生态等多个领域,以及政府、部门与民众等多个主体,需要综合统筹协调多主体参与。在参与主体上,海绵城市的运行和维护不仅需要交通、水务、园林等建设职能部门承担责任,还需要加快市政道路与园林绿化养护的市场化进程,推进第三方(海绵城市项目周边企业、社区运营主体等)参与到对海绵城市建设成果的维护中来;在资金来源上,拓展投融资渠道,以奖补结合等方式,降低参与主体的投资风险,提高社会主体参与的积极性,鼓励社会资本共同参与海绵城市建设;在信息协调上,搭建海绵城市信息化共享平台,将溢流、内涝、污染等报警信息向社会共享,为企业、社区、居民等第三方主体参与海绵城市建设运行、考核评估、防汛应急提供数据支持,助力长期运维管理。

第三节　海绵城市建设管理风险防控策略

一、强化制度供给,创新体制机制

(一)加强纵向分工

国家、省和地方应形成决策—协调—执行三级运作、统分结合的工作协调机制,保障海绵城市建设长效、稳定推进。为此,建议国家层面成立工作领导小组,注重完善海绵城市建设专门立法和相应的财政政策,出台的有关海绵城市建设标准体系要给地方留有空间,强调弹性和实操性。同时,应对海绵城市建设试点给予专项资金补助,具体补助数额按照城市规模(直辖市、省会城市和其他城市)分档确定,对采用PPP模式达到一定比例的,再进行额外的补助基数奖励,为我国海绵城市建设提供政策依据和发展动力。省级政府应当成立最高规格的专项领导小组并分设督导、宣传等专项小组,同时遵循中央提出的各项要求,出台印发相关政策文件,明确专项资金分配方案,及时向市县落实资金,保障海绵城市建设工作常态化推进。地方政府应设立专职管理机构,将海绵城市建设管理职能落实到具体的单位,增加相应的考核指标,负责承担海绵城市指标管理、技术审查、现场督导、项目验收等工作,保障海绵城市建设项目的实施和落实。

(二)加强横向协调

1.形成专班工作机制

建立"领导小组+海绵城市建设办公室+多部门(1+1+N)"工作专班体系(见图20-2),出台工作专班的工作管理条例,明确工作专班的责任权力,落实专班工作的开展方式,明确以法律法规形式保障专班工作的有效展开。工作专班应包括:一个最高规格的重大事项决策领导小组,由市领导担任组长,统筹部署全市海绵城市建设工作;一个高效协作的海绵办,专门负责海绵城市建设管理事务。同时,多部门要协调推动海绵城市建设工作(陈前虎等,2020),由市住房和城乡建设局牵头制定建设实施方案,制定项目管理政策和技术规范,开展培训,并统一协调发改、财政、国土、环保、水利、气象、园林、规划等多部门,扎实推进海绵城市建设工作。

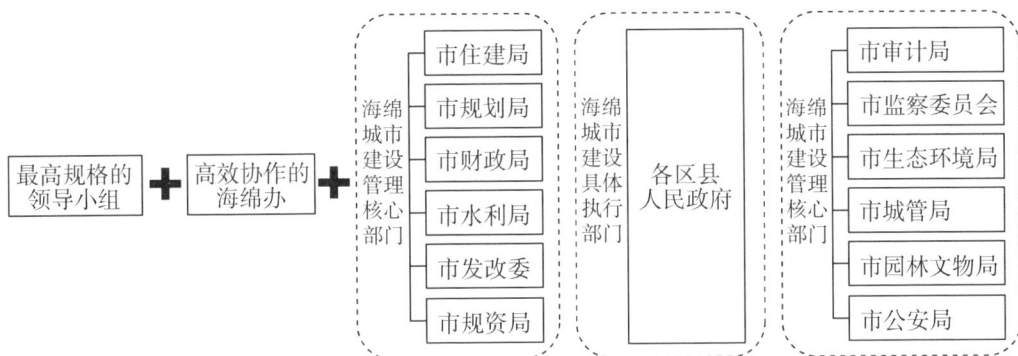

图 20-2　海绵城市专班协同工作机制示意

2.明晰部门职责分工

各地市、区县明确专班分工,通过机制建设保障落实。明确市级政府的主体责任,在建设管理部门设工作专班,负责海绵城市相关规划编制、统筹协调、监督考核等工作;落实海绵城市建设全生命周期的监管主体、责任主体和实施主体,做到权责分明,各司其职;市级层面多部门共同参与负责全市海绵城市建设法规、政策、标准等的制定与建立,搭建海绵城市信息共享平台,实现各个部门协同合作;地市下辖区县负责具体的海绵城市建设的协调推进、执行和管理等工作,区(县)发展改革、财政、资规、水利、生态环境、绿化市容、城管等部门应按照职责分工,协同推进区域内海绵城市建设的相关工作。

(三)优化运行机制

1.创建星级建设机制

为防范政府积极性不高带来的海绵城市建设管理风险,可参考浙江早在2010年小城市培育阶段就开始施行的从分批试点到全面创建的管理方式,将自上而下的对象遴选转变为上下整合的自主申报和竞争准入,通过"申请创建—评价建设—命名(建设成功)—星级评价"四个阶段,落实海绵理念,推进长效建设。流程如下:①由县(市、区)人民政府或者开发区(新区)管委会作为创建主体,编制海绵城市建设试点申报方案,按照"自愿申报、宽进严定"的申报建设制度培育。②省相关部门对各地申报方案进行审核比选,申报方案应对投资项目的技术和经济可行性进行全面分析,并提出项目建设规模、内容、投资估算以及各项社会效益满足情况,最终择优拟定试点创建建议名单。③试点创建名单公布后,各创建主体组织实施方案编制和评审,并由第三方评估后落实出让、建设、运营。④试点创建成功后,出台《海绵城市建设评价办法操作手册》,以项目为抓手,建立明确的评价指标体系,实现星级评比,鼓励申请到海绵试点的城市继续进行海绵建设,从"一星"到"五星",不断进行提升,保持长周期的海绵城市建设。

2. 事权与财权相统一

省级政府应明确制定专项资金分配方案,并于年初向市县落实资金,县级层面对于海绵建设的财税兜底则需要更加精细化。一方面,将兜底对象细化到具体项目;另一方面,兜底范围涉及土地、税收等多个方面,提供基础保障资金。相对于"事前兜底"来保障"上级政策"的落实,"以奖代补"则是对"地方意愿"的考验。国家、省级层面明确仅对通过国家级和省级样板创建考核的海绵试点城市提供资金补助,部分资金由市政府和区县政府先行垫付,在创建成功后才由上级资金补足,通过门槛化和分级化的考核来防止资源过度投放。可见,海绵城市建设应优先理顺"上级"与"地方"的责权关系并形成双向约束,随后通过"以事权赋财权"的手段实现"约束中的激励",以此推动创建工作的有序落实。

3. 建立评估退出机制

有效的评估考核机制可以倒逼海绵城市的落实和推进,因此需要对海绵城市建设试点城市进行每五年一次的结果导向的综合型评估。五年评估结果合格的城市,可持续获取相应的政策支持,并且应尽快提出新一轮建设计划,持续滚动推进海绵城市建设。若不能完成既有目标计划,则不能享受相应的奖励补偿。无法在既定时间内完成相应目标的,可要求退出海绵城市建设试点。通过退出机制的设置,促进海绵城市建设工作的持续推进,解决"验收即结束"的局面。

（四）激励多方参与

1.党建引领社区参与

社区是城市的基本单元,海绵设施全生命周期的健康运作,离不开社区层面的深度参与。以充分利用城市基层党组织建设路径为突破口,调动各类社会组织、市场主体和广大群众常态化参与海绵城市治理的积极性。在此基础上,打破地域、行业界限带来的组织壁垒,聚焦各类商务楼宇、商圈市场,依托物业公司、龙头企业建立区域性党组织,分类分层次开展以海绵城市为主题的群团共建、主题党日学习、志愿服务等活动,使党的政治优势、组织优势转化为基层治理优势。

2.多元媒体全景宣传

构建传统渠道与移动渠道搭配,定点宣传与流动宣传结合,专业性与传播性兼具的多元宣传体系。在传统渠道层面,通过开展专家宣讲团、摆放宣传咨询台、发放宣传折页、提供现场咨询等方式,向海绵设施周边利益相关的居民群众普及海绵城市基本概念、发展进程及建设意义,以介绍周边海绵城市建设的经典案例为抓手,科普"灰绿结合"等海绵设施相关知识;在移动渠道层面,充分发挥移动互联网高效传播的优势,在微信公众号、微博话题、学习强国专题等新媒体平台定期发布海绵城市建设相关信息,通过 VR、MG 动画等可视化信息技术展示海绵设施建成前后的对比,搭建海绵设施暴雨期间的直播工作流,让居民沉浸式体验海绵城市的建设成效。

3.云端信息快速反馈

提高多主体参与海绵城市建设与治理的关键在于实现"提议—反馈—规划建设"的良性循环,对于合理愿景予以正向反馈,误解或反对予以疏导或修改。为高效处理公众参与的多维数据,应充分发挥互联网云端计算优势,搭建不同规划项目利益相关人云数据库,在海绵城市规划建设前后,从利益相关人云数据库抽取公众参与人员,公众可直接与规划主管部门或规划编制单位进行信息反馈交流,避免居委会或是周边部门转交导致的信息二次传递失真。

二、细化过程监管，推动系统融合

(一)推动联合协作

1.联合编制规划方案

海绵城市作为近年来新兴的城市基础设施建设内容，时常需要多专业、多维度同时开展海绵建设相关专项规划方案联合编制、控规指标联合制定，共同落实海绵城市建设目标：①控制性详细规划应以海绵城市规划指标和相关内容为指导，分解海绵控制指标至地块，进一步在给排水、绿地、道路等专业的规划设计过程中细化落实海绵城市的要求，避免仅从单一专业角度出发考虑问题，不能在建筑、道路、园林等专业的设计方案确定后，再由排水工程专业"打补丁"。②建设项目须进行海绵城市初步设计和专篇设计，由市海绵办对其进行技术审查指导，同景观设计融合时需要加强部门之间的协同合作，积极融入园林等部门的设计意见，从渗透环节、滞留环节、蓄水环节、净化环节、循环利用环节以及排水环节分别设计优化，有效提升水资源利用的合理性(孟祥伟，2022)。③跨部门成员应按照各自职责，共同进行地块控规指标落实情况的验收。

2.建立联席会议制度

通过联席会议，能够实现多级政府、跨部门间的常态化沟通。通过推进海绵城市建设的行动方案，分解目标任务，确保责任、措施和投入到位，通过联席会议解决重大问题，形成上下联动、部门协作、各司其职、合力落实的责任体系(见图 20-3)。住建、规资、发改、水利、交通、环保、市容绿化等有关局级单位按照职责分工，实现多部门业务协同办理，解决目前存在的多头管理、多环节、多层次、低效率等问题，按月掌握各地市、区(县)海绵城市建设情况。通过常态化的定期会议，实现跨部门的信息资源共享，分享海绵城市学习资源，促进各部门对海绵城市建设理念的理解和认同。

(二)推进绩效考核

1.推进绩效考核机制

制定完善评估、考核与奖励制度，将海绵城市建设达标完成情况纳入相关绩效考核，通过自上而下的行政考核与奖惩机制设计，激发各参与部门工作的主动性和创造性。例如，各行业部门可建立分级考核制度，对重点工作推进情

发改委	雨水排放机制研究	共建海绵城市
住建委	建设规模 / 初设审批	
水利局	雨水 / 排水 / 河道	
生态环境局	污染源治理 / 水污染防治	
规资局	土地出让 / 用地指标	
绿化和市容部门	绿线管理 / 养护标准	

部门联动

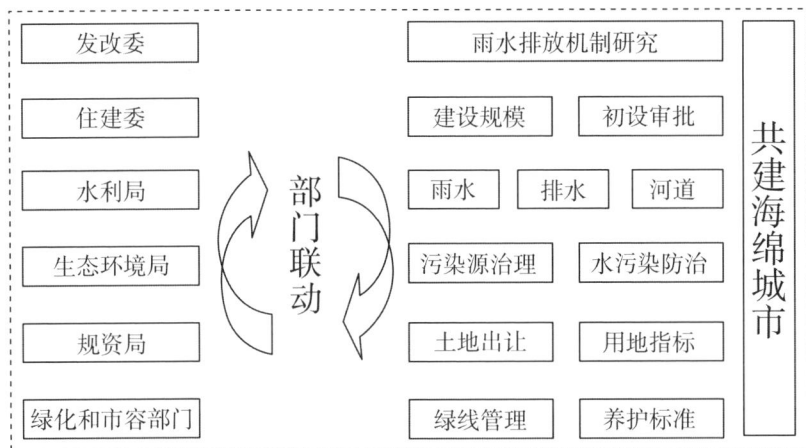

图 20-3　海绵城市联席会议工作机制

况加强监督检查,定期通报动态;提升考核结果在各级领导班子和领导干部绩效考核中的比重,发挥绩效考核的激励作用;对工作推动不力的地区和单位,进行跟踪督办并追责问责,对海绵城市建设工作推进起到积极作用的单位、团队、个人进行表彰,充分发挥先进典型的引领示范作用。

2.构建"基础型＋创新型"弹性评价体系

一方面,从海绵城市建成区—海绵城市示范区—海绵城市建设具体项目三个层面进行评估,分别评估建成区和示范区是否达到规划指标,评估建设项目是否达到设计要求。依据《海绵城市建设评价标准》(GB 51345—2018),将海绵城市建设关键指标"年径流总量控制率"和"年径流污染控制率"分解至地块,指导地块的海绵城市开发建设。另一方面,将年径流总量控制率、年径流污染控制率、绿地率、绿色屋顶率、透水铺装率以及下凹式绿地率作为具体项目考核中的基础性指标,各地也可因地制宜提出创新性指标,如雨水资源利用率、水生态岸线改造、雨污混接改造率、硬化地面率、设施汇水面积、积水道路改造率、污水废水直排控制率、水质监测结果等级等。依据基础性指标和创新性指标的不同评分,因地制宜对不同地区设定不同考核评价标准,作为长效建设的评价依据。

(三)落实规划管控

简化审批流程,集中职能部门力量,最大限度地实现集中并联审批,解决项目审批难、流程烦琐等问题。例如,将海绵城市建设要求列入原有审批体制,避免增设项目审批环节(陈前虎等,2020),或将多部门串联审批改为相关职能部门并联审批(见图 20-4),抑或是核发"一书两证"、施工和环评等行政许

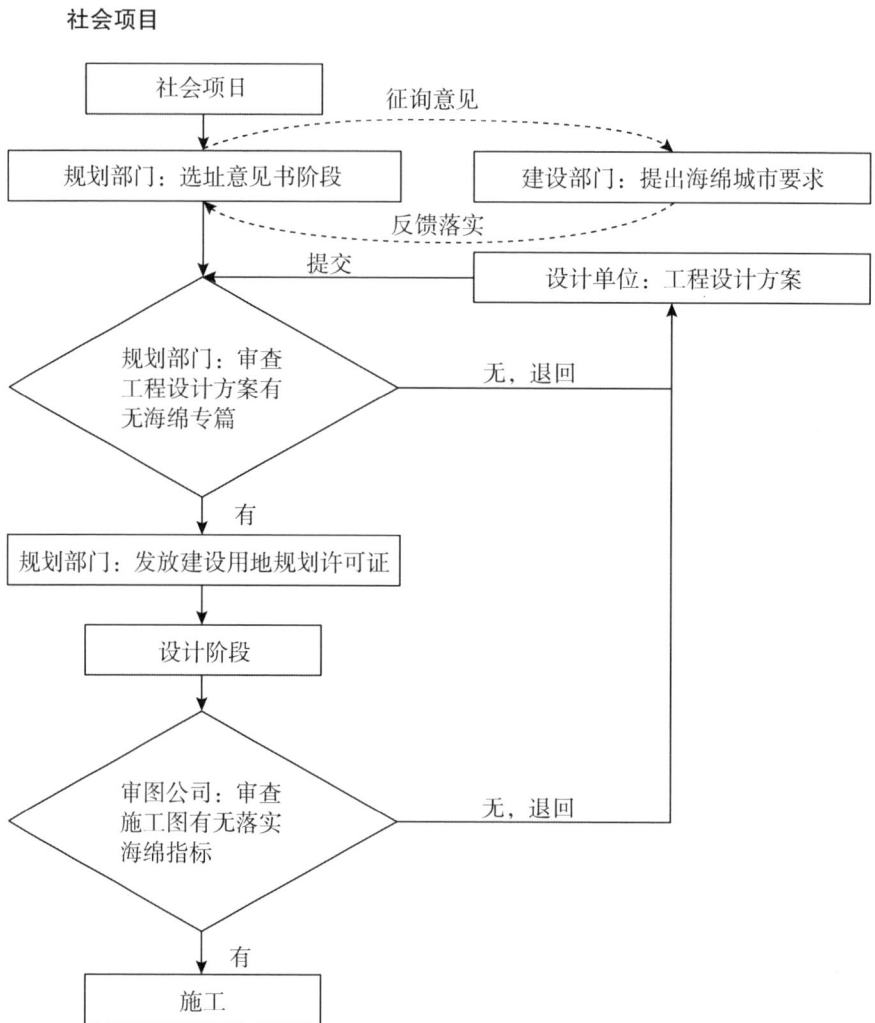

社会项目

```
              ┌─────────────────┐
              │   社会项日        │      征询意见
              └────────┬────────┘
                       │          ┌ ─ ─ ─ ─ ─ ─ ─ ─ ─ ─ ─ ─ ─ ─ ┐
   ┌───────────────────────────┐       ┌───────────────────────────┐
   │  规划部门:选址意见书阶段     │       │  建设部门:提出海绵城市要求   │
   └──────────┬────────────────┘       └───────────────────────────┘
              │          反馈落实
              │          提交        ┌───────────────────────────┐
              │◄─────────────────────│  设计单位:工程设计方案       │
              ▼                       └───────────────────────────┘
        ╱─────────────╲                                  ▲
       ╱ 规划部门:审查   ╲         无,退回                  │
      ╱  工程设计方案有    ╲──────────────────────────────┤
       ╲ 无海绵专篇      ╱                                 │
        ╲─────────────╱                                  │
              │ 有                                         │
              ▼                                            │
   ┌───────────────────────────────┐                      │
   │  规划部门:发放建设用地规划许可证  │                      │
   └──────────┬────────────────────┘                      │
              │                                            │
              ▼                                            │
   ┌───────────────┐                                       │
   │   设计阶段      │                                       │
   └──────┬────────┘                                       │
          ▼                                                 │
     ╱─────────────╲                                       │
    ╱ 审图公司:审查   ╲        无,退回                       │
   ╱  施工图有无落实    ╲──────────────────────────────────┘
    ╲ 海绵指标       ╱
     ╲─────────────╱
          │ 有
          ▼
   ┌───────────────┐
   │     施工        │
   └───────────────┘
```

政府项目

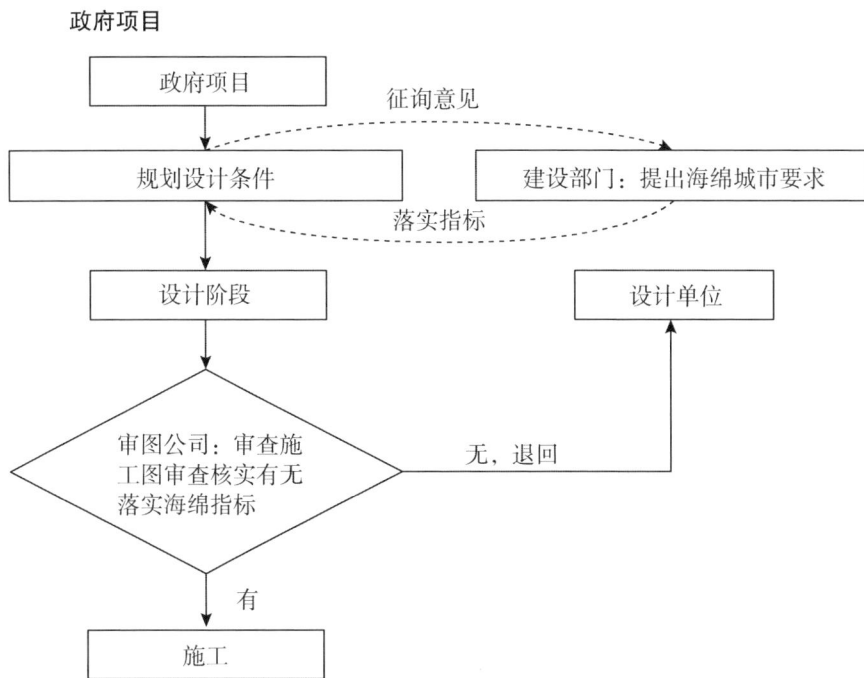

图 20-4　上海市"两证一书"管控流程

可,提高审批效率(谢海汇等,2021)。海绵城市建设尤其需要重视"两证一书"的审查,具体审批流程如下:①对于社会项目,市规土部门在发放选址意见书之前会征询建设部门意见,由建设部门填写土地出让意见征询单,对出让地块提出海绵城市建设指标要求。规划部门会按照征询意见单和土地出让合同中的具体要求对设计单位提交的工程设计方案进行形式审查,看是否有海绵专篇或者单独章节的海绵城市建设内容;如果没有,则不予发放建设用地规划许可证。此外,在施工图审查阶段,审图公司会依据施工图审查要点对海绵内容落实情况进行审查,如果没有落实,则不予通过。②对于政府项目,规土部门应征询各部门意见,主要由建设部门提出海绵城市建设指标要求,有关项目按照规划设计条件落实。

(四)完善竣工验收

1.完善"出让—验收"全过程管控

社会资本投资项目应在备案阶段明确海绵城市建设目标、海绵城市建设控制指标、建设内容、投资概算等内容。土地出让供地的建设项目,规划国土部门应事先征询建设管理部门关于海绵城市建设的有关意见,将海绵城市建设内容和相关指标要求,以及下沉式绿地、屋顶绿化、透水铺装等各类配建要求纳入土地出让合同;项目设计单位在施工图设计文件中,应编制海绵城市设计专篇,提供的施工图设计文件,应满足国家和本市海绵城市相关技术规范和标准;施工图审查机构应按照国家和本市海绵城市相关技术规范、标准要求,强化施工图设计文件中海绵城市相关内容审查。对于不满足海绵城市建设要求的,规划国土资源部门不予核发建设工程规划许可证。施工图设计文件涉及海绵城市设计内容部分确需变更设计的,变更内容的标准不得低于原设计目标。

2. 规范现场技术巡查

海绵城市建设管理专职机构需负责现场技术指导工作,施工单位需按规划设计方案建设海绵设施,对不符合相关要求的海绵设施及时发现并改正。首先,应及时印发相关政策文件,保障该工作常态化推进。例如印发《海绵城市建设工程施工现场巡查管理规定》,建立项目巡查制度,利用文件进一步规范施工现场巡查管理工作,明确巡查内容,以定期巡查、不定期巡查、专项巡查等方式,完善巡查结果应用,为确保项目进度、提高工程质量、及时发现和解决海绵城市项目建设施工中存在的问题提供了指导(张月,2022)。其次,应加强城市现场技术指导和验收工作,每周安排2—3次现场技术指导服务,对现场施工过程中出现的问题提出整改意见,保证海绵城市建设不变味、不走样。再次,相关质量监督部门应加强对建设项目是否落实海绵城市相关技术规范、标准等进行监督检查,发现不符合海绵城市建设要求的,应要求项目建设单位按有关规定限期整改。最后,建设单位应在工程竣工验收报告中明确海绵城市建设落实和达标情况,有关行政主管部门和相关质量监督部门应按照审查通过的施工图进行海绵专项验收。

3. 明确竣工验收标准

《海绵二十条》提出,在竣工验收环节,应将海绵城市建设相关强制性标准作为重点审查和监督内容。竣工验收作为工程项目投入运行前的最后一环,能否有效把控海绵设施建设质量,直接影响其建设效用。海绵城市建设可以在总结海绵试点验收经验的基础上,出台海绵城市建设施工与质量验收标准,明确竣工验收备案环节的管控流程和文件要求。为减少验收难度,可以将可测量的海绵设施位置、尺寸作为主要验收内容,将径流总量控制率这一设计指标转变为可测量核实的空间指标。海绵建设办公室负责对海绵设施落实情况进行现场核实,核实意见将作为竣工验收备案的前置条件。在建设工程项目完工后,建设单位应自行开展或组织第三方机构开展海绵城市建设效果评估,针对设计、施工、现场情况等方面进行评估并出具海绵城市建设效果评估报告。评估报告应对是否满足规划条件载明的海绵城市建设要求及市级、区级海绵城市规划中的年径流总量控制率等指标有明确结论,满足所有约束性指标要求即视作评估通过。建设单位在竣工(联合)验收阶段应将结论为"评估通过"的评估报告,作为竣工(联合)验收的材料一并提交(张月,2022)。

三、优化管理手段,保障持续运维

(一)明确运维主体

1.重视建管养主体分离

由于目前海绵设施相对分散,涉及住宅小区、公共建筑、市政道路等多种项目类型,应明确海绵设施运行维护管理的责任单位和具体要求:①市政设施、公园绿地、道路广场等公共项目海绵设施,由各项目管理单位负责维护管理或由相关行业管理部门负责维护管理。②大型调蓄池、闸泵站等新建关键性基础设施,交由 PPP 项目公司或建设单位负责日常运行维护。③公共建筑海绵城市设施,可由产权单位负责维护管理,或通过政府购买服务的方式委托物业服务单位进行管理。④住宅小区等房地产开发项目的海绵城市设施应由产权人负责维护管理,产权人可委托物业服务单位进行管理。

2.明确日常管护流程

可采取如下措施:①设立相应的监管制度,在设施建设过程中要根据设备类型,制定相应的巡视制度,建立全面的管理制度,安排专人进行管理,并建立维护管理电子台账,提高建设过程中的信息化管理水平,保证施工过程高质量完成。②在设施建设完成之后,有关建设施工方要向运行维护单位移交竣工资料及相应的运行和维护台账,并对海绵城市设施的位置、作用和运行维护要点进行说明,要明确相关责任归属。③相关运行维护单位应根据所得资料制定相应的运行维护方案,不光要明确对透水铺装、生物滞留设施、下沉式绿地、渗透塘等低影响开发设施进行定期维护的内容及频次,还要设立故障检修方案和突发事件应急预案,为可能出现的情况做足准备,这样才能使海绵城市设施长期可靠运行。④相应的验收与环保部门,要定期对相关设施负责区域生态功能、重点数据和重点地区进行定期监测和评估,并向相关部门进行反馈,使相关部门对海绵城市设施的运行维护进行优化,确保海绵设备的高效运行(王凯博,2022)。

(二)保障运维资金

1.出台运维激励政策

建设主管部门可联合财政部门出台海绵项目运维管理奖励政策,对认真落实海绵项目维护工作的单位和个人进行一定额度的奖励,奖励可以是资金、容积率、建设密度等形式,提高建设单位积极性。在具体地块开发中落实海绵理念,进行二级土地开发时,需经第三方对建成项目进行评估,方案必须满足海绵城市建设指标体系中的刚性指标。对于指标体系中的创新性指标,以一定的资金激励措施奖励达到这些指标的项目。项目建成后,由第三方机构进行定期监测和检验,如果未达到标准,则开发商需要支付相应协议罚款。

2.创新土地出让政策

海绵项目可以直接转让开发,或者采用政府与开发企业直接合作的模式,资本金即土地出让金,开发商通过商业开发来完成海绵项目建设。具体而言,在政府拍卖土地阶段明确出让地块的海绵小区建设目标,将具体的控制指标纳入土地出让条件,明确各类海绵设施的运营维护费用和单价标准,并根据"按效付费"原则确定不同类型项目的运维主体、资金来源、付费标准和运维要求,保障后续设施的运营维护。

3.设立雨水管理制度

将雨水治理收费纳入现有的《水污染防治法》或专门的海绵城市建设法律法规以建立法律依据,将经济诱因性和强制性政策工具相结合,成立专门的雨水管理部门编入公用事业政府机构(崔丰文等,2018)。具体而言:①对所有的工程进行雨水定量限额排放,对超额排放雨水的工程收取相应的费用,对排放污水造成水体污染的参照《环保法》等相关法律予以惩罚。②对使用雨水资源的建筑小区予以奖励,同时对减量排放的雨水量进行交易。③开放雨水经营制度,按市场化经营雨水,从而实现后期的工程运营维护和雨水的循环利用。

(三)智创运维模式

1.构建智慧型管理网络

可采取以下提升路径:①构建在线监测和人工监测相结合的监测网络,多方位记录海绵城市设施运行情况。②建立海绵城市信息平台,收集城市雨水径流水量水质、河湖水系水量水质、海绵城市设施运行情况等各类数据,基于动态更新的数据库建立多功能融合的综合信息管理平台,实现数据资源共享、多方协同共用。③加强海绵信息化管理,应用物联网、大数据等信息化手段,及时对海绵城市建设技术措施和设施运行效果进行监测和评估,为科学合理推进海绵城市建设提供保障。④强化应急管理,建立多源数据实时监测系统、城市内涝演进模拟和风险评价系统及防汛调度决策系统。⑤建立海绵城市建设项目库(涵盖公园绿地、道路广场、建筑小区、水务等),依托信息系统,开展海绵项目入库管理。对入库项目开展巡查工作,根据项目建设进展情况,分阶段确定巡查重点,保障海绵城市建设提质增效。对于前期阶段或新开工项目,重点巡查设计方案对接落实情况;对于在建项目,重点巡查项目是否严格按施工图施工及施工质量管控水平;对于已完工项目,重点巡查项目整体效果及运行维护情况。

2.建立在线监测平台

一方面,以在线监测系统为海绵城市建设提供长期监测数据和计算依据,综合利用在线监测数据、设施分布图和数学模型等手段,评估低影响开发设施的运行效果;另一方面,通过信息化综合管理平台综合展示海绵城市的建设数据,包括年径流总量控制率、设计降雨量、LID设施数量和规模,通过地图查看和展示特定LID设施的空间布局、控制指标详情及设施的监测数据。以智慧化平台为海绵城市考核评估提供全过程信息化支持,构建三层次海绵城市一体化信息管控平台,由下到上分别为硬件支撑层、数据支撑层和应用层,实现信息的协同与互动,以海绵城市信息采集管理与共享应用为核心,逐步构建多方协同、动态连接的整体管控平台,形成分层、分模块的一系列工具与系统,支持海绵城市建设管理。典型系统构架见图20-5。

3.开展设施运行智慧评估

海绵设施维护管理单位应按照相关规定,建立健全海绵设施的维护管理制度和操作规程,利用数字化信息技术、监测手段,配备专人管理,保证设施完

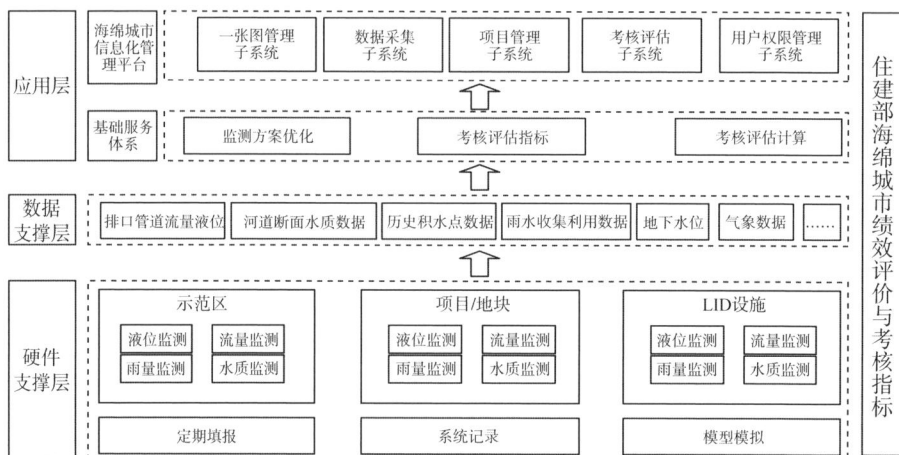

图 20-5　海绵城市绩效评价与考核指标智慧平台构架示意

好和正常运行;海绵设施维护管理单位定期对设施进行监测评估,鼓励第三方
机构定期参与海绵设施评估,确保设施功能正常发挥、安全运行;建立健全海
绵数据库和信息系统,为海绵设施的建设和运行提供科学支撑。

第二十一章　海绵城市建设的技术风险防控策略

　　海绵城市建设在技术体系领域存在着"系统谋划与统筹规划不够、规划定位与建设标准不高、关键技术与难题突破不足"等突出问题。本章从风险防控的角度全面审视了这些问题在海绵城市全生命周期中的风险表现形态，并在"五大原则"基础上，提出了海绵城市建设技术风险防控的策略体系，如图21-1所示。

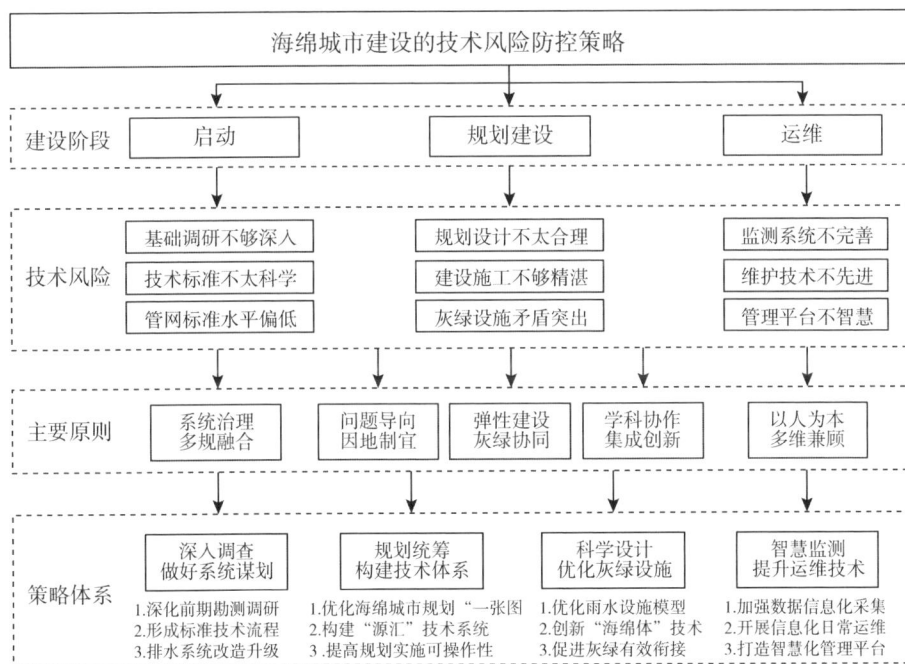

图 21-1　海绵城市建设技术风险防控策略体系

第一节　海绵城市建设中的技术风险

海绵城市建设的技术风险因素是指在海绵城市建设过程中,可能会对其质量、工期和成本等建设目标造成不良影响的各种技术方面的原因。风险潜藏于海绵城市建设的全生命周期,本章从启动、规划建设以及运维三个阶段,系统深入分析海绵城市建设过程中的技术风险因素。

一、海绵城市启动阶段技术风险

(一)基础调研不够深入

我国幅员辽阔,每个城市的降雨量、气候条件、水文地理等因素差异明显。南方地区海绵城市建设的重点是内涝防治、源头减排、过程控制,降低径流峰值流量和初期雨水径流污染等;北方城市降雨量少、易干旱,应重点强化生态绿地等"海绵体"建设,涵养水资源。因此,海绵城市建设需要大量的基础资料,基础调研的缺乏或疏漏会极大地影响后期规划方案设计,埋下技术风险隐患。然而,目前海绵城市试点建设过程中,许多城市因赶工期,在规划建设前期缺乏对本地区现状资料详尽深入的调研,难以做到"因地制宜"(刘剑,2016)。

(二)技术标准不太科学

目前,国内海绵城市建设仍存在设计标准发布滞后于工程建设、国家级设计标准适用性不足、标准不成体系等问题(李兰等,2018)。例如,全透水路面在承载力、抗尘等方面存在一定优越性,已被广泛用于试点城市建设中,但我国关于全透水路面材料的设计应用范围、路面维护方面的规范标准十分匮乏,现有的相关规范标准难以为道路设计、施工、维护人员的工作提供依据,导致全透水路面建成后,骨料脱粒、路面开裂等状况频发(施孝贞,2019)。

(三)管网标准水平偏低

我国现有的排水管网设计标准偏低,致使排水设施和排水系统满足不了城市快速发展和人口剧增的现实需要。一方面,排水标准设计偏低。我国不少城市在发展初期"重地表、轻地下",城市排水标准多为一年一遇、半年一遇,新建城区管网标准也多为 1—2 年一遇(周宏等,2018)。然而,随着城市规模的不断扩大,地面硬化及不透水面积逐渐增多,城区雨水汇集速度加快,地面下渗能力大幅度减小,产汇流量加大,一年一遇和两年一遇的排水管网建设标准根本难以满足排水需求。当暴雨强度超过设计规模时,现状管道无法及时排出雨水,必然会形成内涝积水。另一方面,河道防洪标准较低。特别是位于中小河流两岸的大量中小城市,当强降雨过程中城区河道水位高于雨水出水口时,容易形成泄洪瓶颈。而且,一些城市虽然防御主要江河洪水的工程已达标,但防御次要河道洪水的工程标准较低,尚未形成完整的城市防洪圈(王章立,2010)。

二、海绵城市规划建设阶段技术风险

(一)规划设计不太合理

1.缺乏系统性

从一些海绵城市实施方案和专项规划的成果来看,缺少大排水系统规划建设,缺少竖向衔接,缺少对保护水资源、水生态等目标的实现途径等问题,都表明各海绵试点城市缺乏系统性考虑,且对海绵城市的理解存在偏差(李俊奇等,2017)。

2.缺乏前瞻性

海绵城市短期内示范区的建设成效并不显著,需要以长远的眼光设计中长期的建设方案,但地方在建设方案的选择上通常注重眼前的投资与成效,较少从全生命周期角度考虑基础投入与方案设计,影响海绵城市建设长效运行。

3.缺乏协同性

海绵城市建设离不开多专业、多部门的协调合作,但规划设计过程中,各部门缺乏协同,难以实现各行业间技术的有效协作(王二松等,2015)。部分城市仅从单一专业角度出发考虑问题,在建筑、道路、园林等设计方案确定后,再由排水工程专业"打补丁",导致资金上的巨大损耗(孔锋,2021)。

(二)建设施工不够精湛

1.施工质量粗糙

绿色屋顶须做防渗处理、透水路面须做清洗维护、雨水回收处理成本高等技术难题尚未突破,导致一些源头减排设施建成后出现设施塌陷、道路积水等现象,影响海绵城市建设成效,长期被诟病(佘年等,2021)。

2.技术创新不足

现阶段有关透水路面、雨水花园、绿色屋顶等海绵设施的技术刚刚起步,相关原材料供应和工程建设的企业缺乏,导致我国使用的海绵核心技术和相关材料依赖进口。此外,自主研发技术的空白一定程度上阻碍了海绵城市建设的健康发展,使工艺技术和使用产品长期处于创新优化停滞阶段,难以指导透水路面、绿色屋顶等特殊设施的建造,制约海绵设施发挥最佳效用(朱芷贤,2020)。

(三)灰绿设施矛盾突出

我国灰绿设施的推进仍面临着"过度工程化"以及"灰绿冲突"等问题。①重"灰"轻"绿"。相比政府和开发商积极参与的灰色基础设施建设所能带来的高额利润回报,绿色基础设施回报前景不明,导致开发商建设动力不足。②"灰"进"绿"退。当前,灰色基础设施通常会占用绿化用地,绿地建设处于被动妥协的处境。许多城市为拓宽道路而砍伐树木,追求商业开发而侵占城市中心的公共绿地,引发城市热岛效应加剧,进一步恶化城市水生态环境。③"灰"整"绿"碎。部分城市灰色基础设施如高架桥、城市主干道、硬质驳岸等的建设占用了绿化用地,致使绿地系统破碎化,无法有效发挥绿地的生态效益(谢旭阳等,2019)。

三、海绵城市运维阶段技术风险

(一)监测系统不完善

与给水、污水、水利等领域的监测环境相比,针对海绵城市建设的监测方法和标准亟待完善,监测设备和技术基础相对薄弱。一方面,海绵城市建设监测实践基础不足,监测设备安装位置、精度选择不合理等问题严重;另一方面,对于不具备人工、自动监测条件的点位,流量自动监测设备无法工作或监测精度较低等技术问题长期没有得到解决(孙瑶等,2022)。

(二)维护技术不先进

在项目建设完成后,设施维护技术的不合理,会导致海绵设施使用功能降低或丧失、使用寿命变短。然而,目前海绵设施的运行维护技术较为落后,生物滞留设施不易维护、选种技术不佳致使植物枯萎、透水铺装清洗技术落后引发堵塞等问题突出,严重影响了海绵城市建设的可持续发展(赵大维等,2021)。

(三)管理平台不智慧

智慧化管理平台具有数据共享、洪涝预警、效果评估、辅助决策、公众告知等功能,一定程度上决定着海绵城市建设的质量与效益。智慧化管理平台的缺失是影响海绵城市建设绩效的主要障碍因子之一。目前,我国的海绵城市智慧化建设尚处于起步阶段,仅有少部分地区建立了智慧管控系统。城市对排水基础设施信息化建设和信息采集不足,更使得这少部分平台的信息内容不丰富、更新时效性差、数据精度不够,对数据的利用也停留在表面,只能满足海绵城市建设基本业务需求。除此之外,海绵城市智慧管控平台还有很多关键问题亟待研究,如综合遥感卫星、城市监控、传感器的多源水文信息监控技术,结合现代云计算和大数据的预警预报技术,城市水系统水质—水量—水生态的耦合水文模型构建等(刘家宏等,2019)。

第二节　海绵城市建设技术风险防控原则

一、系统治理,多规融合

雨水问题是跨尺度、跨地域的系统性问题(俞孔坚,2015),海绵城市建设必然是一个需要多部门共同参与、统筹协调的系统工程。在治理理念上,应摆脱传统洪涝治理就水论水、就城市论城市的模式,以"山—水—林—田—湖"等自然条件为载体,以"流域—子流域—排水分区—街区—场地"为规划尺度阶梯,立足多尺度综合管理,实现大、中、小海绵整体规划和系统治理;在部门协同上,应打破规划、国土、绿地、环境、水利和道路等多个专业规划之间的壁垒,实现从区域规划到城市规划,从整体规划到详细规划,从用地规划到专项规划的多规融合。

二、问题导向，因地制宜

我国气候南北差异较大，雨量分布极不均衡，海绵城市的规划建设应立足于城市自身环境、现状雨水设施特征和社会经济状况等区域基础条件，在方案编制时纳入关键环境、社会和经济指标，并采取适用于中国国情的效益计算方法对潜在方案进行比较（王文亮，2015）。以解决城市水安全、水环境、水生态问题为导向，合理确定海绵城市建设的综合目标与各项区域子目标，根据城市自身水环境特点，将城市范围内的快排和慢排相结合，完善和提升雨水管网排水能力。在此基础上，通过高效的协调和反馈机制，开展不同专业之间的技术统筹，培养本地化专业人才队伍，有效落实海绵城市规划建设的可持续发展。

三、弹性建设，灰绿协同

单一灰色雨水设施系统在应对气候变化等挑战时体现出脆弱性，海绵城市建设采用灰色基础设施与绿色基础设施相协同的建设方式有利于提高城市防灾韧性（蔡云楠，2016）。海绵城市建设在大力发展绿色基础设施的同时，应立足当地实际，对城市灰色基础设施进行绿色化改造，合理统筹灰色雨水基础设施与绿色源头减排雨水基础设施的衔接，形成灰绿协同、综合布局的体系。在海绵城市的建设过程中，一方面，须注重保护和修复山、水、河、湖、林、田等大型水生态斑块和网络，充分发挥绿色基础设施对降雨的滞留、渗透和自然净化作用，实现城市水体的自然循环；另一方面，须针对极端天气、极端气候产生的水环境风险进行模拟分析，在面临突发气象灾害时能弹性整合灰绿设施，共同应对风险，实现高效雨水管理。

四、学科协作，集成创新

海绵城市建设是一个多学科理论与方法交叉的学科领域，在保障城市水环境、水安全、水生态这一共同目标下，各学科单项技术需要通过重组、融合实现技术集成，共同保证海绵城市的高效合理建设（李辉，2017）。在启动阶段，拓展群决策与评价技术、网络分析模型、多目标动态规划技术、信息技术、协同学、系统管理理论等新技术新方法的应用；在规划建设阶段，改良施工技术，充分利用互联网、物联网、传感网络、云计算等信息技术方法对下沉式绿地、透水铺装等产品进行参数分析,并进一步引入碳排放测算,建设智慧化海绵城市系统;在后期运维阶段,完善从科学研究、技术研发到产业孵化的梯次衔接共建共享机制,形成"产学研管用"的闭环,持续培育技术服务团队,保障海绵城市各类设施的长效运行。

五、以人为本,多维兼顾

海绵城市建设是在城市总体规划指导下完成的,应当满足整个城市的建设发展需要,规划过程中不能只顾经济效益,还要考虑到社会人文效益。随着人们对精神文化方面的要求越来越高,海绵城市在规划建设时应当体现更多的人文关怀,规划时布置亲和性强的防洪排涝设施,充分考虑相互交替的远近景、丰富的细节、搭配合理的色彩以及尺度。此外,海绵城市绿色基础设施综合考虑交通、商业、休闲等多功能结合布局有利于提高本益比,并进一步建立广泛的公众支持。作为城市发展的有机组成部分,以生态功能的维护为核心,兼顾景观休闲及经济效益的多功能协调发展是海绵城市建设的必然要求。

第三节　海绵城市建设技术风险防控策略

一、深入调查,做好系统谋划

(一)深化前期勘测调研

在海绵城市的实际设计过程中,需要做到全局把控,加强对城市整体现状的调研,形成区域性的建设理念,并做好合理区划,以问题为导向,因地制宜地分片区开展工作,科学合理地选用和设置各类低影响开发设施。首先,海绵城市建设应避免"一刀切",根据当地地形、水文、水资源情况,合理设定指标,尽可能降低海绵城市建设启动阶段的技术风险(彭思思等,2021)。其次,要重视前期资料收集和专业配合,不同土质对应不同的渗透系数,收集资料时要详细勘察当地的基础情况,并将勘察分析结果作为海绵设施是否需要换土回填的评判依据。此外,按照绿化种植土壤的要求,一般绿化土壤的表层土壤(0—20cm)的土壤入渗率应不小于5mm/h,当用于地下雨水调蓄或净化时,应在

10—36mm/h之间。地下水水位分布情况不同，海绵渗透设施的分布及设置标高等也会有所不同。实践表明，一般渗透设施布置在高于地下水位1m时效果较好，和地下水位持平则完全没有效果（余小明，2022）。

（二）形成标准技术流程

由于国内对海绵城市设计标准的制定还处于摸索阶段，各省市地区的海绵城市设计导则或技术标准在制定时大都缺乏严谨论证，科学性有待提升。海绵城市建设不仅需要满足城市水系统构建与修复需求，还要求符合城市规划、交通、景观、市政等各项基本功能。因此，省市级主管部门应牵头制定一套涵盖海绵项目规划、施工、验收以及养护的全生命周期的技术标准体系，颁布综合技术指南或建设技术导则以协调不同层次、不同专业海绵城市建设，确保每个环节有章可循、有规可依，为各地具体实施细则的制定提供重要依据；各区县应结合本地的设计参数与实践特点编制具体的实施细则，建立属地化的标准体系，包括公众参与、监管办法与运营维护办法等（见图21-2）。同时，政府、科研机构和有关企业应联合加强技术、工艺、材料等方面的标准研究，强化技术支撑能力。

此外，海绵城市建设过程应注重开展全方位监测监督，建立从源头到末端的系统治理思路，协调推进繁杂的子系统与分项整治要求，避免项目碎片化，确保综合效益最大化。主管部门应注重从图纸审查、现场施工、竣工验收等过程进行全方位监督、检查和落实，通过对海绵城市建设项目的阶段性监测和有效反馈，及时完善调整建设和管理策略，有效提升项目的建设质量。

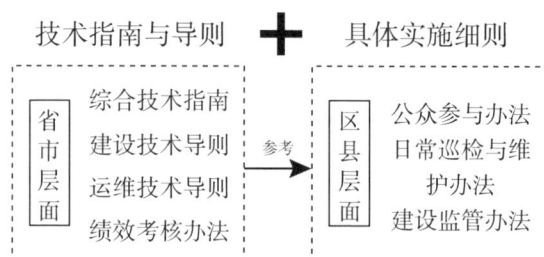

图 21-2　海绵城市标准体系建设

（三）排水系统改造升级

我国不同城市发展水平和管道建设基础差距极大，在排水管道提标改造升级方面面临诸多难题,特别是大量已建成区涉及拆迁、土地用途变更和多部门协调等方面的复杂问题,忽视城市现状进行大规模改造,将会对城市的经济、社会及环境带来难以估量的影响。目前,我国的《室外排水规范》和《海绵城市建设技术指南》分别明确了大小排水系统标准以及径流总量控制率的建议性标准,有关研究表明实现径流总量控制会对小排水系统标准甚至整体排涝标准产生影响,因此排水防涝综合规划设计需要协调好这两方面工作:一方面,需要满足规范对管道标准的明文要求;另一方面,面对已建成区大规模改造重建带来的较大的技术难度和社会影响,低影响开发设施的建设过程涉及政策、激励机制的制定和协调,大量建筑和场地改造协调又面临多重现实阻碍,许多二、三线城市还面临巨大的资金缺口。因此,排水系统"改与不改""局部改还是全面改""如何改"就成为摆在建设部门及政府面前的艰难选择(车伍等,2015),对于新建城区和已建成区这两种不同建设区域,需要在合理规划的基础上,通过逐步化改造升级地方排水系统,从而达到更高的内涝防治标准(见表21-1)。

表 21-1　我国内涝防治综合系统改进措施

建设区域	改进措施	实现效果
新建成区	按照 2—5 年国标进行管网规划设计,通过合理规划,尽量保留天然沟渠、坑塘,合理规划设计道路和开放空间等大排水系统,合理预留绿地空间	在满足防涝标准要求的基础上,达到 85% 年径流总量控制率的海绵城市建设要求
已建成区	• 因地制宜,避免盲目翻挖管网,结合旧城改造、道路改扩建等逐步推进,制定清晰、可行的近期改造规划 • 加强模型模拟和对现有排水能力及内涝风险的评估分析,更高效地挖掘已有设施和地表的排涝能力,优先解决重点易涝点 • 在改造困难的区域,合理利用现有管道系统并考虑道路地表的排水能力,结合一定的 LID 和调蓄措施达到排涝标准	达到 3—5 年甚至更高的标准

　　在排水系统的建设方面,我国可以考虑借鉴发达国家的先进经验,但同时必须与我国城市基础设施现状和实情相结合。一方面,应因地制宜地开展灰色基础设施升级,在雨污合流严重的区域推行雨污分流改造,条件不允许的地区可建造截流干管,加大截流倍数;另一方面,可以在现有排水系统中增加雨

水收集、存储和利用设施,促进雨水分流和利用;加快可持续城市排水系统设计,在城市尤其是外围地区广泛应用"管理列车",利用透水路面、生物滞留设施和洼地等设施,在源头、场地和区域逐级控制和处理雨水径流,实现水质改善和径流减少。

二、规划统筹,构建技术体系

(一)优化海绵城市规划"一张图"

城市人民政府是我国落实海绵城市建设的责任主体,负责统筹协调规划、国土、道路、排水、交通、园林、水文等职能部门,促进海绵城市各项建设内容的落实。海绵城市建设各层次相关规划主要由规划部门负责提出具体的实施理念、策略、目标和控制指标,为海绵项目的设计、建设以及运营维护提供依据。目前,我国海绵城市建设尚处于试点和示范阶段,大部分城市的雨水资源化利用、地下水水源涵养、城市内涝防治等方面都存在诸多不足。随着海绵城市规划建设重要性的日益凸显,能否将海绵城市建设的指标体系落实在城市总体规划、专项规划、控制性详细规划和修建性详细规划等各层级的规划中,形成海绵规划"一张图"并探索出适应自身发展需求的规划建设策略,已成为当前推动海绵城市可持续发展的重中之重。

在 2013 年习近平总书记首次提出"海绵城市"建设理念以来,国务院及相关部委陆续发布了《海绵城市建设技术指南》《海绵城市建设专项规划与设计标准(征求意见稿)》等多项海绵城市规划设计技术标准规范,以完善海绵城市规划设计技术体系,指导并支持各地海绵城市建设工作的顺利推进;各省份也相继出台相关技术导则,如浙江省住建厅发布了《浙江省海绵城市规划设计导则(试行)》。基于上述标准规范,全面梳理我国海绵城市规划设计技术体系的内容和要点(见图 21-3),可为规划设计的技术风险防控环节提供基本遵循。

海绵城市规划技术体系主要涉及城市、重点片区、具体项目三个层面的多项规划内容,包括海绵城市专项规划和海绵城市近期建设规划,及其与总体规划、控制性详细规划、修建性详细规划和其他专项规划的衔接(见图 21-4)。首先,城市的总体规划阶段应注重理念、方法和体系的创新,综合土地利用、城市生态和环境保护、水系和绿地系统、市政基础设施等相关内容,确定不同城市的年径流总量控制率和对应的设计降雨量目标,因地制宜地制定城市 LID 雨

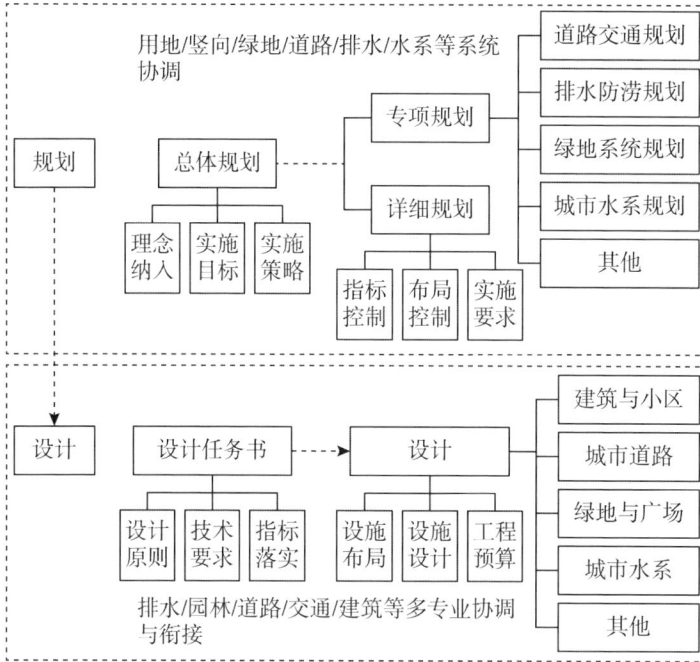

图 21-3　海绵城市规划设计技术体系优化

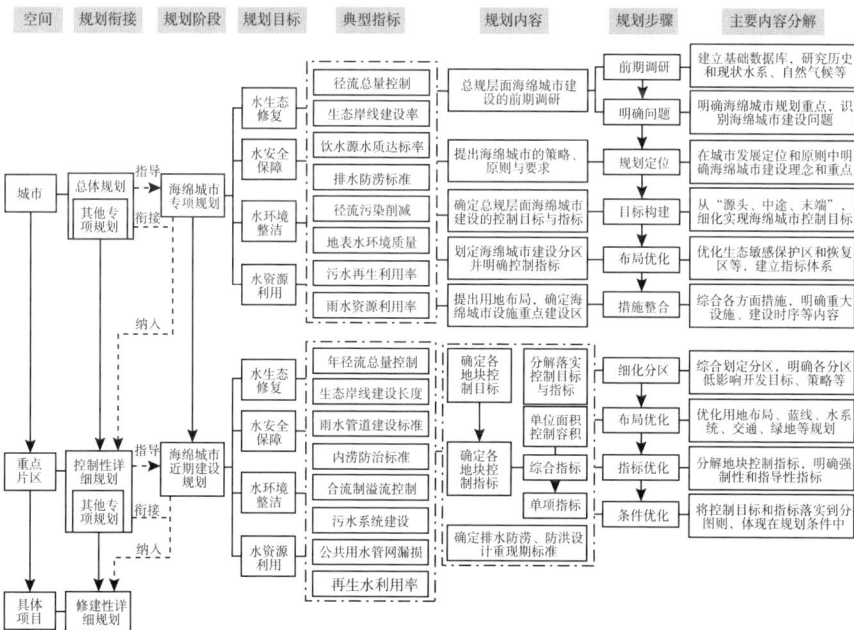

图 21-4　海绵城市规划技术流程优化

水系统的实施策略并确定重点实施区域(李岩,2015)。其次,要科学制定海绵城市专项规划,在规划前期开展基础性调研工作,在综合评估城市本底条件、系统分析城市现状问题的基础上,提出海绵城市建设的总体目标与具体指标,并针对新老城区的具体情况制定总体技术路线,保障建设方案具备前瞻性和合理性。再次,要加强与各专项规划的衔接,配套制定城市排水防涝、园林绿地系统、城市道路等相关规划,具体落实海绵城市的建设要求。最后,在城市的控制性详细规划阶段,着重落实城市总体规划及相关专项规划确定的低影响开发控制目标与指标,并尽量满足引导性指标要求,通过容量法或模型法校核径流总量控制率要求,复核各项径流污染物去除率等各项指标要求,合理布局低影响开发设施用地;结合用地功能和布局,分解和明确各地块单位面积控制容积、下沉式绿地率及其下沉深度、透水铺装率、绿色屋顶率等低影响开发主要控制指标,为下层级规划设计或地块出让与开发提供指导(李岩,2015)。

(二)构建"源—汇"技术系统

海绵城市建设区域用地类型丰富,水文地质条件复杂,开发建设时序上也存在差异,应根据海绵城市专项规划和控制性详细规划,统筹各片区的低影响开发系统、雨水管渠系统、超标雨水径流排放系统进行标准化设计,统一各设施接口和节点的尺寸,保证设施之间、地块之间的设施具有良好的衔接性,促进海绵城市"源—汇"技术系统的构建,实现海绵城市设施的系统性建设(吴文洪等,2017)。

低影响开发"源—汇"系统是一个概念模型,"源"是指下垫面产生的雨水径流,"汇"是指净化、消纳雨水径流的处理中心(见图 21-5),在海绵城市建设过程中应根据不同地区的实际情况灵活应用该系统。第一级的"源—汇"系统应用于场地尺度,路面径流、屋面径流、绿地径流可以通过场地内下沉式绿地等"小海绵体"进行滞蓄;第二级是地块内的"源—汇"系统,第一级"源—汇"系统中产生的"源"经过地块内的湿地、水塘等"中海绵体"进入第二级系统;第三级"源—汇"系统则是指更大的流域管控单元范围,第二级中的外排径流可以通过雨水公园、大型调蓄水体等"大海绵体"最大限度地减少洪涝灾害发生的可能,实现雨洪的良好调节。除此之外,建筑与小区、道路、公园绿地的雨水径流通过三级"源—汇"系统进行逐级处理,最后排入雨水管渠乃至城区内河,实现对雨水径流的渗透、调蓄、净化、利用和排放,充分发挥海绵体功能,构建渗、滞、蓄、用、净、排完美结合的城市良性水循环系统(栗玉鸿等,2022)。在构建三级低影响开发"源—汇"系统时,要科学设计绿地系统,注重其在消纳自身径流的同时,统筹考虑周边雨水的汇集,合理确定消纳方式。

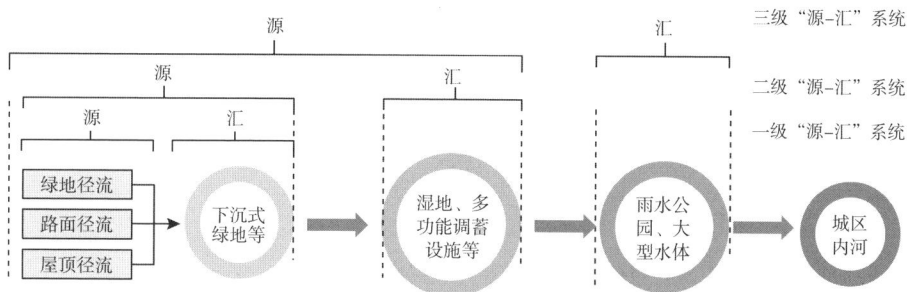

图 21-5　海绵城市建设三级"源—汇"系统示意

在三级"源—汇"系统中,"源""汇"用地的优化布局一直是推进海绵城市建设的重要研究课题。长期以来,国内对于建设用地规模控制的认知主要停留在城市行政区划层面,而对于应该在一个排水分区内部控制"源"类用地上限的认知不足。基于杭州海绵示范城市建设的实证研究,我们认为"汇"类用地和碎片化的"汇"类用地结构是河道污染物含量上升的主要原因,通过提高"汇"类用地的连接度、结合度与均匀度能起到有效的减缓作用;一个排水分区中满足水质达到Ⅲ类标准的"源"类用地控制占比应小于一定的阈值(杭州为33.3%);当景观破碎度高于一定数值(杭州为0.85)时,"汇"类用地净化径流污染物的能力近乎丧失。

在"源"类用地占比超过阈值的排水分区中,应加强城市生态修复,通过旧城改造、用地置换等手段增加其内部"汇"类用地占比,恢复山水林田湖生命共同体机能;在未到阈值的排水分区中,则应明确控制"源"类用地上限,避免过度开发对水环境与水生态造成不可逆影响。应摒弃当前无序蔓延与分散开发的城市建设模式,构建"大密大疏、疏密有致、大开大合、开合有度"的星形紧凑型城市空间结构形态(见图21-6)。结合当前城中村改造及轨道交通等大型基础设施建设,加强城市功能修补与生态修复工作:在交通枢纽与站点地区加大教育文化、医疗卫生、商业商务、生活居住等城市功能的开发力度与建设强度;在非交通走廊地区严格控制城市用地无序蔓延,保护建设城市生态廊道。

在过程中,重组"汇"类用地格局,系统布局和优化海绵城市结构:在宏观

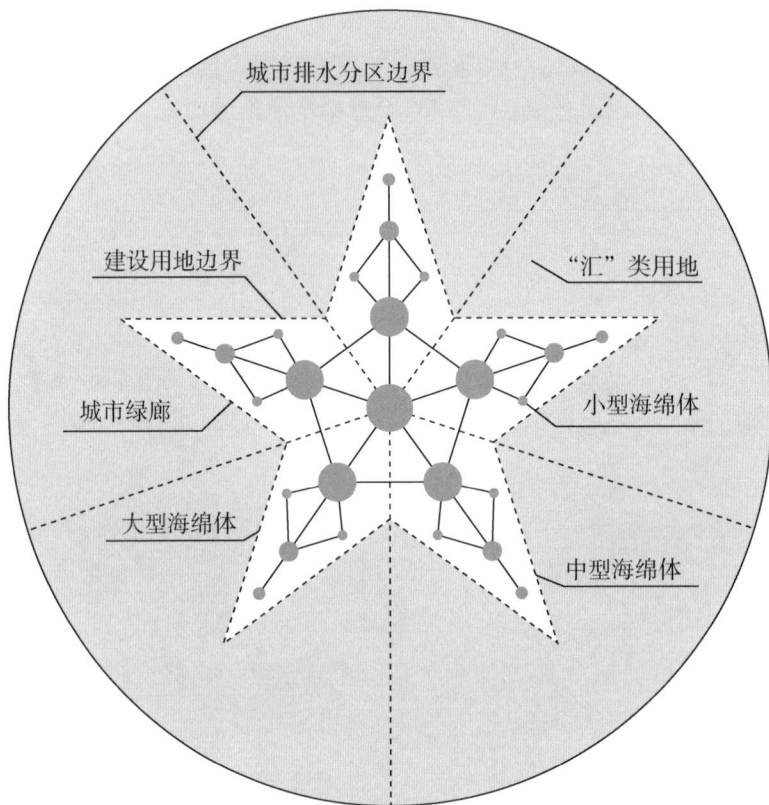

图 21-6　理想的城市星状布局概念形态

上,要构建高结合度与连接度的城市森林、湿地与生态绿廊系统,保护好城中的山、湖、湿地与大江大河,使各大型的"汇"类用地斑块之间融会贯通;在中观上,要建设高均匀度、网络化的各类城市海绵体,构建雨水收集系统,并使大、中、小海绵体有机镶嵌,将需要进一步处理的雨水传输到更高一级的大型海绵设施进行滞蓄,形成层层递进的水质净化系统;在微观上,要通过铺设透水铺装、增设前置沉淀池等方式收集处理污染严重的初期雨水,提升河道水质。

在末端,应加强协同治水的机制建设,并针对不同土地利用类型的排水片区,通过生物、化学的方法与手段提出有针对性的治理措施:在城市外围乡村用地比例较高的地区,存在着大量的农业面源污染,应侧重于对 CODMn 的治理;在城乡接合区域,布置有大量的工矿企业,应着重于对 DO、NH3-N、ORP、TP 与 Transp 等污染物的治理;在城市中心区域,则应重点加强对 NH3-N、ORP、TP 与 Transp 四者的治理(陈前虎等,2020)。

(三)提高规划实施可操作性

我国不同地区的经济社会发展、水文地质条件和自然地理环境千差万别，需要因地制宜地开展海绵项目工程建设。由于建设用地和非建设用地的功能、属性差异较大，未来可以探索绿色基础设施"一图两标"的控制要求。在制定场地层面的开发策略时，可以以汇水分区为单元，确定场地雨水控制目标和具体指标。一方面，建设用地的雨水控制指标主要用于控制下垫面环境和建设开发活动的强度，涉及绿色建筑、建筑密度、容积率、绿地率、雨洪利用及中水回用等规划指标和要求；另一方面，非建设用地的雨水控制指标则更应注重生态功能的保护，可根据实际情况具体设定乡土植物比例、平均径流系数、原有自然生态类型、乔灌木占绿地比例和土地保有率等指标(蔡云楠等，2016)。

除了用地类型差异，新旧城区在进行雨水设施的规划建设时更需要综合全面的评估。城市建设新区由于未经大规模开发建设，现状约束条件相对较少，在规划之初就可以设定符合规范要求的绿地率和建筑密度等指标，利于低影响开发设施建设。因此，应充分依托于地块设定的绿地率和建筑密度，通过调整各种绿色基础设施的指标，例如透水铺装率、下沉式绿地率、绿色屋顶率、透水地面等，使得地块的综合径流系数达到要求，结合设计降雨量计算出绿地、屋顶、人行道、停车场和道路的控制容积以及地块的单位面积控制容积(李岩，2015)。道路、停车场等产生的多余径流可以通过植草沟等导入下沉式绿地，超出下沉绿地容积的水量通过建设调蓄池被收集，不仅能用于渗透补充地下水，还能够收集雨水资源进行再利用；屋顶产生的径流则可以通过建设雨水收集罐进行收集利用，收集的雨水经过净化后可以用于绿地浇洒、小区清洁和车辆清洗等。

在制定城市老区控制性详细规划策略时，应充分考虑到城市老区的现状条件，老区往往历史悠久且保留建筑较多，开发密度大，绿化率低，地面硬化程度高，现状径流系数也通常比较大。为此，城市老区在推进海绵城市建设时，应分阶段、分时期逐步建设，以降低径流系数为主，对硬化的人行道、停车场进行改造，铺设透水铺装；可以将绿地改造成下沉式绿地，有条件的小区设置雨水收集罐，收集雨水用于浇洒、保洁；老区中拆迁改造的地块，应与周边未改造地块统筹，按照新区标准进行规划，通过改造地块的高标准建设来提升周边老区的径流控制能力。

三、科学设计,优化灰绿设施

(一)优化雨水设施模型

在决策阶段,LID 设施及其组合系统的选用与科学布局是建设海绵城市的关键。构建多维度全面的雨水设施布局预测和评估模型,有利于因地制宜、科学合理地对研究区域进行海绵城市改造(陈前虎等,2020)。因此,首先,需要基于信息采集与处理,通过数据分析和统计方法,对城市的内涝特点和分布范围进行系统评估,确定径流雨量和相关的应对措施。其次,采用 SWMM 软件或 inforworks 软件进行数学建模,对蓄水池、雨水湿地和渗透池等进行规划、布局和优化。例如,可构建以成本效益、内涝防治和污染削减为优化目标,调蓄容积和设施规模为约束条件的雨水调控多目标优化模型,为不同尺度 LID 设施的规模优化与合理布局提供理论依据。通过本课题提供的三种编程优化方案可以看出,并非所有下垫面都要建设 LID 设施,对于某一类下垫面,只需添加一定比例的 LID 设施就能完成相应的改造目标,适当增加透水路面的比例也将有助于对 TSS 含量的削减。此外,除了雨水花园宜分散布置且规模不宜过大外,其他各类设施占相应下垫面的比例大多在 60% 左右。总的来说,各类设施布局应相对集中并且提高相互之间的连通性,不仅能避免某些不必要的资源浪费,良好的连通性和聚集性还可以大大增强建筑小区在不同降雨强度下的抗冲击能力,从而实现因地制宜的改造目的(陈前虎等,2020)。最后,综合考虑社会、景观和环境效益,进行优化比选,确定海绵设施布局的最佳方案(方德智,2019)。

(二)创新"海绵体"技术

城市水环境的改善和发展离不开技术手段的创新,采用多形式的"海绵体"技术,不仅能够缓解暴雨径流压力,还能起到地下水补给的作用,促进城市水文系统的良性循环。借鉴先进经验国际经验(王岱霞等,2017;相巨虎等,2022),雨水资源的可持续管理需要将雨水治理与城市环境、城市景观设计、城市生态文明紧密结合,例如采用屋面雨水利用、屋顶花园、道路雨水渗透、小区雨水收集、城市花园、洼地—渗渠系统等多形式的水资源利用技术;广泛探索应用道路渗透技术,在道路建设过程中使用透水性材料,能够打破地面与地下的"人工屏障";因地制宜创新蓄水池技术,在城市密集区的地下设置一定容量的储水池,使之能够在暴雨天气中蓄水、在干旱天气中释水。

海绵城市作为诸多领域共同协作建设的项目,需要专业的科研创新团队及其创新能力,应当积极与经验丰富的相关单位创建良好的战略合作关系,搭建技术创新平台,引入先进的理念与产品。目前,我国在海绵城市施工技术和建筑产品创新性方面还存在不足,未来在保证相关施工技术和产品创新性跟得上海绵城市发展要求的同时,还要在渗透、蓄水、使用、排水等方面对海绵技术进行创新。海绵城市的发展不仅要在道路、屋顶、公园等方面进行技术实践,同时需要重视地下管道系统的技术创新,例如科学合理地确定不同地区的管网口径,或采用建造巨型隧道和水处理工程等形式促进内涝防治。因此,各地应积极探索技术创新,如与相关科研单位建立合作关系,开展新技术、新材料、新工艺、新设备的研究,逐步摸索出高度适宜当地条件的海绵新技术(李丹君,2020)。

(三)促进灰绿有效衔接

绿色基础设施与灰色基础设施系统的结合是解决我国城市水问题的必由之路,灰绿设施相互协同并处理好流域上下游关系,才能更加高效地完成雨水径流控制目标。从宏观到微观,绿色基础设施是海绵城市中的超标雨水径流排放系统、城市雨水系统与低影响开发雨水系统的重要组成部分,灰绿结合可以提升城市雨洪管理能力和实现复合生态功能。海绵城市建设过程中绿色基础设施与雨水管渠系统建设、雨水排放管理制度之间存在密切关联,也是城市规划必须考虑的关键因素。例如,根据雨水管渠设计规模并结合雨水排放要求,综合确定绿色基础设施的规模和布局,并确保两者接口的良好衔接(刘丽君等,2017)。

加快管网的绿色改造是解决地表径流问题的重要路径。道路径流、广场径流是地表径流的重要来源,应转变道路广场的建设模式,由快速排水转变为分散就地吸水,以控制面源污染、削减地表径流为目标,以雨水下渗、调蓄排放为主要方式,在满足道路基本功能的基础上,充分发挥道路分流、滞留和吸收雨水的作用,提高道路"弹性",充分利用道路自身及周边绿化空间,最大限度地削减径流水量并改善径流水质。同时,应逐步完善传统市政排水管网与绿色基础设施的有效衔接,形成系统联动的多级排水、防涝、防洪体系,全面提高城市整体排水防涝能力(王凯博,2022)。对于新建或全面改造地区,应采用分流排水体制;对于老城区,在更换和修复"病害"管道的基础上,应逐步开展雨污分流改造,在实行雨水、排水管道分流系统的同时,还要充分考虑雨水管道的应急能力(王巍巍,2020)。此外,应重视调蓄池的合理布局与利用,通过构建灰绿结合的径流控制系统,实现高效的雨水管理,运用数学模型定量化探究出调蓄池的最优设置容积,提出对体积过大的调蓄池采用分散式组合的设计理念,而对于较小容积的调蓄池,可因地制宜按需设置。

本课题的有关研究表明,有效不透水下垫面(EIA)的合理布局能够有效提升处理地表径流的能力,取得最大的成本效益。(EIA)是指通过雨水管道直接连接排水收集系统的不透水区域,其相比较不透水下垫面对城市地表径流的贡献更大。当前,我国《城市绿化规划建设指标的规定》中要求城市建设用地绿地比例应不低于35%,其中居住小区和公共建筑的绿地比例标准分别为40%(新小区)、35%(旧小区和公共建筑)。根据本书第四篇的研究结论可知:在不透水下垫面与城市排水管网高度或完全断接的情况下,城市建设用地内绿地比例标准可不做调整,但是可以增加透水铺装等弱透水下垫面的比例,以进一步削减地表径流;在不透水下垫面与城市排水管网部分断接的情况下,建议已改造的居住小区和公共建筑的绿地比例标准均提高3.5%;在未进行海绵设施改造的情况下,建议未改造建设用地中居住小区和公共建筑的绿地比例分别提高7%(新小区)和12%(旧小区和公共建筑);在常规绿地比例(30%—35%)建设标准下,可通过增加透水路面面积或将普通绿地改为下凹式绿地、雨水花园及雨落管等方式降低EIA比例,实现对地表径流的控制(陈前虎等,2020)。

四、智慧监测,提升运维技术

(一)加强数据信息化采集

在城市发展进程中,大数据、互联网、物联网、云计算等新技术理念不断发展,工业化时代也逐渐迈入深度信息化时代,充分利用各种数据进行特征分析和资源整合,做出快速智能反应,可以为城市发展提供更高效率和更高质量的方式,未来海绵城市的发展应充分融入这些信息化方法(吴丹洁等,2016)。具体而言,融合信息化的海绵城市,其发展过程是:首先,采用新型传感设备对城市的各类信息和数据进行监测,将智能组件与灰色、绿色雨水基础设施进行多形式结合,对城市的洪涝雨量、管网分布、掩埋情况进行监测(方德智,2019)(见图21-7)。其次,采用互联网技术和移动通信技术,对实时监测数据进行传输分析。再次,通过大数据分析和云计算等手段,对数据进行过滤和分析,从而给方德智出各种问题的智能化解决方法。最后,基于上述分析和评估,对结果进行反馈分析并改进系统。借助现代化信息技术手段,通过传感器设备进行信息与数据的采集,选定拟选方案并总结出最合适的建设方案,实现对透水路面的监控、绿色屋顶的自动灌溉和管道的自我维护等,最大限度地提升海绵城市建设的科学性和合理性。

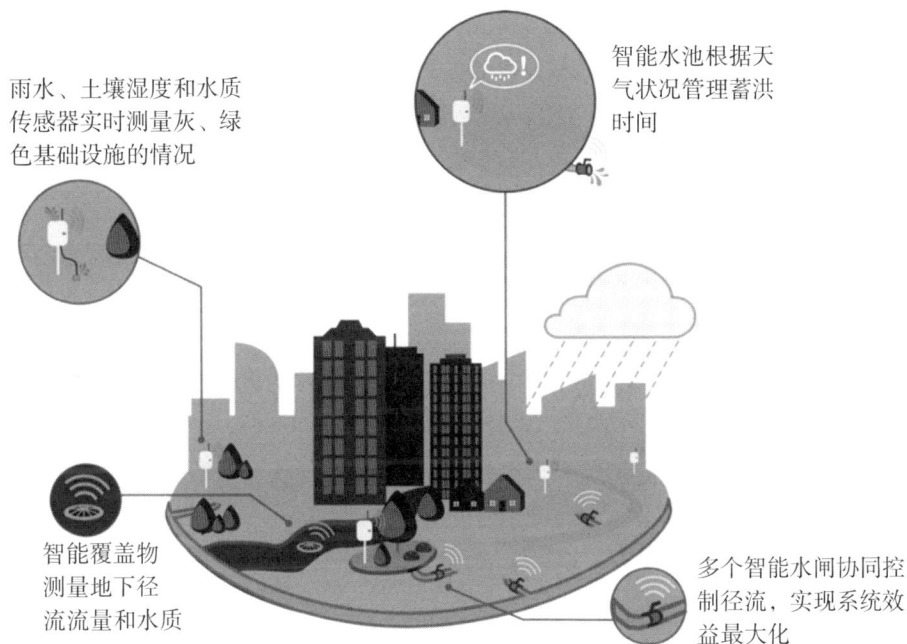

雨水、土壤湿度和水质传感器实时测量灰、绿色基础设施的情况

智能水池根据天气状况管理蓄洪时间

智能覆盖物测量地下径流流量和水质

多个智能水闸协同控制径流,实现系统效益最大化

图 21-7　新型智能雨洪测量和控制体系

雨水径流总量控制是海绵城市建设的关键技术指标,为实现70%的径流控制目标,可以从以下几个方面开展工作:①记录区域降雨情况,并查看地形图及设计图纸,利用互联网及大数据对项目的具体情况进行数据提取和文本分析。②根据实际情况在雨水排放口、关键管网节点等处安装雨量传感器和计量装置,实施连续监测,并将监测数据上传。③利用大数据分析方法对每年的降雨形成及外排雨水进行统计,借助软件进行建模分析。④结合区域每年的降雨总量和控制标准,对数值进行比对从而得到年降雨径流总量控制率,并

做出反馈及修正意见。此外,当前雨水径流的污染也越来越严重,在设计中应该严格控制径流污染。应该建立城市雨水污染防护与处置的关键技术指标,使得设计有标准可参考,最后在实施中应该将这一指标作为重要标准,作为海绵城市建设效果的关键评价(方德智,2019)。

(二)开展信息化日常运维

许多试点城市建成后效果有限,其中一个很重要的原因就是海绵设施运营维护不当。海绵城市运维技术不佳会降低海绵设施的实施效能,缩短海绵设施的使用寿命,从而增加海绵城市建设风险。低影响开发设施的运维管理,包括运行效果的跟踪与设施的定期或不定期维护。前者通常需要借助物联网技术,采集各类运行数据,有序整理并以直观的形式呈现;后者包括制订计划、实施维护、评定维护效果、存档维护记录等步骤,并需要规范地开展执行。在运维过程中,管理人员、操作人员均需准确把握维护对象的特征、属性及其周边情况等信息,以便快速做出判断,有效维护。

如果将信息化技术应用到海绵城市的管理中,通过布设部分监测点并对关键点位进行连续观测,就可以确定科学有效的管理手段。例如可以对雨水的排泄进行监控,根据流量情况判断是否发生拥堵并及时通过人工方式进行疏解;又如可以通过对雨量进行监测,实现对城市周边的农田和工业用水的科学储备。运用技术手段以综合信息辅助决策,使海绵城市建设做到信息化、网络化、精细化发展,既能扫除海绵城市中的管理真空地带和安全死角,从长期看又能提高管理效率、降低成本,实现海绵城市规划、建设、运营管理和环境绩效的全过程综合监管,为海绵城市的可持续发展保驾护航。

(三)打造智慧化管理平台

制定规划、建设、运营、管理全过程的共同指标和语汇便于平台的正常运行,提高海绵城市管理效率。在统一指标与语汇的基础上,可以依托规划许可程序,从源头上对海绵城市建设进行刚性约束:将从规划要求落实、设计效果评估、图纸审查、竣工验收比对与效果验证到运维监管等各环节均纳入管控平台,实现一体化管理。海绵城市是城市建设生态化模式的体现,必然涉及多部门工作的协调,需要规划、住建、水务、园林、国土、市政、环保、气象等部门以及项目建设和使用主体的共同参与。当前,各地都在开展智慧城市、智慧政务建设工作,建设了河长制、黑臭水体整治、智慧城管、智慧水务等监管平台,应做好海绵城市监管平台与其他部门信息化管理平台的衔接工作,互留接口,做到信息及时共享、有效沟通、智慧决策、智能调度;同时,避免重复建设。

为配合常态化的运维工作,最大限度地减轻或消除运维风险对经济社会造成的损失,海绵城市建设风险管控平台应具备以下特性:①与物联网监测技术相结合,呈现低影响开发设施的运行情况,以便支持后续的分析、考核、决策;②嵌入维护管理的工作流程,结合场景、设施三维可视的特点,促进运维电子化、常态化、高效化。

海绵城市风险管控平台的建立着重关注以下几点目标:①资源采集与共享。海绵城市风险管控平台建设首要考虑的是实现资源共享,可以充分利用住建、城管、气象等部门管理系统平台现有软硬件技术、数据和设备,实现加快系统平台建设进度、控制项目投资成本要求;②易用性。在保证软件功能的前提下,软件设计要符合不同人群的需求,特别是终端操作软件的设计,应具有人性化的界面效果、方便实用的查询功能、高效便捷的操作方式。③安全性。由于整个海绵城市风险管控平台建设所涉及的数据属于政府各部门的内部资料,并具有高精度的空间地理信息、完善的项目信息。这些数据的安全性至关重要,因此,系统平台的建设目标应具有安全性。平台管控与维护人员、技术审查用户、材料申报用户享有不同权限,合法用户须按平台中自身注册的权限规定登陆、操作,而公众参与和系统管理则分属不同服务器。④易维护性。管理维护系统作为系统管理和维护的支撑,基于 GIS 平台和消息中间件进行构建,以保证系统具有极强的可维护性和可定制性。

为此,本研究提出海绵城市建设风险管理平台可采用 B/S(Browser/Service)结构设计,总体框架如图 21-8 所示。系统采用多层开放式架构,整个系统建立在完善的标准规范体系和信息安全体系基础上,自下而上构筑了基础设施层、数据层、应用层、展现层和用户层,各层都以其下层提供的服务为基础。平台涉及的网络主要包括党政机关专用网络、移动通信网、互联网等。平台涉及的硬件主要包括服务器与存储备份系统、显示屏、机房及监控中心系统等。

该平台架构主要包括"五层级二体系",其中"五层级"包括:①基础设施层。基础设施层是平台运行的物质基础,通过物联网等智慧感知技术与在线监控设施,实现项目建设数据的实时传输、及时录入等,为数据提供动态更新

海绵城市建设风险管控平台

| 用户层 | 发改委 | 规资局 | 住建局 | 财政局 | 生态环境局 | 气象局 |
| | 水利局 | 海绵办 | 建设单位 | 各区数据中心 | | 公众 |

| 展现层 | PC端显示 | 大屏显示 | 移动终端显示 |

标准规范与管理机制

| 应用层 | 风险分析子系统 | 风险评估子系统 | 风险预警子系统 | 风险管控子系统 |

| 风险因素清单 贝叶斯网络模型 系统动力学模型 | 主客观集成赋权 模糊综合评价模型 | 聚类分析 Fisher判别函数 | 风险应对流程 风险管控策略 公众参与渠道 |

信息输出 信息输出 信息输出

信息输出 评估反馈 信息输出 信息交互

风险信息管理子系统

| 基础信息管理 | 相关文档管理 | 建设项目管理 | PPP管理 |
| 地形水系 地下管线 土壤类型 地下水位 工程设施 道路网络 地块指标 分区效果 | 法规条例 相关规划 相关规范 导则图集 会议纪要 检查纪要 | 基本信息 立项文件 可研报告 设计图纸 施工图纸 审批验收 效果评估 | 基本信息 项目管理 效果评估 资金保障 |

信息安全体系

| 数据层 | 静态数据库 | 动态数据库 |
| | 地理信息数据 三维模型数据 地质数据 环境数据 项目配置数据 | 工程建设管理数据 管网运行数据 监测设备测量 |

| 基础设施层 | 智慧感知：相关监测设施 |

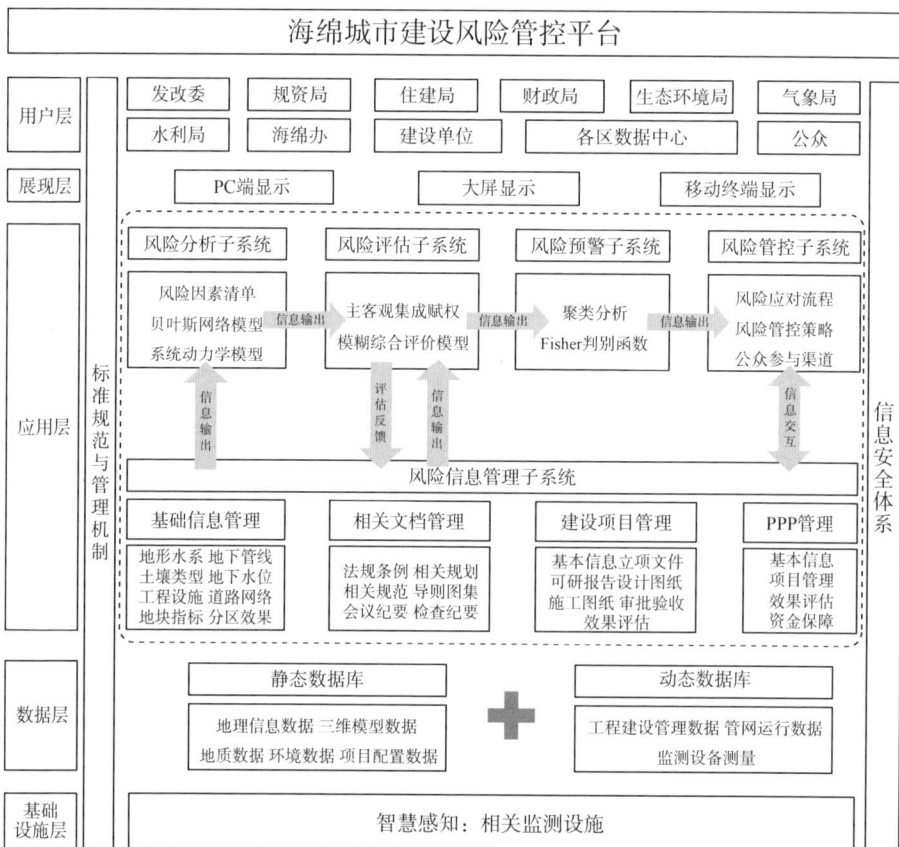

图 21-8　平台架构

机制,保证数据的实时性和连续性,为海绵城市建设风险管控提供数据支撑。②数据层。数据层是系统数据存储和管理的中心,综合了区域内海绵城市相关项目的全部信息,并以一定的逻辑结构对信息进行分类整理,为系统业务模块提供数据支撑。数据层由静态数据库和动态数据库组成,包括地理信息数据、三维仿真数据、地质数据、项目配置信息、工程建设管理数据、实时监测数据、管网运行数据、集成数据等。③应用层。应用层的本质是对各类数据的加工及运用,具体表现为对不同业务模块的操作应用,包括对信息的调阅、对数据的整理分析、对各类业务管理流程的使用等。应用层由风险信息管理、风险分析、风险评估、风险预警、风险管控五大子系统组成。④展现层。展现层是用户输入指令,并对处理数据进行显示的层面,提供了良好的人机交互界面,可以清晰、轻松地看到经过分析、处理后的相关信息,主要包括 PC 端展示、大屏展示及移动终端显示。⑤用户层。用户层主要包括海绵城市建设相关行政管理、技术审查、建设单位、数据中心以及公众等,用户层可以根据部门需求提供相对应的功能,为各部门决策提供依据,为公众参与提供渠道。

"二体系"包括:①标准规范体系。在管理平台架构过程中,充分参考各种国家技术规范和行业标准,在技术上和管理上提供标准化依据。标准规范体系是系统正常运行的重要保障,包含了两方面的含义:数据标准化和管理标准化。其中,数据标准化是指针对空间数据及相关业务数据标准化体系的建立;管理标准化是指以获得最佳秩序和社会效益为根本目的,以管理领域中的重复性事物为对象而开展的有组织的制定、发布和实施标准的活动。②信息安全体系。在管控平台架构过程中,充分考虑各层次的安全措施和安全技术手段,通过软硬件技术和安全管理手段以保证系统在安全稳定的环境中运行。通过机房管理、内外网隔离、CA 认证、数据加密、权限控制等安全机制实现对数据和信息的合法化访问。

长期的数据积累和不断优化改进有助于提高管控平台智能化水平和预决策支撑能力。各在线监测、人工监测内容和信息化平台管理工作无法在短时间内发挥明显效益,储存长期连续的数据并进行相应的分析研究,可为海绵城市建设从单一目标向多目标系统模式转变,促进城市建设运营模式向生态化转变提供基础;应加强管控平台与数据监测系统的实时交换功能,如气象数据、水质监测数据、土地利用数据等,优化数据库的时效性。

本篇参考文献

[1] 蔡云楠,温钊鹏,雷明洋,2016."海绵城市"视角下绿色基础设施体系构建与规划策略[J].规划师,32(12):12-18.

[2] 陈华,2016.关于推进海绵城市建设若干问题的探析[J].净水技术,35(1):102-106.

[3] 陈前虎,许越,2024.基于"水—土耦合"视角的城市开发容量评估与诊断——以杭州86个水管理单元为例(网络首发)[J].生态学报,DOI:10.20103/j.stxb.202404180864.

[4] 陈前虎,吴昊,2020.国土空间开发"源汇"格局对河道水质的影响——以杭州市11个排水分区为例[J].城市规划,44(7):28-37.

[5] 崔丰文,涂然,王新军,2018.推行海绵城市的阶段性问题梳理与思考[J].中国人口·资源与环境,28(S1):33-36.

[6] 崔广柏,张其成,湛忠宇,等,2016.海绵城市建设研究进展与若干问题探讨[J].水资源保护,32(2):1-4.

[7] 邓敏贞,2021.以PPP模式开展海绵城市建设的法律促进机制研究[J].华南师范大学学报(社会科学版)(4):138-151,207.

[8] 丁继勇,蔡珏芳,李娜,等,2019.全生命期视角下海绵城市建设的管理机制探析[J].水利经济,37(6):53-59,65,87.

[9] 丁继勇,冷向南,陈军飞,等,2020.海绵城市建设"碎片化"问题及其治理[J].水利经济,38(4):33-40,82.

[10] 方德智,2019.对海绵城市若干设计问题的分析[J].工程建设与设计(5):54-56.

[11] 耿潇,2017.城市雨水基础设施维护运营管理研究[D].北京:北京建筑大学.

[12] 宫永伟,傅涵杰,张帅,等,2018.海绵城市建设的公众参与机制探讨[J].中国给水排水,34(18):1-5.

[13] 宫永伟,刘超,李俊奇,等,2015.海绵城市建设主要目标的验收考核办法

探讨[J]. 中国给水排水,31(21)：114-117.

[14] 侯小宝,2021.探究中小型生态水利工程河道规划设计[J].中文科技期刊数据库(引文版)工程技术（12）：130-132.

[15] 邰艳丽,2017. 海绵城市建设问题、风险与制度逻辑[J]. 北京规划建设(2)：58-63.

[16] 李辉,李娜,程晓陶,等,2019. 海绵城市建设的挑战与发展机遇[J]. 中国水利(14)：26-28.

[17] 李俊奇,任艳芝,聂爱华,等,2016. 海绵城市：跨界规划的思考[J]. 规划师,32(5)：5-9.

[18] 李上志,曾理,方岚,2019. 嘉兴地区海绵城市建设进展研究[J]. 工程建设与设计（17）：109-110,113.

[19] 李文英,2019.建立海绵城市设施运营维护长效管理机制的思考[J].武汉冶金管理干部学院学报,29(4)：15,22-23.

[20] 李岩,2015. 城市规划层面落实海绵城市建设的措施研究[J]. 中国科技信息(5)：26-27.

[21] 李芸,2020. 镇江市政府推进海绵城市 PPP 项目管理优化研究[D]. 镇江：江苏科技大学.

[22] 栗玉鸿,邹亮,李利,等,2022. 推动海绵城市建设系统提升城市雨洪韧性[J]. 西部人居环境学刊,37（1）：22-26.

[23] 梁行行,李柏彤,杨正,等,2021. 美国城市雨水基础设施运维管理的经验与启示[A]//中国环境科学学会 2021 年科学技术年会——环境工程技术创新与应用分会场论文集（四）[C].北京：中国环境学学会环境工程分会.

[24] 刘家宏,李泽锦,张颖春,等,2019. 基于城市水文模型的海绵城市智慧管控[J]. 水利水电技术,50（9）：1-9.

[25] 刘剑,2016. 首批海绵城市试点建设存在的问题及建议[J]. 低温建筑技术,38(12)：144-146.

[26] 刘丽君,王思思,张质明,等,2017. 多尺度城市绿色雨水基础设施的规划实现途径探析[J]. 风景园林(1)：123-128.

[27] 孟祥伟,2022. 海绵城市与景观设计的融合方案设计思考[J]. 美与时代

(城市版)(5)：70-72.

[28] 彭思思,余太平,汪齐,等,2021. 关于海绵城市建设的思考[J]. 市政技术,39 (4)：119-123.

[29] 佘年,谢映霞,李迪华,2021. 对中国海绵城市建设再出发的若干问题反思[J]. 景观设计学(中英文)(4)：82-91.

[30] 施德浩,陈前虎,陈浩,2021.生态文明的浙江实践:创建类规划的模式演进与治理创新[J].城市规划学刊(6)：53-60.

[31] 施孝贞,2019. 全透水路面在建设"海绵城市"中的应用[J]. 居舍(11)：180.

[32] 孙瑶,李小静,李俊奇,等,2022. 海绵城市监测和效果评估中存在的问题与对策建议[J]. 环境工程,40 (4)：182-187.

[33] 王凯博,2022.海绵城市建设现状及问题的研究与讨论[J]. 价值工程,41 (17)：11-13.

[34] 王巍巍,2020.从技术进步到政策创新——美国波特兰雨水政策启示[J].中国给水排水,36(13)：134-138.

[35] 王章立,2010. 城市防灾减灾工程建设应与应急管理相结合[J]. 中国水利(17)：23-24.

[36] 魏依柯,陈前虎,2023.国际视野下的可持续雨洪管理政策研究——基于美国,英国和中国的比较[J].国际城市规划,38(2):39-47.

[37] 吴文洪,王思思,李俊奇,等,2017. 宁波市海绵城市实施方案中的若干关键技术问题分析[J]. 中国给水排水,33 (6)：1-6.

[38] 夏军,石卫,王强,等,2017. 海绵城市建设中若干水文学问题的研讨[J]. 水资源保护,33(1)：1-8.

[39] 谢海汇,叶雨繁,陈依睿,2021. 海绵城市建设绩效评价——以浙江省兰溪市为例[J]. 建筑与文化(10)：68-71.

[40] 谢旭阳,方煜昊,周家贝,等,2019. 存量规划背景下城市灰色基础设施生态化改造探索——以南京市七桥瓮片区为例[J]. 园林(6)：30-35.

[41] 徐慧纬,陈玮,梁雨雯,等,2018.海绵城市建设立法核心制度设计探讨[J].城乡建设(13)：19-21.

[42] 徐君,2021.海绵城市建设存在的问题与靶向之策[J]. 企业经济,40

(5)：5-13.

［43］徐君,任腾飞,2018.我国海绵城市建设面对供给侧改革的冷思考及新路径［J］.经济问题探索（4）：99-105.

［44］徐君,任腾飞,王育红,2016.海绵城市建设困境及解决之策——以河南省为例［J］.资源开发与市场,32（5）：550-555.

［45］徐振强,2015.中国特色海绵城市试点示范绩效评价概念模型的建立与应用——兼论我国海绵城市创新体系平台的建设［J］.中国名城（5）：16-25.

［46］许可,郭迎新,吕梅,等,2020.对完善我国海绵城市规划设计体系的思考［J］.中国给水排水,36（12）：1-7.

［47］严文婷,2018.Y市海绵城市建设中政府管理问题及对策研究［D］.福州：福建师范大学.

［48］余小明,2022.地方海绵城市标准体系创新及设计经验总结［J］.广东土木与建筑,29（4）：31-35.

［49］袁再健,梁晨,李定强,2017.中国海绵城市研究进展与展望［J］.生态环境学报,26(5)：896-901.

［50］张月,2022.浅析海绵城市建设中的体制机制建设经验［J］.建设科技（10）：11-14.

［51］赵大维,陈韬,韩朦紫,2021.海绵城市LID非工程措施的内涵与应用［J］.中国给水排水,37（22）：31-37.

［52］周建国,2016.济南市"海绵城市"建设管理问题研究［D］.济南:山东大学.

［53］朱芷贤,2020.常德市海绵城市建设研究［D］.长沙:湖南大学.

附录

附录1 我国海绵城市建设风险因素调查问卷

尊敬的先生/女士：

您好！

非常感谢您能帮助我们填写本次调查问卷！本问卷旨在探索海绵城市建设现状和存在的问题。请您根据您的工作经验进行评价打分，您的答案将会为本研究提供非常重要的帮助。

本问卷用于纯学术研究，通过匿名方式作答，不会泄露您任何个人信息，恳请拨冗填写，并在此向您的热心帮助表示最诚挚的感谢！

第一部分 调查对象基本情况

您的基本资料：

1.您的年龄是？

□20—30岁　□31—40岁　□41—50岁　□50岁以上

2.您的工作性质是什么？

□政府主管部门　□施工方　□监理方　□科研

□设计方　　　　□其他_____

3.您的专业方向是什么？

□规划　□建筑　□园林　□市政

□道路　□其他

4.您从事海绵城市建设相关工作的时间？

□3个月以下　□3个月—1年　□1—3年　□3年以上

第二部分　海绵城市建设项目风险因素调查

经过前期研究,我们已经识别出部分可能影响海绵城市建设水平的风险因素,请您根据您的工作经验,按以下标准分别评估下列风险因素对海绵城市建设水平的影响程度以及风险发生的概率,并在相应的分值下打"√"。

附表 1-1　评估标准

评估分值	1	2	3	4	5
概率描述	基本不发生	偶尔发生	经常发生	较频繁发生	频繁发生
程度描述	基本不影响	较小影响	影响一般	较大影响	影响很大

附表 1-2　海绵城市建设项目风险因素评估问卷

因素类别	序号	风险因素名称	发生概率					影响程度				
			基本不发生	偶尔发生	经常发生	较频繁发生	频繁发生	基本不影响	较小影响	影响一般	较大影响	影响很大
			1	2	3	4	5	1	2	3	4	5
管理风险	M1	组织架构不合理										
	M2	管理制度与工作机制不健全										
	M3	制度执行不到位										
资金风险	F1	建设资金筹措困难										
	F2	运维资金来源不稳定										
	F3	海绵产业发展不足										
社会风险	S1	社会宣传教育不到位										
	S2	社会参与程度较低										
技术风险	T1	规划设计方案不合理										
	T2	人才队伍建设水平不高										
	T3	科研投入力度不足										
	T4	智慧化监管平台未搭建										
环境风险	E1	行业环境不稳定										
	E2	自然环境的随机性和不可预见性										

续表

因素类别	序号	风险因素名称	发生概率					影响程度				
			基本不发生	偶尔发生	经常发生	较频繁发生	频繁发生	基本不影响	较小影响	影响一般	较大影响	影响很大
			1	2	3	4	5	1	2	3	4	5
法规风险	L1	海绵城市未纳入国家立法体系										
	L2	配套法规体系不健全										

附录 2　海绵城市建设风险指标专家调查表

各位专家:

　　非常感谢您能帮助我们填写本次调查问卷!本问卷旨在对影响我国海绵城市建设的风险进行调查研究。鉴于您的工作素质与专业素养,可以预见您提交的答案将会为本研究提供非常重要的帮助。该调查设置的所有问题均不会涉及您的工作机密和个人隐私,调查数据仅用于学术研究。

第一部分　调查对象基本情况

您的基本资料:

1.您的年龄是?

□20—30 岁　□31—40 岁　□41—50 岁　□50 岁以上

2.您的工作性质是什么?

□政府主管部门　□施工方　□监理方　□科研

□设计方　　　　□其他＿＿＿＿＿＿＿

3.您的专业方向是什么?

□规划　□建筑　□园林　□市政

□道路　□其他

4.您从事海绵城市建设相关工作的时间?

□3 个月以下　□3 个月—1 年　□1—3 年　□3 年以上

第二部分　海绵城市建设风险现状调查

　　经过前期研究,我们已经构建出部分海绵城市建设过程中可能面临的风险指标,请您根据您的实践经验或参与本地区工程的实际情况,对下列风险指标进行估值评分,谢谢!该问卷中,5 分制的含义:1＝"小",2＝"较小",3＝"一般",4＝"较大",5＝"大",请在每一个对应的风险特性下进行打分。

附表 2-1 风险赋值专家调研

风险指标	风险程度(5分制)	是否采取防控措施
法规政策缺位		
资金保障不足		
社会参与缺乏		
大环境不稳定		
组织架构不合理		
运行机制不健全		
制度执行不到位		
规划设计方案不合理		
施工工艺与技术不成熟		
技术创新力缺乏		
智慧化监管平台未搭建		

附录 3   主观赋权法专家打分表

各位专家:

非常感谢您能帮助我们填写本次调查问卷! 以制度风险为例,设法规政策缺位风险因素为 A_1、资金保障不足风险因素为 A_2、社会参与缺乏风险因素为 A_3、大环境不稳定风险因素为 A_{41}。将其按照对法规风险因素影响程度,从大到小重新依次排序,并给出影响因素相对于相邻后一影响因素的权重,赋值参考附表 2。

例如,认为制度风险中法规政策缺位风险因素与资金保障不足风险因素的重要程度相同,则填写为 X_1( ) $\dfrac{(1.0)}{>}$ X_2( )。

1. 制度风险

假设 A_1 为法规政策缺位风险因素, A_2 为资金保障不足风险因素, A_3 为社会参与缺乏风险因素, A_4 为大环境不稳定风险因素,重新排序并对相邻重要程度赋值:

$$X_1(\ )\frac{(\quad)}{\geqslant}X_2(\ )\frac{(\quad)}{\geqslant}X_3(\ )\frac{(\quad)}{\geqslant}X_4(\ )$$

2. 管理风险

假设 B_1 为组织架构不合理风险因素, B_2 为运行机制不健全风险因素, B_3 为制度执行不到位风险因素, B_4 为制度风险,重新排序及相邻重要程度赋值:

$$X_1(\ )\frac{(\quad)}{\geqslant}X_2(\ )\frac{(\quad)}{\geqslant}X_3(\ )\frac{(\quad)}{\geqslant}X_4(\ )$$

3. 技术风险

假设 C_1 为规划设计方案不合理风险因素, C_2 为施工工艺与技术不成熟风险因素, C_3 为技术创新力缺乏风险因素, C_4 为智慧化监管平台未搭建风险因素, C_5 为制度风险, C_6 为管理风险,重新排序并对相邻重要程度赋值:

$$X_1(\ )\frac{(\quad)}{\geqslant}X_2(\ )\frac{(\quad)}{\geqslant}X_3(\ )\frac{(\quad)}{\geqslant}X_4(\ )\frac{(\quad)}{\geqslant}X_5(\ )$$

$$\frac{(\quad)}{\geqslant}X_6(\ )$$

4. 建设风险

假设 D_1 为制度风险，D_2 为管理风险，D_3 为技术风险，重新排序并对相邻重要程度赋值：

$$X_1（\quad）\overset{(\underline{\quad\quad})}{\geq} X_2（\quad）\overset{(\underline{\quad\quad})}{\geq} X_3（\quad）$$

附表 3-1　赋值参考

	重要程度
1.0	指标 X_{k-1} 与指标 X_k 重要程度相同
1.2	指标 X_{k-1} 比指标 X_k 略微重要
1.4	指标 X_{k-1} 比指标 X_k 明显重要
1.6	指标 X_{k-1} 比指标 X_k 强烈重要
1.8	指标 X_{k-1} 比指标 X_k 极其重要
1.1,1.3,1.5,1.7	上述两相邻赋值中间值，如 1.1 是属于重要程度相同和略微重要之间

附录 4　解释结构模型调查表

尊敬的专家：

非常感谢您在百忙之中参加本次问卷调查，感谢您的支持与合作！本次问卷调查用于确定海绵城市建设绩效评价指标之间的相互影响关系，调查结果仅用于学术研究，并作匿名处理。再次感谢您所提供的宝贵支持！

一、填表说明

$$a_{ij} = \left\{ \begin{array}{ll} 1, & \text{当} S_i \text{对} S_j \text{有影响时}, i \neq j \\ 0, & \text{当} S_i \text{对} S_j \text{时}, \text{无影响} i \neq j \end{array} \right\}$$

附表 4-1　解释结构模型指标

编号	评价指标	编号	评价指标
1	统筹机构建立及运行情况	12	城市热岛效应缓解情况
2	法规建立情况	13	生态岸线恢复情况
3	资金投入情况	14	地下水位埋深
4	激励措施制定情况	15	水环境质量
5	规划建设管控制度建立情况	16	水资源利用率
6	设计方案的系统性与科学性	17	海绵产业发展情况
7	施工技术水平	18	节约城市建设成本
8	长效运维机制建立情况	19	节约城市运营成本
9	运维技术水平	20	市民满意度
10	智慧化管理平台建立情况	21	海绵城市知识普及程度
11	年径流总量控制率		

二、指标打分

附表 4-2　指标打分

指标	1	2	3	4	5	6	7	8	9	10	11	12	13	14	15	16	17	18	19	20	21
1	0																				
2		0																			
3			0																		
4				0																	
5					0																
6						0															
7							0														
8								0													
9									0												
10										0											
11											0										
12												0									
13													0								
14														0							
15															0						
16																0					
17																	0				
18																		0			
19																			0		
20																				0	
21																					0

附录5 主观赋权法专家打分调查表

尊敬的专家:

非常感谢您在百忙之中参加本次问卷调查,感谢您的支持与合作! 本次问卷调查用于确定海绵城市建设绩效评价指标的权重分配情况,调查结果仅用于学术研究,并作匿名处理。再次感谢您所提供的宝贵支持!

一、评分制度

1.评分标准

附表 5-1 评分标准

标度	含义
1	表示两个因素相比,具有相等的重要性
3	表示两个因素相比,前者比后者稍重要
5	表示两个因素相比,前者比后者明显重要
7	表示两个因素相比,前者比后者强烈重要
9	表示两个因素相比,前者比后者极端重要
2,4,6,8	表示上述相邻判断的中间值
倒数	后一个因素和前一个因素相比的重要性标度

2.评分举例

附表 5-1 评分举例

指标	相对重要性评分		
	A	B	C
A	1	3	5
B		1	7
C			1

注:3 代表指标 A 比指标 B 稍重要;5 代表指标 A 明显重要于指标 C;7 代表指标 B 强烈重要于指标 C。

二、海绵城市建设绩效评价指标重要性比较

1.子目标层

附表5-3　子目标层

指标	过程绩效	结果绩效
过程绩效	1	
结果绩效		1

2.准则层的比较

附表5-4　过程绩效指标的比较

指标	启动阶段	规划建设阶段	运维阶段
启动阶段	1		
规划建设阶段		1	
运维阶段			1

附表5-5　结果绩效指标的比较

指标	生态效益	经济效益	社会效益
生态效益	1		
经济效益		1	
社会效益			1

3.指标层的比较

附表5-6　启动阶段指标的比较

指标	统筹机构建立及运行情况	法规建立情况	资金投入情况	激励措施制定情况
统筹机构建立及运行情况	1			
法规建立情况		1		
资金投入情况			1	
激励措施制定情况				1

附表 5-7　规划建设阶段指标的比较

指标	规划建设管控制度建立情况	设计方案的系统性与科学性	施工技术水平
规划建设管控制度建立情况	1		
设计方案的系统性与科学性		1	
施工技术水平			1

附表 5-8　运维阶段指标的比较

指标	长效运维机制建立情况	运维技术水平	智慧化管理平台建立情况
长效运维机制建立情况	1		
运维技术水平		1	
智慧化管理平台建立情况			1

附表 5-9　生态效益指标的比较

指标	年径流总量控制率	城市热岛效应缓解情况	生态岸线恢复情况	地下水位埋深	水环境质量	水资源利用率
年径流总量控制率	1					
城市热岛效应缓解情况		1				
生态岸线恢复情况			1			
地下水位埋深				1		
水环境质量					1	
水资源利用率						1

附表 5-10　经济效益指标的比较

指标	海绵产业发展情况	节约城市建设成本	节约城市运营成本
海绵产业发展情况	1		
节约城市建设成本		1	
节约城市运营成本			1

附表 5-11　社会效益指标的比较

指标	市民满意度	海绵城市知识普及程度
市民满意度	1	
海绵城市知识普及程度		1

后　记

　　水能载舟,亦能覆舟。自人类进入工业时代以来,碳排放增加导致的全球气候变化、快速城市化带来的城市生态系统结构与功能改变,引发了一系列生态环境问题,严重影响人类健康福祉,正迅速演变成城市、区域、国家乃至全球可持续发展必须面对的重大挑战。城市是人类文明的象征,也是"山水林田湖草"这一生命共同体的有机组成部分;人们对待雨水态度的变化,集中反映了人类文明的进步。就像治理交通堵塞,当人们妄图用更宽的道路、更多的车道来应对城市里越来越多的车辆时,其结果只能是适得其反、越治越堵;同理,更大、更多的地下排水管道设施也不是解决更大雨洪灾害的最佳办法。人类文明的发展历史告诉我们,城市是个有机复杂的生命体,对待雨水,我们应该鼓励社会寻求更多可持续的解决方案。

　　中华治水文明源远流长,古有大禹治水,今有海绵城市。从党的十八大提出生态文明建设战略,到习近平总书记在 2013 年中央城镇化会议上首次提出建设海绵城市,随后全国两批 30 个国家试点海绵城市、60 个系统化全域海绵示范城市先后推进;从各地早期的"工程治水",向目前以海绵城市建设为抓手全力推进"生态治水"的理念转变,中国正积极稳妥地探索着一条人与自然和谐相处的健康科学的可持续城镇化道路。海绵城市正在成为现代中国应对水灾害风险的重要管理工具,毫无疑问,它也是中国向世界提供的具有东方智慧与文明特色的可持续地表水管理方案。

　　国有所呼,我有所应。海绵城市是个新生事物,尚存诸多人类未知领域。笔者在前期的调查中发现,因缺乏精准有效的城市水灾害风险识别与评估方法、科学合理的规划设计技术标准及系统高效的建设运维技术导控,全国各地在如火如荼的海绵城市建设中陷入了"一刀切"和"碎片化"的实践陷阱,潜藏着巨大的经济(投资)、社会(舆情)与环境(成效)风险,急需针对性、系统性的理论指导与技术支撑。为此,在 2016 年 3 月国家社科基金重大项目选题征集过程中,笔者及时向国家社科规划办提交了"海绵城市建设的风险评估与管理机制"的选题建议,建议被采纳并在当年的招标中顺利入围。

欲成事,天时地利人和,缺一不可。课题研究工作的顺利推进离不开全国上下对可持续海绵城市建设理论与技术的期待和渴盼,离不开浙江工业大学工科见长、文理工俱全的学科生态体系与优势,离不开嘉兴、宁波、杭州等国家级试点城市提供的研究对象与实验场所,离不开团队(吴一洲、朱凯、王安琪、李凯克、戴伟、王岱霞、张善峰、龚强、周骏)的精诚合作与孜孜追求,离不开历届研究生同学(孙攸莉、吴昊、李玉莲、董寒凝、王雅沛、李丹君、邹澄昊、周明、魏依柯、徐若萱、曹丹、叶雨繁、陈静、陈甜甜、沈铷桑、杨泓哲、许越、黄金烨、常春香、周湛、缪妍、石家禾)的蓬勃创意与接力赛跑,离不开对外经济贸易大学林汉川教授、华东师范大学宁越敏教授、华南理工大学王世福教授、同济大学颜文涛教授等前辈和专家们的指导与支持,离不开项目结题过程中匿名评审专家提出的宝贵意见与建议。在课题开展过程中,浙江省住建厅科技处贾颖栋处长、城建处原处长沙洋先生、城建处调研员邓富根先生、浙江省城乡规划设计研究院赵萍首席总工程师、嘉兴市规划院原副院长王贤萍女士、宁波市城建设计院姚洁副院长等领导和专家给予了热情帮助与鼎力支持。另外,还要感谢嘉兴市规划设计研究院为研究提供了详细的海绵城市建设施工图和有关雨水的数据资料。重大社科结题当年,在已有研究基础上又成功申请到了国家自然科学基金,饮水思源,特别感谢国家社科基金、国家自然科学基金的资助。还有许多给予帮助、支持和指导的人和单位,不能一一列举,在此一并鞠躬谢过! 对于书中存在的错误与不足,概由本人负责,敬请读者批评指正。

陈前虎

2024 年 12 月于屏峰山下